L'HOMME
DE NÉANDERTHAL
EST TOUJOURS VIVANT

BERNARD HEUVELMANS
Docteur ès Sciences zoologiques

BORIS F. PORCHNEV,
Docteur ès sciences historiques,
Docteur en philosophie.

L'HOMME
DE NÉANDERTHAL
EST TOUJOURS VIVANT

Notes additionnelles de Jean-Jacques Barloy
Docteur ès Sciences

Bibliothèque Heuvelmansienne

LES ÉDITIONS DE L'ŒIL DU SPHINX
36-42 rue de la Villette
75019 PARIS, FRANCE
www.œildusphinx.com
ods@œildusphinx.com

Bibliothèque Heuvelmansienne

DIRECTEUR DE COLLECTION
JEAN-LUC RIVERA

REMERCIEMENTS :

Les Editions de l'Œil du Sphinx et moi-même tenons à remercier les ayant-droits de l'œuvre de Bernard Heuvelmans pour leur soutien à cette entreprise d'édition et leur autorisation de publier les ouvrages de cryptozoologie de leur père et grand-père : M. Ronald Heuvelmans, Mlle Pascale Stevenart, Mme Nathalie Stevenart Roland et M. Olivier Stevenart. Nous remercions aussi pour son amitié, son enthousiasme et son soutien sans faille à cette entreprise Alika Lindbergh. Sans eux, ce projet n'aurait pu aboutir.
Nous remercions aussi pour leur aide précieuse pour la sortie de ce volume Jacky Ferjault, André Savéant.

Jean-Luc Rivera

AVERTISSEMENT :

Cette *Bibliothèque Heuvelmansienne* devrait compter une quinzaine de livres, dont la publication s'étalera sur plusieurs années. Elle commence avec la biographie écrite par Jean-Jacques Barloy, *Bernard Heuvelmans, un rebelle de la science*. Elle se poursuivra avec tous les ouvrages cryptozoologiques de Bernard Heuvelmans, déjà publiés (et épuisés) ou inédits. Cette série se terminera par un livre de souvenirs d'Alika Lindbergh sur celui dont elle a partagé la destinée.
L'édition des livres cryptozoologiques respecte le texte écrit par Bernard Heuvelmans qui est simplement enrichi de brefs commentaires en notes, imposés par l'actualité et dus à Jean-Jacques Barloy.
Au total, cette collection constitue un hommage à un homme qui a profondément marqué notre vision du monde, un humaniste et un encyclopédiste qui, ainsi, enchantera une nouvelle génération de lecteurs.

COUVERTURE :

Composition d'Alika Lindbergh représentant Bernard Heuvelmans et un homme pongoïde (collection privée d'Alika Lindbergh que nous remercions pour nous avoir autorisé à utiliser ce tableau ; photographie Emmanuel Thibault)

© 2011 LES ÉDITIONS DE L'ŒIL DU SPHINX

ISBN:2-914405-63-4
EAN : 9782914405638
ISSN de la collection en cours.
Dépôt Légal: mars 2011

« Je ne doute pas que plusieurs faits ne paroissent, à beaucoup de mes lecteurs, prodigieux et incroyables. En effet, a-t-on cru à l'existence des Ethiopiens avant qu'on les eût vus ? Tout ce qui vient, pour la première fois, à notre connaissance, n'est-il pas un sujet d'étonnement ! Combien de choses ne sont jugées possibles qu'après qu'elles ont été faites ? »

(PLINE, *Histoire naturelle des animaux*, Livre VII, 1, traduction GUEROULT)

INTRODUCTION
Par
Bernard HEUVELMANS,
Docteur ès sciences zoologiques.

A la mémoire de mes deux camarades de combat, disparus pendant le confection de cet ouvrage, Boris F. PORCHNEV (1905-1972) qui a été l'âme des recherches exposées ici, et Ivan T. SANDERSON (1911-1973) qui en a été le commentateur le plus passionné, avec l'espoir et la résolution de poursuivre notre lutte jusqu'à la victoire finale.

B. H.

SUR LA PISTE DES HOMMES IGNORÉS
De la cryptozoologie à la recherche des frères sauvages.

> « Vous voudriez peut-être aussi savoir le lieu de ma nais-
> sance, car aujourd'hui l'on croit que le lieu où un enfant
> a jeté les premiers cris est fort essentiel à sa noblesse »
>
> ERASME, *Eloge de la folie.*

Comment en suis-je venu à étudier les animaux, et comment, de l'étude des animaux connus de la Science, suis-je passé à celle des animaux encore ignorés, et enfin plus particulièrement à celle des hommes toujours inconnus ?

C'est une longue histoire.

Pour moi, tout a commencé il y a bien longtemps, si longtemps que je ne saurais dire exactement quand. Cela s'est d'ailleurs fait peu à peu. Certes — je l'ai souvent ré-pété — on naît zoologiste, on ne le devient pas. Mais pour ce qui est de la discipline à laquelle j'ai fin par me consacrer entièrement, c'est différent : on devient crypto-zoologiste. Disons tout de suite que si la Cryptozoologie est étymologiquement « la science des animaux cachés », elle est en pratique l'étude et la recherche des espèces animales dont l'existence, faute d'un spécimen ou de fragments anatomiques signi-ficatifs, n'est pas encore reconnue officiellement.

Quand je dis « on naît zoologiste », il faudrait s'entendre. Le caractère prétendument congénital de la vocation impliquerait, en effet, quelque processus génétique, comme celui qui produit des lignées de musiciens ou de mathématiciens. Or, rien ne me vouait héréditairement à la zoologie, Par mon père, je descends de philologues et de juristes, et, par ma mère, j'appartiens à une constellation de comédiens, de peintres et de musiciens : un heureux mariage en somme de la raison et de l'art, de la rigueur et de la sensibilité, et, jusqu'à un certain point, du travail de déduction, de police scientifique, que réclame toute affaire judiciaire, et du flair qu'il est souhai-table d'apporter à son élucidation. Voilà qui expliquerait plutôt comment de zoolo-giste, je suis devenu cryptozoologiste, jusqu'à me voir conférer le surnom flatteur de « Sherlock Holmes de la zoologie » ...

Si je me dis zoologiste, c'est qu'en sondant obstinément ma mémoire je ne parviens pas à découvrir un début à la passion que j'éprouve pour les animaux. Il me semble qu'il en a toujours été ainsi. Cela dit, il n'empêche que mon souvenir vivace le plus ancien — le seul, peut-être, de la première année de ma vie — est lié à un gros pois-son qui s'était échoué sur les galets de Trouville : il ne devait pas atteindre un mè-tre de long, mais, vu par mes yeux d'enfant, il paraissait énorme. Qui sait s'il n'a pas été à l'origine de mon intérêt pour les « monstres » marins, auxquels j'ai consacré deux livres ? Quant à mon tout premier jouet, en dehors bien sûr du nounours tradi-tionnel, c'était un petit livre de toile garantie indéchirable, qui représentait un alpha-bet des animaux. Comme il s'agissait d'un produit anglais, il allait de A comme aardwark à Z comme zebra. Peut-être n'est-ce donc pas tout à fait par hasard que j'ai consacré ma thèse de doctorat à la dentition de l'Oryctérope, c'est-à-dire de l'Aardwark, et que d'aucuns ont fini par me considérer, en zoologie, comme « un drôle de zèbre ». Un drôle de zèbre, en effet, qui n'a jamais accepté les yeux fermés ce qu'on lui a dit, voire intimé l'ordre, de croire.

Tout bien pesé donc, il serait plus judicieux de dire que je suis zoologiste pour avoir subi très précocement une sorte d'imprégnation. Tout comme les petites oies de Konrad Lorenz suivent le premier être vivant aperçu aussitôt l'éclosion en le prenant pour leur mère, j'ai été attiré d'emblée par les animaux de mon premier alphabet en les tenant sans doute pour mes proches parents. Cela expliquerait en tout cas l'amour profond que je leur porte, et le fait que je me sente en plus parfaite connivence avec eux qu'avec ceux qu'on appelle mes semblables. Sans doute aussi cela éclaire-t-il la nature de la préoccupation capitale qui me poursuit depuis le tout début de mes études : le problème de l'origine de l'Homme.

Comment je suis, par la suite, devenu cryptozoologiste est plus facile à expliquer, fût-ce, comme je l'ai dit, par mon hérédité.

Passons rapidement sur les épisodes presque classiques de la carrière de tout zoologiste en herbe. Pour ma part, ils allèrent de la chasse aux papillons à l'élevage de coccinelles, d'araignées et de souris blanches ; de la transformation des lavabos en aquariums pour tritons, épinoches et dytiques, à l'accueil miséricordieux sous le toit familial de tous les animaux en détresse, qu'ils fussent rats ou hérisson, couleuvre ou martinet, voire chien abandonné ; des excursions à travers dunes et bois à la visite quotidienne du merveilleux zoo d'Anvers, pendant toutes les vacances que je passais chez mes grands-parents maternels. Cette assiduité qui se concentrait le plus souvent sur le pavillon des singes eut une répercussion à long terme. Mon premier soin, lorsque je fus marié, et que je me trouvai mon propre maître, fut d'acquérir un singe capucin, ce dont je rêvais depuis l'âge le plus tendre, mais qui n'était évidemment pas le compagnon de jeux que des parents normaux souhaitent pour leur fils quand ils vivent en appartement. Ce petit singe fut le premier de toute une série d'enfants et d'amis quadrumanes qui ont ensoleillé ma vie, car je vois en eux comme une image du Paradis perdu, et ils m'ont enseigné la vraie sagesse.

Cette passion avait été entretenue de bonne heure par une fringale pour toute la littérature zoologique contenue d'abord dans la bibliothèque communale, ensuite dans celle du collège. A l'âge de douze ans, j'avais déjà lu Fabre et Buffon, Cuvier et Darwin. Pour me distraire des passages trop arides de leurs œuvres, je me délectais non seulement d'histoires de Peaux-Rouges, et de récits de chasses (qui me firent précocement prendre en grippe la race des massacreurs), mais aussi des ouvrages de vulgarisation exquis du naturaliste Henri Coupin, et en particulier celui intitulé *Les Animaux excentriques*. Ce dernier a sûrement servi d'amorce à l'orientation ultérieure de mes recherches car, en le relisant tout récemment, j'ai eu la surprise et le ravissement d'y retrouver toutes les créatures extraordinaires qui hantent aujourd'hui mes propres livres depuis les poulpes gigantesques et les serpents-de-mer jusqu'aux moas et aux dodos, aux ptérodactyles et aux dinosaures, aux mégathériums et aux pithécanthropes.

Pendant mes humanités chez les Pères jésuites, je délaissai bien souvent l'étude du latin, du grec et de l'apologétique pour goûter plutôt aux fruits de l'Arbre de la Science, et mes goûts littéraires me portèrent bientôt à préférer les *Histoires extraordinaires* de Poe aux *Lettres de mon moulin*, Voltaire à Bossuet, Jules Verne à

Madame de Sévigné, et Sherlock Holmes à Ruy Blas ou d'Artagnan. Mes héros réels ne s'appelaient pas Napoléon ou Jeanne d'Arc, mais Marco Polo et Humboldt, du Chaillu, l'Homère des gorilles, et Robert F. Scott, le martyr de l'Antarctique. Et à saint François d'Assise, qui s'abaissait avec humilité jusqu'au niveau de la tourbe animale, combien je préférais Tarzan qui, lui, se sentait semblable aux bêtes et restait inconsolable de la mort tragique de la guenon qui l'avait nourri et élevé.

Pour le divertissement tant en littérature qu'au cinéma, je balançais de manière significative entre les histoires policières et les récits d'aventures exotiques. Trois romans de ma jeunesse ont joué un rôle décisif dans la gestation de la cryptozoologie : *Vingt mille lieues sous les mers*, de Jules Verne, qui m'a ouvert les portes des énigmes océanes, *Les Dieux rouges* de Jean d'Esme, qui évoquait l'existence actuelle d'hommes-singes en Indochine, et, par-dessus tout, ce classique qu'est *Le Monde Perdu*, de Conan Doyle, qui suppose la survivance de la faune hétéroclite de diverses ères passées sur des hauts plateaux, isolés du reste de notre globe, en Amérique du Sud.

Ainsi donc le décor était installé, le climat défini, la tragi-comédie pouvait se jouer. Ma thèse de doctorat ès sciences demeura dans la tradition orthodoxe de la zoologie classique : elle traitait, je l'ai dit, du problème de la dentition de l'Oryctérope. On chuchota, certes, que choisir d'étudier les dents d'un Edenté témoignait d'un goût pervers du paradoxe, d'un sens de l'humour qui n'était point de mise en Science. En réalité, ce choix était pour moi tout naturel, presque fatal. Je tenais à me spécialiser en mammologie, science des Mammifères, mes semblables. La denture est chez eux l'organe le plus significatif, le premier donc à bien connaître : ce que les empreintes digitales sont pour l'identification des individus de notre espèce, la forme et le relief des dents le sont pour celle des genres de mammifères. Or de toutes les dents de ceux-ci, les plus mystérieuses, les plus incompréhensibles, les plus inclassables, étaient celles de l'Oryctérope, l'Aaardwark, c'est-à-dire « cochon de terre », des Boers du Transvaal, un curieux ongulé fouisseur et mangeur de termites. Autrefois on le classait parmi les Edentés, groupe qui englobait pêle-mêle tous les mammifères terrestres privés de dents antérieures ou n'ayant pas de dents du tout, n'ayant en tout cas que des dents atrophiées, sans émail. L'Oryctérope, rassurez-vous, possède des dents et elles sont vraiment bizarres : ce sont comme des faisceaux de petits tubes innombrables, de prismes hexagonaux d'ivoire pareils aux alvéoles d'une ruche. On était allé jusqu'à les rapprocher des dents de certaines raies fossiles ! C'était forcément sur cette denture-là que je devais concentrer mes recherches. On a déjà compris en effet que le mystère me fascine, mais ce n'est pas du tout parce que je me complais dans les brumes du merveilleux et dans l'obscurité de l'inexplicable. C'est tout au contraire parce que le mystère m'apparaît comme un défi, un défi qu'il convient de relever. Je ne suis attiré par les énigmes que parce qu'elles stimulent en moi le désir de les vaincre.

J'ai mis plus de deux ans à résoudre le problème de la dentition de l'Oryctérope, étudiant tous les crânes disponibles de France et de Belgique, disséquant méticuleusement une tête intacte que mon maître, le docteur Serge Frechkop, avait eu la chance exceptionnelle de pouvoir se procurer au Congo et pratiquant interminablement des coupes longitudinales et transversales dans des dents ou des mandibules entières. Il m'apparut ainsi — ce que j'avais d'ailleurs soupçonné d'emblée d'après la situation de l'Oryctérope dans l'arbre généalogique des Ongulés — que les fameux tubes dentaires n'étaient autres que les fourreaux des digitations innombrables de la pulpe d'une dent multituberculée à l'extrême. En d'autres termes, la dent de l'Aardwark était tout bonnement une dent dans laquelle le nombre des tubercules de la couronne — des cuspides, si l'on préfère — s'était multiplié dans de grandes proportions. Alors que chez l'Hippopotame, par exemple, ce nombre, pour la troisième molaire, est de 4, chez le Phacochère il atteint environ 25, chez certains éléphants d'Asie il s'élève à près de 90, et chez l'Oryctérope enfin il se compte par centaines (plus de 1500 dans la deuxième molaire). La dent de celui-ci reste donc conforme, malgré les apparences, au patron habituel de la dent mammalienne, dont elle ne représente après tout qu'un cas limite. D'une dent apparemment fantastique, qu'on croyait empruntée à quelque monde extra-mammalien, j'avais fait une dent normale, qu'on pouvait faire dériver évolutivement de dents plus simples d'autres mammifères. Le « monstre » était rentré au bercail.

Si je me suis étendu sur ce travail qui semble bien éloigné du problème des hommes sauvages et velus qui nous occupe ici, c'est qu'il est caractéristique de la démarche de mon esprit. Sous prétexte que je m'aventure hors des sentiers battus, dans des domaines hantés par des bêtes fabuleuses, des êtres qui paraissent sortis de la légende, certains essaient de me faire passer pour une sorte de « farfelu », qui s'occupe de choses « pas très sérieuses ». S'ils avaient un peu d'humour, ils diraient : « Heuvelmans est ce zoologue qui a consacré sa thèse de doctorat aux dents d'un édenté, et qui maintenant se spécialise dans l'étude des animaux qui n'existent pas ». (A l'instar du Cyrano de Rostand, les plaisanteries spirituelles sur mon « nez » scientifique, je me les sers moi-même.) A cela, je répondrai que ce qui est inconnu n'existe pas, en effet, du moins dans les manuels, est toujours déroutant, insolite, un peu inquiétant, voire terrifiant, en un mot fantastique. C'est le privilège des novateurs que d'affronter l'Inconnu. Comment s'étonner que l'on ait en son temps reproché à Darwin d'avoir voulu expliquer le monde animal en s'inspirant des *Métamorphoses* d'Ovide ? N'oublions jamais que les mythes sont peut-être le reflet de réalités obscures, informulées, et qu'en tout cas ce sont des moules préexistant dans notre esprit (les archétypes de l'inconscient collectif de C. G. Jung ?) et au sein desquels nous tentons de faire pénétrer tant bien que mal des faits réels qui, eux, relèvent de la Science. Il est exact que Darwin n'a fait que proposer une explication rationnelle au vieux mythe des avatars, phénomène que le Poète appréhendait confusément et qu'il interprétait par la pure imagination. De même, je ne chasse pas les serpents-de-mer pour exorciser ces incarnations antiques du démon des Ténèbres extérieures, mais plus prosaïquement pour essayer de découvrir si les animaux bien réels qui ont nourri ce mythe sont à ranger parmi les Poissons, les Reptiles ou les Mammifères, quelles sont les zones océaniques où ils s'ébattent, quelle est la saison de leurs amours, ce qu'ils mangent, s'ils sont solitaires ou grégaires, etc.

Nous en arrivons ainsi peu à peu, par une large spirale centripète, au sujet même du présent ouvrage.

Tout au long de mes études, j'avais pris l'habitude, comme beaucoup de mes collègues, je crois, de ranger dans un dossier spécial, moitié par curiosité moitié par amusement, un tas de coupures de presse et même de références bibliographiques relatives à des faits étranges ou inexpliqués liés au monde animal et qui pourraient éventuellement faire un jour l'objet d'investigations. Dans ce capharnaüm voisi-naient pêle-mêle des articles à sensation sur le monstre du Loch Ness et de graves études de psychologie sur les enfants-loups, des histoires de calmars géants échoués en masse sur quelque plage du bout du monde, de crapauds retrouvés vivants au creux de roches anciennes, de pluies de poissons, de kidnapping de négresses par des gorilles salaces, de mammouths entrevus dans la taïga sibérienne, d'un ours in-congru terrorisant l'Est africain, de pithécanthropes nains rencontrés à Sumatra et même d'une chasse au dragon dans les Alpes Helvétiques. Il y avait aussi des pho-tos d'un homme-singe prétendu découvert dans l'Atlas, d'un rhinocéros à écailles abattu à Sumatra, de traces de pas humains abominables relevés dans les neiges de l'Himalaya, et d'un poisson à pattes qu'on disait rescapé des temps dévoniens. Il y avait surtout, comme c'était le cas pour ce dernier — le fameux Cœlacanthe ! — des écrits qui témoignaient de l'ampleur et de la richesse des découvertes zoologiques restant à faire. Depuis que j'étais né, on avait établi successivement l'existence ac-tuelle — pour nous en tenir aux plus grosses bêtes franchement nouvelles — de la Civette aquatique du Congo, du Dauphin d'eau douce du lac Toung-Ting, du Chimpanzé pygmée, du Paon congolais, du Kouprey ou Bœuf gris cambodgien, du Semnopithèque doré, on avait enfin pu capturer vivant le premier Panda géant après soixante-dix ans de vaines recherches, on avait trouvé plusieurs baleines-à-bec iné-dites, et l'on avait repêché le Cœlacanthe des eaux pourtant peu profondes où il se dissimulait depuis l'aube de notre temps.

Dans ce dossier hétéroclite il y avait, bien entendu, à prendre et à laisser. Je dois avouer — car on ne se débarrasse pas sans peine du fardeau d'un enseignement farci de dogmes et d'idées préconçues — que je prenais peu et que je laissais beaucoup. Aussi est-ce avec un certain sentiment d'irréalité qu'au début de 1948 je parcourus, dans le *Saturday Evening Post*, un article intitulé *There Could Be Dinosaurs* (Il pourrait encore y avoir des dinosaures). D'abord, l'idée ne me vint même pas de le découper pour l'inclure dans mes archives spéciales, tant j'imaginais qu'il s'agissait d'une nouvelle de science-fiction astucieusement présentée comme un document authentique. Ce qui me faisait hésiter cependant était le nom de l'auteur : Ivan T. Sanderson. Je savais que c'était un naturaliste connu, qui avait notamment dirigé en 1932 l'Expédition Percy Sladen au Cameroun et considérablement enrichi en cette occasion les collections zoologiques du département d'histoire naturelle du British Museum. J'avais même lu le passionnant ouvrage qu'il avait consacré aux *Bêtes rares de la jungle africaine* (Animal Treasure). Se pourrait-il que ce chercheur fût aussi l'auteur de nouvelles de fiction ? (Le fait est qu'il a écrit plusieurs romans pour la jeunesse). Pour en avoir le cœur net, je me remis à lire très attentivement l'arti-cle, en l'annotant en marge. Parmi les autorités citées, figuraient le directeur du zoo de Hanbourg, Carl Hagenbeck, et son principal pourvoyeur, Joseph Menges, des professionnels peu enclins à l'affabulation. Je me mis en devoir de remonter aux sources de toutes les informations, et les enrichis même chemin faisant, opération qui s'échelonna en définitive sur plusieurs années. Cela valait la peine, car le résul-tat était convaincant : Ivan Sanderson n'avait rien inventé ! L'affaire était fondée sur des renseignements récoltés par des hommes aussi prestigieux que Sir Harry Johnston, gouverneur de l'Ouganda, qui avait contribué à la découverte de l'Okapi, l'explorateur allemand Hans Schomburgk et le naturaliste anglais John G. Millais.

Si incroyable que cela parût, on pouvait légitimement se demander s'il n'existait plus, au cœur de l'Afrique, quelques grands sauriens aquatiques du Secondaire, ou du moins des animaux qui y ressemblaient à s'y méprendre.

L'affaire était si énorme que je me décidai à réunir dans un livre, convenablement documenté et citant ses sources, les divers renseignements épars sur l'existence d'animaux de grande taille encore inconnus de la Science. Ce travail de documentation me prit quatre ans et aboutit en 1955 à la publication de *Sur la piste des bêtes ignorées*, qui devait être traduit dans le monde entier. Le « petit livre » projeté était devenu un gros ouvrage en deux volumes. Et encore avait-il fallu en retrancher toute la partie, d'ailleurs trop sommaire, relative aux « bêtes ignorées » de la mer. Proprement développée et aussi exhaustive que possible, cette section devait donner naissance successivement à *Dans le sillage des monstres marins : le Kraken et le Poulpe colossal* en 1958, et enfin au *Grand Serpent-de-mer* en 1965. Et le jour où je publierai l'état actuel de mes dossiers sur les animaux ignorés de la Science, il me faudra sûrement dix gros volumes : voilà de l'ignorance qui tient beaucoup de place ...

Ainsi, au long d'une vingtaine d'années, une science nouvelle était née et avait mûri, à laquelle j'ai donné bientôt le nom de Cryptozoologie [1]. Une méthodologie — un système d'études et de recherches systématiques — s'était peu à peu dégagée de mes premiers essais tâtonnants et ouvrait la voie à d'énormes possibilités pratiques de dépistage. C'était une tentative de *desperado*, car au rythme où la faune mondiale s'amenuisait, où les espèces disparaissaient l'une après l'autre comme des fruits pas encore mûrs arrachés par l'ouragan technocratique, il fallait faire vite. N'aurait-elle pas abouti qu'à la révélation bouleversante qui fait l'objet de ce livre, je pense que l'aventure cryptozoologique aura valu la peine.

Un détail encore, mais il est d'importance : Ivan T. Sanderson, auteur de l'article du *Saturday Evening Post* qui m'avait stimulé à écrire *Sur la piste des bêtes ignorées*, est le même Ivan T. Sanderson qui devait être à l'origine de la découverte du spécimen couronnant toutes mes recherches théoriques. Ainsi aura-t-il été l'alpha et l'oméga de cette saga.

La présente affaire n'est évidemment qu'un épisode parmi bien d'autres de la recherche cryptozoologique, mais c'est sans conteste le plus important à ce jour, d'une part, parce qu'il s'est soldé précisément par l'examen et l'étude minutieuse d'une pièce concrète et, dès lors, par un baptême zoologique en bonne et due forme. L'*Homo pongoides* est, en quelque sorte, la preuve par neuf de l'efficacité de la cryptozoologie.

Comment un éminent historien et philosophe soviétique, qui se préoccupait essentiellement de déceler les conditions anatomiques, physiologiques, écologiques et sociales ayant concouru à la naissance de l'Homo sapiens, fut-il entraîné dans ce courant zoologique ? Comment les recherches particulièrement approfondies de ce professeur Boris F. Porchnev, en U. R. S. S., conjuguées à celles de Sanderson aux Etats-Unis et aux miennes, en France, ont-elles fini par entraîner le succès ci-dessus ? C'est ce que nous allons voir à présent.

L'édition originale de mon livre *Sur la piste des bêtes ignorées* (1955) comprenait maints chapitres traitant d'animaux encore inconnus ressemblant à des hommes. Toute une partie de l'ouvrage était d'ailleurs intitulée *Les Bêtes à face humaine d'Indo-Malaisie* et j'y passais notamment en revue le problème des *Nittaewo*, nains velus et chevelus de Ceylan, ex-

---

(1) La première mention imprimée de ce mot, que j'utilisais déjà de manière courante dans ma correspondance privée, date de 1959. Elle figure dans l'ouvrage *Géographie cynégétique du Monde* de mon collègue et ami fidèle Lucien Blancou qui m'a fait l'honneur en, effet de me le dédier, en tant que « Maître de la Cryptozoologie ».

terminés vers 1800, et celui des *Orang pendek*, très semblables mais subsistant toujours, semble-t-il à Sumatra ; j'évoquais aussi des gnomes plus fantasmagoriques d'Indochine, munis d'une queue et d'avant-bras tranchants comme des couperets ; je parlais d'hommes velus de taille plus normale et bien plus prosaïques qu'on venait tout juste de signaler à la Noël de 1953 dans la presqu'île de Malacca, et enfin je m'étendais surtout sur le mystère de l'abominable Homme-des-neiges de l'Himalaya, qui après avoir beaucoup fait parler de lui dans les années 1920 était redevenu la vedette des années 1950 : aucun alpiniste ne pouvait, semble-t-il, se lancer à l'assaut de l'Everest, sans rencontrer des traces de ses pas dans la neige. Je m'insurgeai contre le sobriquet ridicule dont on l'avait affublé et qui reposait s'ailleurs sur une erreur de traduction : dans mon esprit, l'abominable Homme-des-neiges n'avait rien d'abominable, ce n'était pas un homme et il ne vivait même pas dans les neiges. En plus de tout cela, j'avais encore consacré deux chapitres entiers à des êtres semblablement humanoïdes et non moins velus, signalés dans d'autres parties du monde : un grand singe d'apparence anthropoïde d'Amérique du Sud et des nains à fourrure de l'Est africain, diversement nommés *Agogwe* ou *Mau*.

Suite à l'abondante correspondance qu'avait provoquée la publication de mon livre, et aux progrès incessants de mes propres recherches bibliographiques, je pus considérablement enrichir l'information de ces divers chapitres pour la traduction anglaise qui parut en 1958 sous le titre *On the Track of Unknown Animals*, et surtout pour la deuxième édition anglaise très augmentée de 1962. Il m'était en effet apparu entre temps que le problème de l'Homme-des-neiges était bien plus compliqué qu'on ne l'imaginait et qu'il englobait sans doute trois formes de créatures assez différentes ; que des rumeurs relatives à l'existence d'hommes sauvages et velus couraient à travers la plus grande partie de l'Amérique du Sud, depuis la Colombie jusqu'aux Guyanes, au nord du Chili, à la Bolivie, au nord de l'Argentine et enfin à divers Etats du Brésil : et enfin qu'en Afrique des histoires de farfadets chevelus ne circulaient pas seulement dans le sud-est du continent mais aussi de l'autre côté, en Côte d'Ivoire. J'allais même bientôt recueillir des informations relatives à de grands « hommes velus » en provenance du Congo, encore belge à cette époque.

Dans mon livre, je ne songeai pas un instant à identifier entre eux tous ces êtres éparpillés sur la plus grande partie de la planète et qui n'avaient à vrai dire que deux traits en commun : celui de ressembler plus ou moins à des hommes et celui d'être néanmoins couverts de poils. Trop de caractères les différenciaient : les uns étaient des gnomes minuscules, d'autres avaient la taille d'un homme moyen, d'autres encore étaient de vrais géants ; les uns avaient le front fuyant, les autres, au contraire, un crâne en pain de sucre ; les uns étaient toujours bipèdes sur terrain plat, d'autres couraient parfois à quatre pattes ; les uns laissaient de petites traces de pas triangulaires, d'autres de larges empreintes où le gros orteil était fortement écarté, d'autres encore des empreintes de taille énorme, longues et étroites, aux orteils très allongés ; les uns, enfin — mais ceci était moins important — étaient d'un roux éclatant, d'autres marron, d'autres encore gris ou même franchement noirs.

Je commentai chacun de ces types isolément, dans le cadre de sa région, et me contentai d'émettre quelques hypothèses plus ou moins hasardeuses sur la nature possible de ceux qui avaient été le mieux décrits. Le fameux Améranthropoïde des confins de la Colombie et du Venezuela me paraissait être un Cébidé (famille groupant tous les singes américains autres que les ouistitis et tamarins) ayant peut-être bien atteint par convergence une forme et une stature comparables à celles des grands singes anthropoïdes de l'Ancien monde. Je me demandai si les petits *Agogwe* de Tanzanie et de Mozambique ne pouvaient pas être des australopithèques attardés. Je suivis mon éminent collègue (et par la suite ami) le docteur W. C. Osman Hill dans son hypothèse (exposée dès 1945 !) selon laquelle il était possible que le *Nittaewo* de Ceylan et l'Orang pendek de Sumatra fussent apparentés aux défunts pithécanthropes de Java. J'émis pour la première fois l'idée que le plus grand des Hommes-des-neiges de l'Himalaya était vraisemblablement à rapprocher du Gigantopithèque, un singe anthropoïde géant du Pléistocène moyen de la province chinoise de Kwangi, et je supposai que les autres étaient des reliques de la faune fossile des Siwaliks, si riche en singes. Pas un instant l'idée qu'un de ces " hommes velus " pût être un homme véritable ne m'effleura : d'après toutes les informations rassemblées ils vivaient sans exception comme des animaux sauvages, n'avaient pas de langage articulé, ne connaissaient pas l'usage du feu et n'utilisaient pas d'outils. Tout au plus certains avaient-ils la réputation de lancer des pierres ou de donner des coups de bâton, mais cela, même les chimpanzés le font ! J'avais d'ailleurs délibérément éliminé de mes dossiers les êtres qui me paraissaient indiscutablement des hommes, comme les Maricoxis rencontrés par le colonel Fawcett dans le sud-ouest du Mato Grosso : s'ils étaient bizarrement velus pour des Indiens, ils ne s'en servaient pas moins d'arcs et de flèches.

Ivan T. Sanderson, avec lequel je m'étais mis à correspondre régulièrement depuis 1957, s'accordait dans les grandes lignes avec ces opinions. C'était d'ailleurs lui qui, dès 1950, avait songé le premier à voir dans l'Homme-des-neiges himalayen un rescapé de la vieille population simienne des Siwaliks.

Ainsi le climat de l'affaire changea du tout au tout quand apparut sur scène le professeur Boris F. Porchnev. Celui-ci nous racontera lui-même, dans la première partie de ce livre, comment, en janvier 1958, son intérêt se concentra soudain sur l'Homme-des-neiges à la suite de l'observation de l'un d'eux dans le Pamir. Aussi, quand la version russe, très condensée, de mon livre eut été publiée à Moscou, Porchnev, qui connaissait admirablement le français — c'est même un des grands spécialistes soviétiques de l'histoire de France — ne connut de cesse qu'il eût consulté l'édition originale de l'ouvrage. Il se mit bientôt en communication avec moi. Et ce fut le début d'une grande amitié, d'une féconde collaboration, et, pour moi, d'un enrichissement considérable de mes connaissances. En 1961, il vint pour la première fois me rendre visite à Paris, où, comme disent les journalistes — et c'était vrai en l'occurrence — nous eûmes de longs échanges de vues extrêmement fructueux, et fîmes un vaste tour d'horizon du problème. Deux ans plus tard paraissait l'admirable monographie que le savant russe devait consacrer à celui-ci après des études approfondies, à savoir Etat présent de la question des hominoïdes reliques, dans lequel il exposait ses vues personnelles.

Faut-il le dire, Porchnev et moi étions tous deux profondément convaincus de l'existence d'hommes sauvages et velus, au sens le plus large et le plus vague. Mais il y avait un point pourtant sur lequel nous ne sommes jamais parvenus à nous entendre : je voyais dans l'Homme-des-neiges de l'Himalaya un grand singe anthropoïde, et Porchnev, un homme véritable, et même très précisément un homme de Néanderthal survivant du Pléistocène récent.

A l'origine de cette divergence d'opinion, il y avait une bonne raison. Pour ma part, j'avais étudié essentiellement les rapports des voyageurs occidentaux — britanniques, français, autrichiens, suisses, italiens, américains, etc. — pour la plupart des alpinistes lancés à l'assaut des pics de l'Himalaya, à partir du versant sud-ouest de cette cordillère, ainsi que les témoignages de leurs informateurs du Népal, du Sikkim, du Bhoutan et du Cachemire. De son côté — c'est bien le cas de le dire — Porchnev avait bientôt concentré son attention sur les rapports provenant pratiquement tous de régions situées au-delà du versant nord-est de l'Himalaya : aussi bien de maints Etats de l'Union soviétique, comme le Tadjikistan, la Kirghizie, le Kazakhstan et ceux de l'immensité sibérienne, que du Tibet, du Sinkiang, de la Mongolie extérieure et de la Chine, et qu'enfin, par la suite, du Caucase, des portes mêmes de l'Europe.

Au sud de la grande chaîne de montagnes qui, soulignons-le, divise obliquement l'Asie en deux zones zoogéographiques bien distinctes (la Région Paléarctique et la Région Orientale), l'objet de mes études personnelles me donnait l'impression d'être un grand singe bizarrement bipède (mais le Gibbon ne l'est-il pas lui aussi ?). Sa tête en pain de sucre suggérait la présence d'une crête sagittale comparable au fameux « cimier » du Gorille, ou peut-être l'existence d'un toupet de cheveux hérissés comme on en voit sur la tête en noix de coco des jeunes orangs-outans. On disait aussi que le *Yéti*, comme on l'appelait au Népal, courait parfois à quatre pattes, quand il était pressé [2]. Enfin, toute une série de comportements — la manie de se gratter, celle de découvrir largement les dents par mesure d'intimidation, un goût pervers de la destruction, ou encore le fait de manifester une colère impuissante en bondissant rythmiquement sur place tout en arrachant des touffes d'herbes — tout cela me faisait penser irrésistiblement aux singes : j'en ai beaucoup observé et même élevé quelques-uns. Cependant, au nord de l'Himalaya, Porchnev relevait chez son Homme-des-neiges autant de traits qui le faisaient penser, lui, à des hommes véritables : toutes les proportions corporelles, le gros orteil résolument non opposable, une longue chevelure, un bipédisme permanent (sauf, bien entendu, en cas d'escalade de pentes très ardues).

Nous ne pouvions pas nous entendre parce que nous ne parlions manifestement pas de la même chose. C'est ce que je finis par comprendre. Pour le seul Himalaya d'ailleurs, j'avais déjà souligné dans mon livre le caractère hétérogène, et en partie déformé par la légende, de l'Homme-des-neiges prétendu, et je m'étais efforcé de montrer que trois types distincts de créatures inconnues étaient confondus. L'être étudié par Porchnev en constituait apparemment un quatrième, nettement humain, lui, et que le savant soviétique semblait avoir les meilleures raisons de considérer comme un Néanderthalien.

Ce n'est pas tout. L'affaire s'était encore compliquée en 1958. A cette époque, Ivan Sanderson avait entrepris un vaste voyage à travers toute l'Amérique du Nord en vue de la documentation de son ouvrage *The Continent We Live On*. Il était déjà en route quand plusieurs de ses correspondants, dont j'étais, lui firent parvenir des coupures de presse parlant de la découverte récente, dans les monts Klamath en Californie septentrionale, de traces de pas humains absolument énormes. L'incident était mis en rapport avec une énigme très ancienne et sur laquelle des chercheurs ca-

---

(2) Peut-être, au contraire, le *Yéti* n'est-il bipède que lorsqu'il traverse les champs de neige où l'on relève ses traces de pas. L'anthropologue américain Sidney Britton a eu l'occasion d'observer un chimpanzé qui se dressait lui aussi sur ses pattes de derrière pour déambuler dans la neige. Il est bien évident que, pour un singe anthropoïde, c'est là la meilleure façon de réduire au minimum la surface de la peau en contact avec le substrat glacé, et par conséquent le refroidissement de tout l'organisme.

nadiens comme J. W. Burns et René Dahinden peinaient depuis longtemps : il y avait des siècles que les Indiens de Colombie britannique prétendaient que des géants velus qu'ils appelaient Sasquatches vivaient dans les Montagnes Rocheuses, et divers incidents survenus à des Visages-Pâles étaient venus le confirmer. Sanderson s'empressa d'aller mener une enquête sur les lieux des nouveaux incidents, et le journaliste canadien John Green, d'Agassiz, se mit à consacrer la majeure partie de son temps à ce problème, en quoi il fut suivi peu à peu par toute une kyrielle d'amateurs enthousiastes. Une saga nouvelle prit son essor, celle du *Bigfoot* ou Grand-pied.

Les traces de pas démesurées laissées par ce géant ne ressemblaient pas le moins du monde à celles du *Yéti*. Mais, faut-il le dire, les journalistes firent bientôt de celui qui en était responsable « l'abominable Homme-des-neiges américain » ! Une nouvelle confusion naquit, à laquelle, hélas !, Porchnev donna bientôt lui-même son assentiment.

En revanche, lorsque en 1961, Sanderson publia enfin sur l'ensemble du problème la vaste synthèse que tout le monde attendait, *Abominable Snowmen : Legend Come to Life*, il proposa judicieusement de classer en quatre catégories les divers types d'hominoïdes velus signalés à travers cinq continents (ou plutôt régions zoogéographiques) :

1) Sub-humains (c'est-à-dire Néanderthaliens) ; 2) Proto-pygmées ; 3) Néo-géants ; 4) Sub-hominidés (c'est-à-dire Singes anthropoïdes).

Dans l'esprit du naturaliste américano-écossais, les Sub-humains étaient les *Almass* et autres hommes sauvages et velus d'Asie étudiés par Porchnev ; les Proto-pygmées réunissaient l'Orang pendek de Sumatra et le plus petit des Hommes-des-neiges himalayens, ou *Teh-Ima*, ainsi que les *Agogwe* d'Afrique et les *Duendes* d'Amérique tropicale ; les Néo-géants étaient représentés surtout par le *Sasquatch* alias *Bigfoot* et par le plus grand des Hommes-des-neiges ou *Dzu-teh* ; et enfin les Sub-hominidés s'incarnaient dans le *Mi-teh* ou Homme-des-neiges de taille moyenne. Certaines des attributions de Sanderson étaient assurément discutables, mais il avait au moins le mérite de clarifier considérablement une affaire qui menaçait sinon de sombrer dans la confusion.

En contraste flagrant avec le processus de fission préconisé en somme par Ivan et moi, Boris Fédorovitch s'est toujours efforcé d'opérer la fusion des diverses formes de bipèdes velus signalés çà et là à travers le monde entier. Il veut voir en elles de petites populations reliques de néanderthaliens très diversifiés du fait de leur adaptation à des conditions locales différentes.

Je lui ai souvent fait remarquer, tant au cours de nos conversations que dans nos échanges de lettres, qu'il y avait dans les divers types considérés certains traits difficilement conciliables avec l'idée d'une espèce unique. Les différences de couleur du pelage pouvaient certes être négligées : après tout, Sénégalais, Suédois, Mongols et Bushmen appartiennent bien à une seule et même espèce. Même les différences de taille pouvaient s'expliquer : en Afrique Centrale, les Pygmées Wambutti et les géants Watutsi sont des voisins très dissemblables et néanmoins aussi *Homo sapiens* les uns que les autres. On pouvait même à la rigueur expliquer peut-être par l'âge et le dimorphisme sexuel, non seulement les différences de coloration et de taille, mais aussi certaines diversités de structure. Ainsi, il avait fallu bien du temps autrefois pour qu'on s'aperçût que toutes les espèces d'orangs-outans qu'on avait décrites se réduisaient en fin de compte à trois types : de grands mâles adultes, des femelles beaucoup plus petites et des jeunes encore immatures. Cela dit, il y avait, parmi les hommes sauvages et velus, des caractères de différenciation qui trahissaient au moins la spécificité. Des adultes à la tête en pain de sucre ne pouvaient pas appartenir à la même espèce que des adultes du même sexe au front fuyant et au crâne plat. Les individus d'une seule et même espèce ne pouvaient pas laisser des traces de pas tantôt plus longues et plus étroites que l'Homme moderne, tantôt plus courtes et plus larges que lui, tantôt franchement triangulaires.

A cela, mon ami Porchnev répliquait par plusieurs arguments. Tout d'abord, disait-il, nous ne mesurons pas l'ampleur des variations individuelles et raciales de l'espèce en question, et nous ne connaissons pas encore la dynamique de son pied. Mais il ajoutait aussi que nous avions déjà tant de peine à faire croire à l'existence d'une seule espèce inconnue que nous n'arriverions sûrement jamais à faire accepter celle de toute une pléiade de sauvages poilus. Bref, il considérait que jusqu'à plus ample informé, il était plus sage de supposer, par hypothèse de travail, que nous avions affaire avec une seule et même espèce, en l'occurrence une forme relique de Néanderthaliens.

A quoi je lui répondais que cette sagesse risquait de se révéler un jour une folie que l'un de nous pourrait amèrement regretter. En fait, on parlait d'hommes sauvages et velus depuis des temps immémoriaux. La Bible et l'époque babylonienne de Gilgamesh les mentionnaient déjà. L'Antiquité classique avait eu ses Satyres et ses Sylvains, le Moyen Age ses *Wudewása* ou Hommes-des-bois. Dès la Renaissance, marquée par une exploration progressive du globe, des voyageurs en avaient observé dans maintes régions. A tel point que Linné, lui-même, avait tenu à les classer dans son *Systema Naturæ*. Seulement, la découverte successive des singes anthropoïdes — d'abord le Chimpanzé et l'Orang-outan, et bien plus tard le Gorille — devait les replonger dans l'oubli. En effet, tous ces grands quadrumanes avaient été décrits, eux aussi, à l'origine, comme des « hommes sauvages », des « hommes velus » ou des « hommes des bois ». La science du XIXe siècle crut donc expliquer, une fois pour toutes, par ses découvertes, une énigme plusieurs fois millénaire. Du coup, toutes les histoires nouvelles d'hommes sauvages et velus furent considérées soit comme le résultat de méprises, soit comme des fariboles.

Il ne fallait point que cette mésaventure se répétât. Si le premier spécimen, capturé de nos jours et dûment enregistré, se révélait par exemple un néanderthalien, le problème serait considéré comme réglé, et toutes les tentatives de rechercher actuellement un gigantopithèque, un pithécanthrope, un australopithèque, voire un singe anthropoïde inconnu seraient désormais tenues pour folles. Et si, au contraire, notre première proie reconnue était un représentant d'une espèce ignorée de singe, l'hypothèse de la survivance de néanderthaliens serait vouée plus que jamais au ridicule...

Au surplus, j'estimais que nous avions à adopter d'emblée une attitude de chercheurs scientifiques, non de diplomates. La diplomatie, qui est parfois à base de mensonges dorés, ne peut pas faire bon ménage avec la Science, vouée entièrement, elle, à la recherche de la Vérité.

D'ailleurs, Porchnev n'était pas irréductiblement opposé à l'idée de plusieurs espèces différentes. Seulement voilà, une seule l'intéressait ! Il y avait dans son point de vue un soupçon de parti pris dont il ne se défendait guère au demeurant, comme on le constatera dans son propre récit : il était uniquement entêté du problème de l'origine de l'Homme, et si l'objet de nos recherches n'avait pas été un Néanderthalien, il ne se serait jamais intéressé à la question. Bien que le problème de l'anthropogenèse fût aussi pour moi d'un intérêt capital, il est bien évident qu'en tant que cryptozoologiste je ne pouvais pas me ranger à cet avis.

Si, à mon sens, Porchnev faisait donc fausse route en ce qui concerne l'ensemble du problème, il faut reconnaître que, dans l'assimilation d'un des types de bipèdes venus à l'Homme de Néanderthal, il nous a tous devancés : il a témoigné d'un flair remarquable, d'une de ces intuitions de génie qui font les grandes révolutions scientifiques.

Car, enfin, son hypothèse avait vraiment tout contre elle. Où qu'on les eût signalés, les hommes sauvages et velus avaient toujours été décrits comme de véritables animaux, vivant comme des animaux, et privés de tout ce qui caractérise l'Homme : le langage articulé, la fabrication d'outils, l'usage du feu et la vie en société organisée. Les Néanderthaliens possédaient-ils la parole ? Sur ce point, les avis des anthropologues sont très partagés. Mais nous avons cependant de bonnes raisons de croire que ces hommes préhistoriques avaient une industrie du silex relativement grossière, mais témoignant tout de même d'une grande habileté manuelle, qu'ils se servaient de torches, qu'ils vivaient parfois par bandes groupant plusieurs familles, qu'il leur arrivait de se farder et de porter des bijoux, qu'ils inhumaient leurs morts et les comblaient d'offrandes et qu'ils portaient même un culte aux ours.

Voilà qui ne « collait » guère avec l'image d'un homme-bête. Aussi, je dois l'avouer, ai-je eu longtemps la plus grande répugnance à accepter l'hypothèse de mon ami soviétique. Il a fallu le plein déploiement de la brillante démonstration de celui-ci pour ébranler ma conviction. Et je ne me suis totalement incliné qu'au moment où j'ai eu sous les yeux la preuve concrète, irréfutable, de l'existence actuelle d'êtres anatomiquement semblables, jusque dans les moindres détails, aux Néanderthaliens d'autrefois : un spécimen en chair et en os.

N'anticipons pas. Laissons d'abord le professeur Boris F. Porchnev nous brosser, sous une forme autobiographique, un tableau d'ensemble de la question à laquelle il a consacré le plus clair de son énergie pendant quatorze ans de son existence. Puis, je raconterai moi-même, dans la deuxième partie de cet ouvrage, comment, par un coup de chance providentiel, Sanderson et moi avons été amenés à examiner le cadavre parfaitement conservé d'un des êtres en question, que j'ai ensuite passé plusieurs années à étudier.

Ainsi, le lecteur aura d'abord de la question une vue panoramique la plus large, et il sera convié ensuite à un sondage en profondeur. Que surtout il ne cède pas à la tentation de bondir par-dessus la première partie pour s'attaquer d'emblée à la seconde, sous prétexte que celle-ci traite d'une pièce anatomique palpable et mesurable, et non plus de légendes, de témoignages douteux et d'empreintes équivoques. Il ferait de la sorte une erreur regrettable, que la plupart des gens font d'ailleurs dans ce genre d'investigations : celle de réclamer avant tout un spécimen ! Un spécimen, on le verra, n'a qu'une valeur secondaire, le poids d'une confirmation a posteriori. Il est, en vérité impossible de comprendre et d'apprécier l'identification et l'étude d'un individu isolé si l'on n'a pas assimilé auparavant l'ensemble éminemment complexe du problème.

Avant de céder la parole à mon ami Boris, je voudrais toutefois souligner un autre point, non plus théorique cette fois, mais pratique et d'ordre moral, sur lequel je ne puis m'accorder avec lui, pas plus d'ailleurs qu'avec Sanderson. Tous deux préconisent pour l'avenir de notre étude de chercher par-dessus tout à nous procurer un nouveau spécimen à n'importe quel prix, fût-ce en en abattant un. Je m'élève avec véhémence contre une telle attitude. Porchnev s'en justifiera plus loin en insistant sur le fait que les créatures que nous poursuivons ne sont pas vraiment des hommes, au sens philosophique du mot en tout cas. Que cela soit ou non n'a pas la moindre importance à mes yeux.

Nous n'avons moralement aucun droit de disposer de la vie d'autres êtres, en dehors bien sûr de la nécessité vitale de nous nourrir : c'est la dure loi de la Nature, et nous ne sommes pas, hélas, des herbivores. Nous avons d'autant moins le droit de tuer qu'il s'agit en l'occurrence d'êtres intelligents et manifestement sensibles, capables de souffrances et d'émotions. Nous avons même l'obligation de les protéger, puisqu'il s'agit d'êtres rares et menacés d'extinction. Les impératifs les plus élevés de la Science ne peuvent jamais justifier le meurtre et moins encore la torture. On peut d'ailleurs douter qu'abattre une de ces créatures puisse être d'un profit considérable pour nos connaissances. Gerorge Schaller nous en a appris bien plus sur le Gorille en l'observant pendant un an dans son habitat naturel qu'un siècle de massacres et de captures perpétrées le plus souvent dans des conditions atroces.

Quant à croire que la possession d'un spécimen, constituant ce qu'on appelle « une preuve irréfutable », puisse au moins servir à convaincre enfin le monde scientifique de l'existence de ces êtres, cela témoigne d'une grande naïveté et d'une ignorance de l'histoire de la zoologie, et en particulier de l'anthropologie. La deuxième partie de cet ouvrage nous montrera une nouvelle fois que lorsqu'il s'agit d'une pièce embarrassante pour la Science, d'une pièce qui ne s'insère pas dans le cadre traditionnel des faits admis, les représentants de cette Science ne se dérangent même pas pour aller l'examiner. Seraient-ils même contraints de le faire, ils décréteraient de toute façon sur-le-champ qu'il s'agit soit d'une habile supercherie, soit d'un individu anormal. Car l'opinion ne paraît pas encore mûre pour recevoir une révélation aussi bouleversante que celle de l'existence sur notre planète d'une autre forme d'Homme.

Aussi, le mieux pour l'instant est-il sans doute d'informer le grand public et le monde scientifique afin de les sensibiliser, de les préparer à prendre conscience de cette situation. C'est même pour Porchnev comme pour moi un devoir impérieux. Brecht l'exprimait avec substance dans une de ses pièces :

« Celui qui ne sait rien et qui ne dit rien n'est qu'un ignorant, mais celui qui sait et qui se tait est un criminel ».

Bernard HEUVELMANS.

PREMIÈRE PARTIE

LA LUTTE POUR LES TROGLODYTES

BORIS F. PORCHNEV

Docteur ès sciences historiques,
Docteur en philosophie.

AVERTISSEMENT

Cette première partie est la traduction intégrale, par Cyrille de Neubourg, d'un texte russe du professeur Boris F. Porchnev, paru en 1968 dans la revue *Prostor* (Espace). Le travail a été entièrement supervisé par la principale collaboratrice de l'auteur, le docteur Marie-Jeanne Koffmann. Les rares corrections apportées l'ont été avec l'assentiment du savant soviétique. Toutefois, des sous-titres ont été ajoutés aux divers chapitres afin de rendre leur contenu plus explicite pour le lecteur.

Les notes infrapaginales sont toutes de Bernard Heuvelmans, qui en assume l'entière responsabilité.

Pour la bonne compréhension de ce texte, il est utile de préciser que le professeur Porchnev se sert toujours du terme d'hominoïde dans son sens étymologique d'« être à forme d'homme, à apparence humaine », et non dans le sens plus précis qu'il a pris conventionnellement en systématique zoologique, à savoir celui de représentant de la superfamille des Hominoïdes, laquelle comprend à la fois la famille des Pongidés ou singes anthropoïdes et celle des Hominidés.

Le professeur Porchnev utilise souvent aussi le terme de paléanthrope pour désigner un néanderthalien : le fait est que les deux mots sont interchangeables. Au seuil de ce livre, il serait bon de s'imprégner des synonymies suivantes :

— **Archantropien**, ou **Archanthrope** = **Pithécanthropien**, ou **Pithécanthrope** au sens le plus large.

— **Paléanthropien**, ou **Paléanthrope** = **Néanderthalien**, ou **Homme de Néanderthal** au sens le plus large.

— **Néanthropien**, ou **Néanthrope** = **Homme moderne**, ou Homo sapiens au sens le plus restreint.

Une dernière précision. Sous prétexte que de nos jours le nom de la vallée de Neander s'orthographie « Neandertal » et non plus « Neanderthal », comme autrefois, certains puristes entendent écrire « Néandertalien ». C'est une faute. « Homme de Néanderthal » résulte de la francisation du nom scientifique *Homo neanderthalensis*, et il est d'usage qu'une telle opération respecte l'orthographe originale de ces noms. On n'a pas à tenir compte des bouleversements philologiques ou géographiques qui ont pu survenir depuis leur création. Il est aussi injustifié, et pédant, de parler de « l'Homme de Neandertal » que de vouloir par exemple rebaptiser l'Homme de Rhodésie (Homo rhodesiensis) du nom d'Homme de Zambie. On écrira donc correctement : « L'Homme du Neandertal a été un des premiers hommes de Néanderthal connus ».

« On se moquait de moi, on ne voulait même pas prendre les choses en considération : on avait bien trop peur de passer pour un hérétique de la Science. Mais quand les faits furent devenus si évidents qu'il n'était plus possible de les mettre en doute, il m'a fallu subir quelque chose de pire que les objections, les critiques, les sarcasmes, les persécutions : je me suis buté au silence.

« On ne niait pas les faits : on ne les discutait même pas, on les plongeait dans l'oubli. Ou bien alors, on cherchait des explications encore plus insolites que les faits eux-mêmes.

« Je me souciais peu des objections, mais le refus obstiné d'étudier les faits et les verdicts d'impossibilité prononcés sans la moindre compréhension de l'affaire décuplaient ma douleur. ».

Jacques BOUCHER DE PERTHES,
Pionnier de l'étude du Paléolithique ancien.

CHAPITRE PREMIER

RÉPUGNANT ET RIDICULE

L'Homme-des-neiges devant l'opinion publique.

L'abominable Homme-des-neiges... Ce nom appelle irrésistiblement le sourire.

Pour un article dans lequel il faisait le point sur le problème, un journaliste intelligent avait trouvé ce titre subtil : *Marqué au fer rouge du ridicule*. Cette formule décrit très judicieusement l'ostracisme dont sont frappés ceux qui considèrent au contraire tout sourire comme déplacé dans ce domaine. L'article parut, bien en vain d'ailleurs, sous un autre titre, wildien celui-là, mais moins direct : *De l'importance d'être sérieux* (Litératourskaïa Gazeta, 25 juin 1966).

L'Homme-des-neiges ? Tout le monde sans exception en a entendu parler. Parfois même votre interlocuteur ajoute avec une prétention inimaginable : « Oh ! j'ai tout lu sur la question ». En somme, s'il y a un problème scientifique dont tout un chacun puisse discuter et sur lequel n'importe qui puisse donner son avis, c'est bien celui de l'Homme-des-neiges. Les gens n'hésitent pas à se demander les uns aux autres : « Et vous, vous y croyez ? »

C'est là, hélas, le lamentable aboutissement des événements qui ont précédé. Dans les journaux et les magazines populaires, des millions de gens ont en effet été informés, non par les conclusions de symposiums ou de monographies consacrés au sujet, comme c'eût été le cas pour tout autre problème scientifique, mais par des récits plus ou moins fantaisistes de rencontres dans la nature avec « quelque chose » de bizarre et d'incongru. Les lecteurs de ces sornettes ont même été invités à prendre la place des savants qui, on ne sait trop pourquoi, restait étrangement vacante. Et, bien entendu, ils ont accepté d'enthousiasme. Le cas de l'Homme-des-neiges est devenu bien vite de la compétence de tout un chacun.

S'il en est ainsi, la faute en est manifestement aux savants qui, de propos délibéré, ont ignoré la question. A croire qu'il faille donner l'autruche de la fable en exemple en tant qu'expert ! Evidemment, il n'est pas facile de fournir une expertise quand on s'est refusé à regarder, qu'on est dépassé par les connaissances. Il est bien plus aisé d'imposer la politique de l'autruche à tout le monde, comme une sorte de monopole. Que le grand public, qui est informé, lui, s'amuse donc avec ce qui lui plaît !

Pourtant, si l'on se donne la peine d'y réfléchir en toute honnêteté, on peut, sans grands efforts d'imagination, se faire une idée de l'ampleur de la révolution scientifique dont le déclenchement dépend essentiellement de cet « amusement pour adultes frivoles » qu'est, selon l'opinion la plus répandue, la recherche de l'Homme-des-neiges.

Le darwinisme a accompli sa révolution au moment où les ancêtres fossiles de l'Homme étaient encore pratiquement inconnus. C'est seulement par la suite qu'il a été possible de prouver avec quelque rigueur que, dans un passé lointain, l'Homme est descendu par une série de chaînons de quelque espèce de singe, plus ou moins semblable aux Anthropoïdes actuels. Presque toutes les formes ancestrales intermédiaires et même collatérales ont disparu. De l'arbre généalogique commun, pourtant touffu à l'extrême, peu de branches se sont prolongées jusqu'au niveau de notre temps : d'une part, quatre genres de singes anthropoïdes, qui se sont fort écartés de la forme ancestrale — le Gibbon, l'Orang-outan, le Gorille et le Chimpanzé — et, de l'autre, la seule et unique espèce humaine vivant sur la Terre — l'*Homo sapiens*. Comment s'étonner dès lors qu'un abîme ait été découvert entre-eux ?

En ce qui concerne les formes disparues, il s'est, cent ans après Darwin, accumulé une véritable montagne de leurs ossements fossilisés et des vestiges de leur mode de vie. Mais pour ce qui est de leur psychisme, quelle certitude avons-nous donc que les interprétations indirectes des anthropologues et des préhistoriens soient correctes et inébranlables ?

Or, voilà que, dans un éclair, la probabilité se fait jour que pendant un siècle nous nous sommes bel et bien trompés : une des espèces tenues pour fossiles ne s'est jamais tout à fait éteinte, elle a survécu jusqu'à nos jours et, ce qui plus est, elle apparaît comme aussi éloignée de l'*Homo sapiens* que des singes anthropoïdes. Combien d'hypothèses n'ayant que les apparences de la vérité vont s'effriter à la lumière de cette découverte, mais aussi combien de vérités insoupçonnées vont en revanche éclater au grand jour !

Si l'espèce en question est anatomiquement semblable aux Néanderthaliens, mais ne possède pas ce caractère spécifique qui différencie le langage humain de tous les systèmes de communication des animaux, nous allons enfin pouvoir serrer de près l'énigme de la parole. Or, dans l'ensemble des sciences humaines, celle-ci reste assurément l'inconnue fondamentale, comme l'était encore naguère, en physique, la structure du noyau atomique. La nature du langage humain est aujourd'hui pour nous le noyau à bombarder. Grâce au fossile survivant, nous allons pouvoir occuper une splendide position de force pour lancer l'assaut final sur le front de l'évolution biologique.

Si cette espèce ancestrale est vraiment muette, son mutisme même plaidera en faveur de certaines des hypothèses relatives à ce qui, chez l'Homme, est spécifiquement lié au langage articulé. Nous aurons la possibilité d'en étudier les prémices physiologiques, qui font défaut aux singes. Cette vérification est aussi capitale en anthropologie que la recherche expérimentale l'a été en physique pour la théorie générale. S'il se confirme que les Néanderthaliens ne pouvaient posséder de langage articulé, il ne sera plus possible désormais d'encore les qualifier d'humains. Du même coup, l'histoire de l'Homme proprement dit se trouvera considérablement raccourcie. On ne pourra plus considérer comme « Histoire » que la brève période d'existence de l'*Homo sapiens* : il ne s'agira plus de deux millions d'années, voire davantage, comme on le pense actuellement, mais à peine de quelque 35000 ans. Et même, de ces millénaires-là, une grande partie s'engloutira dans les ténébreux bouleversements de ce qui n'était qu'une « préface ». En somme, l'Histoire au sens strict se limitera aux tout derniers millénaires. Mais du même coup elle se révélera comme un processus impétueux. Non, comme un processus s'accélérant impétueusement !

Telle est la brutale avalanche que la recherche de l'Homme-des-neiges pourrait déclencher. Le mot même de « recherche » se révèle d'ailleurs chargé ici d'une nuance frivole franchement déplacée. Il ne s'agit pas de gagner un pari. L'avenir nous réserve encore bien du travail, mais aucune découverte bouleversante, aucun coup de théâtre. Car la trouvaille sensationnelle, c'est déjà du passé.

Le drame, c'est que personne ne semble disposé à nier, à réfuter tout cela. On se contente d'apposer sur tout le dossier le stigmate infâme du ridicule.

En fait, il se pourrait bien que le côté le plus brûlant de cette étrange affaire fût son aspect moral. La Science a ses problèmes ; les rapports entre les hommes de science et les obligations de ceux-ci en sont un aussi.

Dès les premiers mois de mon intérêt pour l'énigme de l'Homme-des-neiges, je me suis imposé une règle très stricte : rassembler et étaler, cartes sur table, toutes les données se rapportant à l'affaire. Jamais je n'ai cherché à faire un tri suivant ce qui m'inspirait confiance ou non. Je récoltais systématiquement tout, en me rendant compte que, s'il y avait un noyau de vérité, il apparaîtrait forcément de soi-même par suite de l'abondance du matériel d'information. Si dignes ou indignes de foi que paraissent certains témoins, il ne convient pas de prendre comme critère un degré de crédibilité qui est le plus souvent subjectif. Il faut prendre comme base la totalité de ce qui se trouve à notre disposition, à savoir, pêle-mêle, des témoignages de rencontres, de vagues rumeurs, des légendes fantastiques, des fragments d'os, des touffes de poils, des empreintes, des représentations anciennes, que sais-je encore ? On verra bien ensuite ce qui se dégage peu à peu de ce magma hétéroclite. Ainsi se sont établies et continuent de s'édifier les fondations de toute notre recherche. A ce jour, elles comprennent sept recueils (le huitième étant en préparation [3]). Appelez-les comme vous voudrez : dossiers, corpus, somme, index référentiel. Nous, nous les appelons notre « matériel d'information ». Que de travail ingrat ces recueils nous ont coûté ! Une montagne de correspondance, le souci constant de ne pas souffler inconsciemment aux informateurs ce qu'on attend d'eux, celui aussi d'empêcher qu'ils s'influencent les uns les autres. La dernière éventualité est d'ailleurs pratiquement impossible : les informations nous sont parvenues par centaines, par milliers, de régions et de pays les plus éloignés les uns des autres, et, au surplus, d'époques différentes.

Soigneusement recopiées et numérotées, ces informations émanant des gens les plus divers se suivent tout simplement dans nos recueils. Elles sont classées uniquement par zones géographiques : Népal, Sikkim, Indochine, Chine, Mongolie, Asie du Nord-Est, Amérique du Nord-Ouest, et enfin diverses régions de l'U. R. S. S. : alentours du lac Baïkal, monts Sayan, Kazakhstan, républiques d'Asie centrale, Yakoutie, Caucase. Dans l'ensemble, les matériaux seront reproduits tels quels, non remaniés, ni même commentés : en cela réside l'honnêteté primordiale de notre étude.

Dès le début en somme, la base de notre travail est pavée du souci de vérité scientifique. Prenez la peine de parcourir tout ce que nous avons pu noter dans ce qui est devenu une sorte de journal de voyage à travers l'espace et le temps, et vous constaterez qu'un même leitmotiv s'y retrouve d'un bout à l'autre : il existait autrefois, il existe encore de nos jours, certaines créatures ayant des particularités physiques parfaitement définies et des mœurs bien caractéristiques. Les milliers de témoignages réunis épousent tous le moule d'une même entité biologique.

Du côté de l'opposition, hélas, les règles du jeu n'ont pas été respectées. Aucun des chefs de file de l'anthropologie ne s'est donné la peine de lire d'affilée nos sept recueils d'information, pas plus d'ailleurs que la grosse monographie consacrée au

---

(3) Quatre seulement ont été imprimés et publiés à ce jour.

problème par — ô horreur ! — un « non-anthropologue ». Et, par la même occasion, le stigmate du ridicule a été apposé sur tous les zoologues et anatomistes qui ont eu l'impudence de se joindre à nous pour rincer chaque grain d'information dans les sept eaux de la pensée biologique. Pour justifier une telle attitude, on prétend que tout cela ne vaut pas la peine d'être lu, que ce n'est qu'un tissu de mensonges et de fariboles, une gigantesque mystification.

Avec son sens commercial américain, l'écrivain-zoologiste Ivan T. Sanderson a calculé combien de millions de dollars il en eût coûté à quelque gigantesque consortium occulte, de corrompre, au cours de nombreux siècles, ces témoins innombrables, éparpillés sur la planète tout entière. Et ce pour aboutir en définitive à quel résultat ? A mystifier de nos jours quelques savants ?

Bon, dans ce cas toutes ces histoires relèvent du pur folklore ! Le cercle est bientôt fermé : ceux qui se donneraient la peine de parcourir nos recueils auraient tôt fait de constater qu'il n'y est guère question de mythes et de légendes, mais on préfère ne pas s'informer. Il est tellement moins fatigant d'admettre que quelques « non-anthropologues » ont assemblé un florilège de contes de bonnes femmes et qu'ils les ont naïvement pris pour de l'argent comptant...

En fait, on trouve dans notre matériel d'information un faisceau de preuves amplement suffisant du point de vue de la stricte logique. Notre étude a fait bien du chemin depuis le temps où elle posait simplement la question initiale : — Ce « quelque chose » existe-t-il ou non ? Aujourd'hui nous savons ce que c'est sans même avoir dû en capturer un, tout comme, dans le domaine de la physique, le théoricien suisse Paoli a découvert et défini le neutrino trente ans avant qu'on ait pu le capter [4]. Nous comprenons à présent pourquoi la solution du problème était au-dessus des forces du XIXᵉ siècle et de la première moitié du XXᵉ : il faut pour le résoudre les conceptions zoologiques et anthropologiques les plus récentes, les procédés techniques les plus modernes, et enfin des moyens d'organisation dont seul un Etat peut disposer.

En attendant, une lutte d'un autre genre doit se livrer. Il faut coûte que coûte sensibiliser l'opinion publique et réclamer son soutien. C'est pourquoi, d'ailleurs, je m'apprête ici à faire lever le rideau.

Ce texte est un plaidoyer. C'est une tentative de décrire le lent cheminement de nos investigations : les doutes, les énigmes et leurs solutions, les personnages et leurs méditations. Il me faut ici exposer le fond du problème de la façon la plus claire possible, et aussi la plus attrayante, afin qu'on me lise jusqu'au bout. Je ne pourrai, cela va de soi, m'en tenir qu'à un strict minimum de faits. Après quoi, tout un chacun pourra tirer ses propres conclusions en disposant d'une information de première main. Je fais appel au bon sens de tous. Dès l'aube, Galilée et Descartes ont vivement engagé les hommes à se servir de leur raison...

---

(4) Bien plus classique, dans le domaine de l'astronomie, est l'exemple de la découverte de la planète Neptune par Jean-Joseph Le Verrier. En juillet 1846, l'astronome français avait établi par le calcul que certaines irrégularités de la trajectoire d'Uranus devaient être dues à la présence d'une planète située au-delà, et dont il pouvait fixer rigoureusement la position à une date déterminée. Le 23 septembre suivant, à l'observatoire de Berlin, Galle eut la curiosité de braquer son télescope sur le point indiqué : la planète hypothétique s'y trouvait. Le Verrier avait calculé avec précision la masse de celle-ci, ainsi que la forme et les dimensions de son orbite.

Chapitre II

Rencontres Inattendues

La jonction des données de l'Himalaya et de la Mongolie,
du Présent et du Passé.

Il arrive parfois qu'une idée scientifique nouvelle naisse de la rencontre de deux données tout à fait indépendantes, comme une étincelle jaillit entre deux fils électriques qui se touchent par hasard. Et la vérité se trouve souvent au point d'intersection de deux pistes bien distinctes.

Au début, je n'accordais pas grande importance à tout ce que je lisais sur l'Homme-des-neiges de l'Himalaya. Je n'arrivais pas à imaginer comment, dans un milieu si inhospitalier, une telle créature pouvait se procurer sa nourriture, qu'elle fût végétale ou carnée. En fait, je ne me suis mis à m'intéresser à la question qu'à l'instant mémorable où une étincelle jaillit de la confrontation — d'ailleurs discutable et non capital, comme il devait se révéler par la suite — d'un détail donné sur l'Homme-des-neiges et d'un aspect de mes études passées sur l'interaction entre les hommes préhistoriques et leur milieu naturel. *Kyik*, le Bouquetin, le Bouc des montagnes. C'est de lui que tout est parti.

A la fin de 1957, l'hydrologue A. G. Pronine avait déclaré à la presse qu'il avait vu un homme-des-neiges de loin, au Pamir, dans la vallée de Baliand-Kyik. Ce nom signifie la vallée des mille bouquetins. Or, deux ans auparavant, j'avais achevé une étude sur les ressources alimentaires des néanderthaliens fossiles qui avaient vécu dans une caverne trouvée par les préhistoriens soviétiques à Techik-Tach, en Asie centrale. Il y avait là-bas une quantité énorme d'ossements de bouquetins. Après avoir soigneusement étudié la biologie de ces Ongulés et leur rôle dans l'écologie locale, j'étais arrivé à la conclusion, au grand ahurissement des préhistoriens, que les néanderthaliens étaient parfaitement incapables de tuer ces acrobates des défilés montagneux, même en les poussant à se précipiter dans le vide. Quoi ! Les effrayer dans leur milieu familier au point de leur faire faire un faux pas ? Autant vouloir faire tomber un aigle du ciel en lui criant : « bouh ! ». Toute leur physiologie héréditaire met de toute évidence les bouquetins à l'abri d'un saut fatal.

Autre chose m'était aussi apparu : la Panthère, le vrai tueur expert de bouquetins, en massacre bien plus qu'elle ne peut en consommer. Dans son « domaine de chasse », plusieurs espèces d'oiseaux rapaces et de carnivores participent aux agapes. Le seul problème pour le néanderthalien était de devancer ses concurrents et de les écarter, ce qui n'était pas difficile. Chaque carcasse ou ce qui en restait était donc transporté au plus tôt dans la caverne. A l'endroit même des fouilles, ni des dents ni des ongles comme les nôtres n'auraient pu transformer un cadavre de bouquetin en nourriture consommable : seules les pierres débitées de façon particulière en éclats permettent de couper et de racler la peau, les os ou les tendons. Quand la viande faisait défaut, on fouillait les broussailles avoisinantes, chargées de baies, on déterrait des racines sur les flancs des coteaux. Cette reconstitution du milieu alimentaire des hommes de Techik-Tach n'était qu'un épisode, un chaînon, dans le cycle de mes études.

Il se révéla de façon analogue que les néanderthaliens ne tuaient pas non plus les ours des cavernes, mais les connaissaient si bien, pour les avoir fréquentés de près, qu'ils s'appropriaient aussitôt toute la masse de nourriture potentielle que ces animaux léguaient à la région en mourant.

Pour des périodes plus anciennes, j'ai pu démontrer que les rivières puissantes de l'époque glaciaire charriaient en fait vers les bas-fonds, les bancs de sable et les estuaires, une énorme biomasse de cadavres d'ongulés, dont s'emparaient les pithécanthropiens, très spécialisés dans ce travail de récupération.

Tout cet ensemble d'études s'inscrivait harmonieusement dans une synthèse plus vaste selon laquelle les prédécesseurs fossiles de l'*Homo sapiens* n'étaient nullement des êtres humains, mais des animaux, des charognards à nos yeux répugnants, antipathiques jusqu'à inspirer l'effroi, mais brillamment adaptés à la crise difficile que la nature terrestre traversait en période glaciaire.

De tout cela, seul un point infime étincela sur l'écran de ma conscience, quand passa sous mes yeux la maigre information relative à l'Homme-des-neiges du Pamir. Les Techik-Tachiens avaient vécu autrefois dans une vallée où les bouquetins pullulaient. Peu importe que, de nos jours, au Pamir, il reste très peu de boucs dans la « vallée des mille bouquetins », le nom même du lieu témoigne d'une abondance passée. Le bipède velu entrevu par Pronine ne se serait-il pas aventuré là-bas, poussé par quelque instinct ancestral, ou peut-être en remontant aux sources obscures de ses propres souvenirs, datant de quelques décennies ? Mon association d'idées d'inspiration écologique fut encore avivée par une description de la vallée de Baliand-Kyik, parue dans la presse : buissons chargés de baies diverses, abondance de terriers de marmottes.

L'étincelle d'une telle association d'idées n'a évidemment en soi aucune force de persuasion scientifique. Mais, dans mon for intérieur, elle avait mis le feu aux poudres qui couvait depuis longtemps : depuis l'apparition sur terre de l'Homo sapiens, les Néanderthaliens s'étaient-ils rapidement éteints, ou avaient-ils lentement dégénéré ? Et si, par hasard, ils n'avaient pas tout à fait disparu...

A partir de ce moment-là, je me suis mis à m'intéresser diablement à l'Homme-des-neiges !

Tout ce que je pouvais apprendre dans la presse sur le *Yéti* de l'Himalaya — témoignage des Sherpas ou des lamas des monastères bouddhistes, descriptions de traces de pas, « scalps » présumés, restes de repas, excréments, informations quant à sa répartition sur les diverses chaînes montagneuses aboutissant à l'Himalaya — tout cela nécessitait, pour être contrôlé, une nouvelle série. Même en tenant compte du rapport de Pronine en provenance du Pamir, l'affaire, malgré l'immensité inimaginable des espaces impliqués, était tout de même localisée, puisque centrée sur un même système montagneux. Ce n'est que par la suite que j'ai compris avec quelle impatience j'attendais en fait du nouveau : une jonction avec une piste tout à fait indépendante, une confrontation absolument inespérée.

Et voilà qu'un jour un petit garçon m'a demandé : « Et ces *almass* du livre de Rosenfeld *Le Défilé des almass*, n'ont-ils rien à voir avec l'Homme-des-neiges ? ». Tout le mérite d'une grande découverte revient à ce garçonnet. Par acquit de conscience, je feuilletai le roman de science-fiction en question, une histoire quelque peu décousue publiée en 1936 [5]. On y trouve, entre autres, un personnage de savant mongol, nommé Jamtsarano, qui tente de percer l'énigme de ces *almass*. Etait-ce un personnage fictif ? Je découvris alors que peu auparavant, en 1930, le même auteur, M. K. Rosenfeld, avait publié un reportage authentique intitulé *En auto à travers la Mongolie*. Le même professeur Jamtsarano y apparaissait. On citait même des extraits de ses rapports sur ces créatures extraordinaires, sortes d'hommes sauvages qui vivaient vraiment en Mongolie. Le savant en question avait recueilli de nombreux renseignements sur ces êtres auprès du professeur bouryate Baradyine relatif à sa propre rencontre avec un de ces *almass*.

La Mongololologie étant bien éloignée de ma compétence, je conservais encore quelques doutes quant à l'existence réelle de ce Jamtsarano et de ce Baradyine, mais des spécialistes me rassurèrent et dissipèrent mon ignorance. Oui, le professeur Tsyben J. Jamtsarano était bien un savant mongol éminent, et un savant de réputation mondiale par surcroît. C'est même lui qui avait fondé l'Académie des sciences de la Mongolie extérieure.

Parfait. Mais où trouver des informations sur ces *almass* sous une forme plus complète et plus détaillée que dans le récit de voyage de M. K. Rosenfeld ? Les efforts de la veuve de celui-ci pour retrouver son journal de voyage, avec l'espoir d'y découvrir de plus amples renseignements, restèrent vains. Quant à Jamtsarano lui-même, on m'apprit qu'il était, lui aussi, décédé et qu'au surplus ses archives avaient disparu. Seulement, il avait eu des disciples. Parmi les plus proches, on citait le professeur Rintchen, de l'Académie des Sciences mongole, auquel j'écrivis sur-le-champ. Sa réponse me parvint enfin d'Oulan-Bator. « Oui, me disait le docteur ès sciences philologiques Rintchen, vous ne vous êtes pas trompé : je suis en effet le seul homme encore vivant qui soit tout à fait au courant des recherches brutalement interrompues du très respecté professeur Jamtsarano sur les *almass* de Mongolie. Je connais aussi tous les détails de l'observation du professeur Baradyine, qui n'ont en fait jamais été publiés ». Mon dernier entretien avec lui sur de sujet s'est déroulé à Léningrad en 1936 (Planche 4)

Tout ce que j'ai pu réunir sur la rencontre de l'explorateur Badzar B. Baradyine, au demeurant un orientaliste soviétique distingué, a été publié par la suite en ces termes : « Cela s'est passé en avril 1906 dans le désert d'Alachan, au camp de Badyn-Djaran. Un soir, peu avant le coucher du soleil, alors qu'il était temps de faire halte pour la nuit, le guide de la caravane poussa soudain un cri d'effroi. La caravane s'arrêta net, et tout le monde put voir, sur une colline de sable, la silhouette d'un homme velu, qui ressemblait à un singe. Courbé en avant, ses longs bras ballants, il se tenait debout sur la crête sableuse, illuminé aux feux du soleil couchant. Pendant une minute environ, il contempla les êtres humains, puis il tourna les talons et disparut parmi les dunes.

« Baradyine demanda aux guides de le poursuivre, mais aucun d'entre eux ne se décida. C'est un lama D'Ourga, Chirab Siplyi, un véritable athlète faisant partie de la caravane, qui s'élança à la poursuite de l'*almass*, comme l'appelaient les Mongols : il se croyait en effet capable de lutter en corps à corps avec lui et de le terrasser. Mais avec ses lourdes bottes mongoles, Chirab n'était pas parvenu à rattraper l'*almass* qui avait bientôt disparu au-delà d'une *barkhane* (dune).

---

(5) Et portée à l'écran, en 1937, par V. A. Schneiderov.

« Cette inestimable observation de B. B. Baradyine provoqua le plus vif intérêt dans les milieux russes cultivés, mais on n'en discuta jamais que de vive voix. En effet, dans le compte rendu même de son voyage, qui devait être publié en 1908, Baradyine fut obligé, « pour éviter un scandale », de supprimer le récit de cet incident, sur les instances du président de la Société impériale de Géographie, S. F. Oldenburg, secrétaire perpétuel de l'Académie impériale des Sciences [6]. Ainsi, la science officielle conservatrice enterra proprement une découverte tout à fait remarquable ».

Soit dit en passant, c'est précisément cette même année 1906 que, par le plus grand des hasards, le naturaliste anglais Henry Elwes fit la même découverte au Tibet. Lui aussi avait observé un individu vivant. Et sa révélation devait connaître un destin très semblable. Le manuscrit d'Elwes où la rencontre était décrite et qui contenait des renseignements détaillés sur l'aspect de cet être anthropoïde, ses traces de pas et les lieux qu'il hantait, passa pour la dernière fois entre les mains de certains savants anglais et de parents d'Elwes peu avant la Première Guerre mondiale. Après quoi, il se perdit ...

Bref, si, au début du XXe siècle, l'humanité était prête pour une révolution dans le domaine de la physique, elle ne l'était pas encore sur le terrain de l'anthropologie. Çà et là, des signaux s'allumaient en vain. Il est toutefois d'une grande importance qu'ils aient étincelé à ce moment-là, et que des personnalités telles que Baradyine et Elwes aient déjà, à cette époque, pu voir ce qui était encore inconcevable, avec des yeux de naturalistes. Nous verrons plus loin que, dans les années 80, le célèbre Nicolas M. Prjevalsky en avait été, quant à lui, totalement incapable.

Le grain de vérité décelé n'avait quand même pas été complètement perdu. Badzar Baradyine avait relaté l'incident à son ami Jamtsarano, avec d'autant plus d'insistance que ses compagnons mongols lui avaient expressément dit que rencontrer un *almass* était aussi rare que de rencontrer un cheval sauvage [7] ou un yak sauvage. Pendant des années, Jamtsarano prépara une expédition. Vers où et avec quel objectif ? Aux dires de l'académicien Rintchen, Jamtsarano avait interrogé un grand nombre de Mongols. Chaque témoignage de rencontre avec un *almass*, depuis la fin du XIXe siècle jusqu'à 1928, avait été porté sur une carte géographique spéciale. « Il faut préciser, écrit Rintchen, que nous indiquions toujours en marge le nom des informateurs. C'étaient pour la plupart des caravaniers et des moines itinérants qui, en traversant ces régions, y avaient entendu parler de ces étranges créatures ou les avaient vues eux-mêmes, ou bien encore en avaient relevé des traces de pas ».

La date de l'observation était également notée chaque fois. Jamtsarano avait imaginé la méthode suivante : chaque témoin était invité à décrire l'aspect de l'*almass* rencontré, et le peintre Soëltaï, par la suite collaborateur du Comité des Sciences de la République de Mongolie, assistait à l'interrogatoire et transposait la description donnée sous forme d'images en couleur. A la longue se dessinait ainsi de chaque créature observée un « portrait robot » avant la lettre.

Hélas ! Ni ces dessins ni la carte ne sont parvenus jusqu'à nous. Un de ceux qui participaient à l'enquête, l'académicien Dordji Merren, résuma néanmoins comme suit le bilan des recherches portant sur l'aire de distribution : « Au début de la quatorzième sexagennie

---

(6) Sergeï Fedorovitch Oldenburg (1863-1934) est un célèbre orientaliste russe dont les travaux sur le bouddhisme, la littérature ancienne de l'Inde et le folklore des peuples de l'Extrême-Orient font toujours autorité. Resté en fonction après la Révolution, il devait demeurer le secrétaire perpétuel de l'Académie impériale des Sciences de l'U. R. S. S. jusqu'en 1929.

(7) Il s'agit du *takhi* des Mongols, le seul cheval véritablement sauvage, dont la découverte par l'Occident, en 1881, devait immortaliser le nom apparemment difficile à prononcer de l'explorateur Prjevalski. Il est heureux dans un sens que le brave colonel russe n'ait pas été mieux avisé, car sinon nos manuels ne comprendraient pas seulement un Cheval de Prjevalski (*Equus przewalskii*) mais aussi un Homme de Prjevalski !

[du calendrier mongol, à savoir la période 1807-1867], les *almass* s'étendaient encore jusqu'aux confins méridionaux de Khakha, dans le Galbin Gobi et le Dzakh Soudjin Gobi, ainsi qu'en Mongolie intérieure ; ils étaient très nombreux dans les territoires de campement du khochoun des Ourates du Milieu, de la confédération d'Oulan-Tchab, dans le Gourban Bogdin Gobi, dans le Chardzyn Gobi du *khochoun* d'Alachan, au Badyn-Djaran, et en bien d'autres lieux [8] ». Par la suite, toujours d'après Dordji Meïren, leur nombre a bien décru et, vers la fin de la quinzième sexagennie (1867-1927), on n'en trouvait déjà plus guère que dans le désert de Gobi et dans la province de Kobdo (ou Khovd). Les chercheurs mongols ont dû en conclure que l'aire de distribution des *almass* s'est rapidement rétrécie : en fait, ils sont en voie de disparition.

De son côté, l'académicien Rintchen a condensé en ces termes le résultat des enquêtes sur l'aspect extérieur de l'*Almass*, ou, comme disent les lettrés, le *Kümün görügesü*, c'est-à-dire l'« homme sauvage [9] » :

« Les *almass* ressemblent fort à l'homme, mais leur corps est couvert d'un poil roussâtre. Celui-ci n'est pas du tout serré : la peau reste visible à travers les poils, ce qui n'est jamais le cas chez les bêtes sauvages de la steppe. Leur taille est semblable à celle des Mongols, mais ils se tiennent légèrement voûtés et marchent avec les genoux à demi fléchis. Leurs mâchoires sont massives et ils ont le front bas. Leurs arcades sourcilières sont proéminentes par rapport à celles des Mongols. Les femmes ont de si longues mamelles que, lorsqu'elles s'asseyent par terre, elles peuvent se les jeter par dessus les épaules pour allaiter leur petit *almasson* debout derrière elles. [Et par conséquent le nourrir aussi, agrippé à leur dos, quand elles marchent. (B. P.)]. »

Ces traits peuvent être complétés par certaines indications — pieds légèrement tournés en dedans, course extrêmement rapide, incapacité totale de faire du feu — auxquelles il faut ajouter la description de diverses habitudes caractéristiques.

Un résumé tout à fait analogue a été fourni par Dordji Meïren, qui ajoute que certains monastères de Mongolie conservent les dépouilles d'*almass* et qu'il en a d'ailleurs vu une lui-même : « Les poils étaient roussâtres et ondulés, et plus longs qu'ils ne le sont jamais chez l'Homme. La peau de l'*almass* avait été enlevée après avoir été incisée tout le long de l'échine, en sorte que la poitrine et le visage étaient restés intacts. La face était imberbe, avec des sourcils touffus, et il y avait de longs cheveux en broussaille sur la tête. Aux doigts et aux orteils, les ongles s'étaient conservés et ressemblaient à ceux d'un homme ».

Ces textes, aux termes soigneusement pesés, sont le fruit d'un long travail opiniâtre accompli par l'école scientifique mongole naissante, alors qu'elle n'était pas encore scindée en diverses disciplines.

En plus de ceux dont les noms ont déjà été mentionnés, quelqu'un d'autre participait aux investigations en Mongolie. C'est Andreï Dimitrievitch Simoukov. Il avait fait partie des dernières expéditions du célèbre explorateur éminent de la Mongolie. C'est lui et Rintchen, encore jeune à l'époque, qui avaient été choisis par le professeur Jamtsarano pour partir à la recherche des *almass* dans les déserts mongols. Le départ avait été prévu pour 1929. Le Comité des Sciences annula cette expédition.

---

(8) Ce texte demande quelques éclaircissements que mon ami l'académicien Rintchen a eu l'amabilité de me fournir. *Khalkha* (tampon) est le nom des Mongols du Nord, mais aussi celui de leur territoire, c'est-à-dire actuellement la Mongolie extérieure ou République Populaire de Mongolie. Le Galbin Gobi et le Dzakh Soudjin Gobi sont des régions du Gobi méridional appartenant à cette république. Les Ourates sont un clan limitrophe des confins méridionaux du Gobi. Ils se répartissent en trois *khochouns* (préfectures) : celles des Ourates de l'Ouest, du Milieu et de l'Est. Ces diverses préfectures des Ourates, ainsi que celles d'Alachan, englobent au nord une partie du Gobi méridional. Le Gourban Bogdin Gobi et le Chardzyn Gobi sont des régions du Gobi appartenant à la Mongolie du Sud ou Mongolie intérieure (Région Autonome de la République Populaire de Chine).

(9) Cela se prononce khoun gorouèssou. C'est de ce même mot khoun (homme) qu'est venu le terme francisé de hun. Comme la plupart des peuples du globe, les Huns s'appelaient eux-mêmes « les hommes ».

Simoukov connaissait évidemment, aussi bien que les autres, l'abondance des données préparatoires. Par la suite, à l'occasion de voyages personnels, il continua d'accumuler de la documentation sur les *almass* et, en particulier, sur les traces de leurs pas. Puis, une nouvelle fois, tout s'abîma dans l'oubli. Simoukov périt, et ses notes scientifiques furent utilisées, sans même que son nom fût mentionné, pour une thèse de doctorat d'un autre géographe, qui — ingratitude suprême ! — devait par la suite jeter l'anathème sur la question des *almass*...

En 1937, s'éteignirent ainsi les dernières flammèches du petit brasier allumé précocement en Mongolie. Les protagonistes avaient péri les uns après les autres.

Ma lettre, toutefois, réveilla les souvenirs et l'immense énergie du seul survivant, l'académicien Rintchen. Laissant un instant en suspens l'ordre chronologique, qu'il me soit permis de lui adresser ici quelques louanges. Rintchen est aujourd'hui un magnifique vieillard, aux énormes moustaches pendantes à la Mongole, toujours vêtu de la chatoyante robe nationale. Grand érudit, il assimilé diverses cultures occidentales, ainsi que les cultures russe et mongole, et il est considéré comme un orientaliste de tout premier plan. Malgré ses activités multiples et le large éventail de ses préoccupations, il a toujours trouvé le temps et la force de s'occuper des *almass*, depuis 1958 jusqu'à nos jours. L'explosion mondiale d'intérêt pour l'Homme-des-neiges avait arraché la curiosité mongole à son isolement. Dès 1958, Rintchen publia dans le magazine *Sovremennala Mongolia* (la Mongolie Contemporaine) un article qu'il intitulait de manière significative : *Un parent mongol de l'Homme-des-neiges ?* Et la pensée se mit, grâce à lui, à travailler dans un esprit biogéographique. L'aire de distribution des *almass* en Mongolie coïncidait de toute évidence avec les derniers bastions d'autres espèces de mammifères sauvages en voie de disparition, à savoir le Cheval sauvage, le Chameau sauvage et le Yak sauvage.

Au cours de ces dernières années, l'académicien Rintchen et ses collaborateurs ont déployé des efforts considérables pour recueillir, auprès de la population locale, des témoignages nouveaux sur les *almass*. Il se révéla ainsi que, dans le Gobi, de petits almassons avaient été vus à plusieurs reprises, tantôt seuls, tantôt avec leur mère. (Voilà qui était important au point de vue biogéographique, puisque cela indiquait la présence d'une aire de reproduction.) Pris dans un piège, un adolescent velu avait été relâché par pitié. Des chasseurs d'origine étrangère s'étaient mis à tirer sur un *almass*, lequel s'était éloigné calmement en regardant avec curiosité les points d'impact des balles sur le sol. Les compagnons mongols des chasseurs étaient intervenus à temps pour les empêcher de blesser la créature. Des mâles et des femelles avaient aussi été rencontrés. Et il y avait même un endroit appelé Almasin Dobö (Tumuli des *Almass*) où l'on trouvait leurs tanières abandonnées.

La série de notes sur les rencontres, réunies par les ethnographes Tsoödol, Damùdine et Rintchen, pourrait à elle seule remplir tout un volume. Des éleveurs, des chasseurs, de jeunes écoliers, des personnes souvent instruites et occupant des postes élevés, tous ont apporté leurs informations personnelles et leurs descriptions. L'essentiel toujours s'est confirmé, tandis que les détails étaient infiniment diversifiés, surprenants, peut-être, mais néanmoins prosaïques. (planche 6).

Et voici enfin un passage d'une lette que m'a adressée le président de l'Académie des Sciences mongole, B. Chirendyb : « Je tiens à vous informer que l'Académie de la République Populaire de Mongolie, qui accorde la plus grande importance au problème des *almass*, s'efforce depuis trois ans de réunir sur eux les informations les plus diverses, des photos et d'autres documents, et consacre à ce genre de recherches tous les moyens nécessaires ».

Un éminent biologiste darwinien, le professeur G. P. Démentiev, qui figure depuis long-temps au tableau d'honneur de la zoologie soviétique, s'est associé à son collègue mongol, le professeur D. Tsévegmid, pour brosser le portrait supposé de ce qu'on appelle, en défi-nitive bien improprement, les Hommes-des-neiges :

« Ce sont des animaux puissants, aux épaules larges et aux bras longs. Contrairement à ce qu'affirmait Prejvalsky, ils n'ont pas de griffes aux doigts, ni aux orteils, mais bien des on-gles. Voilà pourquoi, aux dires des Mongols, les traces de pas des *almass* se distinguent si nettement de celles des ours : il n'y a pas d'empreintes de griffes, et la disposition, ainsi que les proportions, des orteils est plutôt semblable à celle des Anthropoïdes, ce qui s'accorde avec les données des explorateurs anglais de l'Himalaya.

« Leur pelage est brun ou gris (contrairement aussi à ce que disait Prejvalski à ce su-jet), assez clairsemé et particulièrement rare sur le ventre. Les cheveux qui couvrent la tête de l'animal sont très abondants et d'une teinte plus foncée que sur le reste du corps. Les femelles se reconnaissent à leurs mamelles extrêmement longues.

« Il est difficile de donner avec précision les dimensions générales de ces animaux : elles sont à peu près les mêmes que chez l'Homme. La locomotion est principale-ment bipède, mais il arrive qu'elle soit quadrupède. Le mode de vie est nocturne (ce qui fait penser aussitôt à l'*Homo nocturnus* de Linné).

« Craintif, méfiant, nullement agressif, l'*Almass* paraît peu sociable. Sa nourriture est à la fois végétale et animale, composée surtout, à ce dernier égard, de petits mammifères. L'*Almass* n'a pas de langage articulé : il serait bien incapable de prononcer la moindre pa-role. Il ne possède aucune industrie, pas plus l'usage du feu que celui de quelque outil.

« Dans leur ensemble, tous ces traits semblent d'un très grand intérêt, mais ils de-mandent bien sûr confirmation [10] ».

Il y a là, en effet, bien des choses à vérifier, à discuter, à préciser, à compléter. Mais revenons-en plutôt à mon récit. J'en étais resté au moment où, en 1958, un deuxième train d'informations était entré dans mon champ visuel, parfaitement indépendant des données sur l'Homme-des-neiges de l'Himalaya, mais sans aucun doute paral-lèle. C'est alors seulement que la certitude se fit en moi que « quelque chose » exis-tait vraiment en dehors de nous, « quelque chose » de tout à fait particulier. L'idée ne m'était pas encore venue jusqu'alors que l'Homme-des-neiges et l'*Almass* n'étaient pas simplement des créatures analogues, mais bien de mêmes êtres ayant une vaste distribution géographique en Asie centrale et se livrant peut-être à d'am-ples migrations d'un bout à l'autre du continent. Le parallélisme avait suffi pour transformer une simple hypothèse en certitude scientifique.

Je m'empressai de rédiger un rapport sur la source d'information mongole, inopiné-ment découverte, et qui posait les bases d'une généralisation scientifique. Je la pré-sentai à la Commission spéciale pour l'étude de la question de l'Homme-des-neiges, auprès du Præsidium de l'Académie des Sciences de l'U. R. S. S. Et je fis paraître un article à ce sujet dans la *Komsomolskaïa Pravda* du 11 juillet 1958.

Les descriptions des *almass* consolidaient de manière surprenante mon hypothèse de la survivance possible de néanderthaliens.

Je le soulignai dans mon rapport comme dans mon article : le même diagnostic devait être appliqué au résumé du docteur Rintchen. " L'anthropologie, écrivais-je, a depuis lontemps établi, d'après l'étude des ossements fossiles, que parmi les Hominidés préhistoriques, ce sont justement les Néanderthaliens qui se tenaient voûtés, avaient les bras pendant plus bas

---

(10) Une traduction française de l'article de Démentiev et Tsévegmid a été publiée dans le numéro de novembre-décembre 1962 de la revue *Science et Nature*. A cause de son caractère approximatif et de quelques incorrections, nous lui avons préféré une traduction nouvelle.

que chez l'Homme moderne, des arcades sourcilières saillantes, un front bas et fuyant, des mâchoires massives. Le squelette des néanderthaliens indique aussi qu'ils se déplaçaient avec les genoux légèrement ployés. Il est bien évident qu'aucun anthropologue n'avait pu suggérer tous ces traits aux professeurs Jamtsarano et Rintchen, ou plus exactement à leurs modestes informateurs. Les données anatomiques ont simplement coïncidé de façon très précise, voilà tout. »

Cependant, de leur côté, les anthropologues ne pouvaient pas connaître des Néanderthaliens, ce qui avait pourri dans la terre : avant tout, la peau couverte de poils, mais sans duvet, ce qui distingue en effet les Primates de la plupart des animaux à fourrure, puis le développement considérable des mamelles qui, comme la station verticale, distingue nettement les *almass*, comme les êtres humains, de tous les singes connus.

Un triangle s'était ainsi formé : *Yéti*, *Almass*, Néanderthalien. L'épithète « des neiges » fut rejetée comme impropre, puisqu'on observait les *almass* dans des déserts herbeux et parmi les buissons de saxaoul. Et la notion anatomique de Néanderthalien dut être disjointe de la notion archéologique de culture moustérienne, puisque les *almass* et les *yétis*, bien que capables de lancer ou de transporter des pierres, n'en fabriquaient pas d'outils.

Une autre rencontre inattendue se produisit alors, cette fois entre l'actualité brûlante et le lointain Moyen Age.

Vers la fin du XIVe siècle, un soldat bavarois du nom de Johann Schiltberger avait été fait prisonnier par les Turcs. On l'avait d'abord envoyé chez Timour Lang (Tamerlan), puis auprès de la Horde d'Or, en tant que présent destiné au khan Edigheï, alors en Mongolie. Schiltberger parvint néanmoins à rentrer chez lui en 1427, et il rédigea alors une relation de ses voyages, où l'on trouve le passage significatif suivant :

« Sur la chaîne des monts Arbouss [à l'extrémité orientale du Tian-Chan] vivent des hommes sauvages qui n'ont pas de demeures fixes. Leur corps est entièrement couvert de poils, sauf sur les mains et le visage. Ils errent dans les montagnes comme d'autres animaux, et se nourrissent de feuilles et d'herbes, et de tout ce qui leur tombe sous la main.

« Le souverain du pays en question a offert deux de ces hommes sauvages au khan Edigheï — un homme et une femme qu'on avait capturés dans les montagnes — ainsi que trois chevaux sauvages, pas plus grands que des ânes et qui vivent aussi au pied de ces hauteurs ».

Des chevaux de Prjevalsky ! Et des *almass* néanderthaliens ! Schiltberger soulignait le fait qu'il avait vu tout cela de ses propres yeux...

Ainsi donc se trouvait réalisé un sondage de contrôle vertical dans un passé vieux de cinq siècles. Des néanderthaliens vivaient encore à cette époque, pas de doute possible.

Voici, d'autre part, un contrôle fait à l'extrémité opposée de l'échelle chronologique, c'est-à-dire au niveau du temps présent.

Le chef d'atelier d'une usine de Moscou, G. N. Kolpachnikov, se demandait si un étrange incident dont il avait gardé le souvenir ne pourrait pas être de quelque intérêt pour la science. Il réclama conseil à ce sujet à son organisation locale du Parti, qui me l'adressa. Et me voilà bientôt chez lui, à noter ses mots choisis avec soin.

Au cours des combats contre l'agression japonaise déclenchée en 1937, Kolpachnikov était le chef du service des renseignements d'une unité soviétique en Mongolie orientale [11]. Une nuit, près de la rivière Khalkhin-Gol, il fut appelé auprès du détachement voisin. Les sentinelles avaient aperçu deux silhouettes qui descendaient le long d'une crête. Les prenant pour deux éclaireurs ennemis, elles les avaient abattues toutes deux après les sommations d'usage. On s'était alors aperçu que c'étaient des sortes de singes.

Parvenu à l'aube, en auto blindée, sur les lieux mêmes de l'incident, Kolpachnikov, après avoir examiné les deux cadavres recroquevillés sur le sol, avait, comme il dit, « éprouvé une sorte de gêne ». En effet, ce n'étaient pas des ennemis qui avaient été abattus, mais des bêtes d'aspect étrange. Il savait très bien qu'il n'y avait pas de singes anthropoïdes en République Populaire Mongole. Mais alors qu'était-ce ?

Convoqué par l'interprète, un vieux Mongol répondit que de tels hommes sauvages se rencontraient parfois là-haut dans la montagne. Le vieillard avait une peur bleue de s'approcher des cadavres. Voici ce dont Kolpachnikov se souvenait à leur sujet.

Les morts étaient à peu près de la taille d'un homme. Leur corps était irrégulièrement couvert d'un poil marron roussâtre, plus dense par endroits, alors qu'ailleurs la peau était visible au travers. Il se rappelait la chevelure épaisse retombant sur le front, et les sourcils en broussaille. Le visage, dit Kolpachnikov, « ressemblait à un visage humain, très grossier ».

Qu'est-ce qui pouvait bien avoir amené ces animaux dans la région des combats ? Etait-ce l'odeur des cadavres qui flottait par là ? Il faut dire qu'il faisait entre 40 et 45°, et que l'on n'avait pas eu le temps d'évacuer les morts...

Je devais apprendre par la suite que d'autres officiers avaient aussi contemplé les deux créatures abattues. Mais en pleine bataille, il n'y avait évidemment pas de temps à consacrer aux sciences naturelles, et il n'avait même pas été possible d'expédier les cadavres vers l'arrière pour les faire examiner.

---

(11) L'incident lui-même s'est produit au printemps de 1939.

CHAPITRE III

« NOTES SANS IMPORTANCE SCIENTIFIQUE »

Les études de pionnier du professeur Khakhlov.

Un jour, à l'issue d'une séance de la Commission pour l'étude de l'ère Quaternaire, une discussion s'engagea sur l'Homme-des-neiges. Quelqu'un mentionna en passant le fait que Khakhlov s'était déjà occupé dans le temps de cette question. S'agissait-il d'un autre fil d'Ariane, parmi tant d'autres qui s'étaient rompus autrefois ? Et, avant tout, qui diable était ce Khalkhlov ?

C'est un zoologue, nous dit-on. Nouvelle enquête, nouvelle récolte de renseignements. Il se révèle en fin de compte que Khalkhlov est un professeur d'université, docteur ès sciences biologiques, auteur de travaux originaux sur l'ornithologie et l'anatomie comparée. Il est toujours vivant et en bonne santé. Je finis même par découvrir son adresse à Moscou. Et ma précieuse assistante, Mme E. A. Telicheva, va sans plus tarder lui rendre visite dans la banlieue de la capitale. « Oui, oui ! m'annonce-t-elle triomphalement à son retour, c'est un fil important du réseau de nos recherches ! »

Bientôt, je me rends moi-même chez Vitali Andrëievitch Khakhlov. Et le voilà enfin devant moi, ce savant émérite, aujourd'hui en retraite et blanchi par les ans. Il y a un demi-siècle qu'encore simple étudiant, il a découvert un Nouveau Monde, et que pour tout prix de sa conquête il a essuyé une rebuffade injustifiée. Pendant quarante-cinq ans, il s'est efforcé d'oublier, de ne jamais toucher à sa blessure. Ce n'est pas moi qui suis venu lui retourner le couteau dans la plaie en lui rappelant le passé : l'actualité s'en est chargée. Dès les premières informations journalistiques sur l'Homme-des-neiges, le professeur Khakhlov s'était en effet enflammé : l'heure de la réhabilitation et de la victoire semblait enfin venue pour lui ! Il s'était empressé d'écrire un article sur ses recherches anciennes et de l'adresser à la revue *Priroda* (*la Nature*). Mais l'article lui avait été froidement renvoyé. Et une nouvelle fois, le vieil homme avait dû baisser la tête.

Suspendu aux lèvres du professeur Khakhlov, je griffonne de brèves notes. Lui, fébrilement, extrait des profondeurs de sa mémoire les joyaux d'un trésor à demi enseveli. Hélas ! Ses carnets de travail fondamentaux de ces années déjà lointaines se sont perdus dans le chaos des événements. Mais peut-être sera-t-il tout de même possible d'en retrouver des échos dans ses archives personnelles...

En 1907, l'étudiant en zoologie Khakhlov se trouvait à Zaïsan, non loin de la frontière qui sépare la Russie du Sinkiang, c'est-à-dire le Turkestan chinois. C'est au cours d'un voyage vers les glaciers du Mouztau qu'il entendit pour la première fois, des lèvres de son guide kazakh, parler de l'existence d'un « homme sauvage » en Djoungarie. Pour quelque raison, cette simple mention captiva l'attention du jeune homme. Avec une curiosité sans cesse croissante, il se mit à récolter des renseignements auprès de la population kazakh locale. Ils étaient tout à fait prosaïques, et le zoologue avait d'ailleurs imaginé les questions pièges les plus insidieuses pour s'assurer de leur véracité.

En fin de compte, Khakhlov avisa du résultat de ses recherches préliminaires ses deux maîtres à l'Université : M. A. Menzbeer et P. P. Souchkine [12]. Le premier lui répondit avec une incrédulité réfrigérante, mais le second lui apporta au contraire un appui chaleureux, en lui recommandant expressément de continuer à réunir de la documentation sur de sujet fascinant. Souchkine lui écrivait et lui répétait que des explorateurs de l'Asie centrale, dont le fameux Kozlov, avaient en effet entendu parler de la créature en question et lui avaient même fait part des informations qu'ils possédaient.

C'est ainsi qu'à partir de 1911, abandonnant temporairement ses études universitaires, le jeune explorateur se mit à parcourir pendant deux ou trois ans les régions de Djouhngarie voisines du lac Zaïsan et des monts Tabargatay. Partout, il interrogeait les indigènes et notait avec soin tout ce qui, de près ou de loin, touchait à l'Homme sauvage. On lui apprit ainsi que le *Ksy-gyik*, comme on disait là-bas, était généralement répandu plus au sud, là où l'on trouvait aussi l'*At-gyik* (cheval sauvage) et le *Tié-gyik* (chameau sauvage).

Quand bien des choses se furent éclaircies à ses yeux, V. A. Khalkhlov mit sur pied une petite expédition au Sinkiang, composée de deux Kazakhs. Ceux-ci avaient pour mission de lui envoyer en Russie, dans des sacs de cuir, la tête et les membres proprement formolisés d'un *ksy-gyik*. Mais pour de telles affaires frontalières, des documents officiels étaient indispensables. C'est pourquoi, en 1914, d'accord avec Souchkine, Khakhlov adressa un rapport préliminaire, avec une demande de subsides, à l'Académie des Sciences de Saint-Pétersbourg. Des mois d'attente pénible s'écoulèrent, en vain, jusqu'au jour où, par une voie indirecte, le jeune zoologiste apprit enfin qu'on avait tout bonnement décidé de laisser sa lettre sans réponse, sous prétexte que ses objectifs témoignaient d'une ignorance totale en matière d'anthropologie.

Souchkine et lui firent alors une nouvelle tentative, en adressant cette fois leur demande à la Société de Géographie, mais, à ce moment, la Première Guerre mondiale avait déjà éclaté, et il n'était plus question d'envoyer une expédition au-delà des frontières. Et Khakhlov était lui-même obligé de rentrer à l'université, à, Moscou. Depuis lors, il n'avait jamais plus eu l'occasion de s'occuper de cette « folie de jeunesse ».

Le plus important de ces renseignements autobiographiques (que devaient d'ailleurs confirmer, nous le verrons, des recherches dans les archives) était la teneur des encouragements prodigués par une autorité telle que Souchkine. Quels étaient donc ces voyageurs qui avaient entendu parler de l'Homme sauvage en Asie centrale ? Il est certain que c'est sur les indications de Souchkine que Khakhlov avait fait débuter son rapport par ces mots : « Cette question n'a rien d'absolument neuf. Il y a déjà des renseignements sur ces « hommes sauvages » dans certains journaux de voyages en Asie centrale ». Pourtant, si l'on s'en tient aux choses publiées, on ne trouve presque rien. Tout au plus Souchkine aurait-il pu lire quelque chose sur la question chez le voyageur américain William W. Rockhill, ou en avoir entendu parler par Groumm-Grjimaïlo [13], d'autant plus que ce dernier avait eu plusieurs fois la visite de Jamtsarano. Il est possible aussi que Souchkine ait eu vent, à l'époque, de l'observation de Baradyine. On ne peut que supposer l'identité des autres voyageurs évoqués, à l'exception bien sûr de Kozlov, nommément désigné à Khakhlov par son maître Souchkine.

---

(12) Mikhaïl Alexandrovitch Menzbeer (1855-1933), membre de l'Académie, et Piotr Pétrovitch Souchkine (1868-1926), également académicien.
(13) G. E. Groumm-Grjimaïlo (1860-1930), géographe, orientaliste, zoologue et explorateur de l'Asie centrale, auteur de maints récits de voyages.

Poitr Kouzmitch Kozlov [14] était sûrement au courant de quelque chose d'important. Son élève préféré, Simoukov, que nous avons mentionné plus haut en tant qu'assistant de Jamtasarano et compagnon de voyage de Rintchen, n'aurait jamais projeté une expédition axée sur la recherche des *almass* à l'insu de son maître, ni même sans l'assentiment exprès de celui-ci. En 1929, à la faveur d'une conversation privée, l'archéologue G. V. Parfénov recueillit de la bouche même de Kozlov la révélation suivante : au cours d'une des expéditions russes en Asie centrale, le cosaque Egorov, en poursuivant sur les flancs du Tian-Chan un yak sauvage qu'il avait blessé, était tombé sur des hommes sauvages couverts de poils et qui poussaient des cris inarticulés. Cela, Prjevalsky ne l'avait jamais mentionné dans ses rapports !

Cette piste nouvelle nous entraîna un peu plus profondément dans le passé. Le maître même de Kozlov, le colonel Nicolas Mikhaïlovitch Prejvalsky, s'était en effet trouvé deux ou trois fois au seuil d'une découverte prodigieuse. Au cours de son premier voyage en Asie centrale, en 1872, il avait récolté de premières informations, dans les montagnes, sur ce qu'il appelait le *Khoun-gouressou* (homme-bête). Il promit même une prime au chasseur qui lui en rapporterait un. Mais, quand pour toucher celle-ci, quelqu'un lui ramena un ours empaillé, il en conclut un peu hâtivement que le *Khoun-gouressou* n'était qu'une variété d'ours. Prejvalsky ne connaissait malheureusement pas les représentants dudit *Khoun-gouressou*, qu'on devait découvrir par la suite dans des manuels de médecine tibéto-mongols, et il n'avait donc pas pu les comparer avec la silhouette si différente de l'Ours (planche 8).

C'est au troisième voyage de Prejvalsky, en 1879, que se rapporte l'épisode susmentionné, dont le cosaque Egorov avait été le héros. Au cours de son quatrième voyage, enfin, l'explorateur apprit bien des choses sur les « hommes sauvages » au voisinage des champs de roseaux du lac Lopnor et des marais du bas Tarim, mais cette fois il se laissa non moins naïvement convaincre qu'ils n'étaient que les descendants, devenus sauvages, des bouddhistes ayant fui là-bas au XIVe siècle !

Quel était donc ce Nouveau Monde que Khakhlov avait découvert ? A cela, il a répondu lui-même par son bref mémorandum de 1914. S'il est vrai que la question n'était pas absolument neuve, les voyageurs précédents n'avaient tout de même fait que rapporter simplement les récits des autochtones, alors qu'il était allé, lui, jusqu'à décrire en détail l'anatomie externe et la biologie des êtres en question, et ce grâce à une méthode originale.

Khakhlov a traduit les témoignages des Kazakhs en termes d'anatomie comparée. Eux-mêmes, d'ailleurs, pour répondre à ses questions sur les diverses parties du corps ou sur les mœurs de ces créatures, avaient souvent contourné la difficulté en recourant spontanément à des comparaisons avec d'autres animaux ou avec les êtres humains. Par des croquis linéaires, le zoologiste reproduisait tous les détails qu'on lui décrivait de la tête, du corps et des membres, et il s'arrêtait seulement après que son dessin eut recueilli l'approbation entière des descripteurs. Il leur avait montré aussi, à titre de comparaison, des images empruntées à des livres et représentant soit des singes anthropoïdes soit des hommes préhistoriques. Les Kazakhs choisissaient toujours ces derniers, mais avec certaines réserves. Les deux principaux témoins oculaires, qui ne s'étaient jamais rencontrés, avaient été interrogés séparément de cette manière. Et ç'avait été comme si une eau troublée s'était peu à peu calmée, et que le fond était devenu graduellement visible et net.

(14) P. K. Kozlov (1863-1935) est un des explorateurs les plus célèbres de l'Asie centrale. Il participa d'abord aux expéditions de N. M. Prjevalsky, de M. V. Pevtsov et de V. J. Roborovsky. Puis, de 1899 à 1901, il dirigea lui-même une expédition en Mongolie et au Tibet, et, de 1907 à 1909, celle, en Mongolie, au cours de laquelle il découvrit la ville morte de Khara-Khoto.

Un de ces témoins, un an auparavant, faisait paître des chevaux, en compagnie des bergers de l'endroit, sur les flancs du Tian-Chan oriental, quand un homme velu s'était approché des bêtes à pas de loup. On l'avait capturé parmi les roseaux, ligoté et roué de coups, mais il s'était contenté, pour toute protestation, de vagir comme un lièvre. Un vieux Kazakh plein d'expérience expliqua alors que ce n'était qu'un « homme sauvage » qu'il était incapable de parler et qu'il ne faisait aucun mal aux êtres humains. On l'examina avec le plus grand soin avant de lui rendre sa liberté.

L'autre témoin avait fait, dans les montagnes, une observation de bien plus longue durée. Pendant près d'un mois, il avait examiné chaque jour une femelle captive, attachée au bout d'une chaîne auprès d'un moulin. Elle était encore jeune, entièrement velue et privée de parole elle aussi, mais elle se mettait à glapir en montrant les dents à l'approche de tout être humain. Le jour, elle dormait en adoptant toujours une position qu'on observe à l'occasion chez les très jeunes enfants : « comme un chameau », pour reprendre l'expression du témoin, c'est-à-dire en se reposant sur les coudes et les genoux, le front contre terre et les mains sur la nuque (fig. 1)

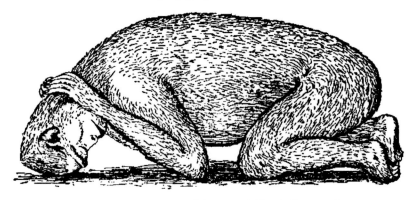

Fig. 1. — Attitude de sommeil du *Ksy-gyik* (d'après KHAKHLOV).

Aussi, la peau de ses coudes, de ses genoux et de son front était-elle calleuse « comme la semelle du chameau ». Elle n'acceptait la viande que crue, mais mangeait aussi des légumes, des graines et des galettes de farine, et elle croquait les insectes qui s'aventuraient à sa portée. Elle buvait soit en trempant les lèvres dans l'eau et en aspirant (« comme un cheval »), soit en y plongeant la main et en léchant l'eau qui en dégoulinait [15]. Un jour, on décida de la relâcher. Balançant ses longs bras en courant à vive allure avec les pieds en dedans, elle disparut bientôt, et à tout jamais, parmi les roseaux.

Voici, condensée à l'extrême, la description anatomique du *Ksy-gyik*, telle qu'elle découle des témoignages recueillis par Khakhlov.

Le front est à peine marqué. A sa place s'avancent des arcades sourcilières massives : derrière elles, il y a une étroite bande de peau calleuse au-delà de laquelle les cheveux poussent aussitôt. La tête s'allonge en pointe vers l'arrière. Le cou est massif, les muscles de la nuque étant extrêmement puissants. Le nez est écrasé, et les narines sont grandes. Les pommettes saillent. Le bas du visage est lourd et très proéminent, mais les Kazakhs disaient en se tenant le menton : « Les ksy-gyik n'ont pas de menton comme ça », et ils montraient du geste comment la mâchoire inférieure fuyait. Ils s'élargissaient aussi la bouche au maximum en l'étirant par les coins au

_____

(15) Beaucoup de singes boivent parfois de cette façon, aussi bien les sajous d'Amérique tropicale que les gorilles.

moyen des doigts, et ils ajoutaient : « La bouche des *Ksy-gyik* est encore plus large ». Cependant, les lèvres sont très minces : leur muqueuse très foncée n'est visible que lorsque le *Ksy-gyik* montre les dents. Les incisives sont inclinées vers l'avant

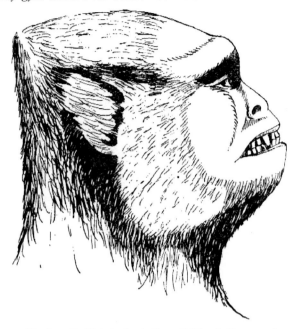

Fig. 2. — Profil de la tête du *Ksy-gyik* (d'après KHAKHLOV).

« comme chez un cheval ». La peau du visage est glabre et foncée (fig. 2).

Le corps est couvert de poils, d'un brun roussâtre ou grisâtre, qui rappellent la laine du jeune chameau. Les épaules sont poussées vers l'avant, et la tête est comme enfoncée entre elles, ce qui donne une allure voûtée. Les bras ne pendent donc pas vraiment le long du corps, mais un peu devant lui. Dans l'ensemble, la silhouette du *Ksy-gyik* se caractérise par la longueur des bras et la brièveté des jambes (fig. 3). Pour escalader rapidement des rochers, celui-ci projette ses bras en avant et se hisse chaque fois. La main, dont la paume est dépourvue de poils, paraît longue et étroite à cause de la faible opposabilité du pouce : ainsi, pour se libérer de la corde d'un lasso, un *ksy-gyik* l'attrapait en l'accrochant avec les cinq doigts réunis en forme de gaffe (fig. 4). En revanche, sur le pied, dont la plante est, elle aussi, dépourvue de poils, le gros orteil est beaucoup plus écarté que chez l'Homme, plus massif aussi et plus court que les autres. (Notons donc bien ceci : aux membres supérieurs, l'opposabilité du pouce est plus faible que chez l'Homme, et, aux membres inférieurs, celle du gros orteil est au contraire plus forte). Les ongles des mains et des pieds paraissent étroits, longs et bombés. Le pied est d'une largeur disproportionnée, et les orteils peuvent largement s'étaler en éventail (fig. 5).

Khakhlov a recueilli chez les Kazakhs bien d'autres informations précieuses sur le *Ksygyik*. Il s'est ainsi révélé qu'on en rencontrait aussi bien près des glaciers de montagne que parmi les étendues sableuses ou les roselières, dans les déserts arides comme près de l'eau, qu'il s'agisse de lacs ou de rivières. En fait, le *Ksy-gyik* recherche, si l'on peut dire, l'absence d'êtres humains : quand, l'été, ceux-ci transhument leurs troupeaux, il descend des montagnes vers les plaines, et, l'hiver, il fait l'inverse. On le rencontre aussi bien seul que par couples, avec ou sans petits. L'immense majorité des observations ne se situent pas en plein jour, mais au crépuscule, à l'aube, ou de nuit.

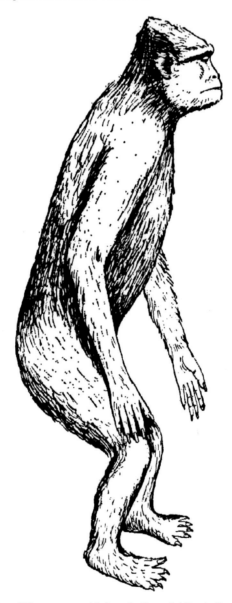

Fig. 3. — Silhouette caractéristique du *Ksy-gyik* (d'après KHAKHLOV).

On ne connaît pas de tanières permanentes, mais on en trouve çà et là de temporaires. La nourriture du *Ksy-gyik* comprend des racines, des tiges et des baies, ainsi que des œufs d'oiseaux, des lézards et des tortues. L'essentiel du régime alimentaire est constitué toutefois par les rongeurs qui vivent dans les montagnes et les déserts de sable.

On peut imaginer l'excitation du jeune zoologiste quand il eut fait le bilan de tous ces caractères, et de bien d'autres traits biologiques. A l'époque, il ne pouvait pas encore connaître suffisamment bien l'anatomie des Néanderthaliens pour se rendre compte à quel point elle ressort de toutes les descriptions naïves et maladroites. Mais l'idée s'imposait de plus en plus à lui qu'il ne s'agisse nullement d'un être humain, mais d'un animal, d'un Primate ressemblant au plus haut point à l'Homme et très avancé sur la voie menant à son apparition. « Un homme antédiluvien », écrit-il dans une illumination. Oui, mais qui ne ressemblait pas du tout à ce qu'on racontait dans les manuels !

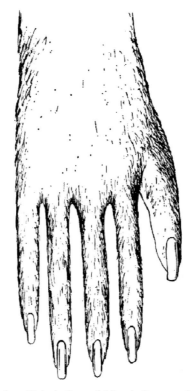

Fig. 4. — Main du *Ksy-gyik* (d'après Khakhlov).

Deux notes furent en fin de compte communiquées par le professeur Khakhlov à notre commission. Elles constituent — faut-il le dire ? — un trésor inestimable, mais il convient de préciser qu'elles ont été rédigées en 1958 et en 1959. Afin que le diamant brille de tous ses feux, je me suis donc senti dans l'obligation de rechercher les textes originaux, qui dataient, eux, d'une époque déjà lointaine.

Dans les archives de l'Académie des Sciences de l'U. R. S. S., à Leningrad, G. G. Petrov parcourut à ma demande une multitude de dossiers datant de 1913 et 1914. Pas la moindre trace des écrits de Khalkhlov. Je me rendis moi-même à Leningrad. Nous cherchâmes un peu partout la note préliminaire de Khakhlov : dans les dossiers du musée zoologique où elle aurait logiquement dû échouer, parmi les procès-verbaux du Præsidium et des diverses sections, dans les registres administratifs des institutions les plus diverses de l'Académie. Toujours rien. Quand il ne me resta pratiquement plus aucun espoir, je réclamai tout de même, par acquit de conscience, le dossier désigné, dans le répertoire de 1914, sous le titre : *Notes sans importance scientifique...*

Et c'est ainsi qu'à côté de projets de voyage sur la Lune, de compositions du genre de *La Lettre à un savant* voisin de Tchékhov, je découvris enfin, enfoui sous la pous-

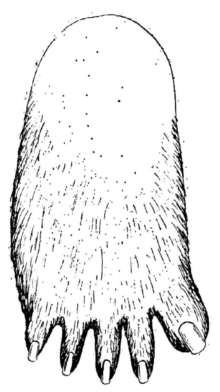

Fig. 5. — Pied du *Ksy-gyik* (d'après Khakhlov).

sière du temps et de l'indifférence, le mémoire de Vitali Andréïevitch Khakhlov, signé dans le lointain Zaïsan et daté du 1er juin 1914. Quel jalon de l'histoire de la Science avait été foulé aux pieds !

A la lumière des résolutions et des notes marginales, il ne me fut pas difficile de reconstituer la voie par laquelle la missive avait abouti à la décharge des *Notes sans importance scientifique.*

Cela s'était passé en plein été. Celui qui faisait fonction de secrétaire permanent, après n'avoir sans doute lu que le titre *Sur la question de l'Homme sauvage*, avait dirigé la lettre, non vers les services de zoologie (comme l'espéraient bien entendu Souchkine et Khakhlov) mais vers la section historico-philologique ! Là, elle était tombée entre les mains de l'académicien ethnographe V. V. Radlov. C'est lui, dont la compétence était aussi éloignée de la biologie que le Ciel et la Terre, qui avait jeté la découverte au panier...

Les zoologistes ont un usage : quand ils veulent introduire une espèce nouvelle dans la classification, ils lui attribuent une dénomination latine binominale qui, si elle a été proposée avant toute autre, fera désormais autorité, même si les particularités de l'espèce ont été définies de manière erronée. Ce qui importe, c'est qu'il y ait eu tentative de description scientifique.

En plus de son intérêt propre, le mémoire de Khakhlov semblait avoir aussi une valeur prioritaire dans ce domaine. « La teneur de ces histoires, notées sur le vif d'après les récits des témoins oculaires, suffit, je pense, écrivait Khakhlov, pour qu'on ne les juge pas comme relevant de la mythologie, ou tout simplement comme imaginaires. La réalité de l'existence d'un tel *Primihomo asiaticus*, comme on pourrait le nommer, ne doit pas faire le moindre doute ».

Aujourd'hui que cette découverte s'est confirmée, la science mondiale aurait dû reconnaître la priorité du nom proposé le 1er juin 1914 par notre compatriote, et qui signifie « l'Homme primordial asiatique ». Malheureusement pour Khakhlov, une première proposition, pour le baptême scientifique de l'être en question, avait déjà été faite au XVIIIe siècle, en l'occurrence par le grand naturaliste suédois Carl von Linné (Planche 6).

Une confirmation de la prodigieuse découverte de Khakhlov devait survenir peu de temps après l'envoi de son mémorandum. Nous savons cela depuis peu. Tout récemment, en effet, un kolkhozien du Kazakhstan, P. I. Tchoumatchenko, a publié dans un journal local un souvenir datant en effet des débuts de la guerre de 1914-1918. C'est plus exactement un souvenir du chef d'un district rural de la région de Zaïsan, recueilli et noté par Tchoumatchenko. Les recherches du jeune Khakhlov, qui, du fait de la situation du père de celui-ci, avaient bénéficié du soutien des autorités de Zaïsan, avaient probablement été connues dans la région. Aussi, pour s'attirer les faveurs du chef de district, des Kazakhs avaient, dans la région de la rivière Manass, capturé parmi les taillis un des êtres recherchés. Il avait été amené à la maison du chef de district et attaché pour la nuit, par le cou, au moyen d'une corde. On a souligné que c'est par pure stupidité qu'il n'avait pas songé à détacher son collier et à s'enfuir.

Le captif était du sexe masculin et de la taille d'un adolescent de quatorze à quinze ans. Il était entièrement couvert d'un pelage léger, dru et court, de couleur gris bleuté, qui faisait penser à la laine d'un jeune chameau de deux ou trois semaines. Ses pieds et ses mains étaient comme ceux des êtres humains. Il marchait dressé sur ses jambes, mais, dans des situations exceptionnelles, il lui arrivait de courir à quatre pattes. Sa tête et son visage ressemblaient à ceux de l'homme, mais il avait le front beaucoup plus bas.

Par malheur, le lendemain de sa capture, la nouvelle parvint que la guerre avait été déclarée à l'Allemagne. Les autorités avaient désormais d'autres chats à fouetter. « Comme il ne ressemblait pas à une bête féroce, mais plutôt à un être humain d'aspect pitoyable », les Kazakhs le ramenèrent à la rivière Manass et le remirent en liberté.

De tout cela, le jeune Khakhlov n'avait jamais rien su, et maintenant, au déclin de l'âge, il se fâche et préfère ne pas entendre parler de cette chance qu'on a laissé échapper.

Continuer à fouiller les archives s'imposait : il fallait notamment trouver confirmation du rôle joué par Souchkine dans la découverte de Khakhlov. J'avais constaté en effet que l'amertume du vieil homme n'était pas liée uniquement à l'esprit étroit et routinier des dirigeants de l'Académie avant le Révolution. Autre chose l'avait blessé. En 1928, l'académicien Souchkine avait, à une séance de la Société de Géographie russe, fait une communication dans laquelle il avait développé une idée tout à fait neuve : c'est sur les hauts plateaux d'Asie centrale que se serait produite la transformation du Singe en Homme. En démontrant, entre autres choses, que les membres de la créature de transition avaient nécessairement dû être adaptés à l'escalade de rochers, le conférencier — Khakhlov s'en souvenait très bien — lui avait fait un clin d'œil significatif, à lui, son ancien élève, présent dans la salle. Mais pas plus dans son exposé verbal que dans le texte publié dans *Priroda* (*la Nature*), Souchkine n'avait soufflé mot des informations sur l'Homme sauvage d'Asie centrale, ces informations qui lui avaient été fournies autrefois par P. K. Kozlov, puis par V. A. Khakhklov...

Il me fallait absolument trouver la preuve que Khakhlov avait bien fait part à Souchkine de ses connaissances personnelles sur le problème.

A l'époque en question, P. P. Souchkine était professeur à l'université de Kharkov. C'est par la suite qu'il devait entrer à l'Académie des Sciences. Considéré comme un des plus grands zoologues darwinistes russes, il combinait l'enseignement avec des recherches originales sur l'ornithologie et la paléontologie. Tout à la fin de sa vie, il devait publier quelques essais pour tenter de réformer l'anthropologie. La moitié de ses papiers personnels est conservée au même endroit que ses dossiers scientifiques, à savoir dans les archives de l'Académie des Sciences de Leningrad. N'allais-je pas trouver là-bas des lettres de Khalkhlov ? S'il y en avait eu beaucoup, il n'en restait en tout cas que quelques-unes. Mais une seule, envoyée de Zaïsan le 18 décembre 1914, suffit à m'apprendre ce que je désirais savoir. C'était la réponse à une lettre de Souchkine, datée de Kharkov, le 24 novembre 1914. D'après son contenu, on devinait qu'il y en avait eu d'autres dans lesquelles le problème avait été discuté, ainsi que les possibilités pratiques d'investigations. Kharkhlov ne cessait d'y répéter que de toute évidence il ne s'agissait pas de mythologie mais bien de faits réels. Il était visible aussi que la démarche ratée auprès de l'Académie des Sciences avait été faite d'un commun accord avec Souchkine et qu'ensuite les deux hommes s'étaient concertés pour tenter de faire soutenir l'organisation d'une expédition par une autre institution, à savoir la section de Sibérie occidentale de la Société de Géographie russe. D'après les répliques de Khakhlov, il était enfin manifeste que son professeur lui avait communiqué des informations nouvelles sur les hommes sauvages de la région de Kobdo (ou Khovd) en Mongolie. Souchkine ne les aurait-il pas recueilli lui-même au cours de son expédition dans l'Altaï et en Mongolie, de mai à août1914 ?

La collusion entre les deux chercheurs était en tout cas parfaitement établie. Mais une autre question se posait. Etait-il possible que les informations de Khakhlov, et d'autres, eussent servi de ferment, voire de point de départ, aux idées particulières de Souchkine sur l'origine de l'Homme ?

Pour le prouver, il ne suffisait pas qu'aux seuls dires de Khakhlov, Souchkine aurait répondu à ses premières lettres par une longue missive de vingt-sept feuillets, entièrement consacrée à l'anthropogenèse .Il fallait écouter un autre son de cloche.

Aussi, me revoilà plongé dans les archives de l'Académie des Sciences, mais cette fois à Moscou, où est conservée l'autre moitié du fonds Souchkine. J'ai fini par exhumer les notes relatives au cycle de conférences de celui-ci sur la zoologie des Vertébrés, faites de 1915 à 1919 à Kharkov, et à Simféropol, en Crimée. La partie la plus originale porte précisément sur l'origine de l'Homme : celui-ci se serait développé, non à partir de formes arboricoles, comme on le croit généralement, mais dans une région froide, tout à fait dénuée de forêts.

Une idée complémentaire fut exposée ensuite dans *Priroda* en 1922, dans une suite d'articles intitulée *L'Evolution des Vertébrés terrestres et le rôle des bouleversements géologiques du climat*. La structure du pied de l'Homme témoigne d'une adaptation ancienne à une vie d'escaladeur de rochers, à partir de laquelle se serait développée ensuite la station érigée. Cette phase, l'Homme l'a passée, encore à l'ère Tertiaire, dans la zone des autres mammifères tant que celle-ci n'eut pas été ravagée par les glaciations du Quaternaire, auxquelles il ne survécut lui-même que grâce à l'usage du feu.

Cinq ans plus tard, Souchkine fit encore paraître un nouvel article, le dernier [16], dans lequel il renia en partie ses deux premières conceptions. Rentrant dans le rang, il admettait que l'Homme s'était développé, après tout, à partir de formes arboricoles. Et c'était la disparition rapide des forêts au cours du soulèvement géologique de l'Asie centrale qui l'aurait précisément obligé à s'adapter ensuite à une vie d'escalade parmi les rochers et à devenir en fin de compte bipède.

La mort de Souchkine, le 17 septembre 1928, interrompit à la fois cette élaboration et cette destruction d'hypothèses destinées à bouleverser de fond en comble l'anthropologie.

Superposons à présent les trois idées maîtresses de Souchkine et nous verrons que le noyau qui leur est commun est la certitude que, de toute façon, l'ancêtre de l'Homme s'est formé et a acquis la station bipède dans les régions montagneuses de l'Asie. Il se révèle de la sorte que ce n'était pas là une conclusion, mais bien les prémices des recherches de Souchkine, que celui-ci avait tenté à plusieurs reprises d'enfoncer comme un coin dans le système des sciences naturelles qui lui résistait.

Souchkine n'a pas réussi, mais il a tout de même créé une profonde lézarde dans l'édifice. Ses pénétrantes méditations sur l'évolution de la main et du pied de l'Homme loin des arbres ont ouvert la voie aux recherches de son jeune collaborateur G. A. Bontch-Osmolovski, qui est devenu un de nos plus grands anthropologues.

Ainsi donc, un des deux maîtres de Khakhlov, l'académicien Menzbeer, voyant que les informations de celui-ci allaient à l'encontre des idées reçues en anthropologie, les avait tout simplement rejetées. Mais l'autre, l'académicien Souchkine, avait au contraire tenté de révolutionner l'anthropologie en s'en servant. Depuis lors, le problème de l'anthropogenèse se trouve « sous instruction ». La découverte de Khakhlov est apparue comme une incongruité au faîte de l'ivresse sans mélange provoquée chez les Russes par le darwinisme. Le jeune zoologiste ne s'est pas rendu compte que sa représentation de « l'Homme antédiluvien » apparaissait criarde et scandaleuse à la lumière du darwinisme convenablement dégrossi et policé par les préhistoriens et les anthropologues occidentaux. Celui-ci se fondait essentiellement sur la connaissance de l'anatomie et des outils de pierre des ancêtres fossiles de l'Homme. Mais les directeurs de conscience érudits, les précepteurs pleins de sollicitude de la jeune Science avaient réussi à préparer le problème de l'apparition de l'Homme des atteintes du Principe de Causalité. Souchkine avait trouvé de quoi infirmer les théories académiques sur l'origine de l'Homme : celles-ci en effet ne déduisaient jamais la naissance de notre espèce de modifications survenues dans le milieu. Or, il s'était mis, lui, à rechercher la cause directe du phénomène, soit dans des

---

(16) *Données nouvelles sur les plus anciens Vertébrés terrestres et les conditions de leur distribution géographique* [en russe]. (*Annales de la Société de Paléontologie russe*, Leningrad, vol. 6, 1927)

changements survenus au sein de la faune ambiante, soit dans la disparition de la végétation originale, bouleversements pour lesquels, à leur tour, il désignait des causes
de nature géologique.

C'est ainsi qu'il eût fallu maintenir le cap ! Mais il y avait quelque chose que
Souchkine ne pouvait pas encore savoir à l'époque. A la fin de l'ère Tertiaire, la
Nature menait une vie complexe et luxuriante. Elle comptait notamment des milliers
d'espèces de singes arboricoles. Pour arriver à les nourrir, il devait forcément y avoir
une surabondance de fruits, de feuilles, de bourgeons, d'insectes, de larves, etc.
Dans la réserve de Soukhoumi, une seule horde de singes nettoie à fond, en un temps
très court, des massifs entiers d'arbres géants. Quelle ne dût pas être, par conséquent, l'âpreté de la concurrence biologique entre ces milliers d'espèces de singes,
quand leur prolifération excessive se mit à réduire sensiblement la biomasse du
royaume forestier !

Au même moment, un autre changement se produisait au ras du sol. Le nombre des
carnivores prédateurs commençait à être en retard par rapport au véritable raz de
marée des herbivores : grands pachydermes de toutes sortes, éléphants, hippopotames, rhinocéros, puissantes bêtes à cornes et cerfs véloces. Tous les carnassiers ne
se montraient pas à la hauteur de l'indispensable holocauste. Celui qui arrivait encore à tuer les plus grosses bêtes, le Tigre à dents en sabre, finissait par s'engager
dans le cul-de-sac d'une spécialisation trop étroite, et dégénérait. Au début du
Quaternaire, la faune villafranchienne témoigne d'une rupture profonde et durable
de l'équilibre biologique en faveur des gros herbivores. Mais ceux-ci n'étaient pas
immortels. Au cours de l'ère à venir, leur biomasse allait constituer une mine de
nourriture pour qui saurait en profiter. Pouvaient bien entendu y prétendre aussi bien
les petits carnivores terrestres que les oiseaux de proie, ou même les insectes et les
vers. Mais quelqu'un de plus haute taille pouvait aussi se mettre sur les rangs. Dans
le monde des Primates supérieurs, la concurrence effrénée finit ainsi par précipiter
sur la scène ceux qui s'étaient adaptés à la station verticale, avec toutes les perspectives que cela ouvrait : la faculté de transporter à bout de bras, sinon des carcasses
entières, du moins leurs fragments, ou encore la possibilité d'apporter auprès des cadavres des pierres tranchantes, voire de tailler et d'aiguiser les silex bruts eux-
mêmes en les frappant les uns contre les autres.

La famille, ainsi élue, de bipèdes carnivores comprenait plusieurs espèces. Mais par
la suite, au cours de l'ère Quaternaire, les conditions fauniques mêmes qui les
avaient fait apparaître leur devinrent défavorables. Les glaciations et les retraits de
glaciers ébranlaient considérablement les complexes animaux. Les carnassiers se
multipliaient à nouveau. Le milieu soumettait le cerveau des Primates carnivores à
un problème de plus en plus difficile à résoudre : comment se procurer de la viande
dans un monde si surpeuplé de rivaux ? L'augmentation de volume et la complexité
croissante du cerveau des espèces qui se succédaient n'étaient pas la cause de leur
situation prééminente dans le milieu, mais sa conséquence tumultueuse.

Pourquoi, en définitive, les informations capitales de Khakhkov n'ont-elles pas été
mentionnées dans les travaux de Souchkine ? Bien sûr, celui-ci avait les mains liées
par l'absence de crânes, de squelettes ou de peaux, indispensables à l'anatomiste. Mais
la raison majeure de sa discrétion est beaucoup plus profonde : Souchkine savait bien
que, dans ce cas précis, il fallait inverser l'ordre normal de toute découverte, transfor-

mer d'abord la théorie, qui serait confirmée ensuite par les faits. Autrement, comme
S. F. Oldenburg l'avait judicieusement exprimé vint ans auparavant, " personne n'y
croira ", cela ne pourra provoquer qu'un énorme « scandale »...

Trente ans plus tard, nous avons compris nous aussi que la première chose à faire est
toujours de déblayer la voie des faits, d'idées a priori telles que « c'est impossible »,
ou « ça ne peut pas exister ».

Les Kazakhs de Khakhlov n'avaient cessé de lui répéter que l'Homme sauvage vivait essentiellement plus au sud, et qu'ils étaient disposés à se rendre dans cette région pour y séjourner une année. Bien plus tard, en 1937, précisément, au sud du
Zaïsan de Khakhlov, un détachement militaire soviétique traversa une vaste dépres-
sion couverte de roseaux, jouxtant le lac Lop-Nor. Le maréchal P. S. Rybalko en faisait partie. Il est aujourd'hui décédé, mais son récit a été transmis à l'Académie des
Sciences par le général-major P. F. Ratov.

Comme ils passaient au nord de la chaîne de l'Altyn-Tagh, l'officier chinois qui les
accompagnait leur apprit que des cavaliers avaient capturé un " homme sauvage "
et qu'ils l'emmenaient dans le train d'équipage. Le maréchal Rybalko a donné une
description très détaillée de cet animal d'apparence humaine.

Il ne portait aucun vêtement, était extrêmement sale, et son pelage avait une coloration
jaunâtre. Ses longs cheveux lui descendaient plus bas que les épaules. Il se tenait plutôt
voûté et avait les bras longs. Il n'avait pas de langage articulé : les sons qu'il émettait ressemblaient tantôt à des piaillements, tantôt à des miaulements. « Il avait, note Rybalko,
l'air d'un homme ou, devrait-on dire plutôt, d'un homme-singe fossile ».

D'après la population indigène, ces créatures sauvages, éparpillées dans la région, se nourrissaient de poissons qu'ils attrapaient dans les petites rivières bordées de roseaux.

Rybalko décida d'emmener « l'homme sauvage » jusqu'à la ville d'Ouroulmtchi
(aujourd'hui Tihwa) et de l'expédier ensuite à Moscou pour y être étudié. On le
transporta donc pendant une huitaine de jours. Malheureusement, ne supportant pas
le voyage du fait qu'il était ficelé, l'homme sauvage mourut aux environs de la ville
de Kou-erh-le. Et il était impossible de véhiculer son cadavre pourrissant à travers
les sables et les montagnes.

D'après le général-major Ratov, qui a longtemps vécu dans la région et qui reportait
sur une carte, au moyen de fléchettes, les informations détaillées qu'il recueillait sur
les hommes sauvages, la plus grande concentration de ceux-ci se situerait encore
plus au sud, en Kachgarie, au-delà de Tach-Kourghan.

CHAPITRE IV

« EN MARGE DES IDÉES REÇUES »

Une brochette d'esprits non conformistes
à l'assaut du mystère himalayen.

En 1959, la presse occidentale fit grand bruit autour du soixante-dixième anniversaire de la découverte de l'Homme-des-neiges par la science européenne. Elle commémorait le fait qu'en 1889 le voyageur anglais L. A. Waddell avait publié l'observation suivante. Sur un col de l'Himalaya, à la frontière du Sikkim et du Tibet, il était tombé en arrêt devant un chapelet de traces de pieds nus imprimés dans la neige, empreintes qui croisaient sa propre piste et s'éloignaient vers les sommets. Les guides tibétains lui avaient expliqué qu'elles provenaient des hommes sauvages et velus qui vivaient dans les hauteurs neigeuses. Waddell en avait tout bonnement conclu que ces aborigènes intellectuellement sous-développés étaient incapables de reconnaître des traces d'ours.

Il est difficile de considérer cet incident comme une découverte ayant fait date. La véritable découverte, les Tibétains l'avaient faite depuis bien longtemps, et Waddell, lui, n'avait rien compris du tout.

En 1891, un autre voyageur, américain celui-là, William W. Rockhill, avait à son tour visité le Tibet, cette fois plus au nord, ainsi que la Mongolie. Dans sa relation de voyage *Land of the Lamas*, il rapporta les informations qui lui avaient été fournies par les indigènes. Un vieux lama, très âgé, lui avait notamment fait savoir que sa caravane avait à plusieurs reprises rencontré, dans le désert, des hommes sauvages et nus, couverts de poils et privés de l'usage de la parole. Ces êtres jetaient des pierres sur les voyageurs. Les Mongols lui avaient confirmé que les *Gérésun-Bambürshé* (hommes sauvages) existaient vraiment, qu'ils étaient couverts de longs poils, marchaient debout et laissaient des traces de pas pareilles à celles de l'Homme, mais qu'ils étaient incapables de parler.

Rockhill avait décidé, lui aussi, que les indigènes, dans leur ignorance, prenaient des ours, dressés sur leurs pattes de derrière, pour des sauvages velus. Pour étayer cette opinion, il se fondait entre autres, hélas, sur l'autorité de Prjevalsky... Il semble que l'explorateur américain ne se soit guère prêté à tenter d'analyser les renseignements pourtant nouveaux qu'on lui avait fournis. Car enfin, comment diable des ours, mêmes dressés sur leurs pattes, arriveraient-ils à lancer des pierres sur les caravanes ?

En fait, avant la parution du livre de Rockhill, un rapport militaire des troupes coloniales anglaises avait déjà parlé, en 1890, d'une étrange créature sauvage, simiesque et toute couverte de poils, que des soldats de Sa Gracieuse Majesté avaient abattus dans la région où se construisait alors la ligne télégraphique trans-himalayenne. Les militaires avaient abandonné le cadavre dans les montagnes. Il semble qu'il n'y ait eux parmi eux personne d'assez instruit pour l'examiner à fond et le décrire avec soin.

Non, nous n'allons pas à présent [en 1968] nous apprêter à fêter le quatre-vingtième anniversaire de tout cela : cela n'en vaut vraiment pas la peine.

Le récit du voyageur anglais William Knight, publié en 1905 dans un journal britannique [17], est déjà un peu plus intéressant. Au moment de son retour du Tibet en Inde, il était resté un moment en arrière de la caravane : « Tandis que je rêvassais, j'ai entendu un léger bruit, et, en me retournant, j'ai vu à quelque 15 ou 20 pas, un être qui, je le suppose à présent, devait être un de ces hommes velus dont parlent les membres de l'Expédition de l'Everest et que les Tibétains, selon eux, appellent l'abominable Homme-des-neiges. Pour autant que je l'en souvienne, il avait un peu moins de 6 pieds [1,83 m] de haut, et il était presque complètement nu malgré le froid intense — on était en novembre ! Il était partout d'une sorte de jaune pâle, à peu près la couleur d'un Chinois. Il avait sur la tête une tignasse de cheveux emmêlés, peu de poils sur le visage, des pieds extrêmement plats et de grandes mains formidables. La musculature de ses bras, de ses cuisses, de ses jambes et de son torse était terrifiante ».

Cet observateur cependant ne se montra pas plus curieux que les précédents. Quand il eut rapporté sa rencontre aux officiers anglais du poste-frontière, il eut l'impression qu'ils trouvaient cela tout naturel, et son intérêt, du coup, s'évanouit.

J'ai dit plus haut que nous devions la première observation scientifique dans l'Himalaya au naturaliste anglais Henry Elwes, en 1906. Son rapport ne rencontra aucune adhésion dans les milieux académiques. Elwes en était encore à se batailler avec ceux-ci, quand en 1915 il fit un exposé à la Zoological Society de Londres sur le témoignage d'un garde-forestier du Sikkim quant à l'existence en haute montagne d'un grand singe anthropoïde.

Soit dit en passant, c'est ainsi que se dessina la seconde des deux rives entre lesquelles ont louvoyé depuis lors les hypothèses simplistes des interprétateurs occidentaux de l'énigme : ou bien c'est un ours, ou bien c'est un grand singe ...

Remarquons que cette première gerbe d'informations des voyageurs européens se rapporte presque uniquement au Tibet. Pas un mot encore du Népal, ni des Sherpas. L'Homme-des-neiges n'est pas apparu tout d'abord, ainsi qu'on le croit généralement, comme un hôte de l'Himalaya.

Le cycle suivant, au cours duquel s'est illustré dans le monde entier le nom grotesque d' « abominable Homme-des-neiges », a débuté en 1921 et n'a été interrompu que par la Seconde Guerre mondiale.

Les diverses expéditions dans l'Himalaya, à objectifs en partie topographiques mais surtout sportifs (l'alpinisme !), ont accumulé avec un intérêt sans cesse croissant les observations de traces de pas et les témoignages de porteurs indigènes.

Comme témoins oculaires européens on ne mentionne guère que l'Italien Tombazi [18], ce qui a fini par devenir un sujet de plaisanteries. En 1925, sur les flancs méridionaux du Kangchenjunga, au Sikkim, ce voyageur avait observé au bas de la vallée une silhouette humaine, privée de vêtements, qui faisait halte de temps en temps pour déterrer des racines. Le témoin était allé jusqu'à examiner les traces de pas laissées dans la neige, et à les mesurer. Après quoi, tout en se refusant à croire aux « légendes fantastiques » des porteurs, il avait calmé sa propre conscience de civilisé en déclarant : « Je suis tout simplement incapable d'exprimer la moindre opinion définie à ce sujet ».

---

(17) C'est l'incident même qui date sans doute de 1905, mais, à ma connaissance, il a seulement été rapporté le 3 novembre 1921 dans le *Times* de Londres. C'est d'ailleurs le passage intéressant de ce texte dont je donne ici une traduction directe.

(18) C'est évidemment à cause de la consonance de son nom que tout le monde l'a pris pour un Italien. En réalité A.N. Tombazi est membre de la Royal Geographical Society de Londres, et grec d'origine. Il travaillait d'ailleurs, aux Indes, pour la firme Ralli Brothers, dont les fondateurs, bien qu'installés depuis longtemps en Angleterre, sont de même origine

Quel coup de chance exceptionnel, et quelle incapacité totale d'en tirer profit ! On se repassait vraiment le manque de réflexion comme une coupe de challenge.

Avant la dernière guerre mondiale, les observations de traces de pas étaient déjà nombreuses. On les avait photographiées, dessinées, mesurées. Les photographies prises en 1937, par Frank Smythe, de traces reconnues par les Sherpas, les habitants mêmes de ces montagnes, comme celles de l'Homme sauvage, et non celles d'un ours ou d'une panthère des neiges, furent expédiées à Londres aux fins d'expertise. Des zoologistes en chambre les attribuèrent à un ours.

Pourtant, à en juger d'après les croquis publiés, la trace du gros orteil est, sur chaque empreinte, sensiblement plus grande que celle des autres orteils. Or, les anatomistes et les zoologues experts en pistes animales sont formels à cet égard : chez l'ours de n'importe quelle espèce, il n'y a pas — et il ne pourrait d'ailleurs pas y avoir, en raison de la fonction de son pied — de différence d'épaisseur marquante entre le premier orteil et les autres. Quand on tient compte de cette particularité, il est impossible de confondre une trace de pas humain avec celles d'un ours. Chez l'Homme, du fait même de son évolution biologique, comme chez ses ancêtres bipèdes d'ailleurs, le premier orteil est sensiblement plus massif que les autres, d'où son nom vulgaire de « gros orteil ». C'est seulement en ignorant ce détail pourtant élémentaire qu'on a longtemps pu s'esclaffer en affirmant que l'Homme-des-neiges n'était qu'un ours. A quelque tribu qu'il appartienne, qu'il vive dans les forêts ou les montagnes, même un enfant n'attribuerait pas à un ours une trace de pas caractérisée par un gros orteil.

En définitive, ce sont bien ses empreintes de pas dans la neige qui ont trahi notre parent relique (c'est-à-dire survivant d'une lignée ancienne). Il semble en effet que sur n'importe quel autre terrain, celui-ci s'arrange pour ne pas laisser de trace de son passage, soit en posant les pieds sur les pierres ou dans les mares, soit en les effaçant, soit en marchant à reculons. Mais sur les champs de neige immaculée, quand il se rend d'une vallée à l'autre, ou qu'il fuit l'Homme, les manœuvres les plus astucieuses ne pourraient le dispenser de laisser des traces de pas révélatrices.

Certes, la neige conserve mal les détails anatomiques. Mais la documentation portant sur des empreintes produites dans ce substrat se multiplie néanmoins.

Le point culminant des découvertes de ce genre fut atteint en 1951, quand l'alpiniste anglais Eric Shipton photographia une série d'empreintes particulièrement nettes. Certains spécialistes du British Museum les attribuèrent étourdiment à un langur, c'est-à-dire à un singe semnopithèque, mais cette « expertise » vraiment scandaleuse fut accueillie à coups de sifflets par les gens un peu qualifiés.

Le dernier cycle des informations himalayennes, celui des nouvelles à sensation, se déroula au cours des années 1950. L'Himalaya se mettait en effet à grouiller d'alpinistes, de géologues et de journalistes. L'une après l'autre, les cimes de notre planète ridée étaient conquises. Et l'Homme-des-neiges, qu'on le veuille ou non, entrait vivant dans l'histoire de l'alpinisme. Jamais les savants « spécialistes » — spécialistes surtout des conspirations du silence — ne réussirent à colmater cette source de renseignement : l'embarrassante créature jaillissait toujours par quelque brèche imprévue. Elle se mit ainsi à envahir les pages des livres consacrés à l'alpinisme et de là les journaux, attirant ainsi l'attention de millions de lecteurs. La science officielle se tenant sur « une prudente réserve », le problème devint la proie des dilettantes sans autorité, sans références. Il existe « quelque chose » dans l'Himalaya ? Il faut le trouver. On en discutera après. Pour le moment, grimpons, cherchons !

Il faut se représenter toutes les difficultés qu'implique la moindre victoire sur les hauteurs ou les espaces de l'Himalaya, région la plus grandiose et la plus inaccessible du monde, son « troisième pôle », comme on l'a appelé, le dernier à être vaincu. C'est au cours de sa pénible conquête que s'accumulèrent non seulement les observations de simples traces de pas, mais aussi les témoignages oculaires des montagnards indigènes et des moines bouddhistes.

En 1949, devant le monastère de Thyangbotchi, toute la foule réunie pour une fête avait soudain vu un *yéti* surgir précipitamment des buissons. Les montagnards interrogés à ce sujet connaissaient parfaitement bien l'Ours et le Singe, mais pour eux il s'agissait en l'occurrence d'un être mi-homme mi-bête : il n'avait pas de queue, marchait dressé sur les deux jambes et était de la taille d'un homme moyen. Son corps était couvert de poils brun rougeâtre, mais son visage était glabre.

Les montagnards et les moines avaient fait battre les tambours et sonner les trompettes, produisant ainsi un tintamarre effroyable dans le but de chasser l'intrus.

Deux ans plus tard, près du même monastère, un *yéti* était à nouveau apparu. Et à nouveau, par le mugissement des trompettes sacrées et le roulement des tambours, on s'était efforcé de le mettre en fuite.

En 1954, le point d'ébullition fut atteint. Le public européen avait été à ce point séduit par les vagues de nouvelles déferlant avec régularité, que le journal britannique *Daily Mail* estima profitable d'envoyer dans l'Himalaya la première mission spéciale lancée à la poursuite de l'Homme-des-neiges. Il est caractéristique que ce soit le journaliste chevronné Ralph Izzard qui avait été placé à sa tête, alors que d'excellents naturalistes avaient seulement été conviés à y participer. Cinq mois de travail dans les hauteurs du Népal permirent cependant une enquête serrée auprès des montagnards de maints villages, et une abondante récolte de nouvelles traces de pas. En suivant deux jours d'affilée un couple de yétis, les poursuivants purent littéralement lire sur la neige l'histoire des deux êtres pendant ce laps de temps. Ils apprirent notamment comment le *yéti* parvient à franchir les crêtes de neige poudreuse par des mouvements rappelant la nage, comment il dévale les pentes neigeuses abruptes en se laissant glisser sur le derrière, comment il fait un grand détour pour éviter toute habitation humaine. Mais il leur était aussi apparu très clairement du même coup, qu'il était vain de vouloir rattraper un *yéti* sur son propre terrain, et que, d'autre part, cet être ne possédait là-bas ni repaires ni tanières permanentes où l'on pût le traquer.

Au mois de mai 1955, au cours de l'expédition française au Makalu, un géologue, professeur au Muséum, l'abbé Pierre Bordet, prit d'excellentes photos d'empreintes de pas et recueillit de précieuses informations. (Planche 1).

En 1956, l'expédition anglaise de Norman Hardie travaillait dans les hauteurs du Népal. C'est à cette époque que se lancèrent dans l'action deux hommes dont les noms ont profondément marqué notre épopée : le millionnaire texan Tom Slick, passionné de sciences naturelles, et l'Irlandais Peter Byrne, chasseur au palmarès impressionnant, grand voyageur et observateur de la nature. Ils revinrent de conserve au Népal en 1957.

Soit dit en passant, Slick et Byrne devaient tous deux venir séparément à Moscou par la suite, afin de prendre contact avec notre Commission pour l'étude de la question de l'Homme-des-neiges. Tous deux de haute taille, tous deux dynamiques et sincèrement passionnés. Tom Slick, ami du célèbre Cyrus Eaton, était un partisan actif de l'amitié entre nos deux pays. C'est avec une grande tristesse que nous avons appris plus tard que son avion personnel avait fait explosion à grande altitude au-dessus du Texas [19]. Mais auparavant il avait apporté une grande contribution à la révolution scientifique du XXᵉ siècle dont il avait d'instinct flairé toute l'importance.

En 1958, grâce aux moyens importants dont disposaient Tom Slick et le banquier A. C. Johnson, s'était organisée la plus efficace sans doute de toutes les expéditions lancées aux trousses de l'Homme-des-neiges. Elle était équipée de chiens policiers, d'appâts spéciaux, d'arbalètes à fléchettes anesthésiantes. A deux reprises, semble-t-il, un *yéti* se trouva à proximité des chercheurs, mais chaque fois il s'éclipsa dans la nuit. Le travail de l'équipe se poursuivit au cours des années 1959 et 1960. Un moulage en plâtre fut pris d'une excellente empreinte de pied : une multitude de procès-verbaux d'interrogatoire furent consignés, qui à ce jour n'ont pas encore été publiés.

Mais le grand public, que reçut-il de tout cela en pâture ? D'honnêtes résumés, généralement faits par des journalistes ou signés par des alpinistes : Tilman, Murray, Dyhrenfurth, Shipton, Howard-Bury. Par le jeu du destin, c'est l'ouvrage le plus enjolivé, le moins rigoureux, celui d'Izzard qui fut le seul à paraître en russe avec un tirage énorme. La toute dernière des synthèses journalistiques, le volume gonflé du rédacteur en chef du grand quotidien italien *Corriere delle Serra*, Carlo Graffigna, parut en 1962. C'est un mauvais pâté composé essentiellement de passion pour l'alpinisme truffée de *yéti* : la documentation de l'auteur est pour le moins déficiente, sa compétence en biologie l'est encore davantage.

D'autres noms sont plutôt à citer ici : ceux de quelques zoologistes et d'autres gens s'intéressant aux animaux. Leur odorat professionnel avait flairé la bête ! Chacun d'entre eux a tenté de percer les ténèbres de l'énigme avec le faisceau lumineux de son expérience personnelle des sciences naturelles.

Gerald Russell, celui-là même qui avait participé à la toute première capture d'un panda géant — animal, on le sait, rarissime — fournit aux expéditions himalayennes la superstructure théorique sans laquelle les projets et les plans n'auraient aucune cohérence. De son côté, Charles Stonor visita une multitude de villages sherpas en se renseignant sur le *Yéti*, pour en venir, avec la logique d'un zoologiste, à cette conclusion : les Sherpas ont raison de reconnaître qu'ils eussent été bien incapables d'inventer de toutes pièces une telle créature. Quel intérêt auraient-ils eu à le faire ? Au surplus, il était impossible qu'il s'agit d'un simple mythe : tous leurs récits concernaient des êtres prosaïques, indiscutablement de chair et de sang [20].

« En tentant de reconstituer l'aspect du *Yéti* d'après ce qu'on disait de lui, écrit Stonor, nous rejetions toutes les descriptions et les rapports de seconde ou de troisième main pour prendre uniquement en considération les témoignages des gens qui affirmaient en avoir vu un de leurs propres yeux. Il ne s'était guère passé des semaines qu'une évidence s'imposait à nous de manière quasi irrésistible : quel que fût le temps ou le lieu, quelles que fussent les circonstances dans lesquelles un Sherpa prétendait en avoir vu un, tous les rapports revenaient exactement au même. C'était un petit animal trapu, à peu près de la taille d'un garçon de quatorze ans, couvert de poils raides et grossiers, de couleurs brun-rougeâtre et noire, avec une face plate comme celle d'un singe, une tête plutôt pointue, et pas de queue. On disait qu'il marchait normalement dressé sur les deux jambes, comme un homme, mais qu'une fois effrayé, ou sur un substrat rocheux, il se déplaçait par bonds à quatre pattes. Il

---

(19) C'est en réalité au-dessus du sud-ouest du Montana que, le 6 octobre 1962, s'est produit l'accident dans lequel Thomas Baker Slick disparut à l'âge de quarante-six ans.

(20) Les esprits, soulignaient les Sherpas avec un bon sens qui semble faire défaut à bien des savants, ne laissent pas de traces de pas dans la neige ...

était doué d'un cri d'appel caractéristique, une note puissante et pleurarde, ressemblant, semble-t-il, au cri plaintif du goéland, et qu'on entendait le plus souvent en début de soirée ou tard dans l'après-midi [21] ».

Le zoologiste britannique nous offre ici une synthèse, d'où le *Yéti* surgit à nos yeux sous un aspect très vivant, mais il n'a pas découvert la place de l'animal en question dans la systématique zoologique. Le livre de ce naturaliste honnête, *The Sherpa and the Snowman*, publié originellement en 1955, fut par la suite traduit en russe mais sans rencontrer l'audience qu'il méritait.

Le chef de file des primatologues actuels du monde entier [22], le Britannique W. C. Osman-Hill, a soumis à une méticuleuse critique zoologique l'ensemble des données himalayennes. Le docteur Osman-Hill a rejeté comme douteuses une partie des données du problème, mais il reconnaît que la somme des preuves positives est d'un poids bien plus important que les objections incrédules les plus sévères. Son verdict, le voici : il existe dans l'Himalaya un mammifère encore inconnu qui marche dressé sur les membres postérieurs ; il vit par petits groupes et hante les forêts de rhododendrons ou d'autres taillis épais dans les vallées situées en dessous de la limite des neiges (Planche 21).

Sans doute enhardie par les écrits d'Osman-Hill, une femme de lettres anglaise d'origine franco-russe, Odette Tchernine, publia en 1961 un livre qui réunit et analyse un grand nombre de données sur le problème, *The Snowman and Company*. Il porte sur une zone d'information très élargie, qui englobe d'abord le Cachemire, où maintes informations sur les créatures en question, appelées là-bas Van-manass, ont été récoltées et transmises par une adepte anglaise de Gandhi, Mira-Behn, de son vrai nom Madeleine Slade.

Comme Osman-Hill, Mme Tchernine est encline à reconnaître dans l'Homme-des-neiges et ses congénères un genre de Primates supérieurs resté inconnu jusqu'à nos jours. Elle caractérise de façon intéressante les conditions biogéographiques de son existence et de sa distribution sur les vastes espaces peu habités de l'Asie et même de l'Amérique.

Cette dernière extension dee l'affaire à l'Amérique avait été introduite dans la course par le zoologiste américain Ivan T. Sanderson, d'origine écossaise. Je reviendrai plus loin sur les idées de celui-ci, ainsi que sur les faits qu'il a rapportés, mais disons tout de suite que son gros livre *Abominable Snowmen : Legend Come to Life* (1961) [23], doit être considéré comme la contribution la plus importante de la zoologie occidentale à l'établissement de la réalité biologique de la " légende " en question (Planches 11, 15 et 20).

Un grand zoologiste étranger mérite d'être cité ici tout à fait à part. Bien qu'il soit longtemps resté enchaîné au cycle himalayen, il n'est pas anglo-saxon, comme tous les précédents, mais français d'origine belge. C'est Bernard Heuvelmans. Ce n'est pas parce qu'il est devenu en Europe le centre auquel se rattachent tous ceux qui dans le monde s'occupent de l'Homme-des-neiges, que je tiens à lui adresser ici des louanges. C'est parce qu'il a été le tout premier à avancer une idée fondamentale. Et une montagne de préjugés ou d'erreurs peut s'effondrer sous les coups de boutoir d'une simple idée.

---

(21) Ce texte ne provient pas du livre même de Stonor, mais d'une note de celui-ci publiée par Ralph Izzard dans *The Abominable Snowman Adventure* (p. 261-62, London, 1955).

(22) La primatologie est en principe la science qui traite de l'ordre des Primates, lequel comprend aussi bien les Hommes que les Tarsiens, les Lémuriens et les Singes. Mais en pratique le mot désigne le plus souvent la science des Primates non-humains, pour la distinguer de l'anthropologie axée uniquement sur la morphologie et la biologie de l'Homme.

(23) Une traduction française en a été publiée en 1963 par Plon (Collection *D'un Monde à l'Autre*) sous le titre *Homme-des-neiges et Hommes-des-Bois*.

Le docteur Heuvelmans a démontré que la zoologie est parvenue au terme de sa période empirique de découvertes, fondée sur de simples procédés cynégétiques de dépistage des grands animaux encore inconnus. Dans son grand ouvrage, devenu classique, *Sur la piste des bêtes ignorées* (1955), il s'est efforcé d'établir les premières fondations d'une science nouvelle, la Cryptozoologie, qui vise à la prévision systématique des découvertes les plus délicates, celles en particulier des animaux les mieux dissimulés. Et parmi ces derniers il a compris bien entendu l'Homme-des-neiges, auquel il a consacré un très long chapitre. C'est aussi dans cette optique particulière qu'il a publié par la suite son bel article : *Oui, l'Homme-des-neiges existe*, où pour la première fois la méthode statistique a été utilisée pour analyser l'ensemble des descriptions fragmentaires de l'Homme-des-neiges par ses divers témoins [24].

Je n'égrènerai pas un à un ces divers témoignages : certains ont déjà été cités ou le seront en bonne et due place au long du présent texte. Qu'il me suffise de préciser ici, dans une perspective d'ensemble, que pour le seul cycle himalayen, ils ne se rapportent pas seulement au Népal, au Sikkim, au Cachemire et au Bhoutan, mais que quelques-uns ont aussi été recueillis au nord de la grande crête himalayenne de partage des eaux, notamment au Tibet, où au lieu de parler de *yéti*, on dit plutôt *mi-gheu*, ce qui revient au même [25].

Ainsi, sur les flancs septentrionaux de l'Himalaya, les eaux en crue d'un lac de montagne avaient, un jour, entraîné une de ces créatures et l'avaient déposée au pied de rochers. Plusieurs habitants d'un village voisin allèrent examiner le cadavre qui ressemblait à celui d'un homme de taille médiocre, mais entièrement couvert de poils brun roussâtre et doté d'un crâne allongé.

L'histoire du cycle himalayen ne serait pas complète si nous ne citions pas aussi les noms de quelques visiteurs européens cultivés.

Il y a tout d'abord notre compatriote, l'orientaliste N. V. Valéro-Gratchev, qui après avoir vécu la plus grande partie de son existence dans des monastères bouddhistes, n'était revenu à Leningrad que dans les années 1930. Il a prétendu qu'à cette époque il avait présenté, dans les milieux scientifiques, des rapports et des manuscrits sur l'« Homme sauvage » tibétain, mais qu'on lui avait vivement conseillé de se taire. Ses notes se sont perdues, mais, peu avant sa mort, en 1960, ses révélations ont pu être recueillies de ses propres lèvres par L. V. Bianki, qui les a notées.

Au cours de ses pérégrinations, Valéro-Gratchev avait récolté tant de renseignements et questionné tant de gens sur diverses particularités de la bête connue ici sous le nom d'*almass*, là sous celui de *mi-gheu*, qu'il ne pouvait plus douter le moins du monde de sa réalité.

Un autre de nos compatriotes, Youri N. Roerich, le fils du célèbre peintre Nikolaï Roerich et le frère du peintre actuel, devait rapporter ses informations à une époque plus propice. C'est en effet à notre commission de l'Académie des Sciences que cet érudit, qui avait passé la moitié de sa vie dans l'Himalaya, exposa ses informations accumulées au long de nombreuses années, ainsi que son opinion sur un morceau de peau qu'il avait eu l'occasion d'examiner lui-même. Il n'y a aucune raison — et j'estime qu'on n'a même pas le droit — de mettre en doute la réalité de ce que rapporte un savant qui s'est si bien assimilé l'esprit énigmatique de l'Orient bouddhiste que son visage même porte le reflet de l'Asie. « Une chose est certaine, a conclu Y. N. Roerich, sur les flancs de la chaîne de l'Himalaya vit de toute évidence une créa-

---

(24) Cf. *Sciences et Avenir*, Paris, n° 134, p. 174-79, 220, avril 1958.

(25) En anglais, on écrit généralement mi-gu et en allemand mi-gô, ce qui est plus proche de la prononciation correcte. Dans la littérature consacrée à la question on trouve aussi des transcriptions tout à fait erronées comme ui-go ou mirka.

ture — disons un singe anthropoïde — que la Science ne connaît pas encore. Tout bien pesé, il me semble que les informations réitérées à son sujet ont été trop souvent répétées et avec trop de détails précis pour qu'on puisse prétendre qu'il ne s'agit là que de simple folklore ».

Deux noms encore. Entre 1950 et 1953, le voyageur et ethnographe autrichien René von Nebesky-Wojkovitz a transcrit, au Tibet et dans l'Himalaya, quelques témoignages qui font pendant aux notes de Y. N. Roerich. Et en 1956, le journaliste polonais Marian Bélitsky y a encore ajouté tout un faisceau d'observations nouvelles. Les déclarations des témoins ont également convaincu ces deux jurés.

Hélas ! Tout ce supplément d'informations n'est pas parvenu à élargir la brèche initiale, cette brèche dont s'échappe l'évidence fondamentale que « quelque chose » existe. La pensée des chercheurs occidentaux s'est isolée sur un îlot. En effet, tant que ce « quelque chose » n'est pas encore annexé par la Science comme un de ses domaines, aucune force d'inertie ne vient freiner le retour en arrière de la sempiternelle question : existe-t-il, oui ou non ? On distrait sottement le public du problème essentiel aussi bien en brandissant des « preuves indiscutables » que par de pompeux démentis. A ce propos, une maison d'édition de Chicago proposa au célèbre alpiniste sir Edmund Hillary de financer sa nouvelle expédition dans l'Himalaya à la condition expresse qu'il revienne soit avec une preuve matérielle de l'existence ce l'Homme-des-neiges, soit avec une preuve non moins éclatante de son inexistence. Il semble que la seconde éventualité ait paru d'une réalisation plus facile à Sir Edmund, dont le nom prestigieux allait en fait couvrir, au Népal, des activités n'ayant que de lointains rapports avec l'alpinisme. Pour jouer sur du velours, le vainqueur de l'Everest se fit d'avance fabriquer sur place un « scalp de *yéti* » au moyen de la peau d'une sorte de chèvre sauvage, puis il demanda soi-disant aux moines l'autorisation exceptionnelle de pouvoir le ramener en grande pompe en Amérique et en Europe. Bernard Heuvelmans fut le premier à identifier l'espèce d'Ongulé, le Serow (*Capricornis sumatraensis*), dont la peau du garrot avait servi à fabriquer le faux. D'autres experts se rangèrent à ses côtés. Mais c'est tout juste si l'on n'en conclut pas que l'Homme-des-neiges avait enfin été démasqué ! La manœuvre de sir Edmund avait été déjouée, mais elle avait causé néanmoins un mal irréparable. (Planche 2)

Le plus important était que l'objet même de nos études restait tenu à l'écart du système de la Science. Aussi, aucun des savants en place d'Europe occidentale ne poussa le moindre gémissement quand un rideau de fer retomba soudain sur la scène. En 1961, en effet, le gouvernement du Népal décréta de sévères mesures pour protéger l'Homme-des-neiges. Désormais celui qui voudrait encore se lancer à sa poursuite devrait payer au préalable un droit de 5000 roupies. Le *yéti*, mort ou vif, ses photos elles-mêmes, furent décrétées propriété de l'Etat ; il était dorénavant illégal de les exporter hors du Népal. En fait, il est strictement interdit de tuer un homme-des-neiges, même en état de légitime défense. Et les Népalais n'ont même plus le droit de fournir des renseignements sur cet être aux étrangers sans l'autorisation expresse du gouvernement.

A peu près à la même époque, la source d'informations du Tibet fut également bouchée. Vous vous demandez sûrement quelle main sortie de l'ombre venait ainsi mettre le holà à toute velléité de découverte. Eh bien ! C'était tout bonnement le clergé lamaïste. Et le plus grave, c'est que l'humanité ne pouvait pas élever la moindre objection contre de telles mesures.

Comment le *Yéti* se présente-t-il en définitive ?

Lentement, mais non définitivement hélas, on avait éliminé l'explication absurde de l'ours. Il s'agissait sans conteste d'un vrai bipède. Pas un homme, mais un animal. La zoologie classique en avait tiré une conclusion : si ce n'était pas un homme, ce devait être un singe. Un singe anthropoïde bien sûr, puisqu'il avait une apparence humaine. Cela dit, il ne ressemblait à aucun des anthropoïdes connus, il en différait même sensiblement. Seule Odette Tchernine songea à le rapprocher de l'Orang-ou-tan. Mais même un parent aberrant du grand anthropoïde roux de Bornéo et Sumatra serait bien incapable de marcher dressé sur ses seules pattes postérieures. Trop grande est la distance qui sépare celui-ci, anatomiquement, de l'Homme.

D'autres ont parlé d'un genre tout à fait distinct, voire d'une famille particulière d'anthropoïdes. Avec beaucoup d'astuce, on a même songé au Gigantopithèque, fossile chinois qu'on n'a pas hésité à ressusciter pour l'occasion. Sans doute est-il heureux que, de ce vieux singe disparu, on n'ait jamais rien trouvé d'autre que des mâchoires démesurées et des dents énormes [26]... Il faut reconnaître que les té-moins de l'Homme-des-neiges avaient parlé tantôt de véritables géants au poil noir rencontrés seulement en haute montagne, tantôt d'êtres ne dépassant pas la taille d'un adolescent et au pelage plutôt roux. On postula donc, en Asie, l'existence de deux types de primates encore inconnus. D'après une autre proposition, il y en au-rait même trois !.

Les adversaires de l'Homme-des-neiges ont déclaré plus d'une fois que si l'on pos-sédait la moindre relique tangible de celui-ci — fût-ce un ongle ! — rien ne s'oppo-serait plus à ce qu'on le prenne au sérieux. Dans ce cas, en effet, il répondrait aux exigences classiques de l'étude zoologique. Là, ils ont été bien attrapés, car précisé-ment nous en avons un, d'ongle ! Il y a même un doigt qui le prolonge, voire toute une main au bout...

C'est d'ailleurs pour cela que j'ai dû m'atteler à l'étude de l'anatomie comparée de la main chez les anthropoïdes et l'Homme. L'objet à expertiser était une relique sacrée du monas-tère de Pangbotchi : une main de *yéti*, autrefois tranchée, peu à peu desséchée, et dont les os étaient en partie dénudés et visibles. Peter Byrne avait été le premier, en 1958, à être au-torisé à l'extraire des chiffons qui l'enveloppaient et à la photographier. L'année suivante, il avait renouvelé sa visite au monastère et avait fait d'autres photos de la main momifiée, mais cette fois, hélas, après l'avoir « réparée » de façon maladroite. (Planche 3)

En 1960, un professeur d'anatomie comparée de l'université de Tokyo, Teizo Ogawa, vint encore en prendre une autre série de photos. Mais il s'attendait à trouver une main de singe anthropoïde, non une main humaine. Il rangea donc ses photos au fond d'un tiroir. Elles restèrent ainsi inutilisées jusqu'au jour où je lui demandai de me les envoyer afin de les confronter avec les deux séries précédentes. Non, elles ne représentaient pas une main de

---

(26). Je dois à la vérité de dire que je suis à l'origine de cette hypothèse, avancée pour la première fois en 1952 comme une simple possibilité. De tous les Primates connus à l'époque par des restes concrets, ce géant authen-tique qu'était *Gigantopithecus* me paraissait en effet le seul à pouvoir expliquer l'existence, en Asie, d'hommes-des-neiges de très grande taille. Cette idée a été reprise en 1954 par le docteur Wladimir Tschernezky, et dévelop-pée par lui, du point de vue anatomique, avec une extrême ingéniosité. Elle a aussi été considérée comme possi-ble, cette même année, par une des plus hautes autorités américaines en matière d'anthropologie, le docteur Carleton S. Coon. C'est elle qui devait être adoptée ensuite par le docteur Toni Hagen, qui étudia la géologie du Népal pour les Nations Unies (1961), par un excellent primatologue anglais, le docteur Vernon Reynolds (1967), et finalement par les naturalistes américains McNeely, Cronin et Emery (1973). Pour ma part, je la considère en-core toujours aujourd'hui comme l'hypothèse la plus vraisemblable, dans l'état actuel de la Science, pour expli-quer non seulement les rumeurs relatives à des « hommes velus » vraiment gigantesques, mais encore des em-preintes de pas aussi démesurées que celles trouvées au bord d'un lac du Tian Chan (cf. p. 135 et planche 8) et celles attribuées au *Bigfoot* américain (cf. p 130).

singe, mais ce n'était pas non plus une main d'Homme, au sens le plus strict : un œil exercé pouvait y déceler des différences significatives par rapport à l'harmonie du squelette de la main de l'Homme moderne.

Quelles différences ? Par bonheur, les mains de certains Néanderthaliens fossiles ont été étudiées de manière exemplaire. Or, les traits de différenciation qu'on relève sur la main de Pangbotchi sont tout à fait semblables !

Pendant ce temps, à l'autre bout du monde, aux Etats-Unis, le professeur George A. Agogino analysait un fragment de tissu musculaire desséché, prélevé sur cette même main : tout ce qu'on avait pu obtenir des moines superstitieux de Pangbotchi. L'analyse microscopique et les tests de datation révélèrent que la main avait été coupée et momifiée il y a 300 ans.

La voilà la preuve matérielle que la pensée des investigateurs occidentaux était munie d'œillères. Leur bête énigmatique n'était autre qu'un homme de Néanderthal !

Je n'ai réussi à publier qu'un bref article sur la main de Pangbotchi, mais en collaboration avec des autorités aussi éminentes que les professeurs G. P. Démentiev et M. F. Nestourkh. Ensuite, j'ai soumis le cas au professeur L. P. Astanine, qui avait consacré sa thèse de doctorat à l'Anatomie comparée de la main de l'homme et des singes supérieurs. Nos déductions sur la main de Pangbotchi ont fini par se rejoindre.

Pour ce travail décisif, Astanine s'était chargé de toutes les mesures principales d'après les diverses photos. De mon côté, j'avais entrepris de multiplier les exemples complémentaires de parallélisme anthropologique entre l'Homme-des-neiges et le Néanderthalien. Tous les deux, nous avons attendu un an la réponse de la rédaction des Archives d'anatomie, d'histologie et d'embryologie, à laquelle nous avions proposé notre article. Là-bas, en effet, se livrait une bagarre homérique. Un des membres du comité de rédaction, anthropologue réputé, menaçait de se tuer plutôt que de laisser passer dans la presse scientifique une communication si hérétique. Peut-être valait-il mieux s'abstenir. C'est ce que nous avons décidé de faire.

Pour ce qui est des traces de pas sur la neige, un diagnostic précis s'imposait depuis bien longtemps. Depuis ce jour de 1952 où, dans une caverne de Toirano, en Italie, la grotte de la Sorcière, on avait pénétré à la suite d'une explosion dans une ramification éloignée, et l'on avait découvert, dans la glaise pétrifiée par les ans, les empreintes de pas de Néanderthaliens. L'anatomiste britannique (d'origine russe) Wladimir Tschernezky et quelques autres furent frappés par la similitude de leur forme bizarre avec celles des traces de *yéti*, photographiées par Shipton. Mais c'était plutôt pour eux une cause de consternation que d'illumination. Le manque de réflexion égarait vraiment les chercheurs occidentaux.

D'après la trace la plus nette relevée par Shipton, Tschernezky avait fabriqué une maquette en plâtre, pour le moins étrange, dont la forme était vraiment sans précédent, car il avait négligé la dynamique des orteils. Il nous est évidemment difficile d'imaginer les mouvements des pieds du Paléanthrope, bipède déjà très dissemblable du Singe mais qui ne marchait tout de même pas encore comme un homme actuel. A quoi correspondait notamment ces coussinets aux extrémités des orteils ?

En fait, seule la découverte au Tian-Chan, en 1963, d'une empreinte de pied d'un grand paléanthrope, merveilleusement conservée dans la glaise fraîche depuis quatre ou cinq jours tout au plus, a fait progresser d'un bond le problème de l'interprétation des traces de néanderthaliens (Planche 6).

Aujourd'hui, le riche filon du cycle himalayen a trouvé sa place exacte dans le cadre des connaissances établies. L'Himalaya n'apparaît plus que comme la limite méridionale extrême de l'immense région d'Asie centrale hantée par les néanderthaliens survivants. La haute montagne ne leur est pas particulièrement typique. La région des cols élevés n'est fréquentée que par les puissants mâles solitaires, comme les chasseurs en connaissent parmi les sangliers, les éléphants et les élans. Les femelles et les tout petits ne s'aventurent pratiquement pas sur les flancs méridionaux de la cordillère. Leurs quartiers se situent plus au nord. Quant aux yétis de faible taille, ils représentent un autre groupe d'âge : l'adolescence a, en effet, jusqu'au temps de la maturité, son écologie particulière.

Dans tout le massif himalayen, jeunes et vieux sont éparpillés sur de très vastes étendues du fait de l'extrême pauvreté du terrain nourricier. Un auteur occidental estime à environ quatre mille le nombre d'individus qui erreraient sur cette immensité. Ils s'y livrent à des migrations saisonnières. Et ils y évitent l'Homme. Dans la vallée de Baroun, où les expéditions lancées à leur recherche étaient devenues par trop fréquentes, ils s'évaporèrent complètement en deux ans à peine...

CHAPITRE V

ENVOL ET AILES BRISÉES

Le torpillage de la prestigieuse commission
de l'Académie des Sciences soviétique.

L'auteur du récit de science-fiction *L'Homme qui l'avait vu* ne savait absolument rien de ce qui précède, ni d'ailleurs de tout ce qui se rapporte à la question. Il représentait simplement un explorateur solitaire poursuivant à pied, quelque part dans le Pamir, le dernier des hommes-des-neiges. L'avantage du poursuivant était considérable : son havresac. Il avait sur lui une réserve de nourriture, alors que le poursuivi devait, lui, s'en procurer chemin faisant : c'était une créature bien pitoyable. A la fin de l'histoire, les deux héros tombaient de conserve dans un torrent tumultueux. L'homme parvenait à surnager, mais l'homme-des-neiges, à bout de force, se noyait.

Sans doute, n'est-ce là qu'un divertissement littéraire. Mais il se fait que ce récit est dû à la plume du chef de l'expédition organisée par l'Académie des Sciences soviétique en vue précisément de rechercher l'Homme-des-neiges. L'auteur, K. V. Stanioukovitch, l'avait écrit avant l'expédition en question, par conséquent sans trop savoir ce qu'il allait chercher. Cependant, il l'avait fait publier tel quel à son retour (*Vokrug Sviéta* [*Autour du monde*], n° 12, 1958), donc sans avoir rien appris, ni oublié.

Par la suite, Stanioukovitch devait encore faire paraître sur la question d'autres textes non moins distrayants, mais aussi invraisemblables.

Toute l'affaire avait débuté en 1958, quand je pénétrai dans le cabinet de travail du président de l'Académie des Sciences de l'U. R. S. S., l'académicien A. N. Nesméyanov. Ce fut dans ma vie une journée vraiment extraordinaire. A peine trois jours auparavant, à l'Institut d'Anthropologie, nous en étions encore aux hypothèses contradictoires, à la supputation de vagues probabilités. Et voilà que, poussé sans doute par une grande inspiration, je parvenais, au cours de ce mémorable entretien, à convaincre le président Nesméyanov de faire figurer mon rapport à l'ordre du jour de la séance du Præsidium du surlendemain. Je ne disposais que d'une seule nuit pour préparer un projet de résolution, dresser la liste des invités et celle des candidats possibles en vue de la formation du comité que je souhaitais créer, à savoir la Commission pour l'étude de la question de l'Homme-des-neiges, auprès du Præsidium de l'Académie des Sciences. Avec tact et quelque timidité, Nesméyanov m'avait suggéré de proposer, pour le fauteuil présidentiel, quelque académicien ou du moins un membre correspondant de l'Académie. Je lui avais répondu que le seul d'entre eux qui eût publié quelque chose sur le sujet, en l'occurrence deux articles parus dans les Informations de la Société de Géographie, était le géologue S. V. Obroutchev, membre correspondant de l'Académie [27].

Obroutchev était le premier à avoir réussi à vaincre l'inertie de nos salles de rédaction. Avant lui, le mathématicien A. D. Alexandrov et le géographe A. V. Korolev avaient échoué dans leurs tentatives de simplement exposer les faits empruntés à la

---

(27) Sergueï Vladimirovitch Obroutchev, né en 1891, explorateur de l'Asie du Nord-Est, est l'auteur de nombreux ouvrages de géologie et de géomorphologie ainsi que de divers récits de voyage.

presse occidentale. Obroutchev avait chaussé les œillères de la tendance anglo-saxonne, liée à la seule exploration de l'Himalaya, ne soupçonnant même pas l'existence d'une tendance proprement russe. En effet, il pensait à quelque anthropoïde bipède et non à « l'Homme primordial asiatique ». D'ailleurs, ce n'était pas tant la zoologie qui l'attirait que la présence évidente de quelque chose d'inconnu, découvert dans l'Himalaya par les conquérants des montagnes.

Comme l'académicien Nesméyanov m'avait proposé d'établir deux listes de participants à la séance — des partisans et des adversaires — je fis inviter parmi ces derniers, sur la foi d'une note incrédule publiée par lui, le professeur de géobotanique K. V. Stanioukovitch, au demeurant grand connaisseur du Pamir. A ma vive surprise, mon contradicteur présumé, pressentant sans doute ce qui se tramait, prononça au cours de la discussion une allocution chaleureusement favorable à mes plans. Le président Obroutchev fit confiance à Stanioukovitch. En plus de moi-même, deux autres vice-présidents durent donc désignés : Stanioukovitch bien sûr, et un partisan réellement convaincu, lui, le professeur de zoologie S. E. Kleisenberg.

Un merveilleux soutien moral me fut accordé par l'académicien I. E. Tamm, qui participa aux travaux de la commission aux côtés des biologistes et des géographes. Quant à la fonction de secrétaire scientifique, elle fut dévolue à l'anthropologue Andreï A. Chmakov, qui, de ce fait, allait désormais être très mal vu de ses collègues.

Ce fut comme un conte des Mille et Une Nuits. Littéralement d'abord, car, le jour, chacun de nous était pris par ses obligations professionnelles, mais aussi au figuré, parce que nos réunions nocturnes se déroulaient dans une ambiance de féerie orientale, où les richesses fabuleuses promises par l'expédition au Pamir faisaient figure à nos yeux de trésor d'Ali-Baba. Deux objectifs se dessinèrent pour la commission : d'une part, réunir aux fins d'analyse tout le matériel d'information paru dans le monde entier sur un problème scientifique aussi vierge encore qu'un tapis de neige fraîchement tombée, et, d'autre part, servir de conseil scientifique à une expédition sur le Toit du Monde, lancée cette fois spécialement à la poursuite de l'être signalé par l'hydrologue Pronine.

Le premier objectif était de loin le plus urgent, car pour pouvoir donner des conseils pratiques, il fallait avant tout accumuler des montagnes de connaissances concrètes. Mais je dois dire que tout le monde était plutôt obsédé par l'idée d'expédition : ah ! pouvoir tendre la main et capturer !

Etant de nous tous le plus familiarisé avec le Pamir, K. V. Stanioukovitch convenait bien entendu parfaitement pour le poste de chef. Comme il était préoccupé par l'achèvement de la carte géobotanique du Pamir oriental, il insista pour que l'expédition fût de structure complexe, polyvalente, à savoir qu'elle comprît des spécialistes différemment orientés. Peu à peu, l'Homme-des-neiges était en quelque sorte sournoisement repoussé sur le côté ...

L'expédition avait été organisée d'emblée jusque dans les moindres détails sur une très grande échelle, un peu comme on construit l'apparence d'une ville entière pour un simple tournage cinématographique. Il fallait absolument un radeau pneumatique à moteur et une vedette rapide pour naviguer sur le lac Sarez, il fallait des objectifs gigantesques pour scruter les moindres recoins des vallées et des montagnes, il fallait des chiens policiers spécialisés dans la poursuite du gibier parmi les rochers. Et des limiers devaient en outre avoir été dressés au préalable dans un parc zoologique, en utilisant comme stimulant de l'urine de chimpanzé ... Cela dit, on ne tenait aucun compte du fait que parmi les rochers, la poursuite se révélerait parfois au-dessus des possibilités d'escalade des alpinistes les plus aguerris.

Cependant, la composition de notre équipe était assez surprenante, c'est le moins qu'on pût dire. La date de départ de l'expédition se rapprochait de jour en jour, mais celle-ci ne comprenait toujours pas un seul zoologiste : le chef, en effet, écartait l'un après l'autre tous ceux qu'on lui recommandait. En fin de compte, l'énorme expédition en compta tout de même quatre : deux ornithologues, un spécialiste des phoques et un expert en chauves-souris. Pour faire bon poids, on y adjoignit même un entomologiste ; tout cela n'eût été qu'un demi-mal si je n'avais appris au cours d'une de nos pauses nocturnes — trop tard, hélas, pour encore pouvoir y changer quelque chose — qu'aucun d'entre eux n'avait jamais lu quoi que ce soit sur l'Homme-des-neiges, que le chef ne s'était jamais entretenu de celui-ci avec eux, et, à plus forte raison, ne les avait jamais mis au courant des instructions minutieuses rédigées par nos soins. En fait, ils n'avaient été recrutés que pour compléter leurs propres collections d'oiseaux, de rongeurs ou d'insectes ! C'est selon un processus semblable que furent également engagés, pour l'expédition dite de l'Homme-des-neiges, d'une part le chef de groupe archéologique, parce qu'on ne lui accordait pas de fonds pour ses fouilles, et d'autre part, le chef du groupe des ethnographes enquêteurs, qui avait répondu sans coquetteries à la proposition : « J'irais même à la recherche du diable, pourvu qu'on me permette d'atteindre la vallée du Vantch, dont le dialecte m'intéresse prodigieusement ! ». Participaient également à l'expédition, des alpinistes et des cinéastes, chacun bien entendu avec des visées personnelles. Et le chef introduisit enfin, au sein de tous les groupes, de simples ramasseurs de plantes destinées aux herbiers : pour lui, c'était d'ailleurs là le principal objectif de l'opération.

Un soir, à l'issue d'une conférence de l'alpiniste anglais Evans, une femme d'allure sportive s'était approchée de moi. Elle est entrée dans notre groupe comme l'étrave d'un navire laboure la mer. A brûle-pourpoint, elle m'a demandé : « C'est bien vous qui vous occupez de l'Homme-des-neiges ? — Oui — Je voudrais consacrer ma vie à ce problème... »

J'ai cru qu'elle plaisantait. Mais, tout de go, elle entreprit de me persuader qu'elle devait à tout prix participer à l'expédition dans le Pamir, puisqu'elle était à la fois médecin, chirurgien, anatomiste et alpiniste. Que de fois par la suite n'ai-je pas pensé qu'elle n'avait pas le moins du monde exagéré en se disant ainsi indispensable à notre équipe... Sans jamais se laisser décourager, Jeanne Josephovna Koffmann réussit en tout cas à se faire inscrire comme deuxième médecin pour l'expédition au Pamir [28]. (Planches 9 et 10)

Les doigts d'une main suffiraient pour énumérer les membres de l'expédition qui tenaient celle-ci pour ce qu'elle aurait vraiment dû être. Le chef jouait gros jeu sur le tapis vert des séances, mais il ne faisait dresser l'oreille qu'à quelques-uns, mieux familiarisés avec le Pamir. Explorateur chevronné, le professeur V. V. Nemytsky insistait pour que l'expédition se rendît au Pamir du sud et de l'ouest, surtout le long

---

[28] En fait, le docteur Marie-Jeanne Koffmann, dont on reparlera beaucoup par la suite, est française et même parisienne : elle est née boulevard Saint-Michel ! Après avoir passé son baccalauréat, elle se retrouva en 1935 en Russie pour y rejoindre ses parents. A l'issue de brillantes études de médecine à l'Université de Moscou, elle devint chirurgien des hôpitaux de cette ville. Alpiniste émérite, elle a participé à de nombreuses expéditions en haute montagne, entre autres, en 1947, au Pamir, à la première exploration d'une immense région pratiquement inconnue. Ce sont d'ailleurs ses qualités exceptionnelles qui, au cours de la Deuxième Guerre mondiale, lui avaient valu le grade de capitaine de l'Armée soviétique : elle combattit, pendant la bataille du Caucase, comme commandant-adjoint d'un bataillon de chasseurs alpins. Sept décorations soviétiques !

du cours supérieur du Yazgoulem. Ses arguments avaient été soutenus par d'autres spécialistes, mais Stanioukovitch préféra mettre ces itinéraires en réserve, et se fixer comme premier objectif l'exploration de l'est du Pamir : la vallée du Pchart, celle de Baliand-Lyik et le lac Sarez. Certes, il nous était parvenu de ces divers lieux quelques échos de rencontres avec notre vagabond asiatique, sauvage et velu, mais bien rares en vérité. En revanche, il se faisait comme par hasard que, pour cette région, la carte géobotanique en préparation était encore loin d'être achevée : ce n'était en vérité qu'une constellation de taches blanches.

Pour tout arranger, notre chef choisit comme date de départ non le printemps, quand la neige descend bas dans les vallées et que s'inscrit sur les cols l'éloquence chronique des traces de pas, mais l'été, quand les neiges reculent au-delà de la zone de végétation, et même au-delà des rocailles dénuées de vie. Oui, mais voilà : c'est en été que s'épanouit la pauvre flore du Pamir. Les herbiers allaient coûter une somme rondelette ...

Pour ce qui est du choix de la région du Pamir à explorer de préférence, voici ce que devait me raconter, trois ans plus tard, le général en retraite M. S. Topilsky, le jour où je parvins enfin à rencontrer ce personnage qui semble déjà entré dans la légende. En 1925, en qualité de commissaire d'un détachement militaire, il poursuivit une bande de contre-révolutionnaires qui battait en retraite vers l'est, à travers le Pamir. Dans les *kich-laks* (villages) de haute montagne, ses hommes et lui avaient entendu parler d' « hommes-bêtes », qui vivaient à une altitude encore plus élevée, mais qu'on connaissait néanmoins à la suite de quelques rares rencontres et surtout à cause des cris qu'on les entendait pousser. En empruntant une piste de montagne sur la trace des fuyards, quelque part dans les hauteurs des chaînes de Vantch et de Yazgoulem, le détachement repéra une série d'empreintes de pieds nus qui traversaient le sentier et se terminaient au pied d'une falaise rocheuse trop escarpée pour être escaladée par un homme. Il y avait aussi là des excréments ressemblant à ceux de l'Homme, et qui contenaient des restes de baies sèches.

La bande poursuivie fut enfin rattrapée à la faveur d'une halte qu'elle avait dû faire dans une caverne surmontée par un glacier. On encercla silencieusement le repaire. Quand le tir des mitrailleuses et le jet de grenades se déclenchèrent, un glissement menaçant des glaces se produisit. De la caverne, quelques hommes seulement purent échapper à l'avalanche en couvrant leur fuite par un tir nourri. Un Ouzbèque blessé raconta que d'une faille de la caverne un homme sauvage entièrement velu avait bondi parmi eux en poussant des cris inarticulés et qu'atteint par les coups de feu, il devait maintenant être enseveli à proximité sous une épaisse couche de neige. On allait en effet retrouver son cadavre : il présentait trois blessures par balles.

« A première vue, raconte le général Topilsky, j'eus l'impression d'avoir sous les yeux le cadavre d'un singe : il était en effet entièrement couvert d'une sorte de pelage. Mais je savais qu'il n'y a pas de singes dans le Pamir, et son corps ressemblait d'ailleurs tout à fait par la forme à celui d'un homme. Nous avons essayé de tirer sur les poils, mais nous avons pu nous assurer qu'il ne s'agissait pas de quelque déguisement. Nous avons plusieurs fois retourné le cadavre sur le ventre et sur le dos, et nous l'avons mesuré. Son examen minutieux et prolongé par notre aide-médecin établit qu'il ne pouvait s'agir en aucune façon d'un homme ordinaire.

« C'était un mâle d'1,65 m. à 1,7 m. de haut. A en juger par ses poils qui grisonnaient à certains endroits, il était assez âgé et peut-être même vieux. On pourrait définir la couleur générale de sa laine comme brun grisâtre. Sur la partie dorsale du corps les poils étaient cependant plus bruns, alors qu'ils étaient plus gris sur le ventre. A la hauteur de la poitrine ils étaient plus longs mais plus clairsemés, tandis que sur l'abdomen ils étaient au contraire plus courts mais plus drus. Dans l'ensemble, le pelage était grossier et sans duvet sous-jacent.

« Il y avait moins de poils sur le bas des fesses, d'où l'aide-médecin déduisit que cette créature se tenait habituellement assise comme un homme. C'est sur les cuisses qu'il y avait le plus de poils. Sur les genoux, en revanche, il n'y en avait pratiquement pas : on y remarquait plutôt des callosités. Sur la jambe, la pilosité était moindre que sur la cuisse, et elle allait encore en se raréfiant vers le bas. Complètement privés de poils, le pied et sa plante étaient garnis d'une peau dure et brunâtre. Les épaules et les bras étaient couverts de poils dont l'épaisseur diminuait vers la main. Sur le dos de celle-ci, il y avait encore quelques poils, mais ceux-ci étaient tout à fait absents de la paume : la peau de celle-ci était rude et calleuse. Des poils couvraient tout le tour du cou, mais sur le visage même, il n'y en avait guère. La couleur du visage était foncée. Il n'y avait ni barbe ni vraie moustache : seuls quelques poils follets au bord de la lèvre supérieure donnaient comme une ombre de moustache.

« Sur la partie antérieure de la tête, au-dessus du front, il n'y avait pas de poils, comme dans une calvitie s'étendant vers l'arrière, mais sur la partie postérieure de la tête, des cheveux épais s'entremêlaient jusqu'à former une sorte de feutre. Le cadavre gisait les yeux grands ouverts et les dents découvertes. Les yeux étaient de couleur sombre. Les dents étaient très grandes et régulières, mais ne différaient pas par leur forme de celles de l'Homme. Le front était fuyant. Les pommettes très saillantes conféraient à tout le visage une certaine ressemblance avec le type mongol. Le nez était écrasé, avec la racine profondément enfoncée. Les oreilles étaient glabres et, semble-t-il, plus pointues vers le haut que chez l'Homme, et avec un lobe plus long. La mâchoire inférieure était très massive.

« L'être en question avait la poitrine large et puissante, et une musculature très développée. Nous n'avons pas remarqué sur le corps de notables différences de structure par rapport à celui de l'Homme. Les organes génitaux étaient d'apparence humaine. Pour ce qui est de la longueur des extrémités, nous n'avons rien remarqué de particulier, à ceci près que la main était tout de même un peu plus large que chez l'Homme et que le pied était à la fois plus large et plus court ».

Il était impossible d'emporter le cadavre. Le détachement l'enterra sur place, quelque part parmi les rochers du Yazgoulem.

Et voici, dans la même perspective géographique, un autre rapport présenté à notre commission par A. I. Maliouta, ex-fonctionnaire de la K. G. B. (Sûreté de l'Etat) dans la région du Vantch, où il avait exercé ses fonctions pendant six ans.

Les chasseurs qui partaient en montagne chasser l'*arkhar* (mouflon), le *kyik* (bouquetin) ou le *bars* (panthère des neiges), lui parlaient souvent de l'existence, à haute altitude, de créatures ressemblant à l'Homme, en particulier autour du haut Yazgoulem, près du glacier Fodtchenko, en direction de Bartang. « Il est intéressant de noter, dit Maliouta, qu'en dehors du *kichlak* (village) de Yzagoulem, dans la région du Vantch, je n'ai jamais, dans aucun autre coin du Pamir, entendu mentionner l'Homme-des-neiges ».

C'est non loin du lieu en question, à l'observatoire du glacier Fedtchenko, qu'en mars 1936, le radio-météorologiste G. N. Tébénikhine participa à un épisode qui, à ses dires, « n'a jamais été complètement élucidé ». Un être bipède avait brisé un pieu près de l'observatoire. Il avait échappé sans la moindre difficulté aux skieurs qui l'avaient poursuivi pendant des heures sur la surface du glacier ; il était de couleur marron foncé. De temps en temps, il s'asseyait et laissait ses poursuivants s'approcher de lui, mais jamais à moins d'un kilomètre. Finalement, il disparut en se laissant glisser sur les fesses le long d'un étroit couloir de neige, tout en freinant cependant avec les pieds.

En 1933, alors qu'il franchissait un col pour passer du cours supérieur du Vantch à celui du Yazgoulem, l'académicien D. I. Chtcherbakov avait eu la surprise d'y découvrir des empreintes de pieds nus rappelant celles de pieds humains. Toutes ces empreintes se différenciaient cependant avec netteté de celles de l'Homme, comme celles de l'Ours d'ailleurs, par leur gros orteil très écarté.

En 1938, un autre géologue, A. Chalimov, franchissait ce même col en compagnie de porteurs tadjiks, quand ceux-ci lui signalèrent les traces de pas d'un « homme sauvage », qui venait tout juste de passer et avait sans doute guetté de là-haut le groupe en marche vers le défilé. « L'empreinte du gros orteil, rapporta Chalimov, était sensiblement plus grande que celle des autres orteils, et elle s'écartait sur le côté ».

Il convient de préciser que, dans les environs, les compagnons de Chalimov avaient identifié des traces d'ours avec une égale assurance.

Bien des informations encore attirent l'attention vers le cours supérieur du Yazgoulem.

Une autre gerbe de renseignements désigne, elle, le sud de la chaîne d'Alitchour et celle de Vakhan. La femme peintre M. M. Bespalko avait notamment écrit à Pronine : « J'ai vu exactement la même créature que vous, le 29 juillet 1943, dans la vallée d'Alitchour ». Cette dame se trouvait là-bas pour y prendre des croquis. Enfin, d'importantes informations sur l'existence de bipèdes velus dans ces régions nous ont été fournies en 1958, par le géologue S. I. Proskourko, et, en 1960, par un très habile expert en pistes, attaché aux troupes frontalières, A. Grez.

Pourtant, ce n'est pas du tout de ce côté-là que K. V. Stanioukovitch envoya les équipes de l'expédition de l'Homme-des-neiges. L'itinéraire choisi par lui était bien moins prometteur. Et, au surplus, quelques jours auparavant, devançant notre propre équipe, de petite groupes d'enquêteurs locaux étaient passés : ils avaient cru pouvoir attirer les hommes-des-neiges en allumant des feux le long de la route ! Pour tout arranger, ils complétaient leurs rations alimentaires en mitraillant le gibier local. Sur les lieux de halte, nous avons trouvé pas mal de douilles des cartouches utilisées.

La population faisait tout ce qu'elle pouvait pour les aider. Mais un berger, qui avait parlé de sa rencontre avec un *goul-biavane*, comme on disait là-bas, finit, selon les termes mêmes du rapport, par « avouer » que cette rencontre n'avait jamais eu lieu. Sans doute avait-on sérieusement cuisiné, selon les règles, ce zoologiste mal venu.

J'étais le seul membre actif de la commission et du conseil scientifique de l'expédition à me rendre dans le Pamir à la fois comme superviseur et comme collaborateur. La base de l'expédition était située à la station botanique de Tchertchekty, dont Stalioukovitch était précisément le directeur. L'air y était raréfié, les moindres mouvements vous épuisent. On dit que l'est du Pamir est aussi nu que la main. Il est vrai qu'on n'y voit pas un seul arbre. Mais c'est une paume hérissée d'une multitude de proéminences énormes, qui rappellent par leur silhouette les bosses du chameau. Nul paysage au monde (à l'exception peut-être du Tibet) n'inspire à l'Homme un tel sentiment de petitesse et d'isolement que le Pamir oriental, avec ses gigantesques bosses, son silence et sa nudité.

Serait-ce par hasard que, dans son livre amusant *Sur la piste d'une énigme surprenante* (Moscou, 1965), Stanioukovitch ait énuméré les noms de tous les participants de l'expédition sauf le mien ? (Soit dit par parenthèse, il m'a tout de même payé mes honoraires de campagne). Pourquoi cette omission ? Nous ne nous sommes jamais querellés. J'ai été reçu avec tous les égards dus à un hôte de marque, mais chaque instant de ma présence était comme un reproche, et pas toujours muet. Stanioukovitch était un être autoritaire, dictatorial. Dans ses décisions, il ne tenait compte ni des instructions que nous avions si soigneusement échafaudées, ni de mon désespoir croissant. C'était un fanatique du poème sur les flibustiers [29]. J'avais été entraîné le long d'un itinéraire fabuleux, plein d'enchantement et de romantisme, vers la turquoise du lac Sarez, quasi inaccessible, enchâssée dans les montagnes comme au cœur d'une citadelle.

Ce ne furent qu'ascensions et descentes à cheval parmi des amoncellements lunaires de quartiers de roc et de caillloutis ou sur des éboulis de gravillons, que croisières en canot ou en radeau à moteur sur un miroir d'eau de soixante kilomètres carrés, qui n'avait jamais porté aucun homme, que veillées nocturnes dans des camps accrochés aux rares aspérités de rives escarpées. Tout cela constituait un voyage merveilleux, inoubliable, mais qui n'avait, hélas, pas le moindre rapport sérieux avec les buts mêmes de notre expédition ...

A mon retour à Tchetchekty, je pris la décision de ne plus gaspiller mon temps à faire des randonnées à l'aveuglette par monts et par vaux sans le moindre objectif en perspective. Je rejoignis le seul groupe qui laissât espérer un certain progrès de nos connaissances, celui des ethnographes enquêteurs.

De toute évidence, nous n'étions pas encore prêts pour interroger directement la Nature. Il fallait auparavant questionner les hommes déjà familiarisés avec elle depuis maintes générations. Sur un camion mis à la disposition de notre groupe de quatre, nous avons donc consacré une tournée de deux semaines à visiter çà et là les yourtes des bergers éparpillés à travers le Pamir oriental, mais aussi les villages populeux étirés le long des rivières tumultueuses du Pamir occidental, le Badakhchan montagneux. Quel contraste, quelle bacchanale ici de la verdure la plus verte du monde, des cours d'eau les plus fous, des torrents les plus bouillonnants !

Les interrogatoires succédaient aux interrogatoires. Il en résulta maintes informations plus ou moins teintées d'antiquité ou de mythe, et pas plus de deux témoignages oculaires, mais ceux d'hommes parfaitement respectables qui affirmaient avoir vu un *goul-biavane* de leurs propres yeux dans des circonstances bien définies. Rien de fantastique ni d'outré dans leurs narrations.

Après notre retour à la base, A. L. Grünberg et moi avons encore accompli une excursion supplémentaire dans une région frontalière du Pamir, le Tchech-Tiubé, auquel plusieurs narrateurs avaient fait allusion. Là-bas, nous recueillîmes sur place des indications bien plus précises encore, pointant toujours vers le sud-ouest, où l'Homme sauvage vivrait encore de nos jours. Cette orientation de notre boussole scientifique est peut-être le résultat le plus positif, voire le seul, de notre expédition au Pamir de 1958. Nous ramenions en effet une série de descriptions assez fraîches et biologiquement acceptables des *adame djapaïsy*, recueillies auprès des Kirghizes venus du sud-ouest du Sinkiang. L'aiguille pointait obstinément dans cette direction, et les études ultérieures devaient confirmer l'exactitude de cette indication.

---

(29) Allusion, je pense, à une œuvre du poète maudit Nikolaï Stépanovitch Goumilov (1886-1921), fusillé par la Tchéka pour menées monarchistes. Le poème en question, dont la facture éclatante et l'exotisme ne sont pas sans rappeler Hérédia, évoque les grands navigateurs du passé, d'Ulysse à Cook, et l'on y trouve entre autres ces vers, traduits ici librement :
Et vous, les chiens du Roi, les hardis flibustiers
Qui conservez votre or dans quelque port obscur ...

Je quittai le Pamir en septembre. Peu après, toute l'expédition se disloquait. Stanioukovitch a décrit les mois suivants de manière dramatique : resté seul en compagnie de chasseurs indigènes, il s'était lancé à corps perdu à travers la neige et la tempête, dans une tentative désespérée de découvrir dans les montagnes glacées le mystérieux *Goul-biavane*. Ce n'est qu'ensuite qu'il s'était résolu à prononcer l'amer : « Adieu, l'énigme ! ». Précisons que pour cette dernière étape de l'opération, il n'existe pas d'autres témoignages que le sien, ni même ce document obligatoire dans toute expédition, le journal de campagne.

Mon exposé accusateur adressé au Præsidium de l'Académie des Sciences se noya dans la poussière des « notes sans intérêt scientifique ». En revanche, le rapport du chef de l'expédition surnagea sans peine. En janvier 1959, lui et moi nous nous rencontrâmes, comme Lenski et Oniéguine [30], à une séance du Præsidium de l'Académie, à laquelle beaucoup de monde assistait. J'y exposai les aspects théoriques du problème. Mais les gens n'étaient pas venus pour écouter cela. Ils étaient venus assister à un enterrement. S. V. Obroutchev fit lecture du rapport et du bilan de l'expédition, rédigés pour lui par K. V. Stanioukovitch. Que de choses étranges n'avons-nous pas entendues ce jour-là ! Il se révéla que le résultat principal de notre expédition avait été la découverte au Pamir, par le groupe archéologique, de vestiges du Paléolithique ... Cela impliquait, paraît-il, que l'Homme sauvage ne pouvait plus habiter là-bas depuis des dizaines de milliers d'années en vertu d'une loi biologique bien connue : l'incompatibilité de la coexistence d'espèces voisines sur un même territoire. La logique eût exigé qu'à plus forte raison un tel être ne pourrait pas être rencontré non plus par les montagnards contemporains du Népal ou d'ailleurs ...

Nous apprîmes ensuite que c'était seulement grâce aux travaux considérables de l'expédition au Pamir qu'un fait fondamental avait enfin pu être établi, à savoir que les conditions écologiques de ce pays montagneux s'opposent résolument à l'existence d'un Primate de grande taille. En réalité, l'écologie du Pamir, et en particulier celle des régions visitées, avait déjà été étudiée et décrite bien avant notre expédition. Elle était bien connue des organisateurs de celle-ci, et notre équipée n'avait apporté aucune modification sensible aux connaissances établies.

Que s'était-il donc passé ? Un jour, j'avais dit à Obroutchev : « Je ne me serais jamais occupé de l'Homme-des-neiges, si j'avais pensé un seul instant qu'il pût s'agir d'un singe ». Et Obroutchev avait répliqué : « Moi, je ne me serais jamais occupé de l'Homme-des-neiges si j'avais pensé qu'il pût s'agir d'un néanderthalien : c'est un singe bipède encore inconnu ». La légende veut que si deux nuages se rencontrent, il en résulte du tonnerre, des éclairs et un déluge. Deux orientations différentes et opposées s'incarnaient en nous et s'étaient heurtées l'une à l'autre dans une cause commune. Un orage dévastateur était inévitable. Sur l'avant-scène se joua ainsi une lamentable pantalonnade, mais dans les coulisses s'était déroulée une véritable tragédie.

Pourtant, qui donc sortait en définitive vaincu de l'affrontement, sinon celui qui proposa lui-même de dissoudre et de liquider la commission qu'il présidait ?

---

(30) C'est-à-dire en duel, comme ces deux héros du célèbre roman-poème de Pouchkine, amis d'enfance, mais qu'une question de rivalité amoureuse a dressés l'un contre l'autre.

CHAPITRE VI

TRAIN-TRAIN QUOTIDIEN ET PROGRÈS DES CONNAISSANCES

Les conquêtes des chercheurs soviétiques et leur retentissement en Occident.

Ce jour-là, le grand amphithéâtre universitaire était plein de visages inhabituellement jeunes. C'était un des « mardis » traditionnels des jeunes naturalistes moscovites de tous poils.

« Nous allions aujourd'hui, annonça le président, entendre parler d'une des plus grandes découvertes de l'histoire de la biologie ». De tous les jeunes plants cultivés ici de semaine en semaine, nombreux sont ceux qui font aujourd'hui une brillante carrière zoologique, et décrochent des diplômes de licenciés, des titres de docteurs. Vestige vivant de cette intelligentsia russe de jadis qui, à l'instar de Bazarov [31], se lançait dans l'étude des sciences naturelles par révolte et par sagesse, leur moniteur, Piotr Pétrovitch Smoline, a toujours méprisé, quant à lui, les distinctions académiques et les listes pédantes de publications scientifiques. Il leur a préféré l'assimilation patiente des œuvres d'autrui, le vaste laboratoire de la nature, et la redistribution immédiate aux jeunes de son immense savoir et de son amour passionné pour la vie sous toutes ses formes. C'est au surplus un commentateur éclairé du darwinisme, une véritable encyclopédie vivante de zoologie (Planche 5).

« Une des plus grandes découverte de l'histoire de la biologie »... Piotr Pétrovitch connaissait bien le poids de la responsabilité à laquelle une telle déclaration engageait. Il m'avait entraîné dans sa « chapelle », dès qu'il eut étudié les deux premiers fascicules, encore bien maigres et imparfaits, du Matériel d'information de notre Commission. Par une sorte d'illumination préparée pour la vie, il avait ressenti d'emblée que nous étions dans le vrai.

P. P. Smoline est devenu pour bien longtemps mon université à domicile. Trapu et vif, il surgissait soudain chez moi, parfois avec au dos un havresac bourré de livres, toujours avec de nouvelles généralisations biogéographiques dans sa charmante tête blanche, le visage tantôt glabre, tantôt paré d'une barbe argentée de lutin. L'Homme-des-neiges s'extrayait par une lente cuisson du creuset de nos entretiens, et il en ressortait chaque fois un peu plus homogène, un peu plus cohérent.

Quand la prestigieuse commission auprès du Præsidium de l'Académie des Sciences se fut écoulée, nous décidâmes de préserver coûte que coûte ses restes et son nom, afin qu'elle demeurât malgré tout inséparable de notre science nationale. Notre équipe devint un petit cercle de volontaires, qui s'abrita, la première année, dans le local de la Société pour la Protection de la Nature. Son secrétaire scientifique restait André Chmakov. Grâce à lui, nous avons pu, avec l'aide de la Société, publier encore deux recueils de notre Matériel d'information (le troisième et le quatrième).

Dans une pièce biscornue et follement encombrée se déroulaient des sciences capitales : on écoutait Khalkhlov ou Démentiev, on discutait des bases géographiques et anatomiques de la reconstitution sans précédent qui s'esquissait peu à peu. Par la suite, des

---

(31) Héros de Tourgueniev, en qui s'incarne le nihilisme lucide du milieu de XIXe siècle

persécuteurs surgirent au sein de la Société pour la Protection de la Nature. La commission se trouva du jour au lendemain sans abri. Elle était devenue quasi immatérielle. Les trois fascicules suivants de notre *Matériel d'information* allaient rester à l'état de manuscrits. Mais, comme un symbole têtu, figuraient toujours sur leur page de garde les mots : « Commission pour l'étude de la question de l'Homme-des-neiges ».

La composition de notre équipe s'était aussi modifiée avec le temps. Les « figurants représentatifs » n'avaient pas été les seuls à nous abandonner. Absorbé par d'autres tâches, S. R. Kleinenberg avait été forcé de nous quitter, lui auquel cette orientation originale de la Science devait tant au cours de sa première étape. En revanche, de nouvelles têtes étaient apparues. Au tout début déjà, le professeur de zoologie A. A. Machkovtsev avait poussé un cri d'enthousiasme. A présent, il se trouvait plongé jusqu'au cou dans nos travaux, dont il était devenu un des bâtisseurs les plus clairvoyants et les plus actifs. Son profond sentiment de communion avec la nature, né d'une passion pour la chasse, ses connaissances étendues en matière de sciences naturelles, l'indépendance de grand seigneur que lui conférait sa situation, tout cela permettait à sa pensée d'éblouissantes envolées vers des horizons inattendus. Il a peu publié, certes, mais il a soutenu notre cause commune d'une épaule herculéenne. Dans la correspondance copieuse que nous avions échangée, ses balles traçantes fusent vers le Tian-Chan ou le Caucase, la région du Baïkal ou de Touva, le Poliéssé (Biélorussie) ou la Yakoutie, le Paléolithique ancien et les légendes médiévales (Planche 5).

Nadiejda Nicolaïevna Ladiguina-Kots a consacré toute sa vie et ses travaux expérimentaux à l'étude des grands singes anthropoïdes, et plus particulièrement à celle des chimpanzés et de leur comportement. Quand elle prit connaissance de nos dossiers d'informations brutes du tout début, son attention fut attirée non par la ligne générale, mais par quelques petits points de détail. Çà et là, elle retrouvait mention tantôt d'une habitude, tantôt d'un geste ou d'une mimique, tantôt d'une manifestation émotionnelle, avec lesquels elle était familiarisée, plus que personne au monde, de la part des singes anthropoïdes. Où diable nos modestes informateurs auraient-ils pu puiser des traits si subtils, seulement connus de primatologues ? Ces détails frappants dont Mme Ladiguina-Kots dressa d'ailleurs la liste à notre intention constituaient pour elle une garantie de véracité (Planche 5).

Chaque fois qu'elle me rencontrait dans les locaux de l'une ou l'autre organisation scientifique, elle me prenait toujours à part pour me dire : « Tenez bon, ayez du courage ! Cela s'est toujours passé comme ça, pour la plupart des grandes découvertes... »

J'ai déjà parlé plus haut du vol d'aigle de G. P. Démentiev, de la seconde jeunesse de V. A. Khakhlov et des révélations anatomiques de L. P. Astanine. Impossible de ne pas citer aussi le primatologue M. F. Nestourkh, toujours oscillant entre le feu et la glace, virant de la méfiance excessive à un enthousiasme sans mélange.

Et comment ne pas parler également du professeur N. I. Bourtchak-Abramovitch, grand connaisseur de la faune fossile et récente du Caucase, où il avait découvert autrefois les dents d'un singe anthropoïde disparu [32] ? Il a été en quelque sorte notre confident secret, l'initié aux arcanes du problème, l'explorateur silencieux et clandestin de l'énigme des hominoïdes reliques. A nos réunions, grandes ou petites, le biogéographe N. I. Sobolevski prenait aussi souvent la parole. Et qui réclamait sans cesse du travail, qui nous appelait à l'action sur le terrain, qui se ruait à la bataille dans l'espoir de lendemains triomphants ? C'était l'infatigable Marie-Jeanne Koffmann !

---

(32) Il s'agir de l'*Undnabopithecus garedziensis*, ainsi appelé parce que ses dents exhumées en 1939 au lieu dit Oudabno, en Kakhétie, près du monastère de Garedji. Déterrés par E. Gabachvili, dans une couche datant de la fin du Miocène ou du début du Pliocène, ces restes fossiles furent décrits par lui en 1945, en collaboration avec le paléontologue de l'expédition : Bourtchak-Abramovitch.

Il n'est pas possible d'énumérer ici tous ces « maquisards » : que ceux dont les noms ont été omis veuillent nous le pardonner. Nous avions un double problème à résoudre simultanément : déterrer la vérité du bras droit et nous défendre ou attaquer de l'autre. Car on nous harcelait, on nous persécutait, on tentait de nous avoir à l'usure, on nous enterrait prématurément. Que de croassements funèbres, que de démentis sans appel ! « Le mythe moderne de l'Homme-des-neiges », tonitrua un jour l'hebdomadaire *Priroda* (la Nature). L'auteur, un géographe, n'avait même pas pris la peine de jeter un coup d'œil sur nos documents : il ignorait tout de ce qu'il effaçait d'un coup d'éponge désinvolte. De tels gardiens de l'ordre d'une Science sacro-sainte, il y en a eu pas mal. Mais il y avait aussi l'opposé. Bien plantée sur ses pieds, la jeune garde de la *Komsomolskaïa Pravda* — M. Khvastounov [33], Y. Golovanov et Y. Zertchaninov — constituait pour nous une unité de combat inébranlable. Parfois, l'un ou l'autre périodique à gros tirage nous ouvrait ses colonnes. Eh non ! On n'arrivait pas à faire de nous un « mythe »...

Dans notre petite secte, nous n'étions pas tous, bien sûr, de la même opinion. Notre commun dénominateur à tous était l'incontestable réalité de « notre protégé », comme l'appelait familièrement P. P. Smoline, et aussi, en chacun de nous, le désir ardent de consacrer toute notre énergie à son étude. Cela dit, il existait des tendances très diverses.

Ainsi, il y avait au problème une approche purement zoologique et une autre purement anthropologique, et ce n'est qu'après des années de travail en commun que nous sommes parvenus à les concilier.

Ce qu'il y avait de plus probant et de plus convaincant pour les zoologues était que notre protégé obéissait strictement aux lois de la biogéographie. Il s'inscrivait dans la nature, il ne planait pas dans les airs. La zone géographique des informations le concernant se superposait à l'aire de distribution de diverses autres formes animales, entre autres l'Oular ou Dinde de montagne [34], le Borodatch ou Gypaète barbu, les petits mammifères Pichtchouka (pika) et Sourok (marmotte), le Mouflon et le Bouquetin, la Panthère des neiges et l'Ours. D'autre part, la région essentielle des informations sur les hominoïdes reliques pouvait se superposer à des zones de géographie physique caractérisée aussi bien par les lignes de partage des eaux (complexes montagneux) que par les bassins fluviaux renfermés, où les cours d'eau ne relient pas entre eux les points de la surface terrestre mais la fragmentent, sortant çà et là de terre pour aller s'engloutir plus loin. Enfin, sur la carte des densités de population humaine, les aires de dispersion de nos paléanthropes survivants correspondaient toujours aux régions les moins peuplées : celles qui ne sont pas habitées du tout ; celles ayant en moyenne 1 homme par km^2 ; rarement celles ayant de 1 à 10 hommes par km^2 (cette exception à la règle est le Caucase).

Dans l'ensemble se dessinait donc derrière notre protégé une certaine unité des conditions écologiques, malgré la diversité des variations locales. L'espèce que nous étudiions était associée d'une manière ou d'une autre à diverses autres espèces. Les zoologistes se sentaient donc parfaitement dans leur assiette. Mais ils voulaient se représenter l'être en question en dehors de toute liaison avec l'Homme : il s'est développé et dispersé en effet au sein de complexes fauniques bien définis, animal parmi les animaux.

Or, d'un autre point de vue, il était tout de même une ombre projetée par l'Homme. En fin de compte, la condition géographique principale de son existence n'était-elle pas précisément la rareté des êtres humains ? Sa période d'activité journalière elle-

---

(33) Il signe habituellement Mikhaïl Vassiliev.
(34) C'est l'oiseau qu'on appelle en français Tétras ou Coq de bruyère (*Tetrao urogallus*).

même dressait d'ailleurs une limite entre lui et les hommes. C'est quand ceux-ci dorment — au crépuscule, à l'aube et la nuit, aux moments où la visibilité est la plus faible, mais aussi pendant la sieste de midi — qu'il est actif et se déplace.

En somme, le Paléanthrope ne peut plus s'arracher des hommes, que ne le peut leur ombre. Il est enchaîné à eux, tant par sa curiosité extrême que par la tentation du parasitisme. Ce mélange de répulsion et d'attraction est une fibre essentielle de sa nature animale.

De cette ambivalence sont nées deux conceptions opposées sur le début des rapports mutuels entre l'Homme et l'Hominoïde velu.

Mes camarades pensaient que c'est en s'installant sur des territoires nouveaux que les êtres humains avaient fait la connaissance, parmi la faune indigène, de ces Primates extravagants : ils étaient entrés en conflit avec eux ou les avaient domestiqués, repoussant en fin de compte le gros de leur population vers des lieux désertiques.

A ce point de vue, j'opposais ma propre idée : oui, il y avait eu de tels épisodes, mais ce n'étaient là que des incidents liés à une deuxième rencontre avec des parents perdus de vue depuis longtemps, des retrouvailles, si l'on peut dire.

Pas à pas, mes camarades cédaient du terrain dans leur estimation du degré de parenté qui nous liait à notre protégé. D'un singe anthropoïde très éloigné de nous, fût-il bipède, ils reculèrent peu à peu jusqu'au Pithécanthrope. Mais encore toujours, ils voulaient voir dans nos rapports avec lui l'effet d'une familiarisation récente et non d'une rupture ancienne. Et moi, je ressassais inlassablement mon idée : ou bien cet être est notre ancêtre le plus direct, notre parent le plus proche, ou bien son degré de parenté avec nous ne présente pas en principe grand intérêt. Si ce n'est pas un néanderthalien, sa définition ne peut intéresser qu'un cercle restreint de zoologistes systématiciens, et non pas l'humanité tout entière. Sur notre conception du monde, sa découverte serait sans aucune influence, puisqu'elle ne toucherait pas au problème essentiel de la différenciation de l'Homme, doué de parole, à partir du monde animal.

Il va de soi que notre ancêtre le plus direct, le Néanderthalien, était soumis comme tous les animaux aux lois de l'écologie et de la biogéographie. Mais plus il s'est séparé de l'Homme, plus il s'est inscrit profondément dans le milieu naturel. Il est étroitement lié au monde des plantes et des animaux, car il est un animal lui-même. Et cependant, il est rattaché à ce monde comme aucun animal ne l'est, hormis lui.

Dans l'antique épopée babylonienne, dont les sources remontent à des légendes sumériennes encore plus anciennes — vraiment antédiluviennes pourrait-on dire — figure un paléanthrope qui aurait pénétré en Mésopotamie à partie des montagnes du Liban. On l'appelait Ea-bani (le sauvage), mais dans la légende il a pris le nom d'Enkidou [35]. Voici sa description, telle qu'elle ressort de la transcription de l'Epopée de Gilgamesh, due à D. G. Reder : « Il avait la force d'une bête sauvage. Son corps était entièrement couvert de poils épais. S'il était privé de la raison humaine, il avait en revanche le flair des fauves. Il était l'ami des animaux sauvages : il broutait l'herbe en compagnie des gazelles et se rendait avec elles vers les points d'eau. Il avait pitié des quadrupèdes et les défendait contre les attaques des hommes. Colosse chevaleresque, il comblait les fosses creusées par les chasseurs à l'intention des loups et il brisait leurs pièges. Les créatures des steppes voyaient en lui un défenseur puissant et les fauves l'approchaient sans crainte. Un jour les chasseurs se mirent à clamer leur mécontentement : en effet il leur tombait de moins en moins de proies entre les mains ».

---

(35) En fait, les noms Eabani et Enkidou sont tout à fait synonymes : ce sont deux transcriptions différentes des mêmes idéogrammes. La seconde a fini par prévaloir sur la première, qui avait longtemps été généralement admise.

Les informations les plus anciennes comme les plus récentes, les légendes secrètes des chasseurs chamanistes comme les observations disparates des civilisés, font toutes état d'un lien étroit et subtil entre le Paléanthrope sauvage et les animaux, grands fauves compris. Les bêtes n'ont pas peur de lui. S'il tire profit, en tant que charognard, de l'antagonisme entre certaines espèces, il a lui-même les rapports les plus pacifiques avec chacune d'entre elles. Il parvient à attirer n'importe quel animal en imitant ses cris ou ses signaux visuels. Bien qu'il ne parlât pas encore, l'ancêtre de l'Homme disposait déjà de facultés vocales innombrables, et l'on pourrait dire que son cerveau s'est développé de conserve avec sa voix. Celle-ci a assimilé les cris de tous les autres animaux.

Il y avait autrefois un remarquable naturaliste russe, qui s'appelait Nikolaï A. Baïkov [36]. Il a écrit des livres remarquables sur la vie de la nature, des livres nourris d'un sens aigu de l'observation. En 1914, dans les forêts de montagne de la Mandchourie du Sud, au fin fond de la taïga, le chasseur Bobochine l'avait un jour emmené chez un de ses collègues nommé Fou-Tsaï, afin de lui montrer une curiosité. Le chasseur en question avait en effet à son service une créature bizarre, qui paraissait tout à fait familiarisée avec la *fanza* (la maison chinoise). Sur l'origine de cet être couraient les rumeurs les plus invraisemblables. On l'avait baptisé du nom de *Lan-Jen*. Fou-Tsaï lui avait appris à rabattre le gibier dans des collets et des pièges, ce dont il s'acquittait avec une habileté extraordinaire, en particulier pour ce qui est des cailles et des écureuils. A certains traits de sa description par Baïkov — le dos voûté, la pilosité, l'absence de parole — on reconnaît sans peine « notre protégé », bien que ce spécimen domestiqué eût été vêtu de quelques loques par son maître. Il était de très petite taille, et semblait âgé de plus de quarante ans :

« Sur sa tête, ses cheveux, emmêlés et ébouriffés, avaient formé comme un bonnet à poils. Son visage, de couleur rouge-marron, faisait penser au museau d'une bête féroce, et cette ressemblance était encore accentuée par sa bouche largement fendue et garnie d'une rangée de dents robustes, avec des canines pointues et proéminentes.

« Nous ayant aperçus, il s'accroupit en laissant pendre jusqu'au plancher ses longs bras velus, aux doigts crochus, et il se mit à meugler d'une voix rauque et bestiale. Ses yeux sauvages, presque fous, luisaient dans l'ombre comme ceux d'un loup. A une remontrance de son maître, il répondit par un grognement et s'éloigna vers le mur extérieur, au pied duquel il se roula en boule comme un chien.

« J'ai longuement observé cet être mi-homme mi-bête, et il m'a semblé qu'il y avait en lui bien plus de l'animal que de l'homme ».

Plus loin, Baïkov poursuit ainsi son récit :

« A un certain moment, Lan-Jen, couché par terre dans un coin, se mit à gronder en dormant, comme les chiens le font souvent. Il finit par soulever sa tête velue, et bâilla en ouvrant toute grande sa gueule où brillaient des canines pointues. Ce faisant, il ressemblait tant à un fauve que Bobochine ne put s'empêcher de dire : « Que Dieu me pardonne, comment un monstre pareil a-t-il pu venir au monde ? Il n'a vraiment rien d'un homme. Si tu pouvais le voir dans la taïga, tu en serais effrayé : c'est vraiment un loup. Il en a toutes les manières : il ne marche même plus comme un homme. Comme il a les bras longs, il lui arrive de les appuyer sur le sol et il se déplace alors à quatre pattes, surtout quand il suit la piste d'une bête. Il grimpe aux arbres aussi bien qu'un singe. Si petit et malingre qu'il soit, il a la force d'une bête. Figure-toi que les chiens en ont aussi peur que d'un loup ! Lui non plus ne les aime pas, d'ailleurs : en leur pré-

---

(36) Baïkov est surtout connu en France par ses ouvrages sur la faune mandchoue *Les Bêtes sauvages de la Mandchourie* et *Mes chasses dans la taïga de Mandchourie*, tous deux publiés chez Payot.

sence il se met à gronder et à montrer les dents. Tiens, vers le nouvel an, Fou-Tsaï l'avait emmené avec lui à Ningoutou. Tous les chiens de la ville étaient en émoi. Ils ont aboyé et hurlé toute la nuit tant que le monstre était là. Dans la rue, on ne le laissait même pas passer. Il fallait empêcher à tout prix qu'il rencontrât un chien, car, quand cela lui arrivait, il l'étranglait sur-le-champ et lui ouvrait la gorge à coups de dents. Pourtant, à part ça, c'est une bonne pâte, et il est bien serviable ».

Au cours de la nuit, Nikolaï Baïkov fut réveillé par Bobochine. Avec précautions, ils quittèrent la fanza pour suivre Lan-Jen qui s'était glissé dehors. La lune éclairait la taïga et les montagnes enneigées. Se tenant coi dans l'ombre de l'auvent, Baïkov et Bobochine épièrent Lan-Jen qui, accroupi sous un cèdre, la tête renversée en arrière, poussait un hurlement qui imitait à la perfection le cri prolongé du loup rouge.

En hurlant de la sorte, il poussait en avant la mâchoire inférieure, et au fur et à mesure que le son devenait plus grave, il baissait la tête presque jusqu'à terre, comme le font les loups.

De la montagne voisine, des animaux lui répondirent par des hurlements semblables, et quand, l'espace d'un instant, ils se turent, l'homme-loup les appela avec insistance par de nouveaux hurlements. Bientôt, trois loups apparurent dans la clairière et, avec de grandes précautions, ils entreprirent, en s'accroupissant de temps en temps, de se rapprocher. Lan-Jen rampa à leur rencontre. Par ses mouvements, par tout le reste de son attitude, il imitait les loups avec une perfection surprenante. Ceux-ci le laissèrent s'avancer jusqu'à cinq pas environ, après quoi ils repartirent en trottinant vers la forêt, s'arrêtant par moments pour se retourner. Lan-Jen abandonna alors sa position quadrupède et se mit à marcher puis à courir à leur suite, pour finir par disparaître dans les profondeurs de la taïga. Comme le dit Bolochine : « Dieu sait de qu'il fait la nuit dans la forêt ! Personne ne le sait, même pas Fou-Tsaï. Et même si celui-ci le savait, il n'en dirait rien... »

« Au matin, continue Baïkov, Lan-Jen revint de la taïga, toujours aussi bizarre d'aspect, aussi incompréhensible qu'auparavant. S'étant mis à table, Fou-Tsaï lui jeta la carcasse d'un écureuil, écorché la veille. Il l'attrapa des deux mains, la porta à sa bouche et se mit à le croquer en commençant par la tête. Les os se brisaient comme des fétus de paille sous ses dents robustes. Pendant qu'il déchirait la viande de ses mains en s'aidant de ses incisives, il grognait de plaisir, assis par terre ».

Dans ce cas rarissime, l'apprivoisement et le dressage ont été poussés très loin. Le paléanthrope buvait son eau dans un gobelet, bien qu'il n'eût même pas appris à s'asseoir sur un banc. Ce qu'il y a évidemment de plus intéressant, c'est qu'il ne mangeait pas lui-même son gibier dans la forêt, mais qu'il le rapportait à son maître, lequel en gardait la peau et lui donnait la carcasse à manger. Est-ce que par hasard les loups ne lui abandonnaient pas aussi des fragments de leurs propres proies ? Peut-être cet exemple unique nous permet-il d'entrevoir ce que nous devinions à peine : la situation exacte du Paléanthrope au sein de l'agitation et des querelles du monde animal. Cet être est parvenu à rompre le lien qui l'enchaînait à un milieu strictement limité.

La zoologie nous enseigne en l'occurrence qu'il existe des espèces sténobiontes, c'est-à-dire attachées à un environnement bien particulier, des espèces eurybiontes, qui peuvent s'accommoder de conditions écologiques diverses, et enfin des espèces ubiquistes, adaptées à tous les milieux naturels (le Renard, l'Aigle et le Corbeau, par exemple).

Le Paléanthrope est ubiquiste : on peut le trouver partout où il y a de la vie en souffrance. N'importe quel cadre terrestre ou aquatique, n'importe quelle hauteur lui conviennent. Pour supporter le froid et le manque de nourriture en hiver, il se plonge, d'après les indices indirects, en léthargie, soit en s'installant dans des trous spécialement creusés à cette fin, soit en se réfugiant dans une caverne. Le plus souvent, il abaisse son métabolisme en sommeillant plusieurs jours d'affilée avec seulement de brèves interruptions. Sa protection contre les rigueurs hivernales tient moins à sa fourrure qu'à la graisse sous-cutanée accumulée pendant l'automne.

Les paléanthropes sont au surplus des dévoreurs d'espace : ils peuvent courir comme des chevaux, traverser à la nage des rivières et même des torrents tumultueux. Au cours du processus d'adaptation à la locomotion bipède, les femelles ont, à l'encontre des singes, acquis de longues mamelles, qu'elles peuvent rejeter par-dessus les épaules pour nourrir, tout en marchant, le petit accroché à leur dos. A cette grande mobilité des néanderthaliens survivants, correspond l'absence de tout instinct de création des tanières durables : on ne trouve que des litières très temporaires. La zone de propagation des mâles est bien plus étendue et plus continue que celle des femelles. Lors de leur maturation sexuelle, mâles et femelles constituent des couples stables. Les régions où l'on a observé des petits sont très localisées et peu nombreuses sur la Terre.

De nos jours, le Paléanthrope constitue l'espèce de mammifères la plus clairsemée qui soit, mais elle a très bien pu avoir autrefois ses aires de population dense et ses points de concentration. Plus les légendes sont anciennes, plus on a des chances d'y trouver des histoires mentionnant des foules ou des hordes de tels êtres. On raconte notamment que près des points de jonction du Pamir soviétique avec l'Afghanistan, la Kachgarie, l'Inde et le Pakistan, ils se montrent encore, à proximité des lieux habités, par groupes de six ou huit, voire de douze. Le chef d'un des districts autonomes de cette région a parlé de « toute une horde » d'hommes sauvages d'allure simiesque, couverts d'un pelage brun. Et un instituteur afghan a rapporté : « dans les zones forestières de l'Afghanistan, où je suis né, des hommes sauvages se rencontrent tantôt isolés, tantôt en en groupe avec leurs petits, tantôt par bandes. Ils vivent dans les forêts. Ils se nourrissent d'animaux sauvages. [...] Le Goul-biabane, comme on l'appelle, est incapable de parler : il n'émet que des sons incompréhensibles ».

Dans l'ensemble, c'est tout de même sa dispersion clairsemée qui lui est typique. La nature l'a pourvu cependant de moyens qui lui permettent de repérer ses semblables à distance. C'est, entre autres, ce cri puissant et impressionnant que l'écho répercute par monts et par vaux après le crépuscule et juste avant l'aube.

Ses immenses migrations, ses rares contacts individuels, ses éventuelles concentrations instables font de l'espèce en question un réseau continu, mais aux mailles invisibles, sur toute l'étendue qu'elle occupe. Evidemment, il existe un isolement local relatif. L'espèce est une, mais une gamme exceptionnellement étendue de variations locales de taille, de coloration du poil et de constitution, s'inscrit dans cette unité.

Le régime alimentaire des individus rencontrés çà et là est, lui aussi, varié à l'infini. La base de l'alimentation est de nature végétale : elle est assurée par le déterrement de maintes racines, l'arrachage de jeunes pousses, la cueillette de baies et d'autres fruits, et surtout des razzias sur les plantations des hommes, en particulier les champs de maïs et de chanvre, les cultures de cucurbitacées (courges, citrouilles et melons) et les vergers. Plus importante et plus caractéristique est toutefois la chasse aux pikas, aux marmottes et aux autres rongeurs, le dénichage des oisillons et des œufs, la pêche aux poissons, aux tortues, aux crustacés et aux grenouilles, et même l'absorption des œufs de batraciens. La viande des grosses bêtes attire ces êtres, mais il leur arrive rarement de s'en procurer.

C'est ainsi que, grâce à une longue et minutieuse analyse, se dégageait peu à peu la connaissance de la merveille biologique qui couve encore sur notre planète. Au fond, c'était là la preuve la plus éclatante de sa réalité. Jamais l'étude d'un spécimen, qu'il eût été saisi mort ou vif, n'aurait procuré à la Science une telle somme d'informations. Le secret de la réussite résidait bien dans la patiente accumulation de ces piles de feuillets, de pages de livres, de notes et de lettres, où certains zoologistes voyaient comme un retrait dans la littérature, au pire sens du mot. On nous a dit que les paroles humaines ne constituaient pas une preuve. Nous avons montré que jamais nous ne nous sommes appuyés sur le témoignage de l'une ou l'autre personne en particulier. N'importe quel rapport d'observation peut être fondé soit sur une méprise, soit sur le mensonge. Ce que nous avons soumis à l'étude, c'était le fait de l'existence d'un grand nombre de témoignages. Ce n'étaient plus des paroles à propos de faits, mais, au contraire, un fait dont une multitude de paroles se faisaient l'écho. Et, à l'examen critique, ce fait se révélait aussi étonnamment constant et obstiné que n'importe quel autre.

Les feuilles volantes s'étaient peu à peu agglomérées et cimentées jusqu'à former une preuve aussi solide que le roc.

Si l'on traduit ce qui précède dans le langage du calcul des probabilités, cela revient à dire qu'une quantité suffisamment grande d'informations suffisamment indépendantes les unes des autres, dont aucune, prise isolément ne peut être tenue sans réserves pour authentique, donne, au total, une authenticité. Ce que les zoologistes tenaient pour méprisable, en regard de quelques os ou d'un morceau de peau, s'est transformé par la vertu des grands nombres, en vérité.

Le Paléanthrope relique, qui sait si bien déjouer les pièges, est tout de même tombé dans celui-là !

Restait à contrôler si nos sources d'information étaient vraiment assez indépendantes les unes des autres, et si réellement l'énorme masse des témoignages ne comportait pas de contradictions internes et composait un tableau biologique cohérent. Et, le cas échéant, ce tableau était-il confirmé par quelque conception théorique et confirmait-il réciproquement cette théorie ? Si tout en était bien ainsi, et alors seulement, la découverte pouvait être considérée comme un fait accompli.

Une telle démarche intellectuelle était évidemment peu commune dans le domaine des sciences biologiques. En d'autres termes, nous utilisions une méthode non classique, plutôt inattendue, pour établir une vérité biologique. Nous avions accumulé de nombreuses informations, de valeur très inégale, et qui prises séparément étaient toutes d'une crédibilité discutable : seul leur grand nombre soulevait la question du coefficient de probabilité. Dans l'ensemble des témoignages, il en existe évidemment un certain pourcentage de mensongers ou d'erronés, mais celui-ci était apparu si insignifiant qu'on pouvait le tenir pour négligeable : le coefficient de probabilité se révélait pratiquement équivalent à la certitude absolue.

Il est clair pour chacun que cette approche de la vérité est très coûteuse : elle revient en effet à amasser des données tout à fait au hasard. Mais son résultat est néanmoins sûr et précis : le fait qui, pour toute une série de raisons, était insaisissable se trouvait là, captif.

Plus la probabilité d'un fait s'accroît, au fur et à mesure de l'accumulation de données, plus la théorie qui l'explique se justifie. Si le fait est réel, son explication ne peut que l'être aussi :

elle est nécessaire en effet à la compréhension du fait lui-même. Et, inversement : si la théorie — de l'anthropogenèse dans le cas présent — est exacte, le fait qui l'illustre n'est pas invraisemblable, et il faut s'attendre tôt ou tard à le voir bondir sur scène.

Je ne puis certes pas offrir au lecteur de faire de lui d'emblée un spécialiste de la question. Mais il faut tout de même faire un effort d'imagination dans ce sens. Nous, les experts, nous pensons aujourd'hui en termes de séries, en quoi nous différons même des grands biologistes sympathisants qui, en feuilletant nos dossiers, ne voient jamais que le récit et soupèsent son degré de probabilité. Pour nous, chaque rapport contient une foule de détails, qui s'enfilent, comme autant de perles sur un fil, avec les détails analogues des autres descriptions. Les observateurs n'ont évidemment pas tous sans exception, pu remarquer, chez notre protégé, certains détails du cou, ou la manière de s'écarter de l'Homme, lors d'une rencontre, ou la forme des ongles, ou encore les particularités du comportement des chevaux en leur présence. Mais une centaine de traits de cette sorte ont été relevés çà et là, dénombrés, et finalement mis sur fiches. Nous avons, par exemple, porté sur la fiche intitulée « cou », les numéros d'ordre de tous les épisodes où le cou a été mentionné, et, inversement, nous avons perforé les fiches de tous les épisodes en question d'un trou signifiant « cou ». Nous avons ainsi obtenu des séries. Et chaque fois que quelqu'un nous informe d'une observation nouvelle, en premier lieu nous comparons toujours automatiquement à nos séries les divers détails donnés. Il n'est malheureusement pas possible de faire une démonstration de la fécondité de cette méthode dans un exposé relativement bref.

C'est une de mes collaboratrices qui avait porté toutes les informations dont nous disposions sur des fiches. Un jour, avec l'aide de son mari, elle s'était amusée à étaler toutes celles-ci sur le parquet de sa chambre, suivant un schéma bien déterminé. Après les avoir longuement regardées, son mari, qui est pourtant bien éloigné de nos préoccupations, n'avait pu s'empêcher de pousser une exclamation : « Mais je le vois comme s'il était vivant ! »

A nous, les initiés, il nous suffit d'entendre mentionner quelque détail apparemment insignifiant pour décider aussitôt, par un échange de regards entendus, si une information nous concerne ou si elle sort du domaine de nos investigations. Pour détecter ainsi la bonne matière première, il faut évidemment lire beaucoup. On voir alors transparaître peu à peu la chair vivante à travers les mots.

J'avais accepté pour ma part la lourde tâche de mettre de l'ordre dans l'énorme masse d'informations qui s'était accumulée. Il en est résulté, au bout de plusieurs années d'une tension inouïe, un très gros manuscrit que j'ai intitulé *Etat présent de la question des hominoïdes reliques*. Il comprenait plus d'un million trois cent mille signes. C'était un recueil serré de tout ce que nous avions appris et compris jusqu'en 1960, avec un appendice portant sur la période qui s'étendait jusqu'à la fin de 1962, bref le bilan de la toute première étape de nos recherches.

Restait à faire imprimer l'ouvrage, sans quoi personne ou presque ne saurait sur quoi nous fondions nos prétentions. C'était là, comme on dit, une autre paire de manches. Par bonheur, nous n'avions tout de même pas essuyé que des moqueries, ni rencontré uniquement des gestes de mépris ou d'exaspération : bien des bras secourables s'étaient tendus pour nous proposer de l'aide.

J'avais besoin de l'avis de zoologistes extérieurs à notre groupe. S.K. Kloumov me pourvut d'une critique minutieuse et constructive du texte. Mme Ladiguina-Kots lut également le manuscrit, ainsi que le professeur P. V. Térentiev, qui enseigne la zoologie des Vertébrés à l'université de Leningrad. Bien entendu, son imprimatur (hormis le chapitre sur la médecine orientale) ne l'engageait nullement à être mon partisan inconditionné. Il n'en révisa pas moins, scrupuleusement, le texte scientifique. Je dois dire que ce fut une vraie joie pour moi de passer une sorte d'examen écrit auprès de lui, pour le baccalauréat de la pensée zoologique. Cela dit, le maître m'a tout de même collé pour une erreur, dont la rectification tourna au cérémonial de baptême pour notre protégé. Le professeur Térentiev avait confronté mon texte avec la XIIᵉ édition du *Systema Naturæ* de Carl von Linné, et il m'apprit ainsi que l'espèce en question n'y était pas nommée *Homo nocturnus*, comme on l'avait souvent dit avant moi — mais bien Homo troglodytes. Merci pour le renseignement ! Voilà pourquoi, d'après les règles de la nomenclature zoologique, les êtres en question devront toujours porter le nom scientifique d'Homo troglodytes LINNÆUS. Le Troglodyte !

Une autre main secourable nous fut tendue. A. S. Monine, dirigeant adjoint de la section scientifique du Comité Central du Parti Communiste, se pencha avec attention sur mon étude. Le livre parut. Il connut, il est vrai, un tirage digne des premiers in-folio du Moyen Age : 180 exemplaires. Mais il était entré dans le monde des livres. C'est en pure perte qu'à la dernière minute, un éminent professeur d'anthropologie fit le tour de toutes les institutions pour exiger l'arrêt de l'impression d'une œuvre qui renversait, soi-disant, le darwinisme. En vain aussi, le directeur de l'institut anthropologique de l'Université de Moscou interdit à sa bibliothèque l'achat du moindre exemplaire. Désormais, le livre existait.

Mais existait-il vraiment ? Ses quatre cents pages environ de texte serré ne constituaient qu'un « rapport préliminaire », encore que bien plus long que le mémoire soumis en 1914 par Khakhlov à l'Académie des Sciences. Mais un rapport fait à qui ?

Il n'y a jamais eu un seul écho à son sujet dans la presse scientifique, pas la moindre critique. Et il y a maintenant [en 1968] plus de cinq ans qu'il a été publié...

Se pouvait-il que ce fût là une nouvelle « note sans importance scientifique » ? Peut-être la seule consolation était-elle de se dire que le passage correspondant du *Systema Naturæ* avait échoué, lui aussi, parmi ces « notes »...

L'enquête sur les dessous de cette tragédie linnéenne fut entreprise, dans mon sillage, par un nouveau prosélyte : Dmitri Yourevitch Bayanov. C'est tout à fait par hasard que ses fonctions l'avaient appelé à traduire des interviews que j'avais données à deux correspondants de journaux anglais. Piqué de curiosité par leur incroyable contenu, il s'était rendu à la bibliothèque Lénine et avait demandé à y consulter mon ouvrage *Etat présent de la question des hominoïdes reliques*. Comme n'importe qui se donne la peine de le lire d'un bout à l'autre, il fut convaincu. Et, étant à la fois jeune et honnête, il ne put se résoudre à rester plus longtemps inactif. Il entreprit donc, à ses moments de loisirs, de se vouer corps et âme au problème. Aujourd'hui — c'est un crédit que je lui fais, mais je puis m'y risquer — c'est un vrai spécialiste en formation (Planche 5).

Parmi les fantômes en plâtre du Mégathérium, de l'Elasmothérium et du Machairodus, au pied d'éléphants gigantesques et d'autres monstres d'hier ou d'aujourd'hui, dans une salle du musée Darwin, Bayanov nous fit un jour, au séminaire dirigé par Smoline, un exposé de cinq heures : c'était l'exhumation bouleversante de la grande découverte de Linné, publiée mais bientôt piétinée par ses disciples, oubliée ou ridiculisée pendant deux siècles, et maintenant renouvelée.

De nos jours, on ne reconnaît guère au grand naturaliste suédois qu'un seul service rendu à l'anthropologie, celui d'avoir classé l'Homme aux côtés des singes dans le même ordre des Primates. Il semble que personne n'ait sérieusement souhaité rappeler tout ce que Linné englobait sous le nom d'*Homo*. Pour l'excuser, on dit qu'au XVIIIe siècle les singes anthropoïdes étaient encore trop mal connus, ce qui avait forcément donné lieu à des confusions et à des imbroglios. Linné a été accusé d'avoir commis bien d'autres erreurs dans son *Systema naturæ*, erreurs que la science naturelle a rectifiées par la suite. Tout cela est vrai. Mais en l'occurrence n'est-il pas étrange que Linné ait rangé dans son genre *Homo*, non seulement l'*Homo sapiens*, mais aussi l'*Homo ferus*, c'est-à-dire l'Homme sauvage, et l'*Homo troglodytes*, l'Homme des cavernes ?

Si nous éliminons des sources de référence citées par Linné, tous les cas manifestement relatifs à des singes anthropoïdes, et tous les cas d'enfants adoptés et élevés par des animaux, il subsiste tout de même une couche qui concerne des êtres d'une toute autre nature. Linné semble avoir hésité à les classer : parmi les singes les plus voisins de l'Homme, des sortes d'hommes dépourvus de parole, en somme des animaux, ou parmi une vérité d'*Homo sapiens* fortement bestialisée.

Voici, selon lui, les traits essentiels qui différencient ces êtres de l'Homme proprement dit :

1. L'absence de langage articulé (mutus) ;
2. La pilosité corporelle (hirsutus) ;
3. La faculté de se mouvoir parfois sur quatre pattes (tetrapus).

Linné considérait que ces traits ne suffisaient pas à faire classer anatomiquement de tels êtres hors du genre *Homo*.

Sur cette question, Bayanov avait exhumé une œuvre plus obscure, intitulée *Anthropomorpha*, qui avait été dictée par Linné à un de ses élèves [37]. C'est une sorte d'auto-commentaire sur la section correspondante du *Systema Naturæ*. Bayanov était tombé sur la traduction russe de cette œuvre par I. Trediakovsky, publiée à Saint-Petersbourg en 1777. Après la mort de Linné, un autre de ses disciples [38] modifia la section en question dans la XIIIe édition du *Systema Naturæ*, qui date de 1789. Il laissait ainsi entendre que le maître s'était fourvoyé en n'ayant pas su opposer, comme il se doit, l'Homme, créé à l'image et à la ressemblance de Dieu, aux singes et autres créatures vivantes.

Plus le temps passait, plus il allait se révéler de bon ton de se moquer du Troglodyte et de l'Homme sauvage du bon vieux Linné...

Bayanov cita les informations antiques et médiévales auxquelles l'auteur du *Systema Naturæ* se référait, ainsi qu'un bon nombre d'autres qu'il n'avait pas mentionnées. Leurs rangs serrés marchaient implacablement sur l'auditoire. Non, Linné ne s'était pas trompé, il n'avait pas fait fausse route. Bien sûr, certaines de ses données demanderaient à être précisées, mais dans l'ensemble il savait parfaitement bien de quoi il parlait. Et, comme nous le sommes nous-mêmes aujourd'hui, il était stupéfait de l'indifférence de l'humanité vis-à-vis de ces troglodytes d'apparence humaine qui existaient quelque part sur cette Terre.

---

(37) En fait, ce texte a paru sous la signature de cet élève de Linné : Christian Emmanuel Hoppe, dit Hoppius. C'est une dissertation qui avait été présentée le 6 septembre 1760 à l'Académie des sciences d'Upsala, sous la présidence de Linné. Il est manifeste que l'étude avait été inspirée par ce dernier, et peut-être même poursuivie sous ses directives, mais en attribuer la rédaction même au grand botaniste est sûrement exagéré.

(38) L'Allemand Johann Friedrich Gmelin, qui compléta et améliora sans conteste l'ouvrage de Linné, mais le défigura aussi considérablement

Car enfin, le médecin et voyageur hollandais Bontius [39] en avait vu des deux sexes sur l'île de Java et il les avait soigneusement décrits (fig. 6). Ils avaient presque tous les traits propres à l'Homme, sauf la parole. Remarquons en passant que ces êtres avaient, aux yeux, quelque chose de particulier. Peut-être est-ce après tout à cause de sourcils surplombants que leur vision était décrite comme « faible et latérale ». Ils avaient aussi, dit-on, une membrane nictitante sous la paupière supérieure.

Un autre voyageur avait également vu de ces troglodytes à Java et il avait pu ajouter quelques détails sur leurs particularités anatomiques. Un autre voyageur encore signalait que leurs bras étaient plus longs que ceux des êtres humains, au point que leurs doigts leur descendaient jusqu'aux genoux. D'après lui, les troglodytes se cachaient, le jour, dans des cavernes, et voyaient très bien la nuit. Dans l'obscurité, ils volaient aux humains tout ce qui leur tombait sous la main, et les humains de ce fait les exterminaient sans pitié. Ils n'étaient pas doués de parole, mais émettaient des sortes de sifflements dont on ne pouvait comprendre le sens : ils étaient incapables d'adopter un langage humain. On utilisait parfois les troglodytes captifs à des travaux domestiques simples, comme de transporter de l'eau dans une cruche. Le voyageur en question avait vu un de ces êtres, ainsi apprivoisés, sur l'île d'Amboine. On lui avait dit que longtemps après sa capture il s'était refusé à manger de la nourriture cuite et qu'il ne pouvait pas fixer la lumière.

Linné a adressé à ses contemporains et à leurs descendants un message éloquent sur la nécessité d'étudier les troglodytes [40] : « Si personne ne peut contempler sans ravissement ni étonnement la manière de vivre, si curieuse et presque comique, des divers singes, à plus forte raison les êtres évoqués, qui sont réellement semblables aux hommes, ne devraient-ils jamais être regardés sans émerveillement par qui s'intéresse à la Nature. Aussi est-il pour le moins surprenant que l'Homme, si avide de savoir, les ait jusqu'à présent relégués dans l'ombre, et qu'il n'ait pas manifesté le moindre désir de s'informer sur ces troglodytes, qui sont au demeurant ses parents les plus proches. Bien des mortels passent leur vie dans les plaisirs de la gueule et du ventre et ne pensent qu'à accumuler par tous les moyens possibles nourritures et richesses. C'est notamment le cas de la plupart de ceux qui naviguent vers les Indes. Alors qu'ils sont pourtant les seuls auxquels il est donné d'observer le peuple des troglodytes, ils sont à ce point tenaillés par l'esprit de lucre qu'ils considèrent comme en dessous de leur dignité de regarder la Nature et d'en étudier l'économie. Et cependant quel plus grand sujet de divertissement y aurait-il au monde, même pour un souverain, que de pouvoir regarder dans sa propre demeure ces animaux que nous n'admirerons jamais assez ! Comme il serait facile à un roi de s'en procurer quelques-uns, puisque toute une nation ne songe qu'à satisfaire ses moindres caprices. Et ce ne serait point d'un mince profit pour un philosophe que de pouvoir passer quelques jours en compagnie de tels animaux aux fins de découvrir jusqu'à quel point la puissance de l'esprit humain surpasse la leur, et quelle est la différence fondamentale entre la brute et l'être doué de raison. Et ne parlons même pas de la lumière qu'une parfaite description de ces êtres ferait jaillir pour ceux qui sont versés dans les sciences naturelles ».

Un tel avertissement aurait dû donner à réfléchir. Il a fallu deeux cents ans pour que j'en revienne au même problème. Quels obstacles s'étaient donc dressés dans l'intervalle ?

.(39) De son vrai nom Jacob De Bondt, auteur de *Historiæ naturalis et medicæ Indiæ orientalis* (Amsterdam, 1658).

(40) A une traduction de la traduction russe de 1777, j'ai bien entendu préféré ici une traduction directe et originale du texte de Hoppe.

C'est l'A.B.C. des sciences naturelles que de dire qu'il manquait à Linné l'idée d'évolution des espèces. C'est exact, mais le fait est que lorsque cette idée s'imposa, elle ouvrit en quelque sorte un œil chez les savants, tout en leur fermant l'autre sur le problème de l'origine de l'Homme. Un évolutionnisme mutilé détourna la Science de la découverte de Linné. Aujourd'hui pourtant, l'heure de l'étude des troglodytes est inéluctablement revenue, et avec elle celle de la science des néanderthaliens tels qu'ils sont, et non tels qu'on les a bizarrement travestis.

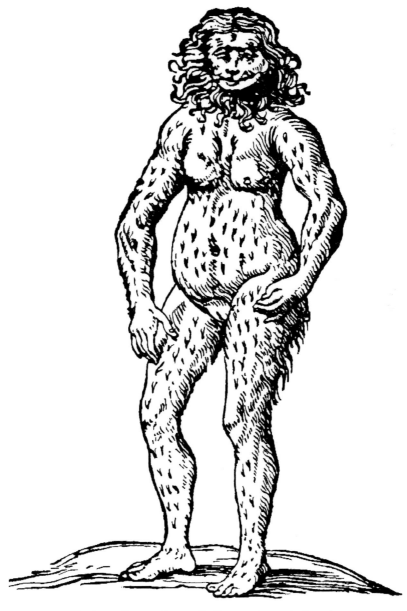

Fig. 6. — « Femme velue, appelée *Ourang-outang* par les Javanais »
(d'après BONTIUS, 1658)

Pour conclure ce chapitre, il faut encore dire quelques mots de l'influence que la conception scientifique nouvelle, née dans notre pays, a déjà exercée sur les spécialistes progressistes occidentaux. Dans le chapitre *Hors des idées reçues*, j'ai dénoncé le cul-de-sac dans lequel ceux-ci s'étaient fourvoyés de prime abord. Aussi, avant même la parution de mon livre, avaient-ils été sérieusement secoués par le souffle d'une pensée venue de Moscou, sous forme de quelques articles de ma plume et des quatre premiers fascicules de notre *Matériel d'information*.

Dans la République Démocratique Allemande, la grande maison d'éditions biologiques Zimsen publia en un volume la traduction des divers recueils de sources originales, rassemblés par Andreï Chmakov et moi-même, en y adjoignant la préface mûrement réfléchie d'un zoologiste, le professeur Hans Petzsch. Par la suite devait être publiée leur traduction italienne, qui remplit entièrement le 21ᵉ volume du périodique *Genus*.

Les deux zoologistes occidentaux mentionnés plus haut, Bernard Heuvelmans et Ivan T. Sanderson, dépensèrent des trésors d'ingéniosité pour tenter de concilier mon hypothèse de l'Homme-des-neiges néanderthalien avec l'héritage du cycle himalayen auquel ils étaient enchaînés. Ils crurent trouver la solution en admettant que, dans diverses régions du monde, existent en fait plusieurs formes vivantes, qui relient, comme autant d'arches d'un pont, l'Anthropoïde problématique au Paléanthrope relique. C'est sur cette idée que Sanderson bâtit son maître livre, qui faisait la synthèse de la question. Il y reconnaissait d'ailleurs ouvertement ce qui l'avait stimulé : « Ces activités des Soviets présentèrent la question sous un jour tout à fait nouveau, qui la plaça sur un plan tellement plus élevé que les milieux scientifiques occidentaux se virent obligés de modifier radicalement leur attitude à son égard [41] ».

De son côté, grâce aux directives d'Heuvelmans, un grand sociologue italien, le professeur Corrado Gini, avait créé à Rome un organisme à l'échelle mondiale, dévoué à notre cause, le Comité International pour l'étude des humanoïdes velus [42]. Celui-ci groupait des savants de trente-six pays. L'étude du résultat des recherches soviétiques était désigné comme l'objectif numéro un du programme. Ce qui devait être publié par la suite dans *Genus* a prouvé que l'intention était sincère.

Mais, tout bien réfléchi, les lecteurs ne savent encore que bien peu de choses de cette extraordinaire histoire. Enfonçons-nous donc dans ses profondeurs.

---

(41) *Homme-des-neiges et hommes-des-bois* (Paris, Plon, 1963), p. 33.

(42) Je suis en grande partie responsable de cette dénomination qui fleure quelque peu la science-fiction. En 1960, le professeur Gini m'avait demandé de fonder avec lui un Comité pour l'étude des hominidés velus, nom auquel il substitua même, en 1961, celui encore plus restrictif de Comité pour l'étude de l'*Homo hirsutus*. Je lui avais objecté, dans les deux cas, que c'était là préjuger de la nature zoologique des êtres auxquels nous consacrions nos recherches. Dans mon esprit, en effet, les histoires d'« hommes sauvages et velus » qui circulaient dans le monde entier se rapportaient manifestement à des êtres très disparates, et parfois peu apparentés. Notamment, il ne faisait guère de doute pour moi que le fameux *Yéti* de l'Himalaya était un grand singe anthropoïde, curieusement bipède, et qui devait par conséquent être classé parmi les Pongidés, et non parmi les Hominidés, comme l'Homme sauvage et velu d'Asie centrale. Je proposai donc de définir l'objet de nos études comme les « Hominoïdes bipèdes et velus », la super-famille des Hominoïdes englobant à la fois les Hommes et les Singes anthropoïdes. Sur quoi, surenchérissant encore sur mon désir de rigueur, le professeur Gini fit remarquer que l'expression proposée n'était pas satisfaisante puisqu'elle ne couvrait pas le cas d'*Ameranthropoides loysi*, qui est, de toute évidence, un singe de la famille des Cébidés. Afin de pouvoir englober éventuellement de tels cas, pourtant marginaux, je me résignai donc à proposer les termes anglais, suffisamment vagues, de Human-like hairy bipeds, qu'il fallait malheureusement rendre en français par « bipèdes humanoïdes velus », le terme d'« anthropoïde » ayant acquis un sens trop précis dans le vocabulaire zoologique. « Bipèdes humanoïdes » étant presque un pléonasme, il fut convenu de laisser tomber le mot « bipèdes » dans le titre français, et de faire de l'adjectif « humanoïde » ce substantif qui sert tant aux auteurs de science-fiction.

CHAPITRE VII

À TRAVERS LES TÉNÈBRES DU PASSÉ

*A la recherche du message
contenu dans les légendes anciennes ou primitives.*

Pour ce qui est de l'Age de Pierre, j'ai pas mal travaillé sur le terrain avec des pré-historiens, mais en matière d'ethnographie mes connaissances ont été longtemps purement livresques. Aussi est-ce avec enthousiasme qu'en 1958, au Pamir, je me suis joint au groupe d'ethnographes enquêteurs d'Anna Zinovievna Rosenfeld.

Parfois, le savoir est capable d'émousser votre réceptivité à ce qui est imprévu. Anna Rosenfeld sillonnait en camion les vallées et les pistes du Toit du Monde avec l'intention arrêtée de confirmer, par les données récoltées sur place, ce que soupçonnaient ses maîtres, son mari ethnographe comme elle, et elle-même. La lumière de ses hypothèses l'aveuglait à ce point que les autres membres du groupe, qui avaient préservé leur ingénuité et leur spontanéité, étaient stupéfiés par la puissance de réfraction de ses oculaires intellectuels.

Ainsi, après tout entretien avec quelque Kirghize ou Tadjik à propos du *Goul-bia-vane* ou de l'*Adame-djapaïsy*, c'est-à-dire de « l'Homme sauvage », quatre personnes en rédigeaient un compte rendu, chacun sur son bloc-notes personnel. Les notes de trois d'entre elles coïncidaient dans les grandes lignes, mais ce n'étaient pas des ethnographes professionnels. Chez la quatrième, le chef du groupe, le compte rendu était tout différent. Mme Rosenfeld savait exactement a priori, de manière inébranlable, ce qu'elle devait s'entendre raconter, à savoir des archétypes d'images démonologiques éparpillées assez uniformément dans le folklore de tout le Pamir. Si quelque détail important ne correspondait pas à cette idée préconçue, elle s'efforçait de faire modifier les propos du témoin jusqu'à ce que celui-ci déclare forfait. Elle alla jusqu'à renoncer à interroger ceux qui étaient originaires d'une certaine vallée où le terme désignant les puissances maléfiques n'avait pas cours.

Les jeunes, A. L. Grünberg et V. L. Bianki, venus au Pamir pour se renseigner sur les récits populaires relatifs à l'Homme-des-neiges, dressaient toujours l'oreille à bon escient : ils entendaient tout autre chose et parvenaient à remonter pas à pas la filière des informateurs jusqu'aux témoins oculaires eux-mêmes.

Valentina Bianki a décrit ce curieux duel psychologique dans un récit en forme de méditation : *A Propos de l'Homme-des-neiges* (in Aventures en montagne [en russe] Moscou, 1961). Seuls nos noms y ont été changés.

Quel était exactement le fond des deux positions antagonistes ? D'après Anna Rosenfeld, qui a écrit à ce sujet un article extrêmement distingué, chez tous les peuples du Pamir subsistent encore et meurent peu à peu des croyances à une kyrielle d'esprits et de démons dont chacun a son nom propre et ses attributions particulières. Ils s'appellent *goul-biavane, adame-djapaïsy, almasty, djez-tyrmak, adjina, dev, paré* (ou *péri*), *faritcha*, etc. Notre ethnographe achève elle-même la différenciation de ce Panthéon quand elle prétend que l'esprit « confus » des indigènes prête les traits et les pouvoirs des uns aux autres.

La deuxième position est la suivante : dans la majorité de ces représentations démoniques s'est conservée une parcelle d'informations relatives à un seul et même prototype, à savoir le Paléanthrope, mais diversement assaisonnées au gré des légendes et des superstitions locales. Ainsi, dans certains récits, le *Goul-biavane* se met soudain à parler tadjik ou kirghize, comme le ferait n'importe quel ours ou hibou dans un conte de fée ou une fable.

Dans le Pamir et en bien d'autres lieux, les gens simples s'adressent souvent aux hommes de science pour obtenir des renseignements sur l'être en question : est-ce un animal, un homme, ou un esprit surnaturel. Et les savants, de leur côté, s'efforcent de dégager son essence véritable des dénominations variées que les habitants lui donnent çà et là.

La branche de l'ethnographie et du folklore qui s'occupe de ces questions s'appelle la démonologie. A ce propos, il est significatif qu'au Tibet, le mot de *de-mo* (qui a certainement la même racine que le grec *daïmôn*) soit précisément un des noms de cette créature bien matérielle qu'on y appelle aussi *mi-gheu*. Mais les ethnographes n'enregistrent que rarement les histoires où le surnaturel fait défaut. Un folkloriste caucasien avouait qu'il ne notait jamais les récits réalistes concernant les hommes sauvages et velus, car ils ne contenaient pas assez de fantastique et de poésie !

Un jour, j'assistais à une réunion de vieillards longévites à Soukhoumi. Le professeur d'ethnographie Ch. D. Inal-Ipa leur posa, à ma demande, une question sur l'*Abnaouaïou*, l'Homme-des-bois. Il y eut beaucoup de réponses intéressantes à notre point de vue. Mais un des trente vieillards déclara que l'*Abnaouaïou* n'avait qu'un œil. Tous les autres se gaussèrent de cette fable. Eh bien, dans le compte rendu de l'entretien rédigé par le respectable professeur, j'ai pu lire textuellement : « L'*Abnaouaïou* n'a qu'un seul œil ». En fait, tout ce qui n'est pas merveilleux est systématiquement éliminé dans le crible où l'ethnographie fait passer les récits.

Un tel procédé est très utile quand il s'agit d'étudier l'enfance intellectuelle de l'humanité. Mais il est franchement gênant quand on s'efforce de récolter le maximum d'informations sur les derniers des Néanderthaliens.

Le filtre qui en l'occurrence nous gêne a permis à des générations d'ethnographes d'opérer des forages dans les couches anciennes, profondes, secrètes, de la pensée humaine. Grâce à lui, nous avons pu plonger dans les mystères du développement de la parole : on ne peut pas édifier l'absurde au moyen d'objets, on ne peut le faire qu'au moyen de signes. Le monde des symboles, celui des mots, était un terrain vierge où l'imagination allait pouvoir librement s'exercer. C'est seulement à partir de la naissance de la parole que l'imagination eut l'occasion de se mouler plus étroitement sur la matière première ambiante et de l'utiliser pour ses constructions pleines d'audace.

Voyons ce qui se révèle à nos yeux si nous examinons le même contenu des croyances populaires à travers un tout autre filtre. Ce deuxième crible ne laisse passer, lui, que les renseignements de nature anthropologique. Voici le modèle théorique d'après lequel il a été conçu et mis au point.

L'Homme descend du Singe, mais entre les singes et les hommes devait se situer ce « chaînon manquant » qu'avait prévu par simple intrapolation le darwinisme encore tout neuf de Haeckel et de Vogt. Haeckel avait défini cet être hypothétique par le nom de *Pithecanthropus alalus*, « l'Homme-singe privé de parole », et Vogt en le disant « homme par le corps et singe par la raison ». Quand les entrailles de la Terre se sont mises à livrer aux mains indiscrètes des chercheurs les restes osseux de telles créatures, des notions étrangères à la science, empruntées à la métaphysique et à la théologie, sont venues entraver le darwinisme. L'idée de chaînon évolutif a fondu, s'est dissoute. La discussion du statut des ancêtres bipèdes de l'Homme s'est trouvée limitée à cette question : étaient-ils des singes ou des hommes ? Or, tous diffèrent profondément et du Singe et de l'Homme. La Science n'a pas su reconnaître ce qu'elle avait pourtant prédit elle-même. Le darwinisme s'en est trouvé doublement appauvri. Entre la famille des singes anthropoïdes (les Pongidés) et celle des hommes (les Hominidés), représentée, elle, par une espèce unique, *Homo sapiens*, il convient de rétablir la famille des Troglodytidés privés de parole, qui comprend aussi les pithécanthropes. Ils se distinguent des singes, des quadrumanes, avant tout par la locomotion bipède, et on peut les définir comme des Primates supérieurs à station verticale. L'étude de cette famille est du ressort de la zoologie. Dans certaines des espèces qu'elle englobe, le cerveau est encore très semblable à celui du Chimpanzé, dans d'autres il est presque comme celui de l'Homme, mais c'est à ce « presque » restrictif qu'est liée l'absence de parole. Chez les uns, les doigts manipulent les pierres avec une grande habileté ; chez les autres, ce n'est pas le cas du tout, mais, par compensation, des mâchoires monstrueuses se sont développées pour permettre de broyer et de mâcher la viande, la peau et les tendons. Cela dit, tous échappent aux lois de la sociologie et se situent donc hors de l'histoire humaine. Parmi eux figure le parent, et l'ancêtre le plus proche de l'Homme : c'est l'espèce des Néanderthaliens, ou Paléanthropiens.

Notre propre espèce s'est détachée de ceux-ci en formant une branche distincte, mais l'espèce qui nous a donné le jour n'a cependant pas disparu. C'est une bifurcation qui s'est produite, non un remplacement : les deux espèces ont biologiquement divergé. Ainsi pendant que se déroulait l'histoire des hommes, se prolongeait dans l'ombre le fil de la vie animale des paléanthropes. Les choses allaient mal pour ceux-ci, de plus en plus mal. C'était le déclin de l'espèce, son agonie. Mais trente-cinq mille ans sont bien peu de chose à l'échelle de l'évolution animale...

De la part des hommes, il n'y a pas toujours eu seulement de l'hostilité ou de l'ostracisme à l'encontre des paléanthropes survivants. A certaines époques, se sont produits d'étranges rapprochements, décelables notamment au cours des phases culturelles de la Pierre polie, ou Néolithique, et du Bronze. Ainsi à l'outillage du Néolithique ancien se mêlent parfois des pierres très gauchement dégrossies (ou macrolithes), dues de toute évidence aux pattes et au cerveau de créatures inférieures. Des populations de paléanthropes ou bien certains individus isolés cohabitaient, semble-t-il, en parasites à proximité des habitations et des cultures humaines, et s'inséraient parfois intimement dans la vie quotidienne. Les hommes en apprivoisaient certains, soit pour éloigner leurs semblables de leur propre maison (comme les chiens domestiques chassent les chiens sauvages et les loups), soit pour exploiter leur force brutale à des travaux ménagers, soit même pour les utiliser comme animaux de combat dans les armées.

Plus leurs effectifs s'amenuisaient, plus les individus dressés se faisaient rares, comme d'ailleurs ceux qu'on pouvait rencontrer en certains lieux peu propices à l'Homme (forêts impénétrables, montagnes rocheuses, marais, déserts) et plus les hommes enrobaient d'interprétations plus ou moins fantaisistes les récits qui leur parvenaient. Qu'étaient donc ces hommes qui n'étaient ni hommes, ni bêtes, mais plutôt mi-homme mi-bête ? Etaient-ils hommes pour une moitié seulement de leur vie, des sortes d'hommes-loups, des loups-garous ?

Le Paléanthrope s'estompait dans la brume des légendes et des mythes.

Adoptons notre filtre anthropologique en tant qu'outil de travail, et ne nous prononçons jamais sans avoir au préalable regardé à travers lui.

Un point est à vérifier avant tout. Si nous sommes dans le vrai, il devrait logiquement y avoir des ossements des paléanthropes reliques dans les couches géologiques datant de l'époque post-glaciaire, c'est-à-dire l'Holocène, ou si l'on préfère la période historique. Bien sûr il ne faut pas s'attendre à en trouver des cimetières entiers, les restes de véritables populations. Mais quelques rares squelettes isolés devraient tout de même être exhumés, là où se sont conservés notamment les restes d'êtres humains et ceux des animaux enterrés avec eux.

Eh bien oui, de tels os de type néanderthalien, datant de la période géologique actuelle, ont effectivement été découverts à plusieurs reprises dans l'espace compris entre le Tibet et l'Europe occidentale, en Amérique et plus particulièrement en Afrique.

Sur le territoire même de notre pays, de telles « anomalies néanderthaliennes » ont été déterrées plus d'une fois : notamment dans la région d'Irkoutsk, et bien loin de là, en Carélie (sur Olenyi Ostrov, l'île aux Rennes), dans la région de Moscou (Severska), et en d'autres lieux encore. Ces découvertes ont été particulièrement abondantes dans le Caucase du Nord (boîte crânienne de Podkoumok, datant de

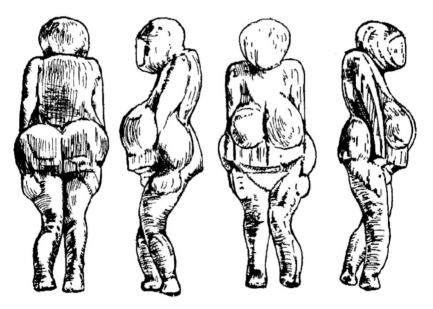

Fig. 7. — Statuette de Vénus paléolithique trouvée à Gagarino, U. R. S. S.
(d'après PORCHNEV, 1968).

l'Age de Bronze, et crânes de Mozdoksk), et dans la région de Dnieper, où, en 1902, le grand anthropologue polonais Kasimierz Stolyhwo a trouvé un squelette néanderthaloïde dans un tumulus de l'époque des Scythes. Stolyhwo est peut-être le seul anthropologue qui ait osé proposer une généralisation de ces faits, qui allaient à l'encontre de la science classique. Pendant toute sa longue carrière scientifique, il n'a cessé de proclamer en solitaire que le prolongement de la branche des néanderthaliens, le rameau des Post-Néanderthalhoïdes, a continué de végéter çà et là sur la Terre au cours de toute la période historique, et ce jusqu'à nos jours.

Fig. 8. — Homme sauvage et velu figuré sur une coupe de Præneste.
datant du VIIe siècle avant J.-C.

La plupart des anthropologues, en présence de ces crânes néanderthaliens trop récents, rassurent leur conscience scientifique en invoquant l'atavisme : certains traits néanderthaloïdes de peu d'importance se rencontrent dans un faible pourcentage de crânes et de squelettes d'hommes contemporains. Ce n'est nullement le cas ici : les trouvailles mentionnées représentent des extrêmes trop frappants. Si leurs traits sont parfois adoucis, aplanis, ce pourrait fort bien être le résultat de croisements entre les paléanthropes et des êtres humains au cours des millénaires passés.

Nous détenons d'ailleurs quelque chose de bien plus spectaculaire encore que de simples ossements fossiles. De l'Age de Pierre nous sont parvenues d'étranges représentations de femmes, sculptées dans l'os ou la pierre, que les préhistoriens ont extraites de la terre (fig. 7). Certaines de ces « Vénus paléolithiques » frappent par la conformation néanderthalienne de leur corps : par exemple, celle qui provient du bourg de Kostenki ou celle trouvée plus récemment au bourg de Gagarino. La silhouette est voûtée, le cou bref ; la tête est basse et portée en avant. Les jambes sont un peu raccourcies et légèrement fléchies, les pieds sont tournés en dedans. Sur bien d'autres effigies encore apparaissent tels ou tels traits qui rappellent irrésistiblement le type néanderthalien. Ne devrait-on pas en conclure que nos ancêtres lointains exécutaient des portraits de ces êtres surprenants, semi-humains, à des fins définies ?

Ensuite, de longs millénaires s'écoulèrent : la faculté artistique s'était tue dans tous les domaines. Et puis voilà que, sur un plat carthaginois ou phénicien du VIIe siècle avant J.-C., on découvre parmi divers personnages humains l'image d'une créature velue mais bipède tenant une pierre dans sa main levée [43] (fig. 8 et planche 10 et 11).

Deux mille ans se passent encore, et voici qu'un homme sauvage et velu se blottit, apprivoisé, contre un paysan représenté de la façon la plus réaliste sur un haut-relief d'une cathédrale de Provence [44] (fig. 10).

On retrouve toujours le même être, dans un atlas médical tibétain, parmi maints autres animaux bien connus et aisément reconnaissables, utilisés en pharmacie [45] (fig. 9 et planche 13). Et c'est enfin lui qui se dresse debout sur le dos d'un éléphant, pour symboliser traditionnellement l'amitié en Mongolie. Personne ne s'est encore avisé de collectionner ces effigies antiques des troglodytes.

Parmi les autres fils qui traversent toute l'histoire des cultures, il faut citer les descriptions épiques de pseudo-hommes, sauvages et velus, qu'on retrouve d'un millénaire à l'autre dans les plus grands monuments de la littérature.

Ainsi, dans l'époque babylonienne de Gilgamesh, qui date du IIIe millénaire avant notre ère et dont les sources remontent au IVe millénaire, apparaît déjà l'animal d'apparence humaine mentionné plus haut, à savoir l'Ea-bani. Son habitat, ce sont les steppes et les montagnes. Il a le corps couvert de poils , mais sur la tête ceux-ci ressemblent à des cheveux de femmes. Il est rapide et fort, mais ne possède ni la parole ni la raison humaines. Les hommes l'ont capturé et apprivoisé, ils l'ont utilisé au début comme animal de garde afin de protéger leurs troupeaux, puis en qualité de guide et de chasseur, pendant l'expé-

---

(43) Il s'agit d'une coupe en argent plaqué d'or, trouvée en 1876 parmi les trésors de la villa Bernardini (l'antique Préneste). Elle est actuellement conservée au musée de la villa Giulia, à Rome. Il convient d'ajouter que le motif représenté se retrouve presque exactement sur une autre coupe, découverte à Kourion, sur Chypre, et qui figure parmi les collections du Metropolitan Museum of Art à New York.

(44) En réalité, une église de Bourgogne, la cathédrale de Semur-en-Auxois. Cette erreur, Porchnev n'a fait que l'emprunter à sa source d'informations, l'ouvrage de Richard Bernheimer, auquel il reviendra plus loin.

(45) Ce traité de médecine, dont le titre tibétain a été traduit par *Dictionnaire anatomique pour le diagnostic de diverses maladies* est attribué par l'académicien Rintchen à un célèbre érudit mongol, Don-Grub-Rgyal-Mchan (1792-1855). Il en existe plusieurs éditions la bibliothèque de l'université lamaïque de Gandan, à Oulan-Bator, figure notamment une version publiée à Pékin au début du XIXe siècle, et une autre publiée en 1911-12 à Ourga (ancien nom d'Oulan-Bator). (Cf. VLČEK, 1959, et BAWDEN, 1959).

dition de Gilgamesh vers les forêts de cèdre du Liban, opération organisée précisément en vue d'exterminer des hommes-bêtes semblables. Sur cette base naturelle et prosaïque, la légende a déposé l'émail du fantastique.

Un autre livre, qui compte parmi les plus anciens de l'humanité et qui remonte à la culture babylonienne, est la Bible elle-même. Si l'on débarrasse certaines de ses pages de leur vernis féerique, on voit transparaître plus d'un récit concernant les créatures sauvages et velues.

L'interprétation anthropologique du déchiffrement de tels textes, que nous donne le rabbin Yonah Ibn Aharon, hébraïsant expert, fait apparaître les particularités suivantes : corps couverts de poils roux, jambes courtes et bras longs, cou et pieds d'une largeur inhabituelle pour l'Homme. Privés de parole, ils s'interpellaient uniquement au moyen de cris. La région de leur habitat se limitait originellement à la presqu'île du Sinaï et au sud de l'Egypte, où les Hébreux subissaient les inconvénients de leur voisinage. Aux temps légendaires de Moïse, les Juifs s'étaient mis à traiter durement ces parasites. Un examen minutieux des textes fait apparaître que les deux boucs bibliques, dont l'un devait être immolé à Dieu et l'autre — le fameux « bouc émissaire » — libéré dans le désert, n'étaient pas du tout des « boucs poilus » (ce qui se dirait d'ailleurs *seïreï izim*), mais bien des hommes velus, des Velus (*Seïrim*). Que diable un bouc domestique deviendrait-il dans le désert ?

Sous Moïse, les prêtres interdirent strictement aux Juifs d'encore « offrir des sacrifices aux *seïrim*, avec lesquels ils avaient péché » et ils leur enjoignirent de remplacer l'immolation du bétail à leur intention par une simple aspersion symbolique des autels au moyen de sang, ou par la combustion du sacrifice en l'honneur du Dieu unique.

Dans la poésie épique de l'Antiquité et du Moyen Age, tant en Occident qu'en Orient, la mention ou l'image transformée de l'Homme sauvage remonte de temps en temps à la surface. Les légendes et les mythes de l'Antiquité chinoise en parlent à de multiples reprises. Le *Ramayana* de l'Inde antique retentit des échos de son existence. Et voici ce que proclame le héros de l'épopée populaire kirghize Manass, composée au milieu du IXe siècle :

> *Savez-vous qu'il y a d'innombrables merveilles*
> *Tout au long de la route que nous emprunterons ?*
> *Qui a ouï-parler d'un vrai chameau sauvage ?*
> *Qui a entendu dire qu'il est hommes sauvages ?*

Mais revenons à l'ethnographie.

Plus notre connaissance des hominoïdes reliques fait des progrès, plus on est frappé par la similitude de leur aspect et de leurs mœurs avec ce que nous avons lu ou entendu dire de Satan dès notre enfance, et qu'on trouve dans les manuels d'ethnographie à propos des diverses Puissances du Mal. Bien entendu dans ce contexte de diableries, l'image du Paléanthrope est complètement désintégrée et voilée. Les récits populaires sont bien souvent des tentatives de compléter par l'imagination le sens de certains mots hérités des aïeux, et qui nous échappe à présent, en l'occurrence les diverses dénominations de ces créatures. Une énorme distorsion a été introduite par les poètes et les artistes, qui n'ont vu dans les croyances populaires qu'une riche source d'inspiration. Ainsi l'image de la Roussalka, la Sirène russe, telle qu'on la représente de nos jours avec sa queue de poisson et sa longue chevelure d'or, n'est apparue qu'au XIXe siècle dans notre pays, par le truchement de l'art et de la poésie.

Fig. 9. — Homme sauvage et velu tel qu'il apparaît dans l'édition de Pékin (P).

O

Et celle d'Ourga (O) d'un dictionnaire médical tibéto-mongol datant du début du XIXe siècle d'après VILČEK, (1959).

Quoi qu'il en soit, trois sciences, la mythologie, l'histoire des religions et l'ethnographie, ont accumulé pour nous une montagne de matériaux d'une richesse incal-
culable. Ceux-ci attendent d'être triés et analysés.

Un livre reste encore à écrire : *Le Reflet de l'image du Paléanthrope dans les
croyances, les mythes et les légendes des folklores anciens*. Je ne puis songer à en
donner ici une version même condensée. Je me contenterai d'en énumérer les divers
chapitres avec un résumé succinct de leur contenu.

ANTIQUITE ORIENTALE.

En plus des.légendes babyloniennes et hébraïques très anciennes, le noyau est constitué
ici par le cycle indo-iranien de la croyance aux dévas, du culte qui leur est rendu et des
combats qu'on leur livrait. Les Védas et le Zend-Avesta relatent des événements d'une
antiquité considérable : dans les abysses du passé, les habitants des Indes ont mené une
lutte impitoyable contre les dévas. Quand le roi indien Yama (ou Yima, Djima, voire
Djemchid) emmena son peuple depuis sa patrie originelle jusqu'en Turkménie et en Iran
du Nord, il leur fallut, là aussi, soutenir la lutte contre les dévas, créatures de grande
taille, puissantes, hirsutes, aux cheveux en broussailles, n'ayant ni vêtements ni armes,
et qui se battaient à mains nues ou en se servant de pierres ou d'arbustes arrachés au sol.
On les rabattit vers le Mazandéran, dans les montagnes de l'Elbourz, où le massif du
Démavend devint leur principal refuge.

L'*Avesta* plus récent, en pehlvi, commente les longues campagnes des souverains et
des héros contre les dèves. Cette épopée a été retranscrite dans le *Châh-Nãme* (Livre
des Rois) du poète persan Firdûsi (ou Ferdousi) dans l'*Avesta* ancien, les dévas
n'avaient rien de surnaturel : c'étaient tout simplement des animaux sauvages
comme les autres. Dans la version pehlvi de l'*Avesta*, ils ont déjà une allure plus fantastique que dans l'indienne ; et dans le folklore musulman, ils sont franchement
transformés en esprits maléfiques, encore que mortels.

Cela dit, dans toute l'épopée de l'*Avesta*, ainsi que dans ses branches postérieures ira-
niennes, caucasiennes et d'Asie centrale, on reconnaît à maintes reprises les *dévas* et
les *péri* (ou *paré*). Les chefs d'armées de divers peuples les utilisaient dans la troupe au
même titre que d'autres animaux de combat : par un dressage approprié, on les entraînait à manifester une rage aveugle et destructrice sur les champs de bataille.

Il faut remarquer en passant que dans les textes anciens, le terme *péri* désigne parfois les créatures de sexe masculin et fait pendant au terme *dev* considéré, lui,
comme féminin. Il est intéressant de noter à ce propos qu'en russe, les termes accou-
plés *dva* (deux) et *para* (paire) en dérivent et que des mots ayant cette même racine
se retrouvent d'ailleurs dans toutes les langues indo-européennes [46].

Les *dèves* recevaient une nourriture abondante, entre autres sous forme de sacrifices,
dans des « bosquets sacrés », qui leur étaient consacrés. Mais, au Ve siècle avant
J.- C., les réformes religieuses et sociales, préconisées par les rois persans Darius et
Xerxès, introduisirent le culte zoroastrien chez tous les peuples soumis. Ces mo-
narques interdirent les sacrifices sanglants en masse, mais ordonnèrent toutefois de
ne pas enterrer les morts, afin de laisser les cadavres aux dèves. On s'aperçoit,
d'après les textes, qu'avant la mise en vigueur de la législation de Xerxès, on adorait des dèves au Kakhistan (à savoir les régions montagneuses de l'Iran, de

---

(46) Il s'est révélé que les néanderthaliens reliques forment des couples permanents. On peut se demander si cela n'a pas frappé à ce point les peuples de mœurs polygames qu'ils ont donné leurs noms à tout
ce qui allait par deux, aux paires.

l'Afghanistan et de l'Inde septentrionale) et en Scythie, c'est-à-dire l'Asie centrale et le Caucase du Nord. Après la réforme, on se mit, dans les sanctuaires des dèves, à adresser des prières au dieu Ahoura-Mazda. Quant aux pauvres dèves, ils se trouvèrent rabaissés au rang de mauvais esprits, de démons maléfiques, qu'il était strictement interdit de nourrir. Seul l'Islam devait en rétablir l'autorisation, encore qu'officieusement. Cependant, dans la littérature musulmane, le *Dev* — comme le *Djinni*, le *Chiqq*, ainsi que le *Ghoûl* — était désormais affublé de traits fantaisistes. Le mot *Dev* n'en continue pas moins de garder son sens prosaïque primitif dans les tréfonds des croyances populaires : il sert toujours à désigner l'homme velu et privé de parole, chez les Svanes du Caucase et les Tadjiks des monts Darvaz.

MONDE ANTIQUE.

Le Panthéon des dieux antiques est né de la personnification des dénominations de diverses espèces d'esprits. Jadis étaient nombreux les Mars, Hermès, Apollon, Junon et autres divinités de l'Olympe. Mais les prédécesseurs de ces dieux n'étaient-ils vraiment que des esprits ? L'étude des petites divinités étrusques, comme de celle de la couche archaïque des croyances grecques et romaines, révèle un grand nombre de dénominations derrière lesquelles se dessine une image dans ses traits essentiels homogène. Toutes sortes de silènes, de satyres, de pans, de silvains, de faunes et de nymphes, pour ne citer que les noms universellement connus, étaient représentés à l'origine sous des dehors aucunement surnaturels mais au contraire très réalistes. On les tenait pour visibles, bien qu'insaisissables ou presque, et mortels, bien que doués d'une grande longévité.

Ces créatures évitaient les humains, tout en étant attirées par eux, soit par le désir sexuel, soit par le goût du parasitisme. Si elles étaient associées à certains habitats, à certains paysages, ce n'est pas parce qu'elles symbolisaient certains aspects de la Nature, mais tout simplement parce que c'étaient là les lieux qu'elles hantaient. Ces « demi-dieux » vivaient dans les forêts ou les taillis, parmi les prairies ou les clairières, près des sources, des torrents et des rivières, dans les montagnes ou sur les hauts plateaux, parmi les pics rocheux ou au sein des rocailles (ils étaient associés à la haute montagne bien avant que la pensée religieuse n'identifiât aux Cieux, aux demeures célestes, ces sommets qui se perdaient dans les nuages !), dans les grottes, les cavernes, voire des terriers creusés dans le sol (d'où s'est d'ailleurs développée la représentation du monde souterrain des divinités chtoniennes). Une étape plus tardive se rapporte à des êtres qui, eux non plus, ne sont pas humains, mais néanmoins semi-domestiques, ou plus exactement apprivoisés par l'Homme. Sur tout domaine cultivé, dans la maison même du paysan, pouvait cohabiter avec lui un individu isolé chargé de tenir désormais ses semblables à l'écart des habitations, ainsi d'ailleurs que tous les rôdeurs mal intentionnés. Presque chaque communauté, village ou propriété privée avait ainsi son gardien, et la tradition décrivait parfois ceux-ci parmi les champs, dans les vergers ou les vignobles, dans les parcs à bestiaux, les granges ou les habitations mêmes. On pouvait entendre ces êtres, les voir et même les palper, mais, tout comme leurs congénères dissimulés dans la nature, ils étaient privés de l'usage de la parole : leur langage était inintelligible et pouvait servir tout au plus de support à la divination.

C'est seulement au stade suivant quand, en disparaissant, ces créatures sont réduites à l'état de souvenirs, qu'elles se trouvent parées de pouvoirs magiques, bienfaisants ou répressifs, et qu'elles deviennent les génies protecteurs de personnes ou de familles, de professions ou de vertus. On les tient tantôt pour des surhommes, tantôt pour des êtres se métamorphosant à tour de rôle en homme et en bête, tantôt pour des créatures composées pour une moitié d'un corps humain et pour l'autre d'un corps animal (cheval, bouc, taureau, lion, serpent, poisson, oiseau, etc.). Ces divinités antiques finissent ainsi par acquérir un caractère individuel, unique, et se mettent à personnifier les grandes forces de la Nature, les grandes passions ou les multiples talents de l'Homme.

MOYEN AGE EUROPEEN.

Puisque nous venons de parler de la Grèce et de Rome, il est manifeste que le Néanderthalien tardif n'a pas été l'apanage de l'Asie, mais qu'il était aussi répandu en Europe. Notre Moyen Age l'a encore connu, et a conservé pas mal de vestiges de sa présence.

Un de ses foyers se trouvait dans les terres longeant le Danube, qui, dans l'Antiquité d'ailleurs, portaient le nom de Pannonie, du fait que les pans y abondaient. Bien longtemps, les paléanthropes reliques se perpétuèrent dans les Alpes et les forêts avoisinantes. L'étude du folklore et des légendes d'Europe septentrionale — depuis les pays baltes et scandinaves à l'Irlande et à l'Islande — prouve que là aussi, au cours de longues périodes, les hommes les ont connus dans la nature, puis, à travers maintes générations, ont broyé le souvenir de leur présence dans la meule des contes de fées.

Le folklore médiéval européen fournit maints exemples des divers stades de transformation de la matière première. En Irlande par exemple, où il semblerait que les derniers néanderthaliens vivants eussent été capturés et exterminés aux XVIIe et XVIIIe siècles, ils ont été introduits par Swift dans le tissu de la fiction, sous la forme des Yahoos des *Voyages de Gulliver*, et ils l'ont été avec un réalisme qui donne le frisson, manifestement sur la foi de témoignages. Ils se reflètent de manière bien plus fantasmagorique dans les vieilles légendes populaires irlandaises relatives aux Leprechauns et aux Géants.

Quels trésors pour des études nouvelles, dans notre perspective anthropologique, représentant les mines de matière première du folklore scandinave, allemand et français ! Que de livres innombrables, de manuscrits, de mémoires il va falloir lire ou relire ! Je ne mentionnerai ici que deux érudits qui ont été bien près de pénétrer dans le substrat anthropologique des croyances populaires.

L'un d'eux est Wilhelm Manngardt, folkloriste et ethnographe allemand de premier plan, qui accumulé des montagnes de connaissances sur les croyances, les légendes et les usages relatifs aux esprits et aux demi-dieux dans les traditions des peuples germaniques et baltes. L'autre est Richard Bernheimer, un spécialiste américain, peu connu, de la culture médiévale. Le titre du livre que ce dernier a publié à Cambridge (Massachusetts) en 1952 est des plus prometteurs : *Wild Men in the Middle Ages* (les Hommes sauvages au Moyen Age). Berheimer tente de persuader le lecteur, et de se persuader lui-même, que dans les documents écrits ou figurés qu'il a rassemblés en grande abondance, se reflète seulement le besoin bizarre, qu'avait la raison médiévale, de créer une antithèse de l'Homme, une image d'un Anti-homme, sauvage et velu. Les faits pourtant proclament bien haut ce que l'auteur se risque tout au plus à soupçonner. Si l'esprit scolastique était gêné par la nature de cette simagrée d'Homme, en revanche, les descriptions profanes serrent la vérité de très près :

son pelage est animal, son comportement l'est aussi, il est privé de parole, bref, il appartient au monde des animaux et des plantes. Ainsi, au XIVᵉ siècle, Heinrich von Hesler a écrit un traité, où il est question des hommes sauvages. Comme d'autres auteurs moyenâgeux, il a apporté maints renseignements sur le régime alimentaire de ces êtres (baies, glands et chair crue des animaux) et sur leur habitat (forêts, montagnes, eaux, broussailles épaisses, trous et carrières abandonnés). Et nous retrouvons une nouvelle fois une particularité anatomique qui nous est déjà familière : chez la femme sauvage des Alpes « les seins sont tellement longs qu'elle se les passe par-dessus les épaules ».

A partir de la Renaissance environ, d'après Bernheimer, l'Europe occidentale se met à parler de l'Homme sauvage, au passé, comme d'une créature disparue. Mais cela s'est produit très graduellement, et, dans certaines régions montagneuses en particulier, on a longtemps continué d'en parler au présent. [47]

SUPERSTITIONS DES SLAVES OCCIDENTAUX.

Tout comme autrefois le roi Xerxès, le prince Vladimir [48] a cru pouvoir éliminer, cette fois dans notre pays, le culte ancien lié à l'énorme cycle oriental. A l'époque en effet, s'il faut en croire les chroniques, les Slaves apportaient de la nourriture en offrande non à des idoles mais aux *béréguines* (c'est-à-dire « riverains ») qui habitaient au bord du Dnieper et que les Turcs nommaient *oupirs* (c'est-à-dire « vampires »). Dans le *Dit d'Igor*, ainsi que dans les *bylines* (chansons de geste), on les décrit juchés sur les branches des grands arbres : appelés *divs* ou encore *solovyis* (et non pas *soloveï*, à savoir « rossignols » !), ils sifflent de manière terrifiante plutôt que de parler comme des hommes.

---

(47) La survivance de Néanderthaliens en Europe à l'époque historique a suscité une abondante littérature. Dans son *Bestiaire insolite de la cryptozoologie* (Rome, 1996, p. 9), Bernard Heuvelmans la résume ainsi : « Des hommes sauvages et velus, probablement des Néanderthaliens attardés, ayant vécu aux temps historiques. Connus sous le nom de satyres dans l'Antiquité classique – un nom emprunté à l'hébreu *séir* (« le velu ») – et sous celui de *wudewása* (« être forestier ») au Moyen-Age, ils ont été rencontrés jusqu'au XIIIᵉ siècle en Irlande, jusqu'au XVIᵉ siècle en Saxe et en Norvège, jusqu'au XVIIIᵉsiècle dans l'île suédoise d'Oland et en Estonie, jusqu'en 1774 au moins dans les Pyrénées (*iretges, basa jaun*) et en 1784 dans les Carpathes (« l'homme sauvage » de Kronstadt) et enfin jusqu'à la fin du siècle dernier [le XIXᵉ siècle] dans les Monts Cantabriques, en Espagne. »

Bernard Heuvelmans évoque ici l'enfant sauvage trouvé en 1774 dans la forêt d'Yraty, près de Saint-Jean-Pied-de-Port, un garçon d'environ 30 ans, velu, et celui découvert en 1784 en Valachie et conduit à Kronstadt : B. Porchnev mentionne longuement celui-ci pp 118-120. En 1813, un garçon velu se tenait assis dans le port de Trébizonde, en Turquie, en poussant des hurlements. Trébizonde n'est pas éloigné du Caucase…

Particulièrement intéressant est le cas de l'un des enfants sauvages de Lithuanie, âgé de 8 à 10 ans. Son squelette – malheureusement perdu – fut en effet examiné par le baron Larrey, chirurgien de la garde Impériale napoléonienne. Il présentait des caractères néanderthaliens (membres supérieurs allongés, membres inférieurs très courts).

A tout ce que rapporte Boris Porchnev, on pourrait ajouter le tragique épisode du Bal des Ardents. En 1393, Charles VI et ses courtisans s'étaient, à l'occasion d'un bal, déguisés en hommes sauvages et velus – comme cela se faisait à l'époque. Leurs costumes prirent feu et beaucoup périrent. Ce tragique épisode contribua à ébranler la raison déjà chancelante de Charles VI.

Le cryptozoologiste Christian Le Noël estime que les « loups-garous » du Moyen-Age étaient, pour la plupart, des néanderthaliens, dont l'extinction fut hâtée par les persécutions. On a même voulu voir des néanderthaliens dans les Cagots des Pyrénées comme dans les Crétins des Alpes.

Des gènes néanderthaliens n'auraient-ils pas subsisté longtemps chez certains habitants de nos régions ? Ainsi, en 1936, est décédé à l'hôpital de Luchon un Espagnol du Val d'Aran, Clémenti ou Clémentou, qui présentait des caractères morphologiques curieux. J'ai pu obtenir son acte de décès, ce qui prouve (au moins) son existence. (JJB)

(48) Vladimir Iᵉʳ le Grand, surnommé saint Vladimir, est le prince russe qui jeta les premiers fondements de l'Empire russe. Vers l'an 1000, il se convertit avec tout son peuple au christianisme byzantin.

Nous autres, Russes, sommes si familiarisés depuis la plus tendre enfance avec toutes les histoires de *léchiys* (sylvains) et de *roussalkas* (ondines) [49], que nous ne penserions jamais à approfondir ces notions. Mais celui qui prendra la peine de remettre en friche les livres et les articles déjà poussiéreux, des ethnographes, pourra redécouvrir tout l'or dissimulé sous la surface.

Des détails comme les gros sourcils broussailleux en surplomb qu'on attribue au *Léchiy*, décrit d'ailleurs comme un vieillard nu au corps couvert de poils, en disent long à l'anthropologue attentif. On apprend aussi que le *Léchiy* a parfois une épouse (la *Liéchatchikha*, *Liésovikha* ou *Liéchikha*) et qu'il a des enfants. D'après Afanassiev, grand collectionneur de folklore, « l'imagination populaire dote les *liéchatchikhas* de seins si énormes et si longs qu'elles sont obligées de se les jeter par-dessus les épaules pour pouvoir marcher, et surtout courir sans peine ». On voit rarement le *Léchiy*, s'il faut en croire les histoires, on ne fait le plus souvent que l'entendre : les sons qu'il émet rappellent les sifflements, les éclats de rire, les cris d'appel, les chants fredonnés, les claquements de mains. « Muet, mais bruyant » écrit très judicieusement *Dahl* [50]. Analogie frappante avec le Pan des Anciens, le *Léchiy* se tient à proximité des troupeaux, vient téter le lait des chèvres et facilite le travail du berger. Il sait se ménager les bonnes grâces des loups et attirer à lui les bêtes sauvages.

Suivant les régions, on donne au *Léchiy* des sobriquets différents, comme par exemple *dikonkyi moujik* (« le petit moujik un peu sauvage »). Il n'est pas nécessairement associé à la forêt : il peut être le *Poliévik* (« le champêtre »), nu, noir et monstrueux. Comme la *Poloudnitsa* (« celle de midi »), le *Poliévik* s'observe surtout en plein midi, non pas parce qu'il fait plus chaud à ce moment, mais parce que la phase d'activité biologique de ces voisins clandestins de l'Homme correspond aux périodes de sommeil de celui-ci, à savoir l'heure de la sieste [51] ainsi que la nuit. Leur milieu naturel est lui aussi bien défini : en Europe orientale, les paléanthropes élisent domicile non seulement dans les profondeurs des forêts mais également dans les immenses marécages et sur leurs berges fluctuantes (où ils trouvent leur nourriture spécifique).

Chez les Ukrainiens, les Biélo-russiens et les Grand-russiens, le même *Léchiy*, alias *Poliévik* ou *Poloudnitsa*, a pris le nom de *Vodianoï* (« celui de l'eau » ou ondin) ou de *Roussalka*. Le *Vodianoï* est un vieillard nu, aux cheveux ébouriffés, noirs ou d'un roux éclatant. Il est invariablement doté des mêmes expressions vocales : éclats de rire, sifflements et murmures enjôleurs. La réplique féminine du *Vodianoï* est la *Vodianikha* (« celle de l'eau ») ou *Roussalka* (ondine ou sirène). D'après les habitants de la région de Piniej, la *Vodianikha* a de gros seins pendants et de longs cheveux. Et tout le Nord grand-russien trouve que les *vodianikhas* ou *roussalkas* ont l'air de vieilles femmes poilues et hideuses aux longues mamelles pendantes. Dans bien des récits, les *roussalkas* ne vivent même pas dans l'eau : chez les Grand-russiens du Sud, comme en Biélorussie, ce sont des créatures forestières et champêtres qui savent monter aux arbres. Chez les Slaves occidentaux, celles qu'on appelle les *roussalkis* n'ont plus le moindre rapport avec l'eau : elles vivent dans les champs de céréales (blé, orge, etc.) ; d'après les croyances des régions de Toula et d'Orel, elles hantent plus particulièrement les cultures de seigle et de chanvre. Le nom même de *roussalki*, qui s'appliquait également dans le passé aux êtres de sexe masculin, est probablement lié à la couleur des poils. Les mots *roussyi* (blond roux ou blond vénitien) et *ryjiy* (roux éclatant) se sont dissociés tardivement : ils ont une racine commune dans toutes les

---

(49) Ces êtres du folklore slave correspondent respectivement aux fardadets des Bretons et ux sirènes des navigateurs.

(50) Vladimir Dahl (1801-1871) conteur et philosophe russe du siècle dernier, auteur d'un des meilleurs dictionnaires russes, et d'un important recueil de proverbes slaves.

(51) Ce qui a donné naissance, dans le Proche-Orient, à la fameuse histoire biblique du Démon de Midi.

langues indo-européennes (*rossa, roz,* rouge). Dans tout l'est de l'Europe, maints noms géographiques très anciens [52] se rattachent à cette racine et désignaient peut-être à l'origine les foyers de ces créatures.

L'Europe orientale n'est évidemment pas très riche en montagnes élevées, mais dans les Carpates le même noyau de vérité a donné naissance aux légendes d'esprits des montagnes et à celles qui parlent d'une « *baba* (femme) sauvage ».

Un autre groupe reste à prendre en considération : celui des esprits domestiques, bons ou mauvais, c'est selon, mais chargés de préférence, comme les dieux lares de Rome, de protéger les logis contre les entreprises maléfiques des leurs semblables. La symbiose avec l'Homme est ici aussi complète que possible. L'hôte qui niche au sous-sol, au grenier ou dans les bâtiments de service, a toute la discrétion d'un fantôme : il évite avec soin les rencontres, mais, l'hiver, il ne peut évidemment pas faire disparaître de la neige les traces révélatrices de ses pieds nus et velus. De temps en temps, il arrive même qu'on l'entrevoie. C'est toujours notre bon vieux *Léchiy,* aux cheveux en broussaille et au corps couvert de poils. Le *Domovoï* (lare) qui a bien une centaine de noms locaux, a pour compagne une *domovikha,* parfois appelée *volossatka* (« la velue ») ou encore *maroukha* (« la môme »).

La nuit, le *Domovoï* visite les granges, les hangars et les silos de blé, ainsi que les écuries et les étables, où il va téter le lait des bêtes. Au cas où ils sont deux à s'installer dans la même maison, ils ne cessent de se chamailler et de se chercher noise et finissent par se chasser l'un l'autre. Mais une fois installé, ce parasite spécialisé et parfaitement adapté ne franchit plus les limites de la maison ou du domaine. On l'honore d'ailleurs comme un protecteur de la famille et des biens. Tout ceci nous entraîne non pas dans le monde des contes de fées, mais bien au cœur ténébreux de notre propre passé, à l'époque où les Scythes obscurs cohabitaient ainsi avec des dèves (Planche 8).

En général, on n'attribue ni cornes ni queue à ces « êtres irréels » (*niéjit*). Et, comme le dit Dahl, « les *niéjits* sont tous privés de parole ». De tous les esprits maléfiques, le plus livresque, le plus sophistiqué, le plus éloigné du prototype original, est de toute évidence *Tchort,* le Diable. [53] [54]

MOYEN AGE ORIENTAL.

Tout comme à l'ombre du christianisme en Occident, une multitude grouillante d'esprits malins vit à l'ombre des autres grandes religions du monde en Orient : hindouisme, islamisme, bouddhisme et systèmes philosophico-religieux de la Chine médiévale. Sinisants, orientalistes et arabisants auraient pu nous apporter — et nous apporteront un jour — des présents inappréciables en mettant au jour tout ce qui peut servir à enrichir nos archives pa-

---

(52) Celui notamment de Russie qui devrait d'ailleurs ce prononcer « roussie » et qui signifierait en somme « le pays des rouquins ».

(53) Le travail de pionnier de Boris Porchnev avait été précédé par les recherches de l'ethnologue suédois Gunnar Olof Hyltén-Cavallius (1819-1889). Bernard Heuvelmans a tenu à rendre hommage (*Histoire de la Cryptozoologie,* Rome, 1997, p. 14) à cet auteur qui, dès les années 1863-64, suggéra que les trolls, « hommes sauvages » velus du folklore scandinave, étaient la réminiscence d'une race humaine primitive. Or, à cette époque, si la calotte de Néandertal avait déjà été découverte, l'existence du type humain néanderthalien n'était pas encore reconnue. Aussi B. Heuvelmans écrit-il : « Cela donne à l'opinion de Hyltén-Cavallius un caractère véritablement prophétique. » D'autant plus que des hommes sauvages semblent avoir persisté dans l'île suédoise d'Öland jusqu'au XVIIIᵉ siècle. Et des rumeurs à leur sujet sont encore recueillies de nos jours en Scandinavie et en Finlande. (JJB)

(54) Des hommes sauvages sont parfois signalés à travers la Russie, jusqu'aux abords de l'Océan Glacial Arctique (une jonction avec les témoignages scandinaves ?). B. Heuvelmans voyait en eux – m'avait-il écrit – des « individus errants, sans doute affamés. » (JJB)

léanthropologiques. Jusqu'à présent, hélas, les articles d'Anna Rosenfeld, du *swami* Pranavananda et de Peï Wen-Tchoung ont été consacrés exactement au but opposé : celui de démontrer, au moyen de quelques parallèles, que l'Homme-des-neiges est un vieux mythe. Le temps viendra où les orientalistes des écoles nouvelles rejetteront avec horreur de si naïves analogies.

CROYANCES DES PEUPLES SOUS-DEVELOPPES.

Ce chapitre est à peine esquissé en pointillé.

Les documents ethnographiques sur les Indiens d'Amérique, les peuples d'Afrique noire, certaines peuplades de Sibérie, d'Indonésie et d'Océanie regorgent de renseignements sur la croyance à des esprits de forme humaine qui vivent à l'état de nature et ont parfois des rapports bien définis avec l'Homme. Ainsi les « esprits-maîtres » ou les « maîtres des animaux » jouent un rôle primordial dans la mythologie de tous les peuples chasseurs : ceux d'Asie septentrionale, Eskimo, Indiens de la côte nord-ouest de l'Amérique du Nord et des forêts du nord du Canada, peuples de l'Himalaya et du Caucase. Le « maître » ressemble toujours à l'Homme. C'est un anti-homme, mais il existe une sorte de troc entre l'Homme et lui : le chasseur le nourrit d'une partie de son gibier, et, en échange, lui se charge de rabattre vers le chasseur les bêtes qu'il ne tue pas lui-même.

Même chez les peuples qui vivent d'élevage et d'agriculture, on parle d'esprits-maîtres qu'il est parfois difficile de reconnaître de ceux des peuples chasseurs. Chaque traqueur de gibier s'efforce d'établir un contact personnel avec un de ces « maîtres », qui sont une multitude. Mais dans d'autres cas, les rapports avec le « maître » ne se présentent plus comme l'affaire privée d'un seul individu, mais comme celle de la cellule familiale, du clan, de la tribu. Ce contact est réalisé par l'intermédiaire des sorciers, des chamans ou des chefs.

Les mythologies primitives et le chamanisme offrent une documentation extraordinairement riche à qui veut se représenter comment l'imagination a partout transformé, renversé, agrémenté de façon originale le même point de départ, à savoir la présence de bêtes néanderthaliennes tantôt au loin, tantôt tout près, tantôt en contact étroit avec la vie quotidienne, tantôt ne subsistant que dans les descriptions ou les souvenirs d'autrui.

Tels sont les jalons pour les six chapitres du livre qui reste à écrire. Peut-être y a-t-il là, en vérité, la matière de six livres. Ou peut-être bien celle de soixante dissertations... En tout cas, l'ensemble peut donner une forme entièrement nouvelle à maints aspects de l'histoire des cultures et à celles des religions du monde.

Cela apportera-t-il beaucoup à l'anthropologie ? Oui, sans nul doute. Quand nous aurons appris à déchiffrer en biologistes les hiéroglyphes des contes et des dictons populaires, quand, dans le pressoir de la biologie, aura été éliminé tout ce qui appartient à l'imagination, à l'illogisme, aux préjugés et aux égarements humains, il subsistera un résidu de connaissances, sec et concentré, sur la vie et les facultés complexes des représentants de l'espèce en voie de disparition qui, il y a trente-cinq mille ans, a donné naissance aux hommes. Et dans des restes soigneusement essorés, admis par le filtre choisi, la conclusion la plus universellement importante sera : les créatures de forme humaine qu'on trouve à l'origine de tant de croyances se distinguent de l'Homme par l'absence de la parole. Bien sûr aussi par leur pilosité et par leur mode de vie bestial, mais essentiellement par le manque de langage articulé. Cette particularité est mentionnée dans chacun des six chapitres que nous avons survolés.

C'est précisément le trait par lequel, il y a une centaine d'années, en 1866, Ernst Haeckel tentait de définir l'espèce de prédécesseurs de l'Homme qu'il avait inventée : *Pithecanthropus alalus*, L'Homme-singe qui ne parle pas, littéralement le non-balbutiant. Eugène Dubois lui ajouta la station érigée. Ce n'est qu'aujourd'hui que nous apprenons qu'il était au surplus complètement velu. Bref, *Pithecanthropus alalus, erectus, pilosus*.

Pour la science à venir, le trait le plus important est qu'il soit alalus.

Tout au long de notre étude, on n'a pas cessé de nous rappeler à l'ordre en criant : Mais ne voyez-vous donc pas que votre Homme-des-neiges n'est qu'un *léchiy* ! Ma foi, peut-être bien que oui. Un faune... Pourquoi pas ? Pourtant, il serait tout de même plus juste de dire que c'est l'inverse qui est vrai...

La plupart des croyances aux forces du Mal ne sont que pire fantaisie. Aucun paléanthrope ne se reflète dans un farfadet, ni dans un dieu lare pas plus gros que mon petit doigt, ni dans celui qui a l'air d'un coq. Le folklore, c'est le folklore : de la fiction née de l'imagination. mais ceux qui se sont penchés sur les présages et les superstitions ont découvert depuis belle lurette que l'imagination ne créée jamais à partir de rien : elle remanie des faits réels. Les fameux mythes solaires peuvent aller si loin dans ce sens qu'il n'y reste plus qu'une bien faible trace du soleil lui-même, par exemple dans le crâne chauve d'un vieillard, si brûlant qu'on peut poser une poêle dessus pour y faire cuire les *blinis* (crêpes). Tout comme les manifestations de la vie humaine, les forces de la nature sont ainsi défigurées et transfigurées par le folklore tout en se reflétant en lui.

Voilà pourquoi les études sur les paléanthropes reliques nous ont amené si impérativement à plonger dans les eaux où jouaient ces reflets fantomatiques. Autrefois, mettons jusqu'au XVIIIe siècle, quiconque disait avoir rencontré dans les bois, les marais, voire l'appentis de sa propre maison, un homme sauvage, velu et privé de parole, s'entendait expliquer qu'il était tombé sur un faune ou quelque dieu lare. Il se donnait d'ailleurs cette explication lui-même, et s'en satisfaisait. Mais quand vint le XIXe siècle, siècle de haute culture, se multiplièrent collectionneurs et commentateurs de ces obscures superstitions populaires qui étaient en contradiction tant avec la foi chrétienne qu'avec l'état de la Science. Aussi, lorsqu'il arrivait encore à un quidam de rapporter de telles rencontres, faites dans la forêt ou la montagne, à proximité de ruisseaux ou de marais, dans un grenier ou dans une grange, on entreprenait de plus en plus souvent de lui expliquer qu'il avait été victime d'une hallucination ou d'une méprise, sous l'influence des contes de bonnes femmes. Souvent d'ailleurs il se reconnaissait bientôt lui-même le jouet d'une illusion. Quand les faits étaient vraiment indiscutables, les esprits forts recouraient à une explication sensée : dans les forêts ou les bâtisses abandonnées se cachent parfois des criminels en fuite, dans les montagnes errent les descendants ensauvagés de factions persécutées ou condamnées à l'exil, vivant isolés comme des lépreux, ne portant plus de vêtements et ayant perdu jusqu'à l'usage de la parole. Très nombreux aussi étaient encore ceux qui, à l'instar de leurs grands-pères, mettaient tout cela sur le compte de divers esprits malins. On ne peut tout de même pas reprocher aux ethnographes d'avoir tenté par une éducation obstinée, de chasser ce fatras de la conscience populaire. Mais les savants ne savaient pas encore, ne pouvaient pas encore savoir, que parmi les phénomènes naturels servant de toile de fond à l'imagination populaire, figuraient des paléanthropes reliques, aussi réels que le soleil ou le vent, le coup de veine du chasseur, la maladie de l'homme, un cataclysme quelconque ou l'absence de respiration chez un cadavre, bref, que tout ce qui tombait dans la « moulinette » du folklore.

La valeur scientifique des travaux d'ethnographie et de linguistique ne se trouve nullement anéantie, du fait de l'affirmation prosaïque, dans la seconde moitié du XXe siècle, que les paléanthropes survivants se nichent toujours au loin ou auprès de l'Homme, y compris dans la cour même de la maison.

Il convient ici de faire table rase, une fois pour toutes, d'une explication naïve, dont on ne s'est que trop servi. Citons à titre d'exemple un article paru dans *Komsomolskaïa Pravda*. Un reporter de ce journal arrive au Pamir et demande, entre autres, s'il y a du nouveau au sujet de l'Homme-des-Neiges. Il s'entend répondre : « L'Homme-des-neiges n'existe pas. Mais nous avons ici des *vouïds* et des *vaïds,* les *domovoï* (dieux lares des Slaves), héros de légendes très anciennes. La *Vaïd* est la femelle, le *Vouïd* le mâle. Ils sont complètement blancs. Ils ressemblent beaucoup à l'Homme et marchent comme lui, dressés sur leurs jambes. Ils entrent sans vergogne dans les villages et se risquent même dans les maisons. Toutefois, ils ne vous tendent pas la main quand on les rencontre et ne se laissent pas toucher. Ils disparaissent en un clin d'œil derrière les rochers. Seules les traces de pas subsistent : elles sont tout à fait semblables à celles des êtres humains. Il circule pas mal de fables curieuses sur la *Vaïd* et le *Vouïd.* Tantôt ils sont venus engloutir un repas sur la table servie, tantôt ils ont chapardé des provisions, tantôt encore ils ont joué les trouble-fête dans un rendez-vous d'amoureux. Les vieux, les centenaires surtout, se souviennent de maintes légendes courant sur la *Voïd* et le *Vouïd* ».

Si dans ce texte on supprime les mots « légendes » et « *domovoï* » (ou « dieux lares »), et qu'on les remplace respectivement par les mots « témoignages » et « êtres inconnus », la réalité prosaïque transpire aussitôt. Ce sont les faits terre à terre qu'il eût fallu noter d'après les paroles des vieux. Quant aux traces de pas encore fraîches, on aurait dû se donner la peine d'aller les examiner. Le premier à avoir parlé de la *Vouïd* au journaliste était d'ailleurs un policier qui venait tout juste d'en rencontrer une. Maintenant des personnes « bien informées » lui ont expliqué, pour son édification, que ce n'était qu'une *domovoï.* Et le fil d'Ariane de l'investigation s'est rompu.

Voici un autre exemple. Le poète sibérien N. U. Glazkov avait relaté dans un poème didactique les informations que les Yakoutes possèdent sur l'Homme sauvage, qu'ils appellent *Tchoutchouna.* On refusa catégoriquement de publier ce poème tant que son auteur n'eut pas consenti à faire figurer en sous-titre : « Vieille légende yakoute ». Comme ça, tout était en règle. Mais une fois de plus, on avait détourné la Science sur une voie de garage...

Vous savez à présent pourquoi il était indispensable que le présent chapitre fût si long.

CHAPITRE VIII

AVEC LE CRAYON SUR LA CARTE DU MONDE

La distribution géographique des paléanthropes reliques.

Un énorme crayon, presque clownesque, qu'on m'avait offert, m'a servi un jour à représenter par des flèches, sur la carte du monde, tout ce que nous savions déjà sur les hominoïdes attardés. Mes flèches sinueuses s'enchaînent et bifurquent, figurant de manière frappante l'idée de l'unité de l'espèce et de la dynamique de sa répartition. J'avais pris comme point de départ l'est de la région méditerranéenne : c'est de là en effet qu'émanent les mentions les plus anciennes, à savoir les informations suméro-babyloniennes, et babylo-égypto-hébraïques. Certains anthropologues supposent d'ailleurs que c'est là que se serait située l'apparition du Néanthrope, l'*Homo sapiens*. Ce choix du centre de dispersion est bien entendu conventionnel. (Ctésias, cité par Pline, et Pline lui-même signalaient, par exemple, un foyer de ces créatures dans le nord de l'Inde). Mais l'ensemble du réseau obtenu reste dans tous les cas identique. Il résume en quelque sorte le destin de l'*Homo troglodytes* de Linné au cours d'une dizaine de millénaires.

Autrefois, l'humanité proprement dite se répartit d'abord le long des grands fleuves, tandis que ses ancêtres se retiraient au contraire vers les lignes de partage des eaux.

Bien avant dans le passé géologique, les pithécanthropes se tenaient près des méandres et des embouchures des cours d'eau, ainsi que sur les berges des lacs. Pour leurs propres ancêtres, les australopithèques, êtres encore plus primitifs dont on a retrouvé les restes osseux en Afrique, un tel habitat n'était pas indispensable : ils se contentaient, pour satisfaire leurs instincts carnivores, d'extraire la moelle des os, et la cervelle du crâne des animaux déjà décharnés par les prédateurs. C'étaient les eaux mêmes des rivières qui livraient leur nourriture carnée aux pithécanthropes. Quand les gros ongulés n'étaient pas tués et dévorés par de grands carnivores, ils trouvaient en effet principalement la mort dans l'eau en venant s'y abreuver ou en tentant de traverser les fleuves.

Les vieux, les faibles, les malades, les jeunes s'enlisaient dans la fange. Leurs cadavres étaient emportés par le courant. Même au XIXe siècle, Darwin a encore assisté à un tel processus en Argentine ; les carnassiers étaient peu nombreux dans les pampas, mais, par temps de sécheresse, les troupeaux d'herbivores sauvages, comme le bétail domestique, se pressaient en masse vers les marais et les fleuves. « Un témoin m'a raconté, écrit Darwin, que le bétail se précipitait dans le fleuve Parana par hordes de milliers de têtes, mais qu'épuisé par la faim, il n'avait plus la force, ensuite, de remonter sur les rives limoneuses et se noyait. Un bras du fleuve passant près de San Pedro charriait tant de cadavres en décomposition qu'aux dires d'un capitaine de bateau, on ne pouvait plus y naviguer à cause de la puanteur intolérable. Sans doute des centaines de milliers d'animaux périssaient ainsi dans le fleuve : on voyait leurs carcasses pourrissantes flotter au gré du courant et beaucoup d'entre elles devaient probablement aller sombrer au fond de l'estuaire de La Plata ». Cette observation, ajoutait Darwin, pouvait jeter de la lumière sur une question qui embarrassait les géologues : pourquoi trouve-t-on parfois d'énormes amoncellements d'os d'animaux différents, ensevelis tous ensemble ? De nos jours, la géologie a fini par créer une discipline particulière, la taphonomie, qui s'occupe des ensevelissements, des sépultures. Les pithécanthropes avaient l'occasion de recueillir périodiquement, sur les hauts fonds et les bancs de sable des fleuves quaternaires, de grandes quantités de viande crue, bien conservée dans l'eau froide. Ils pouvaient en manger, si du moins il y avait, à proximité, des pierres qui, taillées à grands coups, permettaient d'éventrer, de dépouiller, de démembrer et de découper les carcasses. En Afrique orientale, le paléontologue Louis S. B. Leakey a fabriqué lui-même il y a peu, des outils du type « galet aménagé », avec lesquels il a rapidement débité le cadavre d'une antilope sous les yeux ébahis des indigènes d'un village voisin.

Les rivières ont dû bien souvent apporter de tels cadeaux aux néanderthaliens et aux hommes proprement dits du Paléolithique ancien, mais la grande majorité des néanderthaliens ne pouvaient déjà plus trouver leur subsistance auprès des étendues d'eau et devaient remonter la pente des montagnes.

Les néanderthaliens tardifs, c'est-à-dire ceux qui ont subsisté aux temps historiques, habitaient originellement, pour peu qu'on puisse en juger, dans les régions de migration des grands herbivores. Ainsi, dans les montagnes d'Asie, ils se retrouvaient partout où erraient les yacks sauvages, et, en Europe, dans toute la vaste aire de distribution des aurochs qui s'étendait alors jusqu'au Caucase. Au fur et à mesure de la raréfaction de ces ongulés et du morcellement de leur aire de dispersion, les néanderthaliens durent adopter la misérable nourriture de remplacement qui les caractérise aujourd'hui. Leur répartition dépendait de plus en plus d'un facteur décisif : l'extension croissante de la culture humaine sur la surface terrestre. Les néanderthaliens ont gagné des territoires nouveaux, soit en y devançant l'Homme qui les serrait de trop près, soit en se déplaçant tout simplement avec lui.

Dès l'instant où les sources écrites se mettent à parler, nos voisins velus et privés de parole sont signalés dans le sud-est de la région méditerranéenne et le nord de l'Afrique. C'est d'ailleurs à une de leurs dénominations anciennes, celle d'Ægypans, que le vaste territoire de l'Egypte doit son nom. L'espace s'étendant plus au sud, et qui comprenait le plateau abyssin, s'appelait pour la même raison Troglodytique (son nom plus ancien était Mikhoë). Pline l'Ancien mettait dans le même sac les satyres, les ægypans et les troglodytes, tous privés de langage humain, qui hantaient l'Ethiopie. D'après Hérodote, les Ethiopiens chassaient les troglodytes à courre, malgré leur invraisemblable vélocité, en se servant de chars attelés de quatre chevaux. Par la suite toutefois, le nom de troglodytes, comme d'ailleurs celui d'égyptiens, fut transféré aux êtres humains qui étaient venus peupler les pays portant le nom de paléanthropes. Le navigateur carthagoinois Hannon remplaça la dénomination de troglodyte par son équivalent pan : au-delà des monts d'Abyssinie, il y avait, selon lui, les collines et les territoires des satyres et des pans. Mais à la faveur d'un incident qui, lui, se situait, semble-t-il, en Afrique occidentale, Hannon, après avoir lui-même chassé de telles créatures et en avoir capturé trois femelles, leur conserva cependant leur nom indigène de gorillas. Ce n'est qu'en 1847 que des naturalistes américains exhumèrent ce nom du texte ancien de l'amiral carthaginois, pour l'appliquer combien improprement à une espèce de grands singes anthropoïdes [55].

---

[55] Pour tenter de prouver que les gorillas d'Hannon étaient ce que nous appelons aujourd'hui des gorilles, on a fait remarquer que, de nos jours, un grand singe est appelé gorhl en Ouolof, que le Gorille lui-même est nommé n'gilé en Bakouéli et n'giya en Eveia, ou encore ngila en Kiswahili et en Kingwana. Toutefois on a souligné au moins aussi judicieusement le fait que le mot Foulbé ou (Peuhl) pour « homme » est gorel, et que dans certains dialectes de l'Ouest africain gorl'i se traduirait encore littéralement par « ce sont des hommes ». Il est plus que vraisemblable que les divers noms du grand singe anthropoïde, comme ceux de l'Homme sauvage et velu, dérivent du même radical signifiant " homme ".

Bref, de l'Afrique du nord-est, les néanderthaliens reliques pouvaient se répandre dans l'ouest et même le sud du continent. L'Homme fossile de Broken-Hill, aussi appelé l'Homme de Rhodésie, peut être compté parmi eux.

Les néanderthaliens survivants ont pu pénétrer en Europe, depuis l'est de la région méditerranéenne, par deux voies différentes.

Premièrement, comme le détroit du Bosphore n'existait pas encore il y a six mille à sept mille ans, ils auraient pu, en passant par l'Asie Mineure, se répandre par la voie terrestre dans la péninsule balkanique et toute l'Europe méridionale. On a trouvé dans une caverne près de Salonique, un crâne étonnamment semblable à celui de Rhodésie [56]. Plutarque rapporte qu'en l'an 84 de notre ère, on amena devant Sylla, qui rentrait à ce moment en Italie, un satyre vivant qui avait été capturé près de la ville actuelle de Durrës (Durazzo) en Albanie. « Il était incapable de prononcer quoi que ce fut d'intelligible et poussait des cris de bête. Horrifié, Sylla ordonna qu'on l'ôtât de sa vue ».

Deuxièmement, les néanderthaliens auraient pu se répandre par le Caucase en Europe orientale et dans les Carpates, et de là dans les forêts d'Europe centrale et dans les Alpes, ainsi qu'en Europe septentrionale.

Au XIIe et au XIIIe siècles, ils sont déjà devenus rares en Europe. Nous avons mentionné plus haut une sculpture du portail d'une église gothique de France, datant du XIIe siècle ; elle représente un personnage en vêtements simples de paysans, contre lequel se serre un homme sauvage (fig. 10).

Fig. 10. — Montreur d'homme sauvage : sculpture en ronde bosse du portail
de l'église de Semur-en-Auxois (Côte-d'or) qui date du XIIe siècle
(d'après une photo de Bernheimer, 1962).

Le paysan tient dans les mains une bourse et des pièces de monnaie. La sculpture commémore à coup sûr la corporation des montreurs qui gagnaient leur vie à exhiber des curiosités de ce genre. Ce haut-relief est comme une illustration fidèle d'un passage de l'*Iskander-Nâme* (*le Livre d'Alexandre*) de Nizāmi, qui date précisément du XIIe siècle. Il y est dit que lorsque les Rouss (les Russes) parviennent à capturer un *dev* vivant sur les contreforts du

(56) Cette découverte a été faite en 1960 à Petralona. Il s'agit apparemment d'un crâne de néanderthalien, mais par son torus occipital et son contour pentagonal, quand on le regarde de l'arrière, il rappelle l'Homme de Ngandong à Java, comme celui de Rhodésie, qu'il conviendrait, selon Carleton S. Coon, de classer tous deux plutôt parmi les Archanthropiens, auprès des pithécanthropes.

Caucase, ils le ramènent en Russie, et, là, ils le promènent, au bout d'une chaîne, de bourg en bourg. Partout, de toutes les fenêtres, on jette aux montreurs de l'argent et de la nourriture, et c'est ainsi qu'ils gagnent leur vie. Il est vraisemblable qu'au fur et à mesure de la disparition de ces animaux rares, on s'est mis à les remplacer par des ours qui, soit dit en passant, ont ainsi hérité de leur nom slave-occidental de *Michka*. Ce mot n'a étymologiquement rien de commun avec celui de *medvied* (ours) et ce n'est pas du tout, comme on le pense, un diminutif[57].

Dans un manuscrit russe du XVIIe siècle on peut lire : « Il n'y a pas bien longtemps vivait en Pologne, à la cour du roi Ian III, un homme-*michka* qui avait été capturé dans la forêt. Il ne parlait pas et se contentait de rugir. Il était complètement velu et grimpait aux arbres [...], mais comme il présentait tout de même certains signes de raison et d'âme humaines, on le baptisa néanmoins. » Ici le terme de *michka* est évidemment utilisé dans le sens d'« ours ». Ce spécimen d'homme sauvage avait précisément été capturé au cours d'une chasse à l'ours, et il y avait été défendu en particulier par une ourse énorme, ce qui avait fait soupçonner, à l'époque, qu'elle était sa mère adoptive. Par la suite on décida que ce n'était là qu'un épisode parmi tant d'autres de l'histoire des enfants enlevés et élevés par des animaux sauvages. Pourtant, si l'on se réfère à nouveau aux sources historiques du XVIIe siècle, on constatera que cet homme-ours s'inscrit en réalité dans une toute autre série de faits. En plus de la présente information de source russe, nous disposons à ce sujet de témoignages contemporains polonais, français, anglais, hollandais et allemands. Il se révèle ainsi qu'en 1661, dans les forêts de Lithualie-Grodno, un détachement militaire rabattit vers des chasseurs quelques ours parmi lesquels se trouvait un homme sauvage. Celui-ci fut capturé, transporté à Varsovie et offert au roi Ian II Kasimierz (Jean II Casimir). La femme du souverain se livra à maintes expériences pour tenter d'humaniser cet être, mais en vain. C'était un garçon de treize à quinze ans, au corps couvert d'un poil épais, totalement dépourvu de parole et de tout autre moyen de communication humain. On ne réussit qu'à l'apprivoiser et à lui apprendre à exécuter quelques scènes et maints traits du comportement de l'homme-ours. Un certain Ian Redvitch publia même en 1674 un livre entièrement consacré à ce monstre. Plusieurs autres auteurs y sont revenus au XVIIIe, au XIXe et au XXe siècles. Mais ce n'est qu'aujourd'hui que nous sommes à même de dissocier son cas du thème des enfants élevés par des animaux : le corps et les membres couverts d'une épaisse couche de poils, l'incapacité totale d'apprendre à parler sont autant de symptômes qui s'inscrivent en faux contre l'ancien diagnostic. Ils témoignent en faveur de l'explication du paléanthrope relique.

On peut en dire autant d'un autre cas de la série des enfants prétendument élevés par des bêtes, et qui remonte, lui aussi au XVIIe siècle. On avait capturé dans les montagnes d'Irlande un jeune homme qui se tenait près d'un troupeau de mouflons. Il avait été transporté en Hollande, où le médecin et anatomiste mondialement connu Nicolas Tulp, dit Tulpius[58], l'étudia et décrivit avec soin les particularités de structure de son larynx et de son crâne, lesquelles s'écartaient des normes humaines. Tout semble indiquer qu'il s'agissait là aussi d'un paléanthrope relique[59].

---

(57) En Russie, on appelle familièrement l'ours *Michka* — apparemment du moins comme on l'appelle en France Martin, car il se fait que Michka est aussi le diminutif de Mikhaïl (Michel). On a fini par croire que c'était là l'origine de ce sobriquet, au point qu'on baptise parfois le gros plantigrade du nom de Mikhaïl Toptyguine.

((58) C'était un homme remarquable, qui fut même bourgmestre d'Amsterdam, et un des plus farouches défenseurs de l'indépendance des Pays-Bas contre l'impérialisme de Louis XIV, mais sa gloire internationale, il la doit surtout au fait d'être le personnage central de la célèbre *Leçon d'Anatomie* de Rembrandt.

(59) Je pense que c'est une erreur de le croire, car, parlant de ses téguments, Tulp précise simplement qu'il avait *carne dura, cute exusta*, à savoir « la chair ferme et la peau brûlée », donc bronzée, tannée par le soleil. Il n'est jamais question d'une pilosité extravagante.

Il faut surtout citer ici, jusque dans ses moindres détails, un autre cas se situant en Europe. En 1798 a paru en allemand le livre de Michael Wagner *Beiträge zur philosophischen Anthropologie* (Essais d'anthropologie philosophique). Un document tout à fait récent y figurait, qui provenait de Brasov (alors Kronstadt, avant de devenir momentanément Orasul Staline). L'auteur du document, vraisemblablement un médecin de cette ville, décrit avec un grand luxe de détails un jeune homme sauvage capturé dans les forêts séparant la Transylvanie de la Valachie. Voici les passages les plus caractéristiques de son texte :

« Ce malheureux jeune homme était de taille moyenne et il avait le regard extraordinairement sauvage. Il avait les yeux profondément enfoncés dans les orbites. Son front était très fuyant. Ses sourcils broussailleux et tombants saillaient considérablement, et il avait le nez petit et écrasé. Son cou paraissait comme gonflé et sa gorge goitreuse. Sa bouche était en quelque sorte proéminente. La peau de son visage était d'une couleur jaune sale. Ses cheveux raides, de couleur gris cendré, avaient été tondus [au moment de l'examen (B. P.)]. Le reste du corps du garçon sauvage était couvert de poils, particulièrement épais sur la poitrine et le dos. Les muscles des bras et des jambes étaient plus développés et saillants que chez les êtres humains en général. Il présentait des callosités aux coudes et aux genoux. Il en avait aussi sur les paumes, dont la peau épaisse avait la même couleur jaune sale que le visage. Les ongles des mains étaient très longs. Les orteils étaient plus allongés que la normale. Il marchait dressé mais d'un pas lourd, en se dandinant, avec la tête et la poitrine portées en avant.

« Au premier coup d'œil, j'ai été frappé par son espèce de sauvagerie et son aspect animal. Il était tout à fait privé du don de la parole, même de la moindre capacité de prononcer des sons articulés. Il émettait seulement un murmure indistinct quand son gardien l'obligeait à marcher devant lui. Ce murmure s'enflait et se transformait en hurlement dès qu'il apercevait la forêt, voire un seul arbre isolé. Un jour qu'il se trouvait dans ma chambre, d'où il avait vue sur la forêt et les montagnes, il se mit à hurler d'une façon vraiment pitoyable. Aucune parole, aucun son, aucun geste humain ne lui était compréhensible. Quand on éclatait de rire ou qu'on simulait la colère, il ne semblait pas saisir ce qui se passait. Il regardait avec une parfaite indifférence tout ce qu'on lui montrait, et il n'exprimait jamais le moindre sentiment.

« Quand je l'ai revu trois ans plus tard, son apathie avait disparu. En voyant une femme, il poussait des cris sauvages et il tentait de manifester par des mouvements l'éveil de ses désirs. Quand je l'avais vu la première fois, peu de chose l'attirait ou le repoussait : à présent, il manifestait de l'hostilité aux objets qui lui avaient causé du désagrément. On pouvait par exemple le mettre en fuite rien qu'en lui montrant une aiguille avec laquelle on l'avait un jour piqué, mais une épée nue appuyée sur sa poitrine ne l'effrayait pas le moins du monde. Il devenait hargneux et impatient quand il avait faim ou soif, et il était alors bien près de passer à l'attaque, alors que d'ordinaire il ne faisait jamais le moindre mal, ni aux hommes, ni aux animaux. Compte non tenu de sa silhouette humaine et de sa marche bipède, on pouvait dire qu'il ne présentait pas le moindre signe permettant de distinguer l'Homme de l'Animal. Il était assez pénible de voir cet être tout à fait inoffensif marcher, sous la poussée de son gardien, en grognant et en jetant alentour des coups d'œil farouches. Pour juguler ses élans sauvages au cours de ses promenades, on le ligotait à l'approche de la porte des villes, ainsi que dans les jardins et les bois. Mais, même entravé de la sorte, plusieurs hommes devaient l'escorter pour l'empêcher de se dégager et de prendre la fuite.

« Au début, sa nourriture consistait en diverses feuilles d'arbres, en herbes, en racines et en viande crue. Ce n'est que graduellement qu'il s'habitua aux aliments cuits : d'après l'homme qui s'en occupait, il s'écoula bien une année avant qu'il n'en acceptât. A peu près à la même époque, sa sauvagerie s'était aussi atténuée.

« Je ne saurais dire quel âge il pouvait avoir. D'après son aspect on pouvait lui donner de vingt-trois à vingt-cinq ans. Il est probable qu'il n'apprendra jamais à parler. Quand je l'ai vu la seconde fois, il ne prononçait toujours pas la moindre parole, mais il avait manifestement changé à bien des égards. Son visage gardait encore quelque chose d'animal, mais l'expression s'en était adoucie. Sa démarche était devenue plus ferme, plus assurée. Quant à la faim — il aimait à présent une nourriture variée, surtout à base de légumes — il l'exprimait sans ambiguïté par des sons définis. Il s'était accoutumé à porter des souliers et des vêtements, mais ne se souciait nullement qu'ils fussent en lambeaux. Peu à peu il avait appris à quitter la maison sans son gardien et il y revenait de son plein gré. Le seul travail dont il fût capable consistait à se rendre jusqu'au puits avec une cruche, à la remplir et à la ramener au logis. C'était le seul service qu'il rendit à celui qui l'entretenait. Il savait aussi où se procurer de la nourriture en visitant assidûment les maisons où on lui avait une fois donné à manger.

« Dans certaines circonstances, il manifestait un certain instinct d'imitation, mais il n'enregistrait rien de manière durable. Même après avoir imité quelque chose à plusieurs reprises, il oubliait vite ce qu'il avait appris, sauf ce qui se rapportait à ses besoins naturels, à savoir manger, boire, dormir, etc. Il regardait avec stupéfaction tout ce qu'on lui montrait, mais il détournait bientôt le regard, avec la même absence de concentration, sur d'autres objets. Quand on lui présentait un miroir, il regardait derrière celui-ci mais restait tout à fait indifférent de n'y point trouver son image. Le son des instruments de musique semblait l'intéresser quelque peu, mais quand, un jour, dans ma chambre, je l'entraînai près du piano, il n'osa pas en toucher le clavier et fut saisi d'effroi quand je tentai de l'obliger à le faire.

« A partir de 1784, époque à laquelle on l'emmena de Kronstadt, je n'ai plus jamais entendu parler de lui ».

Par souci de concision, j'ai dû supprimer plusieurs observations et réflexions de l'auteur, mais ce qui a été rapporté ici est ce qu'il y a de plus important du point de vue scientifique. Ce qui est certain, c'est qu'il ne peut s'agir d'un cas relevant de la psychiatrie : les particularités anatomiques du jeune homme sauvage ne sont autres en effet que celles qui caractérisent notre protégé, le Néanderthalien relique. Hé oui, cinq ans exactement avant la Révolution Française, un médecin a encore eu l'occasion, en Europe même, d'examiner un néanderthalien vivant !

En vérité, toutes les informations ci-dessus font figure de vieilles lunes au regard de preuves bien plus récentes établissant que les paléanthropes n'ont pas disparu de sitôt des forêts d'Europe orientale.

Un dimanche, à Paris, chez Gustave Flaubert, Maupassant et Tourgueniev discutaient ce fait curieux qu'un phénomène incompréhensible provoque la terreur la plus intense, mais que celle-ci s'évanouit comme par enchantement dès qu'on en trouve l'explication. A titre d'illustration, Tourgueniev raconta alors un souvenir de jeunesse. L'écrivain ruse ne l'a jamais rapporté lui-même dans ses écrits, mais Guy de Maupassant s'en est emparé et l'a reconstitué de mémoire dans sa nouvelle *La Peur* [60], en conservant jusqu'au style de son ami Tourgueniev :

« Il chassait, étant jeune homme, dans une forêt de Russie. Il avait marché tout le jour et il arriva, vers la fin de l'après-midi, sur le bord d'une calme rivière.

« Elle coulait sous les arbres, dans les arbres, pleine d'herbes flottantes, profondes, froide et claire.

« Un besoin impérieux saisit le chasseur de se jeter dans cette eau transparente. Il se dévêtit et s'élança dans le courant. C'était un très grand et fort garçon, vigoureux et hardi nageur.

« Il se laissait flotter doucement, l'âme tranquille, frôlé par les herbes et les racines, heureux de sentir contre sa chair le glissement léger des lames.

« Tout à coup une main se posa sur son épaule.

« Il se retourna d'une secousse et il aperçut un être effroyable qui le regardait avidement.

« Cela ressemblait à une femme et à une guenon. Elle avait une figure énorme, plissée, grimaçante et qui riait. Deux choses innommables, deux mamelles sans doute, flottaient devant elle, et des cheveux démesurés, mêlés, roussis par le soleil, entouraient son visage et flottaient sur son dos.

« Tourgueneff se sentit traversé par la peur hideuse, la peur glaciale des choses surnaturelles.

« Sans réfléchir, sans songer, sans comprendre, il se mit à nager éperdument vers la rive. Mais le monstre nageait plus vite encore et il lui touchait le cou, le dos, les jambes, avec de petits ricanements de joie. Le jeune homme, fou d'épouvante, toucha la berge, enfin, et s'élança de toute sa vitesse à travers le bois, sans même penser à retrouver ses habits et son fusil.

« L'être effroyable le suivit, courant aussi vite que lui et grognant toujours.

« Le fuyard, à bout de forces et perclus par la terreur, allait tomber, quand un enfant qui gardait des chèvres accourut, armé d'un fouet ; il se mit à frapper l'affreuse bête humaine, qui se sauva en poussant des cris de douleur. Et Tourgueneff la vit disparaître dans le feuillage, pareille à une femelle de gorille ».

Tourgueniev avait axé son récit sur le fait que dès que les bergers lui avaient appris que l'être en question n'était qu'une folle, qu'ils nourrissaient par charité depuis trente ans, sa terreur l'avait aussitôt quitté. Mais, en fait, sa mémoire avait conservé d'une manière saisissante une réalité incompatible avec une telle interprétation. Car enfin, la créature rousse fait penser à une guenon, à un gorille femelle, à une bête humaine mais n'ayant rien qui ressemblât à la parole. Une folle ? Allons donc ! Vous avez déjà compris ce que le grand écrivain avait rencontré en réalité : une vulgaire *roussalka*. Et la peur qui l'avait envahi était bel et bien « une peur panique », c'est-à-dire celle qu'on éprouve en tombant nez à nez avec un pan !

Sur ce, quittons tout de même l'Europe. En effet, la gerbe principale de nos flèches indicatrices s'épanouit en Asie. A partir de l'est de la Méditerranée elle s'insinue aussi bien en Arabie que dans le Caucase et sur les hauts plateaux iraniens. Plus loin elle se déploie en éventail en Asie centrale. L'étendue immense sur laquelle elle s'y étale est limitée au sud par l'Himalaya et au nord par l'Altaï et les monts Sayan (peut-être était-elle autrefois limitée au nord-ouest par les monts Oural).

---

(60) Cette nouvelle a été écrite le 25 juillet 1884.

Il n'est pas possible de passer ici en revue tous les éléments ayant permis de définir les contours d'une aire de distribution aussi vaste qu'un océan et de repérer les mailles et les nœuds de cette sorte de lien titanesque. Heureusement que s'y dessine d'emblée le foyer sans doute le plus prometteur pour les explorations futures. Il se situe là où le chemin qui traverse l'Hindou-Kouch a conduit autrefois les troglodytes protohumains, à un carrefour d'où l'on pouvait soit continuer tout droit, soit tourner à droite, soit tourner à gauche. De nos jours, c'est la région où se rencontrent les frontières de pas moins de cinq Etats, à savoir le coin de l'extrême sud-ouest du Sinkiang. C'est cette zone de la Kachgarie montagneuse et sauvage, située au sud de Tach-Kourghan, en amont du Raskem-Darya, que les gens de Sinkiang désignent avec unanimité comme l'habitat de prédilection de l'Homme sauvage. Ils l'ont encore fait récemment au général Ratov, comme les gens du Pamir nous l'ont signalé à nous-mêmes.

Ici, depuis des temps immémoriaux, mais également jusqu'à ces toutes dernières années, l'Homme sauvage et velu a été tenu pour un simple gibier, une proie comme une autre, livrée à la convoitise des chasseurs. Chez Maqdisi, écrivain arabe du Xe siècle qui vivait dans l'ouest de l'Afghanistan, sur le passage des caravanes en route vers les Indes, on recueille déjà des informations précieuses sur les *nesnâss* (nom resté en usage, de nos jours, chez les Tadjiks des montagnes) : « Une de leurs variétés se trouve du côté du Pamir, à savoir dans les régions désertiques situées entre le Cachemire, le Tibet, le Vakham et la Chine. Ce sont des hommes qui ressemblent à des animaux : leur corps entièrement couvert de poils, sauf sur le visage. Ils bondissent comme des gazelles. Plusieurs habitants du Vakham m'ont rapporté qu'ils chassent ces *nessnâs* et qu'ils les mangent ».

De nos jours, les Kirghizes qui ont quitté cette région pour aller s'installer au Pamir soviétique, prétendent tous sans exception que c'est précisément là où subsistent aussi les yaks sauvages que se rencontrent encore des hommes sauvages. Ils les décrivent comme des bipèdes privés de parole, qui se nourrissent d'herbes, de racines et de fruits. Leur viande est estimée pour sa grande saveur. Aussi les chasse-t-on avec l'aide de chiens, ou en les attirant dans des pièges au moyen de pommes. Tout près de là, cependant, à Koulanaryk, une loi locale interdit formellement, paraît-il, de tirer sur eux.

D'après le général P. F. Ratov, ses soldats ont rencontré plus d'une fois de ces hommes sauvages, privés de langage articulé, dans la région de Tach-Kourghan. Ils sont, dit-on, très nombreux, et les habitants ont coutume de leur laisser de la nourriture à même le sol.

Alors qu'il se trouvait au Sinkiang en 1959, le professeur B. A. Fédorovitch a interrogé à leur sujet les habitants de Tach-Kourghan et des environs. D'après eux, le *Yavoï-adame* (ou *Yavo-khalg*, ou encore *Yabalyk-adame*) se rencontre partout où il y a encore des yaks sauvages ou des chevaux sauvages : dans les montagnes qui s'élèvent sur la frontière entre le Sinkiang et le Cachemire, dans celles, voisines, de l'Afghanistan et du Pakistan, ainsi que sur le Raskem-Darya, où des chasseurs en ont encore vu en 1941-42.

Plus récemment, l'ex-policier Mattouk Anderaïm a fait le récit suivant. En 1944, alors qu'il était adolescent, il avait rendu visite à son oncle Nourouz Mouhamed sur le Raskem-Darya, à trois jours de voyage à cheval au sud de Tach-Kourghan. Au cours de son séjour, son oncle rapporta de la chasse un *yavo-khalg*, qui venait tout juste d'être tué. Mattouk connaissait les singes d'après les livres, mais celui-ci ressemblait beaucoup plus à un homme. Il était de la taille d'un individu moyen. Le poil de sa fourrure était d'une même couleur jaunâtre par devant et par derrière, mais il était plus court et moins duveteux que chez l'Ours. Sur la tête, les poils étaient bien plus longs et, sur le visage, très clairsemés. Il n'y avait pas de queue. Les pieds du *yavo-khalg* étaient plus larges et plus courts que chez l'Homme, et leurs empreintes l'étaient d'ailleurs aussi. Selon l'oncle et divers autres témoins, ces dernières se distinguaient nettement des traces de pas d'ours. Le pouce de la main était plus rapproché des autres doigts que chez un être humain. S'il faut en croire l'oncle et ses voisins, le *Yavo-khalg* court sur ses jambes avec la vitesse du Mouflon, mais il se retourne souvent sur ses poursuivants en poussant un cri rauque et perçant. Hélas ! Trois fois hélas, le chef de l'expédition empêcha le professeur Fédorovitch de poursuivre son enquête, en tournant toute l'affaire en dérision : « Votre *Yabalyk-adame*, voyez-vous cela ! a l'air de connaître la géographie politique, puisque, d'après les histoires des chasseurs, il se réfugie toujours dare-dare dans la zone frontalière, là où la chasse est interdite [61] ! »

Sur des observations faites dans cette même région de Tach-Kourghan, il existe des enseignements vieux à peine de dix ou douze ans, qui émanent des autorités chinoises elles-mêmes. Et du côté chinois, il y a aussi le témoignage du metteur en scène de cinéma Paï-Hsin, qui en 1954 vit deux individus escalader les flancs du mont Mouztagh Ata. Une autre fois, ce cinéaste avait suivi avec des camarades la piste d'un tel bipède, le long de laquelle, soit dit en passant, des gouttes de sang avaient été relevées.

Parmi les détails fournis sur ces êtres par l'administration chinoise locale, il convient de mentionner l'aptitude de saisir avec les mains des pierres d'assez grande taille et de les projeter relativement loin, ainsi que le fait que leur pelage mue au mois d'avril. Citons enfin le curieux récit fait au Pamir par le Kirghize Douvone Dostobaïev, né en Chine aux environs de Tach-Kourghan. Vers 1912, d'après lui, des chasseurs avaient capturé dans les montagnes un homme sauvage qui s'était imprudemment approché d'une carcasse d'*arkhar* (mouflon), mise à l'abri sous une grosse pierre. On avait proprement ligoté la créature et on l'avait transportée à dos de yak jusqu'au village voisin en la nourrissant chemin faisant, de viande crue. Les autorités chinoises de Tach-Kourghan eurent vent de l'incident. Plusieurs personnes arrivèrent en trombe avec des chevaux et des véhicules. On félicita chaleureusement le capteur, on lui donna une prime, et on le combla de présents. Et le *goulbiavane* fut escamoté...

Si, au carrefour dont il a été question, on tourne à droite, on se retrouve au sud des monts Kouen-Loun, dans la zone dont nous avons déjà parlé à propos de l'ensemble des informations en provenance de l'Himalaya et du Tibet. De là, on parvient dans la province chinoise du Yunnan, où la population locale raconte que des hommes sauvages vivent dans le fin fond des montagnes. Quand, en 1954, le délégué de la Société soviétique pour les rapports culturels avec l'étranger, K. VB. Tchékanov, visita le Yunnan, les savants et les fonctionnaires responsables lui dirent qu'on avait découvert, dans les régions montagneuses, des semblants d'hommes qui n'avaient ni langage ni vêtements, et qui menaient une vie purement animale. On en avait même capturé un et on l'avait transporté à Kouen-Ming...

---

(61) Quiconque connaît un peu la nature a pu constater que dès qu'un domaine assez vaste est strictement interdit à la chasse, on y voit bientôt, parfois d'une année à l'autre, réapparaître des espèces qu'on croyait localement disparues ou rarissimes. Les animaux fuient les coups de feu et se réfugient là où ils n'en entendent point. Ils ne sont pas stupides. Ils le sont apparemment moins que certains hommes ignares ou irréfléchis, ceux-ci fussent-ils à la tête d'une expédition scientifique.

Cessons ici de suivre cette flèche particulière et revenons en arrière à notre carre-four. Si l'on y tourne cette fois à gauche, on aboutit dans le champ d'observation sus-mentionné du Sinkiang et de la Mongolie. De là, on parvient dans les monts Tian-Chan et au Kazakhstan, puis dans les monts Sayan et en Transbaïkalie, et en-fin dans les chaînes du Kinghan, où bien des fois notre tirelire scientifique s'est en-richie, çà et là, tantôt de l'obole de simples racontars populaires, tantôt de l'or de données bien plus rigoureuses.

Je ne citerai qu'un seul exemple des informations venues de cette région gigantesque. C'est le rapport envoyé du Kazakhstan du Sud par Témirali Boribaïev, le plus ancien surveillant de la réserve naturelle située sur le versant nord-ouest de l'Alatau de Talass. Suivant les ré-cits des Kazakhs, nous a-t-il fait savoir, il y avait autrefois, dans les montagnes de l'actuelle réserve d'Aksou-Djabalghine, des *kyik-adames*, des hommes complètement sauvages et couverts d'une fourrure courte et fournie. Ils ne portaient pas de vêtements, étaient privés de l'usage de la parole et se nourrissaient de viande crue, de fruits et de racines diverses. Ils n'avaient rien d'agressif et menaient au contraire une existence secrète.

Ses informations les plus anciennes, Boribaïev les tenait de son propre père, Sakal Merghen, mort très âgé dans les années 20, et qui avait encore rencontré personnellement un *kyik-adame* vers 1870-80 (c'est-à-dire à l'époque des expéditions de *Prjevalsky*). En chassant à haute altitude dans la montagne, aux sources de l'Oulken-Aksou, Sakal Merghen avait aperçu sur le versant découvert une créature ressemblant à un homme, qui se penchait et se redressait tour à tour. Alors qu'il s'approchait de lui en rampant sous le couvert de rochers, le chasseur vit que le corps de l'homme en question était couvert de poils courts, de couleur beige clair comme chez un jeune chameau ou un dromadaire. Le *kyik-adame* était d'une taille assez élevée et bien musclé. Alternativement de l'une et l'au-tre main, il arrachait de petites plantes, les examinait, en secouait la terre et les mangeait. Le chasseur décida de le blesser à la jambe : « atteint d'un coup de feu, le *kyik-adame* s'est mis à hurler, tout à fait comme un homme. Il s'est assis par terre, a regardé sa jambe bles-sée et s'est mis à la lécher. Il est resté longtemps assis de la sorte à geindre doucement. Puis il s'est remis debout, et il s'est dirigé en boitant fort vers les rochers, où il a fini par disparaître au-delà de la crête ». Peu après, le chasseur entreprit de suivre les traces san-glantes, mais il finit par les perdre parmi les rochers inaccessibles.

Maintes informations plus récentes sur ces bipèdes hominoïdes couverts de poils proviennent de la région de Djamboul au Kazakhstan. Des observations plus isolées ont eu lieu non seulement dans le sud du Kazakhstan, mais aussi dans l'ouest de cette république parmi les steppes qui longent la Volga, dans les provinces d'Akmolinsk et de Karaganda, et même dans l'Oural méridional. Les Dounganes qui habitent la république du Kazakhstan appellent l'Homme sauvage *Moërjine* (ce-lui couvert de fourrure) ; les Kazakhs qui vivent au-delà des frontières de l'U R. S. S. ne l'appellent pas *Kyik-adame*, mais *Albasty* dans la République Populaire de Mongolie et *Ksy-Gyik* au Sinkiang.

Revenons encore une fois au point de départ géographique de notre tour d'hori-zon asiatique : le carrefour à partir duquel nos flèches se mettent à bifurquer. Si de là, on ne tourne plus ni à droite ni à gauche, mais qu'on se dirige tout droit vers l'est, en laissant les monts Kouen-Loun à sa droite, on parvient finalement, dans les provinces chinoises de Kansou et de Tsinghaï, à proximité de l'Altyn-Tagh et du Nan-Chan.

C'est précisément ici que Préjvalsky a recueilli jadis les premières informations sur la bête. Le professeur de zoologie T. Y. Chow nous a appris qu'il y a quelques années seulement un officier a encore vu un homme sauvage dans la forêt, à la frontière des deux provinces citées : il avait fui à une rapidité ahurissante pour éviter d'être rejoint. Le militaire avait fait des démarches pour qu'on entreprît une étude scientifique de ces êtres, mais il n'avait malheureusement pas obtenu gain de cause.

Un journaliste soviétique, le colonel de réserve S. G. Kourzénov, a séjourné en 1957 sur les contreforts des monts Nan-Chan. On lui a parlé là-bas des *mi-gheus* rarissimes qui vivent dans cette région : ce sont, lui a-t-on raconté, des bipèdes velus qui ne portent pas le moindre vêtement. Le professeur Tsin-Pen apprit de la bouche même d'un important fonctionnaire local qu'en 1947, dans le village de Tcho-Ni-Sian dont celui-ci était originaire, on avait capturé un *mi-gheu* et que bien des gens étaient venus le voir. Il était tout à fait semblable à un être humain, sauf qu'il avait le corps entièrement couvert de poils marron. Ses cheveux étaient très longs. Il était mort au bout de quelques jours, et on avait offert sa dépouille à un temple bouddhiste.

Plus loin encore vers l'est, au Chensi, dans les monts Tsinling-Chan, on a réuni des informations, dont certaines proviennent de personnes cultivées et occupant une situation officielle. Toutes ont vu personnellement un *jen-hsung* (c'est-à-dire un « homme-ours »), soit vivant, soit à l'état de dépouille. On prétend par là-bas que ces bipèdes si semblables à l'Homme, bien que totalement privés de parole, sont capables de rire. Le professeur d'histoire How Vaï-Lou a vu lui-même, en 1954, un tel *jen-hsung* dans un village de montagne. Il avait été capturé au moyen d'un procédé traditionnel : on dispose sur les flancs des montagnes des morceaux d'un tissu rouge dont la vue excite chez ces animaux une curiosité irrésistible. Autrefois on les chassait bien davantage. On en apprivoisait même certains pour les utiliser chez soi à de menus travaux peu compliqués, ou encore comme bêtes de somme ou comme esclaves. Chez eux, dans la montagne, ils n'ont ni habitations, ni vêtements, ils se nourrissent de viande crue et de fruits sauvages. Cela dit, le professeur How Vaï-Lou ne veut tout de même pas en entendre parler comme d'hommes-des-neiges, à savoir comme d'êtres apparentés à une espèce particulière. D'après lui, ce seraient les descendants d'une tribu ancienne, refoulée il y a quelque trois mille ans dans les montagnes, et redevenus sauvages [62].

_____

(62) Durant les années 1970, l'attention fut attirée sur les hommes sauvages des montagnes boisées de Shennonjia, dans le Hubei, en Chine centrale. De nombreux spécialistes chinois s'y intéressèrent, notamment Zhou Guoxing, du Muséum d'Histoire Naturelle de Pékin.

L'être en question est de très forte taille : il laisse des empreintes atteignant 48 centimètres. Il est recouvert d'un pelage roux. Il s'aménage, pour dormir, des sortes de hamacs en bambou, de 3 x 2,50 mètres. Les anecdotes abondent à son sujet. En 1942, deux spécimens défilèrent, enchaînés, avec un détachement de l'armée du Kuomintang. En 1979, un gardien de troupeau aurait lutté pendant deux heures avec un homme sauvage haut de 2,60 mètres : il en aurait été quitte avec une main enflée portant les empreintes des doigts de son adversaire. Aussi, à partir de 1977, des expédtions furent-elles organisées dans le Hubei, avec construction de huttes d'observation.

En 1989, Richard Greenwell, Secrétaire de l'International Society of Cryptozoology, et Frank Poirier, du Department of Anthropology de l'Université de l'Ohio, se livrèrent à une enquête approfondie sur le terrain. Lors de leur départ, Greenwell et Poirier assignaient respectivement 30% et 5% de probablité d'existence à l'homme sauvage de Chine, chiffres qui passèrent à 60% et 52% à la fin de leur périple.

Il faut dire que l'analyse des poils attribués à cet être est plutôt convaincante : leur structure interne diffère de celle de poils humains et la proportion Fer/Zinc y est 50 fois supérieure ! voir : Greenwell (J. Richard) et Poirier (Frank E.) : « Further Investigation into the Reported Yeren – The Wildman of China », *Cryptozoology*, Tucson, 8, pp 47-57, 1989.

En effet, *yeren* est l'un des noms attribués à cet être. Greenwell et Poirier l'assimilent soit au gigantopithèque, soit à l'orang-outan terrestre. B. Heuvelmans voit en lui le grand *yéti*, autrement dit un gigantopithèque, et le distingue nettement du néanderthalien présent dans d'autres régions de Chine. Voir à ce sujet son ouvrage *Les pas si abominables hommes-des-neiges* (à paraître). Voir aussi : Shi Bo, *Rencontres avec les yétis*, 10 pp. (JJB)

Il faut dire à présent qu'à partir de la province du Yunnan, le flux de nos flèches si-nueuses se précipite brusquement dans toute l'Asie du Sud-Est, pour s'y éparpiller en abondance. On ne peut en parler que brièvement : il n'est pas possible d'exposer toute la marchandise à l'étalage !

Les voyageurs et les administrateurs français de l'Indochine ont accumulé un grand nom-bre de renseignements sur des êtres inexplicables (esprits ou animaux ?) ressemblant à des hommes et qui hanteraient les jungles du Laos et du Cambodge. Il y a quelques années, le Journal d'Extrême-Orient a encore publié la communication d'un chasseur réputé qui avait rencontré dans les forêts du Cambodge des répliques exactes de l'Homme-des-neiges de l'Himalaya : un mâle, une femelle et un petit, qui laissaient derrière eux des traces de pas identiques à celles du *Yéti*. Ces créatures l'avaient fait penser à des hommes de l'Age de Pierre.

Nous avons pris contact avec le directeur de l'Institut d'Histoire de la République Démocratique du Viêt-Nam, le professeur Ychan-Hui-Liéou, qui nous a fait parve-nir les résultats d'enquêtes menées auprès de camarades des régions voisines, du Cambodge et du Laos. Oui, de tels animaux ressemblant à l'Homme étaient bien connus de la population. Tout récemment encore, dans son livre de reportage *La Guerre dans les jungles du Viêt-Nam du Sud* (Moscou, 1965) [63], le journaliste pro-gressiste anglais Wilfred Burchett a apporté une poignée de renseignements inédits sur ces représentants de la faune que la Science a laissé échapper.

Quelques informations sur eux nous viennent aussi du Laos même et de la Birmanie. Mais la flèche s'incurve ensuite vers le sud : des observations épisodiques ont été faites en Malaisie. Et tout à coup une gerbe entière d'informations s'épanouit à Sumatra, dans les forêts tropicales du sud de l'île. Des renseignements déjà anciens suggèrent que là-bas les paléanthropes reliques ont pu subsister tant que les rhinocéros n'avaient pas disparu ou presque. Aucun fauve ne parvenait à tuer ces gros pachydermes cuirassés, mais quand ils finissaient leurs jours en s'enlisant dans les marais, ils servaient de nourriture aux créa-tures bipèdes qu'on appelle localement *Orang-pendek*, *Sédapa* ou *Sindaï* [64]. Au cours des dernières décennies, celles-ci se sont raréfiées et sont en voie de disparition. Les chas-seurs hollandais ont décrit quelques rares rencontres vraiment stupéfiantes, et dans les musées figurent des croquis et des moulages de traces de pas.

Enfin, un autre courant de nos flèches, tantôt abondant, tantôt ténu, se dirige vers la Sibérie orientale. Voyez-le déferler sur les monts Yablonoyi, Stanovoï et Djougdjour. D'autres flèches partent du lac Baïkal vers les massifs qui bordent l'Iénissei. Et Dieu sait où, parmi les espaces sans fin de la Sibérie, surtout dans le Nord, circulent encore des ré-cits sur ces vagabonds, ces faux semblants d'hommes, qui, par là-bas, paraissent attirés plus particulièrement par les troupeaux de rennes. C'est surtout la région des monts Verkhoyansk qui est ferttile en révélations sur les paléanthropes reliques, dénommés sur place *Ychoutchouna*, *Koutchouna*, *Mouléna*, *Khéïédiéki* ou *Abass*. On suppose qu'ils ne se rendent là-bas que durant la période estivale et qu'ils habitent en fait quelque part dans la péninsule Tchoukotka. Voici comment le préhistorien A. P. Okladnikov résume les in-formations qu'il a recueillies lui-même dans la région de la basse Lena : « Les *Tchoutchounas* sont une tribu d'êtres mi-humains mi-animaux qui vivaient naguère ici dans le Nord, et qui s'y rencontrent encore parfois, bien que très rarement. Ils avaient un aspect extraordinaire. Leur tête était comme soudée au corps : ils n'avaient pas de cou. Ils surgissaient soudain la nuit, et du haut des falaises, ils jetaient des pierres sur les hommes

---

(63) En France, cet ouvrage a paru, chez Gallimard, sous un titre assez différent : *La Seconde Résistance, Viêt-Nam 1965* (Paris, 1965). J'y reviendrai p. 307.

(64) Toute la documentation que nous possédions sur ces êtres a été rassemblée pour la première fois dans mon livre *Sur la piste des bêtes ignorées* (Paris, Plon, 1935, tome I, chap. V, p. 140-78).

endormis et s'emparaient de quelques rennes de leurs troupeaux. Un chasseur yakoute nommé Makarov affirme avoir vu des cavernes habitées par ces *tchoutchounas* sur la rive droite de la Lena, en aval de Tchouboukoulakh, jusque sur l'île de Stolb, parfois même sur la rive gauche de la Lena. Il a trouvé dans ces tanières naturelles des cornes et des peaux de rennes qui avaient été dévorées ».

Sans transcrire toutes les informations de Yakoutie, je me contenterai de donner un coup de chapeau au passage à un autre compatriote, qui a eu le courage de proclamer la grande découverte indépendamment des autres chercheurs. Encore une petite tragédie, encore une « note sans importance scientifique »... Je suis tombé dessus presque par hasard. En 1912, le jeune minéralogiste P. L. Dravert avait publié quelques fragments d'informations, récoltées depuis 1908, sur la présence, autour de la basse Lena, de sauvages herculéens, velus et privés de langage articulé. Devenu par la suite un spécialiste réputé des météorites, le professeur Dravert reprit un jour sa vieille étude et il en fit, en 1933, l'objet d'un grand article intitulé : *Hommes sauvages, moulènes et tchoutchounas*. Quel dommage que, par rapport au premier article, celui-ci ait été obscurci par les notes d'un collaborateur nullement qualifié ! Très significatif est d'ailleurs le démenti que celui-ci, l'ethnographe G. Xénophontov, prétend opposer aux faits. Pour lui *moulènes* et *tchoutchounas* ressemblent trop, pour être vrais, aux pans et aux faunes des vieilles légendes hellénes... et pour cause ! A nouveau, le couvercle du cercueil s'est brutalement refermé sur l'embarrassante vérité qui avait eu l'impudence de montrer le bout du nez.

Nos flèches se prolongent jusqu'à la presqu'île du Tchoukotka et les îles Aléoutiennes. « Une fois, dans le pays des Tchouktchi, la mer rejeta sur le sable le corps d'un homme tout poilu en provenance des Iles Chaudes. On ne pouvait pas voir s'il était mort ou encore vivant : personne n'osait aller le toucher. Les chiens eux-mêmes craignaient de s'en approcher. Il resta étendu ainsi sur la plage pendant une journée entière. Seul un chaman respectable le vit, la nuit suivante, se soulever de terre, faire trois fois le tour de l'agglomération de huttes des Tchouktchi, puis s'en aller ». Notons en passant qu'en été, le courant marin coule des Aléoutiennes vers le nord, en direction de la presqu'île du Tchoukotka.

Aux côtés des humains, qui continuaient de se répandre vers la Terre en franchissant le détroit de Béring (lequel était plus exactement, à l'époque, un pont terrestre ou une langue de glace) et en égrenant le chapelet des îles Aléoutiennes, l'Homme de Néanderthal est parvenu, lui aussi, jadis, sur le continent américain. Le célèbre anthropologue américain Aleš Hrdlička, était stupéfait de trouver des crânes nettement néanderthaliens dans le lœss du Nébraska [65], c'est-à-dire dans des couches géologiques datant d'une période à laquelle de tels êtres devaient avoir disparu depuis longtemps.

C'est en 1958 que l'infatigable et intrépide zoologiste qu'est Ivan T. Sanderson s'est mis à récolter en Amérique du Nord l'équivalent des observations d'hommes-des-neiges dans l'Himalaya. C'était l'année même où nous entreprenions, en U. R. S. S., une étude systématique du problème. Sanderson a lui aussi découvert dans son propre pays [66] un passé ridiculisé et piétiné.

Il s'est ainsi révélé qu'il y a cent ans déjà, les journaux des voyageurs fourmillaient d'informations surprenantes sur la présence d'hommes sauvages et velus, surtout dans l'ouest perdu du Canada et dans le nord couvert de forêts de la Californie. On les y appelle *Sasquatch*, ou *Omah* suivant les dialectes indiens locaux, ou plus fami-

---

(65) Notamment à Omaha, où maints de ces ossements furent découverts en 1894 et en 1906 : ils ne présentaient pas la moindre trace de fossilisation. Pour expliquer cette incongruité, Hrdlička s'efforça de montrer qu'ils provenaient d'Indiens assez récents combinant avec leur morphologie particulière des traits apparemment néanderthaloïdes.

(66) En vérité, son pays d'adoption : Ecossais de naissance, il ne s'est établi aux Etats-Unis qu'à l'issue de la Seconde Guerre mondiale

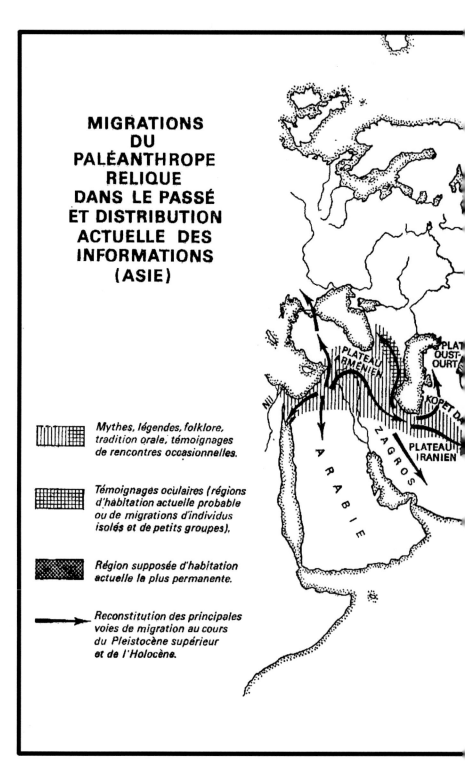

**MIGRATIONS
DU
PALÉANTHROPE
RELIQUE
DANS LE PASSÉ
ET DISTRIBUTION
ACTUELLE DES
INFORMATIONS
(ASIE)**

Mythes, légendes, folklore,
tradition orale, témoignages
de rencontres occasionnelles.

Témoignages oculaires (régions
d'habitation actuelle probable
ou de migrations d'individus
isolés et de petits groupes).

Région supposée d'habitation
actuelle la plus permanente.

Reconstitution des principales
voies de migration au cours
du Pleistocène supérieur
et de l'Holocène.

PLATEAU
ARMENIEN

PLAT
OUST-
OURT

KOPET D

ZAGROS

PLATEAU
IRANIEN

ARABIE

NIL

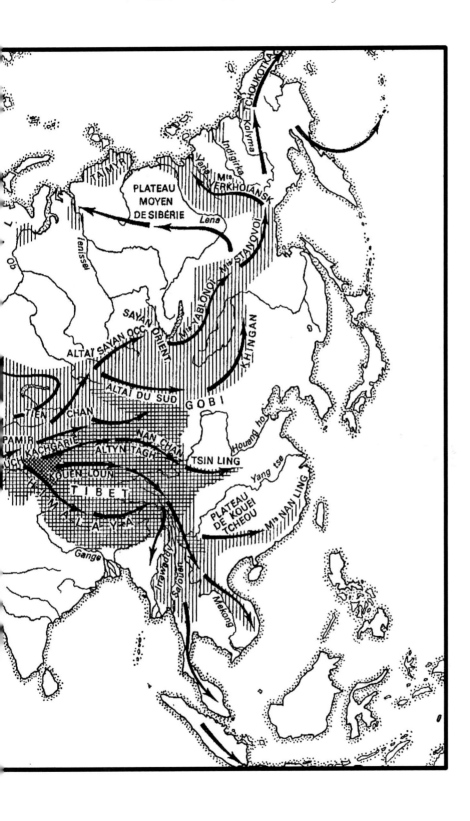

lièrement, de nos jours, *Bigfoot*, c'est-à-dire « grand pied » en anglais. Les Eskimos comme les Indiens sont bien renseignés sur leur compte, bien que le folklore de ces deux peuples soit totalement différent. Une longue série d'informations proviennent aussi des Visages-Pâles. A partir de 1960, Tom Slick et Peter Byrne se sont consacrés aux investigations californiennes. Observations et moulages de traces de pas rivalisent d'excellence.

Dans son ouvrage sur l'Homme-des-neiges, Sanderson n'a pas consacré moins de six chapitres à l'exposé des données américaines. Pas de doute : un hominoïde relique vit incognito dans le Nouveau Monde. Il s'y multiplie sans aucun doute, mais ce sont les observations de grands mâles solitaires qui dominent [67].

Nos flèches semblent s'estomper dans d'autres Etats du nord-ouest et du nord-est du continent, mais elles existent néanmoins et s'insinuent avec obstination vers le sud pour réapparaître avec éclat au Guatemala, en Ecuador, en Colombie et dans les Guyanes [68]. Impossible e'en parler ici, même brièvement.

Le livre d'Ivan Sanderson, malgré l'autorité d'excellent primatologue dont son auteur jouit, a fait long feu. On l'ignore, on hausse les épaules en le citant. C'était une vraie bombe, mais la poudre en était mouillée. Il faut dire que la théorie y fait défaut. Au surplus, l'ouvrage est coupable, aux yeux des Américains, d'un manque de révérence pour l'Eglise. La découverte de l'Homme-des-neiges, a en effet déclaré Sanderson, avec insolence, résoudra définitivement la question de savoir qui, des Ecritures Saintes ou de Darwin, a raison...

Cela dit, l'esprit d'entreprise américain nous a, lui, incontestablement devancés. Dans les forêts épaisses des monts Cascades et dans les chaînes contiguës de la Californie du Nord, pas moins de neuf groupes d'enquêteurs sont sur la piste du *Bigfoot*. Le 20 octobre 1967, l'un d'eux, composé de deux hommes, Roger Patterson et Bob Gimlin, rencontra au cours d'une reconnaissance à cheval, à trente mètres seulement de distance, une femelle de deux mètres de haut, couverte de poils noirs. Patterson descendit précipitamment de cheval et, caméra au poing, eut tout juste le temps de la filmer de manière assez satisfaisante alors qu'elle s'éloignait. Il est curieux qu'elle ne soit pas retournée sur l'homme qui la poursuivait, mais, tout en marchant, elle a tout de même regardé par dessus son épaule en entendant le bourdonnement insolite de la caméra. Par la suite, les deux hommes devaient prendre des moulages en plâtre de ses traces de pas. Le film a déjà été visionné par un bon nombre d'experts et aucun n'a pu signaler un détail précis permettant de le discréditer en tant que faux [69]. Il va de soi que, compte tenu de la perfection des « effets spéciaux » cinématographiques, personne ne pourrait se porter garant de l'authenticité du film. Et ce que celui-ci reproduit est encore trop invraisemblable aux yeux de la majorité écrasante des spé-

---

(67) Afin de s'informer sur les Hommes sauvages et velus d'Amérique du Nord, on complétera utilement la lecture de l'ouvrage de Sanderson par celle de trois brochures du journaliste canadien John Green : *On the Track of the Sasquatch* (1968), *Year of the Sasquatch* (1970) et *The Sasquatch File* (1973). En 1969 et 1970, on a pu suivre constamment le progrès des recherches locales grâce au *Bigfoot Bulletin* édité mensuellement par George F. Haas, d'Oakland (Californie). Depuis août 1972, le *Manimals Newsletter* de Jim McClarin, de Sacramento (Californie) a pris le relais de cette intéressante publication. Enfin, il convient de signaler que des articles scientifiques sur la question commencent à paraître dans des journaux d'anthropologie américains : ainsi trois articles remarquables du professeur Grover S. Krantz, de Washington State University, relatifs aux empreintes de mains, à l'anatomie du pied et au poids du *Sasquatch*.

(68) A tous ces pays, il faudrait ajouter l'Argentine, où je fonde personnellement les plus grands espoirs sur les recherches systématiques menées depuis quelque temps par une jeune Française, Christine Arnodin-Chibrac

(69) Dès la publication des premières images de ce film, j'ai fait pour ma part de grandes réserves à son sujet. Comme je ne puis cependant établir de manière formelle qu'il s'agit d'une supercherie et que, d'autre part, les études soigneuses du professeur Grover Krantz, aux Etats-Unis, et de l'ingénieur Igor Bourtsev, en U. R. S. S., apportent des arguments sérieux en faveur de son authenticité, je m'abstiendrai ici de tout commentaire.

cialistes pour être convaincant. En ce qui le concerne, Ivan Sanderson n'a pas le moindre doute quant à l'honnêteté des observateurs et à l'authenticité de l'être filmé, mais il reconnaît qu'une pellicule ne peut pas remplacer une peau, ou quelques os.

Il n'y a donc pas eu de coups de théâtre. L'étude se poursuit lentement, quoique le film ait tout de même fait pencher la balance du côté de la crédibilité. Comme d'habitude, les adversaires ont préféré ne pas se rendre à l'évidence. C'est non sans peine qu'il fut possible, aux U. S. A., de trouver un magazine qui consentit enfin à publier, en février 1968, huit images disparates de cette prise de vues zoologique combien significative. Elles sont très impressionnantes. Ce qu'on y voit ne contredit en rien les connaissances que nous avons peu à peu accumulées. Mais cela ne les enrichit pas plus. L'importance de ces images au point de vue de l'information et de la connaissance est relativement faible au regard de la valeur en tant que preuve, cette preuve que le public réclame avec tant d'insistance. Eh bien, la voilà, cette preuve matérielle tant demandée ! Pourtant, soyez-en sûr, elle ne vaincra pas l'incrédulité obstinée : il est toujours possible de rejeter d'un simple haussement d'épaules, non seulement les témoignages, mais aussi les photos ou les moulages d'empreintes de pas. Même quand un spécimen aura été capturé ou abattu, on dira sûrement qu'un cas unique ne constitue pas une preuve de l'existence d'une espèce inconnue : il y a toujours eu des monstres, et la Nature nous joue parfois de ces mauvais tours [70]...

Cela dit, il est parfaitement exact que ni un film isolé, ni un seul individu captif, et encore moins sa peau ou ses os, ne pourraient nous en apprendre autant que tout ce que nous avions patiemment reconstitué, à partir de bribes incertaines, sur la vie et la dispersion de ces êtres à travers l'Eurasie, l'Afrique et les Amériques. Car c'est tout cela qui a fini par se dessiner grâce à un gros crayon.

Notre étude zoogéographique nous a d'ailleurs entraîné plus loin encore. Nous avons tenté entre autres de confronter la carte de nos informations avec celle des diverses religions répandues sur le globe. Et voyez ce qui en est résulté...

---

[70] Les vues prophétiques du professeur Porchnev n'allaient pas tarder à se réaliser. Quelques mois à peine après la publication de ce texte, il devait m'être donné d'examiner, de photographier et d'étudier à loisir le cadavre congelé d'un étrange hominidé velu, ramené d'Extrême-Orient aux Etats-Unis par un pilote de guerre américain. C'est cette histoire de la toute première étude scientifique d'un des êtres en question qui fait l'objet de la seconde partie du présent ouvrage.

CHAPITRE IX

« NOTRE PROTÉGÉ » CHEZ LES VRAIS FIDÈLES

L'influence musulmane ambivalente
dans le problème des paléanthropes survivants.

Au Tian-Chan, sur les contreforts de la chaîne de Tchatkaï, se trouve un lac vert foncé, le Sary-Tchélek. Je m'y suis rendu à l'automne de 1959, et voici pourquoi.

L'ingénieur et géologue A. P. Agafonov y avait travaillé en juillet 1948. Comme bien d'autres, il envoya un jour à notre commission deux pages relatives à un incident que depuis dix ans il ne parvenait pas à comprendre. Un soir, sur le vert pâturage qui jouxte le lac, il se trouvait dans la yourte d'un berger kirghize nommé Madyar, âgé de plus de quatre-vingts ans et complètement aveugle. Dépositaire de toutes les traditions familiales et même tribales, ce vieillard lui avait fait le récit suivant. Alors que son propre arrière-grand-père, un homme réputé pour son courage, rentrait une nuit d'une fête avec sa jeune femme, les époux s'étaient à un certain moment étendus pour prendre un peu de repos, quelque part au sud-est du Sary Tchelek. Soudain, le mari avait bondi sur ses pieds, réveillé en sursaut par les hurlements de sa compagne : sous ses yeux, une sorte d'énorme singe ressemblant à un homme était en train d'emporter celle-ci dans ses bras. Sans un instant d'hésitation, le valeureux mari se précipita à la poursuite du ravisseur, le rattrapa et le tua à coups de couteau de chasse. Son épouse était sauvée !

En entendant cette histoire, Agafonov crut de son devoir d'éducateur d'expliquer au fils et aux petits-fils de Madyar, qui se pressaient dans la yourte, qu'au Tian-Chan il n'y a pas de singes anthropoïdes. Cette affirmation fit naître des sourires dans l'assistance et déclencha même un éclat inattendu de la part du vieillard. Se redressant d'un seul coup, il alla en tâtonnant retirer d'un des grands soundouks (coffres) habituellement disposés le long de la paroi des yourtes, une sorte de coffre sculpté. D'un ton méprisant, il articula : « Regarde donc toi-même », et il tendit l'objet au géologue.

« Dans le coffret, écrivait Agafonov, reposait sur un capitonnage de feutre une main délicatement momifiée, toute couverte de poils clairsemés, mais assez longs, mesurant jusqu'à un centimètre. Il n'y en avait pas sur la paume. D'après ses dimensions, la main n'aurait pu appartenir qu'à un grand animal de forme humaine. Ma stupéfaction était telle que je suis resté tout pantois, et que je n'ai pas songé à exécuter un croquis de cette pièce anatomique, ni même à en consigner par écrit la description. Je me souviens toutefois fort bien de sa structure parfaitement humaine. Seuls les poils bruns du dos de la main étaient déconcertants ».

Ainsi, concluait notre correspondant, la véracité du conte était confirmée par une preuve indiscutable. Agafonov avait joint à sa lettre un portrait au crayon de Madyar, exécuté à l'époque.

Nous étions déjà au courant de cas similaires. Çà et là, des chasseurs tranchaient parfois les mains d'un homme sauvage afin de conserver un trophée de leur exploit : souvenir, relique et talisman. Or ici, il ne s'agissait plus d'une rumeur, il y avait une chance de trouver un pendant à la fameuse main du monastère népalais de Pangbotchi. L'espoir d'une étude anatomique approfondie justifiait largement des recherches qui s'annonçaient pourtant des plus difficiles. Je décidai donc d'aller « tâter le terrain ». G. G. Pétrov, qui avait participé l'année précédente à l'expédition dans le Pamir, consentit à m'accompagner. Et ce fut à nouveau l'habituelle corvée des préparatifs de départ : les sacs de couchage, la tente, le matériel de cuisine, les conserves...

Pour la recherche des paléanthropes reliques, le Tian-Chan est beaucoup plus prometteur que le Pamir. Le volume des informations qui en proviennent est bien dix fois plus abondant. Le professeur A. A. Machkovtsek, « s'est déshonoré à jamais », comme l'ont dit des zoïles malveillants, en publiant son remarquable exposé des informations relatives à l'existence de l'Homme sauvage dans les cordillères septentrionales du Tian-Chan (chaînes Kirghize, Djoumgoltau et Soussamyrtau). Cet exposé a été complété par des rapports postérieurs qui ont puissamment contribué à mieux définir l'animal élusif. Le géographe E. V. Maximov notamment a appris bien des choses en questionnant méthodiquement les bergers de la chaîne Kirghize. Une kyrielle d'informations nous sont aussi parvenues des flancs occidentaux de la chaîne de Ferghana. Enfin, un autre foyer se situe dans l'est du Tian-Chan soviétique : il englobe la chaîne Terskeï-Alatau, la chaîne Sary-Djaz, le Khan-Tengri. Voici à titre d'exemple un témoignage parmi bien d'autres, émanant de cette région. Comme il arrive souvent dans notre genre de travail, j'étais allé un jour rendre visite au géologue M. A. Stronine, dont j'avais seulement entendu parler jusqu'alors. En compagnie de celui qui précisément m'avait parlé de lui, un géologue lui aussi, j'étais sorti de la ville en marchant à travers champs sur des traverses jetées par-dessus la boue. Nous étions ainsi parvenus jusqu'à un bâtiment de plusieurs étages. Stronine était chez lui, et voici ce qu'il nous avait raconté :

« En août 1948, je me livrais à des prospections géologiques au Tian-Chan, dans la partie orientale de la chaîne Terskeï-Alatau. Un jour, en compagnie de deux guides kirghizes et d'un palefrenier, je me suis arrêté pour la nuit sur un pâturage alpin au-dessus de la vallée que sillonne l'Inyltchek, non loin d'une branche du glacier du même nom. A perte de vue alentour il n'y a ni populations ni troupeaux. Nous avions laissé les chevaux dans la vallée qui surplombait notre campement de nuit. Et voilà qu'au petit matin les Kirghizes me réveillent en disant que quelqu'un est en train de voler nos montures. Et, de fait, dans les lueurs de l'aube, j'aperçois quelque chose du côté des chevaux, qui s'étaient disposés en cercle, les têtes tournées vers l'intérieur. Je me saisis de mon fusil et je dévale la pente à vive allure. Et je vois très nettement quelqu'un qui marche dressé sur ses jambes, mais dont les bras paraissent plus longs que la normale. Je m'imagine que c'est un Kirghize vêtu de son kaftan et je l'apostrophe dans sa langue : « Holà, toi, pourquoi essaies-tu de nous voler ? » Au bruit de ma voix, la créature s'est arrêtée et a fait volte-face, et j'ai entendu un son rauque et assourdi qui rappelait le cri des bouquetins. La créature s'est éloignée des chevaux, d'abord assez calmement, puis tout à coup en prenant ses jambes à son cou. Je l'ai vue en tout pendant sept à dix minutes. Elle n'a pas couru dans la direction opposée vers l'autre versant de la vallée, mais a franchi en diagonale le flanc éclairé par le soleil, que je descendais précisément. Et comme elle n'est pas passée à plus de cent mètres de moi, j'ai très bien pu la voir, et ce n'était pas à contre-jour.

« Je me souviens de cet être comme si je le voyais en ce moment même. Son image est restée gravée en moi comme sur une pellicule photographique. Quand il s'est mis à courir, j'ai d'abord cru que c'était un ours et j'ai été bien près de tirer, mais aussitôt après j'ai pu voir nettement que ce n'était pas un ours, et c'est pourquoi d'ailleurs j'ai enregistré son aspect avec une telle précision. Pour un ours, il était bien trop svelte. Il grimpait avec agilité sur le flanc escarpé en s'aidant de ses membres antérieurs qu'il projetait sous son corps comme un cheval au galop. Il courait un peu de travers, en biais [71]. D'ailleurs un ours a un museau, un groin si l'on préfère, et cet être-ci n'avait pas la gueule allongée en avant d'une bête, mais le bas du visage bien plus arrondi. Les poils qui le couvraient étaient aussi trop courts pour être ceux d'un ours, et leur couleur, bien que marron foncé, était d'un ton plus jaunâtre que chez un tel animal. Il y a bien longtemps que je chasse, j'ai vu pas mal d'animaux de toutes sortes, mais je n'en ai jamais vu un comme ça. C'était un être tout à fait à part : pas très humain, mais pas vraiment animal non plus. Ne parvenant pas à discerner si c'était un homme ou un ours, je ne pouvais pas me résoudre à tirer, et cela a duré jusqu'au moment où la créature s'est dressée sur l'arête qu'elle a franchie en direction du glacier avant de disparaître.

« Mes chevaux se sont révélés couverts d'écume, surtout dans l'aine. Quant à mes guides kirghizes, je les ai trouvés blottis dans une faille latérale. En proie à la terreur, ils répétaient que c'était un *Kyik-kchi*, un homme sauvage, et ils ont refusé tout net de poursuivre la route avec moi.

« Un peu plus tard, la même année, alors que nous nous trouvions dans les monts Kavaktau, un des guides qui déambulait dans la brume matinale à la recherche des chevaux, revint au pas de course en poussant le même cri terrifié : « Le *Kyik-kchi* ! » On n'a rien découvert du côté des chevaux, mais ceux-ci se trouvaient dans le même état d'excitation que la fois précédente. Toute la population de la région où cela s'est produit connaît l'existence du *Kyik-kchi* (ou *Kchi-kyik*), mais seuls les Kirghizes qui ont assimilé la culture russe abordent volontiers ce sujet : les vrais musulmans refusent catégoriquement d'en parler ou ne le font qu'à contrecœur avec les plus grandes réticences. "

Ce récit de M. A.Stronine mérite de s'achever sur la conclusion même du géologue. Quant à Frounze, à l'Académie kirghize des Sciences, il avait posé, à des naturalistes qualifiés, des questions sur l'être qu'il avait rencontré, le botaniste I. V. Vykhodtsev lui avait répondu tout simplement : « Oh ! C'est une histoire bien connue. Quelque chose existe en effet, vous pouvez le demander à n'importe quel Kirghize... »

Oui, et ce « quelque chose » continue d'exister, de croître et de se multiplier dans les étendues immenses du Tian-Chan. Mais avait-il été repéré sur les contreforts de la chaîne du Tchatkal où les impératifs de la recherche scientifique me poussaient ? Eh bien oui ! Le chasseur V. S. Bojenov, de la ville de Rybatchye, m'apprit que quelques années auparavant, alors qu'il se rendait avec un groupe d'amis à Alaboukou, il avait aperçu, à grande distance, un « homme-des-neiges » parmi les broussailles. Il l'avait observé à la jumelle pendant cinq heures d'affilée. Sa taille avait été estimée à plus de 2 mètres. A cause de l'ouragan qui s'était déchaîné, V. S. Bojenov n'avait pas pu parvenir jusqu'à la caverne où la créature était allée s'abriter.

En 1963, quelque chose de bien plus important s'était produit dans cette région. Deux jeunes gens, A. Khaïdarov et R. Khalmoukhamedov, de la ville de Tchirnik, avaient relevé et photographié, sur la berge d'un lac de montagne, des empreintes de pieds humains d'une

---

(71) C'est ce qu'on appelle techniquement le « galop pithécoïde », car il est caractéristique de maints singes.

dimension inusitée. Plusieurs des traces manquaient de netteté, mais par bonheur le pied droit s'était posé à un certain endroit dans une mare en voie d'assèchement. Il y avait donc eu une forte pluie cinq jours auparavant. La trace en question était donc relativement fraîche. L'argile avait conservé intacts tous les détails de l'empreinte de la plante du pied, avec autant de netteté que sur un moulage de plâtre. Les traces de pas descendaient vers l'eau, mais il n'y avait pas de piste de retour. L'homme gigantesque (son pied mesurait 38 cm. de long !) devait être ressorti quelque part sur les rochers de l'autre berge (Planche 6). Un apiculteur qui vivait à quelques kilomètres du lac fut interrogé. Il répondit de façon ambiguë : « Si l'on en croit les récits des chasseurs, il y aurait ici, dans les montagnes, des hommes sauvages et velus, de très grande taille ». On envoya la photo de l'empreinte à Moscou pour y être analysée. L'étude anatomique révéla qu'il ne s'agissait pas seulement d'un pied humain de dimensions démesurées. Plusieurs particularités trahissaient les mêmes traits de différenciation d'avec le pied de l'Homo sapiens qui avaient été relevés par les anthropologues sur les ossements fossilisés des néanderthaliens. En fait, nous avons aujourd'hui entre les mains la meilleure trace qui existe au monde d'un pied de néanderthalien. D'un néanderthalien vivant qui, il n'y a pas bien longtemps, est allé faire trempette dans les eaux fraîches d'un lac. Sans doute était-il encore toujours par là-bas en train d'errer, énorme, tout poilu et muet. Hé oui, il était toujours là...

C'est vous dire que G. G. Pétrov et moi n'avons pas hésité un seul instant à partir, dans les environs immédiats, à la recherche de la main momifiée d'un de ses semblables. Le voyage fut long et pénible : d'abord nous avons pris un grand avion de ligne jusqu'à Frounze, puis, un plus petit jusqu'à Djalalabad. Bientôt nous nous sommes trouvés ainsi au cœur de la région de Kourghan. Restait encore un bon bout de chemin à faire pour parvenir jusqu'au lac Sary-Tchélek, mais nous avions déjà rencontré des gens qui avaient bien connu le vieux berger Madyar, et qui les respectaient. Ce qui nous avait paru la tâche la plus ardue — découvrir son adresse actuelle — se révélait en fait un jeu d'enfant. Mais, hélas, nous arrivions trop tard : à peine trois mois auparavant, Madyar s'était éteint à l'âge de quatre-vingt-dix-neuf ans, pleuré par son abondante descendance et par pratiquement la région tout entière. Tant pis. Il ne restait plus qu'à partir à la recherche de l'héritier de la relique familiale. Le comité exécutif de la région mit un de ses délégués à notre disposition, ainsi qu'un interprète, pour nous accompagner. Nous franchîmes donc de nouveau un long trajet, cette fois en camion, jusqu'à une exploitation forestière, où l'on nous donna des chevaux spécialement sélectionnés pour la montagne. J'ai entendu dire tout récemment que les bords du Sary-Tchélek étaient devenus maintenant une station de repos. A l'époque en tout cas, une promenade à cheval dans la région n'était pas, elle, une entreprise de tout repos... Mais quelle beauté sur ces hauteurs ! La couleur de l'eau, le dessin ouvragé des rives, les célèbres sapins tapissant les berges escarpées, l'accumulation de troncs d'arbres innombrables dans les baies transparentes, les lambeaux de glaciers dévalant les pentes, et, dans le ciel, les cimes du Tian-Chan pareilles à des nuages figés, tout était inoubliable et quasi indescriptible. Les pâturages environnants étaient parsemés de troupeaux et de yourtes. Déjà, en cours de route, nous avions appris que l'héritier de feu Madyar était son fils adoptif, le *moullah* (prêtre) Aïtmourza-Sakeïv, âgé de soixante-trois ans. Mais un de nos informateurs, un vieux berger, nous avait dit aussi qu'il se pourrait bien qu'en dépit de nos pressions, Aïtmourza se refusât à nous montrer la relique...

Nous sommes parvenus enfin dans le ravin perdu où l'héritier campait avec sa famille, et notamment avec la veuve de Madyar. Nous nous sommes conformés à toutes les palabres d'approche traditionnelles et nous avons fait toutes les promesses possibles et imaginables pour obtenir satisfaction. Le chef de famille comptait manifestement sur notre naïveté. Sur un tapis largement déployé, il déposa solennellement un coffret ouvragé. A l'intérieur se trouvait bel et bien un talisman de chasse. Mais, hélas, ce n'étaient que des pattes de renard desséchées. Le maître de céans prétendit qu'il n'en savait pas davantage. Par la suite nous devions retrouver A. P. Agafonov près de Tachkent, et celui-ci nous assura que le coffret qu'il avait vu lui-même ne correspondait en rien à notre description, et moins encore, faut-il le dire, le talisman lui-même...

Un homme très au fait des coutumes musulmanes nous prodigua ses conseils. Selon lui, seuls les plus hauts dignitaires de la hiérarchie islamique étaient capables de faire pression sur le *moullah*, dont le comportement était probablement entravé par des considérations d'ordre moral et religieux. Nous voilà donc repartis les mains vides, mais avec, au cœur, une lueur d'espoir. Au conseil des ministres de la République ouzbèque, on m'avait assuré qu'on demanderait l'intervention du *mufti* de l'Eglise musulmane d'Asie centrale, Babakhanov. Celui-ci promit en effet d'envoyer un courrier auprès d'Aïtmourza-Sakeïv afin de le persuader de nous aider dans notre entreprise.

Quelques mois plus tard, je suis de retour à Tachkent. Les nouvelles étaient bonnes ! Le *mufti* avait montré au chargé d'affaires du Conseil des ministres une lettre du Tian-Chan confirmant que le *moullah* était bien en possession d'une main momifiée ayant une valeur sacrée. En compagnie du journaliste Y. Golovanov, je suis personnellement reçu par Babakhanov, dans son bureau de la principale mosquée de Tachkent. Très aimablement, il nous explique que le courrier envoyé n'était pas parvenu à trouver Aïtmourza-Sakeïev, car il s'était trompé de route. Mais bien entendu, ajouta-t-il, cette erreur sera réparée...

Mon voyage suivant de reconnaissance en Asie centrale date de l'été de 1961. Pas mal de données s'étaient accumulées à la longue à propos des chaînes montagneuses du Tadjikistan, et j'avais décidé de me familiariser avec au moins l'une de celle-ci : celle de Gissar.

Au cours de toute cette expédition ma conviction se raffermit, plus encore que du fait de données positives nouvelles, à la suite de ma rencontre avec des personnes qui s'occupaient du même problème indépendamment de moi, fût-ce dans un cadre strictement régional. Parmi elles se trouvait un ingénieur assez âgé, spécialisé dans la construction d'ouvrages hydrauliques, G. K. Siniavsky, ainsi que son fils : les deux générations avaient vécu toute leur vie en Asie centrale, connaissaient bien les langues indigènes et s'étaient acquis la confiance du peuple. Le père et le fils collectionnaient tous deux les informations relatives aux « hommes sauvages » et aux lieux de leur habitat. Ils avaient été particulièrement intéressés par un aspect infiniment étrange de l'affaire : l'existence d'une drogue aux vertus curatives, préparée à partir de la graisse des hommes sauvages.

Les connaissances rassemblées au cours de deux vies par des gens cultivés constituaient évidemment une clef permettant d'ouvrir une porte sur une perspective toute nouvelle. De nos jours, la drogue mentionnée n'est plus guère rapportée que par les pèlerins revenant de La Mecque. Mais, avant la Révolution, figurait, dit-on, parmi les sources de richesse de l'émir de Boukhara, la vente d'un médicament extrême-ment coûteux (la montée progressive de son prix de vente a même été suivie par les Siniavsky). Les réserves du produit étaient fournies à titre d'impôt par la population de certaines vallées, où les guérisseurs de Khakimi préparaient la drogue en faisant fondre l'horrible matière première. Un délégué spécial du *bek* (prince) de Karatagh venait en prendre livraison pour la cour de l'émir. Un des principaux fournisseurs était le *kichlak* (village) de Khakimi, situé dans la vallée de Karatagh, et qui resta longtemps une pépinière d'hommes sauvages.

Le nom du médicament, à savoir *moumieu*, provient de l'iranien *moum*, qui veut dire « graisse » ou « cire », et du tibétain *mi-eu*, ou plutôt *mi-gheu*, qui signifie, nous le savons déjà, « homme sauvage ». Au Moyen Age, les Arabes ont vendu en Europe un baume analogue, et, en Egypte ancienne, le mot momie avait fini par désigner l'embaumement lui-même. La couleur particulière et les propriétés colorantes de la substance originale sont même passées dans le langage courant pour désigner une teinture, voire une teinte, qu'on appelle en russe *moumiya*.

Rien que pour toutes ces raisons, cela valait la peine d'aller jeter un coup d'œil sur la vallée du Karatagh-Darya, qui dévale de la chaîne de Gissar et baigne les ruines du petit village de Khakimi. Cet itinéraire, je ne l'adoptais pas uniquement d'ailleurs pour suivre les indications de G. K. Siniavsky. Il y avait bien longtemps que la ré-gion m'avait été signalée par le géologue B. M. Zdorik. Un jour en effet, dans un embranchement du défilé de Souzakh-Dara, un hominoïde velu avait surgi auprès du feu de bois isolé du guide de celui-ci. Etant donné sa description, l'être, selon Zdorik, « ne différait pas de ce que nous savons du *Yéti* de l'Himalaya ».

C'est peu de temps après cette rencontre que Zdorik lui-même avait eu une expé-rience semblable dans la région, pas exactement sur la chaîne de Gissar même, mais entre les chaînes de Darvaz et de Pierre Ier. Cela se passait en 1934. Notre géologue traversait en compagnie de son guide tadjik un maquis de sarrasin alpin, quand, en suivant une piste de marmotte, les deux hommes avaient repéré des taches de sang et des touffes de poils de ce rongeur. Plus loin, l'herbe était toute piétinée et la terre retournée ; « Et pratiquement à mes pieds, raconte Zdorik, sur un tas de terre fraî-chement remuée, une créature bizarre était étendue de tout son long — à peu près 1,5 m. — sur le ventre. Elle était assoupie. Je ne pouvais pas bien voir sa tête, ni ses membres antérieurs, car un buisson de sarrasin les dissimulait à ma vue. Mais j'ai pu examiner de près ses pieds nus et noirs, trop allongés et sveltes pour être ceux d'un ours, et son dos trop plat pour appartenir à un tel animal. Tout le corps de la bête était couvert de poils ébouriffés qui ressemblaient plus à ceux d'un yak qu'à ceux d'un ours, ces derniers étant en effet plus duveteux. La couleur du pelage était brun-roux, d'un roux bien plus intense que celui jamais vu sur un ours. Les flancs de l'animal se soulevaient lentement et rythmiquement dans son sommeil. Ce spec-tacle inattendu m'a arrêté tout net. Stupéfait, je me suis retourné sur mon Tadjik, qui me suivait de près. Il était figé sur place, son visage blanc de peur, et il m'a tiré par la manche en me faisant signe de fuir aussitôt. Je ne crois pas avoir vu, de ma vie, une telle expression d'épouvante sur un visage humain. La terreur communicative de mon compagnon me gagna aussitôt. Et tous les deux, sans trop savoir ce que nous faisions, nous avons déguerpi en remontant la piste de la marmotte, non sans nous empêtrer maladroitement dans les hautes herbes et faire maintes chutes ».

Les Tadjiks expliquèrent à B. M. Zdorik qu'il était tombé sur un *dev* endormi. Localement on considère ces êtres, non comme des « puissances du Mal », mais tout bonnement comme des bêtes, au même titre que l'Ours, le Loup, le Porc-épic, le Chacal ou l'Hyène. Dans les montagnes avoisinantes vivent plusieurs familles de ces *dev* : des mâles, des femelles, des petits. Ils marchent dressés sur les pattes postérieures ; leur tête et leur corps sont couverts de poils bruns. Tout récemment, on en avait capturé un vivant : il s'était introduit dans un moulin pour y satisfaire sa gourmandise. On l'avait gardé en captivité pendant deux mois, enchaîné, en le nourrissant de viande crue et de galettes d'orge. Un jour il avait brisé sa chaîne et s'était enfui. D'une manière générale, ces *devs* ne font de mal à personne. Mais on considère comme un mauvais présage d'en rencontrer.

Dans la ville de Douchanbé [72], le jeune militant V. A. Khodounov a travaillé avec fruit pour notre commission. Il s'est véritablement acharné à la tâche. Du galimatias et du fatras des questionnaires soumis à la population s'est dégagée grâce à lui la topographie des rencontres d'hominoïdes reliques dans les montagnes du Tadjikistan.

Ainsi, en 1960, toute une horde de *ghoûles* [73] avait erré, pendant les grands froids et les abondantes chutes de neige, autour d'un *kichlak* (village) : trois d'entre elles s'étaient enhardies jusqu'à venir dévorer les ordures avec avidité sous les yeux mêmes des villageois. Ces êtres ne descendent des hauteurs qu'en cas de disette extrême.

La région de Koulyab s'était révélée particulièrement favorable aux observations. Mais le plus important dans tout cela, c'est que les informations récentes indiquaient que la vallée de Karatagh-Darya et les environs du lac Iskander-Koul restaient, dans une faible mesure, le lieu où les hommes sauvages se reproduisent et où leurs petits passent leur âge tendre. On avait d'ailleurs pu examiner un de ces derniers dans le carnier du chasseur russe Nasadky. Celui-ci l'avait trouvé, grâce à ses chiens, dans un nid aménagé sous un buisson. Par la suite, recueilli dans la famille du chasseur, l'enfant trouvé avait, pendant longtemps, été nourri de lait et de viande crue, jusqu'au jour où il avait disparu (on suppose qu'il a été vendu).

Au début du mois de juillet 1961, notre expédition improvisée prend donc son départ du *kichlak* de Chakrinaou. En tête marche un âne lourdement chargé qu'« encourage » notre guide Toura-Boboïev, ensuite viennent à pied mes compagnons A. I. Kazakov et le zoologue S. A. Saïd-Aliev, tandis que je ferme la marche à dos de cheval. Des pentes abruptes et désordonnées se dressent au-dessus et en dessous de notre sentier. Nous avançons lentement. Parfois nous dressons nos deux tentes pour un bon bout de temps.

Chemin faisant, nous posons des questions aux indigènes sur le *moumieu* et sur la façon dont il était fourni à l'émir de Boukhara. Dans un *kichlak*, un *moullah* majestueux à la barbe argentée, nous fait même don de trois parcelles de la précieuse drogue (nous devions les remettre aux fins d'analyse à des chimistes moscovites). Mon but essentiel était de me familiariser avec les conditions naturelles de la vallée de Karatagh. Nous avons par exemple visité le défilé de Douzakh-Dara (la Passe de l'Enfer), qui nous avait été indiqué par G. K. Siniavsky, B. M. Zdorik et les bergers locaux comme étant le refuge des *adami-yavoï* (hommes sauvages). C'est en effet un défilé pratiquement fermé, envahi par une végétation touffue : le prunier y abonde, et l'on y trouve aussi des pommiers, des églantiers, des noyers, des aman-

---

(72) Capitale du Tajikistan, qui s'appela un moment Stalinabad.
(73) Pour être tout à fait correct, il faudrait écrire « une horde de *ghîlân* », car c'est en effet là, en arabe, le pluriel du substantif féminin *ghoûl*, dont nous avons d'ailleurs fait en français « goule ».

diers, des buissons d'aubépines, des mûriers et de la rhubarbe en quantité. Dans la rivière, au fond du défilé, les crapauds verts pullulent, ainsi que les poissons. Les hauteurs sont habitées par des ours, des sangliers, des lynx, des loups, des martres, des renards, des blaireaux, des porcs-épics. Et les ravins latéraux sont couverts d'une végétation si dense et si sauvage qu'aucun procédé technique ne permettrait de les traverser. Nous avons visité aussi d'autres défilés de cette sorte, ceux de Timour et de Yangoklik, et les lacs de montagne qui s'y trouvent. La rive gauche du lac Pariën-Koul, qu'on prétend depuis longtemps habitée par sa végétation et l'extrême abondance des terriers de marmottes. Elle est, en outre, complètement coupée des êtres humains, d'un côté par une rivière tumultueuse et, de l'autre, par une chaîne de montagnes ne comportant pas de cols franchissables. Nos réserves de vivres et de temps commençant à s'épuiser, nous n'avons pu atteindre le flanc opposé de la chaîne de Gissar. Or nous disposions d'informations sur des rencontres de familles entières d'hommes sauvages aux alentours du lac Iskander-Koul.

Notre reconnaissance du milieu naturel se soldait cependant par une perspective positive : les conditions de vie locales étaient tout à fait favorables à la survivance des paléanthropes.

Déjà, deux ans auparavant, et, à plus forte raison, lors de mon retour, j'avais essayé, d'abord à Douchanbé, puis à Tachkent, de me documenter sur le secret du *moumieu* auprès des organisations scientifiques. Mais chaque fois que la solution paraissait proche, elle disparaissait soudain dans une chausse-trape.

Les vieux manuscrits iraniens m'avaient appris que le médicament en question était de deux sortes, ou plus exactement qu'on désignait d'un seul et même nom deux drogues de nature tout à fait différente. L'une était fabriquée selon des procédés spéciaux à partir de l'homme sauvage, l'autre — un vulgaire ersatz — était récoltée simplement sur les rochers ou dans les cavernes.

Or, mes visites et mes lettres devaient produire un curieux renversement de la situation. Au début, les spécialistes de la médecine populaire tibétaine m'avaient dit, en dépit de preuves manifestes du contraire, n'avoir jamais entendu parler du *moumieu*. Mais deux ans plus tard, on jetait en pâture au grand public la nouvelle d'une découverte sensationnelle : dans les montagnes de l'Ouzbékistan et du Tadjikistan, on avait trouvé une substance minérale curative appelée moumieu, dont les vertus bienfaisantes avaient été vérifiées expérimentalement. Je devais d'ailleurs apprendre que ce dérivé du pétrole, l'algarite, qui ressemble un peu à la cire minérale ou ozokérite, était bien connue des géologues et des chimistes. En fait, cette variété-là de *moumieu* ne m'intéressait nullement, si ce n'est pour la façon bruyante dont elle avait été tirée du secret sur l'ordre de milieux qui ne m'étaient pas accessibles et qui, ce faisant, avaient brouillé la piste du médicament plus sacré.

Les vieux grimoires de médecine orientale raconteront en temps utile l'histoire du *moumieu* authentique, d'une manière bien plus complète que je n'ai encore pu l'apprendre moi-même. Mais, dès à présent, on peut y distinguer trois étapes, caractérisées chacune par une école particulière : la médecine tibétaine ancienne, la médecine persane médiévale et la médecine arabe.

De tout ceci, une seule chose, en somme, doit être retenue : du moment qu'il existait un trafic de cette drogue, c'est qu'on savait en obtenir la matière première, à savoir des *mi-gheus*, morts ou vifs.

Ici doit s'insérer un véritable épisode de roman policier, un coup d'échecs joué par une main invisible. En janvier 1962, je reçois un coup de téléphone m'informant qu'au Pamir, tout près de la frontière afghane, on avait abattu quelque chose qui pouvait être soit un homme-des-neiges, soit un singe. Je pars illico par avion, avec Y. K. Golovanov, dans la capitale du Tadjikistan. Le corps avait été déposé dans un centre de lutte contre la peste : nous n'y fûmes admis qu'après les précautions d'usage. En fait, l'être abattu n'était autre qu'un vulgaire macaque rhésus, un mâle d'assez grande taille ! Des traces de collier et l'état de ses paumes indiquaient au surplus qu'il avait vécu en captivité. Mais qui donc — et dans quel but ? — l'avait amené dans le Pamir pour l'y relâcher en catimini ? Aucune infection, pesteuse ou non, ne fut décelée en lui. L'idée m'est alors venue que des gens malveillants avaient peut-être espéré par une telle manœuvre couper court définitivement à l'intérêt qu'on pouvait porter à l'Homme-des-neiges. « Vous voyez bien que ce n'est qu'un vulgaire singe ! » se serait-on exclamé. Sans doute serais-je devenu la cible de maintes moqueries si je n'avais, par bonheur, été le premier expert à me trouver sur les lieux et si je n'avais déclaré catégoriquement aux journalistes : « Ce macaque n'a absolument rien à voir avec le problème posé par l'Homme-des-neiges ».

Cela dit, mes divers voyages personnels en Asie centrale n'ont que bien peu enrichi le tableau que nous avions brossé sur la base des témoignages et de nos propres méditations devant la carte du monde. « On a capturé une femelle avec son petit : on a tué le petit, mais le *moullah* a ordonné de relâcher la mère... Le *moullah* a formellement interdit qu'on en tue... Le *moullah* a ordonné qu'on n'en parle pas... » Que de fois n'avons-nous pas recueilli des déclarations de ce genre ! Tout le travail de sondage que nous avons accompli au moyen de questionnaires dans les diverses régions n'a d'ailleurs fait que renforcer notre conviction que l'on nous mettait des bâtons dans les roues. L'Hominoïde relique est nimbé d'une aura de croyances anciennes et de craintes superstitieuses : on a même peur de parler de lui, voire de simplement prononcer son nom. Toute cette attitude est déterminée par les tabous qu'édicte le clergé musulman. Par deux fois, à Douchanbé, j'ai eu vent de l'existence de livres contenant des informations sur l'Homme sauvage, mais les *moullahs* qui les détenaient ont toujours opposé un refus catégorique aux prières de mes collaborateurs. Un d'eux est même allé jusqu'à dire : « cela ne regarde pas les infidèles... »

Si l'on situe sur une carte de distribution des groupes ethniques la masse d'informations que nous possédons sur les hominoïdes reliques, on constate que l'aire de dispersion de ceux-ci se superpose essentiellement aux régions où l'une des trois religions suivantes est répandue dans la population : l'islamisme, le lamaïsme et le chamanisme. Il existe aussi quelques zones de cultes « païens » locaux. Une conclusion s'impose donc : au cours des derniers millénaires, voire des derniers siècles, les néanderthaliens rescapés se sont conservés généralement là où, dans une certaine mesure, ils étaient protégés par des religions ou des superstitions. On sait que les dirigeants de l'Eglise lamaïste ont interdit par un édit spécial de molester les derniers *mi-gheus*. L'Islam, qui s'est répandu autrefois en luttant contre le zoroastrisme, est devenu par la logique des choses le protecteur des *devs* : des interdits et des instructions ont été promulgués à l'usage des rais croyants en ce qui concerne ces semblants d'hommes, ces « esprits » bizarrement matériels et mortels...

Cela dit, si des croyances tout à fait étrangères à la Science ont, pour son plus grand bénéfice, préservé autrefois sur la terre ce trésor inestimable que sont les néanderthaliens reliques, ces mêmes croyances dressent aujourd'hui un barrage quasi infranchissable sur la voie de leur étude. C'est pourquoi je terminerai ce chapitre par un appel à la raison adressé aux musulmans pratiquants de notre pays [74].

Le mystère des *chaïtanes* (démons) à forme humaine, velus et privés de parole, n'appartient nullement aux bases de l'enseignement de la foi musulmane. Ce mystère d'ailleurs est déjà en partie déchiffré. Aussi est-il grand temps de dévoiler à la Science ces connaissances dont elle a le plus urgent besoin. Le moment est venu de livrer enfin le vieux secret de l'Orient.

---

(74) Il faut tenir compte du fait que ce texte a paru originellement dans une revue à grand tirage publiée à Alma-Alta, la capitale du Kazakhstan

CHAPITRE X

À PORTÉE DE LA MAIN

Des néanderthaliens survivent dans le Caucase même.

Les premières informations parvenues du Caucase nous avaient terriblement décontenancées. Des images inspirées par la recherche de l'Homme-des-neiges dans les hauteurs de l'Himalaya s'imposaient encore dans notre esprit : de vastes étendues sauvages de glace et de rochers nus... Et voilà que tout à coup on nous proposait un décor diamétralement opposé : le Caucase apprivoisé et domestiqué, que sillonnent les touristes et que piétinent les estivants [75]. L'assimilation de cette nouvelle situation ouvrait à notre étude des perspectives tout à fait inattendues...

Déjà pendant l'expédition au Pamir en 1958, la *Komsomolskaïa Pravda* m'avait fait suivre quelques échos épistolaires. C'est tout juste s'ils ne m'avaient pas semblé compromettre mon article sur les *almass* de Mongolie. « Chez nous aussi, voyons ! Il y en a aussi chez nous ! » ne cessaient de m'écrire, de Kabardie, l'ethnographe P. P. Bolytchev et quelques autres dépisteurs d'informations analogues, tels que R. D. Varkvasov, Y. N. Eréjikov et E. G. Tkhagapsoïev. Chose surprenante, la bête portait parfois au Caucase le même nom que dans la lointaine Mongolie, le même d'ailleurs qu'au Tadjikistan. Notre commission demanda donc au professeur A. A. Machkovtsev de faire éclater ce paradoxe caucasien. Il se pencha aussitôt sur les livres susceptibles de l'éclairer et sur toutes les lettres reçues. Par la suite, il devait même faire sur place quelques incursions de reconnaissance. Ses recherches sont à la base de toute notre Odyssée caucasienne.

Le zoologue Constantin Alexeïévitch Satounine s'est illustré autrefois par ses études sur la faune du Caucase. Il a découvert et décrit six genres, soixante espèces et plus de quarante sous-espèces d'animaux jusqu'alors inconnus : en majorité des Vertébrés. Il n'y a qu'une seule espèce qu'il ait décrite, non dans une communication scientifique officielle, mais sous forme de souvenir de voyage, et ce parce qu'il n'avait pas su étaler le « type » de cette espèce sur sa table de dissection. Le récit en question est frappant : c'est manifestement la même dénomination que celle de *Goul-biavane* utilisée au Pamir (Planche 9).

Le texte du grand zoologiste a été publié en 1899. Tard dans la soirée, C. A. Satounine cheminait avec ses guides à travers les forêts désertes des contreforts de la chaîne de Talych, tout au sud de l'Azerbaïdjan. Une hallucination est hors de question, a souligné avant tout cet excellent observateur de la nature qu'était Satounine : même les chevaux ont pris peur et se sont cabrés ! Quant à lui-même et à ses guides, ils ont clairement vu la même chose, à savoir la silhouette d'un être humain d'aspect sauvage, apparemment une femme, qui avait franchi le sentier devant eux et traversé la clairière. C'est seulement à l'issue de cette étape, lors de la halte, que notre zoologiste a pu recueillir des renseignements locaux sur les hommes velus et privés de parole qui vivent dans les monts Talych.

---

(75) Toutes proportions gardées, c'est un peu comme si, en France, on signalait des yétis dans le haut Var, ou dans les Alpes-Maritimes.

De nos jours, réagissant enfin au signal lancé autrefois par Satounine, le professeur N. I. Bourtchak-Abramovitch s'est efforcé de rassembler des témoignages récents à la faveur de diverses missions de reconnaissance. Des centaines de notes se sont déjà accumulées de la sorte sur les observations faites par la population indigène. Vers l'automne, ces êtres hominoïdes velus et sauvages — appelés *Gouleïbanes* quand ils sont de sexe mâle, et *Vilmojines* s'il s'agit de femelles — apparaissent à proximité des villages, dans les melonnières et les potagers. En été, ils se tiennent plutôt le long des rivières, où abondent poissons, grenouilles et crustacés. Nombreux sont les chasseurs qui peuvent décrire les traces qu'ils laissent derrière eux dans la neige. Mais l'enquêteur se heurte çà et là à un rideau invisible. Un usage très ancien veut que les chasseurs ne tuent pas les hommes sauvages. Il arrive cependant encore au peuple Tate, d'après certains renseignements, d'en abattre pour les offrir en sacrifice dans leurs sanctuaires. Aussi tient-on d'autant plus secrets les lieux d'habitation des individus encore vivants.

Voici cependant un épisode local qui n'est voilé ni par la loi du silence ni par le respect du sacré. Il nous a été communiqué par un officier de la police azerbaïdjanaise, le capitaine Biélalov. Dans la section régionale de cette police figurait l'adjudant-chef Ramazane, un homme honnête et discipliné. Un jour de l'été de 1947, il rentrait chez lui de sa tournée d'inspection, assez tard dans la soirée : la lune était pleine. Juste avant de parvenir à son village, il s'apprêtait à traverser un petit pont, quand une énorme créature avait jailli de l'ombre des bois, l'avait empoigné à pleines mains, soulevé de terre et transporté au pied d'un arbre : « une deuxième créature semblable se trouvait là, raconte le capitaine Biélalov. Toutes deux poussaient de drôles de cris inarticulés, et elles se mirent à palper l'adjudant avec la plus vive curiosité : leur attention paraissait plus particulièrement concentrée sur le visage et sur les boutons rutilants de sa tunique de policier. Le brave adjudant était à ce point terrifié qu'il oublia tout simplement qu'il était armé. Il ne perdit tout de même pas connaissance. Comme il l'a rapporté, il avait sous les yeux deux êtres humains énormes, un homme et une femme, sans le moindre vêtement et entièrement couvert de poils épais de couleur sombre. La femme était un peu plus petite que l'homme. Ses seins lui pendaient très bas sur le ventre et elle avait de très longs cheveux. Ni l'un ni l'autre de ces êtres n'avait de poils sur le visage, mais ce dernier était très effrayant à cause de sa peau foncée et surtout de sa ressemblance avec celui d'un singe. L'adjudant est resté longtemps allongé à examiner ce couple bizarre au clair de lune. Chaque fois qu'il faisait mine de bouger, le mâle se mettait à grogner de façon menaçante. Vers la fin de la nuit, la situation est devenue encore plus horrible. Dès que la femelle entreprenait de toucher l'adjudant, le mâle poussait un grondement et la repoussait sur le côté. Si le mâle se précipitait à son tour sur l'adjudant, la femelle se mettait à grogner et l'écartait de l'homme prostré. A un certain moment, ils en vinrent aux mains. Quand le jour enfin se leva, les deux créatures humanoïdes s'enfoncèrent dans la forêt. L'adjudant qui, sous l'effet de la commotion, n'avait même pas songé à tirer son pistolet, resta étendu sur le sol pendant un bon moment, puis il se précipita chez lui. Quand il se fut remis de ses émotions, au bout d'une dizaine de jours, il rédigea un rapport très circonstancié sur l'incident. Il était évident qu'il l'avait réellement vécu ».

Un autre foyer de renseignements extrêmement riche s'est révélé dans cette partie de la chaîne principale du Caucase où se joignent le nord de l'Azerbaïdjan et de la Géorgie, et le Daghestan. C'est de là que sont parvenues à nos oreilles les informations les plus saisissantes. Et c'est là bien entendu, au cœur du nouveau mystère caucasien, que se précipitèrent les premiers éclaireurs encore inexpérimentés. Précisons que dans cette région, beaucoup d'habitants sont de confession musulmane.

Un beau jour, le lieutenant-colonel Vasguen S. Karapétyane, médecin neuro-pathologiste, téléphona à la commission pour l'étude de la question de l'Homme-des-neiges auprès de l'Académie des Sciences de l'U. R. S. S. : « Voilà dix-sept ans, nous dit-il, que je n'arrive pas à comprendre quelque chose que j'ai vu autrefois. Cela pourrait avoir un rapport avec l'objet de vos études, et il se peut que cela serve de l'une ou l'autre façon à la Science soviétique ». Nous avons invité Karapétyane, et ses souvenirs ont été consignés par procès-verbal.

L'histoire s'était passée pendant la dure période de la guerre mondiale, au cours de l'hiver de 1941. Le bataillon de tirailleurs, auquel Karapétyane était attaché en tant que médecin militaire, se trouvait cantonné près d'un *aoul* (village) daghestanais de haute montagne. Un jour, on vint le chercher : les autorités locales avaient capturé dans les neiges un gaillard couvert de poils, qui se refusait à parler. Ce qu'on demandait au médecin était simplement de vérifier qu'il s'agissait bien d'une véritable fourrure et non de quelque camouflage. L'homme velu ne pouvait pas rester dans un local chauffé : il y transpirait à grosses gouttes et semblait suffoquer. Aussi le gardait-on dans un hangar, bien au frais. « Je revois encore cet homme, nous a raconté Karapétyane, comme s'il se trouvait sous mes yeux en ce moment même : de sexe masculin, nu de la tête aux pieds. Toutes ses formes étaient humaines, mais la peau de sa poitrine, de son dos et de ses épaules était couverte de poils broussailleux d'une couleur brun foncé. Au-dessous de la poitrine, les poils étaient plus fins et plus doux. Les mains, assez grossières, étaient ornées de poils plus clairsemés, les paumes et la plante des pieds en étaient tout à fait dénuées. Sur la tête, en revanche, les cheveux étaient très longs : ils descendaient sur les épaules et couvraient partiellement le front, et ils étaient rudes au toucher. Il n'y avait ni barbe ni moustache : tout le visage ne présentait qu'une pilosité très légère. L'homme se tenait debout, tel un hercule faisant saillir sa cage thoracique puissante et développée. Aux mains, on remarquait des doigts très épais et solides, d'une longueur insolite. Le visage était d'une couleur extraordinairement foncée. Les sourcils étaient très épais. Au-dessous d'eux, les yeux étaient profondément enfoncés. Mais le regard de ces yeux n'exprimait rien, il était purement bestial. L'être en question n'avait pas la moindre réaction humaine. Il n'émettait que des beuglements nasillards. Sur la poitrine, le cou et plus particulièrement le visage, il y avait une multitude de poux qui, sans conteste, n'appartenaient pas aux trois espèces parasitant l'Homme [76] ». Son examen terminé, Karapétyane n'entendit plus jamais parler de cet homme sauvage. Il faut croire qu'on l'avait considéré malgré tout comme un simulateur, un criminel qui se cachait [77].

Pendant plusieurs années, nous avons déployé des efforts infructueux pour tenter de renouer ce fil brisé. Et puis, un jour, tout à fait par hasard, nous avons recueilli le récit d'un Ossète qui, précisons-le, n'avait jamais entendu parler de la communication de Karapétyane. Un certain Tsakoïev, son ami décédé, avait plus d'une fois évoqué devant l'Ossète en question un souvenir bizarre du temps de guerre : en 1941, au

---

(76) Ce détail en apparence futile est d'une importance capitale du point de vue zoologique. Chaque espèce animale en effet se caractérise par son arsenal particulier de parasites.

(77) Ou comme un espion, et qu'on l'avait conséquemment passé par les armes...

Daghestan, il commandait une patrouille chargée de capturer les déserteurs. En suivant des traces de pas, ses hommes et lui avaient attrapé, près d'un bois, un homme velu, sans aucun vêtement, qui transportait un chou sous son bras. Contrairement à ce qu'ils attendaient, il n'avait opposé aucune résistance. Il semblait privé de parole. On l'avait emmené vers l'*aoul* et on avait convoqué le médecin d'un camp militaire voisin pour venir l'examiner. Il n'y avait bien sûr aucun espoir de retrouver son squelette.

En 1957, V. K. Léontiev, inspecteur gouvernemental des chasses de la R. S. S. autonome du Daghestan, se trouvait en tournée dans la réserve naturelle de Goutan, quand, tard dans la soirée du 9 août, alors qu'il se tenait près d'un feu de bois, il avait vu un gigantesque homme sauvage — il devait bien dépasser 2 mètres — escalader une pente neigeuse, à une distance qui n'excédait pas 50 à 60 mètres. Léontiev put le contempler pendant cinq à sept minutes alors qu'il traversait le névé, puis il essaya de lui tirer dans les jambes pour l'immobiliser, mais le manqua. L'être escalada aussitôt la pente neigeuse à une vitesse invraisemblable, poursuivi en vain pendant quelques minutes par l'inspecteur.

Tout le corps de la bête était couvert de poils brun foncé, mais moins épais et moins longs que ceux d'un ours. Pendant un bref instant, quand l'animal se détourna au bruit de la détonation, il fut possible de voir qu'il n'avait pas le mufle allongé d'une bête, mais une face plate comme un visage humain. Il était très voûté, se tenant fortement penché en avant, et ses jambes paraissaient un peu arquées et très massives.

Léontiev a eu le rare privilège de pouvoir relever et même dessiner une trace de pas néanderthalienne on ne peut plus récente : son ancienneté ne remontait qu'à quelques minutes ! Les bouts des orteils s'étaient profondément enfouis dans la neige : l'animal marchait avec les orteils repliés, comme s'il cherchait à les piquer dans la couche de neige. Tous les orteils étaient nettement écartés, le gros orteil étant le plus à l'écart de tous. En remontant la pente, l'animal ne s'appuyait pas sur toute la surface du pied, mais uniquement sur les pointes. D'après les empreintes, la plante des pieds était, semble-t-il, couverte d'une peau dure et épaisse, marquée de callosités saillantes et de rides profondes. Il n'a pas été relevé de traces de griffes.

La description minutieuse, par Léontiev, du cri que le paléanthrope avait poussé peu de temps avant la rencontre est d'un grand intérêt.

Dans le compte rendu qu'il nous a envoyé, Léontiev a confronté son observation personnelle, faite de tout près, avec les données qu'il avait obtenues en questionnant la population. Mais il faut ajouter que, là aussi, la voie de l'étude était barrée par le souci de faire silence sur les choses de cet ordre, souci qu'entretient pieusement le clergé musulman.

Voici toutefois la déposition d'un Dahghestanais émancipé, Ramazane Omarov, médecin-vétérinaire dirigeant le service zootechnique d'un *kolkhoze*. Le 20 août 1959, il descendait un sentier de montagne, vers 6 heures du soir, la visibilité étant encore parfaite. Soudain, plus bas sur la piste, il avait vu se déplacer une grosse bête. Croyant que c'était un ours, il s'était caché derrière un buisson : « L'animal, qui d'abord était assis, se leva et marcha, dressé sur les deux jambes, dans ma direction. Il ressemblait à la fois à l'Homme et au Singe. Encore enfant, j'avais entendu raconter pas mal d'histoires sur les *kaptars*, mais je n'y croyais pas. Et voilà que maintenant j'en avais un sous les yeux ! Il avait de longs poils, noirs comme ceux d'une chèvre. On avait l'impression qu'il n'avait pas de cou : sa tête lui paraissait directement soudée aux épaules. De longs cheveux lui pendaient de la tête. Le *kaptar* se rapprocha et il passa à mes côtés. C'était un mâle. Il avait la tête allongée, pointue vers le haut. En marchant, il balançait ses très longs bras, qui lui descendaient presque jusqu'aux genoux, et qui ballottaient comme s'ils étaient fixés au corps par des vis. S'éloignant de moi jusqu'à 200 mètres environ, l'étrange créature traversa le sentier et s'assit de nouveau. Elle resta ainsi accroupie pendant deux ou trois minutes, ses mains touchant le sol. Après s'être redressé, le *kaptar* se dirigea à vive allure vers les buissons, en faisant de si grandes enjambées qu'aucun homme ne serait capable d'en faire de pareilles, surtout en remontant une forte pente. Il se tenait droit, les épaules légèrement voûtées. Il n'avait pas de queue ».

Les premiers explorateurs du problème combien inattendu de l'« Homme-des-neiges » caucasien parcoururent surtout, en 1959 et 1960, certaines zones situées au-delà de la chaîne principale du Caucase, à savoir les régions de Zakataly et de Biélokany, dans la République Soviétique d'Azerbaïdjan, et celle de Lagodekhi, dans la R. S. de Géorgie. Une des premières incursions dans les réserves naturelles de Zakataly et de Lagodekhi fut entreprise par un membre actif de la Société de Géographie, S. M. Loukomsky. Parmi bien d'autres, les bergers évoquèrent à son intention des rencontres récentes avec des mâles et des femelles de *kaptars*. Des détails très précis furent rapportés de la sorte. Ainsdi, le berger Malo-Magom, qui avait vu une femelle passer tout près de lui, remarqua que les doigts sont plus étroitement serrés les uns contre les autres que chez l'Homme ; que les arcades sourcilières sont très proéminentes et les yeux très enfoncés ; que la bouche est largement fendue, et les lèvres très fines. Mais ce qui surprit le plus Loukomsky, c'est qu'un des hommes interrogés lui demanda à son tour : « Pourquoi poses-tu toutes ces questions, alors que tout a déjà été écrit sur le *Kaptar*, et que son image figure dans un livre arabe qui se trouve dans notre village ? » L'homme proposa même à l'enquêteur de le conduire chez le détenteur de cet ouvrage, probablement un *moullah*, mais Loukomsky eût été bien en peine de comprendre le texte arabe, fût-ce d'en noter le titre. De toute façon, il est certain qu'on ne lui aurait même pas laissé voir le livre...

Youri Ivanovitch Méréjinsky, collaborateur de la section d'ethnographie et d'anthropologie à l'Université de Kiev, a été un chasseur, dévoué et acharné, de renseignements sur les hominoïdes reliques du Caucase, depuis la toute première phase d'investigation jusqu'au jour où la mort est venue éteindre prématurément la flamme de son enthousiasme. Accompagné d'un groupe d'étudiants, il fit d'abord irruption au milieu du train-train quotidien des villages de haute montagne, recherchant le plus grand nombre possible de témoins oculaires, questionnant à tout hasard la plupart des gens qu'il rencontrait çà et là, jusque sur les chemins ou dans les bazars. Ses recherches obstinées ont marqué de leur sceau notre épopée caucasienne. C'est aussi le seul de notre équipe qui ait eu un jour la chance exceptionnelle de pouvoir observer directement, lui-même, un *kaptar* vivant.

Méréjinsky avait fait la connaissance du chasseur de sangliers nocturne le plus expert de Biélokany, un homme qui avait rencontré à plusieurs reprises un *kaptar* blanc. Il s'agissait sans doute de tout un groupe d'albinos qui hantaient la région, et sur lesquels il circulait d'ailleurs pas mal de récits. Notons en passant que des spécimens tout à fait blancs apparaissent à divers endroits de l'aire de dispersion des hommes sauvages et velus, dont ils semblent constituer une mutation courante. Le vieillard consentit à conduire Méréjinsky à un affût de chasse nocturne, à la condition expresse qu'au cas où un *kaptar* se montrerait, le visiteur s'abstiendrait de lui tirer dessus et se contenterait de le photographier. Hadji Magoma — c'était son nom — voulait faire honte à tous ceux qui ne croyaient pas à ce qu'il racontait. « Quand il y en a seulement un seul qui a vu, les autres ne le croient pas, devait-il m'expliquer personnellement par la suite. Mais une photo, un millier d'hommes peuvent la voir, et le monde entier la verra ».

Méréjinsky arriva sur place à la date convenue, accompagné de deux personnes, dont Marie-Jeanne Koffmann. Hélas ! Le désir irrépressible de balayer d'un grand coup d'éclat toutes les moqueries dont il avait souffert devait lui faire commettre un geste regrettable : il avait dissimulé un petit pistolet chargé dans sa poche... Le 18 septembre 1959, par une nuit de pleine lune, Hadji Magoma conduisit le petit groupe au bord d'une rivière aux berges envahies de broussailles. Il scinda l'équipe en deux, et s'installa lui-même avec Méréjinsky à un endroit choisi, d'où l'on découvrait une clairière donnant sur la rivière. Le guide semblait tout à fait sûr de ses chances de réussite. Et assez vite en effet, s'il faut en croire Méréjinsky, s'était fait entendre, dans le silence de la nuit, le clapotis produit par le *kaptar* venu se baigner. Après ses ablutions, il était remonté à quatre pattes sur la berge. Le corps redressé, il s'était révélé extrêmement maigre, les membres grêles, et couvert de la tête aux pieds d'un poil parfaitement blanc. A ce moment, le baigneur avait émis une série de sons qui faisaient penser à un rire saccadé, du genre « hé ! hé ! hé ! ». Hadji Magoma chuchota : « Photographie ! »

Un coup de feu insensé retentit. Les mains de Méréjinsky tremblaient : il était incapable de se maîtriser. Il put tout juste entendre le fracas que l'animal produisit en se sauvant précipitamment dans l'eau. « Pourquoi as-tu tiré ? Pourquoi as-tu tiré ? » gémissait le vieillard. Accourue sur les lieux, Marie-Jeanne Koffmann trouva Méréjinsky dans un état d'émotion indescriptible, le visage ruisselant de sueur. Jamais plus, depuis lors, Hadji Magoma n'a accepté d'emmener des curieux vers ses affûts.

Par la suite, l'initiative du travail d'information dans ces régions devait passer sur les épaules du docteur Marie-Jeanne Koffmann. Littéralement possédée par l'idée de la merveille en partie dévoilée, éperonnée par la passion des grands conquistadores, celle-ci allait, au cours de trois saisons consécutives, visiter à pied les villages de la vallée de l'Alazan et escalader les flancs les plus abrupts de la chaîne principale du Caucase, dans le bord de l'Azerbaïdjan. Elle apprit à arracher des confidences aux montagnards les plus taciturnes. (Planches 9 et 10).

Voici, à titre d'exemple, le récit de l'Azerbaïdjanais Lativov, ouvrier de trente-deux ans travaillant dans une centrale hydroélectrique. Ses propos ont été recueillis et notés au Comité régional du Parti de la ville de Noukha, au cours d'un entretien auquel participaient deux représentants de celui-ci : le deuxième secrétaire du Comité, le docteur Kouliéva, et un zootechnicien du nom d'Akhabov. Au mois de mars 1959, Lativov s'était rendu dans la forêt pour en ramener du bois à brûler. Après avoir laissé sa charrette sur le chemin, il avait entrepris d'escalader le flanc de la montagne. Or, au même instant, un être d'apparence humaine mais sans vêtements et couvert de poils — il était de taille moyenne, avec un torse et des bras très puissants — dévalait précisément dans sa direction. Ils s'étaient presque butés l'un à l'autre, et ils étaient restés longtemps à se dévisager mutuellement. Lativov eut tout le loisir de détailler les grands doigts aux ongles larges et longs, le pelage particulièrement épais sur les jambes, les poils rêches couvrant la poitrine et les épaules, et enfin la peau noire, bien visible sur le visage. Quand cette créature finit par s'éloigner, il put constater que, sur ses fesses, les poils étaient beaucoup plus rares, laissant voir la peau foncée. Une chevelure embroussaillée lui retombait sur les épaules et dissimulait en partie son visage.

Et puis, l'être était revenu sur ses pas, se déplaçant cette fois à vive allure, et Lativov était prudemment monté dans un arbre élevé, au tronc extrêmement lisse (à la lumière de plusieurs observations, les paléanthropes reliques, qui en général grimpent bien aux arbres, n'arrivent pas à s'élever le long d'un tronc uni, à cause, semble-t-il, de la conformation particulière de leurs mains). « L'homme velu s'est approché de l'arbre, a raconté Lativov, et il est resté planté sur place, pendant probablement deux heures environ. J'avais les bras tout engourdis à force de m'agripper au tronc. Parfois, d'un mouvement brusque, l'être joignait les mains en s'entremêlant des doigts, et il se les posait ainsi brutalement sur la tête, en s'ébouriffant encore davantage les cheveux. En même temps il découvrait alors les dents, mais pas une seule fois il n'a émis le moindre son. Finalement, il a tourné les talons et s'en est allé, cette fois en aval, en direction de la rivière. Je n'avais jamais entendu parler auparavant d'une telle créature, et je ne sais franchement pas ce que c'est, ni comment cela s'appelle. S'il n'y avait pas eu ces poils et de si longs ongles, on aurait vraiment dit que c'était un homme ».

Ainsi, peu à peu, les notes de récits disparates sur des rencontres avec des *kaptars* ou des méché-adames, s'enchaînaient et finissaient par former des séries. La biologie complexe de l'espèce se mettait à transpirer à travers elles. Chaque détail nouveau était un objet d'étonnement ou d'émerveillement, mais constituait parfois aussi un vrai casse-tête. C'est également dans cette même région que le professeur Bourtchak-Abramovitch fit ses premières armes avec son assistant F. Akhoundov. En plus de la récolte des témoignages, ils prirent là-bas des croquis de traces de pas, et même des moulages de ceux-ci.

En octobre 1960, j'ai fait une brève tournée d'inspection dans cet important foyer d'exploration. Je tenais à voir moi-même le visage du pays, et celui de nos informateurs. Avec Marie-Jeanne Koffmann, j'ai visité plusieurs localités. Le majestueux vieillard Hadji Magoma m'est apparu comme un homme complexe, pénétré de l'esprit et des traditions de l'Orient musulman. Et puis nous avons passé une nuit chez le menuisier Mamed Omarovitch Alibekov, un homme de trente ans, simple et franc, qui a la réputation d'être le meilleur chasseur de la région, et aussi d'être d'une honnêteté à toute épreuve. Déjà, il avait informé séparément Marie-Jeanne Koffmann et N. I. Bourtchak-Abramovitch de sa rencontre, en 1956, avec un *kaptar*, au bord de la rivière qui passe près de son village de Koullar. Je n'avais pas mentionné, au cours de l'entretien particulier que nous avions eu, que j'étais parfaitement au courant de ses récits notés avec soin. Dans sa troisième version des faits, les moindres détails correspondirent toujours parfaitement, et celle-ci était par conséquent tout à fait convaincante. Après quoi, nous nous sommes enfoncés dans la forêt en sa compagnie. A l'endroit même où la rencontre avait eu lieu, Alibekov montra du doigt les quartiers de roc et les arbres qui y avaient joué un rôle, et, par gestes et mimiques, il s'efforça même de reproduire toutes les particularités du comportement du *kaptar*.

Enfin il fit sur un morceau de papier un croquis au crayon de la silhouette de celui-ci :

« C'était bien maladroit au point de vue technique mais exécuté avec une grande application. Il m'expliqua que les gens de la région ne donnaient qu'à contrecœur des renseignements sur le *kaptar*, à cause de préjugés religieux. Il était pour sa part un des rares hommes du district à ne pas en avoir. Il fit part à Marie-Jeanne Koffmann, de son étonnement, en des termes singulièrement significatifs : « J'ai toujours cru que l'Etat connaissait très bien le *Kaptar*. Tout le monde ici en parle ouvertement : on dit qui en a aperçu un, et à quoi il ressemblait. Autrefois, il y avait énormément de conversations à son sujet. Comment aurais-je pu imaginer que l'Etat et la Science l'ignoraient ? J'étais absolument convaincu qu'on savait tout sur le *Kaptar*, comme sur l'Ours, le Sanglier ou le Bison, et bien d'autres bêtes. Je pensais qu'il y en avait depuis longtemps dans les muséums et les zoos ! »

Voici en revanche un exemple d'attitude négative devant nos questions, et non pour des raisons religieuses cette fois. A Lagodekhi, nous avons été les hôtes du célèbre chasseur Gabro Eliachvili. Plusieurs personnes distinctes nous avaient signalé qu'Eliachvili leur avait raconté — toujours avec la même constance dans les détails — ses diverses observations d'hommes sauvages à la faveur d'affûts nocturnes. Ce n'était pas tout. Sur la foi de ses propres déclarations, il avait, nous avait-on rapporté, abattu personnellement, et enseveli, deux *Tskhisskatsy*, et son fils en aurait fait autant d'un troisième. Pourtant, en dépit de sa grande hospitalité, notre hôte, une fois interrogé, répondit, en prenant l'air étonné, que jamais de sa vie il n'avait même entendu parler du *Tskhisskatsy*, ou d'hommes sauvages et velus. Qu'est-ce donc qui avait soudain scellé ses lèvres ?

Impossible de passer sous silence les conversations que nous avons eues au cours d'une réunion des chasseurs de la région. Il s'y est révélé que les traces de panthères des neiges et ces félins eux-mêmes ont été vus par moins de gens que les empreintes de pas du *Tskhisskatsy* et que l'être lui-même en chair et en os. Tous ces chasseurs exerçaient leur métier dans les forêts voisines de l'Azerbaïdjan et du Daghestan. Par la suite, nous avons encore recueilli des informations, en provenance de la Géorgie orientale, sur des individus errant çà et là. Mais c'est de la Svanétie que nous sont parvenus les renseignements les plus abondants.

En Abkhazie, on appelle ces hominoïdes *Otchokoychi* (en mingrélien) et *Abnaouaïou* (en abkhaz). Selon d'innombrables légendes anciennes, quand les Abkhazes se mirent à peupler la région, il leur fallut expulser ces gêneurs ou les exterminer. Mais on a pu enregistrer aussi des récits tout récents sur certains individus tués par des chasseurs, sur d'autres capturés et parfois apprivoisés, enfin sur quelques rencontres fortuites. C'est en récoltant ce genre d'informations que le professeur A. A. Machkotsov entendit pour la première fois la prodigieuse histoire de Zana, et qu'il se mit à l'étudier à fond. Par la suite, j'ai moi-même repris son enquête là où il l'avait laissée, ce qui m'a valu un contact combien émouvant avec le passé vivant !

Zana était une femelle d'*Abnaouaïou*, captive et domestiquée, qui a vécu, est morte et a été enterrée dans le hameau de Tkhina, au district d'Otchamtchir. Un certain nombre de personnes actuellement en vie se souviennent encore d'elle. C'est dans les années 80-90 du siècle dernier qu'elle fut inhumée, mais parmi les habitants actuels du hameau ou de ses environs il y en a plus de dix qui ont assisté à son enter-

rement. Ceux qui ont dépassé quatre-vingt ans, et a fortiori cent ans [78] , ont connu
Zana pendant longtemps, et nous avons pu extraire bien des souvenirs intéressants
de leur mémoire. Les descriptions les plus détaillées de la créature ont été faites par
Lamtchatsv Sabékia (cent cinq ans environ), ainsi que par sa sœur Digva Sabékia
(plus de quatre-vingt ans), par Nestor Sabéjia (environ cent vingt ans), Kuona
Koukounaä (environ cent vingt ans aussi), Alyxa Tsvijba (environ cent trente ans) et
Chamba (environ cent ans). On peut dire qu'il n'existe guère dans tout le voisinage
une seule maison où l'on n'ait pas gardé de souvenirs familiaux relatifs à Zana. Voici
la synthèse de toutes les notes qui ont pu être rassemblées :
Le lieu et la date de la capture de l'*abnaouaïou* en question sont obscurs. Suivant
une des versions, on l'aurait attrapée dans les forêts des monts Zaädan, selon une autre, pas loin de la côte maritime de l'actuel district d'Otchamtchir, ou encore plus au
sud, dans l'Adjarie actuelle. Le nom de Zana plaide en faveur de l'Adjarie : il ressemble en effet au mot géorgien *zangi*, qui signifie « à peau foncée », « nègre [79] »
Si l'on est arrivé à s'emparer de cette femelle, ce n'est pas dû au hasard, mais à la
science des chasseurs qui avaient utilisé à cette fin une technique très ancienne.
Quand on la ligota, elle se débattit furieusement : on la frappa à coups de matraque,
on la bâillonna au moyen d'un tampon de feutre et on lui fixa une sorte de carcan de
bois aux chevilles pour l'empêcher de fuir. Il est bien possible qu'elle ait été reven-
due à plusieurs reprises avant de devenir la propriété du roitelet souverain D. M.
Atchba, parmi les forêts de Zaädan. Ensuite, la captive vécut chez le vassal du
prince, Kh. Tchelokoua. Plus tard encore, on en fit cadeau au noble Edghi Ghénéba
lors d'une visite de celui-ci : il la transporta, ficelée comme un saucisson, dans sa
propriété du hameau de Tkhina, sur la rivière Mokva, à 78 km. de Soukhoumi. La
date exacte de ce transfert est inconnue. Mais à partir de ce moment, les connaissances des informateurs locaux deviennent concrètes.
Au début, Ghénaba avait installé Zana dans un enclos très solide, fait de gros pieux
verticaux. C'est là qu'on lui descendait sa nourriture, sans jamais y entrer, car elle
se comportait comme une vraie bête féroce. Elle avait creusé un trou dans le sol pour
y dormir. Elle demeura ainsi trois ans dans un état de sauvagerie totale. Mais elle
s'apprivoisait peu à peu, au point qu'on finit par la transférer dans un enclos en
branches tressées, sous un auvent, un peu à l'écart de la maison. Au début, elle y était
tenue en laisse, mais, par la suite, on lui permit de sortir en liberté. Elle ne s'éloignait guère de l'endroit où elle avait pris l'habitude de recevoir sa nourriture. Elle
ne pouvait pas vivre dans in local chauffé, et elle restait donc toute l'année, par
n'importe quel temps, sous l'auvent, dans la cour, où elle avait, à nouveau, creusé
un trou, une tanière si l'on veut, pour y dormir. Les villageois curieux s'approchaient de l'enclos et venaient taquiner l'*abnaouaïou* au moyen de bâtons, qu'elle
leur arrachait quelquefois avec rage. Elle-même chassait les enfants et les animaux
domestiques en leur jetant des pierres ou des branches.
La peau de Zana était noire ou gris foncé. Elle était couverte, de la tête aux pieds, de
poils noirs roussâtre surtout abondants sur le bas du corps. Par endroits, ces poils
étaient aussi longs que la largeur d'une paume, mais ils n'étaient pas très denses. Au

---

(78) Qu'on ne s'étonne pas outre mesure des âges qui sont mentionnés ici et plus loin. Nous nous trou-
vons en plein dans la région des fameux longévites caucasiens, qui ont tant fait autrefois pour assurer le
prestige du yaourt à l'absorption duquel on avait eu l'astuce d'attribuer leur grand âge.
(79) On peut aussi rapprocher ce mot de l'arabe *zandj* ou *zendj*, qui a le même sens. Qui, en France, n'a
connu l'expression argotique « bout de zan », réservée autrefois aux négrillons, et qui était empruntée à
une marque de bâtons de réglisse ?

niveau des pieds les poils disparaissaient presque totalement : la plante des pieds était glabre. Sur le visage ils étaient très clairsemés et courts. En revanche, sur la tête s'élevait une masse de cheveux complètement feutrés, tout à fait noirs, luisants et rêches, qui formaient comme une *papakha* (gros bonnet de fourrure) et retombaient en crinière sur les épaules et le dos.

Comme tous les *abnaouaïous*, Zana n'était pas douée d'un langage humain. Au cours des dizaines d'années qu'elle a vécu à Tkhina, elle n'est jamais parvenue à prononcer le moindre mot d'abkhazien. Elle ne pouvait que marmonner, émettre des sons inarticulés, et, une fois irritée, des hurlements incompréhensibles. Elle avait l'ouïe fine : elle s'approchait dès qu'elle entendait prononcer son nom, exécutait les quelques ordres que son maître lui donnait, et avait peur quand celui-ci élevait la voix.

L'*abnaouaïou* était de grande taille, massive et trapue. Elle avait les seins disproportionnellement volumineux. Son derrière était gros et haut placé. Ses membres étaient très musclés, mais sa jambe avait une forme étrange : elle était privée de mollet [80]. Les doigts de ses mains étaient plus épais et plus longs que ceux des humains. Ses orteils avaient la capacité de s'étaler en éventail (en particulier quand elle était en colère). C'était le gros orteil qui s'écartait le plus des autres.

Le visage de Zana était extraordinaire : il faisait peur. Il était large, avec des pommettes saillantes et des traits grossiers. Le nez, aux grandes narines retroussées, était épaté. La partie inférieure du visage proéminait presque comme un museau. La bouche était largement fendue, les dents grandes. La nuque saillait de façon anormale. Sur le front fuyant, les cheveux partaient déjà des sourcils, qui étaient broussailleux et épais. Les yeux avaient une nuance rougeâtre. Mais ce qu'il y avait de plus terrible, c'était l'expression de ce visage, une expression qui n'avait rien d'humain mais était purement animale. Parfois, encore que rarement, Zana était saisie d'accès de fou rire inattendus, au cours desquels elle découvrait largement ses dents blanches. Personne ne l'a jamais vu sourire ou pleurer.

Bien qu'elle ait vécu de très longues années, d'abord chez Atchba et ensuite chez Ghénaba, Zana — chose extraordinaire — n'a pratiquement pas changé physiquement en vieillissant, et ce jusqu'à sa mort : elle n'a jamais eu de cheveux blancs, elle n'a pas perdu ses dents, elle a toujours conservé toute sa vigueur. Sa force et son endurance étaient énormes. Elle était capable de courir plus vite qu'un cheval. Même par temps de crue, elle traversait à la nage la tumultueuse Mokva, et elle se baignait hiver comme été dans un ruisseau glacé, qui d'ailleurs porte toujours son nom. Au moulin, elle soulevait sans peine d'un seul bras un sac de farine de 5 *pouds* (80 kilos), se le posait sur la tête et le portait tout en gravissant la pente de la montagne. Avec la balourdise d'un ours, mais la plus grande facilité, elle grimpait aux arbres pour y cueillir des fruits. Et de ses mâchoires puissantes, elle arrivait à croquer sans peine les noix les plus dures.

Que d'instincts et de comportements curieux recelait son organisme ! Pour se régaler de raisin elle arrachait la vigne tout entière qui envahissait un grand arbre. Pour se rafraîchir, elle se couchait dans une mare en compagnie de buffles. Souvent elle partait,

---

(80) C'est là, soulignons-le, un trait typiquement négroïde, comme d'ailleurs la peau noire, le derrière élevé et surtout les lèvres très épaisses, non mentionnées ici mais qu'on retrouvera chez tous les descendants de Zana. (Il convient de remarquer que sur tous les hommes sauvages et velus qui ont pu être examinés en détail, les lèvres ont toujours été décrites comme inexistantes ou presque.) C'est cet ensemble de caractères qui m'incline personnellement à croire que Zana était elle-même un hybride d'*abnaouaïou* et de nègre. Il faut préciser qu'il y a des familles d'origine africaine dans la région d'Otchamtchir : sans doute s'agit-il de descendants des esclaves noirs qui avaient été importés en grand nombre autrefois par les potentats musulmans de tout le Moyen-Orient, aussi bien en Turquie et en Iran que plus au nord.

la nuit, errer dans le voisinage. Pour se défendre contre les chiens, ou dans d'autres occasions, elle se servait d'énormes bâtons. Bizarrement, elle aimait à manipuler des pierres : elle les frappait les unes contre les autres jusqu'à les briser. Serait-elle par hasard responsable de cette pointe de type moustérien, que le professeur Machkovtsev découvrit en 1962 sur la colline où Zana avait coutume de se promener ? Pour le moment, il faut admettre qu'il s'agit là d'une simple coïncidence.

Zana n'a pu apprendre que peu de choses des hommes. Elle ne s'est jamais apprivoisée qu'à moitié. Même l'hiver, elle préférait rester nue, telle qu'on l'avait capturée dans la forêt. Elle déchirait les vêtements en lambeaux, dès qu'on l'en recouvrait. On arriva cependant à l'habituer plus ou moins à porter un pagne qui lui couvrait les cuisses. Un de ses anciens propriétaires l'avait en outre marquée au fer rouge sur la joue, et lui avait percé le lobe des oreilles. Elle entrait quelquefois dans la maison et s'approchait même de la table quand on l'appelait, mais d'une manière générale, elle n'obéissait qu'à son maître, Edghi Ghénaba. Les femmes en avaient peur et ne se risquaient près d'elle que lorsqu'elle était manifestement de bonne humeur. Irritée ou en fureur, Zana était effet terrifiante, et il lui arrivait de mordre... Son maître savait la calmer. Elle ne s'attaquait pas aux enfants, mais ceux-ci la craignaient : dans la région, en les menaçait d'ailleurs, quand ils se conduisaient mal, d'aller chercher Zana. Les chevaux eux-mêmes en avaient peur.

Zana mangeait tout ce qu'on lui donnait, entre autres de la *mamalyga* (bouillie de maïs) et de la viande. Elle s'emparait de tout avec les mains, et sa gloutonnerie était véritablement monstrueuse. Le vin la mettait de bonne humeur, mais la faisait sombrer ensuite dans un sommeil qui frisait le coma. Zana dormait toujours dans son trou sans jamais se recouvrir de quoi que ce soit, mais elle aimait s'ensevelir sous les cendres tièdes d'un feu de bûches éteint. La chose la plus compliquée qu'on ait réussi à lui apprendre était d'allumer un feu avec un silex et de l'amadou : cela ressemblait tant à la tendance innée qu'elle avait de heurter des pierres les unes contre les autres ! Mais son éducation n'alla guère plus loin. On l'avait dressée à obéir à des ordres simples, donnés par la voix ou le geste : tourner les meules à main, ramener du bois à brûler ou aller chercher l'eau à la source, dans une cruche, porter des sacs jusqu'au moulin sur la rivière ou en rapporter, retirer les bottes à son maître. C'est tout. On s'était bien efforcé de lui apprendre à planter des légumes ou d'autres végétaux, mais elle imitait d'une façon absurde la démonstration qu'on lui faisait et elle gâchait absolument tout. Elle était incapable aussi de se tenir en selle. Comme on peut donc le voir, Zana ne s'est jamais humanisée.

Il n'empêche qu'elle est devenue la mère de bébés humains, et c'est assurément là l'aspect le plus surprenant de son histoire. Voilà qui est évidemment capital au point de vue génétique.

Plus d'une fois en effet, la néanderthalienne s'est trouvée enceinte des œuvres de divers hommes, et elle a bel et bien accouché ; elle mettait bas sans la moindre assistance. Après quoi, elle allait plonger le nouveau-né, pour le laver, dans l'eau, même glacée, du ruisseau. Hélas, les petits hybrides ne supportaient pas ces ablutions réfrigérantes et périssaient. Par la suite, les gens lui enlevèrent ses nouveau-nés à temps, et purent ainsi les élever.

Ce miracle se répéta quatre fois : deux fils et deux filles de Zana sont devenus des êtres humains adultes, des humains à part entière, doués de parole et de raison. Certes, ils manifestaient quelques bizarreries physiques et psychiques, mais ils n'en étaient pas moins aptes au travail et à la vie sociale. Le fils aîné s'appelait Djanda, la fille aînée Kodjanar, la cadette Gamassa (elle décéda il y a quarante ans à peine) et le fils cadet Khvit (il mourut en 1954). Tous ont eu, à leur tour, des descendants qui se sont installés dans diverses localités d'Abkhazie. En 1964, je suis allé rendre visite à deux de ces petits-enfants de Zana dans la ville de Tkvaztchéli, où ils travaillent dans une mine.

La rumeur publique affirme que le père de Gamassa et de Khvit était Ghénaba lui-même. Lors d'un recensement on les a inscrits sous un autre nom, mais il est de fait que Zana a été inhumée dans le cimetière familial des Ghénaba, et que ses deux enfants cadets ont été élevés par la femme d'Edghi.

Bien des gens de la région se souviennent de Gamassa et de Khvit, et les décrivent en détail. C'étaient tous deux des individus au corps puissant, à la peau foncée, et dotés de traits plutôt négroïdes [81]. Ils n'avaient pratiquement rien hérité des traits néanderthaliens de Zana. L'ensemble des caractères humains s'est révélé dominant et a effacé l'autre ascendance héréditaire. En aucune façon, ces êtres ne se présentaient comme des hybrides. Les gens du village décrivent Khvit, mort entre soixante-cinq et soixante-dix ans, comme un homme ne s'écartant que faiblement de la normale. Bien qu'il eût la peau foncée et les lèvres épaisses, il se différenciait de la race négroïde par ses cheveux raides et lisses. Il avait la tête petite par rapport au corps. Il était doté d'une force physique absolument phénoménale et d'un caractère irréductible : violent et bagarreur. A la suite de rixes avec les gens de son village, Khvit avait même, un jour, eu le bras droit tranché. Il n'empêche que le gauche lui suffisait pour faucher, pour se livrer aux travaux kolkhoziens et même pour grimper aux arbres. Il avait la voix puissante et il chantait bien. Il se maria deux fois et laissa trois enfants. Devenu vieux, il quitta la région de son village natal pour Tkvartchéli, où il mourut. On ramena toutefois son corps à Tkhina, où il fut enterré à côté de la tombe de sa mère, Zana. D'après les récits, Gamassa était, comme son frère, deux fois plus forte que les femmes ordinaires. Sa peau était également très foncée et elle avait le corps velu. Son visage était glabre, mais quelques poils garnissaient tout de même le pourtour des lèvres. Gamassa vécut jusqu'à la soixantaine.

Au premier coup d'œil jeté sur le petit-fils et la petite-fille de Zana, Chalikoua et Taïa, j'ai eu l'impression que leur peau était légèrement foncée et qu'ils présentaient quelques traits négroïdes très atténués. Chalikoua a les muscles de la mâchoire extraordinairement développés : il est capable de tenir entre ses dents une chaise occupée par un homme et de danser en même temps. Il possède encore un autre don, celui d'imiter à merveille les cris de tous les animaux sauvages ou domestiques...

Dans la capitale de l'Abkhazie, on me présenta la seule personne qui pût m'aider à confronter les restes mêmes de Zana avec les souvenirs populaires. Toutes les autres reculaient devant cette entreprise : elles craignaient de mécontenter la famille, eu égard aux traditions musulmanes en faveur dans cette région. Vianor Pandjevitch Patchoulia n'avait pas de préjugés de ce genre. Cet homme bouillonne de vitalité et d'énergie comme une barrique en chêne pleine de vin mousseux. Il est le directeur de l'Institut d'Etudes scientifiques du Tourisme en Abkhazie. Aussi est-ce sous sa tutelle éclairée qu'en compagnie du peintre archéologue V. S. Orelkine, nous avons fait, en septembre 1964, notre première tentative en vue de retrouver la tombe de Zana.

_____

(81) Ces traits négroïdes ne pourraient s'expliquer, au cas où Ghénaba était vraiment leur père, que s'ils étaient hérités de Zana qui d'ailleurs, ainsi que je l'ai déjà souligné, en présentait elle-même beaucoup.

Tout, dans le vieux cimetière, est envahi par la végétation, et seul le monticule de la tombe de Khvit, laquelle date à peine de dix ans, se voit encore, parmi les fougères, sur la colline où, depuis lors, plus personne n'a été enterré. Nous questionnons les vieux. Le dernier descendant de la famille Ghénaba, Kento, qui a soixante-dix neuf ans, nous désigne avec insistance et même d'un geste péremptoire l'endroit où il convient de creuser, là, au pied d'un grenadier. Les ouvriers prennent leurs outils. L'émotion va croissant. Kolkhoziens et enfants font cercle. Et voilà qu'une pluie torrentielle se déchaîne. C'est seulement à Moscou que les os extraits de la glaise donneront leurs réponses : non, ce n'était pas là la tombe de Zana. Mais quand le grand Guérassimov [82] eut reconstitué d'après le crâne le profil de la jeune défunte, je fus frappé par sa ressemblance avec le faciès particulier des deux petits-enfants de Zana, que je connaissais personnellement. Oui, il était à peu près certain que nous étions tombés sur la tombe d'une de ses premières petites-filles, morte il y a bien longtemps.

Une deuxième tentative fut donc faite en mars 1965. Nous nous retrouvons à Tkhina, pour torturer cette fois avec plus d'insistance encore la mémoire des vieux qui avaient assisté aux funérailles de Zana. L'un d'eux, tant qu'il s'était trouvé chez lui, se faisait fort de nous indiquer l'endroit avec précision. On l'emmena en auto jusqu'au cimetière. Mais les arbres qui avaient poussé çà et là étaient tout nouveaux pour lui : confus, le vieil homme piétina longuement sur place en s'appuyant sur sa houlette, incapable de s'y retrouver dans le vieux cimetière. Notre voyage n'avait pas rapporté grand-chose.

En octobre 1965, cependant, nous revoilà une troisième fois à Tkhina, avec notre équipe cette fois augmentée des professeurs A. A. Machkovtsev et M. G. Abdouchélichvili. En prenant comme point de repère la tombe de Khvit, le vieux Kento Ghénaba exige, avec autant d'assurance qu'un an auparavant, qu'on creuse à présent au pied d'un vieux cognassier. Nouveau suspense, nouvelle averse diluvienne, nouvel échec. La partie faciale du crâne exhumé a malheureusement été détruite par les ouvriers. Et l'étude des autres os devait prouver qu'en aucun cas ce ne pouvait être là la sépulture de Zana. Mais à nouveau nous nous retrouvions dans le cercle de sa famille : pour autant qu'on pût en juger, nous avions dérangé cette fois les ossements de Gamassa. Ceux-ci, à l'examen, présentent des écarts minimes mais significatifs en direction du type néanderthalien. Et quand nous eûmes scié transversalement le cognassier pour le dater, celui-ci se révéla vieux exactement de quarante ans, ce qui correspond bien à la date d'inhumation de Gamassa.

Et dire que pour retrouver les restes de Zana il faudrait fouiller tout au plus dans un rayon de 5 à 7 mètres, à une profondeur d'1,5 m ! Non, cette histoire n'est pas achevée. Me sera-t-il donné un jour de la mener à terme ? Ou sera-ce le privilège de quelqu'un d'autre ?

---

(82) Sur l'œuvre et les prouesses de Mikhaïl Guérassimov (1907-1970), on lira avec profit l'ouvrage autobiographique de celui-ci. D'abord traduit en allemand et publié en 1968 (Gütersloh, C. Bertelsman Verlag), il a paru récemment en Angleterre sous le titre *The Face Finder* (*Le Découvreur de visages*) (Londres, Hutchinson & Co, 1971).

CHAPITRE XI

LE CHAMP EXPÉRIMENTAL DE KABARDA

Comment susciter sur commande des rencontres
avec des néanderthaliens ?

La statistique faisait irruption dans nos recherches. Toutes les informations sur les rencontres d'hominoïdes reliques, tant dans le nord de l'Azerbaïdjan que dans d'autres coins du Caucase, s'ordonnaient sous forme de graphiques entre les mains du docteur Marie-Jeanne Koffmann : taux des rencontres en fonction des divers mois de l'année, en fonction des heures de la journée, âge et sexe des sujets observés. Ainsi s'est-il révélé qu'on observe très peu de petits sur la chaîne principale du Caucase et bien moins de femelles que de mâles. On peut en déduire que c'est là une simple zone de circulation, et que les foyers de reproduction se trouvent ailleurs. Les données préliminaires en provenance de la Kabardo-Balkarie laissaient présager que là-bas la proportion de mâles, de femelles et de petits serait tout à fait différente.

Une magnifique opération de reconnaissance en Kabardo-Balkarie avait été faite, en effet, au cours de l'été de 1960, par le professeur A. A. Machkovtsev. Son compte rendu, particulièrement riche en données fournies par les questionnaires et introduisant dans cette matière première un certain ordre biologique, posait la première pierre d'un édifice nouveau. Car la Kabarda était destinée à être le théâtre d'une étape sans précédent de nos recherches, d'un essor nouveau. Oui, cette petite tache sur le globe terrestre est à présent le lieu au monde où est la plus avancée l'exploration sur le terrain du problème des néanderthaliens reliques (auxquels est vraisemblablement apparenté l'Homme de Podkoumok, exhumé là-bas de couches assez récentes). La science soviétique et même la science mondiale le doivent à Mme Koffmann. Et cette femme médecin a découvert sa vraie vocation. Aujourd'hui, elle est devenue, dans la sphère qui nous occupe, une autorité de tout premier plan qui attire vers elle et draine dans son sillage énormément de jeunes chercheurs. Son enthousiasme, sa témérité et l'immensité de ses sacrifices forcent l'admiration. Elle arrive à surmonter une série de difficultés et d'obstacles, dont on ne voit pas la fin, sans jamais rien perdre de sa foi dans la réussite finale et même dans le triomphe. Tous les ans, elle passe plusieurs mois à parcourir les villages de la Kabarda au volant de sa Zaporojets ou sur sa puissante moto, soit encore à pied ou à cheval, mais toujours sans aucune aide matérielle, ni l'appui d'aucun organisme officiel, simplement en sa qualité de membre actif de la Société de Géographie. En elle s'incarne le progrès obstiné de nos études, qui ne cesse de s'affirmer, depuis les premiers tâtonnements à l'aveuglette jusqu'à la maîtrise pleine d'assurance et la progression géométrique des connaissances.

Pour le mystère des paléanthropes reliques à l'échelle mondiale, la Kabarda ne représente nullement la règle, mais plutôt une exception. Ici, en effet, cette espèce animale vit en contact étroit avec l'Homme, ses maisons et ses plantations. De ce fait, la nature de ses rapports et de ses liens avec les êtres humains est éminemment particulière, analogue peut-être à ce qu'elle était au stade antique, dont on retrouve encore le reflet dans le folklore et dans les mythes. Un écran de croyances et de tabous religieux dissimule jalousement aux yeux des intrus ces *chaïtanes* (démons), protégés et quelquefois nourris dans le plus grand secret. Celui qui en trahirait ne fût-ce qu'un seul, est voué, ainsi que ses descendants, aux pires malédictions. Mais en même temps la mentalité ancienne est tellement ébranlée de nos jours qu'avec beaucoup de tact et de patience, on parvient tout de même à soutirer de la population locale pas mal d'informations.

Devenue en somme notre vaste laboratoire d'anthropologie, la Kabarda nous a obligés à trancher définitivement le problème de la confiance qu'on peut accorder aux populations indigènes. C'est que précisément ici il n'y avait jamais eu auparavant aucune de ces observations marquantes de quelque savant ou de géologue itinérant, auxquelles nous avions été trop heureux de pouvoir nous raccrocher ailleurs, avant de songer à prêter l'oreille aux voix locales. Ceux des nôtres qui opèrent en Kavarda ont pu rejeter sans peine la première des objections qu'on soulève d'habitude, à savoir que toute population indigène ment forcément, pour quelque raison inconnue et jamais précisée d'ailleurs.

Cela dit, nous ferons tout de même débuter notre défilé des témoins du cru par une concession à la tradition, en appelant d'abord à la barre une zootechnicienne russe, membre du P. C. soviétique, N. J. Sérikova.

C'était en 1956. Elle venait tout juste d'arriver en Kabarda, dans la région de Zolsk plus précisément, et elle n'avait jamais encore entendu de récits locaux sur l'*Almasty*. Elle avait loué une maisonnette chez un kolkhozien. Un soir qu'on célébrait un mariage chez des voisins, Mlle Sérikova, qui avait de la peine à trouver le sommeil à cause du tintamarre, sortit un moment prendre le frais dans le jardin. Quand elle se recoucha, elle n'éteignit pas tout de suite l'électricité et laissa sa porte ouverte. Il était à peu près 11 heures du soir. « De mon lit, raconte-t-elle, j'ai entendu tout à coup une série de petits jappements. J'ai aussitôt regardé par terre. Horreur ! Sur le plancher se tenait une créature, aux yeux bridés, complètement poilue. Elle était assise à croupetons, les bras croisés — sa main droite sur l'épaule gauche et sa main gauche sur l'épaule droite. Elle me fixait avec une telle intensité que j'ai bien cru qu'elle allait me sauter dessus. Je dois reconnaître que j'étais pétrifié de terreur. Je la regardais et elle me regardait. Puis, quelques mots m'ont échappé : « Seigneur Dieu ! Mais d'où sors-tu donc ? » (En fait, je n'ai jamais cru en Dieu). La créature s'est remise à piailler, puis elle a bondi avec une telle vélocité dans l'antichambre qu'on aurait cru qu'elle volait. Elle a claqué la porte avec une si grande force que toute la maisonnette a tremblé. Après son départ, il a flotté dans la chambre une odeur que je ne puis comparer à aucune autre : à la fois aigre et suffocante. Jusqu'à l'aube naissante, je n'ai osé ni me lever ni même bouger . je ne cessais de me répéter que les diables, ça existe probablement...

« C'est seulement au petit matin qu'une voisine m'a expliqué que ce n'était pas du tout un diable qui m'avait rendu visite, mais tout bonnement un *almasty*. Un d'eux avait vécu dans la maison voisine, chez une personne âgée, et quand celle-ci était morte, il avait été recueilli par un certain Loukmane Amchoukov, et habitait à présent avec lui. C'était peut-être bien celui-là qui, effrayé par les bruits de la noce et le son de l'accordéon, avait bondi dans la chambre où il était déjà venu, mais s'était sauvé au son d'une voix qui ne lui était pas familière.

" A quoi ressemblait cet *almasty* que j'ai pu voir ? Ma foi, il était de la taille d'un homme moyen. Son corps était entièrement couvert de poils, pas très longs — disons de 3 à 4 centimètres. Ses sourcils étaient très épais et noirs, et les poils étaient bien plus rares et plus courts sur son visage que sur le reste du corps. La créature se trouvait à environ un mètre de moi. Il s'agissait bien d'un *almasty* et non d'un être humain : la fente de ses yeux [83], son regard sauvage et bestial, comparable à aucun autre, et son odeur fétide n'étaient pas le fait d'un homme. Sa silhouette même ne ressemblait pas tout à fait à celle d'un être humain : ses bras et ses jambes étaient plus longs que chez l'Homme. Sa tête était d'une forme un peu plus allongée ».

Le calme ne redescendit dans l'âme de la camarade Sérikova qu'au bout de cinq ans, quand elle apprit de Marie-Jeanne Koffmann que des spécialistes moscovites étudiaient le plus sérieusement du monde le problème de l'*Almasty*. « Je me suis alors beaucoup entretenu à ce sujet avec les éleveurs. Mis en confiance, nombre d'entre eux m'ont raconté avoir eux-mêmes vu des *almastys*, ou bien en avoir entendu parler par leur père, leur grand-père ou des camarades. Quand ils ont confiance en vous et en votre sincérité, des gens simples, comme les *tchabannes* (bergers), ne mentent jamais. Mais ils craignent de nuire aux *almastys*, car ils sont très chapitrés sur ce point par les *moullahs* qui les terrifient : ils répètent avec la plus grande conviction que s'ils devaient trahir un seul *almasty*, ses parents ne manqueraient pas de venir le venger... »

Les mois et les saisons se sont succédé en Kabarda, et, si difficile qu'une telle tâche puisse être pour une femme dans ce pays musulman, cette conquête, par Marie-Jeanne Koffmann, de la confiance et de l'estime des gens simples n'a cessé de faire des progrès. Les témoignages se sont peu à peu accumulés, par dizaines au début, puis par centaines. Tout cela n'est-il vraiment que folklore, la trame éternelle sur laquelle se tissent les contes de fées ?

Kh. Jigounov, un doseur de quarante-six ans de la briqueterie de Baksansk, raconte :

« J'avais décidé de prendre un raccourci, et je m'enfonçai tout droit dans un champ de maïs. J'avais à peine quitté la route que je me suis trouvé devant les restes d'un *almasty* mis en pièces par des chiens ou des loups. Dans un rayon d'environ quinze mètres, le maïs avait été abattu et piétiné. Au milieu de cette zone ravagée gisait la tête de l'*almasty*, avec ce qui restait du cou. La partie gauche de celui-ci avait été rongée. Jusqu'à ce moment je n'avais jamais cru à l'existence des *almastys*. Aussi me suis-je mis à examiner la tête avec un intérêt tout particulier. A l'aide d'un bâton, je l'ai tournée et retournée dans tous les sens, et, en m'accroupissant, je l'ai attentivement étudiée de près. Elle était enveloppée dans une toison chevelue très épaisse et tout emmêlée, à laquelle maintes bardanes s'étaient accrochées. La toison était si épaisse que lorsque j'eus retourné la tête, celle-ci resta soulevée, comme posée sur un coussin. A cause de ces cheveux, je n'ai pas pu bien discerner la forme du crâne, mais, à en juger par ses dimensions, il est comme celui d'un homme. Le front est fuyant. Le nez est petit et retroussé : il n'a pas de racine, et il s'est écrasé comme celui d'un singe. Les pommettes saillent comme chez un Chinois. Les lèvres ne sont pas comme chez l'Homme, mais minces et droites comme celles d'un singe. Le menton non plus n'est pas comme chez l'Homme : il est arrondi et lourd. Les oreilles, elles, sont humaines. L'une d'elles était déchirée, l'autre intacte. Les yeux

---

(83) Ceci fait de toute évidence allusion, non au caractère bridé des yeux (ce qui n'aurait en effet rien d'inhumain) mais à la fente dans laquelle ceux-ci sont enfoncés, et qui est produite (notamment chez les Néanderthaliens) par la visière sus-orbitaire, d'une part, et par les pommettes latéralement très saillantes, de l'autre. Le texte original ne parle d'ailleurs pas ici, comme plus haut, de *kossyi glaza* (yeux bridés), mais d'un *razrez* (fente).

sont très bridés, avec la fente inclinée vers le bas. Je ne pourrais pas en préciser la couleur, car les paupières étaient closes et je ne les ai pas soulevées. La peau était noire et couverte de poils marron foncé. Ceux-ci font défaut autour des yeux et sur le haut des joues. Il y a quelques petits poils courts au bas des joues et sur les oreilles ; ils sont bien plus longs sur le cou. La tête dégageait une odeur forte et repoussante. Ce n'était pas celle de la putréfaction car le cadavre était tout frais : il n'y avait ni mouches ni vers. De toute évidence, il avait été mis en pièces quelques heures auparavant. Le sang venait tout juste de se coaguler. C'était donc bien l'odeur même de l'*almasty* : une puanteur si répugnante que j'ai failli vomir. C'est pourquoi d'ailleurs je devais examiner la tête en me pinçant le nez de la main gauche, tandis que je maniais le bâton de la main droite. L'odeur rappelle celle de la vieille crasse des corps non lavés et celle de la moisissure. Pas loin de là gisaient d'autres débris du corps. Je pouvais voir la blancheur des os encore couverts de lambeaux de chair foncée, mais je ne m'en suis pas approché et je ne les ai pas examinés ».

Voici à présent ce qu'a rapporté Maghil Elmésov. En 1938-39, il faisait paître les chevaux du kolkhose dans la vallée de la Malka, au pied de la selle de l'Elbrouss. Un apiculteur russe des environs de Naltchik y emmenait tous les ans son rucher. Elmésov était allé lui rendre visite, et cet apiculteur lui avait raconté qu'un satan avait pris l'habitude de lui voler son miel et ses provisions et qu'on avait fini par le tuer.

Comme l'apiculteur dormait sur un monticule voisin et non dans sa hutte même, quelqu'un s'introduisait la nuit dans cette dernière et engloutissait littéralement tout ce qu'on y trouvait à manger. Le brave homme était rentré chez lui pour aller quérir son frère cadet, qui venait d'être libéré su service militaire. Il avait laissé son rucher pour trois jours sous la surveillance d'un Kabarde voisin. Quand les deux frères étaient revenus, ils avaient trouvé ce gardien en proie à la terreur : il avait remarqué lui aussi que quelqu'un venait nuitamment piller la hutte. Pour en avoir le cœur net, le jeune frère décida de ne pas passer la nuit avec son aîné, mais de s'installer avec un fusil dans la hutte. Peu après minuit, un double coup de feu retentit : le satan avait mis le nez dans le logis, et le jeune soldat avait tiré. A l'aube, on découvrit du sang à proximité. Une piste sanglante menait jusqu'à des buissons. A cent cinquante mètres à peine, on trouva le cadavre recroquevillé de l'*almasty*. Les deux balles l'avaient atteint en plein ventre.

A ce moment de son récit, l'apiculteur entraîna Maghil Elmésov pour lui montrer le cadavre : « En sept jours, rapporta le briquetier, il s'était fortement décomposé. Dans les buissons gisait en effet une créature morte qui ressemblait fort à un homme. Son corps était tout poilu, et son visage proéminait comme celui d'une bête. Ses extrémités étaient longues et hors de proportions avec son corps. « Elmésov s'est même souvenu qu'il n'y avait pas de poils sur la paume des mains, et que les orteils étaient très allongés. Tel était l'*almasty*, que les Russes avaient pris, par ignorance, pour Satan ou un de ses suppôts.

Voilà pour ce qui est des décès. Venons-en à présent aux naissances.

Khouker Akhaminov, kolkhozien kabarde de cinquante-cinq ans, nous a raconté ce qui suit : « Le 10 août 1964, je fauchais l'herbe dans un champ de tournesols. Par endroits, il y avait des espaces où l'on n'en avait pas semé et l'herbe y avait poussé en abondance, en sorte qu'il fallait la faucher. Tout à coup, j'ai entendu un drôle de bruit : une sorte de reniflement ou d'éternuement — comme fait un chien quand une mouche lui entre dans la narine. Je me suis arrêté un moment pour écouter. Puis je me suis remis à faucher. Une deuxième fois, le même bruit s'est fait entendre. Je me suis de nouveau arrêté. Quand le bruit s'est répété pour la troisième fois, j'ai déposé ma faux, et je suis allé voir. Brusquement, deux bras comme des bras d'homme, mais longs et velus, ont jailli de l'herbe et se sont tendus vers moi. Les doigts en étaient particulièrement longs. J'ai battu en retraite à vive allure et j'ai grimpé dans l'*arba* (carriole à deux roues) qui se trouvait à huit ou dix mètres. Du haut du véhicule, j'ai vu une silhouette humaine, pliée en deux, s'enfoncer parmi les tournesols. Je n'ai pu apercevoir que le dos recouvert de poils roux comme ceux d'un buffle. Sur la tête, il y avait de longs cheveux. Quand l'*almasty*, car c'en était un, eut disparu, je suis descendu de l'*arba* et suis retourné près de la faux que j'avais abandonnée. A ce moment j'ai entendu un piaillement au même endroit. Avec précaution, je me suis approché et j'ai écarté les hautes herbes. Sur une litière de foin, comme dans un nid, il y avait deux nouveau-nés.

« L'*almasty*, une femelle, venait de mettre bas. Les bébés étaient exactement pareils à ceux des êtres humains, à cela près qu'ils étaient un peu plus petits : ils devaient faire dans les deux kilos, pas plus. A part cela, impossible de les distinguer de bébés humains. Leur peau était rose et nue : même petite tête, mêmes petits bras, mêmes petites jambes. Je le répète : les bébés n'étaient pas poilus. Ils remuaient bras et jambes. Je m'en suis éloigné en hâte. J'ai attelé l'*arba* et suis retourné au village. J'ai parlé de ma rencontre à mes parents et à mes voisins. Deux ou trois jours plus tard, je suis retourné au même endroit. Mais déjà, il n'y avait plus rien à voir. »

Question : Pourquoi n'as-tu informé personne de tout cela ?

Réponse : Qui aurais-je dû informer, et pourquoi ?

Question : Ne savais-tu donc pas que c'est là une chose très importante et qui préoccupe les savants ?

Réponse : Comment le savoir que c'était important ? De ma vie, je n'ai même jamais entendu dire que c'était intéressant...

Et voici à présent ce qui est sans doute un cas de maladie. Cédons la parole à Moukhamed Pchoukhov, un maçon kabarde : « Cela s'est passé avant la guerre, un été. Nous habitions alors le village de Batekh, dans la région de Zolsk. Un jour, une *almasty* femelle est arrivée on ne sait d'où, et elle s'est installée dans notre potager, au beau milieu du maïs ; elle avait étalé sur le sol des chiffons et des herbes sèches. Elle a vécu chez nous toute une semaine. Elle mangeait du maïs vert. Elle était entièrement velue, et avait de longs cheveux sur la tête. Les seins lui tombaient : ils pendaient comme ceux d'une femme, mais bien plus bas. Elle avait les ongles très longs. Ses yeux étaient bridés, rouges. Ses dents étaient plus grandes que chez les hommes. Le jour, elle restait toujours couchée, étendue d'habitude en chien de fusil sur le côté, mais elle se retournait tout le temps, ne restant jamais longtemps dans la même position. Beaucoup de gens venaient chez nous pour la regarder.

« Si plusieurs personnes s'approchaient à la fois, elle devenait inquiète, elle se dressait sur son séant, criait, se levait et s'arrachait les cheveux. Et elle hurlait vraiment fort ! Quand elle se calmait, et s'il ne restait plus qu'une personne, elle s'avançait tout doucement vers elle et se mettait à la lécher, comme un chien. »

Et voici enfin un cas de rencontre face à face.

Le berger kabarde Amerbi Tatimovitch Kotsev avait plusieurs fois entendu un ami lui dire qu'il rencontrait parfois un *almasty* dans la petite ville d'Akbétchéïouko, près de Sarmakovo : il s'approchait de la bergerie et mangeait du pain. « Ça m'aurait amusé de le voir moi-même, et un jour d'août 1959 je menai paître mes chevaux dans cette vallée. »

Le berger plaça donc du pain comme appât et, jusqu'à 2 heures du matin, par une nuit de pleine lune, il resta à l'affût dans sa hutte à attendre, cette fois-là en vain.

« Le lendemain matin vers les 7 heures, raconte Kotsev, je remontais la vallée sur ma monture pour ramener les chevaux qui s'étaient éloignés pendant la nuit, quand, soudain, après avoir contourné un taillis de ronces, je me suis pratiquement trouvé nez à nez avec un *almasty*. Il courait au petit trot dans ma direction. Il s'est figé sur place, et mon cheval s'est, lui aussi, arrêté pile. Nous nous trouvions à trois ou quatre cent mètres l'un de l'autre. Il était de petite taille — 1,5 m. environ — et tout voûté. Ses bras, plus longs que ceux d'un homme, lui descendaient jusqu'aux genoux. Il les tenait écartés du corps, les coudes un peu pliés. Il était entièrement couvert de poils, aussi longs que ceux d'un buffle, épais et de couleur gris foncé. Son front n'était pas aussi élevé que celui d'un homme, mais bas et fuyant. Il avait les yeux obliques. Ses pommettes étaient saillantes, comme chez les Mongols. La bouche était largement fendue. Son menton n'était pas très humain : chez l'homme le menton est fin et en pointe, alors que, chez lui, il était rond et lourd, pas pointu du tout, mais massif. Il se tenait les pieds en dedans, les genoux légèrement fléchis vers l'avant, les jambes arquées comme chez un bon cavalier. Ses pieds étaient un peu tournés vers l'intérieur, ses orteils très écartés. Je pense que c'était un mâle, car je ne lui ai pas vu de mamelles. Sur la tête, ses cheveux n'étaient pas très longs, mais très ébouriffés : ils pointaient dans tous les sens comme une gerbe d'épis. Voici un détail intéressant : chez l'Homme, le visage est plus étroit, plus petit par rapport au crâne. Chez l'*Almasty*, le périmètre de la tête est très appréciable, mais comme le crâne est bien plus plat que chez l'Homme, ça lui fait une face énorme.

« Pendant plusieurs minutes, nous sommes restés immobiles à nous dévisager. Sa respiration était régulière : il ne paraissait pas du tout essoufflé par sa course. Il a fini par pivoter sur la droite et s'est enfoncé tranquillement dans les broussailles. Alors, moi, j'ai poursuivi mon chemin. »

Tout dans cette observation admirablement faite doit frapper l'anthropologue familiarisé avec l'usage du Néanderthalien fossile. Et ce n'est pourtant là qu'une rapide esquisse parmi une quantité d'autres.

Au cours d'une séance de la Société de Géographie, la doctoresse Koffmann a un jour fait apparaître à la craie sur le tableau noir — avec toute sa maestria de chirurgien-anatomiste — une vérité éclatante. D'abord se dessinèrent schématiquement tous les contours du crâne de l'Homme moderne. Puis s'esquissa, à ses côtés, celui du Néanderthalien fossile. Et voici enfin qu'un peu plus loin, la craie transforma en lignes, sous nos yeux, les mots nés de l'accumulation et de la confrontation de dizaines de témoignages relatifs à la forme du crâne chez l'*Almasty. Le troisième dessin était absolument identique au second !* [84]

Extraire ce qui est constant et général d'une multitude de procès-verbaux de questionnaires n'est certes pas une petite affaire. Mais le résultat est on ne peut plus instructif. Non seulement les témoignages n'ont pas l'air de simples légendes folklo-

---

[84] Selon des témoignages recueillis par Marie-Jeanne Koffmann, l'*almasty* a les yeux rouges et, de plus, ils clignent souvent. Ces curieuses particularités peuvent s'expliquer. En effet, les mammifères volontiers crépusculaires ou nocturnes possèdent, dans leur œil, derrière la rétine, un *tapetum lucidum*, sorte de tapis irisé, qui amplifie le faisceau lumineux reçu et le renvoie sur la rétine.

L'homme ne possède pas ce *tapetum*, mais l'*almasty* en serait doté… De plus, pour augmenter encore sa vision nocturne, il pratiquerait le « balayage » — accompagné de battements de cils, lesquels faciliteraient la reconstitution du pigment de vision nocturne. Voir à ce sujet : Débenat (Jean-Paul), *Sasquatch et le mystère des Hommes sauvages*, Agnières (Somme), Ed. Le temps présent, pp 241-244, 2007 ; Grison (Benoît), « L'*almasty* », *Sciences et Avenir Hors Série, Les animaux extraordinaires*, Paris, pp 63-66, 2000. (JJB)

riques, mais ils en sont la négation même. La clé de voûte du mythe, c'est la répétition. Or, dans les dossiers de notre laboratoire de Kabarda, il n'y a pas deux procès-verbaux dont le contenu soit identique. Il n'y a ni leitmotiv archétypique ni style caractéristique. Il y a au contraire une infinie diversité de détails originaux. Ce n'est pas tant en superposant les informations les unes sur les autres qu'en les disposant côte à côte, que le chercheur parvient à reconstituer l'image des paléanthropes. Cette image d'ailleurs n'a rien de standard. Tant par leur aspect extérieur que par leur comportement, les *almastys* se révèlent extrêmement individualisés. Chez chacun d'entre eux on découvre des particularités qui lui sont propres. C'est pourquoi, au cours de sa dernière saison de travail, Marie-Jeanne Koffmann a réussi à atteindre un tout nouvel objectif : elle a pu réunir un faisceau d'informations sur un seul et même *almasty*, reconnaissable à des signes indiscutables, qui aurait été perçu dans des endroits assez rapprochés par diverses personnes, au cours d'une période assez brève. C'est là une possibilité tout à fait nouvelle, qui doit nous faire pénétrer plus avant dans le monde encore si peu connu de ces êtres énigmatiques.

Le laboratoire de Kabarda doit tout mettre en œuvre pour déchiffrer ces créatures. Il ne faut guère compter sur quelque hasard providentiel. Il faut avant tout en apprendre davantage sur leur compte.

Il est déjà arrivé plus d'une fois qu'un *almasty* se soit trouvé à portée de la main. Mais traqué à l'aveuglette, en méconnaissance de cause, il s'esquivait. Je n'en veux d'autre preuve que cette histoire de battue, rapportée par Erjiba Kochokoïev, un kabarde septuagénaire :

« J'ai vu pour la première fois un *almasty* en septembre 1944. A cette époque, il y avait dans notre république des détachements de volontaires chargés de maintenir l'ordre, de lutter contre le banditisme, etc. Je faisais partie de l'un d'eux : il y avait là des Karatchaèves, des Ossètes et des Kabardes venus de toutes parts. Un jour, nous parcourions à cheval un champ de chanvre le long de la Tchornaïa (la Rivière noire). J'étais le deuxième de la file : en tête chevauchait un homme d'Argoudan, aujourd'hui décédé. Soudain, le cheval de celui-ci s'arrêta si brusquement que le mien buta presque sur lui. L'homme s'exclama : « Regarde ! Un *almasty* ! » A quelques mètres devant nous se dressait en effet une *goubganama* (femelle d'*almasty*). Elle était occupée à se fourrer dans la bouche des bouts de tiges de chanvre contenant les graines. Tout le détachement se tassa derrière nous en faisant grand bruit. A notre vue, la créature s'enfuit très vite, dressée sur ses deux jambes, vers une hutte qui se trouvait tout près. Plusieurs hommes épaulèrent leur fusil et voulurent tirer. Mais notre commandant, un officier russe de Naltchik, hurla : « Ne tirez pas ! Ne tirez pas ! Attrapons-la vivante, et nous la ramènerons à Naltchik. »

Nous avons mis pied à terre, et nous avons entrepris d'entourer la hutte de toutes parts. Comme nous étions assez nombreux, nous pouvions fort bien l'encercler. Pour ma part, je le trouvais juste en face de l'entrée, et je voyais tout parfaitement bien. Pendant que nous nous rapprochions, la *Goubganama* est sortie à deux ou trois reprises de la hutte. Elle paraissait, vous l'imaginez sans peine, excitée. Hop : la voici qui surgit tout à coup ! Elle s'agite, gesticule, se précipite d'un côté : aïe ! Elle se heurte presque à des hommes ; Elle rentre précipitamment, ressort aussitôt, se lance d'un autre côté, mais là aussi il y a des hommes. Pendant tout ce temps, elle fait maintes grimaces, ses lèvres remuent très vite et elle grommelle on ne sait trop quoi. Cependant, notre ligne se rétrécit de plus en plus autour de la hutte. Nos rangs se sont tant resserrés que nous marchons déjà coude contre coude. A ce moment, la *Goubganama* sort de nouveau, et, tout d'un coup, elle pousse un cri effroyable et fonce droit sur les hommes. Elle courait plus vite qu'un cheval ! Pour tout dire, les gars ont été pris de court. Elle a enfoncé notre ligne sans aucune peine et, dans son élan, elle a dévalé en trombe la pente du ravin et a disparu dans les broussailles bordant la rivière.

« Elle avait à peu près 1,8 m. de haut, était plutôt corpulente. Son visage était peu visible à cause de sa chevelure. Ses seins lui tombaient jusqu'au bas du ventre. Elle était toute couverte de longs poils roux qui faisaient penser à ceux d'un buffle. Ses traces de pas — que je suis allé examiner dans le ravin — étaient singulièrement petites. J'ai été très étonné de ce manque de correspondance entre sa taille et celle de ses pas. » [Elle courait évidemment sur la pointe des pieds. (B.P.)]

Non, on ne peut pas tirer de plans sur des incidents si fortuits. Il faut bien se mettre dans la tête en premier lieu qu'on ne peut pas capturer un *almasty* comme ça, à mains nues. La marche à suivre est toute différente : il convient plutôt de rechercher le concours des indigènes qui ont déjà apprivoisé, nourri ou gardé secrètement un *almasty* dans quelque hangar ou soupente. D'après tous les renseignements qu'on a pu réunir, les liens qui unissaient de tels êtres à leur maître étaient souvent très étroits. Mais comment parvenir à briser la conspiration du silence ?

Une seule fois, le succès a été bien près d'être atteint, mais à un moment où nous ne savions pas encore grand-chose et où nous ne comprenions guère le genre de situation en question. Il est d'ailleurs difficile aujourd'hui de dire ce que nous aurions fait si nous n'avions pas laissé échapper cette chance exceptionnelle.

L'essentiel de l'affaire réside dans le fait qu'un jeune Kabarde du nom de Khabas Kardanov avait fait la connaissance d'une femelle d'*almasty* qui, de toute évidence, avait déjà été apprivoisée auparavant par quelque musulman, et avait pour une raison ou pour une autre perdu son protecteur. En effet, elle s'est laissé amadouer bien trop facilement. Assez longtemps, respectueux de la loi du silence, Kardanov a tu l'existence de cette *almasty*, bien qu'il eût tout de même à dissimuler l'attachement particulier qu'elle témoignait à sa maison, et que plusieurs habitants du bourg de Sarmakovo, dont ses propres parents, eussent bavardé à ce sujet. Son oncle Zamirat Leghitov avait même rencontré personnellement la créature dans la masure de Khabas. En fin de compte, ce furent ses propres amis qui l'obligèrent à parler.

Voici ce qui s'était passé. Quelques mois auparavant, alors qu'il faisait paître son troupeau, Khabas Kardanov était tombé parmi les broussailles, sur une femme velue d'aspect effroyable. Il s'était figé sur place, inondé de sueur par l'épouvante. Elle, elle avait paru bien moins effrayée que lui : elle était restée assise tandis qu'il s'éloignait à reculons. Quelques jours plus tard, il l'avait de nouveau rencontrée, et cela s'était reproduit plusieurs fois. Une fois, Kardanov s'était enhardi jusqu'à lui jeter un peu de nourriture : du fromage et du pain. Et puis, par la suite, il avait pris l'habitude de lui donner régulièrement à manger, en sorte qu'elle s'était mise peu à peu à venir quémander des aliments jusque dans sa hutte. Un jour, le berger avait ramené son troupeau à Sarmakovo, et l'*almasty* l'y avait suivi, et s'était mise à vivre à proximité de sa maison. Khabas racontait qu'il lui avait même appris à faire pour lui quelques travaux simples : « Elle était très robuste et elle comprenait très bien ce que je lui demandais. Elle travaillait vite et avec une grande énergie. » Par exemple, elle chargeait les bottes de foin sur un chariot. Il lui arrivait parfois de s'éloigner assez considérablement de Sarmakovo pour aller voler des tomates à l'intention de son maître. Elle ne connaissait pas le langage humain : elle se contentait de marmonner des choses inintelligibles. Le jour où l'oncle l'avait rencontrée, elle rentrait précisément avec une brassée de tomates volées, et elle s'était assise par terre en grommelant et en geignant. Il est intéressant de noter que le père et la mère de Khabas ne respectaient nullement le secret, mais exprimaient devant leurs amis leur inquiétude de voir l'*almasty* porter malheur à leur fils. De fait, si la présence de la créature l'amusait, au bout de deux ou trois ans, il ne sut vraiment plus comment s'en débarrasser : impossible en effet de la chasser.

En 1959, l'ingénieur fromager M. Tembotov, sur les instances de son frère, le zoologiste A. Tembotov , de l'Université de Naltchik, s'était mis à récolter des informations sur les *almastys* de cette région. Il avait ainsi eu vent de l'existence de Khabas Kardanov et de son étrange compagne, et il avait engagé des pourparlers avec lui. Kardanov lui avait fait comprendre qu'il n'était pas du tout opposé à l'idée de se séparer de l'*almasty* apprivoisée, mais combien encombrante. Toutefois, il réclamait pour sa vente une somme plutôt rondelette. Le dénouement de notre épopée semblait proche. Pour recevoir des instructions, M. Tembotov était en effet entré en contact, par téléphone, avec un des membres de notre commission. Mais n'oublions pas cependant que cela se passait au printemps de 1959 : l'existence d'un « Homme-des-neiges » dans le Caucase était proprement inimaginable à ce moment, et, au surplus, notre commission venait d'être victime, à l'Académie des Sciences, d'un véritable torpillage. Bref, il nous fut impossible de réunir la somme nécessaire. De guerre lasse, Tembotov finit par interrompre ses pourparlers avec Khabas Kardanov. Peu après, celui-ci partit travailler en Sibérie : ses proches affirmèrent que le désir de se débarrasser de l'*almasty* n'était pas tout à fait étranger à cette décision. Il y a peu de chances que nous ne retrouvions jamais une pareille occasion.

Sous la direction éclairée de Marie-Jeanne Koffmann, le terrain expérimental de Kabarda ne représente pas un simple bond dans un champ d'investigation nouveau. On n'y erre pas, au petit bonheur la chance, en misant sur un hasard heureux : on y marche inexorablement en avant. En quoi réside l'essentiel des résultats déjà obtenus à ce jour ? Dans le fait que chaque année qui passe nous familiarise un peu davantage avec la bête. On discerne de plus en plus nettement sa vraie nature. Chaque expédition fait découvrir quelque détail jusqu'alors ignoré. Ce progrès constant nous inspire une certitude de succès. Nous ne sommes pas enfermés dans les profondeurs d'une caverne, nous y progressons vers l'issue, puisque la lumière se fait peu à peu. Nous savons à présent que nous en sortirons un jour.

Pour moi, cette progression continue renforce cependant mon sentiment de l'immensité de ce qui reste à découvrir. Le Paléanthrope, vivotant sur tous ces espaces depuis les alpages et les forêts des hauteurs de l'Elbrouss jusqu'aux bourgs kabardes de la plaine, possède, semble-t-il, des facultés que nous ne soupçonnons pas encore.

En effet, si nous avons recueilli maints témoignages, nos informateurs ne représentent tout de même qu'une infime fraction de la population kabarde et la plupart d'entre eux n'ont personnellement vu un *almasty* qu'une ou deux fois au cours de leur vie. C'est dire que les rencontres ne représentent qu'une exception infime à la règle.

Mais quelle est cette règle ? Pourquoi des exceptions se produisent-elles ? Voilà l'ampleur de ce qui demeure encore dans les ténèbres.

Il n'est pas facile de dire si nous avons déjà ou non parcouru la moitié du trajet. Aujourd'hui, nous comprenons en effet, avec plus d'acuité que jamais, combien il nous sera pénible d'atteindre notre but. Et c'est justement pour cela que je pense que le plus dur est tout de même fait.

En novembre 1967, Marie-Jeanne Koffmann et moi avions été invités à présenter nos deux rapports à Pyatigorsk, au congrès régional de géographie médicale, ce que nous avions accepté de faire. De là, à bord de sa Zaporojets, je me suis rendu pour la première fois dans ses domaines. Pour y contempler la nature, les horizons et les hommes. Pour pouvoir désormais me représenter ces deux pièces minuscules d'une vieille masure branlante, remplie de choses inimaginables, qui sont le quartier général de notre laboratoire de Kabarda, au village de Sarmakovo, lequel s'étend sur des kilomètres le long de la Malka.

Des hauteurs du mont Djinal, on embrasse du regard la vallée de cette rivière qui s'insinue en serpentant entre les contreforts mauves de l'Elbrouss, et, au-delà, un océan de vagues rocheuses couronnées de l'écume de crêtes neigeuses se perdant dans l'infini des cieux. Les gens ne vivent guère que le long du ruban de la Malka. Pour franchir tous les remparts montagneux qui s'échelonnent au loin, il faudrait des jours et des jours d'escalades — des mois sans doute. On trouve un peu de tous les habitants par ici, depuis les roches arides jusqu'à la forêt dense. Il y a des nids d'oiseaux, des bêtes de toutes sortes, des fruits sauvages et des racines, une vie animale omniprésente jusque dans le sol et dans les ruisseaux. Ce qui fait défaut, ce sont les hommes. Majestueux, énorme et nullement envahi par le tourisme, tel est le nord montagneux du Caucase. J'ai eu beau regarder, je n'ai pas vu ici ce qui pourrait s'opposer à la présence, fût-elle éparse, de quelques hominoïdes reliques dans ces immensités vierges, d'où le besoin les chasse parfois vers les champs et les pâturages. Plus tard, en bas, quand notre voiture s'est engagée dans un des ravins latéraux, longs de plusieurs kilomètres, lorsque nous avons déambulé le long des rives du torrent, j'ai repéré, sous les rochers en surplomb, parmi les gigantesques étendues de broussailles, pas mal d'abris où de tels êtres pourraient se tapir, et vivre incognito au voisinage même de lieux habités. Un vieux Kabarde avec qui je bavardais sur un banc de Sarmakovo m'avait dit : « Ah ! Ils savent comment se cacher... L'un d'eux se dissimulerait en ce moment de l'autre côté de la rue, vous seriez sans doute incapable de le distinguer. C'est vrai qu'ils existent ici en Kabarda, ça, vous ne pouvez en douter ; mais vous aurez bien du mal à les étudier, car ils ne viennent presque jamais chez nous, et nous n'allons jamais chez eux. C'est l'usage. »

Tant au sommet du Djinal qu'au fond du ravin et que sur le banc public de Sarmakovo, une même pensée me poursuivait. Tout ce que nous avions appris, en Kabarda comme dans le reste du monde, était strictement fondé sur des rencontres fortuites (la seule rencontre délibérée était peut-être celle du pauvre Méréjinsky !). Nous sommes aujourd'hui au seuil d'un autre problème : comment passer du stade passif des rencontres imprévues à celui, actif, des rencontres concertées. N'avoir plus à laborieusement convaincre les gens de notre sérieux, de notre bonne foi, de notre bienveillance, pour d'ailleurs leur arracher en fin de compte un « oui, peut-être » combien aléatoire. Telle devrait être l'étape suivante de nos recherches. Seule une somme importante de rencontres fortuites pouvait servir de tremplin à ce projet. Mais en avons-nous déjà suffisamment appris pour qu'un conseil de sages puisse dégager, de l'ensemble de nos connaissances, une manière sûre de susciter des rencontres sur commande ? En tout cas, il faut essayer. Et si nous n'en savons pas encore assez, il faut multiplier par dix le nombre de nos procès-verbaux sur des rencontres fortuites. Tôt ou tard, nous arriverons à être si bien informés de la biologie des paléanthropes survivants, ainsi que de leurs rapports avec les êtres humains dans les diverses régions du monde, que la technique pour provoquer des rencontres à volonté s'imposera d'elle-même.

Alors commencera la deuxième phase de l'étude des troglodytes [85] [86]

---

(85) Marie-Jeanne Koffmann a poursuivi ses recherches dans le Caucase : elles ont suscité la mise sur pied en 1992 d'une expédition franco-russe qui n'a pas été très concluante. Cependant, les spécialistes d'anthropologie et de paléontologie se sont montrés de plus en plus favorables à la réalité de l'*almasty*. Ainsi, le professeur Jean Piveteau, de l'Académie des Sciences, a déclaré : « La concordance des témoignages recueillis par le Docteur Marie-Jeanne Koffmann et le fait qu'ils proviennent de gens de cultures différentes et inégales plaide en faveur de leur véracité. On ne peut en effet voir en eux l'expression d'idéologies ou d'à priori scientifiques, mais la traduction d'observations naïves, exprimant simplement ce qui a été vu. L'existence de l'être singulier ainsi décrit ne paraît donc pas contestable. »
A verser également à ce dossier le cri étrange entendu en 1980 dans le Caucase, près de l'Elbrouz, par Alain et Sylvain Mahuzier, accompagnés de M.J. Koffmann : ils ont enregistré ce cri rauque et puissant. J'ai diffusé celui-ci dans plusieurs émissions de radio : nul spécialiste n'a pu l'identifier.
Et l'on n'a pas manqué d'évoquer l'*almasty* à propos de la découverte en Géorgie, en 1999, d'un homme fossile vieux, il est vrai, de 1 800 000 ans, l'*Homo georgicus*...
M.J. Koffmann demeure prudente sur l'identité de l'*almasty*, même si elle penche pour le néanderthalien. Yves Coppens, pour sa part, privilégie curieusement l'hypothèse d'un grand singe. En 1992, il admettait que la population d'*almastys* pouvait être d'un millier de spécimens : une évaluation optimiste... (JJB)
(86) Paru en 1997 à la NRF (Gallimard), *L'Homme du cinquième jour*, dû à Jean-Philippe Arrou-Vignod, est un roman inspiré par l'*almasty*. Son héros est le professeur Richard... Exelmans, cryptozoologiste qui s'est retiré du monde. Mais lorsqu'un ami lui fait parvenir une main d'*almasty*, il part pour le Caucase à la tête d'une expédition qui finira par voir un spécimen d'*almasty*, une femelle détenue dans une bergerie. (JJB)

CHAPITRE XII

L'ÉNIGME DE DESCARTES

Le problème philosophique de l'Homme sauvage
et son importance dans notre conception du monde.

L'abominable Homme-des-neiges ? Drôle de nom ! Voilà ce qui se cache derrière les sourires. Grand est l'isolement, grande la solitude de notre groupuscule, entouré de toutes parts par le silence. Nous avons beau lancer des signaux désespérés, comme Robinson sur son île, on nous ignore, on feint de ne pas nous voir. Pourquoi cette condamnation à un isolement de pestiférés ? Ce que nous défendons est pourtant si nouveau, si important et si indiscutable qu'on aurait dû voir des centaines de milliers de bras se tendre vers nous. De temps en temps, il est vrai, des bras s'élèvent pour nous offrir leurs services. Mais chacun de ces volontaires est condamné à son tour aux souffrances de l'ostracisme. Bien sûr, cela fait partie du combat pour la jeunesse de la Science, pour sa conscience, son éthique, qui constitue sa base même. Il est vrai que les autorités scientifiques combattent pour la même cause. Mais alors, pourquoi, par leur silence, donnent-elles l'exemple des coups bas, des coups défendus ?

Je pourrais citer maints exemples d'un tel mutisme organisé. En voici un, datant des débuts de nos recherches, avant d'en relater un autre, tout récent celui-là.

Au mois de mai ou juin 1959, deux dirigeants de l'Académie des Sciences de la Chine Populaire se trouvaient en visite à Moscou. J'ai une conversation téléphonique avec l'un d'eux, et j'apprends une nouvelle qui me bouleverse. Les deux savants venaient justement de se concerter pour mettre au point ce qu'ils étaient autorisés à me faire savoir : « Notre Académie des Sciences, me dit mon interlocuteur, dispose d'une documentation de la plus haute importance sur cette question. Elle ne peut pas encore vous la communiquer pour l'instant, mais nous la transmettrons intégralement à votre commission, au plus tard au mois d'août. » A la même époque, celui des délégués chinois qui occupait le poste le plus élevé rendit visite à la rédaction d'un grand magazine moscovite. Répondant aux journalistes qui lui demandaient s'il y avait du nouveau sur l'Homme-des-neiges, il déclara qu'il y avait en effet maintes données inédites sur le problème, et d'une telle teneur que leur publication renverserait toutes nos conceptions sur l'origine de l'Homme... Vous imaginez s'il était dur pour moi de patienter jusqu'au terme fixé ! Mais août s'écoula, et puis les mois passèrent sans rien apporter. Je finis par écrire à mon collègue chinois qui dirigeait une commission parallèle à la nôtre, axée elle aussi sur le problème de l'Homme-des-neiges. Mes lettres restèrent sans écho ; finalement, bien plus tard, une réponse non officielle me parvint par un tiers : « Que le professeur Porchnev ne s'imagine surtout pas que nous cherchons à dissimuler quoi que ce soit, mais les matériaux dont nous disposons, et la question même de leur publication, sont toujours en cours d'examen par les plus hautes autorités. » Par une allusion discrète, on me faisait comprendre en outre que les matériaux en question, on se les était procurés... pas tout à fait à l'intérieur des frontières de l'Etat. Neuf années se sont écoulées depuis lors. Silence total.

En 1964, lors du Congrès International d'Anthropologie, à Moscou, un symposium avait été organisé sur un sujet passionnant : *la frontière entre l'Homme et l'Animal*. Le professeur L. P. Astanine, docteur ès sciences biologiques, était monté en chaire et avait commencé en ces termes : « Je voudrais dire quelques mots à propos de ce qu'on appelle l'Homme-des-neiges... » Ces quelques mots, il ne les prononça jamais. La séance était présidée par un anthropologue soviétique, licencié ès sciences biologiques, V. P. Yakimov. Il bondit sur ses pieds. Et pour la première fois, semble-t-il, dans les annales des congrès scientifiques internationaux, on vit un participant proprement éjecté de la tribune. C'est bien en vain que le pauvre Astanine assurait qu'il allait parler de l'anatomie de la main...

Je sais qu'à tout ce que nous disons on oppose la même objection stéréotypée : « Capturez-en un d'abord. On en discutera ensuite. » C'est comme si l'on avait dit à K. E. Tsiolkovsky : « Allez d'abord sur la Lune. Vous raisonnerez ensuite. »

Nous ne nous affairons pas actuellement à la recherche de « preuves » sensationnelles de ce que nous avançons (des preuves, il y en a à satiété pour les spécialistes). Nous nous efforçons de pénétrer plus avant dans la nature du phénomène étudié et d'analyser les aspects théoriques de son explication scientifique. Simultanément d'autres travaillent sur le terrain. En poursuivant le parallèle avec l'exploration spatiale, on pourrait les comparer aux pionniers de l'étude des fusées à réaction, qui, au début, construisaient — il faudrait peut-être dire « bricolaient » — des engins de fortune avec des moyens artisanaux et sans aucune aide financière, préparant pourtant l'élan de l'Homme à travers le cosmos. Il est bien évident que l'entreprise n'aurait pas pu progresser ensuite sans le soutien puissant de l'Etat, de la société, du monde scientifique.

Ce qui importe avant tout ce n'est pas tant de capturer un spécimen que de photographier ces êtres dans leur milieu naturel, en apprivoiser partiellement, organiser d'ores et déjà une réserve pour paléanthropes. Voilà qui ne peut être atteint que par une étude obstinée. Il faut rechercher systématiquement tous les moyens de renverser deux lignes de défense : d'une part la sphère de résistance de nos propres semblables à nos recherches, d'autre part, la sphère d'autodéfense des paléanthropes. Jusqu'à présent, nous n'avons fait qu'égratigner ce double blindage, sans jamais le percer. Il est certain qu'un flot de difficultés quasi imprévisibles va déferler quand on tentera de nourrir ces êtres dans la nature, d'en capturer. En tout cas il est un obstacle qu'on peut dès à présent prévoir à coup sûr. Toutes les données s'accordent en effet pour démontrer que ces créatures périssent à brève échéance dans un local fermé. Aussi faudrait-il consulter d'avance avec le plus grand soin la pile d'informations que nous possédons déjà sur la manière d'assurer leur survie et leur bien-être en captivité.

Bon, imaginons un instant que nous nous trouvions en possession d'un exemplaire captif ou qu'on ait réussi à en photographier un au moyen d'un téléobjectif. On convoquera d'urgence des experts. Un échec total est à redouter. Car ces « experts » n'ont pas à leur disposition les catégories et les références appropriées. Ils n'ont rien à dire, car ils ne sont pas vraiment orfèvres en la matière. A plus forte raison, ils ne pourraient rien découvrir. Comme le disait le grand Mendeleïev [87] : « Pour trouver quelque chose, il faut non seulement regarder, et regarder avec la plus grande attention, mais il faut avant tout savoir bien des choses pour savoir où regarder. »

Ceux qui, prenant notre relais, voudront observer des paléanthropes ou en capturer, devront donc avant tout *en savoir long sur la question* et aussi se purger l'esprit de bien des idées préconçues. Il leur faudra rejeter bien des sornettes relatives à des hommes, non pas sau-

---

(87) Pour ceux qui l'ignoreraient, Dimitri Ivanovitch Mendeleïev (1834-1907) est un des phares de la Science. C'est lui qui, le premier, découvrit l'ordre qui se dissimule sous la diversité de la matière en établissant la classification dite périodique des corps chimiques élémentaires.

vages, mais secondairement ensauvagés pour avoir vécu longtemps en dehors de la société humaine. Il leur faudra balayer aussi les images incroyablement naïves représentant le mode de vie et l'aspect extérieur des hommes de l'Age de Pierre, avec une peau de bête pudiquement accrochée autour de leurs hanches et une étincelle divine dans le regard. Un œil encombré par de pareilles fariboles ne pourra évidemment pas voir grand-chose, et ce qui risque de produire une cécité complète, c'est le mastic de la philosophie.

Dès le XIIe siècle, un écrivain persan d'Afghanistan, Nizāmi Aroudi Samarqandi, schématisait la structure de l'Univers, dans son *Chahâr Maqâla* (les Quatre Discours), sous la forme d'une lignée : la nature inanimée, les plantes et les animaux, les hommes, Dieu. Les animaux forment eux-mêmes une telle lignée, allant des organismes inférieurs aux organismes supérieurs, de l'être primitif le plus simple aux êtres les plus complexes, après quoi débutait une nouvelle lignée, celle des êtres humains : « Celui-ci [le *Gil-khwdra ou Ghâk-kirma*, à savoir l'asticot ou le ver de terre, suivant les traducteurs] est l'animal le plus inférieur, tandis que le plus supérieur est le *Nesnâss*. Ce dernier vit dans les plaines du Turkestan : il a le corps vertical et se tient droit, et il a les ongles larges et plats. Le *Nesnâss* éprouve une grande attirance pour les êtres humains. Partout où il en voit, il s'arrête sur leur route et les observe avec attention. Quand il en trouve un isolé, il l'enlève et on le dit même capable de concevoir avec lui. Le *Nesnâss* est le plus élevé de tous les animaux : il vient aussitôt après l'Homme, auquel d'ailleurs il ressemble à maints égards : la station érigée, la largeur des ongles, la chevelure sur la tête. [...] Il faut que vous sachiez qu'il est le plus noble des animaux par les trois aspects mentionnés ci-dessus. Quand, au cours des âges et du fait de l'écoulement du temps, l'équilibre naturel devint plus délicatement ajusté et que le tour fut venu de l'espace compris entre les éléments et les cieux [88], l'Homme surgit en apportant avec lui tout ce qui existait déjà dans le monde inanimé, celui des plantes et celui des animaux, mais en y ajoutant la capacité de comprendre toutes ces choses par la raison. »

En Europe occidentale, également au Moyen Age, quand certains écrivains, Richard de Fournival par exemple, voulait opposer l'Homme aux plantes et aux animaux, ils classaient judicieusement l'Homme sauvage parmi ces derniers. Il est vrai que d'autres auteurs proposaient de le caser plutôt au bas de l'échelle des êtres humains.

L'opposition de l'Homme au reste de la nature allait prendre un aspect bien plus grossier, plus tranché, plus infranchissable, aux yeux des penseurs occidentaux des siècles suivants, quand le souvenir de l'échelon le plus élevé des animaux, le Paléanthrope, se fut effacé des mémoires. La pensée scientifique a fait son entrée dans les temps modernes par l'énigme que Descartes a posée : peut-on oui on non expliquer tous les phénomènes de la Nature par un principe de causalité unique (la physique) et peut-on englober l'Homme dans un tel système ?

La réponse à la première question fut d'emblée affirmative : les sciences naturelles ont clamé leurs prétentions illimitées dans ce domaine. Descartes lui-même avait prédit que non seulement les objets inanimés, mais les animaux eux-mêmes, pourraient être expliqués par des mécanismes strictement physiques, comme de simples automates à réflexes. C'est ce qu'on devait appeler le mécanicisme. Mais la réponse de Descartes avait été négative à la deuxième question. Pour lui, l'Homme ne pouvait pas être soumis à la causalité générale : son activité spirituelle se situait sur un autre plan. On a généralement dit que c'était là pour Descartes une façon de concilier la Science et la Religion. Mais le fond du problème n'en reste pas moins posé de nos jours : est-il possible ou non d'inclure la conscience humaine dans un système de causalité naturelle ? Répondre positivement à cette interroga-

---

(88) Ce quatrième espace (*furja*) est situé entre la « sphère ignée » et le « ciel lunaire ». C'est donc pratiquement notre biosphère, ce que nous appelions autrefois la « sphère sub-lunaire ».

tion est sans doute le but ultime de la Science, et celle-ci a plus d'une fois fait déferler ses vagues d'assaut contre cette citadelle.

La première de ces attaques contre l'opposition absolue entre l'Homme et la Nature fut le matérialisme de ceux qui ont fait du XVIIIe siècle celui de la Lumière. Il semblait que déjà la rupture du front fût consommée : l'Homme, proclama-t-on, est une plante. L'Homme est une machine. C'est bien entendu une machine extrêmement compliquée, et y comprendre quelque chose, et à plus forte raison parvenir à la réparer, n'est possible qu'en recourant à des idées telles que « l'état de nature », « le droit naturel », « l'action du milieu sur les organes des sens et les mœurs des humains ».

Des dizaines d'années se passèrent. Le niveau même de la pensée scientifique s'était considérablement élevé. Une nouvelle attaque se déclencha pour dissiper le dualisme cartésien toujours vivace : c'est le darwinisme. L'essentiel en était quelque chose qui n'était même pas mentionné dans *L'Origine des Espèces*, à savoir que l'Homme descend du Singe par la voie de la sélection naturelle ! Cette percée forcénée des assiégeants par—dessus le fossé, cette ruée sur le pont-levis abattu, à travers la porte grande ouverte, jusque dans la cour intérieure du château fort — dans le déferlement d'ivresse de l'aventure darwiniste — cette victoire étourdissante, réclamait une consolidation minutieuse et patiente des arrières, en l'occurrence des recherches paléontologiques, et une tentative de phylogenèse de toutes les espèces vivantes jusqu'aux mollusques, aux éponges ou aux infusoires.

Quelques dizaines d'années s'écoulent encore, et une nouvelle attaque, écrasante, est lancée. Il se révélait en effet que l'abîme cartésien entre l'Homme et l'Animal était toujours béant. Cette fois l'invasion se produisit au niveau de la fonction des couches supérieures de l'encéphale. elle était le fait de l'école physiologique russe, éclairée par le génie de Setchénov et couronnée par celui de Wedensky, de Pavlov et d'Oukhtomsky. Les sciences naturelles envahissaient le siège même de la pensée humaine, l'organe de la conscience ! L'écho de la victoire retentit jusque dans maintes disciplines voisines. Et pourtant, au bout de quelques autres décennies, nous ressentons encore toujours — peut-être d'une façon plus poignante que Descartes, parce que plus lancinante — la blessure toujours ouverte de l'énigme de l'Homme au sein de la nature. Tout au long de l'histoire des sciences nous percevons, entre les vagues de la marée montante, les flots troubles du reflux, chargés de vase et de sable : l'extension des propriétés de l'esprit humain aux animaux, à la nature tout entière. L'hiatus, dit-on, est facile à combler : cela n'exige pas une grande gymnastique mentale. Peut-être bien. Mais même sous une reliure des plus scientifiques ce n'est pas de la véritable Science que de le prétendre.

Toutes ces marées ont considérablement ébranlé notre *Weltanschauung*, notre vision du monde. Chacune a fait faire des progrès colossaux à la Science. Mais pour ce qui est de résoudre le problème essentiel, elles se sont toutes brisées sur le roc, quoique en le fracassant. Une nouvelle vague se lève, inéluctable. Peut-être est-ce la neuvième [89]. Déjà, s'écroulent les piliers qui se dressent sur son chemin. Dans cet énorme travail de sape, le bélier le plus puissant est sans doute la révision du problème des Néanderthaliens. Le lecteur a pu s'en assurer : le *revizor* est arrivé, et il n'est pas là incognito [90]. On s'efforce de ne pas le voir, en baissant les yeux.

La découverte des Néanderthaliens survivants ne nous révèlera pas comment l'Homme est né, mais comment il n'a sûrement pas pu naître. La moitié de la montagne qui dissimulait la solution s'est déjà effondrée avec fracas et des tourbillons

---

[89] En russe, « la neuvième vague » désigne traditionnellement « la plus forte ».

[90] Allusion à la pièce de Nicolas Gogol, qui évoque les bouleversements introduits dans une société par la visite d'un *revizor*, c'est-à-dire d'un inspecteur des Finances, venu en catimini.

de poussières s'élèvent vers les nues. Il est impossible dans un essai, comme celui-ci d'exposer, même brièvement, le problème de l'origine de l'Homme. Il n'y a que quelques mots à ajouter.

Le présent texte n'est que l'histoire d'une tragédie scientifique qui se déroule sur dix ans, une tragédie optimiste [91]. En voici encore une scène.

J'ai un jour exposé, en le condensant à l'extrême, un point de vue tout à fait nouveau sur certaines questions fondamentales relatives à la genèse de l'Homme. Ce point de vue, je l'avais médité pendant de longues années. Il s'exprima dans un article dont le titre était comme une provocation en duel : « *Une révolution scientifique est-elle aujourd'hui possible en primatologie ?* » Or ce texte parut dans la revue de l'Académie des Sciences de l'U. R. S. S. *Voprosy philosophyi* (Questions de philosophie) (1966, n° 3). En accord avec la rédaction, nous avions décidé de le placer dans la rubrique des questions controversées, ce qui constituait un nouvel appel à la riposte. Les anthropologues se trouvaient dans l'obligation d'entamer une discussion sérieuse. Eh bien ! Non, nous nous étions trompés. Personne ne releva le gant, il n'y eut pas la moindre controverse. Et pourtant la revue en question comptait plusieurs milliers de lecteurs, y compris à l'étranger, dans d'autres pays socialistes. En gardant le silence, on pensait, je suppose, me témoigner un manque de respect, mais ceux qui se taisaient ont manifesté surtout une absence de considération de soi. Il y eut tout de même une petite réplique dans la presse. Dans une brochure de bandes dessinées de N. Eidelman, *A la recherche de notre ancêtre* (Moscou, 1967), on trouvait vers la fin une petite pique insidieuse : les « amateurs », lisait-on, ont tort de vouloir donner des leçons aux « professionnels » sur la manière la plus efficace de fomenter « une révolution en primatologie » (page 24). C'est ce qu'on appelle en boxe un coup bas : traiter d'amateurisme une orientation scientifique qui n'est pas dans la ligne orthodoxe. Pour ma part, je ne demandais nullement aux savants d'une tendance différente de mettre le feu aux poudres, mais simplement d'exprimer éventuellement leurs objections à mes propres idées, de ne pas les dissimuler davantage, puisque ni moi, ni le public, ni M. Eidelman ne connaissions encore ses arguments. On a beau traiter son adversaire de tous les noms, cela ne remplace jamais l'exposé clair et net des objections qu'on peut lui opposer.

Il y aura bientôt dix ans qu'a retenti notre « Eurêka ! ». Ce délai d'épreuves de dix années a exigé un maximum de tension, mais a abouti à établir le caractère incontestable de la découverte. Il a été comme un bulldozer déblayant tous les amoncellements qui encombraient la voie, pour le nouvel assaut à lancer contre l'énigme de la nature humaine. Il va de soi que, si je me suis intéressé à l'Homme-des-neiges, c'est parce que j'avais déjà en tête une tentative inédite de dissiper le point d'interrogation de Descartes. Je suis en train d'écrire un livre sur l'ensemble du problème, mais un des faits témoins les plus importants reste entouré du mutisme obstiné des savants.

Nous exigeons la bataille. De deux choses l'une : ou bien tout ce qui se trouve condensé dans ces pages, et qui a été absolument documenté et développé, respectivement dans les quatre brochures du *Matériel d'information* et dans mon gros ouvrage *Etat présent de la question des hominoïdes reliques* n'est qu'un horrible cauchemar, ou bien c'est la preuve éclatante que l'Anthropologie est plongée dans les ténèbres de l'obscurantisme... Allons, messieurs, un peu de courage : discutez, démentez, démolissez, hurlez ! Ou bien alors, sanglotez sur votre défaite…

L'Anthropologie restera-t-elle silencieuse devant un tel défi ?

---

(91) Titre d'une pièce connue de V. Vichnievsky.

CHAPITRE XIII

DERNIÈRES PAROLES

Réponse aux attaques, éclaircissements ultimes, implications philosophiques.

Je ne me reconnais pas coupable de ce dont on m'accuse. je ne suis pas coupable, par exemple, d'une recherche de sensationnel. Comment peut-on taxer de « *sensationnel* » un travail ingrat, accompli entièrement dans l'ombre ? Même aujourd'hui, bien rares sont encore ceux qui réalisent que la découverte des troglodytes est un événement capital du point de vue philosophique. Oui, messieurs les jurés, le fait est qu'un événement *sensationnel* s'est produit en philosophie, cela je le reconnais volontiers, mais ce n'est pas de cela qu'il est question dans l'acte d'accusation.

Le matérialisme guérit de la cécité. Grâce à lui nous sommes parvenus à voir ce que nous avions sous le nez, mais qu'il ne convenait pas de regarder. Pas un monstre fabuleux, ni quelque curiosité futile de la montagne et de la forêt ; mais un fait de premier ordre pour l'« anthropologie philosophique ».

Je ne me reconnais pas coupable d'avoir piétiné les plates-bandes de la biologie. Plus d'une fois m'est revenue cette rumeur : « Par le seul fait de sa présence, l'historien Porchnev discrédite le problème de l'Homme-des-neiges. Car, enfin, pourquoi faut-il que ce soit un homme de sa formation qui s'en occupe ? Si cette question était vraiment digne d'intérêt pour les sciences naturelles, il n'en serait sûrement pas ainsi. Il faut chasser cet intrus de notre fief biologique ! »

Qu'on me pardonne de devoir citer ici quelques fragments de ma propre biographie. Déjà au sein de ma famille, mon père, qui était chimiste, m'avait communiqué sa passion pour les sciences de la nature. Et les germes d'une forme de pensée sont indéracinables pour tout le restant de la vie. A l'Université de Moscou, dans la faculté où j'étais étudiant, deux disciplines particulières étaient alors couplées : la psychologie et l'histoire. Je me suis donc plongé dans les deux. Mais l'étude de la psychologie, sous l'égide des professeurs G. I. Tchelpanov et K. N. Komilov, exigerait, selon leurs conseils, la maîtrise d'une troisième discipline. Aussi ai-je suivi simultanément les cours de la faculté de biologie. A la fin de mes études universitaires, une conviction avait mûri en moi : la psychologie est le trait d'union entre les sciences biologiques et les sciences sociales, et si la biologie est complexe, la sociologie l'est plus encore, et celui qui n'a pas compris la première reste impuissant devant la dernière. Quand à l'histoire, elle est pour moi l'alliage de toutes les sciences de la société humaine. Par un travail long et acharné, j'ai acquis la maîtrise reconnue de l'historien, je me suis spécialisé dans l'histoire du XVIIᵉ siècle, puis j'ai débordé sur le destin historique de cette formation occupant le milieu, la féodalité, pour viser enfin un thème bien plus vaste, le phénomène même de l'évolution de l'humanité depuis ses origines jusqu'à nos jours. Tout ceci constituait la trempe indispensable avant de pouvoir en revenir aux aspects psychologiques. Pendant tout ce temps j'avais lu énormément d'ouvrages de psychologie et de physiologie pour ne pas, comme on dit, « rester à la traîne ». Et, surtout, conserver l'habitude de penser en biologiste.

L'heure de la synthèse a sonné quand j'ai pu toucher du doigt le tout début de l'Histoire. J'ai participé en effet à des expéditions archéologiques dans le Paléolithique supérieur, sur le Don, dans le Paléolithique moyen, sur la Volga, et dans le Paléolithique inférieur, en Ossétrie méridionale. J'y ai été plongé dans la perplexité : mes yeux ne remarquaient pas les mêmes choses que ceux de préhistoriens [92] de tout premier ordre, mes maîtres. Brillants et très érudits dans le domaine de leur spécialité, ils semblaient incapables — et ce jusqu'à la stérilité — de penser en biologistes. Ainsi, à travers les ossements des animaux qui parsemaient les sites paléolithiques, je tentais en pensée de me représenter leur vie. Il n'en était pas de même pour les préhistoriens. Chez eux, la notion générale de « chasse », qui au demeurant n'apportait aucun éclaircissement sur la vie de la Nature, remplaçait celle, bien plus vaste, de la *biocénose* [93] dont l'Homme préhistorique n'était qu'une composante. Quand, à partir de simples débris, les préhistoriens se mettent à improviser dans le domaine zoologique, cela donne des résultats désastreux, comme lorsque les zoologistes appliquent leurs conceptions à l'étude des phénomènes humains. Avec toute l'obstination possible, je me suis donc attelé à acquérir les connaissances les plus récentes en matière d'écologie, ainsi que l'éthologie des Mammifères et des Oiseaux. En même temps, progressaient mes études expérimentales sur les chiens et les singes, et mes études théoriques sur l'activité nerveuse supérieure des animaux en général.

Il me restait à sauter le pas décisif dans le domaine des sciences humaines : psychologie et anthropologie. En tant qu'historien doublé de biologiste, j'ai appris tout au long de ma carrière à voir ce qu'il ne fallait pas regarder. Cette inclination m'a attiré surtout vers deux sujets : le mystère de la psycho-physiologie de la parole et celui des troglodytes actuels. D'aucuns s'occupent de l'Homme-des-neiges parce qu'ils sont fascinés par cette énigme et qu'ils se demandent ce qu'elle peut bien dissimuler. Pour ma part, je m'y intéresse uniquement pour tenter de répondre à la question suivante : qu'est-ce que l'Homme ? A cause de leur identité manifeste avec les néanderthaliens, les troglodytes vivants constituent, en effet, une tête de pont idéale pour progresser dans la connaissance de notre propre espèce.

Après tout cela à mon actif, j'aurais pu m'abstenir, semble-t-il, de parler de mes droits à un diplôme de biologiste. Au bout de dix ans, il est un peu tard pour demander son admission à une place qu'on a occupée tout ce temps-là. Quiconque a accompli une œuvre en biologie est biologiste.

En revanche, ma façon de penser en historien m'a préservé dans les sciences biologiques de l'esprit scolastique des garçons de laboratoire et du personnel technique en général. Ces gens-là sont capables de vous demander d'étaler sur la table les vertèbres cervicales de Louis XVI pour prouver que celui-ci a bien été guillotiné ! Comme si ce fait n'était pas parfaitement visible par *d'autres* moyens, non moins scientifiques...

Je ne reconnais pas comme une faute d'avoir écrit mon article *Matérialisme et idéalisme dans le problème de l'anthropogenèse*, paru en 1955 dans *Voprosy philosophyi* (n° 5). Ce texte m'a attiré, non pas un jugement, mais une excommunication pure et simple. Bien que je n'eusse insulté aucun de nos spécialistes distingués en le traitant d'idéaliste, il y a eu une levée de boucliers quasi unanime. Sans m'émouvoir, j'ai

---

(92) Le texte original parle partout d' « archéologues », mais on a coutume en France de parler plutôt de « préhistoriens », quand il est question d'archéologues préoccupés de cultures ayant précédé l'Histoire, à savoir la naissance de l'écriture.

(93) La biocénose ou communauté biotique est le système formé par l'association, et l'interaction des plantes et des animaux d'un certain milieu et qui se trouve en équilibre instable sous l'effet des conditions particulières inhérentes à celui-ci.

paré à tous les anathèmes dans deux nouveaux articles : *Toujours le problème de l'anthropogenèse* (*Sovietskaïa anthropologuia*, 1957, n° 2) et *A propos des discussions sur le problème de l'origine de la société humaine* (*Voprosi historyi* [Questions d'Histoire], 1958, n° 2). Les jeteurs d'anathèmes ont soudain baissé pavillon et se sont évanouis, et j'ai donc eu le dernier mot. Mais c'était comme si j'avais clamé mes preuves dans le désert.

L'affaire est bien simple. Jamais, au grand jamais, Marx n'a défini l'Homme comme « un animal fabriquant des outils » ou comme « le créateur des outils ». Marx a cité des centaines de sottises bourgeoises, quand elles reflétaient un tant soit peu la vie ou qu'elles la défiguraient d'une façon caractéristique. Parmi elles, il a précisément cité cette formule de Benjamin Franklin, qu'il tenait pour significative de la mentalité yankee. En effet, ce sont le pragmatisme à courte vue et l'individualisme affairiste qui l'inspirent. Dès le début, Marx définissait l'Homme, non comme un être solitaire brandissant un outil, mais avant tout comme « une créature sociale ». Pour caractériser le travail humain, Marx mettait au premier rang, non pas l'objet du travail, qui d'ailleurs ne distingue nullement l'Homme de l'Animal, ni l'existence d'un instrument de travail : il a toujours mis l'accent sur le but du travail, donc l'intention délibérée, le *projet*.

Si l'Homme a acquis le privilège de se fixer des objectifs, c'est uniquement grâce à la parole. Par quoi chaque organisme est-il lié à la société ? Par la parole. La parole est un phénomène purement social. Une activité stimulée par un but prédéterminé est le fruit psychologique de la parole, autrement dit un phénomène social dans un corps individuel.

Au terme d'un processus de travail se situe un résultat qui préexistait à celui-ci dans l'imagination du travailleur, à savoir sous forme d'idée. Idéal, dans ce contexte, qualifie non pas l'esprit pur, sans cause, mais l'expression de la nature sociale de celui qui travaille. La psychologie étudie comment la puissance de la parole se transforme dans le cerveau de l'*Homo sapiens*, et plus particulièrement dans ses lobes frontaux, en puissance de projet, en intention dirigée. Les outils matériels et les matières premières ne sont jamais que les moyens de réaliser cet objectif. Voir en eux l'essence même de l'Homme revient à inverser le problème, à le prendre par le mauvais bout. Dans cette perspective, le sauvage originel ne serait qu'un solitaire, cassant des pierres et décortiquant des bâtons, simplement un peu mieux qu'un singe.

Voilà pourquoi j'ai protesté contre cette pauvre philosophie yankee qu'on attribue par ignorance à Marx ou à Engels, philosophie de l'individu isolé qui espère faire fortune grâce à ses deux mains et à son seul cerveau personnel.

Le préhistorien découvre des squelettes de formes fossiles ayant précédé l'Homme, associés à des pierres grossièrement taillées. Elles sont stéréotypées ! s'exclame-t-il, et il en tire des déductions de nature psychologique. Mais le psychologue, qui étudie les objets du Paléolithique inférieur et moyen, est amené, lui, à conclure que ceux-ci ne témoignent nullement d'une participation de la parole et du concept. Un autre mécanisme suffit à expliquer la similitude de ces objets : un comportement inné, sur lequel se greffe une faculté d'imitation, très importante chez divers Vertébrés, et particulièrement développée chez les Primates. On peut parfaitement enseigner par simple démonstration, et non pas nécessairement par description verbale. Le Paléanthrope assimilait ce qu'il voyait faire. C'était un apprentissage muet, imitatif. L'étude de ce même mécanisme d'imitation chez les animaux explique de manière indirecte les modifications graduelles du « patron » ou « modèle » des outils paléolithiques, transformation à certains égards plus rapide que l'évolution anatomique de l'espèce.

Ainsi les observations minutieuses des naturalistes ont prouvé, par exemple, que chez les oiseaux, une variante locale dans la manière de chanter peut en quelques générations à peine s'étendre par imitation sur toute une zone géographique et au-delà. Au bout d'un certain temps, c'est l'espèce tout entière qui exécute différemment ses anciens trilles. En règle générale pourtant, les modifications d'un comportement complexe par l'intermédiaire du mécanisme d'imitation exigent des délais considérables, puisque le processus joue par définition le rôle opposé, celui de perpétuer au contraire le « patron ». Bref, les outils archaïques ne sont pas obligatoirement liés à une activité verbale et intellectuelle. La Science est parfaitement capable de les expliquer sans recourir à cette hypothèse. La parole et la pensée conceptuelle sont arrivées plus tard.

Mais, s'obstine quelque contradicteur, un préhistorien découvre souvent côte à côte plusieurs types d'outils : ils avaient donc des fonctions différentes, qu'il fallait pourtant bien expliquer avec des mots. Certes, leurs fonctions étaient différentes, mais leur champ d'application n'était pas diversifié. Voyez combien d'instruments disparates il y a dans le cabinet d'un dentiste ou d'un chirurgien ! En fait tous les « outils » des créatures préhumaines n'étaient destinés qu'à diverses opérations de détail dans le dépeçage de la carcasse d'un gros animal. Il s'agit là d'une adaptation strictement biologique. La sensation de faim ou la présence de la carcasse stimulaient l'instinct de préparation de ces moyens d'assouvir la faim, comme le stimulaient aussi les difficultés, insurmontables pour les dents, rencontrées au cours des tentatives de dépeçage.

En conséquence, la raison pour laquelle le paléanthrope relique n'utilise plus, de nos jours, d'outils pareils à ceux que les préhistoriens exhumèrent des couches du Quaternaire moyen n'est pas liée à l'histoire propre de ces êtres, mais bien à celle de la faune ambiante. A un certain moment, les immenses troupeaux de grands herbivores ont disparu, et la nourriture de base des néanderthaliens s'en est trouvée modifiée. Et du coup, s'est perdue aussi l'habitude — entretenue uniquement par l'imitation — de fabriquer des « outils » à partir de silex ou d'autres pierres fissiles. Dans les zones géographiques où de tels troupeaux ont persisté plus longtemps, la phase culturelle « moustérienne » s'est prolongée plus tard qu'ailleurs : en Asie centrale, ses vestiges subsistent jusqu'à une période infiniment plus récente qu'en Europe occidentale, presque jusqu'à un passé tout proche. Et l'archéologie préhistorique du Paléolithique du Nord donne les mêmes indications.

S'il en est ainsi, une question se pose. Serait-il possible, quand un de ces troglodytes survivants aura été capturé, de faire renaître en lui l'instinct évanoui et l'habitude perdue de fabriquer des « outils » primitifs, depuis les plus grossiers jusqu'aux plus raffinés qui lui soient accessibles, à savoir l'outillage moustérien ? On peut fort bien se représenter l'expérience à faire. Elle consisterait à stimuler l'individu captif tant par la faim que par la vue d'une carcasse, et par la démonstration des mouvements qui permettent de fendre la pierre et de la rendre pointue ou tranchante. L'Homme sauvage apprendra-t-il à en faire autant ? Cela reste pour nous une inconnue. Sera-t-il tenté d'imiter un représentant d'une autre espèce que la sienne — la nôtre en l'occurrence — avec autant de zèle qu'il le ferait d'un de ses semblables ? L'heure viendra où les expériences nous donneront toutes les réponses.

Le contradicteur s'obstine une dernière fois. Comment le feu, prouesse de Prométhée, pouvait-il exister chez des néanderthaliens privés de mots et de concepts ?

En fait, il est bien établi que personne n'a jamais « découvert » ni « inventé » le feu. Pendant des millénaires on n'a pas su, au contraire, comment s'en débarrasser, comment lutter contre lui ! Il est vrai qu'il ne constituait pas un grand mal, puisqu'il n'y avait pas grand-chose de précieux à brûler. Mais çà et là, dans les tanières des paléanthropes, des litières devaient parfois prendre feu et se mettre à dégager une fumée suffocante. Dans la nature, la litière de n'importe quel gîte, terrier ou nid, est faite précisément de matières qui peuvent s'enflammer à partir d'une simple étincelle. Or, à cette époque, seule l'espèce qui nous intéresse avait la manie de semer des étincelles à tous les vents : plus exactement, celles-ci étaient produites accidentellement par ces êtres, à leur corps défendant, quand ils dégrossissaient une pierre au moyen d'une autre. Le feu était un effet secondaire, tout à fait fortuit, et c'est seulement peu à peu qu'on s'est avisé de le domestiquer. En 1954, avec l'aide de deux assistants, j'ai fait toute une série d'expériences visant à faire jaillir des étincelles au moyen de deux silex, sans l'aide d'aucun métal, sur diverses matières inflammables. Les résultats de ces expériences ont été publiés. Il n'y a jamais eu de Prométhée [94]. Il n'y a pas eu non plus, à plus forte raison, d'observateur futé et prévoyant qui ait songé à tirer profit de quelque éruption volcanique ou d'un feu de brousse spontané, pour recueillir précieusement le feu sacré, l'entretenir en permanence et le transmettre à ses descendants. Il n'y a rien eu de tout cela, parce qu'il n'y avait pas d'hommes. *Ce n'étaient pas des hommes.*

Il est indiscutable que, du point de vue anatomique, la différence entre le Néanderthalien et l'*Homo sapiens* atteint le niveau de la distinction spécifique [95], voire un niveau plus élevé. Ce fait est invoqué pour justifier le racisme. Il est scientifiquement démontré, disent les racistes, qu'il peut en principe exister des êtres humains appartenant à des espèces différentes. On peut répondre au racisme : — Non, même théoriquement, il ne peut pas exister de différences spécifiques entre les hommes. L'erreur réside dans le fait de considérer les Néanderthaliens comme des êtres humains. Or, des créatures qui ne possèdent pas de langage articulé se situent, par cela même, en dehors du concept « Homme ». Il est établi, de manière précise, que les néanderthaliens fossiles n'étaient pas doués de parole, pas plus que ne le sont les néanderthaliens rescapés de la Préhistoire.

C'est peu de dire que ceux-ci ne sont pas des hommes. L'abîme qui les sépare des humains serait bien mieux défini si l'on disait que ce sont des *anti-hommes*.

D'aucuns, après avoir pris connaissance de l'aspect et des mœurs du Paléanthrope relique, font la grimace et s'écrient : « Mais c'est dégoûtant ! Il y a de quoi vous donner la nausée... » C'est magnifique, non ! Car enfin, qu'il en soit ainsi est en parfait accord avec l'idée d'évolution. L'être dont l'image s'est peu à peu dévoilée

---

[94] Chaque fois qu'un fumeur invétéré met le feu à son lit, personne ne songe à crier au génie, bien au contraire. Or il s'agit d'un incident tout à fait semblable.

[95] Peut-être est-ce en effet indiscutable, mais le fait est que cela se discute beaucoup. Au symposium de Burg Wartenstein, qui réunissait en 1962 la plupart des hautes autorités mondiales en matière d'anthropologie, il fut même décidé avec une quasi-unanimité de désormais considérer l'Homme de Néanderthal et l'Homme moderne comme deux sous-espèces d'une seule et même espèce : *Homo sapiens*. Cette résolution a, depuis lors, été généralement respectée.

au cours des pages de ce livre est l'entité que toute notre Histoire a repoussée avec horreur et une énergie croissante au fur et à mesure que nous devenions de plus en plus humains. S'interroge-t-on sur ce que les hommes tiennent aujourd'hui pour le comble de l'abomination et de l'abjection, on constatera que c'est précisément tout ce qui était propre à notre ancêtre préhistorique. Voulez-vous tenter de reconstituer l'image de celui-ci ? C'est bien simple. Pensez à tout ce qui vous fait le plus horreur au monde : une bonne part en sera utilisable pour brosser ce portrait. S'il en était autrement, l'Histoire ne serait pas une large voie mais une piste de stade. Un seul trait caractérise l'Homme de manière unique, c'est qu'il est un être s'éloignant inexorablement de son état naturel original,, et d'ailleurs à une allure de plus en plus accélérée.

Les troglodytes ne sont en aucune façon des êtres humains. Il convient de le souligner aujourd'hui pour des raisons pratiques. Jetons un coup d'œil sur les images prises par Roger Patterson dans les montagnes boisées de la Californie du Nord : ne croit-on pas voir un être humain, couvert, certes, de poils noirs, mais un être humain tout de même ? Ceci met en relief un aspect épineux du problème. N'aurions-nous pas des obligations morales ou légales envers les créatures de cette sorte ? Eh bien, non. Le Troglodyte appartient non seulement à une autre espèce, voire à un autre genre que nous, mais même, à mon avis personnel, à une autre famille, et ce bien que nous descendions précisément de créatures semblables [96]. Rien n'interdit donc d'utiliser la force contre eux et, s'il le fallait, d'en abattre. Il faut une fois pour toutes chasser de son esprit l'idée d'un être ambigu, mi-homme mi-bête, un être semi-humain. En créant une telle fiction dans son roman *Les Animaux dénaturés*, Vercors a suscité du même coup un foisonnement de problèmes éthiques et légaux apparemment insolubles, qui en réalité n'existent pas. Les troglodytes ne sont qu'un objet d'étude des sciences naturelles, rien de plus.

Je ne me reconnais pas coupable d'avoir étalé ce sujet éminemment scientifique dans les colonnes de la *Komsomolskaïa Pravda* et d'une dizaine d'autres journaux, magazines de vulgarisation scientifique, ou revues artistiques et littéraires. Non, je ne suis pas coupable d'avoir de la sorte profané la Science. Quand une rivière est obstruée par un énorme quartier de roc, ses eaux sont bien obligées de contourner celui-ci en formant de petits ruisseaux latéraux et en envahissant les terres basses. De même, il est impossible de s'opposer à la vraie Science : la vérité finit toujours par sourdre quelque part, parfois dans les endroits les plus inattendus, les plus modestes.

Ici d'ailleurs les circonstances étaient très spéciales, sans précédent. La découverte, en l'occurrence, devait par nécessité être faite avec l'aide des connaissances, de l'expérience et de l'initiative du peuple. Il fallait interroger celui-ci et lui demander sa collaboration. Ce fut la « voie royale » de la présente étude. C'était le chemin le plus court pour atteindre ce qui n'était pas connu. Et il eût été naturel que le régime de la société socialiste favorisât la contribution du peuple à une vaste entreprise scientifique. La priorité de notre pays dans la recherche, la découverte et la description des troglodytes vivants confirmerait une fois de plus avec éclat la supériorité de ce régime. Nous possédons un réseau de journaux régionaux qu'on ne peut comparer avec celui d'aucun autre pays au monde, nous disposons de la sympathie intelligente des masses pour les entreprises audacieuses, nous avons précipité l'effondre-

---

(96) Ceci est évidemment une hérésie au point de vue zoologique. La taxonomie étant sensée refléter la phylogenèse, une espèce ne peut *par définition* descendre que d'une autre espèce du même genre, et *a fortiori* de la même famille.

ment radical de vieux préjugés. Où, ailleurs que chez nous, aurait-on pu récolter d'un grand coup de filet une telle masse d'informations bénévoles, où aurait-on pu trouver en même temps une telle brochette d'experts ?

Le fond du problème réside dans le fait que, sans cette découverte, la science de l'Homme ne pourra plus se développer et en particulier notre connaissance de cet outil par excellence de l'Homme qu'est la parole. D'où l'impérieuse nécessité pour nous — c'était même un devoir — de nous frayer résolument un chemin à travers un maquis semé d'obstacles parfois imprévisibles.

Boris F. PORCHNEV.

TOUTES LES PHOTOS PRISES PAR BERNARD HEUVELMANS

LORS DE SON EXAMEN DE L'HOMME PONGOÏDE.

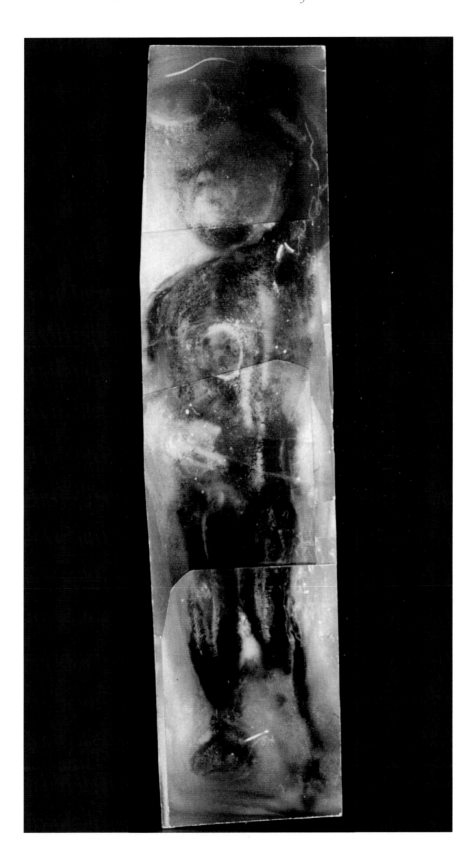

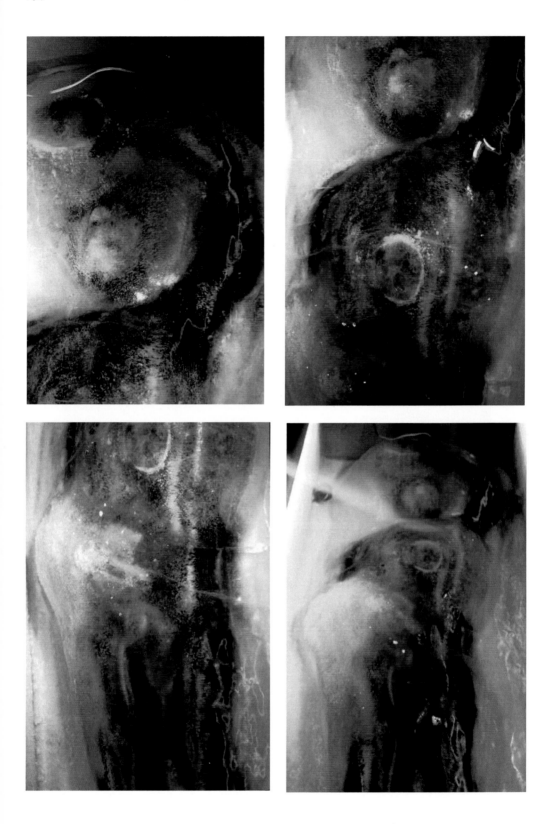

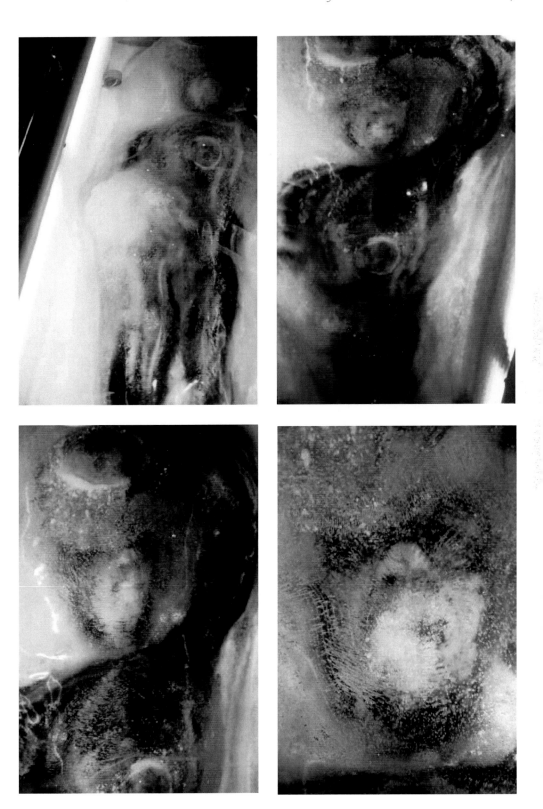

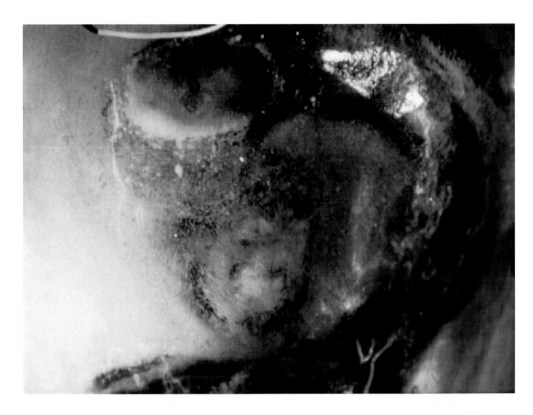

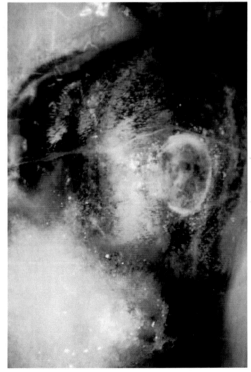

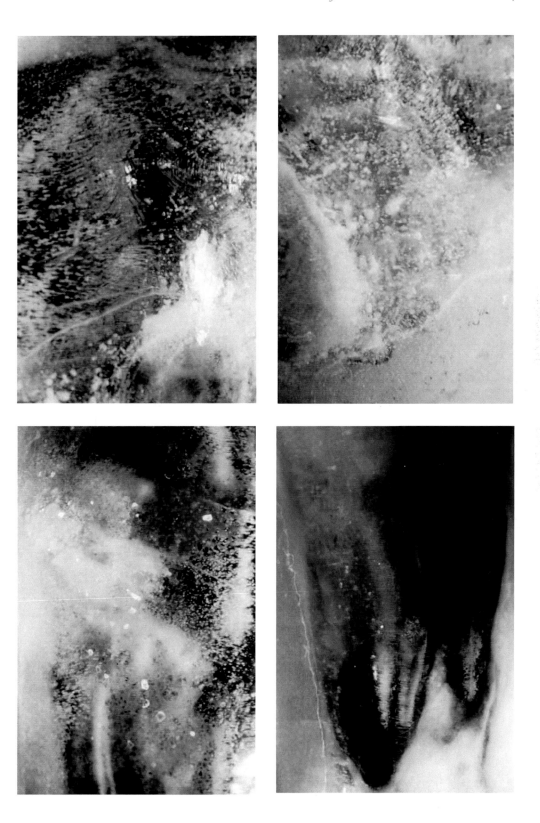

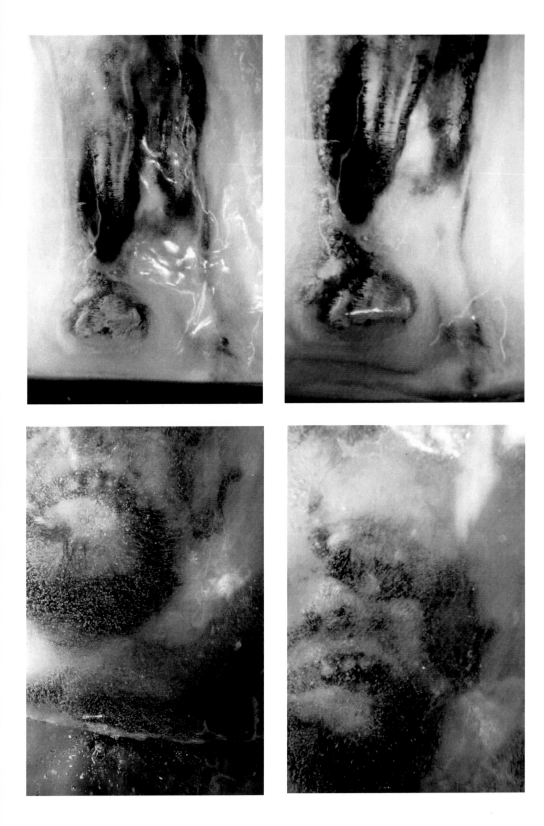

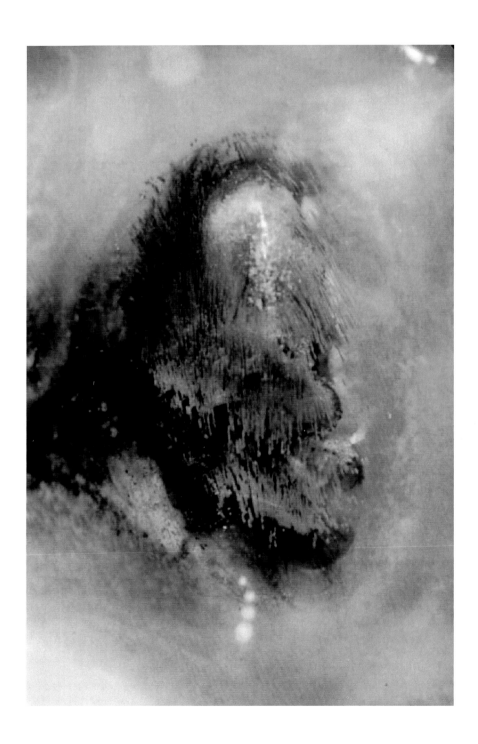

DEUXIÈME PARTIE

L'ÉNIGME
DE
L'HOMME CONGELÉ

PAR

BERNARD HEUVELMANS,

Docteur ès sciences zoologiques.

CHAPITRE XIV

CE QUE J'AI VU

Un être qui tenait à la fois de l'Homme et du Singe.

« Même les champs de foire sont un champ d'investigation pour le zoologiste curieux. On a découvert des animaux nouveaux dans des musées, dans des zoos. Alors, pourquoi pas dans une baraque foraine ? »

Bernard HEUVELMANS, au début de l'émission de télévision de la série *SHERLOCK AU ZOO*, passée à l'antenne de l'O. R. T. F. le 28 mars 1962.

Se trouver face à face avec un homme préhistorique ou un homme-singe, cela n'arrive généralement que dans ces romans de science-fiction où l'on voyage sans peine dans le temps, ou bien encore dans ces romans d'aventure qui dépeignent la découverte, dans quelque région inexplorée du globe, d'un îlot isolé du reste du monde depuis des âges révolus. Pourtant cela m'est arrivé sans que j'aie eu à utiliser *La Machine à explorer le temps* de Wells ou à visiter *Le Monde perdu* de Conan Doyle. Cela s'est passé le 17 décembre 1968 au beau milieu des Etats-Unis d'Amérique.

L'histoire est si fantastique que j'ai peu d'espoir d'être cru sur parole, sauf par ceux qui me connaissent bien, soit personnellement, soit à travers une lecture attentive de mes livres. Ceux-là savent combien je suis prudent et scrupuleux dans mes recherches zoologiques, et aussi que je ne risquerais pas ma réputation scientifique à la légère par des déclarations irréfléchies ou fantaisistes. Heureusement, j'ai pour appuyer mes dires bien plus que mon simple témoignage personnel.

Il y a tout d'abord de nombreuses photos, qui m'ont permis à la longue une étude minutieuse de l'anatomie externe de l'être que j'ai examiné avec le plus grand soin.

Il y a ensuite la confrontation parfaite de tout ce que nous savons de l'anatomie, des mœurs, de l'histoire de ce genre de créatures et de leur distribution à travers le monde, avec nos connaissances les moins contestables en matière de paléanthropologie, d'évolution biologique, d'écologie et de zoogéographie.

Bref un ensemble cohérent, quasi monolithique, inébranlable, des preuves des trois catégories admises : des preuves *autoscopiques* (celles que chacun peut voir), des preuves *testimoniales* (celles qui découlent des rapports d'autrui) et des preuves *circonstancielles* (celles qui se fondent sur l'accord avec les faits et les événements extérieurs).

Bien peu de connaissances scientifiques tenues pour bien établies bénéficient d'une telle assise et d'une structure de soutènement si robuste. Mais alors, direz-vous, comment se fait-il que cette découverte, qui est appelée à bouleverser l'anthropologie, ne figure pas encore dans tous les traités et les manuels ?

C'est que, précisément, elle bouleverse quelque peu l'anthropologie. Quoi ! J'aurais l'impertinence de vouloir et de *pouvoir* démontrer la fausseté de certains dogmes scientifiques ? (Car il s'agit bien, comme je le prouverai, de dogmes et non de simples opinions que les faits sont venus infirmer). C'est là se heurter de front à cette formidable organisation qu'on appelle ici la Science officielle et ailleurs le *Scientific Establishement*, une organisation n'obéissant certes qu'à des consignes tacites mais faisant toujours bloc pour ne laisser passer à aucun prix une révélation qui dérange le confort intellectuel de ses membres. Pour triompher, cette franc-maçonnerie a pendant des années accumulé toutes les embûches possibles sur ma route — comme elle l'a fait sur celle du professeur Porchnev — afin d'empêcher la vérité de se faire jour. Au Moyen Age, on nous eût bien plus expéditivement envoyés tous deux au bûcher : aujourd'hui on a dû se contenter de nous bâillonner. Et ne croyez pas que je sombre dans le mélodrame.

Le présent livre n'est que la transcription des cris étouffés que nous avons poussés à travers les bâillons dont nous tentions désespérément de nous débarrasser. Vous avez déjà entendu le récit de mon ami Boris Fédorovitch. Voici à présent le mien.

J'exposerai les faits dans l'ordre où ils sont parvenus à ma connaissance, soit que je les aie vécus moi-même, soit qu'ils m'aient été rapportés par d'autres. Cela donnera peut-être au début une impression de désordre et de confusion. Qu'on se rassure : tout s'ordonnera peu à peu par la suite et s'éclaircira au grand soulagement des curieux. Si l'histoire paraît diablement embrouillée cela tient surtout au fait qu'on s'est *délibérément* ingénié à l'embrouiller. On l'a fait parce qu'on avait d'excellentes raisons de cacher une vérité embarrassante, accusatrice, on l'a fait aussi parce qu'on ne voulait pas reconnaître une simple erreur, une gaffe, un faux pas, on l'a fait par intérêt, on l'a fait pour empêcher un confrère de triompher, on l'a fait pour tenter de convaincre de sa propre objectivité, on l'a même fait tout bonnement par goût invétéré de la fantasmagorie. Et puis il y a eu tous ceux qui ont obstinément tu quelques faits essentiels parce qu'ils redoutaient les plus graves représailles s'ils révélaient les dessous inquiétants d'une affaire qui est loin de se réduire à une simple énigme scientifique, et il y a ceux qui ont opportunément oublié certains aspects du problème parce qu'ils craignaient de se voir ridiculisés ou déshonorés pour avoir un instant trempé dans cette aventure. On a agi par malignité, par orgueil, par jalousie, par ignorance, par sottise, par esprit de lucre, par lâcheté. Tout cela est bien humain et souvent excusable, mais il ne faut pas que ce soit au détriment de la lumière à laquelle aspirent tous les êtres assoiffés de savoir.

J'ai longtemps espéré pouvoir raconter cette histoire en taisant certains faits un peu gênants ou en glissant rapidement sur des incidents dans lesquels des amis chers ou des personnalités respectées ont joué un rôle discutable, voire peu reluisant. Hélas, j'ai dû constater que ces omissions ou ces pudeurs nuisaient parfois sérieusement à la clarté de l'exposé et finissaient par transformer en un imbroglio inextricable et fumeux une histoire qui, sans être simple, est tout de même logique et cohérente.

Dans un problème d'une importance capitale au point de vue scientifique et philosophique, il me paraît négligeable que certaines susceptibilités puissent être froissées. Après tout, chacun doit assumer la responsabilité de ses actes et de ses paroles. L'essentiel ici est de faire apparaître la vérité, toute la vérité autant que possible, et rien que la vérité.

Des bribes ou des résumés de cette surprenante histoire ont été rapportés dans la presse ou certains livres par des gens qui en ont recueilli des échos plus ou moins déformés, voire par des comparses qui n'y avaient joué qu'un rôle épisodique. La voici pour la première fois racontée intégralement par un de ceux qui l'ont vécue d'un bout à l'autre.

Au mois de décembre 1968, j'étais l'hôte intermittent au New Jersey d'un ami et correspondant de longue date, l'écrivain et journaliste Ivan T. Sanderson. J'étais arrivé à New York au début d'octobre pour la sortie de mon livre *In the Wake of the Sea-Serpents* (version américaine de *Le Grand Serpent-de-mer : le problème zoolo-*

gique et sa solution) et je m'apprêtais à partir en expédition à travers l'Amérique centrale pour y étudier la faune et plus particulièrement les mammifères rares ou menacés d'extinction.

Le 9 décembre, Ivan reçut un coup de téléphone d'un certain Mr Terry Cullen, qui se présenta à lui comme un herpétologue, propriétaire d'un vivarium à Milwaukee (Wisconsin), et s'y occupant du commerce des reptiles et des amphibiens. Il avait été vivement intéressé par le livre et les nombreux articles que mon hôte avait consacrés au problème de l'abominable Homme-des-neiges, au sens le plus large, à savoir celui de l'existence actuelle de grands Primates d'aspect humain, encore inconnus de la Science. Voilà pourquoi il tenait à signaler qu'au mois d'août de l'année précédente, il avait vu exhiber, à la Foire d'Etat du Wisconsin, ce qui semblait être une créature de cette sorte. Celle-ci venait d'ailleurs d'être exposée de nouveau à l'Exposition Internationale du Bétail à Chicago, où un de ses amis l'avait contemplée trois jours auparavant.

L'être en question était inclus, paraît-il, dans un bloc de glace et avait l'air d'un être humain plutôt velu. D'après la description de Mr Cullen, sa taille devait se situer entre 1,5 m. et 1,65 m. ; il était entièrement couvert de longs poils d'un brun brunâtre, il avait une crête sagittale sur le dessus de la tête, mais il n'avait cependant ni canines saillantes ni gros orteil opposable. En somme, une description rappelant à la couleur près les meilleures reconstitutions de l'Homme-des-neiges de l'Himalaya, exécutées d'après les signalements les plus précis donnés par ses observateurs.

Mr Cullen avait ajouté que l'arrière du crâne de ce monstre de foire était défoncé et que de la cervelle en sortait. Le cadavre était présenté au public comme celui d'un homme conservé dans la glace « depuis des siècles », ce qui suggérait sa grande antiquité, voire avec un peu d'imagination, sa nature préhistorique [97].

D'après ce qui aurait été rapporté à Mr Cullen, l'énorme bloc de glace, avec sa bizarre inclusion, avait été trouvé flottant au large du Kamtchatka, ou plus vaguement dans la mer de Béring, par un chalutier soviétique. Le capitaine de celui-ci avait cru tout d'abord, paraît-il, qu'il s'agissait d'un phoque accidentellement congelé, mais quand la glace avait fondu, une forme plutôt simiesque serait apparue peu à peu. Par la suite, le navire ayant dû faire une escale forcée dans un port de la Chine Populaire, l'étrange butin aurait été confisqué par les autorités avec tout le reste de la cargaison. Il aurait alors disparu pendant plusieurs mois pour réapparaître enfin comme un article de contrebande dans le port de Hong Kong. C'est là que son propriétaire actuel l'aurait acquis. La secrétaire de Mr Cullen s'efforçait à ce moment même de découvrir le nom et l'adresse de celui-ci.

Le lendemain, le propriétaire du vivarium de Milwaukee confirma sa conversation téléphonique dans une lettre. Il y expliqua que s'il avait pu examiner la face dorsale du spécimen et observer certains détails qui n'étaient pas visibles des visiteurs, c'est parce que son détenteur avait eu l'obligeance de retourner le bloc de glace à son intention.

Dès le 11 décembre, Sanderson avait repéré l'homme qui exhibait le cadavre congelé, d'une part, à la suite d'un nouveau coup de fil de Mr Cullen et, d'autre part, grâce à deux de ses propres correspondants de Chicago qui avaient obtenu directement le renseignement du secrétariat de la foire. Il s'agissait d'un certain Frank D. Hansen, habitant les Crestview Acres, à Rollingstone, dans le comté de Winona, au Minnesota.

---

(97) Nous devions apprendre par la suite que la roulotte du montreur portait cette inscription franchement absurde, bien dans la tradition foraine :

CONSERVÉ DANS LA GLACE DEPUIS DES SIÈCLES
PEUT-ETRE UN HOMME MEDIEVAL, RESCAPE DE L'ÈRE GLACIAIRE.

Ivan envoya aussitôt à ce personnage un télégramme le priant de l'appeler en P.C.V. afin de prendre rendez-vous pour un entretien. Toutefois, en vue de ne pas l'alerter en lui annonçant une inspection scientifique, il rédigea le télégramme en termes ambigus de façon à lui laisser croire qu'il désirait le voir pour des raisons professionnelles. Le fait est que, bien des années auparavant, mon hôte avait été le propriétaire d'un petit zoo et qu'il avait alors lui-même exhibé des animaux rares en public.

Mr Hansen lui ayant répondu le lendemain par téléphone pour dire qu'il acceptait de le recevoir, Ivan me demanda si je consentirais à l'accompagner dans le Middle West pour y aller voir et éventuellement expertiser le spécimen en question. Cela signifiait : parcourir en voiture plus de 3000 kilomètres pour aller contempler ce qui, dans mon esprit, se révélerait sans doute quelque trucage, un phénomène de foire, ou alors un animal bien connu. [L'origine orientale du spécimen, sa couleur noire et la mention d'une crête sagittale me faisaient opter dans mon for intérieur pour un Cynopithèque de Célèbes, ce grand singe sans queue qu'en anglais on appelle *crested baboon* (babouin à crête).] Je trouvais quelque peu excessifs la confiance et l'enthousiasme avec lesquels Ivan n'hésitait pas à s'embarquer dans une telle équipée sur la foi d'une information pour le moins suspecte. Mais ce voyage allait me permettre de visiter une partie des Etats-Unis que je ne connaissais pas encore. Et de toute façon, depuis les quelque vingt années que je me spécialisais en Cryptozoologie, je m'étais fait un devoir de toujours aller voir, si possible, les spécimens ainsi signalés à mon attention. Jamais je ne me suis laissé rebuter par les appellations fantaisistes — telles que « monstre », « serpent-de-mer », « dragon » ou « abominable Homme-des-neiges » — qui leur étaient généralement appliquées par les profanes et en particulier par la presse. A l'encontre de ce qu'on pourrait imaginer, ces investigations se révèlent rarement infructueuses, et elles m'ont souvent permis l'examen et la conservation de spécimens d'animaux, sinon inconnus, du moins extrêmement rares, ou encore nouveaux pour une région déterminée.

La présente enquête devait se révéler d'un intérêt bien plus considérable encore, puisqu'elle s'est soldée par la découverte d'une espèce inconnue d'hominidé, vivant de nos jours.

Pourtant l'affaire se présentait au départ sous les augures les plus défavorables. Rien n'y manquait certes pour la rendre attrayante à souhait aux yeux du grand public : une sorte d'homme-singe, sauvagement abattu sans doute si l'on en jugeait par l'état de son crâne, puis conservé miraculeusement dans la glace depuis des temps immémoriaux, une rocambolesque histoire de frictions internationales, de piraterie et de contrebande au-delà des rideaux de fer et de bambou conjugués, l'ambiance pittoresque des champs de foire et de ses monstres, et enfin l'enquête entreprise par deux chercheurs réputés pour des ouvrages consacrés entre autres au grand Serpent-de-mer et à l'abominable Homme-des-neiges. Il y avait là-dedans tous les ingrédients des recettes de succès garanti pour films hollywoodiens de la série B : un mélange de Tarzan, de Sherlock Holmes et de James Bond, un soupçon de Frankenstein et une pincée de King-Kong. De ce fait, il y avait aussi, hélas, de quoi jeter d'emblée sur toute l'histoire le jour le plus suspect et la rendre incroyable, inacceptable *a priori*.(98)

Je ne m'en souciai guère au départ, ne me faisant aucune illusion sur l'importance de ce que nous étions appelés à voir, mais ces prémices devaient par la suite se révéler singulièrement embarrassantes.

---

(98). Il faut pourtant remarquer que les curiosités traditionnellement exhibées dans les foires ne sont pas forcément des supercheries : elles étaient souvent d'un grand intérêt scientifique, même si leur exhibition nous paraît aujourd'hui pénible et moralement condamnable. Que l'on pense à la Vénus Hottentote, à Elephant-Man, aux nains, aux géants, aux phénomènes en tout genre, qui, en tout cas, n'étaient pas du « bidon »… (JJB)

Le samedi 14 décembre, Ivan et moi quittions le New Jersey ; et le lundi soir, après trois jours d'un voyage assez fastidieux, nous arrivions à Winona, dans le Minnesota, où mon compagnon prit rendez-vous téléphoniquement avec Mr Hansen pour le lendemain. Et c'est ainsi que le mardi 17, après avoir erré pendant des heures parmi les collines perdues de Rollingstone, enfouies sous la neige, nous rencontrâmes dans son ranch, sa « ferme », comme on dit là-bas, le détenteur du mystérieux spécimen (Planche 12).

Frank D. Hansen était un quadragénaire d'aspect sportif, râblé, commençant à s'empâter légèrement. Comme son nom le laisse supposer, il était d'origine suédoise. Cela se trahissait d'ailleurs chez lui par ces traits mongoloïdes qu'on observe chez certains Scandinaves mâtinés de Lapon ou de Finnois : des yeux bridés que le moindre sourire réduit à de simples plis. Hansen était un militaire de carrière retraité : un ex-pilote de combat, qui avait quitté l'*U.S. Air Force* en 1965 avec le grade de capitaine, après vingt années de servie actif. Ayant participé successivement à la guerre de Corée puis à celle du Viêt-Nam, il disait avoir passé dix-sept ans à faire la navette entre les Etats-Unis et l'Extrême-Orient, qu'il semblait d'ailleurs connaître fort bien. Il était marié et père de trois enfants, dont deux étaient déjà mariés eux-mêmes.

Comment passe-t-on du pilotage d'avions de chasse au boniment de foire ? Eh bien, sa carrière de forain, Hansen l'avait commencé en exhibant une pièce découverte fortuitement à la campagne : un exemplaire, datant de 1916, du premier tracteur automobile jamais construit, le John Deer 4 cylindres. Aux Etats-Unis, dont l'histoire est encore si brève, de telles pièces font figure d'antiquités ! Quant à l'objet de son exhibition actuelle, l'être conservé dans la glace, Hansen nous dit l'avoir montré dans de nombreuses foires depuis le 3 mai 1967. Il déclara qu'il l'avait acheté à Hong Kong. Mais en contradiction avec ce qu'avait rapporté Mr Cullen, il prétendit que le bloc de glace avait été pêché par des baleiniers japonais, qui l'avaient vendu régulièrement au commerçant de Hong Kong, chez qui il l'avait lui-même acquis.

Le lendemain, après bien des atermoiements, Hansen devait ajouter que c'était un représentant de l'industrie cinématographique californienne qui l'avait d'abord repéré au cours d'un voyage en Orient, alors qu'il recherchait là-bas des éléments de décor et des accessoires. Ce personnage, paraît-il richissime et bien connu, mais dont il nous tut obstinément le nom, lui aurait donné l'argent pour aller acquérir cette curiosité sur place et la lui ramener, aux fins d'ensuite l'exploiter commercialement pour leur profit mutuel. Pressé de questions, Hansen devait finir par avouer que ce nabab était même *le véritable propriétaire* du spécimen.

L'affaire se corsait. Non seulement il existait plusieurs versions différentes et contradictoires de l'origine de la pièce, mais un mystérieux magnat hollywoodien apparaissait dans l'ombre. Nous n'étions pas au bout de nos surprises...

Hansen s'était renfrogné quand Ivan lui avait déclaré qu'il venait le voir en tant que *science editor* du magazine *Argosy*, et plus encore quand il m'avait présenté comme un zoologiste professionnel très impatient d'examiner son spécimen. Notre hôte déclara aussitôt qu'il ne désirait pas qu'on fît de la publicité autour de celui-ci, ni qu'on le soumît à une étude scientifique approfondie. Et il nous expliqua pourquoi.

Il prétendit tout d'abord n'avoir pas la moindre idée de ce que pouvait être la nature exacte de son spécimen. Il était très possible, selon lui, qu'il ne s'agît que d'une habile fabrication orientale, comme ces « sirènes » vendues dans maints ports de l'océan Indien, et qui sont en général le produit du délicat assemblage d'un corps de singe ou de lémurien, d'une queue de poisson et de serres d'oiseau rapace. En vérité, il préférait pour l'instant, nous confia-t-il, ne pas en savoir davantage sur le spécimen en question, « *afin de pouvoir continuer à le présenter en toute honnêteté au public comme un mystère total.* » Il entendait le faire jusqu'au jour où, ne pouvant plus en assurer la conservation, il offrirait le spécimen à quelque institution scientifique, qui pourrait alors l'étudier à fond.

Cette attitude nous parut à tous deux incompréhensible. Pourquoi diable un homme, dont les revenus étaient liés à la renommée et au succès d'une exposition, refuserait-il qu'on en parlât dans un magazine se vendant à près de deux millions d'exemplaires ? D'autant plus que non seulement une publication professionnelle de forains en avait fait l'éloge, mais de nombreux journaux locaux régionaux en avaient déjà parlé à l'occasion de la foire locale. En outre, il n'était pas tout à fait exact que Hansen ne désirât pas en savoir davantage sur son spécimen puisque, du moins le prétendait-il, il en avait soumis quelques poils et un échantillon de sang à l'analyse de divers experts [99].

Enfin, présenter l'être en question comme un homme « conservé dans la glace depuis des siècles », était-ce vraiment le livrer au public comme « un mystère total » ? Et était-ce le faire « en toute honnêteté » ?

En somme, Hansen tolérait qu'on parlât discrètement de son exhibition mais redoutait une publicité fracassante. Il avait en outre une tendance paradoxale à déprécier son spécimen : il favorisait l'idée que celui-ci pût être un faux, ou sinon un être plutôt commun, ayant des poils d'un type connu et du sang tout à fait ordinaire.

Avant de nous autoriser à voir le spécimen, Hansen demanda donc à Ivan de lui donner sa parole qu'il ne publierait rien au sujet de celui-ci, ce à quoi mon compagnon de voyage s'engagea sur l'honneur. Je me gardai bien de faire une telle promesse sachant que si l'être exhibé avait un certain intérêt scientifique, il serait au contraire de mon devoir d'homme de science de le révéler. Pourquoi d'ailleurs serait-il interdit de donner son avis sur une chose appartenant au domaine public, une chose qui avait été contemplée par des dizaines, voire des centaines de milliers de gens ? Tout cela était absurde et cachait sûrement autre chose...

Toujours est-il qu'apparemment rassuré par la promesse formelle d'Ivan, Hansen nous autorisa avec une extrême obligeance à examiner son spécimen tout à loisir. Pour ce faire, il nous entraîna vers la roulotte dans laquelle il le gardait, et qui était garée non loin de sa maison.

Au milieu de cette remorque se dressait un meuble massif qui tenait à la fois du billard et du sarcophage, mais plus encore de ces étalages réfrigérés qu'on voit chez le charcutier ou le crémier, et dans lesquels sont présentés les produits de consommation périssables. Hansen alluma les tubes fluorescents qui y étaient disposés intérieurement sur les côtés. Et c'est alors que nous LE vîmes pour la première fois à travers les vitres qui tenaient lieu de couvercles (Planches 13 à 15).

Je mentirais en disant que j'éprouvai un choc, une émotion intense, à soudain me trouver en présence d'un évadé de la Préhistoire. Après tout, je ne savais pas encore ce qui se trouvait étalé sous mes yeux, et je me contentais de l'examiner avec une extrême attention, une méfiance bien compréhensible, et — il faut bien le reconnaître — une stupeur croissante. Ce qui m'étonnait le plus c'est qu'il ne s'agissait nul-

---

(99) Le spécialiste des poils aurait répondu que ceux-ci pouvaient être rapprochés de poils de type humain asiatique (?) et le spécialiste du sang aurait découvert que celui-ci « contenait des globules rouges et des globules blancs » (?). Singuliers experts.

lement, comme je croyais l'avoir deviné, d'un simple cynopithèque, ni même d'un gibbon siamang ou encore de l'un des deux anthropoïdes africains, autres grands singes également noirs.

C'était incontestablement un homme, un homme musclé et de grande taille — il mesurait un peu plus d'1,8 m. — un homme qui avait l'air, à première vue du moins, proportionné comme vous et moi, mais un homme aussi velu qu'un gorille ou qu'un chimpanzé !

Il était étendu de tout son long sur le dos, la tête renversée en arrière, le bras gauche relevé au-dessus de la tête, la main droite paraissant protéger le bas-ventre, dans une pose familière d'homme endormi. Mais il ne dormait pas : il était bel et bien mort. Des traînées de sang baignaient sa tête, et ses orbites étaient vides et sanglantes. Son bras gauche faisait une courbe étrange comme s'il appartenait à une poupée de son : en fait, il était sans doute cassé car, à mi-chemin entre le poignet et le coude, on pouvait distinguer le cubitus dans une plaie béante. La position de son pied droit — dressé à la verticale alors que le genou était pourtant replié — paraissait également anormale : elle dénotait soit un spasme musculaire insolite, soit une infirmité, due peut-être à une blessure. Enfin ce cadavre mutilé était enveloppé dans un linceul de glace.

D'après Hansen, le bloc plutôt rectangulaire dans lequel il aurait été trouvé à l'origine mesurait environ 2,75 m. de long sur 1,5 m. de large et 1,2 m. de haut, et il pesait quelque 6000 livres (2700 kilos), quand on l'avait hissé à bord du navire [100]. Afin de rendre aussi visible que possible l'être qui s'y trouvait emprisonné, les dimensions du bloc avaient en tout cas été réduites à l'extrême dans l'entre-temps, et toute la partie disposée frontalement avait été élaguée et « sculptée » de façon à réduire au minimum l'épaisseur de la couche de glace le recouvrant. A certains endroits, la gangue de glace présentait une forte opacité, due vraisemblablement à de la cristallisation. Deux anneaux givrés entouraient curieusement la main droite et le milieu de la poitrine. D'une manière générale, le spécimen était cependant bien visible, et maints menus détails pouvaient en être nettement observés à travers une glace parfois aussi claire que du cristal. En quelques rares points toutefois je dus me servir d'une torche électrique et diriger le faisceau lumineux le plus horizontalement possible pour arriver à même distinguer de simples contours.

Le spécimen *semblait* être dans un état de conservation absolument remarquable. Là où du sang était visible, il avait gardé la coloration vive du liquide frais, et le visage avait encore bon teint.

Mais cet état de fraîcheur n'était qu'illusoire, comme je devais bientôt le constater. Du coin du « cercueil » vitré le plus proche du pied gauche, s'échappait en effet l'odeur écœurante d'un cadavre en décomposition : sans doute les joints à cet endroit n'étaient-ils pas hermétiques. Hansen eut l'air surpris quand Ivan lui en parla le lendemain. Il répliqua d'abord avec vivacité que ce n'était pas possible, le spécimen ayant toujours été maintenu à une température inférieure à 5° Fahrenheit, soit — 14°centigrades (ce qui, soit dit par parenthèse, était très insuffisant pour assurer sa conservation prolongée !). Mais lorsque nous lui indiquâmes l'endroit précis où la puanteur était perceptible, il dut bien s'incliner et parut extrêmement ennuyé.

Un examen très minutieux devait d'ailleurs me révéler que le cinquième orteil du pied droit présentait une teinte grisâtre suspecte. Comme j'en faisais la remarque à Hansen, celui-ci me dit l'avoir en effet constaté mais n'y avoir pas attaché d'impor-

---

(100) Toujours méfiant, je devais calculer ce que pèserait un parallélépipède de glace de ces dimensions exactes, et j'obtins un poids de 10 000 livres environ (à peu près 4 500 kilos). De deux choses l'une, ou bien les contours de ce bloc étaient en réalité très irréguliers, ou bien il n'avait jamais existé.

tance. En fait il était possible que cet orteil eût déjà acquis cette teinte *avant* la mort de la créature. J'ai dit que la position anormale du pied semblait trahir une infirmité. Peut-être la teinte de l'orteil était-elle due à de la gangrène consécutive à une blessure non soignée.

Mon interlocuteur estimait pouvoir continuer à exhiber son homme velu pendant encore un an, mais il était à craindre que dans un tel état la plupart des parties molles ne fussent putréfiées au point de ne plus permettre une étude scientifique approfondie au point de vue histologique, sérologique et immunologique. En d'autres termes, il ne serait plus possible d'étudier les tissus, de découvrir le groupe sanguin, de séparer les protéines du sérum par électrophorèse, ni surtout de procéder aux tests de précipitation sanguine par anti-corps spécifiques, technique capitale pour établir les affinités de spécimen. Cela me semblait d'autant plus déplorable que plus je le scrutais et le détaillais — je le fis pendant 11 heures au cours de trois journées consécutives — plus il me paraissait authentique et d'une valeur inestimable.

Pour toute sûreté, le second jour, je pris de nombreuses photos du cadavre, tant en couleur qu'en noir et blanc, ce qui n'alla pas toujours sans mal, ni sans quelque acrobatie. La lumière dispensée à l'intérieur du sarcophage par les tubes fluorescents latéraux était faible : il fallut l'améliorer par l'adjonction d'une puissante lampe à réflecteur, que Hansen eut la gentillesse de me prêter. La glace miroitait, ce qui nécessitait l'usage d'un filtre polarisant que j'étais allé acheter dare-dare à Winona. Enfin le plafond trop bas de la roulotte empêchait un recul suffisant pour prendre à la verticale une vue générale du corps, et l'emploi d'un objectif à grand angulaire eût créé des distorsions déplorables. Armé de mon Asahi Pentax, chargé d'Ektachrome High Speed, je dus me contenter de prendre soit des vues obliques de l'ensemble, soit des vues partielles, visées à la verticale. Quatre de ces dernières, mises bout à bout, allaient tout de même me permettre en fin de compte de créer une photo composite du spécimen entier (Planche 24 et 34).

Un incident révélateur se produisit au cours de cette séance de photographie. A un certain moment, alors que la lampe à réflecteur traînait sur le dessus vitré du cercueil, un claquement sec retentit : la chaleur de l'ampoule avait fendu d'un seul coup la vitre supérieure.

— Bon Dieu ! s'écria Hansen, comment vais-je pouvoir expliquer ça !

La réaction de l'ex-pilote, qui avait soudain eu l'air inquiet et très contrarié, avait été trop rapide et spontanée pour pouvoir être simulée. Avant même qu'il ne nous eût avoué n'être pas lui-même le propriétaire du spécimen, j'avais donc su qu'il avait des comptes à rendre à quelqu'un.

Mais revenons au spécimen lui-même.

Qu'était donc cet être si mystérieux en soi et entouré au surplus de tant de mystères ? J'ai dit qu'à première vue il se présentait comme un homme, de taille et de proportions à peu près normales, mais excessivement velu. En fait, il ne s'agissait pas du tout d'un individu seulement atteint d'un développement anormal de la pilosité, d'hypertrichose, comme on dit. On avait tôt fait de s'apercevoir qu'il était bien plus extraordinaire que cela à maints égards. Une description détaillée le fera mieux comprendre.

Exception faite de la face, de la paume des mains, de la plante des pieds et des organes génitaux, cet être est entièrement couvert de poils d'un brun noirâtre, longs en général de 7 à 10 cm., mais atteignant jusqu'à 15 cm. à certains endroits, en particulier sur le dos, si l'on en juge par ceux qui dépassent le long des flancs. Sa peau a l'aspect cireux et ivoirin qui caractérise les cadavres d'hommes de race blanche non hâlés par le soleil. On peut apercevoir l'épiderme sans peine sur toute la surface visible du corps — plus particulièrement, en dehors des zones franchement nues, au milieu de la poitrine, dans le creux des aisselles et de l'aine et sur les genoux — les poils étant le plus souvent distants les uns des autres de 2 à 3 mm. Dans l'ensemble, le pelage fait donc penser à celui d'un singe anthropoïde, pas du tout à une fourrure dense, comme celle de l'ours par exemple.

Sur la face, la pilosité est extrêmement faible. Tout au plus distingue-t-on des poils dans les narines, des sourcils très pauvrement fournis et, au bord des paupières, une frange de cils. Sur les joues il y a quelques petits poils courts très clairsemés, disposés un peu comme les moustaches d'un chat. Ce qui frappe dans un visage si nu, c'est qu'il y a toute une rangée de petits poils le long du septum du nez depuis sa base jusqu'à son extrémité.

Il n'y a ni moustache ni barbe ; quelques longs poils envahissent certes le menton fuyant et les côtés de la mandibule, formant ainsi un large collier noirâtre, mais il faut les considérer plutôt comme la naissance du pelage du cou que comme une barbe véritable.

Etant donné la position, rejetée en arrière, de la tête, on ne peut voir grand-chose de la toison qui semble couvrir celle-ci au-delà des arcades sourcilières. Il est donc impossible de dire si elle est composée de poils comparables à ceux du corps, ou bien de cheveux, éventuellement plus longs.

Deux points attirent l'attention. En premier lieu, la poitrine est particulièrement dénudée, comme chez les singes anthropoïdes. Les poils, inclinés latéralement de part et d'autre du sternum, y forment comme une raie médiane, où la peau est mieux visible qu'ailleurs sur le thorax. En second lieu, le dessus des pieds est lui-même couvert d'un pelage abondant, ce qui ne se constate pas chez les singes anthropoïdes, dont les pieds sont en effet presque nus.

L'anatomie de cette créature est peut-être plus insolite encore que sa pilosité.

Malgré la position de la tête qui, chez un homme moderne normal, dégagerait la gorge et ferait éventuellement saillir la pomme d'Adam, le cou, enfoncé dans les profondeurs de la glace, n'est pas tout à fait visible. Sans doute est-ce lié au fait que cet être a normalement la tête enfoncée dans les épaules. La gorge est enflée, goitreuse même, ce qui est peut-être pathologique, mais pourrait aussi trahir la présence d'un sac vocal, comme il en existe chez l'Orang-outan et le Gibbon siamang.

Le thorax est beaucoup plus bombé que chez l'*Homo sapiens :* les clavicules sont extrêmement courbes, ce qui accentue encore le caractère caréné de la poitrine. Au surplus, ce thorax se fond dans l'abdomen de manière à former avec lui un tronc en forme de baril, anormalement long, semblable en somme à celui des singes anthropoïdes. Les mamelons, rosâtres, y sont disposés à la même place que chez l'Homme moderne.

Le sexe, grêle et effilé, fait penser plutôt à celui d'un chimpanzé qu'à celui d'un homme. Le scrotum est plutôt menu.

Les bras se révèlent très longs une fois qu'on les mesure. Ils ont environ 90 cm. de longueur totale et doivent donc descendre jusqu'aux genoux quand ils pendent le long du corps. Il convient de préciser toutefois que cela tient plus à la grandeur démesurée des mains qu'à la longueur des bras et surtout des avant-bras, lesquels, en fait, sont plutôt courts.

A première vue, les jambes paraissent, elles aussi, anormalement longues, mais c'est là pure illusion. D'ordinaire, quand on voit de grands Primates à ce point velus, ce sont des singes anthropoïdes, et ceux-ci ont les jambes *beaucoup* plus courtes. En fait, notre homme velu a les jambes plutôt courtes (90 cm. environ à partir de la taille), mais de telles dimensions restent dans les limites normales de variation de l'Homme moderne.

Ce qui est surtout frappant chez cet être, ce sont les mains et les pieds, des mains d'une élégance raffinée et des pieds aux orteils crochus. Ces extrémités sont aussi grandes et presque aussi massives que celles d'un gorille adulte ! A titre de comparaison (je mesure 1,73 m. et suis donc d'une taille un peu au-dessus de la moyenne, laquelle est d'1,65 m. pour notre espèce) ma propre main a 19 cm. de long et 8 cm. de large : chez l'homme velu ces mesures sont respectivement de 26 et 12 cm. ! La longueur du pied de ce dernier ne peut être mesurée directement avec exactitude, mais le calcul révèle qu'elle ne dépasse pas 25 à 27 cm., en somme la taille normale du pied d'un homme d'1,8 m. Sa largeur, en revanche, est vraiment hors de proportion. Mon pied a une largeur maximum de 10 cm. ; celle-ci est de plus de la moitié supérieure chez l'homme velu : 16 cm. !

Ces mains et ces pieds ne sont pas seulement remarquables par leur énormité, ils le sont aussi par d'autres traits originaux.

Considérons d'abord les mains. Le pouce y est d'une longueur inhabituelle tant pour un homme que pour un singe. Alors que chez les singes anthropoïdes, il est beaucoup plus court que chez l'Homme actuel, au contraire, chez l'homme velu, il est plus long : son extrémité doit atteindre la hauteur de l'articulation entre la phalange et la phalangine de l'index quand les deux doigts sont accolés.

Comme on peut en juger par la position de l'ongle, ce pouce, au surplus, ne paraît pas aussi complètement opposable que dans notre espèce. On dirait qu'au cours du développement embryonnaire, le mouvement progressif de torsion de ce pouce s'est arrêté en chemin, à un stade un peu antérieur à celui qu'il atteint chez l'*Homo sapiens* (fig. 11)

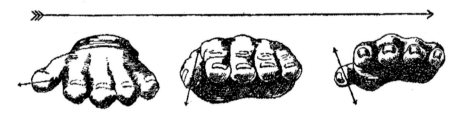

Fig. 11. — Torsion progressive du pouce en cours de développement
de l'embryon humain (d'après SCHLUTZ, 1931).

Ce degré moindre d'opposabilité du pouce se reflète d'ailleurs dans l'allongement même de celui-ci, qui lui donne en fait une forme grêle, cylindrique, effilée. Dans notre espèce, le pouce a tendance à s'élargir et à s'aplatir vers le bout jusqu'à devenir spatulé, ce qui lui permet de s'opposer sur une plus grande largeur à l'ensemble des autres doigts. Ainsi se crée un outil de préhension en forme de tenaille d'une grande efficacité pour un travail de précision. Rien de semblable chez notre homme velu : son pouce ressemble aux autres doigts, qui sont longs et effilés. Sa main ressemble plus à une faucille qu'à une tenaille. Il a, au fond, des extrémités antérieures faites surtout pour faucher des herbes et des branches feuillues ou pour arracher des racines et des plantes à bulbe.

Ajoutons à cela que les ongles de ces mains sont de vrais ongles et non des griffes : ils sont relativement étroits et bombés transversalement, comme de vieilles tuiles romaines. Ces ongles sont très épais et jaunâtres. On est frappé, sur le spécimen congelé, par leur longueur. Ils dépassent en général de plusieurs millimètres l'extrémité charnue des doigts, de près d'un centimètre sur certains d'entre eux.

Passons maintenant aux extrémités inférieures.

Avec son gros orteil non opposable, le pied est typiquement humain : ce détail anatomique est d'ailleurs considéré comme le critère le plus sûr pour distinguer extérieurement l'Homme du Singe. Ce pied cependant n'est pas du tout celui d'un homme actuel. Comme nous l'avons déjà vu, il est relativement plus court et plus trapu [101], et extrêmement large dans l'absolu. Mais, en outre, les orteils sont d'une épaisseur bien plus uniforme que chez nous. Le « gros » orteil, assez écarté bien qu'il ne présente aucun signe d'opposabilité, n'est pas beaucoup plus gros que les autres : ce n'est donc pas, comme chez nous, sur la tranche interne du pied que repose le poids du corps. D'ailleurs, par rapport à l'axe du pied, la rangée d'orteils semble orientée ici presque perpendiculairement, et non pas obliquement comme chez l'Homme actuel. Ces orteils sont disposés en éventail : le deuxième et le troisième (et non le premier et le second comme chez l'*Homo sapiens*) dépassent le plus de la rangée des orteils. Tous ceux-ci sont curieusement recourbés vers le bas, et le petit orteil paraît en outre replié vers l'intérieur. Une telle structure « en grappin » doit sans doute assurer une excellente prise sur le sol, en particulier sur un terrain accidenté. Ce n'est pas un pied de coureur de plaines comme celui de l'*Homo sapiens*, et encore moins celui d'un être arboricole, comme celui des singes, c'est plutôt un pied d'escaladeur de rochers, de montagnard.

La plante du pied est beaucoup plus ridée et divisée en coussinets que chez l'Homme actuel, et, à cet égard du moins, elle est plus proche de ce qui s'observe chez les grands singes anthropoïdes. Que ce soit, il est vrai, pour s'agripper à des branches ou à des rochers, une telle structure a des propriétés antidérapantes connues, ainsi qu'on peut en juger par la surface des pneus d'automobile.

Les ongles des pieds sont, comme ceux des mains, assez étroits et de coloration jaunâtre. Ils paraissent très épais et, eux aussi, bombés transversalement, ce qui doit encore augmenter leur robustesse. Leur structure même contribue donc à une meilleure préhension d'un substrat accidenté : ce sont les pointes de ce véritable grappin qu'est le pied.

Venons-en enfin à la tête même.

Certains aspects de celle-ci, en partie enfoncée dans les profondeurs ténébreuses de la glace, sont malheureusement difficiles ou impossibles à distinguer. Mais les moindres détails du visage sont cependant bien visibles.

Ce qui frappe avant tout dans la face, c'est son énormité en valeur absolue, puis sa disproportion par rapport à ce qu'on entrevoit de la partie cérébrale, à savoir le front qui se dérobe en effet à la vue. Dans son ensemble, la tête n'est pas plus haute que celle d'un *Homo sapiens* de même taille, mais cette hauteur est presque entièrement occupée par la face, dont l'étendue est donc surprenante. Le front est bas et fuyant, c'est d'ailleurs pourquoi on ne le voit guère. Et cette fuite du front fait forcément saillir les arcades sourcilières [102]. Celle-ci paraissent former un bourrelet continu au-dessus des yeux.

Les globes oculaires sont malheureusement absents de leurs orbites. (On distingue cependant les contours de l'un d'eux sur le côté de la joue gauche).

---

(101) Chez les Alakaluf de la Terre de Feu, qui marchent pieds nus dans la neige et l'eau glacée, on observe une tendance vers l'acquisition d'une telle forme.

(102). S'il y avait une crête sagittale sur le dessus de la tête, comme le prétendait l'informateur initial, elle se verrait peut-être. La description de Mr Cullen était d'ailleurs assez imprécise, inexacte même, fût-ce en ce qui concerne la taille de l'être, supérieure de 15 à 30 cm. à celle mentionnée par lui.

Les pommettes paraissent très saillantes, du moins latéralement, ce qui trahit un développement considérable des os jugaux.

Le nez est, sans conteste, ce qu'il y a de plus caractéristique dans le visage de l'homme velu : sa forme rappelle plus le singe Rhinopithèque qu'aucune race humaine actuelle. Il est non seulement d'une largeur extrême, mais retroussé à l'excès. Le bout du nez s'élève pratiquement jusqu'à la hauteur de la racine, qui est d'ailleurs très déprimée. C'est au point que le dos du nez forme comme une selle presque horizontale.

Quant à la surface de l'organe nasal elle s'en trouve anormalement développée, et les narines la trouent d'ouvertures béantes, tout à fait circulaires, qui s'ouvrent vers l'avant. C'est le nez d'un être chez lequel l'odorat doit jouer un rôle important (fig. 12).

De part et d'autre de cet incroyable appendice nasal, d'aspect assez comique en définitive, les plis dits naso-labiaux sont profondément marqués. Les plis plus latéraux, qu'on appelle oculo-malaires, le sont à un degré moindre, mais ils s'étendent, parallèlement aux précédents, jusqu'en dessous de la bouche.

Fig. 12. — Tête du spécimen, vue de 7/8, montrant la structure particulière du nez (décryptage d'une photo).

L'espace sous-nasal est très vaste, mais — détail extrêmement important — il ne comporte pas le sillon naso-labial qui caractérise tous les hommes modernes.

La bouche, droite et largement fendue, ne présente pas du tout de lèvres, ce qui également distingue cet homme velu de toutes les races humaines actuelles. Elle est légèrement entrouverte et l'on peut y voir une dent jaunâtre qui semble être la canine supérieure droite : celle-ci ne paraît ni longue ni particulièrement pointue. Bref, elle ne dépasse pas du reste de la rangée dentaire, comme chez les singes.

De face, il est évidemment difficile de mesurer le degré de prognathisme, mais celui-ci paraît très faible. Le visage est manifestement plat.

La mâchoire inférieure est arrondie et fuyante : il n'y a pas de véritable menton, de « saillie mentonnière » comme disent les anthropologues.

Les oreilles paraissent pointues, mais, comme on ne peut en distinguer obscurément que la silhouette, il est difficile de préciser si cela tient à la forme du pavillon même ou à la présence d'une touffe de poils qui le prolongerait.

Pour me résumer, l'être qui était étendu sous mes yeux, dans son sarcophage réfrigéré et illuminé, se caractérisait par un curieux mélange de caractères humains et de caractères simiens.

Par l'abondance et la répartition de ses poils, il était très proche des grands singes anthropoïdes, en particulier du Gorille et du Chimpanzé. Par la plus faible opposabilité de son pouce, il ressemblait même à certains primates dits inférieurs, comme les singes américains, les capucins, par exemple. Par l'absence de lèvres et de sillon labio-nasal, il se distingue, avec tous les autres Primates actuels, de notre propre espèce. Par les proportions de ses membres cependant, il était tout à fait semblable à certains hommes actuels, mais aussi, on l'oublie trop souvent, à maints singes américains. Par le développement de son nez, il était nettement humain, mais par la forme de celui-ci il rappelait étrangement un semnopithèque bien particulier, le fameux singe à nez retroussé appelé Rhinopithèque. Par son sac vocal, si toutefois, il en avait bien un, il se rapprochait de certains grands singes orientaux, notamment l'Orang-outan et le Gibbon siamang.

Cela dit, par son gros orteil non opposable, par ses canines peu développées, par son anatomie générale trahissant une attitude bipède et verticale, il se rangeait sans conteste parmi les Hominidés. Tout bien pesé, il n'était simien que par des traits extérieurs, liés surtout à la peau ou à la musculature sous-jacente.

De même qu'on appelle singe « anthropoïde » un vrai singe qui ressemble simplement à un homme, on aurait pu appeler l'être en question un homme « pithécoïde », c'est-à-dire un homme, un vrai, ayant seulement une ressemblance superficielle avec un singe.

CHAPITRE XV

CE QUE CE N'ÉTAIT PAS

Ni fossile bien conservé, ni Aïnou à la dérive, ni monstre velu, ni hybride de singe et de femme, ni simple contrefaçon.

« Ce que nous pourrions tout au plus espérer, c'est qu'au cours de la dernière glaciation, l'un ou l'autre [homme préhistorique] ait eu un accident et soit tombé dans un marais, sous un climat de gel permanent comme celui de la Sibérie, de façon à réapparaître un jour dans un état de fraîcheur glaciale à l'instar des fameux mammouths conservés »..

William HOWELLS, Professeur d'anthropologie à Harvard University et président de l'*American Anthropological Association*, dans son livre *Mankind Sofar*, 1944.

Une foule de questions se pressent évidemment dans l'esprit quand on se trouve en présence d'une créature qui tient à la fois de l'Homme et du Singe, comme c'était le cas du spécimen détenu par Frank Hansen dans un coin perdu du Minnesota.

Est-ce un homme préhistorique ou même un homme-singe, conservé dans la glace, non pas depuis des siècles, comme le proclamait son bonimenteur, mais — ce qui eût été plus vraisemblable dans ce cas — depuis des millénaires ? Ne pourrait-il s'agir d'un « monstre », c'est-à-dire d'un individu anormal de notre propre espèce ? Serait-ce par hasard le produit des amours insolites d'un singe et d'une femme, ou d'un homme et d'une guenon ? Ne serait-ce pas simplement un Aïnou, ce qu'on appelle en général un « Aïnou velu », à savoir un représentant d'une race humaine en voie de disparition, mais cependant bien connue ? Et s'il s'agissait tout bonnement d'un trucage : soit un mannequin entièrement fabriqué, soit un être composite, produit par l'assemblage délicat de membres ou d'organes provenant d'êtres vivants de diverses espèces, soit encore un mélange des deux ?

Toutes ces questions, je me les suis posées ou bien on me les a posées, je les ai ruminées dans mon esprit pendant des semaines, des mois, des années à présent, et je puis y répondre de manière catégorique.

Avant tout, une chose est certaine : il était physiquement impossible que ce spécimen eût été conservé dans la glace depuis bien longtemps. La vitesse de décomposition d'un cadavre est liée à la température ambiante, c'est un fait. Mais, s'il est vrai qu'on peut artificiellement abaisser la température au point d'inhiber en pratique toute putréfaction, un froid si intense n'existe nulle part dans la nature sur notre planète, du moins de manière permanente.

Et les mammouths de Sibérie ? objectera-t-on. Eh bien ! Le fait est qu'ils ont été découverts, non pas dans la glace, comme on le rapporte communément, mais dans une fange saturée de végétaux décomposés. Du fait de la formation d'acides tels que l'acide tannique et l'acide humique, qui détruisent les bactéries, cette tourbe a tendance en soi à préserver de la corruption. Le seul froid de la glace naturelle ne peut que ralentir un tel processus, non l'empêcher.

Si, avant d'être récemment congelé, ce spécimen avait au préalable été conservé pendant des millénaires dans la tourbe, le bitume ou quelque autre matière semblable, comme certains fossiles l'ont été, il serait teinté de manière caractéristique, tanné, desséché, momifié. (Je pense notamment au fameux homme de Tollund trouvé quasi intact après avoir séjourné pendant deux mille ans dans une tourbière du centre du Jütland, au Danemark.).

Comme il n'en est rien, on peut affirmer de manière absolue que l'ancienneté de notre homme congelé est de l'ordre de quelques années à peine.

La structure caractéristique de la glace, avec ses innombrables chapelets de bulles d'air minuscules emprisonnées au-dessus de toute la surface du corps, permet d'ailleurs d'établir sans aucune équivoque que *cet être a été congelé artificiellement* et non spontanément, à la suite d'un accident. Dans la nature, la réfrigération d'un tel être dans l'eau aurait débuté sur la peau, et la couche de glace ainsi formée aurait eu tendance à chasser graduellement vers l'extérieur les gaz dissous dans le liquide ambiant.

Dans un congélateur, c'est exactement l'opposé qui se produit. La glace se forme d'abord autour des éléments de réfrigération, situés en général latéralement, ainsi qu'à la surface de l'eau si l'appareil en contient. En somme, il se constitue en premier lieu une sorte de boîte de glace dont les parois vont s'épaissir peu à peu intérieurement. Les gaz dissous dans l'eau en voie de solidification s'échappent dans l'élément encore liquide emprisonné au sein de cette boîte de glace, et ils finiront donc par se concentrer sous forme de bulles au cœur de celle-ci. Regardez un pain de glace, regardez le cube cristallin que vous laissez choir dans votre whisky : l'un et l'autre sont clairs et transparents à la périphérie, mais leur noyau est opaque. Bien entendu, si un corps étranger baigne dans un congélateur plein d'eau, les bulles de gaz libéré iront s'agglutiner sur toute la surface de la masse incluse. Et c'est bien cela que l'on constate dans le cas présent.

De toute façon, un seul coup d'œil permet de reconnaître de la glace naturelle. Comme elle a été formée à partir d'eau en mouvement, fût-il minime, ce brassage perpétuel emprisonne les gaz dissous qui cherchent à s'évader, et la glace est pratiquement toujours opaque. Quand elle ne l'est pas, comme dans le cas de stalactites, c'est parce qu'elle s'est formée très lentement, goutte à goutte, en donnant donc aux gaz libérés l'occasion de s'échapper complètement.

Bref, le cadavre en question n'avait sûrement pas été trouvé tel quel dans un bloc de glace flottant à la surface de la mer de Béring, ni ailleurs. On l'avait soigneusement mis au frais dans un congélateur, comme un vulgaire quartier de viande de consommation.

L'homme velu n'avait donc rien de préhistorique, ni même de médiéval ; d'ailleurs, à en juger d'après ses blessures, il y avait de fortes chances qu'il eût été abattu à coups de feu. D'après Hansen, qui avait pu examiner la partie dorsale du spécimen avant qu'il ne fût déposé dans son réceptacle actuel, tout l'arrière du crâne était défoncé ou faisait défaut, et de la matière cérébrale en sortait.

Ajoutez à cela que l'orbite droite était vide et sanglante, et que le globe oculaire gauche était, lui aussi sorti de son orbite (on en distinguait vaguement les contours à côté de la pommette). De tout cela, un médecin légiste aurait conclu que la victime avait été abattue, de face, au moyen d'une arme à feu d'assez gros calibre, ou peut-être à bout portant au moyen d'une arme de calibre plus faible.

La balle lui avait en tout cas pénétré dans l'œil droit, détruisant celui-ci, faisant saillir l'autre hors de son orbite sous la violence de l'onde de choc et produisant un large cratère à l'arrière du crâne, ce qui avait dû entraîner la mort immédiate.

On pouvait même tenter de reconstituer le crime.

Pour moi, l'ensemble des indices recueillis m'incitait à penser que l'homme velu avait été capturé vivant après avoir été immobilisé d'une balle ou d'une charge de chevrotine à la jambe droite. Le projectile devait avoir atteint un des nerfs sciatiques poplités qui commandent les muscles extenseurs et fléchisseurs du pied. Cela seul pouvait en effet expliquer la flexion tout à fait anormale de celui-ci dans un état de relâchement musculaire général. Le malheureux était sans doute resté boiteux des suites de sa capture : peut-être même la gangrène avait-elle fini par s'installer dans son membre blessé.

La souffrance qu'il ressentait devait le rendre hargneux, et, vu sa puissance musculaire, très dangereux. Il avait dû rester captif assez longtemps, comme en témoignaient la pâleur anormale de sa peau et la longueur de ses ongles. Peut-être avait-il un jour tenté de s'échapper, ou s'était-il attaqué à un de ses gardiens. On l'avait alors frappé peut-être à coups de bâton ou de barre de fer pour l'assommer, et son avant-bras gauche aurait été blessé tandis qu'il cherchait à parer les coups. Affolé de voir ce colosse rendu enragé par la douleur, quelqu'un avait fini par l'abattre d'un coup de feu. Il était possible aussi, bien sûr, que la fracture du bras eût été produite par une première balle tirée sur l'homme velu.

Il était à présumer que ses gardiens projetaient d'abord de céder celui-ci à quelque zoo, ou, plus vraisemblablement, étant donné son aspect humain, de l'exhiber comme un phénomène de foire. Une fois mort, il auraient décidé, pour ne pas perdre entièrement le bénéfice de sa capture, ou de son achat, de le congeler, et de le présenter, astucieusement, au public comme un homme conservé dans la glace depuis des temps immémoriaux [103].

Tout cela était certes conjectural et ne pouvait être vérifié que par autopsie, mais l'explication rendait au moins compte de toutes les particularités insolites du cadavre sans avoir à recourir à des suppositions extravagantes.

En somme, il ne pouvait faire de doute que cet être était notre contemporain. Mais appartenait-il à une des races connues de l'espèce humaine ?

Les seuls hommes actuels qui aient la réputation d'être extrêmement velus sont les Aïnous, une race blanche en voie de disparition, dont les tout derniers représentants — une centaine — vivent dans l'île d'Hokkaïdo.

Pourtant si l'on parcourt d'un bout à l'autre la monographie toujours classique des docteurs Le Double et Houssay, *Les Velus* (1912), on n'y trouve rien de comparable, dans les détails du moins, à ce qui s'observe dans le présent spécimen. Deux points capitaux doivent être soulignés.

En premier lieu, dans les diverses formes connues d'hypertrichose humaine, la pilosité est particulièrement abondante *aux endroits où elle a tendance à se développer chez les individus normaux*, à savoir d'abord le dessus de la tête, le menton et les joues, la lèvre supérieure, les aisselles, le milieu de la poitrine et le pubis, et puis, à un degré moindre, les avant-bras, le dos et les fesses. Or, dans le présent spécimen, le milieu de la poitrine et les aisselles sont, avec les genoux, les endroits *les moins velus* du corps (en dehors , bien sûr, du visage, de la paume des mains et de la plante des pieds). Au surplus, le pubis ne paraît pas ici spécialement velu, puisque le scrotum est pratiquement glabre. Quant à la face, elle est quasi imberbe.

En second lieu, le dessus des pieds est aussi exceptionnellement velu que les jambes, ce qui, à ma connaissance, n'a jamais été constaté à un tel degré dans aucun cas d'hypertrichose.

S'agirait-il d'une aberration du système pileux d'un type tout à fait original ? On pourrait à la rigueur l'admettre, si l'homme velu ne présentait pas *tant d'autres* anomalies anatomiques par rapport à l'homme normal actuel. On songe notamment à l'énormité

---

(103) Peut-être avaient-ils lu l'ouvrage du professeur William Howells dont j'ai placé un passage significatif en épigraphe de ce chapitre…

des pieds et des mains. A cet égard, certains anthropologues ont suggéré qu'il pourrait s'agir d'un cas d'*acromégalie* (maladie dégénérative due à un excès de sécrétion de l'hormone de croissance émise par le lobe antérieur de l'hypophyse, et qui se traduit entre autres par du gigantisme et un développement excessif des mains et des pieds). Ce qui invalide cette explication, c'est que l'acromégalie se manifeste aussi par un épaississement considérable des lèvres et un développement outré du nez et du menton : le célèbre profil en casse-noisette de Polichinelle est caractéristique de cette affection. Or ceci est en contradiction formelle avec ce qu'on peut constater sur le spécimen de Hansen : nez court, lèvres inexistantes, absence de menton.

De toute façon, on n'a jamais enregistré, je crois, un seul cas d'acromégalie doublé d'hypertrichose. Et en l'occurrence il se compliquerait encore, chez cet être pratiquement privé de front, de microcéphalie ! Une telle accumulation de « monstruosités » est tout à fait invraisemblable dans un seul et même individu, qui apparaîtrait en somme comme un monstre parmi les monstres.

Cela dit, un tel super-monstre, vrai carrefour de monstruosités, sorte de catalogue vivant d'aberrations disparates, ne pourrait-il pas résulter d'un bouleversement de fond en comble du bagage génétique ? Et n'est-ce pas à un tel tohu-bohu chromosomial qu'il faudrait s'attendre en cas d'amours contre nature, d'unions entre espèces différentes ? Il n'était pas illogique de penser qu'un homme-singe, un être qui tenait à la fois de l'Homme et du Singe, pouvait être le produit de l'accouplement d'un homme avec une guenon, ou d'une femme avec un singe...

Je dois avouer qu'à l'époque cette idée ne m'effleura même pas, sans doute parce que dans mon for intérieur je la trouvais trop fantastique, trop imprégnée du vieux mythe de *La Belle et la Bête*. C'est en effet un des lieux communs de l'anthropologie contemporaine de prétendre, par réaction contre la science désuète des siècles passés, qu'une hybridation entre l'Homme et l'Animal est impossible. Or, non seulement nous n'avons pas l'ombre d'une preuve qu'il en soit ainsi, dans le cas du moins de l'Homme et des singes anthropoïdes, nos cousins, mais certains indices donneraient même à penser que la chose est peut-être réalisable. Ainsi donc, si envahissante est l'influence de la science admise — tissu de connaissances si sclérosées et pétrifiées qu'elles font figure de postulats — qu'il m'arrive encore parfois d'y céder moi-même, moi qui me suis fait le champion d'une science sans préjugés ni œillères, ouverte à toutes les possibilités. Ainsi, lorsque, pour la note scientifique préliminaire que j'entendais consacrer à l'homme congelé, je passai en revue tout ce que celui-ci pouvait être a priori, j'oubliai tout simplement qu'il pût être un hybride. Hypothèse absurde, parfaitement invraisemblable, et qui ne méritait vraiment pas d'entrer en ligne de compte ! diront sans doute la plupart de mes collègues. Fermer les yeux sur elle n'en était pas moins une faute scientifique, une omission impardonnable qu'une lettre allait opportunément me rappeler.

Disons, en anticipant quelque peu sur les événements, qu'à la suite de la parution de mon étude, une dame, qui désirait conserver l'anonymat, me fit ce récit bien étrange :

« Vers 1952-53, une personne digne de foi, m'a raconté avoir vu chez des amis un docteur russe évadé des camps de Sibérie, et attendant quelques jours en France pour avoir un passeport pour les Etats-Unis. Ce Russe avait raconté qu'il avait été arrêté pour refus d'obéissance : il s'agissait de pratiquer de l'insémination d'un gorille à des femmes mongoles.

« Les Russes ont obtenu ainsi une race de singes-humains : ils mesurent 1,8 m. en moyenne, ont du poil sur tout le corps et correspondent à la description de votre spécimen. Ils travaillent dans des mines de sel ; ils ont une force herculéenne, travaillent presque sans arrêt ; et leur croissance est plus rapide que celle de l'homme, de sorte qu'ils peuvent vite travailler. Seul ennui, à cette époque, ils ne se reproduisaient pas. Mais les chercheurs travaillaient dans ce sens.

« Tout ceci était gardé secret : ils ne sortent jamais, et pour éviter toute indiscrétion, ils sont retirés de leur mère dès la naissance.

Malgré le caractère imprécis de l'information, reçue de troisième main, et son fumet de propagande anti-soviétique, il eût été incompatible avec l'esprit de la Science de refuser sans autre forme de procès l'explication qu'elle proposait. D'autant plus que l'histoire contenait certains petits détails qui sonnaient juste à l'oreille du zoologiste.

Il convient de préciser tout d'abord qu'un croisement entre singes anthropoïdes et êtres humains n'est théoriquement pas impossible du point de vue génétique, surtout si l'on s'en tient aux deux grands singes africains, le Gorille et le Chimpanzé. L'hybridation suppose une homologie suffisante entre les génomes des deux parents potentiels, à savoir entre le nombre et la structure des chromosomes et de leurs cellules, et c'est en effet le cas en l'occurrence. On peut très bien imaginer notamment qu'un être humain, avec ses 46 chromosomes, puisse, en s'unissant avec un singe anthropoïde, muni, lui, de 48 chromosomes, produire un hybride à 47 chromosomes, qui, à cause du nombre impair de ceux-ci, serait toutefois stérile (comme le mulet ou le bardot, qui n'ont que 63 chromosomes, car ils sont issus du Cheval domestique qui en a 64, et de l'Ane qui en a 62).

D'autre part, il est bien connu de tous les zootechniciens et agronomes que les produits d'espèces ou de genres différents manifestent une vigueur remarquable, qu'on appelle d'ailleurs la « vigueur hybride » ou *hétérosis*. Enfin, la période de croissance de l'Homme étant particulièrement lente par rapport à celle de tout singe anthropoïde, il serait logique qu'un produit intermédiaire atteignît plus vite qu'un être humain sa taille définitive, et, par conséquent, un développement musculaire qui le rendît apte au travail.

Bref, on devrait s'attendre chez un bâtard éventuel d'Homme et de Singe à trouver stérilité, vigueur exceptionnelle et croissance accélérée, qui sont précisément le défaut et les qualités prêtés aux « singes-humains » des mines de sel soviétique, évoqués par ma correspondante.

Au surplus, il faut tout de même ajouter que de tels essais d'hybridation ont effectivement été tentés, entre autres en 1926-27 en Afrique Occidentale Française, par l'équipe de chercheurs soviétiques placée sous la direction du docteur Ilya Ivanovitch Ivanov (1870-1932). Pour autant qu'on puisse le savoir, du fait de l'écran de fumée qui camoufle cet ensemble de recherches « pour des raisons religieuses et morales », les expériences en question auraient été tout à fait infructueuses, au propre comme au figuré.

Cela dit, l'hypothèse de l'hybride doit de toute façon être rejetée dans le cas présent. Pourquoi ? Répondre brièvement à cette question n'est pas simple. Il faut bien reconnaître que, de toutes les explications possibles mais cependant à rejeter en l'occurrence, c'est celle qui est la plus difficile à réfuter. On ne peut le faire qu'*a posteriori*, à la lumière qui se dégage de l'ensemble de nos connaissances sur les hommes sauvages et velus.

Lorsqu'une hybridation est possible entre deux espèces ou genres différents, les re-
jetons produits présentent un mélange de caractères empruntés à l'un et à l'autre des
parents. Mais dans chaque rejeton le dosage de ces caractères diffère : l'un tient surtout du père, l'autre surtout de la mère, un autre encore tient autant du père que de
la mère, et l'on peut imaginer bien sûr tous les dosages intermédiaires. Bref, les re-
jetons sont très différents les uns des autres, et une population d'hybrides est donc
par définition très hétérogène. C'est dire qu'en présence d'un seul individu énigmatique, inclassable dans l'état actuel des connaissances, il est impossible de décider
d'emblée si l'on a affaire avec un représentant d'une forme encore inconnue ou avec
le produit d'une union interspécifique ou intergénérique. On ne peut affirmer de manière catégorique que le spécimen en question n'est pas un hybride que si l'on
connaît un nombre suffisamment élevé d'individus très semblables formant ce
qu'on appelle une population homogène. C'eût été, dans ce cas particulier, mettre la
charrue avant les bœufs. Il s'agissait en effet de prouver l'existence d'une espèce encore inconnue par l'étude d'un individu lui appartenant, et le caractère représentatif
de cet individu pouvait être établi uniquement si l'existence de l'espèce avait été admise au préalable. Il n'était possible de s'en sortir qu'en acceptant « par hypothèse
de travail » que le présent spécimen n'était pas un hybride d'Homme et de Singe, ce
que la démonstration finale allait d'ailleurs confirmer.

Cela dit, il était en revanche impérieux de découvrir au plus tôt si l'homme velu
exhibé par Hansen n'était pas un vulgaire faux, car c'était évidemment là l'explication qui venait d'abord à l'esprit de chacun.

Establir matériellement que le spécimen ne résultait pas d'un trucage était, hélas, impossible au moment même de notre premier examen : il n'était pas question d'en
prélever un échantillon. Toutefois, la possibilité d'une mystification paraissait tellement improbable à mes yeux qu'avant même d'avoir pu réunir un faisceau de
preuves inattaquables de l'authenticité du spécimen, j'estimai pouvoir en toute sécurité éliminer cette éventualité. J'avais passé des jours et des nuits entières à res-
sasser inlassablement celle-ci, à tenter d'imaginer comment on pourrait produire artificiellement une telle apparence. *Théoriquement*, c'était possible bien sûr — on
peut tout imiter ! — mais *pratiquement* je ne voyais vraiment pas comment on aurait pu atteindre à une telle perfection dans l'art de la contrefaçon.

Qu'on y songe. Pour fabriquer de toutes pièces un tel semblant d'être vivant, il eût
été d'abord nécessaire d'en réaliser un moulage en caoutchouc, en cire ou en matière synthétique, délicatement coloré ensuite de manière à reproduire jusqu'aux
réseaux de papilles et de pores de la peau, avec les rides musculaires et articulaires
de celle-ci, ses veines sous-jacentes et la gamme innombrable des imperfections
infimes qu'on peut toujours y observer : égratignures, cicatrices, papules, taches
pigmentaires, etc. ; il aurait fallu y planter ensuite près d'un demi-million de poils
sous leur angle approprié (car les courants de poils y sont en effet rigoureusement
conformes à ce qu'on constate chez l'homme et les Anthropoïdes) et imiter enfin
ces désordres subtils que sont les plaies, les ecchymoses, les nécroses, les traînées
de sang, etc. Si c'était vraiment ce qui avait été accompli, le résultat était sans nul
doute plus parfait que tout ce que les habiles spécialistes avaient jamais réalisé,
que ce fût pour le musée Grévin à Paris ou celui de Mme Tussaud à Londres, pour
les grands muséums d'histoire naturelle ou, incidemment, pour les meilleurs films

fantastiques [104]. Et pour parfaire encore ce chef-d'œuvre jusqu'à tromper l'odorat, il eût fallu y inclure de la viande qui se serait peu à peu putréfiée, et s'arranger au surplus pour que les gaz de putréfaction ne fissent pas éclater l'enveloppe du mannequin.

On serait tenté de croire qu'il eût été plus simple pour un faussaire de créer plutôt un être composite en utilisant des fragments d'êtres vivants disparates, et de laisser faire la nature. Qu'on se détrompe. S'arranger pour que les sutures ne fussent pas apparentes n'aurait sans doute été qu'un jeu d'enfant : à cet égard, les faussaires orientaux sont d'une habileté diabolique. C'est la récolte des divers éléments appropriés qui eût rencontré des difficultés quasi insurmontables.

Pour fabriquer un tel spécimen par une opération chirurgicale *post mortem*, il faudrait à première vue assembler des fragments anatomiques provenant d'au moins trois êtres différents : la tête d'un homme, le tronc et les membres d'un grand chimpanzé (à cause de la blancheur de la peau et de la couleur des poils chez ce singe anthropoïde) et les pieds et les mains d'un gorille (à cause de leur taille). Mais le résultat d'un tel assemblage serait encore loin de ressembler à notre spécimen.

A supposer même qu'on ait découvert un homme microcéphale aux lèvres inexistantes et sans sillon labio-nasal, et doté au surplus d'un nez tout à fait inhabituel, il faudrait songer à lui implanter quelques petits poils sur le septum du nez et au milieu des joues. Ce serait la partie la plus simple de l'opération, mais encore faudrait-il y penser !

L'ennui avec les chimpanzés est qu'ils n'ont la peau blanche que lorsqu'ils sont jeunes, donc petits. Celle-ci fonce en effet avec l'âge — uniformément ou par taches — et quand ils sont grands, elle est toujours plus ou moins pigmentée. Et où trouver d'ailleurs un chimpanzé aux jambes aussi longues que celles d'un homme ? En fait, il faudrait greffer à un chimpanzé ordinaire des jambes d'homme atteint d'hypertrichose, et qui aurait les poils d'une longueur, d'une densité et d'une couleur identiques.

Enfin, les pieds et les mains du gorille devraient être considérablement rectifiés. Avant tout, à cause de la couleur de la peau qui est noirâtre chez cet anthropoïde. Le seul gorille connu qui ait la peau blanche est *Copito de nieve* (flocon de neige), l'exemplaire albinos du zoo de Barcelone. Il faudrait en trouver un, adulte, puis lui teindre les poils pour obtenir l'effet désiré. Ce n'est pas tout. Aux mains, il faudrait couper le pouce, trop court, et greffer à la place un autre doigt plus long : un doigt médian de chimpanzé par exemple. Et aux pieds, il faudrait rapprocher le gros orteil des autres afin de lui enlever son caractère opposable, et l'allonger un peu, au surplus pour l'aligner sur les autres orteils.

Bref, il *suffirait* de réunir un homme anormal au visage tout à fait insolite, un autre atteint d'hypertrichose, un chimpanzé qui aurait anormalement conservé sa peau blanche jusqu'à l'âge adulte, et un gorille albinos — en somme trois ou quatre monstres — pour arriver à produire, après des greffes mutiples, un être ressemblant à l'homme velu de Hansen...

En somme, un « cadavre exquis » dans la grande tradition surréaliste !

Un procédé de confection bien plus simple devait tout de même être découvert par Ivan Sanderson. Il faut dire que celui-ci avait une grande expérience en matière de

---

(104) Je n'ai jamais vu aucune figure de cire qui fît vraiment illusion. Même sur les animaux naturalisés avec le plus d'art et de science, la peau nue et les muqueuses ne paraissent jamais vraies. Passe encore de ce fait pour les Poissons ou les Reptiles, généralement écailleux. Mais les esprits forts peuvent, pour m'éprouver, me soumettre autant de mammifères qu'ils le désirent et les inclure dans la glace comme le spécimen de Hansen, je me fais fort de reconnaître aussitôt ceux qui ont été simplement congelés et ceux qui avaient été au préalable naturalisés ou qui ne sont que des effigies.

taxidermie, une expérience qui remontait à l'époque où, tout jeune zoologiste, il dépouillait, préparait et montait, pour le département d'histoire naturelle du *British Museum*, les spécimens d'animaux qu'il récoltait au cours de ses expéditions.

Tout en se disant parfaitement convaincu que le spécimen examiné par nous n'était pas le produit d'une supercherie, Ivan se faisait fort néanmoins d'en fabriquer une copie exacte. Tout ce qu'il demandait était qu'on lui fournît la dépouille toute fraîche d'un grand chimpanzé à peau claire. Il était possible en effet de distendre cette dépouille de façon à lui donner des proportions humaines. La peau de la tête devait être modelée sur un crâne d'homme (microcéphale ?). Quant à celle des mains et des pieds, elle pouvait être déformée et agrandie à souhait au moyen d'un ouvre-gants, instrument qui servirait en même temps à donner aux doigts et aux orteils leur longueur voulue.

Tout cela était parfaitement réalisable, mais Ivan semblait avoir oublié une chose : c'est que, comme je l'ai souligné plus haut, *il n'existe pas de grands chimpanzés à peau claire*. Pour pouvoir se livrer aux prouesses taxidermiques proposées par Ivan, il eût été indispensable de se procurer un chimpanzé albinos adulte — ou mieux encore un gorille albinos adulte, dont il ne faudrait pas autant distendre la peau — et d'ensuite lui teindre le pelage en noir. Mais, quand on a entre les mains un spécimen si rarissime, d'une valeur inestimable, on possède de quoi organiser une exhibition authentique assurée du plus grand succès. Il serait de la dernière stupidité de vouloir l'utiliser pour une exhibition « bidon », d'allure au surplus très suspecte...

Plusieurs arguments d'ordre psychologique plaidaient de toute façon contre l'hypothèse du faux.

Tout d'abord, pourquoi un faussaire se serait-il donné la peine de simuler des blessures ? Celles-ci — orbites vides et sanglantes, plaie au milieu des arcades sourcilières, fracture ouverte du bras gauche — ajoutaient certes une note d'horreur dont les foules sont friandes, mais elles avaient pour effet, en définitive, de rendre le spécimen moins impressionnant. Du point de vue spectaculaire, l'absence d'yeux était particulièrement déplorable : qu'on tente d'imaginer l'effet qu'aurait produit le *regard* de l'homme congelé à travers la gangue de glace ! Or, de tous les organes de prothèse, les globes oculaires sont ceux qui peuvent être imités avec la plus grande perfection, et il est facile de s'en procurer dans le commerce. Si le spécimen était manufacturé, pourquoi diable l'avoir privé d'un atout qui eût rendu son aspect infiniment plus dramatique ?

Il y avait une objection bien plus grave encore à faire à la thèse de la contrefaçon.

Si un faussaire produisait un tel spécimen, ce serait de toute évidence soit pour stupéfier les foules à des fins strictement lucratives, soit pour mystifier les spécialistes par pure malignité. Pour atteindre ce but, il aurait forcément créé un « homme préhistorique » ou un « homme-singe » conforme aux reconstitutions historiques, artistiques ou populaires de tels êtres. Il aurait même été tenté de mettre en valeur, voire d'accentuer, les caractères qui différencient ceux-ci de l'Homme actuel. On ne constatait rien de tel. Les traits les plus simiens qu'on prête aux préhumains et aux subhumains (prognathisme, front fuyant, arcades sourcilières puissantes, jambes torses, etc.) étaient ici ou faibles ou difficiles à distinguer.

Il est indéniable que si l'homme velu avait été conforme à l'idée qu'on se fait généralement d'un homme préhistorique ou d'un homme-singe quelconque, il aurait remporté sur les champs de foire un succès bien plus éclatant qu'il n'en a eu. La

Presse s'en serait bientôt emparée, comme elle l'a ait fait des célèbres attractions de Barnum, et certains spécialistes — anthropologues, zoologistes, paléontologues, médecins, etc. — se seraient peut-être précipités pour l'examiner. Si, pendant plus d'un an et demi, il n'avait pas éveillé plus d'attention que la plupart des curiosités foraines habituelles — tout au plus un intérêt amusé ! — c'est qu'il n'était pas assez impressionnant, qu'il ne correspondait pas en fait à une image traditionnelle qu'un faussaire se serait efforcé de créer sur commande.

C'est là une question de bon sens élémentaire : quand on veut lancer sur la marché de la peinture un faux Vermeer, on s'inspire de Vermeer pour le confectionner, non de Watteau ou du Greco ! Et quel faussaire songerait à fabriquer un faux qui ne ressemble à aucun modèle ? Ce serait absurde. Pourrait-on même, dans une telle éventualité, parler encore d'un faux ? Un faux quoi ?

Bref, si le spécimen de Hansen résultait d'un trucage, comment concilier la pauvreté et l'inhabileté de son inspiration avec l'éblouissante virtuosité technique de son exécution ? Il était tout de même difficile d'imaginer un faussaire à la fois génial et stupide, un virtuose d'une maladresse flagrante.

J'en étais réduit à remâcher une nouvelle fois un des propos favoris de mon bon maître Sherlock Holmes, qui est aussi ma citation préférée : « Quand on a éliminé toutes les hypothèses impossibles, celle qui reste, si improbable soit-elle, doit être la vérité. »

Oui mais voilà : combien d'hypothèses *possibles* y avait-il dans l'absolu, combien pouvait-on en imaginer *a priori* pour rendre compte de l'existence et de l'aspect particulier de l'objet exhibé par Hansen ?

A mon sens, six hypothèses, ni plus ni moins, méritaient d'être prises en considération *avant qu'on eût procédé à un examen attentif*, et elles couvraient intégralement le champ des possibilités. Le « spécimen » en question pouvait être :

1° un *faux*, c'est-à-dire soit un objet manufacturé entièrement artificiel, soit une création composite provenant de l'assemblage de fragments d'êtres vivants disparates, soit enfin une combinaison des deux ;

2° un *homme ordinaire*, c'est-à-dire un individu normal appartenant à une des races connues d'*Homo sapiens* moderne, mais en l'occurrence d'une race peu connue puisque non reconnue ;

3° un *monstre*, à savoir un individu anormal, résultant de quelque accident génétique ou embryogénique et relevant de la tératologie.

4° un *hybride*, à savoir un individu anormal, provenant de l'union d'individus appartenant à des espèces, voire à des genres différents ;

5° un *homme fossile*, non fossilisé en l'occurrence, c'est-à-dire un individu conservé en chair et en os depuis des millénaires par suite de conditions exceptionnelles d'inhumation, et appartenant à une forme éteinte d'Hominidés ;

6° un *homme inconnu*, c'est-à-dire un individu normal appartenant soit à une race (ou sous-espèce) encore inconnue d'hommes modernes, soit à une espèce distincte de l'*Homo sapiens*, voire à un genre d'Hominidé distinct du genre *Homo*, cette forme pouvant être connue déjà à l'état fossile, mais ayant survécu incognito jusqu'à nos jours.

De toutes ces hypothèses, les trois premières s'étaient révélées rigoureusement ou pratiquement impossibles, la quatrième pouvait être éliminée sous réserve de confirmation ultérieure, et la cinquième était franchement indéfendable. La seule à rester en lice était que le spécimen détenu par Hansen appartenait à une forme encore ignorée d'Hominidés. Il y avait bien des chances que celle-ci fût connue des préhistoriens, mais dans ce cas c'était un rescapé clandestin du passé : en somme, un fossile vivant du genre humain. [105]

---

(105) En 1997, nouvelle alerte. Un « homme » congelé est exposé à la Foire-exposition de Bourganeuf (Creuse). C'est un géant velu de 2,60 mètres, qui aurait été trouvé en 1967 dans un glacier tibétain et qui serait passé par l'Allemagne de l'Est. Mais il est manifestement trop beau pour être vrai. Et l'on apprendra bientôt qu'il est l'œuvre d'habiles taxidermistes. Cette affaire confirme *a contrario* l'authenticité de l'Homme pongoïde, qui ne présentait pas la même suspecte « perfection ».
Voir : Jean (Gérard), « Sur la piste de l'abominable homme des neiges », *Anomalies*, Marseille, 3, pp 17-25, 1997 ; Janssens-Casteels (Emmanuel), « L'Homme congelé de Bourganeuf : la solution de l'énigme », *Cryptozoologia*, Bruxelles, 25, p. 40, 1998. (JJB)

CHAPITRE XVI

CE QUE CE DEVAIT ÊTRE

A quoi les hommes préhistoriques ressemblaient-ils ?

> « L'historien fait pour le passé ce que la tireuse de cartes fait pour l'avenir, mais la sorcière s'expose à une vérification et non pas l'historien. »
>
> Paul VALERY.

Un anthropologue reconnaîtrait-il un de ses propres ancêtres lointains, si d'aventure il en rencontrait un ?

Cette pensée me hante depuis bien longtemps, en fait depuis le temps où je fréquentais l'Université et où je me nourrissais du lait de la science admise et en faveur. Les tableaux qu'on y brossait du passé et de l'évolution de la vie étaient présentés avec une telle assurance qu'on eût dit qu'il s'agissait de documents d'un reportage photographique. Je ne pouvais m'empêcher de me demander : si un éminent spécialiste des Hominidés préhistoriques tombait face à face avec un des êtres qu'il tient à tort ou à raison pour ses aïeux, serait-il seulement capable de l'identifier sur-le-champ ? Je suis presque sûr que non. Car la manière dont les paléanthropologues se représentent les hommes, les préhumains et les subhumains d'autrefois est fondée sur un tel tissu d'idées préconçues, un échafaudage si branlant d'hypothèses accumulées les unes sur les autres, qu'il y a de fortes chances qu'ils soient complètement désarçonnés par leur aspect réel.

Pour s'en convaincre, il suffit d'ailleurs de confronter les diverses reconstitutions qui ont été proposées au cours des années pour une même espèce fossile. Alors que l'Australopithèque robuste, par exemple, est dépeint d'ordinaire comme un gorille bipède à peine dégrossi, son prédécesseur direct, le Zinjanthrope, apparaît tout différent sur la reconstitution qu'en proposait son inventeur, le grand Louis Leakey : il a plutôt l'air d'un vieux philosophe mongol que sa microcéphalie n'eût pas empêché de philosopher. C'est peut-être là un cas limite de dissentiment scientifique, un cas exceptionnel. Mais il y a bien d'autres espèces d'Hominidés fossiles sur l'aspect extérieur desquels on ne s'est guère ou pas toujours accordé. Prenez les pithécanthropes, dans le sens le plus large : les uns en font de grands singes à longues jambes et au regard pétillant d'intelligence, les autres des Asiates au front bas et aux mâchoires prognathes, ayant l'air hébété de crétins.

Les nationalismes eux-mêmes se reflètent souvent dans les reconstitutions de ce genre. Les hommes fossiles de Mikhaïl Guérassimov, celui qu'on a justement surnommé « le découvreur de visages » ont presque toujours l'aspect de citoyens de l'Union Soviétique : son Néanderthalien de La Chapelle-aux-Saints n'est pas sans rappeler Tolstoï, et ses Hommes de Cro-Magnon et de Combe-Capelle, plus modernes, ont l'air de moujiks kolkhoziens sortis tout droit de *La Ligne générale* d'Eisenstein. Semblablement, dans un arbre généalogique de l'Homme, dû aux

Américains Douglas Gorsline et George V. Kelvin, et publié dans un volume des éditions *Time-Life*, les types les plus archaïques, ceux du Pléistocène inférieur, ne détonneraient pas dans les rangs des convicts d'Alcatraz, ceux du Pléistocène moyen pourraient aisément figurer dans une équipe de football triomphant à quelque Rose ou Orange Bowl, et ceux du Pléistocène inférieur paraissent échappés d'un Western : on peut même distinguer parmi eux les bons et les mauvais. L'Homme de Cro-Magnon (notre semblable !) est évidemment le beau cow-boy impavide et galant ou le shérif redresseur de torts. On le voit flanqué de ses acolytes traditionnels : son bras droit est un des néanderthaliens de Skhoul, le costaud bagarreur, abruti de mauvais gin, mais doté d'un cœur d'or, et son aide, dévoué jusqu'à la mort, c'est l'Homme de Rhodésie, le brave nègre, l'Oncle Tom. Quant aux métèques, le Javanais de Solo et le Chinois de Pékin, ils sont manifestement nés pour le rôle de voleurs de chevaux, de canailles toujours prêtes à abattre leurs adversaires en leur tirant dans le dos.

Les opinions politiques et sociales ne semblent en effet pas étrangères à l'idée qu'on se fait des hommes fossiles. Dans les images de notre passé, vues à travers le prisme du monde occidental anglo-saxon, germanique ou nordique, l'*Homo sapiens* est presque toujours un grand blond élancé aux traits nobles, alors que le Néanderthalien, l'Homme des cavernes, est un petit noiraud hirsute d'allure peu recommandable. Du temps de la France colonialiste, le vieux néanderthalien de La Chapelle-aux-Saints apparaissait au professeur Boule et au sculpteur Joanny-Durand comme une sorte de tirailleur sénégalais particulièrement abruti, alors que, de nos jours démocratiques, il lui arrive d'être modelé, notamment par l'Américain Maurice P. Coon, sous les traits d'un simple Français moyen. On finit par se demander pourquoi ce même néanderthalien ressemble tellement à un hobereau juif de Brooklyn aux yeux de l'Américain McGregor, et pourquoi, au *Field Museum* de Chicago, il a tout l'air d'un garde du corps d'Al Capone... (Planches 17 et18).

Comme il serait intéressant de soumettre au test de Szondy tous ces auteurs de reconstitutions ! Leurs sympathies ou antipathies personnelles pourraient bien avoir joué un rôle prépondérant dans leurs conceptions anthropologiques... En tout cas, le particularisme de toutes ces reconstitutions devrait nous inciter à la plus grande méfiance, et nous incliner à conclure que l'anthropologue le plus expert aurait en effet bien du mal à juger d'emblée de l'identité des hommes fossiles qu'il croiserait. Sans doute est-ce là le moindre de ses soucis, car il doit être convaincu que cela n'a aucune chance de jamais lui arriver. C'était pourtant là le problème avec lequel Sanderson et moi étions confrontés en face de l'homme velu exhibé par Hansen.

Lors de notre premier examen, il était sans doute un peu tôt pour que nous nous prononcions sur l'identité zoologique de ce spécimen. Les Primates fossiles n'étant connus que par leurs restes osseux, seule une étude de son squelette pouvait permettre de décider, à la suite de confrontations minutieuses, s'il fallait l'identifier à une forme particulière, réputée disparue, et, le cas échéant, à laquelle. Il n'était pas impossible, bien sûr, qu'il se révélât le représentant d'une espèce tout à fait inconnue, même des paléontologues, mais c'était déjà moins vraisemblable.

De toute façon, en se fondant sur ce qui était visible de l'homme congelé, on pouvait se risquer à quelques pronostics. De quelle forme fossile était-il éventuellement possible de la rapprocher ? Et quelles formes pouvait-on franchement éliminer ?

Bref, sur quelle gamme de candidats était-il légitime de faire porter son choix ?

Bien qu'il eût surtout l'air d'un drôle d'oiseau, l'être velu exhibé sur les champs de foire ne pouvait évidemment être qu'un Mammifère : son pelage et ses mamelons en témoignaient avec éloquence. Qu'au sein de la classe des mammifères, il appartenait à l'ordre des Primates était non moins manifeste, encore qu'il fût difficile de dire sur quels critères l'on aurait pu se fonder pour l'affirmer. En vérité, si cela se voyait au premier coup d'œil, c'est parce qu'il appartenait de toute évidence à une subdivision de ce groupe, le sous-ordre des Anthropoïdes en l'occurrence, lequel comprend les singes et les hommes : ses orbites dirigées vers l'avant l'indiquaient entre autres. Au sein de l'ensemble des Anthropoïdes, il se rangeait parmi ceux de l'ancien Monde ou Catarhiniens, si l'on en jugeait par ses narines ouvertes vers l'avant et vers le bas (et non sur les côtés comme chez les singes du Nouveau Monde ou Platyrhiniens). Enfin, au sein des Catarhiniens, il devait être classé dans la super-famille des Hominoïdes, qui comprend à la fois les singes anthropoïdes et les hommes, bien qu'il ne fût pas possible non plus de préciser en vertu de quels critères. Ceci pouvait être déduit cependant du fait qu'il possédait des extrémités inférieures humaines, à savoir des pieds de coureur plantigrade à gros orteil non opposable (ce qui n'est pas le cas des singes anthropoïdes, lesquels ont des pieds à gros orteil opposable, des pieds transformés en mains, dispositif tout indiqué pour la vie arboricole).

Sans doute m'objectera-t-on que, puisque l'être en question avait des pieds d'Homme, il était inutile de laborieusement chercher à le définir en resserrant graduellement le champ de son appartenance zoologique. Il suffisait de dire : puisqu'il a des pieds d'Homme, c'est qu'il s'agit d'un Hominidé !

Ce n'est pas aussi simple que cela. D'une part, des animaux tout à fait différents, les ours par exemple, ont eux aussi des pieds de plantigrade sans gros orteil opposable. Et, d'autre part, si les singes anthropoïdes et les hommes actuels se distinguent nettement les uns des autres par l'opposabilité ou la non-opposabilité de leur gros orteil, cela n'a pas nécessairement été toujours le cas au cours des âges géologiques. Encore que ce ne soit guère probable, il se peut qu'on découvre un jour les restes d'un primate essentiellement terrestre ayant la plupart des caractéristiques des singes anthropoïdes *sauf* le gros orteil opposable.

Voilà pourquoi il est prudent, pour toute sûreté, d'étendre la recherche de nos candidats à la super-famille tout entière des Hominidés.

Cela dit, lesquels d'entre eux connaissons-nous déjà aujourd'hui, que ce soit à la suite d'observations actuelles ou de l'étude de restes fossiles ? Et puisqu'il s'agit de découvrir celui dont on pourrait rapprocher l'homme velu de Hansen, demandons-nous aussitôt après : à quoi les divers Hominoïdes ressemblent-ils, pouvaient-ils ressembler s'ils ont disparu, pourraient-ils ressembler s'ils n'ont pas encore été découverts à notre époque ?

Pour simplifier les choses à l'extrême disons qu'on peut distinguer parmi les Hominoïdes, six types principaux [106] : l'*Oréopithèque*, fossile plutôt ancien et aux affinités très controversées, le *Singe anthropoïde*, qui est un vrai singe privé de queue, l'*Australopithèque*, qui est en quelque sorte un singe anthropoïde bipède et

---

(106) Le mot « type » a, je le sais, très mauvaise réputation aujourd'hui en anthropologie, et ce n'est que justice : cette science se veut en effet « dynamique » et non plus « typologique ». Elle étudie des populations fluctuantes qui varient un peu à l'aveuglette au gré d'influences externes autant qu'internes, et non autour d'une conception idéale pré-établie comme l'est le « type ». C'est pourtant à dessein que j'utilise ici ce dernier terme, mais dans le sens d' « image statistiquement moyenne représentative d'une population » : ce n'est plus un type fixé *a priori* mais calculé *a posteriori*. Cela me permet d'englober sous un terme uniforme des populations d'une étendue très variable, ce que je ne pourrais faire si je me servais de mots ayant un sens plus précis en zoologie comme ceux de race, espèce, genre ou famille.

sans crocs, le *Pithécanthrope*, qui est en quelque sorte un homme ayant maints traits de singe anthropoïde, le *Néanderthalien*, qui est un homme se distinguant de nous par certains détails anatomiques apparemment simiens, et enfin l'*Homme moderne*. Ces six types ont une importance très inégale au sein de la hiérarchie zoologique. Dans la classification la plus généralement admise de nos jours, à la suite du symposium de Burg-Wartenstein de 1962, organisé par la Fondation Wenner-Gren pour la Recherche anthropologique, l'Oréopithèque forme, à lui tout seul, une famille particulière ; le Singe anthropoïde est représenté par deux familles distinctes, les Gibbons ou Hylobatidés et les grands Singes anthropoïdes (Gorille, Chimpanzé, Orang-Outan ou Pongidés ; l'Australopithèque forme une famille particulière ne comprenant qu'un seul genre *Australopithecus* ; le Pithécanthrope, autrefois écartelé dans toute une série de genres différents (*Pithecanthropus, Sinanthropus, Atlanthropus*, etc.) constitue désormais une simple subdivision du genre *Homo*, l'espèce *Homo erectus* ; quant au Néanderthalien, il n'est plus qu'une race d'*Homo sapiens*, la sous-espèce *Homo sapiens neanderthalensis*, alors que l'Homme moderne, *Homo sapiens sapiens*, en est une autre.

Oublions ici l'Oréopithèque, ni singe anthropoïde ni homme, semble-t-il, et n'ayant pu donner naissance ni à l'un ni à l'autre. De toute façon, son anatomie, pas plus que sa taille, ne s'accorde le moins du monde avec celle de notre spécimen.

Des cinq types restants, deux seulement (aux yeux, du moins, de la science conservatrice) sont encore représentés de nos jours, le premier et le dernier, le Singe anthropoïde, dont on connaît une douzaine d'espèces, et l'Homme moderne, qui appartient à une seule et unique espèce, au demeurant très diversifiée. Les autres types remontent à des époques plus ou moins éloignées : le Néanderthalien est assez récent, le Pithécanthrope est d'origine plus lointaine et l'Australopithèque serait encore plus ancien. Mais on simplifie abusivement les choses en prétendant que l'Australopithèque appartient au Pléistocène inférieur, le Pithécanthrope au Pléistocène moyen et le Néanderthalien au Pléistocène supérieur.

Comme, depuis Darwin, la théorie scientifique veut que l'Homme descende du Singe, il était tout naturel qu'on enchaînât ces cinq types l'un à l'autre, les types intermédiaires représentant chacun un « chaînon manquant » comme celui réclamé à cor et à cri à l'aube de la révolution transformiste. On imagine d'abord cet enchaînement de la façon la plus grossière : chacun des types considérés se transformait insensiblement au cours des millénaires pour donner le type suivant. Le Singe anthropoïde voyait ses crocs spectaculaires se réduire et adoptait une démarche bipède pour se muer en Australopithèque ; l'Australopithèque se redressait encore davantage, s'affinait et gagnait plus de cervelle jusqu'à devenir Pithécanthrope ; le Pithécanthrope perdait ses traits simiesques jusqu'à se transformer en cet homme mal léché qu'était le Néanderthalien ; et le Néanderthalien enfin se débarrassait de ses derniers vestiges de bestialité et acquérait des manières si policées qu'il devenait le gentleman que nous connaissons.

Tout cela était très joli mais en telle contradiction avec les données chronologiques et les faits de l'anatomie comparée — les descendants présumés étaient souvent contemporains de leurs ancêtres, voire plus anciens qu'eux, et les ancêtres étaient en général plus spécialisés à certains égards que leurs descendants — qu'il fallut remanier sérieusement cette version simpliste et naïve de la genèse de l'Homme.

On s'avisait aussi qu'il n'y avait pas vraiment transformation directe d'un type en un autre mais plutôt différenciation au sein d'une population d'êtres, qui finissait ainsi par se scinder en populations-filles différentes, pouvant se remplacer localement l'une l'autre mais néanmoins coexister pendant de longues périodes.

A la chaîne évolutive originelle, on se mit donc à accrocher des chaînettes latérales pour représenter les espèces qui, tout bien considéré, ne pouvaient vraiment pas figurer dans la lignée directe de l'Homme actuel. Il fallut en accrocher tant et tant, et même opérer des bifurcations sur certaines, que la chaîne primitive finit par ressembler à une arborescence. L'idée de chaîne unilinéaire avait cédé la place à celle d'arbre généalogique. (Planche 19).

Dans l'arbre ainsi édifié, le tronc représentait évidemment le vieux stock ancestral des formes primitives, indifférenciées, archaïques, et le haut de la frondaison, les formes les plus évoluées, les plus spécialisées, parvenues sans dommage jusqu'au niveau de notre époque. Entre les deux, au cœur même de la frondaison, se terminaient un certain nombre de branches qui figuraient les espèces disparues sans laisser de descendance. En somme, on pouvait distinguer dans cet arbre des étages différents. On en vint tout naturellement à assimiler ceux-ci aux divers types considérés plus haut, bref à tenir ceux-ci pour autant de *phases* successives de l'évolution qui, au cours des âges, aurait mené du Singe anthropoïde à l'Homme moderne. L'idée d'arbre généalogique cédait la place à celle d'escalier.

Pour ce qui est de la compréhension du mécanisme complexe de l'évolution, le progrès est évident, mais sur le fond cela revenait pratiquement au même. Car enfin chaîne ou escalier, maillons ou chaînes, c'était chou vert et vert chou.

Quel que fût le processus évolutif indiqué, quelle qu'en fût la représentation symbolique, on en revenait et on en revient toujours à la même séquence inspirée de Darwin. C'est donc de cette séquence classique qu'il convient de s'imprégner si l'on veut comprendre comment on procède à la reconstitution de l'aspect extérieur de types disparus (ou en tout cas considérés comme tels).

Il va de soi que, de tous les Hominoïdes, nous ne connaissons l'apparence que des divers singes anthropoïdes *actuels* et des hommes *actuels*. Nous ne pouvons savoir grand-chose de celle des humains, préhumains, subhumains ou anthropoïdes d'autrefois, dont nous ne possédons que des squelettes plus ou moins complets, en général de simples crânes, parfois un fragment de mâchoire ou d'occiput, voire quelques dents... Pourtant, on ne s'est jamais privé de faire de nombreuses reconstitutions de toutes ces formes du passé, et elles hantent la plupart des manuels de zoologie et d'anthropologie physique.

A force d'avoir été reproduites, copiées, embellies ou rénovées selon les mêmes idées préconçues, certaines ont fini par acquérir un aspect traditionnel auquel on croit dur comme fer. Ainsi, l'Homme de Néanderthal est toujours représenté de nos jours avec la peau blanche et aussi peu velue, voire moins, que celle des plus poilus d'entre les hommes normaux de notre temps. On lui prête en général le poil sombre, une longue chevelure flottante, des sourcils broussailleux, des lèvres épaisses et un menton hirsute. A l'autre bout de l'échelle, les Australopithèques sont presque invariablement figurés aujourd'hui comme des chimpanzés ou des gorilles se tenant aussi droits que des hommes. C'est seulement sur l'aspect des Pithécanthropes, dont la nature, il est vrai, a été longtemps controversée, que les opinions divergent encore quelque peu. Mais, comme je l'ai souligné au début de ce chapitre, le désaccord a été parfois plus considérable et plus général. A quoi cela tient-il ?

En fait, c'est le respect quasi dévot de la séquence darwinienne qui, d'une manière générale, a toujours présidé aux reconstitutions des types tenus pour intermédiaires : on a procédé par simple interpolation. Dans chaque reconstitution le dosage des caractères extérieurs, empruntés respectivement aux hommes et aux singes, dépendait toujours de l'opinion personnelle que son inspirateur avait de l'arbre généalogique des Hominoïdes et du degré de parenté qu'il leur prêtait. Et comme cette opinion était liée forcément aux connaissances du moment, ces reconstitutions ont suivi des modes. Et la mode, comme le dit Jean Cocteau, c'est ce qui se démode.

Ainsi, quand le seul « chaînon manquant » généralement accepté était encore l'Homme de Néanderthal, le dessinateur Kupka n'hésita pas à le représenter comme un chimpanzé bipède ayant seulement le nez, les lèvres et les pieds d'un être humain. Lorsque la calotte crânienne du Pithécanthrope de Trinil eut été reconnue comme celle d'un Hominidé, le Néanderthalien s'humanisa du même coup, car c'était le type nouveau, qui, comme son nom d'« Homme-singe » l'indiquait, avait pris sa place à mi-chemin entre les deux types extrêmes. Après la découverte du premier Australopithèque, qu'on installa à cette même place, le Pithécanthrope javanais se fit à son tour plus humain, d'autant plus qu'on avait découvert une industrie lithique à son frère chinois, le Sinanthrope. On opéra un nouveau réajustement de cette sorte quand se révéla l'existence de deux espèces bien distinctes d'Australopithèques : le gros *Australopithecus robustus* (ex-*Paranthopus*), végétarien comme les gorilles, et l'*Australopithecus africanus*, plus svelte et plus gracile, aussi carnivore que l'Homme. Tout ce joli monde devait trouver à se caser dans l'espace compris entre le Singe anthropoïde ancestral ou Dryopithèque, découvert dans l'entre-temps, et l'Homme moderne. Leur rang s'était donc de plus en plus resserré. En fin de compte, dans la série actuellement connue et qui en définitive ne comprend pas moins d'une quinzaine de formes distinctes, on voit, sur les reconstitutions, les caractères simiens s'effacer progressivement pour céder la place à des caractères humains de plus en plus accentués. Cela donne en fin de compte une impression de réelle continuité, mais elle est purement illusoire et parfois en flagrante contradiction avec l'anatomie sous-jacente. Tout le monde, ou presque, s'accorde d'ailleurs pour reconnaître que ces diverses formes ne dérivent pas directement l'une de l'autre. Mais on n'en suggère pas moins qu'elles représentent comme des vagues successives. Quels anthropologues au demeurant résistent à l'envie de les faire figurer à la queue leu leu pour inspirer l'illusion d'une sorte de course, d'élan, de montée du Singe vers l'homme ?.

De telles séquences ont à coup sûr tout le charme de ces dessins animés où l'on voit, sous un coup de baguette magique, une citrouille se transformer peu à peu en carrosse, et des rats se métamorphoser en valets d'équipage. Mais elles ne doivent pas être prises plus au sérieux que ces contes de fées à la sauce contemporaine.

On est d'ailleurs en droit de se demander si le fameux schéma darwinien qui veut que l'Homme descende du Singe n'est pas lui-même une fable, un conte de fées pour savants. Car enfin, sur quels faits repose-t-il ?

Je m'empresse de dire qu'il n'est pas question de minimiser le moins du monde le génie immense de Charles Darwin, ni de discuter la validité de sa théorie de l'évolution. Il s'agit simplement de juger de la pertinence d'un point de détail de celle-ci : son application au problème de nos propres origines. C'est dire, bien sûr, que ce détail mineur est pour nous d'une importance majeure. Mais si, précisément, il éveille en nous tant de résonances intimes, ne doit-on pas s'attendre à ce qu'il ait été traité avec un certain parti pris, avec une passion dont ne s'accommode pas l'attitude sereine et détachée de la vraie Science ? Ne se pourrait-il pas que l'application à notre propre cas de la théorie de l'évolution ait été faussée à la base par des notions erronées, une mauvaise interprétation des faits ou une vision désuète du monde ?

La conception darwinienne de l'anthropogenèse repose en fait sur trois idées aussi vieilles que l'Histoire elle-même :

les êtres vivants forment une gradation naturelle allant des plus simples aux plus complexes, ou, si l'on préfère, une chaîne continue ;

l'Homme occupe dans la nature une place privilégiée ; la plus élevée ;

de tous les animaux, les singes ressemblent le plus à l'Homme, et occupent donc, dans la hiérarchie naturelle, la place immédiatement en dessous.

De la combinaison de ces trois idées, si évidentes en apparence qu'elles font figure de postulats, découlent des conséquences inévitables. Puisque l'Homme, qu'on le tienne pour « le roi de la Création » ou pour « le sommet de l'Evolution », occupe la première place dans la *Scala naturæ*, à savoir la place finale, il constitue le chaînon terminal de la chaîne des êtres organisés. Cette idée était déjà défendue au XIIᵉ siècle par le philosophe persan Nizâmi Atoudi Samarqandi (Cf. p. 171) et l'on en trouve même une représentation en Amérique précolombienne sur une fresque Inca de l'Ecuador [107] (fig.13).

Fig. 13. — Fresque Inca de l'Ecuador, représentant l'enchaînement des êtres vivants (d'après Vollmer, 1828).

Quand la Science, à partir du XVIIᵉ siècle, se mit à découvrir les singes anthropoïdes et qu'on s'avisa que, de tous les singes, c'étaient manifestement les plus proches de l'Homme, ils formèrent tout naturellement l'avant-dernier maillon de la chaîne. C'est le médecin et anatomiste anglais Edward Tyson, qui, en 1699, parla le premier du

---

(107) Sur cette chaîne des êtres vivants, en l'occurrence une corde, on voit la vie naître sous forme d'un magma qui s'organise bientôt en cellules sphériques. Celles-ci s'allongent, deviennent vermiformes. Le ver grandit, devient serpent, il acquiert des pattes, se mue en crocodile. Le saurien se ramasse sur lui-même jusqu'à se transformer en tortue. Celle-ci perd ses écailles et prend l'aspect d'un mammifère quadrupède. Ce dernier se métamorphose en singe, perd sa queue et se redresse complètement jusqu'à prendre une silhouette humaine. Ensuite l'anthropoïde se change en homme, d'abord nu et sans armes, puis capable de fabriquer un arc et des flèches. Après quoi, il ne reste plus à l'homme, pour terminer son évolution, qu'à gagner des ailes et devenir une sorte d'ange. Teilhard de Chardin n'a décidément rien inventé.

Chimpanzé, qu'il appelait le Pygmée, comme d'un « chaînon » entre le Singe et l'Homme. La conception d'une gradation des êtres vivants était donc admise bien avant que ne s'imposât la théorie de l'évolution. Ce que cette dernière apportait de nouveau, c'est que les divers maillons formant la chaîne en question dérivaient les uns des autres. En fait la transformation ne faisait que proposer une explication aux ressemblances qui, de proche en proche, unissaient les uns aux autres tous les êtres organisés.

L'idée même de transformation, de métamorphose d'un être en un autre, n'était d'ailleurs pas nouvelle non plus à l'époque de Lamarck et Darwin, mais elle faisait partie des fables populaires. Ainsi la croyance selon laquelle l'Homme descend du Singe était acceptée depuis des temps immémoriaux aussi bien des Tibétains que des Bataks de Thaïlande, des indigènes du nord-est de Célèbes que des Indiens Yuracaré de Bolivie. L'originalité de Darwin tenait au fait qu'il proposait une explication rationnelle au mécanisme d'une telle transformation : la sélection naturelle.

Cela dit, à son époque, l'intervalle séparant les singes anthropoïdes de l'Homme paraissait tout de même trop étendu pour que les premiers pussent être considérés comme nos progéniteurs immédiats. Aussi supposa-t-on que le stade intermédiaire avait disparu, et on le nomma de ce fait le « chaînon manquant ».

Comme on le sait, ce n'est pas un seul « chaînon manquant » qu'on devait découvrir, mais toute une série. On peut dire qu'on ne manque vraiment plus de « chaînons manquants ». On déterra les uns après les autres les restes fossilisés d'une pléiade d'êtres présentant une combinaison de caractères qui les rapprochaient à la fois des singes anthropoïdes et de l'Homme moderne, et ce à des degrés divers. On en fit tout naturellement une véritable chaîne de maillons intermédiaires, une séquence qui semblait confirmer la lente transformation du Singe anthropoïde en Homme.

Si l'on accepte aveuglément les trois idées maîtresses exposées plus haut, la conclusion finale est d'une logique irréfutable. Mais que valent exactement ces trois idées ?

L'idée de la chaîne des êtres vivants est, nous le savons, une conception désuète, abandonnée depuis longtemps. On sait parfaitement bien que la différenciation et la spéciation des animaux n'ont jamais été unilinéaires, comme l'est une chaîne, mais se sont produites sous forme de buissonnements extraordinairement complexes.

Quant à l'idée que l'Homme occupe dans la nature la place la plus élevée, c'est une vieille superstition occidentale dont la fatuité le dispute à l'ineptie. Si l'espèce humaine se place au-dessus des autres par le développement et la complexité du cerveau, ce n'esy pas du tout le cas pour une multitude d'autres caractères. Par nature, l'Homme ne peut pas sillonner les airs comme l'Oiseau ni s'orienter dans l'obscurité comme la Chauve-souris, il ne peut pas nager aussi vite que le Thon ou le Dauphin, ni sonder les abysses comme le Cachalot, il ne peut pas tuer d'une seule morsure comme certains serpents, ni régénérer ses membres comme un amphibien, il est incapable de se rendre quasi invisible par mimétisme, il est impuissant à plonger à volonté dans un état de mort provisoire comme maints invertébrés, etc. Aucun animal n'est supérieur aux autres dans l'absolu, chacun d'entre eux est merveilleusement adapté à son milieu et il est le roi de sa propre niche écologique. Certes, c'est à une intelligence qu'on peut qualifier de monstrueuse que l'homme doit de s'être rendu maître du monde, mais c'est aussi l'usage qu'il a fait de cette intelligence qui l'a entraîné peu à peu à détruire ou à empoisonner son milieu, ce qui finira inéluctablement par entraîner sa propre perte. L'homme n'est même pas capable d'utiliser à bon escient ce qui fait son unique titre de gloire incontesté...

La seule des trois idées citées plus haut qui reste inattaquable est celle qui souligne l'étroite ressemblance physique entre le Singe et l'Homme. Non seulement elle a résisté aux vents et aux marées de la critique scientifique, mais les investigations les plus poussées, dans le domaine de l'anatomie comparée, de la physiologie, de la génétique, de la biochimie, ont révélé peu à peu, et n'ont fait que confirmer ensuite, que cette similitude d'aspect reflète une parenté réelle. L'étude a établi en tout cas de façon indiscutable que, par la structure de l'hémoglobine, l'inventaire des diverses protéines du sérum sanguin, le nombre et la forme des chromosomes, l'Homme et les grands singes anthropoïdes d'Afrique (le Gorille et le Chimpanzé) sont étroitement apparentés.

Que deux êtres soient parents ne signifie pas nécessairement qu'ils soient père et fils, ou grand-père et petit-fils. Ils peuvent être aussi bien oncle et neveu, ou grand-oncle et petit-neveu, ou encore cousins. Il faut découvrir au surplus lequel des deux est le père ou le grand-père de l'autre, l'oncle ou le grand-oncle de l'autre. C'est forcément, direz-vous, le plus vieux des deux ! Voilà qui n'est incontestable que dans une parenté en ligne directe. On peut fort bien voir naître son propre oncle, et être donc plus âgé que lui. Or, en matière de paléontologie, on a rarement affaire avec des lignées directes, et, bien souvent, qui pourrait d'ailleurs dire avec certitude laquelle des deux espèces est la plus ancienne ?

Dans le problème de l'anthropogenèse, la fausseté de deux des trois idées maîtresses sur lesquelles reposait à l'origine la conception traditionnelle, change tout à l'allure de la constellation familiale des Hominoïdes. Il semble qu'anthropologues et primatologues l'aient en général oublié, ou délibérément ignoré.

Puisqu'il n'y a pas simple enchaînement unilinéaire des espèces animales, mais bien buissonnement luxuriant, puisque l'Homme n'est ni un aboutissement ni un sommet, comme son orgueil le lui soufflait à l'oreille, et qu'il ne se situe pas nécessairement *au-delà* des autres Hominoïdes, pourquoi resterait-on fidèle à la vieille séquence darwinienne ? Il est parfaitement légitime de se demander si par hasard ce n'est pas le Singe anthropoïde qui descendrait de l'Homme plutôt que l'inverse.

Pour découvrir le sens dans lequel une évolution se déroule, on dispose de deux séries de points de repère : d'une part la succession des formes fossiles au cours des âges géologiques, d'autre part les stades successifs des formes du développement individuel par lequel la forme adulte est atteinte.

Si, au début, la paléontologie a donné un instant l'illusion de nous apporter une réponse conforme au schéma darwinien, une kyrielle de découvertes ultérieures ont démontré que les divers fossiles qu'on espérait enchaîner l'un à l'autre avaient été longtemps contemporains ou s'étaient même succédé dans un ordre inverse, bref que les phases qu'ils étaient censés représenter se chevauchent de manière embarrassante [108]. La paléontologie, d'ailleurs, est une science lacunaire puisque fondée sur l'exception, à savoir un incident aussi hautement improbable que la fossilisation.

L'embryologie donne des renseignements plus sûrs. Le grand biologiste allemand Karl von Baer avait remarqué, au milieu du siècle dernier, que « plus les embryons des divers animaux sont jeunes, plus ils se ressemblent les uns les autres, et plus ils avancent en âge, plus ils deviennent dissemblables » (Planche 19). C'est sur cette constatation qu'Ernst Haeckel se fonda pour établir sa célèbre loi biogénétique selon laquelle l'ontogenèse récapitule la phylogenèse. En d'autres termes, le développement embryonnaire de chaque être reproduit en raccourci, en accéléré se l'on préfère, l'évolution passée de l'espèce à laquelle il appartient.

---

(108) Les paléontologues les plus consciencieux et les plus lucides finissent tout de même par se rendre à l'évidence : le vieux schéma darwinien est de moins en moins compatible avec les données de la Science. A cet égard on lira avec fruit un petit ouvrage récent *Inte frân aporna* (*Pas du Singe*), dû à un remarquable paléontologue finnois, le professeur Björn Kurtén de l'Université d'Helsinki. Une traduction anglaise *Not From the Apes* en a été publiée en 1972.

Depuis qu'elle a été énoncée en 1860, cette loi de récapitulation des stades ancestraux a été l'objet de bien des critiques acerbes, et elle a fini par subir certaines modifications. Mais qu'on l'accepte telle qu'elle a été formulée par Haeckel ou l'Anglais de Beer, que l'ontogenèse récapitule plutôt les stades embryonnaires ancestraux, il faut se résoudre à admettre que le développement embryogénique nous indique en tout cas sans ambiguïté le sens dans lequel l'évolution s'est produite. Or, que constate-t-on, en l'occurrence ?

Si l'on compare le développement embryonnaire et même post-embryonnaire chez l'Homme et chez les Singes anthropoïdes, on s'aperçoit que si le Singe passe par un stade qui rappelle furieusement l'Homme à bien des égards (entre autres par la forme globulaire de la tête, l'élévation du front et l'absence de prognathisme), l'Homme, lui, ne passe jamais par un stade simien (fig. 14). Voilà qui est très gênant pour les adorateurs du schéma darwinien, et l'on ne s'étonne plus que la loi de récapitulation ait été soumise aux assauts les plus violents (Planche 19).

Cela dit, cette constatation ne nous oblige tout de même pas à renverser cul par-dessus tête la proposition de Darwin, et à déclarer tout de go que le Singe descend de l'Homme. Ce serait tomber d'un excès dans l'autre. Nous savons d'ailleurs que les divers Hominoïdes connus ne forment pas une simple chaîne, mais peuvent se percher sur des branches ou des rameaux différents de l'arbre généalogique de la super-famille.

Tout le monde aujourd'hui s'accorde pour dire que l'Homme et les Singes anthropoïdes *actuels* sont des cousins plus ou moins éloignés, mais leur ancêtre commun du Tertiaire n'était sûrement pas quelque Pongidé archaïque comme l'étaient les Dryopithèques. Il devait tenir plus de l'Homme que du grand singe brachiateur. C'était sans doute un infra-Pygmée, un gnome à tête ronde et marchant debout, bref, l'Eoanthrope tel que le rêvaient il n'y a pas si longtemps des anthropologue [109].

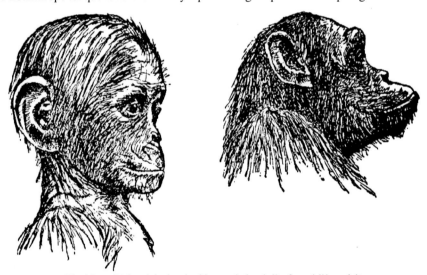

Fig. 13. — Déshominisation du chimpanzé, depuis l'enfance à l'âge adulte
(d'après Naef, 1926).

A la tête de leurs adversaires, William King Gregory, le pape de la paléontologie américaine, les a flétris non sans mépris du nom d'*Homonculistes*, mais chaque découverte paléontologique nouvelle oblige pourtant à reconsidérer leurs spéculations avec plus d'attention et de respect.

---

(109) « Ce qu'il nous faut comme ancêtre idéal, écrit le professeur William Howells, est un Tarsier généralisé, non sauteur, une créature qui, à ce jour, n'est encore qu'un rêve d'optimisme paléontologique. »

On ne cesse d'exhumer des restes ou des vestiges d'Hominidés, de couches géologiques de plus en plus anciennes. Ainsi, dans la vallée de l'Omo, en Ethiopie, on a trouvé des dents à caractère humains datant de trois millions sept cent cinquante mille ans, donc du Pliocène, et même de minuscules outils faits de quartz éclaté — je dis bien *minuscules* ! — et qui remontent au moins à deux millions d'années, donc au Pléistocène inférieur. Quand an 1967, à Nairobi, le grand Leakey m'a laissé manipuler le crâne fraîchement reconstruit de son *Homo habilis*, homoncule bipède à tête ronde datant également de cette période géologique, je n'ai pu m'empêcher de songer à l'Eoanthrope imaginé par le grand anthropologue français et le non moins grand zoologiste américain. Le petit Ramapithèque de l'Inde et du Japon, qui remonte, lui, à douze ou quatorze millions d'années, c'est-à-dire à la fin du Miocène, n'est encore connu que par des maxillaires supérieurs munis de dents disposées en arcade semi-circulaire. Si, grâce à la découverte de restes squelettiques plus complets, il devait se révéler un jour ce qu'on le soupçonne seulement d'être, la thèse des Homonculistes triompherait de manière éclatante.

Malgré la longue digression que cela a nécessité, ce point capital devait être précisé, non seulement pour nous donner une optique plus juste de l'aspect extérieur que peuvent avoir les divers Hominoïdes présents et passés, mais aussi pour nous aider, par la suite, à mieux comprendre les traits caractéristiques de notre spécimen, afin, en définitive, de le situer exactement par rapport à l'Homme moderne, aux divers Hommes fossiles et aux Singes anthropoïdes.

Maintenant que nous savons que les reconstitutions, par simple interpolation, de formes dont la filiation est sujette à controverse, ne peuvent avoir aucune valeur, nous pouvons nous poser en toute sérénité la question : au fond, que peut-on vraiment connaître de l'aspect extérieur d'un être dont on ne possède que des ossements ?

D'après le squelette, sur lequel sont parqués non seulement l'insertion des tendons mais l'épaisseur de certains muscles, il est certes possible de reconstruire assez exactement le système musculaire. Mais là, suivant l'opinion scientifique courante, s'arrêtent les déductions rigoureuses [110].

Mikhaïl Guérassimov s'est inscrit en faux contre cet avis. Il a prétendu notamment que la face tout entière d'un hominidé, en particulier la forme du nez, de la bouche, des yeux et de l'oreille externe, peut être reconstituée d'après l'étude des particularités du crâne. Il a consacré toute sa vie à le prouver, et il y a brillamment réussi, en ce qui concerne du moins les hommes actuels. On reste stupéfait devant la maestria avec laquelle il est parvenu à reproduire la physionomie de certains êtres humains sur la seule foi de leur crâne, avec une exactitude qui a pu être vérifiée ensuite grâce à des portraits ou des photographies. La ressemblance obtenue est si frappante que le concours du savant a permis à maintes reprises de résoudre des affaires criminelles.

Cette virtuosité, qui a valu à Guérassimov son surnom de « découvreur de visages », était fondée sur une étude minutieuse et prolongée d'une multitude de spécimens. Celle-ci lui avait permis d'établir des correspondances constantes entre certaines structures ou dispositions osseuses, et la forme des parties molles qui les recouvraient, compte tenu de l'âge du sexe et de la race. Aussi, bien qu'il eût entrepris la reconstitution de quelque 200 hominidés préhistoriques, le grand chercheur soviétique avouait volontiers que pour ceux-ci « les normes établies pour l'Homme actuel devaient être suffisantes ». Et encore qu'il reconnût le caractère inacceptable de la séquence clas-

---

(110) Sur ce problème, consulter Mc GREGOR (1926), LOTH (1936), SCHULTZ (1955) et KURTH (1958).

sique menant du Singe anthropoïde à l'Homme moderne, il subissait irrésistiblement son influence. Quand il reconstituait un australopithèque, c'est au Chimpanzé qu'il empruntait tout naturellement l'aspect de ses parties molles.

Il est manifeste que les techniques de Guérassimov ne sont pas entièrement transposables de l'Homme moderne à des êtres dont l'anatomie diffère, d'une façon un tant soit peu marquée, de la sienne. On peut même se demander si elles seraient applicables avec autant de succès hors des limites de l'Union Soviétique. La grande majorité des cadavres sur lesquels le « découvreur de visages » avait travaillé pour établir ses normes étant forcément ceux de ses propres compatriotes, on ne s'étonne pas, en définitive, que son Homme de Cro-Magnon ait l'air slave. Non pas en dépit de la rigueur des méthodes utilisées, mais à cause précisément de celle-ci.

Dès que l'architecture du crâne se met à différer sérieusement, il est évident que certains détails du nez, des lèvres, des yeux et de l'oreille externe ne peuvent plus être qu'inventés. Au surplus, que diable pourrait-on savoir des téguments eux-mêmes, de la coloration de la peau, de la disposition, de la longueur, de la couleur, de la texture des poils qui y poussent ? Songez-y, tous les grands félins si différents d'aspect — le Lion, le Tigre, le Léopard, le Jaguar, la Panthère des neiges — ont à peu près le même squelette, et sont d'ailleurs classés dans le même genre. S'ils ne nous étaient connus que par leurs os, nous ne pourrions pas déterminer s'ils ont la robe d'une couleur uniforme ou non, ni quelle peut être cette couleur, ni s'ils sont zébrés ou tachetés, voire pie, ni s'ils ont une crinière ou non. C'est ainsi que nous ignorons tout à fait si ce que nous appelons témérairement le Lion des cavernes n'était pas plutôt par la robe, un tigre, voire un léopard démesuré.

Les seuls ossements ne nous permettraient même pas de deviner que le Pangolin a des écailles, l'Hippopotame la peau nue, et le Mammouth une houppelande laineuse. Et nous ne pourrions énoncer que des hypothèses vagues sur la forme de leurs yeux, de leurs oreilles ou de leurs orifices nasaux.

L'ampleur de notre indécision ne peut être si grande pour les hommes fossiles, mais on n'en est pas loin.

Rien ne prouve par exemple que les Néanderthaliens, pour prendre les plus proches, n'étaient pax aussi velus que des orangs-outans. Rien n'indique qu'ils aient eu de longs cheveux, et non un simple pelage sur le dessus de la tête, qu'ils aient eu une barbe de prophète ou de chanteur pop, et non la face nue de la plupart des singes. Rien ne permet de supposer, comme on l'a généralement fait, qu'ils avaient la bouche épaisse des nègres, plutôt que l'absence de lèvres des singes. Il n'est pas certain du tout qu'ils aient eu la peau blanche et le poil noirâtre. Et nous ne sommes même pas sûrs qu'on leur voyait le blanc de l'œil comme aux hommes actuels ; ils pouvaient fort bien, comme les singes anthropoïdes, avoir des yeux ronds ne découvrant que l'iris.

Comme nous possédons une centaine de squelettes de néanderthaliens, dont quelques-uns presque complets, nous connaissons certes jusqu'aux moindres détails de leur morphologie. On pense que les plus spécialisés, les plus marqués d'entre eux, les Néanderthaliens « classiques », comme on les appelle, avaient une face énorme, disproportionnée. Elle était plate, mais projetée tout entière en avant comme un museau [111]. Leur front fuyait derrière des arcades sourcilières formant un bourrelet continu, une véritable « visière ».

---

(111) Il ne faut pas confondre cette structure, que le professeur Sergio Sergi a nommée *oncognathisme*, avec le *prognathisme*, dans lequel ce sont les seules mâchoires qui proéminent en forme de museau. Les singes sont prognathes, les néanderthaliens oncognathes.

Ils avaient la mandibule lourde et sans menton. Leur tête, très allongée, dans le sens antéro-postérieur, se terminait à l'arrière par une sorte de « chignon ». Ils avaient la cage thoracique très bombée et même carénée, des avant-bras courts et très épais, de grandes mains, les fémurs courbes, le bas des jambes relativement bref, et des pieds très larges, avec les orteils en éventail et recourbés vers le sol. On pense qu'ils portaient la tête en avant du corps, comme enfoncée dans les épaules et soutenue par une nuque de taureau, et qu'ils marchaient avec les genoux ployés. C'est en gros ce qu'on peut dire de leur aspect général, et encore est-ce contesté par certains.

Au cours des dernières décennies, la tendance générale parmi les anthropoïdes, surtout américains, a été d'atténuer au maximum l'allure simiesque qu'on prêtait d'habitude aux Néanderthaliens et qui est aujourd'hui profondément enracinée dans l'imagination populaire. La raison de ce revirement d'opinion est que la description de ces êtres a été principalement fondée, à l'origine, sur le spécimen de La Chapelle-aux-Saints, assurément le mieux préservé de tous, mais qu'on s'accorde à présent à considérer comme un vieillard rhumatisant, ployant sous le poids des ans, et appartenant au surplus à une forme extrême, quasi aberrante : C. Loring Brace résume une opinion actuellement répandue en disant : « D'après ce que nous savons, il est vraisemblable que si un Néanderthalien convenablement vêtu et rasé se mêlait à une foule de citadins modernes faisant leurs emplettes ou changeant de métro, il frapperait peut-être le regard par son aspect quelque peu insolite — petit, râblé, une grande gueule — mais rien de plus. » Clark Howell est même allé plus loin que cela en déclarant : « Mettez-lui un complet de chez Brooks Brothers et envoyez-le acheter quelques produits d'épicerie au supermarché et il passera sans doute complètement inaperçu. »

Ces opinions de deux anthropologues éminents des Etats-Unis sont sûrement très exagérées, mais il était bon de les rapporter pour souligner le peu d'unanimité de nos conceptions relatives à l'aspect extérieur de nos oncles de Neandertal, et de ce fait la profondeur de notre ignorance.

Et que dire dans le cas des Pithécanthropes, encore bien moins connus ? En dehors d'une vingtaine de crânes plus ou moins complets, et d'ailleurs très différents suivant leur provenance, on n'a retrouvé d'eux que des restes osseux fragmentaires, surtout des fémurs. Du fait de leur prognathisme agressif et de la fuite extrême de leur front, les Archanthropiens, comme on les appelle parfois, devaient avoir les traits du visage bien plus simiesques que les Néanderthaliens. Mais peut-être leur aspect général ne frapperait-il pas autant, car ils avaient en revanche les jambes aussi longues et droites que l'Homme moderne, et ils devaient donc avoir la même silhouette et la même démarche que lui.

Pour ce qui est des Australopithèques, on ne peut même pas se prononcer sur leur allure. Il y a peu, ils n'étaient pratiquement connus, en dehors d'une série de crânes appartenant d'ailleurs, nous le savons, à deux formes bien distinctes, que par trois ou quatre fragments de bassins, un fémur et un tibia, et un certain nombre d'ossicules épars de pieds et de mains. Il n'empêche que tout le monde se les représentait comme des singes anthropoïdes policés et résolument bipèdes, déjà engagés bien avant dans la voie de l'hominisation. Or voilà qu'en novembre 1971, Richard Leakey, le propre fils de Louis et Mary Leakey, a fait savoir que, sur la rive orientale du lac Rudolf, au Kenya, il a exhumé de nombreux restes d'australopithèques, comprenant enfin tout un assortiment de membres. Une analyse préliminaire de cette découverte tant attendue démontrerait que les Australopithèques avaient en fait les bras très longs et les jambes courtes et se déplaçaient sans doute en s'appuyant sur les phalanges comme de vulgaires gorilles ou chimpanzés ! La nouvelle a bien entendu jeté la consternation parmi les anthropologues orthodoxes qui se sont empressés de condamner l'empressement de leur jeune collègue à faire une annonce si choquante.

Avec l'homme velu conservé par Hansen, nous nous trouvions enfin en présence d'un spécimen complet d'Hominidé réunissant à la fois des caractères humains et simiens. Ce n'était sûrement ni un singe anthropoïde ni un homme moderne. Sauf imprévu, c'était un être à classer dans une des trois catégories considérées abusivement comme intermédiaires : Australopithèque, Pithécanthrope ou Néanderthalien. Pour lequel d'entre eux allions-nous pouvoir combler entièrement les lacunes plus ou moins étendues de nos connaissances anatomiques ? Il ne me paraissait pas possible à première vue d'en décider de manière définitive. Mais, quel qu'il fût, son étude ne pouvait qu'éclaircir considérablement le problème de l'évolution et de la différenciation des Primates hominoïdes, et par conséquent celui, capital, de notre propre origine.

Pour se risquer à un pronostic sur l'identité de ce spécimen unique, il fallait en tout cas ne se laisser influencer ni par les caractères simiens superficiels de celui-ci, ni par les reconstitutions même les plus consciencieuses proposées par les diverses formes fossiles d'Hominoïdes : seule la morphologie devait être prise en considération.

Cela dit, il était tout de même raisonnable de se demander d'abord si l'être contemporain en question ne pouvait pas s'identifier au type fossile *le plus récent*. Après tout, alors que les Australopithèques sont présumés éteints depuis quelque 400000 ans et les Pithécanthropes, à de rares exceptions près, depuis quelque 150000 ans, les Néanderthaliens ne sont portés disparus que depuis moins de 50000 ans. Cela ne faisait-il pas d'eux les candidats les plus plausibles au titre de « fossiles vivants du genre humain » ?

La plupart des caractères anatomiques de l'homme velu de Hansen s'accordaient d'ailleurs avec ce que nous savons des Néanderthaliens dits *classiques*. Faut-il les rappeler ? L'étendue saisissante de la face, manifestement plate, la fuite du front derrière des arcades sourcilières formant comme un bourrelet, la mandibule massive et privée de menton, la tête enfoncée dans les épaules, les clavicules très arquées, le thorax en forme de tonneau, les avant-bras épais et courts, le bas des jambes également bref, l'énormité des mains, la largeur surprenante des pieds, et enfin la disposition en éventail des orteils, et leur caractère crochu [112].

Le seul trait du spécimen qui paraissait ne pas « coller » avec cette identification préliminaire était sa taille assez impressionnante. Les Néanderthaliens classiques d'Occident étaient dans l'ensemble plutôt massif et râblés, et ils ne dépassaient guère 1,65 m. Mais ce n'était pas vrai de tous les néanderthaliens : le spécimen I de Chanidar, en Iraq, mesurait entre 1,7 et 1,73 m., et les spécimens IV et V de Skhoul, en Palestine, atteignaient respectivement 1,74 et 1,8 m. De toute façon, si le spécimen en question était vraiment un néanderthalien, c'était un néanderthalien attardé, appartenant à une lignée qui n'avait pas cessé d'évoluer depuis quelque 50000 ans. Or, l'accroissement de taille est une des tendances les plus courantes de l'évolution. Et, au demeurant, les unions consanguines forcées, résultant de l'isolement vraisemblable de leurs populations clairsemées, n'auraient pu qu'accélérer ce processus.

---

(112) L'étude approfondie sur photos que je devais consacrer pendant deux ans à l'anatomie externe du spécimen allait non seulement confirmer mon pronostic, mais faire apparaître des traits spécifiques bien plus discrets et subtils, liés à la forme étrangement retroussée du nez, à la longueur du pouce, ainsi qu'à sa faible opposabilité.

Cela dit, les traits du spécimen ne s'accordaient-ils pas aussi bien avec l'anatomie des Pithécanthropes, voire avec celle des Australopithèques ? Il semble bien que non. Ces deux formes, et en particulier la seconde, étant, jusqu'à nouvel ordre, connues surtout par des crânes, c'est essentiellement d'après les caractères crâniens qu'il eût été possible de juger si le spécimen méritait d'être classé plutôt dans l'une ou dans l'autre. En fait, l'extension plus normale de la partie faciale chez les Pithécanthropes, les mâchoires plus développées en largeur et enfin le prognathisme très accentué qui les caractérise — trait encore plus prononcé chez les Australopithèques, surtout les plus carnivores d'entre eux — étaient incompatibles avec l'aspect de l'homme velu conservé dans la glace.

Bref, si le spécimen de Hansen n'appartenait pas à une espèce d'Hominidé totalement inconnue des anthropologues, et même des paléontologues, *il avait les plus fortes chances d'être un néanderthalien attardé.* S'il en était bien ainsi, le moins qu'on pût dire était qu'il ne ressemblait pas du tout, superficiellement du moins, à la plupart des reconstitutions qu'on avait proposées des Paléanthropes, surtout aux plus récentes. Peut-être bien qu'enveloppé dans une ample djellabah brodée, il passerait aisément inaperçu parmi les musiciens d'un orchestre pop, mais, même vêtu d'un complet de chez Brooks Brothers, il aurait bien de la peine à se faire admettre dans ce qu'on appelle la Bonne Société.

Ce terrifiant monstre velu n'était évidemment pas seul de son espèce, et les représentants de celle-ci devaient s'être propagés sur notre terre depuis les temps préhistoriques. Aussi n'allait-on pas se priver de demander : « Comment se fait-il alors qu'on n'en ait jamais vu ? », ou bien d'affirmer au contraire : « Mais enfin, cela se saurait ! »

Cette attitude eût témoigné en vérité d'une grande ignorance. Le fait est que des hommes sauvages et velus ont été vus, signalés et décrits depuis les temps les plus reculés et qu'ils continuent de l'être de nos jours. Et cela se savait. J'en avais moi-même inventorié une grande partie dans un livre. Sanderson, dans un autre, avait fait une synthèse de nos connaissances à leur sujet. Et Porchnev, après une étude approfondie, avait magnifiquement identifié leur type, d'apparence le plus répandu : en dépit de certaines invraisemblances, il avait vu en lui une forme relique de Néanderthalien. Et maintenant, c'était un représentant manifeste de ce type que nous avions sous les yeux...

Au cours des premières heures de mon examen, je m'étais, à un certain moment, entendu répéter intérieurement : « Porchnev avait raison ! Porchnev avait raison ! » Ç'avait été d'abord comme une illumination : l'éblouissement d'une vérité qui s'impose à vous, mais que votre esprit d'analyse se refuse à accepter d'emblée. Cette intuition n'était sans doute que le reflet du raisonnement qui chemine tout au long de ce chapitre, mais qui avait alors traversé comme un éclair mon subconscient. Puis au fur et à mesure qu'au-delà d'apparences déconcertantes, je contrôlais de plus en plus de traits significatifs, ma conviction n'avait cessé de croître jusqu'à la certitude absolue : « Porchnev avait raison. Des néanderthaliens ont survécu jusqu'à nos jours. Et en voici un ! »

Ainsi donc, pendant un an et demi, des foules avaient défilé autour du cercueil réfrigéré où reposait le cadavre d'un homme de Néanderthal. Il y avait sûrement eu parmi elles des biologistes, au moins quelques médecins. Et aucun, apparemment, n'avait pris conscience de l'importance prodigieuse que ce spécimen avait pour la Science. Aucun, en tout cas, n'avait osé en parler dans une communication scientifique.

Pour « découvrir » cet être et en souligner la valeur inestimable, il fallait, il est vrai, un chercheur, non seulement un expert en anthropologie physique et en anatomie comparée, mais bien au courant du dossier des bipèdes velus encore inconnus de la Science. Personne dans le monde occidental n'eût été mieux placé à cet égard que Sanderson ou moi. Et voilà que par un coup de chance exceptionnel, nous nous trouvions là tous les deux !

Ivan, dont maints savants de l'*Establishement* se moquaient cruellement à cause de ses idées hérétiques sur certains problèmes mystérieux et en particulier celui de l'abominable Homme-des-neiges, Ivan, dont la réputation d'excellent naturaliste s'était peu à peu dégradée au cours des dernières années jusqu'à n'être plus celle, aux yeux de certains, que d'un polygraphe farfelu pour magazines à quatre sous, Ivan, ce paria de la Science, allait enfin pouvoir prendre une revanche éclatante sur ses détracteurs. Pour moi, la connaissance d'une de mes « bêtes ignorées » — un « homme ignoré » en l'occurrence — entrait dans une phase nouvelle : la Cryptozoologie portait ses premiers fruits, et quels fruits ! Le spécimen réclamé à cor et à cris par les incrédules était enfin là, et son anatomie si particulière témoignait sans conteste de son authenticité. Personne ne pourrait, ne *devrait* raisonnablement nier son existence. J'allais pouvoir en faire une description minutieuse, qui paraîtrait, accompagnée de photos et de dessins explicatifs, dans une revue scientifique de grande réputation, le Bulletin de l'Institut royal des Sciences naturelles de Belgique, auquel j'étais associé. La Presse du monde entier allait parler de notre stupéfiante découverte. Et maints collègues — zoologistes et anthropologues — me feraient bientôt part de leur enthousiasme.

Oui, tout cela devait en effet se produire, mais n'imaginez surtout pas que cette découverte, malgré les garanties qu'elle offrait au point de vue scientifique, allait être reconnue et acceptée unanimement par la Science... Ce serait méconnaître un certain type d'incrédulité tout à fait irrationnel, apparemment incurable, qui va chercher ses sources dans la peur instinctive de l'inconnu et la répugnance qu'éprouve l'esprit humain à voir déranger ses idées reçues, son confort intellectuel.

Un homme fossile est, par définition, un être qui a disparu de la surface du globe. Si quelqu'un prétend en avoir vu un vivant, c'est donc un menteur ou un mystificateur, il devait être ivre ou myope. Si quelqu'un en découvre même des ossements dans des terrains récents, ce qui est arrivé à plusieurs reprises dans le cas de Paléanthropiens, on décrète aussitôt soit que le terrain était plus ancien qu'on ne le croyait, soit que l'homme en question était d'un type actuel ayant conservé des traits archaïques. Et si quelqu'un a l'audace d'en produire un cadavre, celui-ci ne peut qu'avoir été conservé depuis la Préhistoire. Ou alors ce doit être autre chose, peut-être un monstre ayant seulement l'apparence du fossile en question, plus sûrement une habile contrefaçon.

A de rares exceptions près — celles-ci émanant pratiquement toujours de collègues à l'esprit ouvert ou d'amis qui me connaissent bien — les réactions des gens auxquels je devais parler de notre découverte, en leur soumettant mes photos et mon rapport scientifique, sont allés de la franche hilarité à la prudente expectative, en passant par le haussement d'épaules excédé ou le sourire goguenard de celui qui se demande ce que cette affaire vous rapporte financièrement et par le mouvement de recul instinctif de celui qui met soudain en doute votre équilibre mental.

J'ai bien souvent pensé à feu mon ami le professeur J. L. B. Smith, auquel une mésa-venture semblable était arrivée. Quand je lui avais rendu visite à Grahamstown, en Afrique du Sud, il m'avait raconté qu'après la publication de sa description du premier Cœlacanthe, au début de 1939, certains de ses collègues l'avaient cru fou et beaucoup de ses amis et connaissances s'étaient mis à l'éviter et ne le saluaient même plus dans la rue. Et, pourtant, le spécimen se trouvait dans son laboratoire, et tout le monde pouvait venir l'y examiner et mettre le doigt dans ses plaies...

J'ai pensé aussi à Miss Courtenay-Latimer, qui avait été à l'origine de cette même dé-couverte, et dont le nom est à jamais immortalisé dans celui du fameux poisson quadru-pède, *Latimeria chalumnae*. Elle m'a raconté au Musée d'Histoire naturelle d'East London, qu'elle dirige actuellement, qu'à l'époque des faits, un éminent paléontologue britannique, W. E. Swinton, lui avait téléphoné pour lui demander de confirmer que le poisson avait bien été pêché dans la boue. Comme elle avait répliqué que ce n'était pas le cas, son interlocuteur l'avait pressée de néanmoins le déclarer aux journalistes. Incapable d'admettre la survivance d'un Cœlacanthe, et irrité à la seule pensée qu'on pût en envisager la possibilité, il voulait apparemment faire croire que le spécimen avait été conservé intact dans la boue depuis plus de 60 millions d'années...

Un poisson fossile est prié de rester fossile.

La découverte, à notre époque, d'un homme tenu pour préhistorique est évidemment plus choquante encore que celle d'un Cœlacanthe encore tout frétillant. Raisonnablement elle devrait paraître plus normale, puisque les poissons à pattes au-jourd'hui célèbres étaient présumés disparus depuis des dizaines de millions d'années, alors que les Néanderthaliens ne le seraient que depuis moins de 50000 ans. Mais les hommes de Science cessent d'être raisonnables quand il est question de leurs proches parents. La présente affaire nous touchait de bien plus près que celle de la naissance des quadrupèdes et elle venait bouleverser non seulement les croyances populaires les mieux enracinées, mais de véritables dogmes de l'anthropologie.

Un homme fossile est instamment prié de rester fossile.

Aussi notre « homme-singe » était-il doublement menacé d'un retour à cet état fos-sile qu'il n'eût décemment jamais dû quitter. La plupart des gens ne songèrent en ef-fet qu'à enterrer, au figuré s'entend, cet anachronisme en chair et en os. Mais il y avait plus grave : on pouvait craindre que ceux qui détenaient le spécimen ne l'en-terrassent vraiment au sens propre, et ce pour des raisons personnelles qu'il n'était encore possible que supputer.

Car les dessous de cette histoire sont encore plus mystérieux, nous allons le voir, que l'histoire elle-même.

CHAPITRE XVII

POURQUOI TANT DE MYSTÈRES ?

Les silences éloquents d'un bonimenteur de foire.

« Ces événements ne sont pas naturels. A l'étrange succède le plus étrange. »

William SHAKESPEARE, *La Tempête*, acte V, sc. 1.

Quand Ivan T. Sanderson et moi avions eu l'occasion d'examiner l'homme velu, dont le cadavre congelé avait été exhibé pendant dix-huit mois dans des foires commerciales américaines, nous avions été frappés d'emblée par l'attitude ambiguë de son montreur, Frank D. Hansen. Celui-ci ne cessait de se contredire et même de contredire ce que nous pouvions pourtant constater directement *de visu*. Il éludait les questions les plus élémentaires sur l'origine et l'histoire de l'être velu, et donnait de celles-ci des versions très différentes. Il gardait jalousement le spécimen mais s'efforçait de nous convaincre qu'il s'agissait soit d'un habile trucage, soit d'un phénomène banal sans aucune valeur scientifique. Enfin, il se retranchait pour toutes ses décisions derrière un puissant magnat californien, « le vrai propriétaire », dont il taisait obstinément le nom.

Les incidents quasi dramatiques qui allaient suivre notre visite ne firent que confirmer qu'il y avait dans cette affaire « bien plus que l'œil ne peut saisir », comme on le dit si judicieusement aux Etats-Unis.

Après avoir passé trois jours à étudier, mesurer, dessiner et photographier le spécimen, Sanderson et moi, absolument convaincus de sa valeur inestimable, n'avions plus qu'une pensée en tête : comment parvenir à le soumettre au plus tôt à une analyse scientifique complète ? Il fallait soit obtenir l'autorisation de procéder d'abord à un contrôle radiographique qui devrait convaincre en principe les plus incrédules, et laisser ensuite les institutions scientifiques se disputer le spécimen aux enchères, soit trouver quelqu'un de richissime qui accepterait d'acheter le spécimen, les yeux fermés ou presque, en faisant confiance à nos conclusions.

A toutes fins utiles, Ivan, qui se faisait fort de réunir l'argent nécessaire parmi ses relations huppées, demanda à Hansen de lui donner une option sur la vente éventuelle du spécimen. Une somme importante serait déposée dans une banque à titre d'engagement sous seing privé pour garantir la marche de l'opération dans des conditions bien définies.

Avec ses clients à 35 cents par tête, Hansen prétendait avoir réalisé un chiffre d'affaires de 50 000 dollars par an [113], et il entendait poursuivre son exhibition pendant une autre année pour amortir ses frais et obtenir le bénéfice escompté. Sanderson lui fit remarquer que la vente immédiate du spécimen lui rapporterait bien plus que les 50000 dollars qu'il pouvait encore espérer : sûrement le double, le quadruple, voire bien davantage. Il alla même jusqu'à rappeler qu'en 1961, à New

---

(113) Comme je l'établirai plus loin par le calcul, une telle somme représente vraiment un rapport théorique maximum, quasi impossible à atteindre en pratique.

York, en présence de plusieurs hommes de loi, il avait entendu les représentants du magazine *Life* offrir à feu Tom Slick un demi million de dollars pour la première photo d'un homme-des-neiges mort ou vif, dont des experts scientifiques auraient garanti l'authenticité par écrit. Deux cent cinquante millions d'anciens francs, deux millions et demi de francs nouveaux, pour une simple photographie, cela donnait à rêver quand à la valeur marchande d'un spécimen en chair et en os d'Hominidé inconnu. On pouvait au moins espérer le double...

Pour moi, je trouvais plutôt maladroit d'ainsi faire « mousser » la valeur de la pièce que nous espérions acquérir, ce qui ne pouvait qu'accroître son prix de vente. Mais, comme il allait se révéler par la suite, même un million de dollars n'aurait pas permis d'emporter le morceau !

Hansen se contenta de dire qu'il transmettrait la proposition au propriétaire, et il devait faire savoir par la suite que ce dernier ne tenait à vendre *à aucun prix*. Le mystérieux nabab californien allait d'ailleurs, invariablement, et toujours par le truchement du forain, opposer le même refus formel à toutes les offres ultérieures, *même, soulignons-le, si l'authenticité du spécimen n'était pas garantie*.

Comme Hansen devait du moins le déclarer par téléphone, le 25 mars 1969, à une représentante du *Times* de Londres à New York, Miss Marlise Simons, le propriétaire en question était un homme richissime dont le plaisir « était de posséder quelque chose de rare, quelque chose que d'autres gens n'ont pas ».

Il semble que cet original fût encore plus jaloux de ses possessions qu'on pouvait l'imaginer car, pendant notre séjour à sa ferme, Hansen nous dit avoir été en communication téléphonique avec lui et de s'être fait semoncer vertement pour nous avoir seulement permis d'étudier son spécimen. Il ajouta que désormais il ne le laisserait plus examiner *par personne*. Il songeait même à faire annuler tous les contrats qu'il avait signés pour des exhibitions ultérieures aux Etats-Unis et au Canada. Bref, il était question, selon ses propres termes ironiques, de « mettre la chose en permanence sur la glace », expression américaine qui signifie « mettre définitivement au rancart ».

Nous allions bientôt nous apercevoir que ceci n'était pas une menace en l'air.

Une fois rentrés au New Jersey, Ivan et moi nous étions mis tous les deux, indépendamment l'un de l'autre pour ne pas nous influencer, à rédiger un rapport préliminaire exposant les premières conclusions que nous fondions chacun sur notre examen personnel du spécimen. Ces deux rapports constituaient le premier jet des notes que nous destinions à la publication dans des journaux scientifiques. Je comptais envoyer la mienne à l'Institut royal des Sciences naturelles de Belgique, auquel j'étais et suis toujours attaché, et Ivan se proposait de soumettre la sienne à *Genus*, le revue de sociologie fondée à Rome par le professeur Corrado Gini, et qui publiait d'habitude les études des membres du *Comité International pour l'étude des humanoïdes velus*.

Le moment était venu de donner un nom à l'être que nous avions examiné. Par souci de simplicité, et parce que c'est un peu une manie aux U. S. A., Ivan lui avait donné un « nom de code », celui de Bozo, qui était aussi, hélas, celui du clown le plus célèbre de la télévision américaine. Cette dénomination me paraissait d'une maladresse insigne. Je savais qu'on n'allait pas manquer la moindre occasion d'opposer sur toute cette affaire le stigmate du ridicule, comme on l'avait fait pour le problème de l'abominable Homme-des-neiges. Il ne fallait surtout pas fournir nous-mêmes les armes de nos détracteurs. Ceci était une affaire sérieuse, et il fallait la traiter avec toute la gravité qu'elle méritait.

Il était impérieux à mon sens d'appliquer à l'être en question la dénomination scientifique à laquelle il avait droit. Nous disposions en effet de tous les éléments permettant une définition détaillée et sans équivoque — une *diagnose* comme on dit en jargon scientifique — de l'anatomie externe de l'homme velu. Le spécimen que nous avions étudié pouvait légitimement être considéré comme l'holotype d'une forme d'Hominidés encore inconnue à notre époque, une forme du moins dont aucune description scientifique complète et valide n'avait encore été publiée [114]. Il y avait là une lacune à combler.

Quel nom pouvait-on légitimement donner à la forme zoologique dont l'homme congelé était un représentant ? Que celui-ci fût un Hominidé ne pouvait faire le moindre doute, et comme tous les Hominidés sont à présent agglomérés dans un seul genre, c'était bien un Homo. Mais de quelle espèce ? Pour moi, je l'ai dit, l'être en question s'apparentait, par tous ses caractères, aux Néanderthaliens. Ivan, à ce moment, était plutôt enclin, pour des raisons sur lesquelles il ne s'est jamais expliqué, à le rapprocher des Pithécanthropes (*Homo erectus*), voire d'Hominidés encore plus archaïques.

S'il s'agissait d'un Néanderthalien, comment fallait-il le nommer ? Il y a en effet parmi les anthropologues une grande dissension quant au statut taxonomique qu'il faut accorder à cette forme. Selon les uns, nous le savons, elle constitue une espèce nettement distincte de l'*Homo sapiens*, l'espèce *Homo neanderthalensis*, selon les autres, elle n'est qu'une sous-espèce d'*Homo sapiens*, à savoir, *Homo sapiens neanderthalensis*.

Cela dit, il est d'usage, en zoologie, qu'à une forme relique d'une espèce considérée comme disparue depuis des millénaires, on donne *au moins* celui de sous-espèce. Il fallait donc de toute façon trouver un nom nouveau pour la forme représentée par l'homme congelé.

Si nous l'appelions *Homo pongo* ? proposa Ivan. Velu comme il est, il a tout l'air d'un singe anthropoïde.

Pongo est en effet le nom générique de l'Orang-outan, et c'est lui qui a donné son nom à la famille comprenant tous les grands singes anthropoïdes, à savoir les Pongidés.

— C'est une bonne idée, répliquai-je, mais il me paraît tout de même un peu excessif de simplement accoler les deux noms de cette façon. Cela semble suggérer que nous considérons cet être comme un homme-singe. Or il s'agit bien d'un homme véritable : il a seulement l'apparence superficielle d'un singe. Pourquoi ne l'appellerions-nous pas *Homo pongoides*, c'est-à-dire « Homme à aspect de singe anthropoïde » ? Exactement comme on appelle « anthropoïde » un singe qui a seulement l'aspect d'un homme.

D'accord, s'écria Ivan. Cela sonne d'ailleurs bien. *Homo pongoides*, l'Homme pongoïde Ainsi naquit un nouveau mot, un mot qui, nous l'espérions, allait faire fortune.

Ce baptême, pourtant, ne réglait pas encore définitivement la question du nom scientifique applicable à notre spécimen. En effet, s'il s'agissait bien, comme je le croyais personnellement, d'un néanderthalien, il mériterait sûrement, en tant que forme relique, le

---

(114) S'il est vrai, comme Porchnev l'a souligné, que Linné avait dès 1758 donné le nom d'*Homo troglodytes* aux Hommes sauvages et velus dont il avait entendu parler à maintes reprises, le grand naturalise suédois avait eu la main malheureuse dans le choix de ses références. Elles se rapportaient à des êtres humains atteints d'albinisme, et dans un cas sans doute d'hypertrichose. La diagnose de l'espèce s'appliquait de toute façon à des albinos : elle parlait en effet de petits hommes à peau blanche, aux poils également blancs, frisés de surcroît, et aux yeux roses.

La première description dépourvue d'ambiguïté des Néanderthaliens reliques était due en fait au professeur Vitali A. Khakhlov. Bien qu'elle s'appuyât sur des notes prises entre 1907 et 1915, elle n'avait été publiée qu'en 1959, par les soins de Porchnev et Chmakov. Malheureusement pour le grand zoologiste russe, le nom de *Primihomo asiaticus* qu'il avait choisi doit être invalidé. En effet, les êtres auxquels il est appliqué appartiennent indiscutablement au genre *Homo*, et le nom d'*Homo asiaticus* qu'il faudrait dès lors leur réserver avait déjà été utilisé par Linné pour désigner une sous-espèce d'*Homo sapiens*, la race jaune en l'occurrence.

nom d'*Homo neanderthalensis pongoides* aux yeux des anthropologues attachés à la spécificité des Néanderthaliens. Mais comment les autres pourraient-ils le désigner ? *Homo sapiens pongoides* ? Il serait absurde de mettre sur un pied d'égalité l'homme pongoïde et les diverses grandes races humaines actuelles : il était vraiment trop différent de l'ensemble de celles-ci !

De toute façon, il ne serait strictement légitime de classer notre homme velu dans l'espèce ou la sous-espèce où se rangeaient les autres néanderthaliens connus, que le jour où nous pourrions comparer ses ossemens avec ceux de ces spécimens fossiles. Peut-être — qui sait ? — se révèlerait-il alors que les Hommes pongoïdes avaient tant évolué dans le sens esquissé d'abord par les Néanderthaliens de type généralisé (ou Pré-Néanderthaliens) puis franchement suivi par ceux de type extrême (ou néanderrthaliens classiques) qu'ils auraient atteint le seuil de la spécificité. Auquel cas ils seraient dignes d'être rangés dans une espèce tout à fait distincte.

Toutes ces conséquences n'avaient en vérité qu'un intérêt académique. En décrivant la forme d'Hominidés encore inconnue de la Science, et qui hantait toujours cette planète à nos côtés, sous le nom de *Homo pongoides*, et en faisant prudemment suivre celle-ci de la mention *sp. seu subsp. nov.* (ce qui signifie « espèce ou sous-espèce nouvelle »), je me conformais strictement aux règles de la nomenclature zoologique et estimais me mettre à l'abri de toute critique admissible.

Ce petit détail taxonomique une fois réglé, je m'efforçais, surtout, dans ma note, de souligner combien la découverte, que Sanderson et moi avions eu la chance incroyable de faire, était le fruit enfin palpable d'un effort obscur et opiniâtre, déployé depuis de longues années par toute une équipe de chercheurs travaillant la main dans la main d'un bout à l'autre du monde. Et ceci, après un hommage rendu à tous les pionniers, justifia donc une péroraison quelque peu emphatique :

« Ceux que la chance a couronnée tiennent à associer à leur réussite leur collègue et ami de longue date, le professeur Boris F. Porchnev, sans les contributions appréciables duquel ils n'auraient jamais pu embrasser le problème dans toute son ampleur, et qui d'ailleurs verra sans doute triompher ici sa propre thèse.

« Puisse ce succès, obtenu donc, grâce à une vaste et étroite coopération internationale, par trois chercheurs, respectivement des Etats-Unis d'Amérique, d'Europe occidentale et de l'Union soviétique, jeter non seulement une lumière nouvelle sur le problème de l'origine de l'espèce humaine, mais contribuer aussi à une meilleure compréhension entre les divers peuples qui la composent. »

C'est le 19 décembre 1968 que j'avais tracé ces dernières lignes de ma note préliminaire à la ferme d'Ivan T. Sanderson, située près de Blairstown, dans le New Jersey.

Avant de pouvoir définitivement crier victoire, il fallait toutefois mettre au point un plan minutieux pour tenter d'obtenir de Hansen la cession ou au moins l'examen approfondi de son homme congelé. Ivan et moi passâmes les fêtes de Noël et de Nouvel An à tenir une sorte de conseil de guerre. Il s'était bientôt révélé que nous avions une conception très différente de la marche à suivre pour nous procurer le spécimen.

Ivan, établi aux Etats-Unis depuis une vingtaine d'années, était évidemment bien mieux placé que moi pour de nombreuses tâches pratiques. Doté d'ailleurs d'un tempérament autoritaire, quasi dictatorial, il tenait à se charger personnellement, et seul, du « sauvetage » de l'inappréciable pièce, soit par d'âpres tractations commerciales, soit, si elles étaient menacées d'échecs, par un recours à tous les moyens de coercition dont la Justice dispose.

Pour moi, j'étais convaincu de la nécessité primordiale d'alerter la communauté scientifique internationale afin qu'elle incitât l'opinion publique américaine à *prendre avant tout notre découverte au sérieux*. Connaissant bien l'incrédulité de tout un chacun devant tout ce qui est nouveau, insolite, révolutionnaire, je ne me cachais pas qu'il s'agissait là d'une tâche extrêmement ardue. Mais tant que cet obstacle rédhibitoire n'aurait pas été surmonté, *rien* n'était possible. Comment diable espérer qu'une institution scientifique ou même quelque mécène puisse songer à acquérir à prix d'or un spécimen douteux ? Et comment inciter éventuellement les autorités compétentes à prendre toutes les mesures indispensables en vue de forcer Hansen ou le propriétaire anonyme à livrer celui-ci ?

N'ayant moi-même pas le moindre sens commercial, et étant tout à fait allergique aux questions administratives et légales, j'eusse été ravi et soulagé de laisser Ivan prendre toute l'affaire en main. Malheureusement, j'avais dû m'apercevoir qu'à cause de l'intérêt qu'il portait sans grande discrimination, ces dernières années, à tout ce qui était fantastique et inexpliqué, voire inexplicable, le naturaliste, auteur de tant d'ouvrages réputés, avait peu à peu acquis une réputation détestable au point de vue scientifique. Tout en rendant hommage à son génie, je lui avais moi-même maintes fois reproché amicalement l'excès d'enthousiasme qui l'entraînait parfois à accepter des faits merveilleux, les yeux fermés, sans chercher à en contrôler l'authenticité. Cela avait fini par lui jouer quelques mauvais tours. A présent, il suffisait quelquefois de simplement mentionner le nom d'Ivan T. Sanderson dans certains milieux de la science et même de l'édition ou de la presse, pour voir aussitôt des sourires fleurir sur les lèvres ou des épaules se hausser. Cela me peinait profondément car j'appréciais l'intelligence et la valeur exceptionnelle de mon vieil ami, mais le fait était là. Et celui-ci n'allait pas nous simplifier la tâche dans une affaire si délicate...

Ivan était partisan de la manière forte : il ne croyait, pour régler cette affaire, qu'à la puissance de l'argent ou à l'action policière. Peut-être avait-il raison du point de vue de l'efficacité ; mais, par principe, je préférais, quant à moi, faire confiance à l'astuce et à la diplomatie. Nous finîmes par conclure un *gentlemen's agreement*, qui revenait en somme à glisser la main de fer d'Ivan dans mon propre gant de velours. Je me chargerais de convaincre le monde scientifique, ou du moins quelques-uns de ses représentants influents, afin d'obtenir leur soutien moral. Et c'est fort de ce soutien qu'Ivan passerait ensuite à l'action, manœuvrant tour à tour, comme autant de pions d'une partie d'échecs capitale, financiers et journalistes, policiers et hommes de loi, fonctionnaires et politiciens.

Tout ceci devait bien entendu rester strictement secret. Nous étions même convenus d'adopter vis-à-vis de Hansen et de son « patron » une technique qui avait fait ses preuves dans les interrogatoires de police : le duo alterné du flic impitoyable et brutal, et de son brave collègue plein de compréhension. Le rôle antipathique m'avait été dévolu : comme je m'apprêtais à quitter les Etas-Unis pour une expédition à travers l'Amérique tropicale et que je rentrerais ensuite en Europe, on pouvait sans inconvénient me mettre sur le dos toutes les actions déplaisantes. Ivan, en revanche, s'efforcerait de rester dans les meilleurs termes avec Hansen et devrait même lui donner l'impression de faire bloc avec lui, *contre moi*.

Après avoir terminé nos rapports respectifs et fait développer mes photos de l'homme pongoïde qui s'étaient révélées excellentes, Ivan et moi décidâmes d'aller consulter de conserve un des plus éminents anthropologues des Etats-Unis, le docteur Carleton S. Coon. Nous tenions absolument à connaître son opinion, à obtenir peut-être son appui, et à recueillir ses conseils éventuels sur la meilleure marche à suivre pour livrer le spécimen à l'analyse scientifique. (Planche 20).

Nous reprîmes donc la route, le 2 janvier 1969. Après une nuit passée à New York, nous embarquâmes au passage, dans le Connecticut, notre ami le géologue Jack A. Ullrich, et nous nous dirigeâmes cette fois en direction du Massachusetts, où le docteur Coon nous reçut le 4 à son domicile de Gloucester. Il avait passé une partie de la nuit à lire nos rapports déposés la veille au soir, et, après avoir examiné longuement mes photos agrandies et fait projeter mes diapositives en couleurs, il finit par déclarer : « Je suis d'accord avec vous sur trois points : c'est un spécimen authentique, pas de doute là-dessus, c'est quelque chose que nous ne connaissons pas, et c'est à classer parmi les Hominidés. » Mais il ajouta avec un sourire un peu las : « Je vous dis cela entre nous, mais je ne me compromettrai pas à le proclamer publiquement : j'ai déjà assez d'ennuis avec mes propres travaux [115] ! »

A la fois stimulés par le diagnostic complémentaire et concordant d'un homme si compétent en la matière, et un peu découragés cependant par son refus de nous soutenir publiquement, nous rentrâmes en direction du Connecticut. C'est là que, devenu l'hôte de Jack Ullrich, je me séparai d'Ivan Sanderson. Nous allions désormais travailler et agir tout à fait indépendamment l'un de l'autre.

A Westport, chez Jack, je m'occupai avant tout de mettre la dernière main à ma note préliminaire et à son illustration. En juxtaposant quatre agrandissements en couleurs de photos de l'être congelé prises sous le même angle et exactement à la même distance, je parvins à obtenir une vue d'ensemble de son anatomie générale. A partir de cette photo composite et à la lumière de nombreux gros plans de détails et de croquis pris sur place, je confectionnai en fin de compte un dessin assez minutieux de l'aspect que l'homme pongoïde aurait eu, une fois dégelé. (Planche 25).

A ce propos, l'aide experte de mon hôte, qui avait fait des études de géologie, me fut extrêmement précieuse pour établir la nature artificielle de la glace et prouver sans équivoque que le cadavre ne pouvait pas avoir été trouvé en mer dans un bloc de glace, mais avait bel et bien été réfrigéré dans un congélateur.

Ayant apporté à ma note, que je voulais d'une rigueur inattaquable, toutes les corrections désirables, je l'envoyai le 14 janvier 1969 au professeur André Capart, directeur de l'Institut royal des Sciences naturelles de Belgique. Obsédé par la lente décomposition du spécimen qui se poursuivait inexorablement, j'insistai sur l'urgence de la publication de mon étude.

Après avoir soumis celle-ci à l'appréciation du chef de la section anthropologie de l'Institut, le docteur F. Twiesselmann, le professeur Capart me fit part du « très grand intérêt » que ma découverte avait éveillé en eux. Non seulement ma note, qu'il devait qualifier d'ailleurs d' « un modèle du genre pour l'analyse critique d'un problème scientifique », était acceptée d'enthousiasme, mais elle était *déjà* à l'impression, vu les circonstances exceptionnelles. A cet égard, l'Institut allait réussir un exploit incomparable dans les annales des publications scientifiques, celui de publier ma note dans un délai de moins d'un mois ! Qui donc aurait pu s'attendre à une telle célérité ?

---

(115) Le docteur Coon faisait allusion aux réactions passionnées qui avaient accueilli son livre *The Origin of Races* et à l'utilisation abusive qu'on en avait fait à des fins politiques. Je ne me serais pas permis de rapporter ici les propos confidentiels du grand anthropologue si celui-ci n'était revenu lui-même sur sa décision en autorisant Ivan à publier son opinion en ces termes dans *Argosy* de mai 1969 :

« Les photos et la description de ce spécimen montrent que c'est un cadavre entier et non une création composite ou un modèle. En outre, c'est non seulement un Hominidé, mais une sorte d'Homme, encore qu'il présente un certain nombre de traits anatomiques tout à fait inattendus, qui seront du plus haut intérêt pour les spécialistes de l'anthropologie physique. »

Pour ma part, je tenais absolument à laisser aux autorités compétentes américaines le temps de prendre toutes les dispositions nécessaires pour mettre Hansen en demeure de produire son spécimen avant qu'il n'ait pu s'arranger pour le faire disparaître. Un délai de trois mois me paraissait largement suffisant pour cela. Mais il ne fallait pas que l'affaire s'ébruitât : il était essentiel en effet de prendre Hansen à l'improviste. J'avais donc obtenu de la direction de l'Institut que mes révélations ne fussent pas livrées à la grande presse avant le 10 mars au plus tôt. De cette façon, je voulais aussi donner à Ivan la possibilité d'être le tout premier — ce n'eût été que justice ! — à faire paraître un article sur notre extraordinaire découverte dans une publication destinée au grand public.

En effet, pendant que je m'affairais ainsi à informer le monde scientifique, avec l'espoir qu'il secouerait l'apathie des administrations responsables, Ivan, de son côté, restait en rapports téléphoniques avec Hansen, pour obtenir de lui l'autorisation de laisser un spécialiste des rayons X prendre quelques radiographies du cadavre congelé. Mais, en même temps, mon ami espérait aussi arracher au forain la permission de publier malgré tout un article, illustré de mes propres photos, dans le magazine populaire *Argosy*, dont il était le *science editor* et qui avait d'ailleurs financé son voyage au Minnesota.

Le 16 janvier, Hansen vint rendre personnellement visite à Sanderson dans sa « ferme » du New Jersey. Là-bas, dans son propre territoire, ce dernier parvint à soutirer à l'ex-pilote quelques renseignements précieux. Comme il manifestait à son visiteur son étonnement de voir circuler deux versions différentes de l'origine du spécimen — l'histoire du chalutier soviétique et celle du baleinier japonais — Hansen avoua tout net que ni l'une ni l'autre n'étaient vraies. Il reconnut qu'en fait il ne savait absolument rien de la provenance originale de son « homme velu ». C'était, dit-il, au cours d'une traversée du Pacifique vers l'Extrême-Orient qu'une « bande de ses vieux copains volants » lui avaient parlé du spécimen. Sur leurs indications, il s'était rendu à Hong-Kong chez un Chinois de nationalité britannique spécialisé dans l'import-export. Et c'est là que, dans un grand entrepôt commercial de congélation, il avait pu contempler le spécimen « dans un énorme sac de plastique épais ». Il en avait demandé le prix et avait bien entendu fait une contre-proposition, mais il ne possédait pas de toute façon la somme nécessaire. Aussi était-il rentré aux Etats-Unis, où il avait fini par « trouver un type qui [lui] avait avancé l'argent. » Après quoi, il était retourné acheter l'objet, et l'avait ramené en Amérique. Cela dit, Hansen n'était jamais parvenu pourtant à obtenir de son vendeur des renseignements satisfaisants sur les antécédents du spécimen [116].

Mais ce n'était pas pour éclairer Sanderson que l'aviateur devenu forain était venu le voir. C'était au contraire pour lui intimer le double refus catégorique du véritable propriétaire du spécimen, lequel ne voulait entendre parler ni d'analyse de celui-ci ni de publicité intempestive. Pas de radiographies, pas d'articles !

Profondément déçu, Ivan joue alors son va-tout : il apprend à Hansen que je m'apprête à faire paraître une étude sur son spécimen dans une revue scientifique européenne. L'ex-pilote est atterré, furieux. Mais Ivan vient de remporter une victoire personnelle, car — « le chat s'étant de toute façon échappé du sac », selon l'expression du journaliste Tom Hall,

---

[116] Par la suite, le 20 février, Sanderson devait encore demander par téléphone à Hansen de quoi le commerçant chinois en question s'occupait exactement. L'ex-pilote lui répondit évasivement : « Oh, c'est un exportateur... il trafique d'un peu n'importe quoi, vous comprenez, depuis la marijuana jusqu'à plus sérieux ou alors moins... » C'est tout ce qu'Ivan parvint à tirer de lui. En tout cas, Hansen refusa catégoriquement de dire comment le spécimen avait été introduit aux Etats-Unis.

qui devait raconter toute l'histoire — Hansen n'a plus aucune raison désormais d'exiger de la discrétion de Sanderson lui-même, et il ne s'oppose donc plus à ce que celui-ci publie ses propres commentaires sur l'énigme de l'homme congelé.

Pour son malheur, le chroniqueur scientifique d'*Argosy* n'allait faire passer son article que dans le numéro de mai de ce mensuel, numéro qui n'allait pas être mis en vente avant la mi-avril. Pourquoi ce délai absurde qui devait priver le journaliste de l'auréole prestigieuse liée à ce qu'on appelle en jargon professionnel un *scoop*, la priorité mondiale d'une information sensationnelle ? Tout simplement parce qu'Ivan tenait à faire paraître au préalable, donc dans le numéro d'avril d'*Argosy*, un autre article de sa plume qui ne serait plus publiable ensuite [117]. Il se refusait absolument à croire qu'une note scientifique pût être imprimée dans des délais aussi courts que ceux prévus...

Et c'est ainsi que, du fait de l'extraordinaire diligence du professeur Capart, l'article d'Ivan Sanderson, l'homme qui était pourtant à l'origine de notre découverte, devait paraître environ deux mois après ma propre note et un mois après que toute la presse mondiale se fut emparée de l'affaire. Mon partenaire, qui était d'un orgueil extrême, le ressentit comme un camouflet, une atteinte à son prestige. Ce ne fut pas pour améliorer nos rapports qui s'étaient déjà un peu tendus par suite de notre divergence d'opinion sur la manière de manœuvrer dans cette affaire. Il m'accusa d'avoir, par ma précipitation, fait échouer ses propres tentatives en vue d'obtenir le spécimen. Je n'avais pourtant fait que me conformer scrupuleusement au plan que nous avions échafaudé d'un commun accord, comme en témoignent d'ailleurs ses propres rapports. Ivan conçut un tel dépit d'avoir, par sa propre faute, été distancé et d'avoir ainsi paru être relégué au second plan dans cette affaire, qu'on peut se demander si, à partir de ce moment, il ne s'est pas parfois employé lui-même à se discréditer.

Sanderson avait d'ailleurs été mal avisé de vouloir jouer cavalier seul, car de ce fait il n'avait pu disposer à sa guise des nombreux documents photographiques que j'avais en ma possession. Une étude plus attentive de ces photos, qu'il n'avait fait que regarder, lui aurait évité bien des bévues.

Tout d'abord, il n'aurait pas pris l'ovale givré formé autour de la main droite pour une sorte de talon, comme il s'en est formé sur les extrémités antérieures des babouins, singes devenus plus terrestres qu'arboricoles. Ensuite, il n'aurait jamais maintenu que les poils étaient de type « agouti », c'est-à-dire annelés — coloration inconnue parmi les Primates — alors que cette apparence était produite par les chapelets de bulles parallèles qui zébraient la glace même. Ces deux détails, rapportés par une autorité en matière de singes, égarèrent d'ailleurs certains zoologistes. Ils leur laissaient croire que le spécimen était habituellement quadrupède, ce qui excluait qu'il fût un Hominidé, et même, ce qui était encore plus grave, qu'il avait été orné artificiellement de poils provenant d'un autre animal.

Ce n'est pas tout. Lors de notre examen du cadavre, Ivan, qui pourtant était un excellent dessinateur, n'avait pas fait le moindre croquis, se fiant sans doute aux photos que je prenais moi-même. Il s'était contenté de prendre des mesures du spéci-

---

(117) Cet article concernait l'observation d'un bipède velu dans le Wisconsin, et la découverte consécutive, dans la région, de traces de pas attribuées à un *bigfoot*. A notre retour du Minnesota, nous étions allés enquêter sur cette affaire à Fremont. J'avais été le seul de notre tandem à aller examiner et photographier de nuit les empreintes laissées dans la neige au milieu des bois, et j'avais pu constater que ce n'étaient que de mauvaises contrefaçons : elles avaient manifestement été faites par un farceur chaussé de palmes d'homme-grenouille grossièrement taillées. Ivan, cependant, s'estimait convaincu par les rapports des témoins oculaires, et l'histoire lui semblait un bon sujet de « papier ». Seulement voilà, il ne serait plus question de faire paraître celui-ci après son article sur l'homme congelé, à côté duquel les sempiternelles histoires de traces de pas dans la neige allaient désormais paraître fades et sans intérêt.

men en visant à la verticale divers points de repère. J'ai vérifié expérimentalement l'inefficacité d'une telle méthode. Le moindre mouvement de tête peut produire une inclinaison de l'axe de visée atteignant 5 à 10°. Si l'œil est situé à 20 cm. au-dessus de la vitre supérieure, cela entraîne 40 cm. sous celle-ci, c'est-à-dire à la distance approximative de l'axe du cadavre, un écart allant de 4 à 7 cm. C'est énorme.

Voilà qui explique les distorsions considérables des dessins de Sanderson publiés dans *Argosy*, puis dans *Genus*. Dans le schéma exécuté d'après les mesures ainsi prises, les tracés du contour corporel ne se raccordent même pas à certains endroits (jambe gauche) et la structure anatomique confine à l'absurde (le bras droit est deux fois plus court que le gauche). Quant à la représentation détaillée du spécimen, faite entièrement de mémoire plusieurs jours après l'examen, elle n'offre qu'une ressemblance assez vague avec l'original : on y voit un être à tête de chimpanzé, au corps trop grêle, aux bras trop longs et aux mains d'une grandeur vraiment exagérée (Planche 24).

Aussi, lorsque parut mon propre dessin, qui résultait d'un simple décalque de mes photos, complété par un décryptage des zones peu visibles, Ivan s'efforça, plutôt que d'admettre les inexactitudes bien compréhensibles de ses propres croquis, de déprécier les documents photographiques en les disant obscurs, de mauvaise qualité et affectés de distorsions.

Plus grave encore, c'est sur les dessins de Sanderson — que celui-ci s'était empressé de leur envoyer dès le 3 février — que deux grands spécialistes fondèrent leur premier diagnostic de la nature du spécimen. Le docteur W. C. Osman-Hill déclara que celui-ci lui paraissait « plus Pongidé qu'Hominidé », et le docteur John R. Napier, qu'il ne semblait appartenir « ni à l'une ni à l'autre famille » et qu'il préférerait « créer pour lui une famille nouvelle que de tenter de l'introduire de force dans une des anciennes ». Ces avis de primatologues éminents, malencontreusement induits en erreur, sur ce qui était en réalité un homme indiscutable (dont la plupart des proportions ne s'écartaient guère de celles d'un Néanderthalien classique), ne pouvaient manquer de créer un malaise dans l'opinion scientifique mondiale.

Mais j'anticipe quelque peu. Ivan et moi, nous n'en étions encore qu'à l'époque où nos articles respectifs existaient seulement à l'état de manuscrits. Après avoir confectionné une version anglaise de mon étude, j'en envoyai une copie, respectivement les 5 et 9 février, à deux des plus hautes autorités mondiales d'anatomie des Primates, tous deux de vieilles connaissances, tous deux Britanniques, et tous deux, par un coup de chance providentiel, travaillant précisément à cette époque aux U. S. A. C'étaient les deux spécialistes dont je viens précisément de parler, d'une part, le docteur William C. Osman-Hill, auquel j'avais rendu visite peu auparavant au *Yerkes Regional Primate Center* d'Atlanta (Georgia) et, d'autre part, le docteur John R. Napier, qui dirigeait à cette époque le *Primate Biology Program* à la *Smithsonian Institution* de Washington. (Planche 21)

J'aurais pu difficilement trouver, dans le monde entier, beaucoup de chercheurs si compétents en primatologie. Mon ami Osman-Hill travaillait depuis une bonne vingtaine d'années à la plus monumentale monographie jamais entreprise sur l'anatomie comparée et la taxonomie des Primates : sept volumes en avaient déjà été publiés depuis 1953. Quant à John Napier, avec lequel j'avais participé naguère à une émission de télévision de la B. B. C. consacrée à l'Homme-des-neiges, il était non seulement l'auteur d'un excellent manuel sur les Primates actuels, mais ses travaux sur les extrémités des Hominoïdes faisaient autorité.

Grâce au précieux appui de ces deux sommités, la *Smithsonian Institution* manifesta bientôt le plus vif intérêt pour notre découverte.

John Napier avait aussitôt pris contact avec Sidney Galler, secrétaire pour les sciences de la *Smithsonian*. Celui-ci, homme très ouvert et compréhensif, mesura sur-le-champ toute l'importance du spécimen : elle était telle que ce dernier pouvait être considéré comme faisant partie du patrimoine culturel de l'humanité. Voilà qui justifierait de la part du gouvernement américain l'usage de son droit de préemption pour son achat, voire sa confiscation légale. Sans doute est-ce la raison pour laquelle Sid Galler demanda d'abord à Napier si le F. B. I. avait été mis au courant de l'affaire. Quand il eut reçu l'assurance que l'agent local de la police fédérale à Morristown (New Jersey) avait été informé dès le 18 janvier par Sanderson, il estima que la *Smithsonian* pouvait légitimement réclamer le soutien du chef suprême du F. B. I., le fameux J. Edgar Hoover.

A l'Institution scientifique même, toute une équipe de spécialistes se forma sous l'égide du docteur John Napier en vue d'autopsier et d'étudier à fond le mystérieux homme velu. Encore fallait-il auparavant faire tout le nécessaire pour se saisir de lui...

Hélas ! A la suite de l'indiscrétion d'Ivan, Hansen avait eu vent précocement de la parution prochaine de mon étude. Il avait appris en outre que, dans ma note, dont Ivan lui avait lu de larges extraits au téléphone, je démontrais non seulement que l'être velu était humain, mais qu'il avait été abattu à coups de feu et au surplus réfrigéré artificiellement.

La réaction ne se fit pas attendre. Le 20 février, l'ex-pilote téléphonait à Ivan pour lui dire que le « propriétaire », rendu fou de colère par tout ce qui se tramait, était venu passer une dizaine de jours chez lui et avait fini par emmener le cadavre velu dans un camion réfrigéré.

Auparavant toutefois, il avait substitué au spécimen une réplique qu'il avait autrefois fait confectionner à grand-peine et à grands frais « au cas où il y aurait un jour des ennuis ». Et Hansen d'ajouter : « A l'époque, j'ai trouvé que c'était très exagéré, mais maintenant je comprends ce qu'il voulait dire. »

Le forain allait bientôt répéter tout cela à la Presse. Car, entre temps, celle-ci avait commencé à se déchaîner.

Jusqu'au 10 mars, la lecture de ma note scientifique, parue depuis un mois, avait été réservée aux seuls hommes de science que j'espérais convaincre de la nécessité d'alerter les autorités responsables. Mais, à la date limite convenue, mon étude fut communiquée aux journaux par les soins de l'Institut royal des Sciences naturelles de Belgique, et, dès le lendemain, notre découverte était « à la une » dans toute la presse belge. Et elle allait susciter peu après des commentaires passionnés dans la presse britannique, puis dans celle du monde entier. (Planche 22). Tout cela ne manquait pas d'inquiéter considérablement Hansen qui, comme par enchantement, semblait toujours être informé sur l'heure dans sa retraite perdue du Minnesota.

Toujours est-il que, lorsque le 13 mars, le secrétaire général de la *Smithsonian Institution*, S. Dillon Ripley, écrivit personnellement à Hansen pour lui demander de permettre aux savants de son institution l'examen du fameux spécimen, qui « d'après la description et les photographies du docteur Heuvelmans » semblait « d'un grand intérêt pour la communauté scientifique », c'est bien en vain qu'il lui dit combien il apprécierait sa coopération dans cette étude qui pouvait « se révéler » une contribution éminente au savoir humain ». Hansen lui répondit que le spécimen se trouvait à présent entre les mains de son propriétaire « qui désirait, pour diverses raisons, conserver l'anonymat ». L'ex-pilote pensait qu'il y avait peu d'espoir de le faire revenir sur sa décision et de lui voir autoriser « quelque forme que ce fût d'investigation scientifique ». Il précisa qu'ils avaient de concert créé un *illusion show* pour 1969, lequel allait « ressembler à maints égards au spécimen photographié par le docteur Heuvelmans », mais qu'il ne pouvait dire avec quelque certitude « si l'exhibition originale serait jamais présentée à nouveau au public ».

Aux dires des gens qui l'approchèrent à cette époque, Hansen donnait l'impression d'être devenu un homme aux abois. Il faut dire qu'il avait reçu la visite du shérif local à la suite d'une plainte selon laquelle il recèlerait le cadavre d'un être humain. Toutefois, comme la loi américaine ne peut autoriser une perquisition si l'on n'a pas au préalable réuni des preuves suffisantes qu'un crime a été commis, il suffisait à Hansen, pour couper court aux indiscrétions trop poussées, de déclarer que ce qu'il détenait était soit un singe mort, soit un simple mannequin. Le fait est qu'il parvint sans peine à convaincre le shérif de cette seconde éventualité. Mais, peu après, ce fut au tour d'un agent du F. B. I. de venir lui poser des questions qui n'avaient apparemment aucun rapport avec l'affaire. Il ne pouvait faire de doute qu'on était à ses trousses. Et si cela le terrifiait tellement, c'était bien entendu à cause des diverses illégalités qui paraissaient attachées à son exhibition. Mais lesquelles ?

Ne parlons que pour mémoire de la possibilité d'un faux. Comme je l'ai dit, Hansen admettait parfaitement qu'il pût s'agir d'une pièce manufacturée, et il favorisait même curieusement cette hypothèse. Exhiber quelque chose contre rémunération sous une fausse étiquette est considéré, certes, comme une escroquerie et est donc punissable. Mais qui songerait donc à poursuivre le forain pour avoir présenté son spécimen comme un homme « médiéval » ou comme conservé « depuis des siècles » ? La législation relative à la contrefaçon ou à l'abus de confiance est tout de même difficile à appliquer strictement sur les champs de foire (comme en publicité d'ailleurs !), sinon bien des montreurs de phénomènes n'auraient qu'à replier leur tente et à changer de métier. Il est bien rare en effet que le spécimen présenté comme « le plus » ceci ou « le plus » cela, « le véritable » ceci ou « le seul » cela, réponde rigoureusement aux prétentions de la définition.

La disparition brutale du spécimen, l'affolement de Hansen devaient avoir des causes bien plus graves.

Tout d'abord, il est évident qu'un être humain — au sens le plus large — avait, comme en témoignent ses blessures, été abattu à coups de feu après avoir subi certaines violences. Mais une accusation de meurtre pouvait tout de même être évitée sans aucune peine en l'occurrence : les accidents de chasse sont innombrables chaque année et encourent rarement une pénalité. Etant donné son aspect, tout le monde comprendrait que l'homme velu eût été tué par méprise, ayant été pris pour un ours ou un singe anthropoïde, dans une attitude peut-être menaçante. Le cas échéant, on pouvait même invoquer la légitime défense !

Ce qui était plus difficile à justifier que la mise à mort de l'homme velu, était le fait de l'avoir réfrigéré ensuite pour le présenter comme une attraction foraine. La détention d'un cadavre considéré comme humain dot être déclarée aussitôt à la justice locale, et elle ne peut être prolongée, pour des raisons bien précises, que grâce à des autorisations spéciales émanant des autorités de l'Etat et des autorités fédérales. Le transport d'un tel cadavre, sans les papiers requis, constitue un crime fédéral dès qu'on fait franchir à celui-ci une frontière d'Etat.

Les mystères faits autour de l'origine exacte du spécimen étaient, eux aussi, suspects, et pouvaient laisser supposer qu'on cherchait à dissimuler quelque action délictueuse. Plutôt que d'avoir été acquis à Hong Kong, comme Hansen le prétendait, l'homme velu aurait-il par hasard été acheté en Chine Populaire ? A l'époque, les U. S. A. n'avaient pas encore reconnu ce pays et l'embargo était mis sur toute marchandise qui en provenait. Tout trafic avec la Chine de Mao était strictement prohibé pour un citoyen américain et exposait aux pénalités les plus lourdes.

Cela n'était bien entendu qu'une supposition. Mais un fait, certain lui, devait être révélé par l'enquête : il n'y avait, dans les registres des services douaniers, pas la moindre trace de l'introduction régulière de l'homme velu aux Etats-Unis, que ce fût mort ou vif, inclus dans un bloc de glace ou enfermé dans une cage, ficelé comme un saucisson ou endormi à force de piqûres ou de drogues.

Il est interdit d'introduire quoi que ce soit aux Etats-Unis sans le déclarer, même s'il n'y a aucun droit de douane à payer : la contrebande est un crime fédéral. Et cela revient exactement au même si l'on ne tient pas l'homme velu pour un objet mais pour une personne. Il est interdit de pénétrer sans visa dans le pays et d'y résider sans autorisation des services d'immigration. Aider un individu à s'insinuer clandestinement aux Etats-Unis est aussi un crime fédéral.

Les choses se corsent si l'on imagine que le spécimen pourrait avoir été introduit en fraude dans le pays à bord d'un avion de l'*U. S. Air Force*, ce qui eût été, il faut bien le dire, à la portée d'un pilote de guerre chevronné. Se servir de matériel de l'armée pour commettre un crime ou un délit relève de la cour martiale. Ce n'est vraiment pas la chose à faire pour un militaire de carrière, surtout s'il est sur le point de prendre sa retraite et de bénéficier d'une pension confortable.

Théoriquement, on pouvait enfin se demander si, à l'origine, le spécimen n'aurait pas été volé à l'étranger. Voilà qui eût expliqué pourquoi ses détenteurs acceptaient volontiers qu'on parlât de leur exhibition dans de petites feuilles locales, mais semblaient redouter une publicité de grande envergure qui eût débordé les frontières. En fait, s'il en avait été ainsi, ils se seraient trouvés dans la situation embarrassante de ces amateurs d'art qui possèdent dans leur collection des toiles de maître acquises à prix d'or, mais qui ont été volées dans quelque musée célèbre et dont le signalement est donc bien connu d'Interpol : ils ne peuvent jouir qu'eux-mêmes de leurs trésors ou ne les exhiber qu'à des gens mal informés.

Peut-être l'explication de l'énigme tenait-elle à la combinaison de plusieurs des hypothèses ci-dessus, voire — pourquoi pas ? — de toutes, ce qui ne ferait qu'aggraver la situation des responsables. Amusons-nous à pousser ainsi le tableau au noir. Capturé en Asie, l'homme sauvage aurait été acheté en Chine communiste, volé à son propriétaire légitime, assassiné lors d'une tentative de fuite, provisoirement réfrigéré pour éviter la décomposition, introduit en fraude aux Etats-Unis dans la soute d'un avion militaire, congelé dans un bloc de glace pour être transformé en attraction foraine, transporté illégalement d'un Etat à l'autre, et enfin recelé sans permis... de quoi récolter, dans un pays où les peines s'additionnent, quelques centaines d'années de prison !

J'osais espérer que le pauvre Frank Hansen avait vraiment des explications plus honorables à fournir — mais qui m'échappaient complètement — pour justifier ses silences, ses mensonges et son comportement bizarre. J'eusse été sincèrement désolé qu'il arrivât le moindre ennui grâce à cet homme qui nous avait reçus si aimablement. Mais j'aurais été plus désolé encore — et franchement indigné — si, par sa faute ou celle du vrai propriétaire, son spécimen se détériorait irrémédiablement ou disparaissait à jamais dans un chausse-trape comme un témoin gênant. Aucune raison au monde ne pouvait excuser la séquestration d'une pièce d'une telle importance pour la Science, et pour l'édification d'ailleurs de l'humanité tout entière.

CHAPITRE XVIII

IMBROGLIOS À GOGO

Les interventions-éclair du F. B. I. et de la Smithsonian.

> « *Ainsi fon-fon-font*
> *Les petites marionnettes,*
> *Ainsi fon-fon-font*
> *Trois petits tours*
> *Et puis s'en vont.* »
>
> Ronde enfantine. [118]

Devant l'attitude du montreur de foires qui refusait à ses savants l'examen de « l'homme-singe » défrayant la chronique au printemps de 1969, la *Smithsonian Institution* avait donc officiellement fait appel à J. Edgar Hoover, le chef même du *Federal Bureau of Investigation*, pour lui demander de l'aider à retrouver le spécimen disparu, voire à le saisir par les voies légales. D'autre part, en tant que porte-parole de la grande institution scientifique, le docteur John Napier avait mis la presse américaine au courant de l'affaire. Désormais, Hansen n'allait plus seulement recevoir de temps en temps la visite inopportune de quelques policiers fouineurs, il allait être soumis à un harcèlement constant de la part des journalistes et bien entendu des inévitables curieux.

Juste avant de disparaître opportunément de la circulation pendant trois semaines, sous prétexte de vacances, l'ex-pilote fut encore atteint téléphoniquement le 25 mars par Miss Marlise Simons, du *Times* de Londres. Pour se défendre contre tous les soupçons dont il était l'objet, il se perdit en explications embrouillées. Il répéta que « à cause d'une publicité indésirable, le public ne pourra plus voir qu'un modèle et non la créature véritable » au moment où l'exhibition sera reprise en été. (Un modèle de quoi ? devaient se demander tous les gens qui avaient un grain de bon sens). Puis Hansen poursuivit ; « Nous n'avons pas de permis. La loi interdit le transport ou l'exportation d'un cadavre, mais il n'existe pas de loi contre le transport d'un singe. S'il était de chair et d'os, qui pourra dire aujourd'hui s'il s'agit d'un animal ou d'un homme ? Bien sûr, les savants diront que c'est un homme pour pouvoir nous le prendre, mais le propriétaire a de très bons avocats et je pense qu'il portera l'affaire devant les tribunaux. »

Qu'entendait au juste Hansen par des déclarations si obscures ? Que son spécimen n'était qu'un singe ? Ou bien qu'il n'était pas — ou plus — de chair et d'os ? Ce qui allait se révéler indiscutable, c'est que le fameux propriétaire californien avait vraiment « de très bons avocats », et qui sauraient invoquer au mieux les articles du Code américain protégeant les droits et la vie privée des citoyens.

Pour répondre en l'occurrence à une présomption de contrebande, il suffisait à Hansen de demander qu'on apportât la preuve que le spécimen avait bien été introduit aux Etats-Unis et non capturé, acquis, voire fabriqué, dans ce pays même. Pour répondre à une présomption d'homicide, il lui suffisait de réclamer la preuve qu'un homme et non un singe avait été tué, et même la preuve que le cadavre en question n'était pas un simple mannequin.

---

(118) D'après les *Chansons lointaines* de Juste Olivier (1847). (JJB)

Si de telles preuves étaient éclatantes pour Ivan et moi qui l'avions examiné, elles ne l'étaient pas nécessairement pour la police qui, après la disparition du spécimen, pouvait considérer que notre diagnostic était fondé en partie sur une opinion. La peur du ridicule n'était pas faite au surplus pour encourager à l'action. De quoi la police fédérale aurait-elle l'air si elle mettait la main sur une poupée en caoutchouc ou en matière plastique ?

Voilà pourquoi, vers la mi-avril, le F. B. I. fit savoir qu'il ne pouvait accepter la demande d'assistance réclamée par la *Smithsonian Institution*, parce que l'affaire ne relevait pas de sa juridiction : il ne pouvait pas entrer en action tant qu'il n'était pas prouvé qu'un crime avait été commis. Il est de fait qu'une simple suspicion ne suffit pas à justifier l'intervention de la police fédérale.

Comme enhardi par la nouvelle qui avait été publiée dans les journaux, Hansen réapparut soudain au grand jour. Rentré dans sa ferme de Rollingstone, il donna par téléphone une interview pour une émission de télévision. Le 20 avril, il convoqua même la presse chez lui. Coiffé de son habituel chapeau texan, le regard dissimulé sous des lunettes de soleil, il présenta solennellement aux journalistes présents, dont Gordon Yeager, du *Rochester Post-Bulletin*, l'être congelé, qui se trouvait à ce moment dans sa remorque. Il déclara toutefois qu'il ne s'agissait plus là du spécimen original : ce n'était, selon lui, qu'un « *man-made artifact* », un produit artificiel manufacturé. Il répondit évasivement aux questions insidieuses qui lui furent posées. Et il laissa les photographes prendre autant de clichés qu'ils le désiraient (Planches 26 et 27).

En somme, Hansen ne faisait ainsi que mettre à exécution ce qu'il avait annoncé à Ivan deux mois auparavant, et qu'il avait d'ailleurs répété à la correspondante du *Times* de Londres. Des incidents providentiels — un peu *trop* providentiels peut-être — allaient encore venir renforcer ses affirmations...

Au début de mai, George Berklacy, chargé de presse de la *Smithsonian*, reçut un coup de téléphone d'un directeur d'un musée de figures de cire californien. Ce monsieur lui apprit qu'un de ses employés, dont il ne pouvait toutefois révéler le nom, mille regrets, avait participé en avril 1967, pour le compte de Frank D. Hansen, à la confection d'un homme-singe en caoutchouc mousse : oui, c'était son employé qui y avait implanté des poils d'ours !

Cette révélation « spontanée » tombait singulièrement à pic pour corroborer les récentes déclarations du forain. En vérité, il n'y avait vraiment pas de quoi faire tant de foin : elle confirmait simplement ce qu'on savait déjà, à savoir qu'une copie du spécimen avait été fabriquée dans le temps pour pouvoir être substituée à l'original « au cas où il y aurait un jour des ennuis ».

Sanderson, interpellé à ce sujet par Napier, haussa les épaules et déclara que ce coup de téléphone était manifestement un coup monté destiné à décourager la *Smithsonian* de s'intéresser à l'affaire. Il prétendit qu'il avait d'ailleurs, de son côté, déniché un autre modéliste professionnel qui, lui, aurait fabriqué un modèle semblable, en avril 1969 cette fois, mais également pour le comte de Hansen. De toute façon, le spécimen que son ami Bernard et lui avaient examiné à loisir n'était sûrement pas en caoutchouc, puisqu'il se décomposait d'une manière offensante pour l'odorat. Si, ajouta Sanderson, ce spécimen-là avait été une contrefaçon, ce qu'il ne pouvait d'ailleurs pas être pour bien d'autres raisons, il aurait nécessairement dû être construit au moyen de fragments provenant d'êtres vivants. Et d'expliquer, sur ce ton n'admettant pas de réplique qui était le sien, comment il s'y serait pris, lui, pour fabriquer un tel faux au moyen de la dépouille d'un chimpanzé à peau très claire, endossée à un squelette humain après avoir subi quelques retouches aux pieds et aux mains à l'aide d'ouvre-gants.

C'était pour montrer sa parfaite impartialité dans l'évaluation du spécimen original qu'Ivan, tout en affirmant l'indiscutable authenticité de celui-ci, se dit capable d'en fabriquer un semblable. C'était aussi, il faut bien le dire, par forfanterie : en réalité, comme je l'ai montré plus haut, l'opération n'était pas réalisable car il n'existe pas de grands chimpanzés à peau claire. La prétention d'Ivan devait nous coûter cher, car en se targuant d'une telle capacité devant les représentants de la *Smithsonian*, il se passait lui-même autour du cou le nœud coulant avec lequel on allait le pendre. Car, bien entendu, ceux qui doutaient allaient se jeter sur sa déclaration comme une horde de chiens affamés sur un os à moelle, et proclamer aussitôt à tous les vents : « Puisque Sanderson, un des inventeurs du spécimen en question, reconnaît lui-même qu'il est tout à fait possible d'en fabriquer un semblable, il est bien évident qu'il s'agit d'un trucage ! »

Si incroyable que cela puisse paraître, John Napier lui-même se laissa prendre à la fois par cette manœuvre cousue de fil blanc qu'était le coup de téléphone « spontané » donné à la *Smithsonian*, et par la déclaration péremptoire de Sanderson quant à la possibilité technique de créer un faux qui fît illusion. Il en arriva ainsi peu à peu à soupçonner qu'après tout il n'y avait jamais eu qu'un seul et même « homme congelé », à savoir un mannequin d'une perfection d'exécution tout à fait exceptionnelle. Pour lui, qui n'avait jamais examiné le spécimen, cette possibilité méritait d'être prise en considération. D'autant plus qu'à cause d'incidents totalement étrangers à l'affaire, il lui avait soudain paru souhaitable de dégager la responsabilité de la *Smithsonian* dans la quête de l'homme velu.

Il faut savoir que la grande institution avait à plusieurs reprises été violemment prise à partie dans la Presse et à la Télévision à cause de diverses de ses activités. On lui reprochait notamment de participer à des expériences, financées par le ministère de la Défense nationale, sur la migration de certains oiseaux dans le Pacifique Sud : en cas de guerre, ces volatiles pourraient astucieusement être utilisés pour propager des maladies épidémiques chez l'ennemi. L'opinion publique lui étant momentanément hostile, il fallait éviter à tout prix que la prestigieuse institution se couvrît de ridicule au cas où le spécimen saisi se révélerait un mannequin en caoutchouc garni de poils d'ours ou une dépouille de chimpanzé soumise à des opérations de chirurgie plastique.

John Napier aurait bien voulu, m'écrivit-il par la suite, me soumettre les raisons qui lui paraissaient justifier son revirement d'opinion, mais j'étais loin. Faisant pleine confiance à l'efficacité de la *Smithsonian*, organisme officiel, pour ce qui était de mettre la main sur le spécimen, j'avais quitté Washington le cœur léger le 27 mars, j'avais traversé tout le Mexique en Landrover avec mon ami Jack Ullrich et je parcourais à ce moment les jungles guatémaltèques (Planche 28). Faute de pouvoir m'atteindre assez rapidement — ou trop heureux de ne pas pouvoir le faire ? — celui auquel j'avais confié mes intérêts scientifiques n'hésita pas, dès le 8 mai, à laisser diffuser un communiqué qui mérite d'être reproduit intégralement pour l'édification des historiens de la Science :

« La *Smithsonian Institution* se désintéresse désormais de ce qu'on a appelé l'*Iceman* du Minnesota [119], car elle est convaincue que cette créature n'est qu'une exhibition foraine faite de caoutchouc mousse et de poils. D'une source digne de foi, que la *Smithsonian* n'est pas autorisée à divulguer, des renseignements ont été obtenus sur le propriétaire du modèle, ainsi que sur la date et le lieu de son exécution. Ces informations, combinées avec certaines suggestions récentes d'Ivan T. Sanderson, l'écrivain scientifique et inventeur original de l'*Iceman*, sur la manière de produire artificiellement une telle créature, nous ont convaincus au-delà du doute raisonnable que le modèle « original » et le prétendu « substitut » actuel ne font qu'un.

Le docteur John Napier, directeur du *Primate Biology Program* à la *Smithsonian*, fait observer que l'attitude de cette dernière a toujours été faite d'un scepticisme allié à une grande largeur d'esprit, et que son seul intérêt dans cette affaire a été de découvrir la vérité, qui, elle en est raisonnablement certaine, est celle exposée plus haut. »

Peut-être suis-je complètement idiot, mais je ne m'explique pas comment on peut arriver à conclure qu'un spécimen est un faux en combinant le fait qu'il existe un modèle en caoutchouc et le fait qu'il n'est possible d'en fabriquer un qu'au moyen d'une peau de chimpanzé tendue sur un squelette humain. Il faudrait choisir entre ces deux éventualités qui d'ailleurs se contredisent : poupée gonflable hérissée de poils ou singe rectifié ? En s'abstenant de tout choix, les porte-parole de la *Smithsonian* trahissaient soit leur mauvaise foi, soit leur aveuglement. Etant bon prince, je leur laisse le choix pour ma part entre la malhonnêteté et la sottise.

Est-ce par un sursaut de pudeur ou de probité scientifique, toujours est-il qu'après la diffusion du communiqué de la *Smithsonian*, le docteur John Napier fit tout de même savoir à certains représentants de la Presse que, personnellement, il restait très intéressé par l'homme congelé et qu'il était toujours extrêmement désireux de l'examiner. Et d'ajouter : « Il est difficile de croire que le docteur Heuvelmans ait pu être trompé si aisément. »

Les rebondissements ultérieurs devaient établir de façon éclatante que le bon docteur Heuvelmans ne s'était pas trompé du tout. Mais l'initiative malencontreuse de Napier avait causé un mal irréparable. Déjà faussement réservé au départ, le communiqué de la *Smithsonian* allait être repris sous une forme tout à fait catégorique par certains journaux. D'aucuns n'allaient pas se priver d'imprimer qu'une autopsie du spécimen examiné et décrit par Ivan et moi avait formellement établi qu'il s'agissait d'un modèle en caoutchouc ! La légende allait s'accréditer peu à peu que le fameux « homme congelé » n'était qu'un canular. Inutile de dire que cette « révélation » était accompagnée le plus souvent de propos goguenards, désobligeants, voire injurieux pour les infortunés auteurs de la découverte. La suite des événements allait démontrer que nous étions dans le vrai, mais ce fut en pure perte. Car l'opinion publique était désormais contre nous.

Revenons quelques jours en arrière. Le 5 mai, Hansen s'était remis à exhiber en public son être velu et congelé, en commençant par un centre commercial de Saint-Paul (Minnesota). La remorque portait une inscription inédite, plus naïve encore que la précédente : SIBERSKOYA CREATURE [la créature sibérienne], UNE ALLUSION [*sic*] MANUFACTUREE, TELLE QU'ELLE A ETE SOUMISE A UNE ENQUETE DU F.B.I.

---

(119) *Iceman* signifie aussi bien « marchand de glaces » qu' « homme de la glace », tout comme *snowman* veut dire à la fois « Homme-des-neiges » et « bonhomme de neige ». A l'imitation de l'abominable Homme-des-neiges, on avait trouvé d'emblée un sobriquet ridicule pour désigner le spécimen, avec l'espoir plus ou moins conscient de ne pas laisser prendre celui-ci au sérieux. Je ne saurais dire avec certitude qui en est l'inventeur, mais le fait est que je l'ai vu utilisé pour la première fois par John Napier dans une lettre qu'il m'a adressée le 14 février 1969, avant qu'aucun article n'eût encore paru dans la presse.

Malgré cette publicité qui donnait à l'exhibition un caractère franchement peu sérieux, le professeur Murrill, du département d'Anthropologie de l'Université du Minnesota, s'empressa d'aller examiner le spécimen tant controversé. Il fut tellement impressionné par ce qu'il vit — comme je l'avais été moi-même, ainsi qu'Ivan — qu'il offrit à Hansen une forte somme d'argent, d'ailleurs en pure perte, afin d'acquérir le spécimen pour le compte de son université. Non qu'il fût convaincu à 100 % de l'authenticité de la pièce (il avait même trouvé aux poils une allure quelque peu suspecte), mais il avait été sérieusement ébranlé. En tout cas il avait fait le maximum pour tenter de sauver ce qui, dans son esprit, avait certaines chances d'être une pièce capitale. Cette attitude foncièrement scientifique tranchait avec netteté sur l'incrédulité, le désintérêt, l'attentisme ou la démission de bien d'autres.

« C'est la plus satanée chose que j'aie jamais vue ! » devait confier le professeur Murrill au docteur Napier. Ce nouveau témoignage, loin de faire pencher les doutes de ce dernier en faveur de l'authenticité du spécimen, l'inclina encore davantage à croire à l'existence d'un seul modèle « fantastiquement réussi » [120].

Par la suite, Hansen se transporta avec son exhibition à Grand Rapide (Michigan), où une équipe des publications *Time-Life* vint même le filmer. Après avoir vu ce film, John Napier souligna que le spécimen exhibé différait par de nombreux points de celui étudié et photographié par moi. Entre autres, la bouche était à présent ouverte et découvrait toute une rangée de dents supérieures, et le gros orteil était plus écarté des autres qu'il ne l'était auparavant.

Enfin rentré du Guatemala en France, j'écrivis le 19 mai à Napier pour m'indigner de sa funeste initiative, que je considérais comme une désertion avant l'assaut, une débandade déclenchée par la première velléité de riposte de l'adversaire.

Pour se justifier, tant aux yeux du secrétaire général de la *Smithsonian*, S. Dillon Ripley, qu'à ceux d'Ivan et de moi, Napier adressa à chacun de nous un mémorandum dans lequel il exposa les éléments sur lesquels il fondait ses doutes. Cependant il reconnaissait néanmoins que son raisonnement *pouvait* être erroné. Il souhaitait même, disait-il, qu'il le fût.

Du New Jersey, Sanderson adressa le 19 juin à Napier un contre-mémorandum, dans lequel il souligna les nombreux aspects de l'affaire qui avaient été tout simplement ignorés : des faits qui n'avaient jamais été approfondis ni contrôlés, et qui étaient tenus pour établis, alors qu'ils se fondaient uniquement sur des présomptions.

Presque simultanément, à un jour près, j'envoyai moi-même de France mon propre contre-mémorandum à Napier. J'y énumérais tous les faits qui demeuraient inexpliqués et même inexplicables si l'on se rangeait à la thèse de la mystification.

Par la suite, Ivan et moi devions échanger des copies de nos réponses respectives, et nous fûmes tous deux frappés par l'accord quasi parfait de nos argumentations, ce qui en soulignait le caractère judicieux.

Il n'y avait qu'un point sur lequel mon avis divergeait de celui de Sanderson, et d'ailleurs de tous ceux qui avaient enquêté sur place : c'était sur la nature du spécimen exhibé comme un faux par Hansen à partir du 20 avril. J'étais vraiment le seul à croire que *celui-ci était toujours le cadavre authentique*. Il est vrai que j'avais sur tout le monde un avantage capital : j'étais le seul à posséder de nombreuses et excellentes photos de détail de l'exhibition originale.

---

(120) Deux cryptozoologistes américains, Loren Coleman et Mark Hall, ont vu l'homme pongoïde en 1969 (ou sa copie ?), ainsi que le rapporte L. Coleman lui-même (*La Gazette fortéenne*, III, 2004, pp 46-51). Par la suite, L. Coleman, curieusement, en est venu à nier l'authenticité de l'Homme pongoïde (*Cryptomundo* [www.cryptomundo.com/index.php], 22 juin 2009). (JJB)

On m'avait communiqué quelques diapositives en couleur représentant la nouvelle exhibition de Hansen. Après les avoir soigneusement comparées à mes propres diapositives, j'avais dû me rendre à l'évidence : il s'agissait bel et bien *d'un seul et même spécimen*.

Par sa structure fine, la pellicule de glace qui recouvrait à présent l'homme velu paraissait tout à fait nouvelle. Elle était notamment plus transparente qu'auparavant à certains endroits, en particulier autour de l'avant-bras droit où toute trace de givrage avait disparu, et les cercles givrés qui entouraient la main gauche et le milieu de la poitrine s'étaient évanouis. On avait donc dégelé le spécimen, mais avant de le congeler à nouveau — cette fois dans l'eau distillée, ou simplement bouillie, pour éviter les bulles — on lui avait ouvert la bouche jusqu'à découvrir les dents et on lui avait écarté un peu plus les gros orteils.

Son teint avait pris un aspect plus terreux, ce qui était facile à comprendre : la décomposition est foudroyante quand la température s'élève après une longue congélation. Beaucoup de sang s'était répandu sur le visage au cours de l'opération : il en était sorti, semblait-il, par les orbites, le nez et surtout la bouche.

Qu'est-ce qui permettait d'affirmer que c'était toujours le même spécimen ? Eh bien ! C'était autant ce par quoi il *différait* de l'aspect du spécimen original que ce par quoi il était *semblable* à lui.

Suivez-moi bien. Si vous sortez, par exemple, d'un appartement où vous vous trouvez avec une personne familière et que vous y entrez quelques heures plus tard, à quoi reconnaissez-vous que c'est bien la même personne que vous y retrouverez ? A sa parfaite identité avec l'aspect qu'elle avait quand vous l'avez quittée ? Sûrement pas. Elle a forcément bougé, changé de position et sans doute d'expression. Elle s'est peut-être déplacée dans une autre pièce. Elle a peut-être changé de vêtements. Elle pourrait même avoir modifié sa coiffure, voire la couleur de ses cheveux : vous vous en étonnerez, mais vous ne croirez pas rencontrer quelqu'un d'autre. Bref, cette personne est différente, peut-être même très différente, de ce qu'elle était, mais elle est néanmoins la même.

A quoi le voyez-vous ? A son aspect physique général, bien sûr, qui est fait essentiellement, notez-le bien, de maintes structures mouvantes, comme le port de tête et la position des membres, mais aussi la forme momentanée de la bouche, du nez, des paupières, de tous les plis du visage. En fait, les seules choses qui soient restées parfaitement *identiques* chez cette personne sont de petits détails, souvent infimes, comme l'implantation des poils des sourcils, la constellation des grains de beauté, certaines rides, une infirmité, une verrue par-ci, une cicatrice par-là.

En vérité, si après avoir quitté une certaine personne, vous la retrouvez, quelques heures après, *identique* à elle-même, dans la position exacte où vous l'avez laissée et avec la même expression, comme figée dans le temps, c'est alors que vous auriez lieu de vous inquiéter. Vous seriez en droit de vous demander si on ne l'a pas changée, si on ne lui a pas substitué une réplique en cire [121] !

Il en était tout à fait de même avec la nouvelle exhibition de Hansen. J'ai pu voir que le spécimen était bien celui que j'avais photographié à quelques détails mineurs, accessoires, qu'on n'eût pas songé à reproduire sur une réplique : certaines imperfections de la peau comme une égratignure ou une tache pigmentaire, ou encore la disposition relative et le groupement de certains cils ou poils de sourcils. Et cela se voyait en même temps aux divers changements que le spécimen avait subis tout en restant semblable à lui-même. Tel qu'en lui-même l'Eternité le change.

---

(121) Pour prendre un autre exemple, lorsqu'un policier demande à un suspect ou à un témoin de répéter sa déposition de nombreuses fois, c'est autant pour y découvrir des variantes que pour vérifier si le fond reste constant. Si la personne interrogée lui servait chaque fois mot pour mot la même histoire, il saurait qu'elle l'a apprise par cœur et que, par conséquent, sa déposition a toutes les chances d'être fausse.

En somme, on avait uniquement dégelé l'homme pongoïde pour y apporter certaines modifications, afin de faire croire à Ivan et moi, et à tous ceux qui avaient examiné mes photos, que c'était un spécimen différent, en l'occurrence une réplique. Sans doute lui avait-on écarté les gros orteils pour le rendre plus simiesque d'aspect et dissiper de ce fait une suspicion de meurtre.

S'il en était ainsi, pourquoi tout le monde avait-il cru que c'était un faux ? Tout simplement parce que Hansen l'avait dit.

Si l'on exposait *la Joconde*, la vraie, au marché aux puces, en la présentant comme authentique, les gens ne s'arrêteraient même pas pour la regarder. Si on la présentait comme une copie, personne ne songerait à le discuter, personne n'exigerait une expertise pour le vérifier. J'irai plus loin. Si on la mettait en vente à un prix dérisoire, mais tout de même beaucoup trop élevé pour une simple copie, personne le l'achèterait. A plus forte raison, personne n'aurait l'idée de la faire expertiser.

Les gens ne veulent croire que de qui est normal, ce qui les rassure.

Lorsque, avec l'autorité qu'auraient tout de même dû m'assurer mon expérience professionnelle et mes titres universitaires, j'avais affirmé que la pièce étudiée par moi était de toute évidence un Hominidé inconnu, bien des gens avaient réclamé à cor et à cri une radiographie ou une autopsie pour « contrôler » mon diagnostic. Très bien. Mais quand un simple bonimenteur de foire avait déclaré que ce qu'il exhibait n'était qu'un modèle manufacturé, tout le monde s'était incliné. Deux poids, deux mesures. Mais ce n'est pas toujours, hélas, ce qui a le plus de poids qui fait pencher la balance...

Le simple raisonnement m'avait fait soupçonner la vérité depuis longtemps. Dès le début de cette affaire, j'avais été frappé par l'ingéniosité avec laquelle elle avait été montée, et qui séduisait en moi l'amateur de romans policiers. J'avais même écrit à ce sujet :

« Plutôt que de tenter de dissimuler ou de détruire un cadavre encombrant — tâche toujours pénible et, il faut bien le dire, peu ragoûtante — pourquoi ne pas l'exhiber publiquement aux foules avec grand accompagnement de publicité et de fanfare ?

« Quelle admirable application du principe exposé par Dupin dans *La Lettre volée* d'Edgar Poe : on ne voit pas ce qui vous crève les yeux. Quel trait de génie dans l'art du crime ! Et, au surplus, faire passer pour un faux un spécimen parfaitement authentique, quelle innovation pour un faussaire ! »

Le même espoir subtil devait avoir présidé à la dissimulation du spécimen original. Aussi, alors que tous les enquêteurs battaient la campagne aux Etats-Unis pour tenter de retrouver celui-ci, j'avais repensé au principe de *La Lettre volée*. Quel était l'endroit le plus sûr pour cacher l'homme velu, l'endroit où personne ne songerait à le chercher ? Evidemment là où il était visible aux yeux de tous, à savoir *dans le cercueil à couvercle vitré où Hansen présentait sa « réplique manufacturée »*.

Ceci signifiait que cette prétendue réplique n'en était pas une, mais bien le cadavre authentique.

Mais alors, pourquoi diable aurait-on fait confectionner à grand prix un modèle en caoutchouc, et peut-être même deux ?

A mon avis, aucun mannequin n'avait *jamais* été exposé publiquement, pour une raison bien simple, c'est qu'il n'aurait pas fait illusion. Par sa nature même, une réplique était forcément trop imparfaite pour abuser une personne quelque peu experte. Quel que soit le degré de perfection qu'on puisse atteindre avec un modèle en caoutchouc garni de poils véritables, il ne peut résister à un examen attentif : comme je l'ai déjà dit, il est pratiquement impossible d'imiter une peau avec toutes ses imperfections et ses irrégularités.

Cela dit, une réplique manufacturée constituait une garantie idéale de sécurité. En cas de demande impérieuse d'un examen approfondi, il était toujours possible de produire le faux. Mieux encore, pour faire rebrousser chemin aux enquêteurs trop indiscrets, il suffisait tout bonnement de montrer la facture prouvant sa fabrication, voire des photos des stades successifs de celle-ci. (C'est évidemment ce que Hansen avait fait pour décourager le shérif venu enquêter sur le « cadavre humain » qu'on le soupçonnait de détenir). Il était possible aussi, le cas échéant, de susciter le témoignage des divers artisans qui avaient participé à la confection de la réplique. (C'est ce qui était « providentiellement » arrivé dès que la *Smithsonian Institution* avait manifesté un intérêt trop vif à l'exhibition de Hansen).

Quant au second modèle, s'il existait vraiment (ce dont je doute vraiment), sa fabrication pouvait avoir été jugée utile à la suite des modifications apportées à l'original. Il aurait été confectionné à l'image de la nouvelle apparence de celui-ci. En possession des deux contrefaçons en caoutchouc, on eût été en mesure de parer vraiment à toutes les éventualités, sans jamais avoir à livrer le seul vrai spécimen en chair et en os ; en effet, on aurait pu produire à la fois un (faux) spécimen original, prétendument acheté de bonne foi comme « un mystère total », et une réplique avouée, un peu différente, exécuté soi-disant pour mettre à l'abri des curieux le spécimen d'un propriétaire jaloux de ses trésors. En somme, il y aurait eu alors un faux « vrai spécimen », un vrai « faux spécimen » , et un faux « faux » qui n'était autre que le vrai « vrai ». J'espère qu'on s'y retrouve.

Ma démonstration et les conclusions qui en découlaient furent exposées dans le contre-mémorandum de réfutation que j'adressai le 20 juin au docteur Napier, en le priant d'en communiquer une copie à S. Dillon Ripley.

Les informations qui devaient me parvenir, peu après, des Etats-Unis, confirmèrent que j'avais vu juste.

Au début de la saison estivale de 1969, Hansen avait franchi la frontière canadienne pour aller exhiber son « illusion » manufacturée dans plusieurs foires provinciales, comme celles de Calgary, d'Edmonton et de Winnipeg. Quand, sa tournée terminée à la fin de juillet, il voulut, par un bel après-midi dominical, rentrer aux U. S. A. par un poste frontière du Nord Dakota, les services douaniers l'arrêtèrent et se refusèrent à lui laisser introduire sa roulotte. S'il était vrai, comme on l'en soupçonnait, qu'il y détenait un être « humanoïde », il lui fallait, pour avoir le droit de le transporter, une autorisation spéciale du *U. S. Surgeon General*, en quelque sorte l'Inspecteur en chef de l'Hygiène aux Etats-Unis.

Hansen a beau tempêter, clamer, tout en produisant ses pièces justificatives, qu'il s'agit d'un simple modèle fabriqué, il est mis en demeure de le prouver en laissant prélever un petit échantillon de celui-ci par ponction, une biopsie post-mortem si l'on veut. Le forain refuse tout net sous prétexte que cela abîmerait son exhibition. Dans ce cas, lui dit-on, pas de passage.

De guerre lasse, l'ex-pilote se met à téléphoner de tous côtés pour réclamer de l'aide. Il appelle entre autres Sanderson avec lequel il est resté en termes excellents. Ivan, qui croit comme tout le monde que Hansen ne trimballe qu'une réplique, s'étonne sincèrement de son affolement. Puisqu'il s'agit, comme le bonimenteur l'a déclaré, d'un mannequin en caoutchouc bourré de son, il n'a qu'à laisser les douaniers le passer aux rayons X. Cela n'endommagera pas son exhibition, et sa bonne foi sera établie...

Hansen s'écrie qu'il n'en est pas question, qu'il s'y refuse catégoriquement : jamais, dit-il, le propriétaire ne l'admettrait ! (Comme s'il était indispensable de le mettre au courant de cette formalité inoffensive, qui ne pouvait laisser de traces.)

Finalement, le forain se décide à alerter téléphoniquement ledit propriétaire en Californie, afin que celui-ci fasse agir aussitôt sa brochette de « très bons avocats », et il en appelle même à son propre sénateur, à Washington, Walter F. Mondale [122]. Le fait est qu'après avoir passé près de vingt-quatre heures entre les deux postes de douane, Hansen fut enfin relâché et qu'il put rentrer tranquillement aux Etats-Unis avec son précieux chargement.

Au cours des mois précédents, sans doute pour clamer ma légitime impatience et ma colère croissante devant l'apparente incurie des autorités scientifiques et administratives, on m'avait dit et répété que si *officiellement* le F. B. I. avait renoncé à s'occuper de l'affaire et la *Smithsonian* à s'y intéresser, en réalité, ces deux organismes restaient en éveil, et que même quelques autres, comme le Service des Douanes et le ministère de la Santé publique, n'attendaient qu'un prétexte pour s'emparer du spécimen afin d'en déterminer la nature exacte. Le présent incident me prouvait qu'il n'en était rien. En effet, il y avait cette fois une raison parfaitement légale de soumettre l'exhibition de Hansen à une analyse plus approfondie, fût-elle simplement radioscopique, et on avait laissé passer cette occasion providentielle sous l'effet de pressions politiques ou autres. Il était en tout cas indiscutable désormais que Hansen bénéficiait de protections très élevées...

Cette fois, je me mis vraiment à perdre patience. Comment les autorités responsables, aux Etats-Unis, ne se rendaient-elles pas compte que, dans le reste du monde, les hommes de science non munis d'œillères, le grand public lui-même, les jugeraient un jour avec la plus grande sévérité si elles laissaient se détruire ou se perdre à jamais ce qui était sans doute le spécimen le plus précieux que l'Anthropologie ait jamais eu à sa disposition ? J'étais au bord du désespoir, et je ruminais les plus sombres projets pour tenter d'attirer l'attention sur ce scandale.

Un jour, pourtant, on put se demander si le propriétaire même de l'homme congelé n'avait pas fini par prendre conscience de la gravité de la situation. Au mois de septembre 1969, en effet, un vague espoir sembla se dessiner.

Après avoir disparu à nouveau pendant un certain temps — l'alerte avait été chaude à la frontière canadienne ! — Hansen s'était imperturbablement remis à exhiber son spécimen dans diverses foires commerciales des Etats-Unis, notamment au Minnesota même. Il semblait de surcroît qu'il eût acquis brusquement une assurance inattendue. L'homme congelé n'était plus du tout présenté comme « un mystère total » et moins encore comme « une illusion manufacturée ». Le panneau publicitaire annonçait sans plus aucune équivoque :

LE CHAINON MANQUANT, LE SEUL « *HOMO PONGOIDES* » AU MONDE.
UN SPECIMEN QUI A STUPEFIE DES MILLIONS DE GENS
ET DECONCERTE LE MONDE SCIENTIFIQUE TOUT ENTIER.

Cette soudaine audace devait s'expliquer peu après. Hansen annonça à la presse que son contrat de trois ans (dont il nous avait vaguement parlé à Ivan et à moi) expirait au printemps suivant. Les mois d'hiver étant improductifs, il allait abandonner définitivement

---

(122) Walter Frederick Mondale, alors âgé de quarante et un ans, et sénateur du Minnesota depuis 1964, était luimême un ancien avocat. Il avait été inscrit au Barreau en 1956 et avait exercé à titre privé jusqu'en 1960, date à laquelle il avait été nommé *attorney general* du Minnesota. Rappelons que l'*attorney general* (procureur général) est le plus haut fonctionnaire de la Justice dans son Etat et que, de ce fait, il possède à certains égards des pouvoirs supérieurs à ceux du gouverneur lui-même. Il ne lui serait pas possible cependant d'intervenir dans un autre Etat que le sien, ni surtout d'entraver l'action d'un service fédéral. Une telle intervention devrait passer forcément par le bureau de l'*attorney general* des Etats-Unis.

Mondale a d'ailleurs, dans les milieux démocrates, une réputation de grande intégrité : certains voient même en lui un futur président des U. S. A. Aussi ne s'étonne-t-on guère de le voir figurer sur la fameuse liste noire des ennemis de la Maison-Blanche.

ses tournées en décembre 1969. Après quoi, il révéla que le propriétaire du spécimen s'était enfin décidé à soumettre celui-ci à une étude scientifique totale. A cette fin, le mystérieux nabab aurait, dit-il, l'intention de créer son propre laboratoire, où quelques anthropologues seraient invités à l'assister dans sa tâche.

En un mot comme en mille, Hansen reconnaissait enfin publiquement et sans ambiguïtés qu'*il existait bel et bien un spécimen authentique et d'un intérêt certain pour la Science.* Car, enfin, on ne crée pas à grands frais un laboratoire de recherches pour disséquer un mannequin en caoutchouc et l'on n'invite pas de savants anatomistes à venir analyser la sciure de bois qu'il a dans le ventre.

Cela dit, fallait-il vraiment se réjouir de l'aveu de Hansen et des intentions louables du richissime propriétaire ? Pour ma part, je soupçonnais vivement ces projets mirobolants de création d'un laboratoire *ad hoc* de n'être qu'une manœuvre dilatoire ou un repli stratégique en vue d'escamoter le spécimen pour lui substituer quelque autre objet sans grande valeur scientifique. Allons donc ! Pourquoi un laboratoire privé ? N'y avait-il donc pas, sur tout le territoire des Etats-Unis, des centres de recherche admirablement équipés — la *Smithsonian Institution*, par exemple — qui fussent capables d'étudier le cadavre de l'homme velu dans les meilleures conditions ?

Après avoir vu « passer muscade » pendant plus d'une année, j'avais de bonnes raisons de me méfier. En effet, il n'y avait toujours rien de changé à la situation du spécimen, du point de vue légal. S'il s'agissait, comme j'étais payé pour le savoir, d'une pièce anatomique d'une importance sans précédent, Hansen et son mécène auraient à s'expliquer sur son origine exacte, et à révéler comment, au mépris des lois, on l'avait introduit clandestinement sur le territoire des Etats-Unis.

A moins que... Hé oui ! A moins, bien, sûr, de *déclarer que l'homme pongoïde n'avait jamais été introduit en fraude dans le pays...* Pour cela il suffisait de prétendre qu'*il avait été abattu sur place*, bref qu'il appartenait à la faune indigène [123] !

Ce qui allait se passer était exactement ce qu'on pouvait prévoir en tenant compte de toutes les données du problème, et, bien entendu, en raisonnant juste.

---

(123) C'est précisément pour laisser à Hansen une telle porte de sortie — lui permettre de livrer son spécimen à la Science sans risquer de graves ennuis — que, dans ma note scientifique, j'avais évoqué une hypothèse sur l'origine de l'homme velu que je savais pourtant pertinemment fausse : « Rien ne prouve, avais-je écrit, qu'il n'a pas été tué ailleurs, voire aux Etats-Unis mêmes. » Mon seul intérêt dans cette affaire était d'ordre strictement scientifique, et si j'allais devoir, pour l'élucider, m'intéresser à ses aspects judiciaires, ceux-ci n'étaient tout de même pas de mon ressort.

CHAPITRE XIX

LES CONTES DE HANSEN

Une pseudo-confession de meurtre déclenche une expédition inutile.

> « ...un mensonge qui n'est que mensonge peut être aussitôt affronté et vaincu, mais un mensonge qui contient une part de vérité est bien dur à combattre. »
>
> Alfred TENNYSON, *The Grand-mother.*

Après que Hansen eut fait savoir à la Presse que le cadavre de l'homme pongoïde allait enfin être soumis à une étude scientifique complète, dans un laboratoire spécialement créé à cette intention par son propriétaire, des mois s'écoulèrent sans que la moindre nouvelle transpirât à ce sujet. Et puis, soudain, en juillet 1970, coup de théâtre ! Le magazine américain *Saga* publie un long article signé de Frank Hansen et intitulé dramatiquement : *I killed the Ape-Man Creature of Whiteface* (C'est moi qui ai tué l'homme-singe de Whiteface !) (Planche 29).

Rien de plus édifiant que la lecture de cette longue confession — petit joyau de la littérature d'épouvante — que je ne puis, hélas, songer à reproduire ici dans son intégralité. Voici, réduit à l'essentiel, ce que l'article rapporte et que je transmettrai d'abord sans commentaires (ils viendront en temps utile !), mais, disons-le tout de suite, avec les plus grandes réserves quant à l'authenticité des faits.

L'incident capital, la mise à mort de l'homme-singe, se serait produit en 1960, au tout début de la saison de chasse aux cerfs, dans la région marécageuse et boisée de Whiteface Reservoir (Minnesota), où l'escadrille du capitaine Hansen, le *343ᵉ Fighter Group*, se trouvait alors en garnison. Le nord du Minnesota étant giboyeux à souhait, plusieurs membres de cette unité — notamment le major Lou Szrot, le captain Frank Hansen et les lieutenants Roy Aafedt et Dave Allison — avaient organisé une partie de chasse dès le jour de l'ouverture.

Ce premier jour, aucun d'entre eux n'avait vu de gibier, mais le lendemain, aux aurores, Hansen avait blessé une grande biche d'un coup de son fusil Mauser 8 mm[124], et le voici qui s'élance tout seul sur la piste sanglante de la pauvre bête. Au bout d'une heure de vaine poursuite, il s'apprête à renoncer et à rebrousser chemin, quand il entend non loin de là « un étrange gargouillement ». Croyant avoir enfin trouvé la biche s'étouffant dans son propre sang, il se dirige vers la source du bruit :

« *Soudain, je me suis figé sur place d'horreur !*

« Au milieu d'une petite clairière se tenaient trois créatures velues qui, à première vue, faisaient penser à des ours. Deux d'entre elles étaient occupées, à genoux, à farfouiller dans le ventre béant d'un cerf encore fumant. Les entrailles de la bête étaient éparpillées à travers toute la clairière, et les « choses » écopaient le sang, répandu dans la cavité stomacale, au moyen de la paume recourbée de leurs mains quasi humaines. Portant ces coupes pleines de sang frais à leur bouche, elles avalaient goulûment le liquide.

---

(124) Le texte dit *my customized 8 mm Mauser*, ce qui en *slang* d'amateurs d'armes à feu, qu'il s'agisse de chasseurs ou de tueurs à gages, signifie que c'était un fusil militaire transformé par un armurier en fusil de chasse.

« La troisième créature était accroupie à environ trois mètres de là, aux confins de la clairière. C'était manifestement un mâle, et d'une stature comparable à celle d'un homme. Une horreur absolue paralysait chaque fibre musculaire de mon corps tandis que je contemplais le spectacle terrifiant qui se déroulait sous mes yeux. Mon corps me paraissait transformé en pierre.

« Sans le moindre avertissement, le mâle se détendit comme un ressort et bondit en l'air. Il secoua convulsivement les bras au-dessus de sa tête et émit un ululement bizarre. Hurlant et criant, il me chargea. Je ne me souviens même pas d'avoir pointé mon fusil sur lui, ni d'avoir pressé la détente, mais le fait est qu'une balle brisa net l'élan de la bête.

« Tandis que du sang lui giclait de la face, l'énorme créature tituba sur place, comme stupéfiée par cet incident imprévu. Je ne me rappelle pas avoir éjecté la douille utilisée, ni avoir tiré une nouvelle fois. Au cours de maints cauchemars, j'allais pourtant bien souvent, tout inondé de sueur, revoir nettement la face ruisselante de sang, écrasée sur le sol aux côtés du cerf mutilé. Je ne me souviens absolument pas d'avoir encore revu les deux autres créatures. Elles semblaient s'être évanouies comme par enchantement.

« Aveuglé par la peur, je me suis mis à courir. Je fonçais à travers le terrain marécageux sans savoir où j'allais, ni d'ailleurs m'en soucier le moins du monde. Je n'avais qu'une pensée : m'éloigner au plus tôt de ces horribles « choses ». J'ai trébuché, chu, me suis relevé, suis retombé de nouveau. J'avais l'impression qu'elles étaient sur mes talons. J'ai fini par m'écrouler à bout de forces sur la fange glacée, renonçant à vouloir échapper aux créatures. Je suis resté comme ça, le dos tendu, dans l'attente de leur agression.

« Je n'ai pas la moindre idée du temps qui s'est écoulé. Peut-être mon cerveau s'est-il, à un moment, complètement vidé. Quand j'ai retrouvé mon sang-froid, il n'y avait plus autour de moi que le silence naturel des marais. Je me suis demandé si je ne m'étais pas assoupi et si je n'avais pas rêvé tout cela... »

C'est seulement vers midi qu'après avoir rencontré d'autres chasseurs qui l'aidèrent à retrouver son campement, Hansen finit par rejoindre ses compagnons. Bien entendu, ses copains se moquent de lui parce qu'il s'est égaré. Pour se justifier, il est tenté à plusieurs reprises de leur raconter son aventure, mais il n'ose pas. Il a peur qu'on le tienne pour mentalement déséquilibré, qu'on lui interdise d'encore voler, voire qu'on le fasse réformer. Or, il n'a plus que « cinq ans à tirer » avant de pouvoir toucher la pension rondelette qu'assurent, en effet, vingt années de service actif dans l'aviation militaire américaine.

Il se tait donc, mais il n'arrivera pas à se délivrer du souvenir de l'horrible incident. Et puis, il est tourmenté par des scrupules de conscience. A-t-il tué un gorille échappé de captivité, ou bien était-ce un homme déguisé, peut-être camouflé par quelque ruse de chasse ? Ces obsessions lui infligent d'atroces migraines. Il se bourre de médicaments. Incapable d'encore se concentrer sur sa tâche, il évite le plus possible de voler. Finalement, n'en pouvant plus, il veut en avoir le cœur net : il ira vérifier la nature de sa victime, c'est décidé.

Aussi, un mois environ après l'incident, le 3 décembre, à la suite d'abondantes chutes de neige qui vont lui permettre de laisser une piste nette et par conséquent l'empêcher de s'égarer, voire de simplement tourner en rond, il revient sur les lieux, accompagné de son chien.

D'abord il parcourt toute la région au volant d'un *swamp-buggy* : c'est un invraisemblable véhicule monté sur pneus d'avion DC-3, qu'il a bricolé lui-même pour pouvoir circuler sur terrain marécageux. Une fois son ancien campement retrouvé, puis son poste d'affût, Hansen descend de voiture, et, le doigt sur la détente de son fusil, le cœur battant à tout rompre, étreint par une peur qu'il ne parvient pas à maîtriser, il refait à pied le chemin qui l'a conduit naguère à la fameuse clairière.

Après quelques fausses alertes, il finira par trébucher littéralement sur le cadavre congelé de l'être velu, qu'il contemple alors avec stupeur. Ainsi donc, il n'a pas rêvé ! Il époussette l'épouvantable tête de la neige qui la couvre, et il constate de la sorte qu'« un œil semblait manquer complètement ». Mais il y a, sur cette face, tant de sang figé qu'il est difficile d'en être sûr.

Une chose est certaine : si le visage n'est pas garni de poils, tout le corps en revanche est couvert d'un long pelage sombre qu'agglutine du sang congelé. Le bras gauche de la bête est complètement tordu sous le corps. Et Hansen remarque que les mains de celle-ci sont deux fois plus grandes que les siennes. Cependant, à examiner ainsi le cadavre, il sent peu à peu la peur l'abandonner :
« J'étais à présent convaincu, écrit-il, que je n'avais pas tué un véritable être humain, mais quelque chose de semblable à l'homme, peut-être quelque « monstruosité » de la nature. Il se pouvait que ce fût quelque mutant. »

L'être velu est « en parfait état de conservation ». En revanche le cerf étripé a été complètement dévoré par les prédateurs. Pourquoi ceux-ci n'ont-ils pas touché au monstre ? Décidément, se dit Hansen, cette chose est vraiment entourée de mystères...

Pas question en tout cas de laisser le cadavre dans ces marais. Le premier chasseur venu risque de tomber dessus et de signaler sa présence à la police, laquelle ne manquera pas ce remonter jusqu'à celui qui l'a abattu. Impossible aussi de l'inhumer sur place dans la terre durcie par le gel. Il ne reste qu'une seule solution : enlever le corps et le cacher.

Voilà pourquoi, le lendemain, fidèle à la tradition, Hansen revient une nouvelle fois sur les lieux de son crime, et cette fois avec le dessein d'emporter le cadavre.

Au moyen d'un ciseau, il se met en devoir de le détacher du sol gelé, avec la gangue de glace qui l'enveloppe et, bien entendu, des portions du socle glacé dans lequel il est enfoncé. Puis il hisse le tout avec une peine infinie sur la plateforme de son *swamp-buggy*, où il l'immobilise au moyen de courroies de nylon. Après quoi, une fois revenu près du camion avec lequel il a remorqué le véhicule spécial jusqu'aux marais, il transfère son encombrant fardeau, au moyen des mêmes courroies, sur l'arrière de la voiture.

A la nuit tombée, il parvient ainsi à ramener son macabre trophée jusqu'à son domicile des faubourgs de Duluth.

Inutile de dire que notre brave capitaine n'est pas encore au bout de ses peines. Il lui faut tout d'abord fournir « quelques explications » sur son chargement à sa femme Irène, qui n'est encore au courant de rien [125]. Sombre dimanche ! Il s'agit à présent, avec l'aide cette fois de la valeureuse épouse, dûment informée et chapitrée, de descendre discrètement l'énorme cadavre dans la cave de la maison, non sans avoir au préalable envoyé les trois enfants se coucher. Le lendemain, le monstre hirsute devra être déposé là-bas dans un grand congélateur à usage domestique, vidé dans l'entre-temps de son contenu plus normal de viande de consommation. Mais, le lundi, une odeur épouvantable a déjà envahi la maison...

---

(125) A supposer que l'histoire soit exacte, je pense que cela n'a pas dû être le moindre des fabuleux travaux de Hansen.

« En dépit de la puanteur, raconte Hansen, nous sommes descendus dans la cave et nous avons plié les bras et les jambes de la créature de manière à la faire entrer dans le congélateur. Ou bien le corps était toujours durci par le gel, ou bien la rigidité cadavérique s'était installée, toujours est-il que ce fut une tâche extrêmement difficile et que nous respirâmes mieux une fois que la créature eut été entièrement casée à l'intérieur et que nous eûmes, pour toute sûreté, bouclé le couvercle. »

En principe, l'embarrassant cadavre doit rester dissimulé de la sorte jusqu'au printemps, saison à laquelle il pourra enfin être enterré, en catimini, dans un sol redevenu mou. Mais Hansen s'aperçoit, au bout d'un mois, que le corps se déshydrate peu à peu et que certaines parties ont pris l'aspect de viande séchée. Il s'en ouvre à sa femme : « Si c'est pour l'enterrer au printemps, ça n'a évidemment aucune importance. Mais imagine que nous apprenions ce que c'est en réalité, et que nous décidions de le garder. Dans ce cas, il est indispensable de le conserver convenablement. Pour ma part, je ne vois vraiment pas comment l'empêcher de se dessécher... »

Heureusement Mme Hansen, en bonne ménagère, sait, elle, quoi faire. Elle se souvient de truites canadiennes qu'elle est parvenue à garder pendant deux ans après les avoir congelées au sein d'un bloc de glace. C'est ça la solution !

Et c'est ainsi que les époux Hansen se mettent à verser chaque jour 20 gallons d'eau glacée dans le congélateur. Au bout d'une semaine, le cadavre est tout à fait submergé et le voilà encastré en fin de compte dans un énorme parallélépipède de glace. Vient le printemps de 1961. Hansen a eu tout le temps de songer aux dangers multiples d'une inhumation clandestine. Une fois dégelé, le cadavre va de nouveau dégager un parfum nauséabond qui risque d'ameuter tout le quartier. Creuser une fosse assez vaste et profonde pour accueillir un homme de grande taille a bien des chances d'éveiller l'attention, si l'on ne choisit pas de le faire dans un endroit extrêmement désert. Et imaginez que le plus banal accident de roulage survienne en cours de transport et que le cadavre sanglant, malodorant, et indûment velu par surcroît, roule sur la chaussée. Vous voyez-vous sommé de vous expliquer sur sa présence, sous le regard hostile et sans doute goguenard, d'un agent de la circulation ?... Non, tout cela est bien trop risqué. Après tout, puisque Mme Hansen est à présent habituée à l'idée d'avoir cette abominable charogne dans son frigo, autant l'y laisser...

Seulement voilà, l'été de cette même année, les Hansen achètent une ferme à Rollingstone, dans le Minnesota, en vue d'assurer au brave capitaine une paisible retraite. Impossible d'y couper : il va falloir déménager là-bas le congélateur sanglant avec ce qu'il contient. Il serait risqué de charger de cette opération une entreprise de transports qui ne manquera pas de poser des questions indiscrètes. Alors, un grand camion est loué, ainsi qu'un treuil, et tous les amis de la famille sont mis à contribution pour aider à soulever et à trimbaler le colis aussi lourd qu'encombrant. On leur explique qu'on ne tient pas à vider le congélateur de son contenu de viande comestible afin de diminuer les risques de voir celle-ci se détériorer pendant le voyage. Et, d'ailleurs, dans le tohu-bohu du déménagement, figurez-vous qu'on en a égaré la clé...

Quel n'est pas le soulagement des époux Hansen quand, après sept heures de route, le sinistre frigo est enfin largué à l'abri des indiscrets au fond de la remise de la ferme ! Celle-ci a l'avantage de se trouver dans un coin perdu du Middle West, loin de tous voisins, dans un pays où l'on pourrait enterrer un diplodocus dans son jardin sans se faire remarquer...

Etant donné la situation nouvelle, il n'y avait plus aucune raison de se hâter à faire disparaître le cadavre de l'énigmatique être velu. Plus de quatre années se passent en tout cas sans qu'on y touche. Et puis, en novembre 1965, Hansen fait ses adieux à l'*Air Force*, après vingt ans de service actif. Il va sans dire que son inaction forcée va bientôt lui peser. Pour tuer le temps, il lit beaucoup, cherche à se meubler l'esprit — ce qui le change de la vie militaire — et c'est ainsi qu'au fil des lectures, il prend connaissance de maints écrits relatifs à l'abominable Homme-des-neiges de l'Himalaya. Et plus il lit, plus il en arrive à se demander si ce qu'il a dans son frigo ne serait pas une créature de cette sorte.

Au mois de décembre 1966, Hansen rencontre par hasard un forain chevronné auquel il confie l'ennui que le désœuvrement de la vie civile distille en lui. L'homme lui parle des aspects passionnants de son propre métier, et il incite l'ex-pilote à exhiber dans le circuit des foires commerciales un véhicule rarissime que celui-ci a en effet la chance de posséder : un exemplaire du plus ancien modèle de tracteur motorisé. C'est à suivre ce conseil, non sans profit, que l'idée vient à Hansen de montrer pareillement la créature congelée. Celle-ci, en effet, a l'air selon lui d'un homme préhistorique, et elle ferait une exhibition vraiment sensationnelle sur les champs de foire.

Toutefois, avant de se décider, Hansen va tout de même confier son projet à son avocat, au demeurant un ami personnel, afin de savoir ce qu'il risque au point de vue légal. L'homme de loi, après être allé contempler avec ébahissement le cadavre velu, évoque la possibilité d'une accusation de meurtre, au cas bien sûr, où l'être en question serait considéré comme humain. Et il lui parle aussi des diverses lois interdisant la détention et le transport de cadavres. De nouveau rongé d'inquiétude, Hansen se demande alors s'il ne pourrait pas, après tout, organiser un spectacle tout aussi fascinant en faisant exécuter une copie fidèle de son « homme-singe ».

L'idée séduit son avocat qui fait remarquer toutefois :

Tu es en possession de la pièce originale. Les autorités ne manqueront pas de la rechercher, car cette chose est *la* découverte scientifique du siècle. Cela dit, il pourrait être possible, évidemment, comme tu le suggères, de créer un modèle artificiel. Conserve toujours précieusement un document témoignant de la confection de celui-ci, car, dans ce cas, tu pourras fort bien exhiber à sa place la véritable créature. Si des fonctionnaires s'avisent de te chercher noise, ce sera un jeu d'enfant pour toi de leur fourrer sous le nez des photos du modèle prises au cours des diverses phases de la fabrication.

Mieux que ça, surenchérit Hansen, c'est le modèle que je vais exhiber la première année, pour que les copains de la profession se persuadent bien qu'il s'agit d'une exhibition « bidon » !

En janvier 1967, donc, muni de croquis détaillés de l'original, Hansen se rend à Hollywood, où il confère avec le célèbre Bud Westmore, qui dirige le département de maquillage des *Universal Studios*. Celui-ci lui apprend ainsi que le mannequin qu'il souhaiterait faire confectionner pourrait bien coûter dans les 20000 dollars (dix millions d'anciens francs). Il n'a pas le temps, lui-même, de s'occuper de sa fabrication, mais se déclare tout prêt à dispenser ses conseils techniques.

Hansen entre ensuite en rapport avec Howard Ball, grand spécialiste de la fabrication d'animaux en fibre de verre, grandeur nature, à l'usage de muséums et d'autres expositions similaires. Celui-ci est l'auteur notamment des énormes reconstitutions de mammifères préhistoriques qui figurent, pour l'édification de ses visiteurs, près des fameuses mares de bitume du ranch La Bréa, à Hollywood, dans lesquelles on a retrouvé certains mammifères fossiles, conservés en chair et en os (paresseux terrestres, tigres à dents en sabre, etc.). C'est à cet expert que seront confiés par la suite la sculpture et le moulage de la réplique.

Sur les conseils d'un autre maître du *make-up*, John Chambers, de la *20th Century-Fox*, Hansen rencontre enfin Pete et Betty Corral, habituellement employés par un musée de figures de cire de Los Angeles, et qui acceptent de se charger d'implanter des poils un à un dans le moulage.

Quand la réplique est presque terminée, Hansen se fait tout de même du souci. Pour réaliser son projet, il a déjà dépensé des milliers et des milliers de dollars, dont il a d'ailleurs dû emprunter une bonne part, et rien ne lui garantit après tout que son exhibition rencontrera le succès qui justifierait de tels frais d'investissement.

« En dépit de mes inquiétudes, raconte Hansen, j'engageai tout de même les services d'un ami de Pasadena, et, de conserve, nous apportâmes les touches finales au modèle, pour le faire ressembler autant que possible au spécimen enfermé dans mon congélateur. Les yeux sanglants, le bras cassé, la chevelure poissée de sang, tout fut soigneusement reproduit de manière à être conforme à l'original. »

La phase suivante consiste à inclure cette réplique dans un bloc de glace, tout comme l'original, ce qui ne va pas sans créer quelques incidents comiques. En tout cas, Hansen se fait proprement expulser de l'importante glacière de Los Angeles, où, en vue de l'opération, il a loué une chambre froide pour entreposer l'objet. En effet, quand, par un beau matin ensoleillé, il se présente là-bas avec le monstrueux mannequin, installé dans l'arrière de son *station-wagon*, un des directeurs le voit entrer. Horrifié à la pensée qu'un inspecteur de l'hygiène pourrait trouver ce qui a l'air d'une charogne introduite dans une entreprise de conservation de denrées alimentaires, le brave homme envoie au diable Hansen et son chargement.

L'ex-pilote devra se résoudre à prendre un arrangement avec une petite entreprise privée qui a dû récemment fermer ses portes. Convenablement incluse dans un bloc de glace, la réplique est enfin déposée au moyen d'une petite grue au fond d'un cercueil réfrigéré, à couvercle vitré spécialement fabriqué pour la circonstance. Et le sarcophage ainsi garni est alors transporté, dans la remorque qui servira de salle d'exposition, à Los Baños, en Californie, où débute en effet le circuit des *West Coast Shows*.

Le 3 mai 1967 est un grand jour : la copie du cadavre de l'homme velu va pour la première fois être exhibée en public. Elle est présentée par Hansen comme un *What-is-it* (Qu'est-ce que c'est ?), à savoir un mystère total. Tout au plus le public est-il informé du fait que l'être congelé aurait été découvert tel quel par des pêcheurs chinois dans la mer de Béring. Car elle est l'« histoire de couverture » que l'ex-pilote a soigneusement mise au point, et à laquelle il entend se tenir pendant deux ans.

La tournée va durer de mai à novembre pour se terminer en Louisiane. Pendant cette période, Hansen ne se prive pas de révéler « confidentiellement » aux autres forains que ce qu'il présente au public n'est en fait qu'une « création artificielle ». En dépit de la modicité du prix d'admission (35 cents), l'exhibition ne rencontre d'ailleurs qu'un succès assez maigre, car, de l'aveu même de son montreur, « le modèle comportait trop d'imperfections pour tromper quelqu'un ayant une connaissance approfondie de l'anatomie [126] ». Aussi, une fois rentré chez lui, au Minnesota, Hansen est-il plus décidé que jamais à livrer, dès la saison de 1968, le spécimen original à

---

(126) Dans un article publié avant la « confession » de Hansen, j'avais dit qu'à mon avis le modèle manufacturé n'avait jamais été exposé publiquement, car il n'aurait pas fait illusion (cf. p. 255). Bien que l'aveu du forain semble me contredire, il confirme, en quelque sorte par l'expérience, la justesse de ma conclusion.

la curiosité des foules. Il décongèle donc légèrement les deux hommes velus, le vrai et le faux, et opère la substitution au moyen de treuils. Parlant du cadavre véritable, il ajoute : « Je donnai à la créature la pose du modèle en sectionnant les tendons du bras et des jambes. Puis j'entrepris la tâche difficile de créer de la glace autour du spécimen. »

Cette fois, de mai à novembre 1968, l'homme velu de Hansen va rencontrer partout — et pour cause ! — un intérêt bien plus considérable, notamment aux foires d'Etat de l'Oklahoma et du Kansas. Nombreux sont les médecins et les biologistes qui viennent, et reviennent parfois à plusieurs reprises, examiner le déconcertant spécimen et tenter de se renseigner sur ses origines. Aucun cependant ne se risque à en parler dans une communication ou une publication scientifique [127].

On connaît la suite. C'est en décembre que Sanderson et moi sommes amenés, à la suite d'un coup de téléphone, à rendre visite à Hansen et à contempler et photographier, pendant trois jours successifs, le fameux spécimen dont l'authenticité ne peut faire le moindre doute à nos yeux. Et en février paraît dans le *Bulletin de l'Institut royal des Sciences naturelles de Belgique* ma note préliminaire, décrivant le spécimen conservé dans la glace comme une forme encore inconnue d'Hominidé actuel, que je nommais *Homo pongoides*.

« Mes soucis, écrit Hansen, ont commencé avec la publication de l'article d'Heuvelmans. On eût dit que tous les journaux, toutes les stations de radio, tous les magazines, toutes les chaînes de télévision du monde désiraient vérifier l'existence de la créature. Des appels téléphoniques me parvenaient chaque jour de Londres, de Tokyo, de Berlin, de Rome et d'un bon nombre de villes américaines. La *Smithsonian Institution* sollicita l'autorisation d'inspecter la carcasse, requête qui fut promptement repoussée. Des douzaines de savants me demandèrent la permission de prélever un échantillon de la créature. Des biologistes réclamaient qui des poils, qui un peu de sang.

« Heuvelmans avait déclaré dans son article que la créature semblait avoir été abattue par balles. Les journaux se mirent à suggérer que la Justice ferait peut-être bien d'enquêter sur la manière dont je m'étais procuré le spécimen. «... Si le corps est celui d'un être humain, on peut se demander qui l'a tué et si un crime n'a pas été commis. » Voilà ce qu'on pouvait lire dans un article du *Detroit News*. »

« Du coup, Hansen devient un visiteur assidu du cabinet de son avocat. Celui-ci n'y va pas par quatre chemins. « Frank, si tu ne fais pas gaffe, tu vas te retrouver en prison. » Et de lui conseiller de substituer au plus tôt la copie au spécimen authentique, et de prendre ensuite de longues vacances. Ce que Hansen s'empresse de faire.

Il prend un arrangement pour pouvoir opérer la substitution dans une chambre froide d'un entrepôt de produits alimentaires. Il dégèle un peu le véritable homme velu pour décoller le cercueil du bloc de glace dans lequel il est encastré, il le soulève et le retire grâce aux larges courroies placées sous lui, embarque le tout dans un camion réfrigéré et l'expédie au loin dans une retraite secrète. Puis il se met en devoir de recongeler la copie, afin de la coucher à la place de l'original dans le sarcophage d'apparat.

La fin de la confession de Hansen, avec ses termes si judicieusement choisis, est sans doute ce que l'article contient de plus significatif, car elle éclaire celui-ci sous un jour tout à fait particulier.

---

(127) A cause bien entendu de l'atmosphère foraine dont le spécimen est entouré, ou encore des explications ambiguës de Hansen, de ses contradictions, des variations trop flagrantes de son « histoire de couverture » à laquelle il n'arrive pas à se tenir avec rigueur, aussi peut-être à la suite d'indiscrétions de forains qui auraient trahi les « confidences » de leur collègue, comme celui-ci le souhaitait d'ailleurs secrètement.

« Au cours des derniers mois, j'ai été pressé de fixer les conditions ou les circonstances dans lesquelles j'envisagerais la possibilité de céder le spécimen en vue d'une étude scientifique. Deux conditions doivent être remplies avant que je ne prenne même une telle démarche en considération. Primo : une déclaration d'amnistie totale pour toute violation possible des lois fédérales. Secundo : une déclaration d'amnistie totale pour toute violation possible des lois d'Etat ou de lois locales, là où le spécimen a été transporté ou exhibé au cours de la saison foraine de 1968.

« Il y aura sûrement des sceptiques pour stigmatiser cette histoire comme une pure fabrication. Il est possible qu'elle le soit : je ne parle pas ici sous serment, et si la situation m'y obligeait, j'en nierais chaque mot. Aussi bien, personne ne pourra avoir de certitude absolue à cet égard tant que mes conditions d'amnistie n'auront pas été acceptées.

« Dans l'entre-temps, je continuerai d'exhiber un « spécimen velu » que j'ai publiquement présenté comme une « illusion fabriquée », et je laisserai aux spectateurs le soin de prononcer un jugement définitif. Si l'on détectait une odeur de putréfaction émanant d'un coin du cercueil, ce serait un simple effet de l'imagination. Un nouveau produit de scellement a été placé sous la vitre, et le cercueil est hermétiquement clos. »

Ce dernier paragraphe résume parfaitement la stratégie habituelle de Hansen, celle dont il ne s'est jamais départi : entretenir l'équivoque, noyer le poisson. Un spécimen va désormais être exhibé. Le vrai ? Le faux ? Peut-être bien que oui, peut-être bien que non... Un spécimen qui a été *présenté comme faux*. Oui, mais l'est-il ? En somme, il peut être n'importe quoi. Une indication pourtant : impossible en tout cas d'encore déceler une odeur de putréfaction. Oui mais pourquoi ? Parce qu'un mannequin en caoutchouc ne peut pas se décomposer ? Ou parce que, comme il est aussitôt précisé, le cercueil est à présent scellé ?...

Que faut-il penser en définitive de la confession de Hansen publiée dans *Saga* ? Au début de son article, le forain a déclaré : « Maintenant, pour la première fois, je désire que soit publiée l'histoire entière de cette créature. » Mais à la fin de ce même article, il se rétracte habilement en disant que tout cela n'est peut-être, après tout, qu'un tissu de mensonges. N'ayant pas prêté serment, il n'est pas tenu légalement à dire la vérité. Mentir n'est pas un délit. Il n'y a abus de confiance qu'à partir du moment où l'on tire profit d'une tromperie délibérée.

Mais, penserez-vous peut-être ; Hansen a dû tout de même être grassement payé pour un article à sensation publié dans un magazine américain à grand tirage. Si dans cet article il trompe délibérément le public en l'abreuvant de fariboles, et qu'il se fait payer pour cela, il risque des poursuites. Pas si bête ! Dès la première page, on peut lire : « Je n'ai pas demandé et ne recevrai pas un sou du magazine *Saga*. » Et soyez assuré qu'il n'existe aucune pièce comptable qui permette d'établir le contraire. Tout a été prévu pour rendre l'article absolument inattaquable du point de vue légal. On peut être certain que chaque terme du récit a été pesé avec le plus grand soin, et a fait l'objet d'un examen critique, vigilant et répété, de la part d'un ou de plusieurs hommes de loi. C'est particulièrement manifeste dans les trois derniers paragraphes.

Cela dit, ce grand déploiement de précautions va me permettre à mon tour de souligner tout ce qui, dans la prétendue confession de Hansen, est pure invention, sans qu'on puisse m'accuser pour cela de diffamation. Son auteur en effet a admis lui-même que son récit peut fort bien être « une pure fabrication » (*a complete fabrication*).

La première fois que j'ai parcouru l'article signé de Hansen, j'ai tout à la fois éprouvé un sentiment de victoire, et été saisi d'une franche hilarité.

Je triomphais parce que la teneur de ce texte confirmait que j'avais vu juste sur bien des points : l'épisode de l'accident de chasse du Minnesota excepté, j'avais parfaitement raisonné aussi bien pour reconstituer ce qui s'était produit dans le passé que pour prévoir ce qui devait se produire dans l'avenir. Et en même temps je ne pouvais m'empêcher de rire devant la mise en place d'astuces qui me paraissaient cousues de câble blanc, et surtout de savourer le ton du récit, où j'avais reconnu d'emblée le style si personnel, quasi inimitable, de mon vieil ami Ivan T. Sanderson. Que l'article eût paru dans *Saga* ne pouvait m'étonner, puisque le rédacteur en chef de ce magazine, le charmant Marty Singer, était une connaissance de vieille date d'Ivan [128].

En fait, la publication de la confession de Hansen avait tout l'air d'un « coup monté », d'une machination née de l'imagination fertile d'Ivan, perpétrée avec la bénédiction et la complicité de Hansen, et rigoureusement mise au point avec l'aide d'un ou de plusieurs avocats. Le but de l'opération allait de soi. Pour le pauvre Hansen, elle tendait en effet à le mettre à l'abri de poursuites judiciaires, et pour l'astucieux Ivan, elle signifiait la possibilité d'enfin livrer le précieux spécimen à une étude anatomique totale et, par conséquent, d'obliger le monde à nous rendre justice. Il était évident qu'Ivan avait dû conclure une sorte de marché avec Hansen : s'il parvenait par cet article à obtenir de la Justice une promesse d'amnistie inconditionnelle pour les crimes ou délits éventuellement commis dans cette affaire par l'ex-pilote, celui-ci s'engagerait en échange à laisser étudier le spécimen original par la Science. Le plan était ingénieux et habile, et sa réalisation ne pouvait être que bénéfique en cas de réussite, et sans conséquences fâcheuses en cas d'échec.

Si le récit de Hansen était donc, de toute évidence, une fabrication, ce n'était pas nécessairement une *pure* fabrication : il pouvait même nous en apprendre beaucoup sur la vérité. En effet, étant donné le soin avec lequel il avait été rédigé pour être inattaquable du point de vue légal, il était légitime de penser que ce qui pouvait en être vérifié sans peine devait être vrai, notamment les faits matériels et tous les épisodes auxquels des personnes nommément désignées avaient été mêlées.

Parmi les éléments contrôlables, il faut citer avant tout « l'arme du crime ». Un des meilleurs médecins légistes des Etats-Unis a confirmé, à ma demande, que les blessures infligées à l'homme pongoïde pouvaient en effet avoir été produites par une balle de Mauser 8 mm., et qu'*il fallait même une arme de ce type* pour occasionner les graves lésions constatées : l'éclatement de la partie occipitale du crâne et l'expulsion des globes oculaires sous la puissance de l'onde de choc. Une cartouche de 8 mm., munie d'une balle de 170 grains, soit 11 grammes, quitte l'extrémité du canon d'un fusil Mauser à une vitesse de 712 mètres par seconde. A 100 mètres, cette vitesse tombe à 592 m./s., à 200 mètres elle est encore de 495 m./s., et à 300 m. de 420 m./s., ce qui est considérable. A 500 m., l'énergie de la balle serait encore suffisante pour produire les destructions énumérées ci-dessus. Mais à moins d'avoir été visé au moyen d'un fusil à lunette, il est vraisemblable que l'homme velu avait été abattu à moins d'une centaine de mètres de distance.

Avant de reprendre point par point tous les détails suspects de la pseudo confession de Hansen, disons qu'on y est frappé d'abord *par une absence* : celle du fameux « vrai propriétaire » du spécimen, le magnat californien particulièrement discret, derrière lequel l'ex-pilote s'était toujours réfugié jusqu'alors. Il n'en est pas fait mention une seule

---

(128) Celui-ci me l'avait d'ailleurs présenté le 2 janvier 1959 à New York, et nous avions même déjeuné ensemble ce jour-là à la *Famous Kitchen*, un restaurant italien de la 45e rue Ouest, situé en face de l'*Old Whirtby*, la résidence où se situait le pied-à-terre urbain des Sanderson.

fois : pas la moindre allusion. Cela pouvait signifier deux choses : ou bien cet homme n'avait jamais existé, ou bien il désirait être tenu désormais en dehors d'une affaire qui se mettait à sentir aussi mauvais que son pitoyable protagoniste.

La première éventualité paraît difficilement défendable. Il est possible certes que le propriétaire en question ne soit pas du tout ce que Hansen a prétendu, à savoir un original hollywoodien, seulement désireux de posséder des choses que les autres n'ont point, mais il est certain, comme je l'ai déjà souligné, que Hansen s'est toujours comporté comme s'il avait des comptes à rendre à quelqu'un. Mais ce quelqu'un pouvait fort bien être ce qu'on appelle une « personne morale », c'est-à-dire une société, une organisation, un syndicat. Nous y reviendrons plus loin lorsque nous analyserons les aspects financiers de toute l'affaire.

Quand on parcourt superficiellement le récit de Frank Hansen, on n'y découvre pas d'emblée d'impossibilités absolues ou en tout cas flagrantes — c'eût été trop maladroit ! Tout a l'air de bien se tenir, tout paraît cohérent et logique. « Ne vous fiez jamais à des impressions d'ensemble, disait judicieusement Sherlock Holmes, mais concentrez-vous sur les détails. » Dès qu'on passe ici tous les faits au peigne fin, maintes faiblesses, d'énormes invraisemblances et même de franches contradictions se font jour.

Je pense en premier lieu aux étranges réactions d'un pilote de chasse, militaire de carrière, qui a connu pendant plus de dix ans les horreurs de la guerre de Corée, puis celle du Viêt-nam. Il perd connaissance, ou peu s'en faut, parce qu'il vient d'abattre une sorte de gorille bipède. Bien qu'armé, il est pris de panique et se met à fuir, à l'aveuglette, des créatures qui ont pourtant disparu , et n'ont jamais fait mine de le poursuivre. Il est bourrelé de remords, au point d'en perdre le sommeil, de faire d'épouvantables cauchemars, d'avoir des migraines tenaces, pour avoir tué, en état de légitime défense, un être dont il n'est même pas sûr qu'il soit humain. Enfin, il a été à ce point impressionné par ce qui n'est après tout qu'un incident de chasse extrêmement insolite, qu'il n'ose plus piloter un avion... Allons donc !

Je pense ensuite au véritable miracle — je dis bien *miracle* — par lequel le cadavre est resté intact après avoir été laissé à l'abandon en plein air pendant tout un mois. On a canonisé des gens pour moins que ça.

Il est d'abord inconcevable qu'il ait été retrouvé « en parfait état de conservation ». Dans le nord du Minnesota, la température moyenne est de 7,5° C en octobre, et de — 4° C en novembre. C'est dire qu'à la période de jonction entre ces deux mois, la température moyenne se trouve au-dessus de zéro, et que, même au cours du mois de novembre, la température s'élève très fréquemment, surtout pendant le jour, au-dessus du point de congélation. Normalement, la putréfaction se manifeste dans un cadavre humain dès le troisième jour après le décès. Au bout d'un mois, à une température voisine de zéro, la décomposition est *très* avancée.

Ce qui est peut-être plus extraordinaire encore, c'est que le corps de la créature velue ait été dédaigné par les prédateurs locaux, alors que le cerf se trouvant à ses côtés a été, lui, complètement dévoré. Les carnivores pullulent dans la région : il y a des loups, des coyotes, des renards et même quelques ours, des ratons laveurs, des mouffettes, des visons et des belettes. Et il y a bien d'autres mangeurs de viande, comme les oiseaux de proie et les rats, sans compter la légion des invertébrés innombrables. Même si l'odeur extrêmement pénétrante qu'on prête aux hommes sauvages et velus avait pu à la rigueur tenir à distance certains petits délicats, il est impossible qu'elle ait découragé les amateurs de charogne.

Poursuivant la revue des points suspects du récit publié dans *Saga*, je pense encore à l'évocation des phases successives du transport du cadavre depuis la clairière des marais de Whiteface jusqu'au sous-sol du domicile de Hansen, à Duluth.

Des calculs fondés sur des données tout à fait indépendantes m'ont permis d'établir que la créature velue devait peser autour de 125 kilos. Un tel poids est tout à fait normal pour un être d'une anatomie très semblable à la nôtre, haut de plus de 1,8 m. et au surplus puissamment musclé. (A titre de comparaison rappelons que dans la nature un gorille mâle adulte, qui ne mesure pourtant guère plus de 1,7 m. de haut en moyenne, pèse entre 140 et 180 kilos.) Ajoutons à cela que, selon Hansen, le cadavre en question était entouré d'une véritable gangue de glace, puisque sa fourrure était tout encroûtée de sang congelé, et qu'il était encore en partie encastré dans la terre durcie par le gel, à tel point qu'il avait fallu l'en détacher à coups de ciseau. Cette couche de glace devait encore apporter un excédent de 10 à 20 kilos au poids net de la bête morte.

Bien. Tâchez à présent d'imaginer un homme, même costaud, obligé de hisser tout seul une charge aussi lourde qu'encombrante dans un *swamp-buggy*, véhicule monté sur pneus d'avion DC-3, et, de ce fait, très haut sur roues. Avez-vous jamais essayé de déposer sur un lit un homme endormi, ivre, évanoui, ou même mort, pesant plus de 100 kilos ? Après avoir réussi une première fois un exploit semblable, Hansen l'aurait encore réitéré en transbordant ensuite son fardeau du *swamp-buggy* sur l'arrière du camion. Enfin, cette fois il est vrai avec l'aide de sa femme Irène (qui est plutôt mince et svelte), il serait parvenu à le descendre par un escalier jusque dans le sous-sol. Ceci se passe de commentaires.

Dans le récit de Hansen, certains petits détails m'ont aussi paru sujets à caution. Et Holmes disait aussi : « C'est depuis longtemps un de mes axiomes que les petites choses sont de loin les plus importantes. » Plutôt que de me livrer à des spéculations théoriques sur certaines, je les ai soumises à un contrôle expérimental. Il est dit notamment qu'après avoir passé un mois dans le congélateur familial, le cadavre s'était mis à se déshydrater et que certaines parties du corps avaient pris l'aspect de viande séchée. J'ai fait de même : j'ai placé un cadavre au frais dans un semblable congélateur. Au bout d'un mois, je n'ai pas constaté le moindre changement à l'aspect de ses téguments : il avait l'air aussi frais qu'au moment où je l'y avais introduit. Par acquit de conscience, j'ai encore prolongé l'expérience pendant six autres mois sans observer davantage le dessèchement décrit. Je tiens à préciser que je n'ai pas poussé la conscience professionnelle jusqu'à assassiner quelqu'un pour faire ce contrôle : je me suis servi du cadavre d'une souris mort-née, qui avait d'ailleurs l'avantage d'avoir la peau nue et donc bien visible.

Il y a encore d'autres invraisemblances mineures dans l'histoire publiée dans *Saga*.

Ainsi, pourquoi diable Hansen se serait-il fait expulser des glacières de Los Angeles le jour où il y avait amené son modèle en voiture aux fins de le faire congeler ? Même s'il s'agissait en l'occurrence d'une firme spécialisée dans la conservation de denrées alimentaires, la présence d'un mannequin en caoutchouc ou en fibre de verre, dont tout le monde pouvait vérifier la nature artificielle, n'aurait pas pu inquiéter l'inspecteur de l'Hygiène le plus tatillon. L'aspect horrible de la chose ne pouvait rien changer à l'affaire : situées à deux pas des studios d'Hollywood, les glacières de Los Angeles devaient en avoir vu d'autres ! Soit dit en passant, aux Etats-Unis, si extravagantes que puissent être vos exigences, aucune entreprise commerciale ne refusera jamais de les satisfaire si vous y mettez le prix, à condition bien sûr qu'elle soit à même de le faire et que vous restiez dans les limites de la légalité. Et même si vous sortez de celles-ci, il y a bien souvent des arrangements avec le Ciel...

On trouve, dans la confession de Hansen, jusqu'à une contradiction interne qui semble avoir échappé à tous ceux ayant participé à l'élaboration de l'histoire.

Au moment où le forain parle des « touches finales » qu'un de ses amis et lui se seraient efforcés d'apporter à la réplique, il précise :

« Les yeux sanglants, le bras cassé, la chevelure poissée, *tout fut soigneusement reproduit de manière à être conforme à l'original.* » C'était d'ailleurs là une nécessité absolue puisqu'il avait été décidé qu'au bout d'un an, l'original serait discrètement substitué à la copie, et qu'en cas de pépin, ladite copie serait non moins discrètement substituée à l'original. Or, lorsque le moment est venu de la première substitution, Hansen croit devoir souligner à propos du spécimen authentique : « Je donnai à la créature la pose du modèle en sectionnant les tendons des bras et des jambes. »

Quelle gaffe ! Il est bien évident que le cadavre avait *déjà* — on pourrait presque dire par définition — la pose du mannequin confectionné à son image et à sa ressemblance ! Cette affirmation est d'ailleurs doublement maladroite, car l'opération évoquée de chirurgie post-mortem ne se justifiait pas le moins du monde. Une fois dégelé, un cadavre redevient automatiquement aussi mou et maniable qu'il l'était avant d'être congelé — cela aussi je l'ai vérifié. Toute ménagère qui a déjà préparé de la viande surgelée sait cela, voyons ! N'oublions pas que la fameuse « rigidité cadavérique » n'est qu'un phénomène transitoire qui apparaît entre trois et six heures après la mort, suivant les conditions extérieures, et qui ne dure en moyenne que de seize à vingt-quatre heures...

Dans les affaires criminelles, les coupables qui paraissent avoir un alibi inattaquable se trahissent souvent par un excès de petits détails destinés à « faire vrai ». En effet, parmi ces détails apparemment négligeables et sans rapports directs avec l'affaire, il y en a toujours un dont la police arrive à démontrer la fausseté. Et, du coup, tout l'édifice de mensonges soigneusement bâti s'écroule. Car si l'on a menti sur un point mineur, accessoire, pourquoi n'aurait-on pas menti sur les points capitaux ?

A ce propos, un autre petit détail gênant. Pourquoi Hansen prétend-il avoir « lutté un mois » avec sa conscience, avant de se décider à retourner sur les lieux de son crime ? Il aurait fini par le faire le 3 décembre, après avoir attendu quelque temps des conditions météorologiques favorables. L'homme velu aurait été abattu, selon lui, le lendemain du jour d'ouverture de la chasse aux cerfs. Or, d'après les renseignements que j'ai pu obtenir du *Department of Natural Resources for the State of Minnesota*, la chasse aux cerfs a été ouverte le 12 novembre en 1960. C'est donc le 13 novembre que cela se serait produit. Le « mois » de la crise de conscience du pilote ne pourrait donc pas avoir duré plus de deux semaines...

Quoi qu'il en soit, le fait est que malgré l'aide éclairée et la verve de Sanderson, les conseils judicieux d'hommes de loi, la brillante manœuvre de Hansen fit long feu. Des exemplaires de l'article eurent beau être dépêchés à toutes les autorités possibles et imaginables de la Science, de la Police, de la Justice et de l'Exécutif, il n'y eut pas la moindre réaction. Personne ne proposa à Hansen de le faire laver de toute accusation en échange d'une autorisation d'examen approfondi du spécimen.

Pourquoi ? Avant tout, à mon sens, parce que la confession avait été publiée dans un magazine populaire, un de ces mensuels américains pour hommes, où l'on vante plus volontiers les exploits militaires et sportifs que les découvertes scientifiques, où l'on préfère en général publier des photos de pin-up pulpeuses plutôt que celles d'hommes-singes en décomposition, et où l'on discute avec plus d'ardeur les mérites des derniers modèles de pyjamas ou de voitures de sport que les théories les plus révolutionnaires sur l'origine de l'Homme. Ces magazines, les meilleurs d'entre eux en tout cas, sont souvent pleins d'attraits, et d'une valeur incontestable au point de vue de l'information, notamment quand ils nous font connaître les dessous cachés ou aventureux de certains événements, à l'occasion dans le domaine scientifique. Il arrive même que ce soit grâce à l'audace de ces publications que certains faits d'une grande importance, mais dont la science officielle ne veut pas entendre parler, sont connus du public. Mais, dans le cas présent, le problème en question ayant déjà fait l'objet d'une étude dans une revue scientifique, il eût fallu, pour avoir des chances de se faire écouter d'autorités influentes, entreprendre sa discussion dans une publication d'un niveau presque équivalent.

Sans doute, des journaux scientifiques n'auraient-ils pas ouvert leurs colonnes à un forain, fût-il un vétéran de plusieurs guerres, mais un écrivain scientifique comme Sanderson, peut-être avec l'appui d'amis zoologistes ou anthropologues mieux placés que lui, comme les docteurs John Napier, Carleton S. Coon ou W. C. Osman-Hill, aurait très bien pu y présenter, y commenter, voire y critiquer la version des faits donnée par Frank D. Hansen. (Bien sûr, il eût fallu, plutôt que de dramatiser le récit à l'extrême, le réduire à un énoncé d'une sécheresse tout administrative !). Je suis convaincu que certaines revues scientifiques, certains magazines intellectuels américains — et il y en a d'une haute tenue — eussent été ravis de pouvoir jeter une lumière nouvelle sur une affaire qui avait fait énormément de bruit dans le Landerneau anthropologique. Fût-ce d'ailleurs pour conclure sur une interrogation telle que : « Est-ce la plus grande découverte de l'histoire de l'anthropologie ou une version améliorée du faux de Piltdown ? » A la suite de quoi, les autorités légales se seraient trouvées dans l'obligation morale de faire « quelque chose » pour rassurer l'opinion dans un sens ou dans l'autre. Encore n'est-ce pas certain, comme on va le voir. Car, en fait, tout a été mis en œuvre, à ce moment, pour arracher une réaction à l'échelon le plus élevé de l'administration américaine, et ce fut bien en vain.

Dès la parution du numéro de *Saga* contenant la confession de Hansen, j'en avais moi-même, le 6 juillet, communiqué une copie au professeur André Capart, directeur de l'Institut royal des Sciences naturelles de Belgique. Celui-ci, en effet, avait non seulement eu le courage de publier ma note scientifique mais il m'avait toujours ardemment soutenu dans ma lutte pour l'*Homo pongoides*, dont il faisait une affaire personnelle. Sachant lui aussi lire entre les lignes de l'article en question, il en discuta d'abord la teneur avec le conservateur de la section des Mammifères, de l'Institut, Xavier Misonne. Puis, étant un ami personnel du roi Léopold III, qui dès le début de l'affaire s'était passionné pour elle, il le mit au courant du rebondissement inattendu de celle-ci. Il me fit savoir en ces termes le résultat de ces entretiens : « J'ai passé copie de l'article à Misonne et au roi Léopold, et tous deux sont bien d'accord avec toi : l'histoire est montée de toutes pièces, mais destinée à camoufler la vraie origine de notre Néanderthal. »

Ces avis me consolaient de bien des humiliations et des insultes essuyées depuis que j'avais eu l'incroyable impertinence de vouloir faire connaître l'existence, sur notre planète, d'une forme humaine différente de la nôtre. C'était d'ailleurs là bien plus qu'un soutien moral. Car, enfin, Capart est une personnalité éminente du monde scientifique. Misonne est un mammalogiste dont la précision et la rigueur ont toujours fait mon admiration, et le roi Léopold n'est vraiment pas un roi comme les autres. Son attitude n'était pas en l'occurence celle d'un souverain qui se réjouissait simplement du rôle joué par un de ses sujets dans une découverte prestigieuse. Il parlait en orfèvre, car il est lui-même un grand naturaliste de terrain et un ethnographe faisant autorité. C'est peut-être l'homme au monde qui connaît le mieux la grande forêt équatoriale — il l'a explorée patiemment jusque dans ses recoins, du Pérou à la Papouasie, en passant par l'Amazonie, la Guyane, l'Afrique centrale et l'Indonésie — et peu de gens sont mieux familiarisés que lui avec les populations les plus primitives de toutes ces régions. Tout récemment encore, en 1972, sa dévotion pour l'histoire naturelle l'a poussé à créer le *Fonds Léopold III pour l'Exploration et la Conservation de la Nature*, avec une brochette de personnalités de choix parmi lesquelles je me flatte de compter de bons amis, comme Sir Peter Scott, fondateur du *World Wildlife Fund*, le professeur Jean Dorst, du Muséum de Paris, Walter van den Bergh, directeur du zoo d'Anvers, et, bien entendu, le professeur André Capart.

Ce dernier, qui est un homme d'action, ne se contenta pas de m'administrer dans le dos quelques tapes encourageantes. En tant que président du sous-comité d'océanographie de l'O. T. A. N., il s'était lié, à la faveur de réunions de celui-ci, avec Daniel P. Moynihan, alors conseiller scientifique du président Nixon. Aussi, le 4 août 1970, lui adressa-t-il à la Maison-Blanche, à Washington, une lettre accompagnée d'un dossier succinct, pour le mettre au courant de la situation et le conjurer en termes énergiques de tout mettre en œuvre pour faire livrer le spécimen à la Science en se conformant aux conditions précisées par Hansen :

« Vraiment, votre responsabilité est en jeu et je ne sais que vous dire pour vous demander d'user de votre influence pour éclaircir ce mystère. Je puis vous assurer que, dans un cas semblable, j'irais jusqu'au bout pour faire éclater la vérité.

« Merci d'avance pour ce que vous pourrez faire pour la Science. »

Bien que l'Amérique fût encore, à l'époque, toute gonflée de l'orgueil légitime d'avoir posé le pied sur la Lune un an auparavant, André Capart n'avait pas hésité dans sa missive à souligner l'importance au moins égale de l'*Homo pongoides :*
« Vous avez là le sujet d'étude qui vaut la Lune ! »

Cette véritable mise en demeure resta sans réponse, ce qui est difficilement imaginable. Quand une des plus hautes personnalités de la science belge adresse une lettre officielle à un conseiller du président des Etats-Unis, le moins qu'il puisse légitimement espérer, en cas de fin de non-recevoir, est tout de même un accusé de réception courtois. Le professeur Capart s'en ouvrit à Daniel Moynihan lors de la première réunion du C. D. S. M. (Comité des Défis de la Société Moderne) à laquelle ils se rencontrèrent à nouveau. Le conseiller scientifique du président Nixon tomba des nues : jamais ne lui étaient parvenues ni la lettre ni le dossier l'accompagnant ! Rentré à Bruxelles, le directeur de l'Institut s'empressa de renvoyer une nouvelle lettre à la Maison-Blanche en y adjoignant, cette fois encore, des copies de ma note scientifique et de l'article de Hansen. Ce fut également en pire perte. Peu après, d'ailleurs, Moynihan devait être remplacé dans ses fonctions de conseiller scientifique, et, le meilleur contact personnel que nous puissions espérer auprès du président des Etats-Unis se trouvant ainsi rompu, nos derniers espoirs s'envolèrent.

Comme j'en avais vu bien d'autres dans cette fameuse affaire, je ne m'en étonnai pas outre mesure. Il y avait belle lurette que toutes mes tentatives d'information ou d'action finissaient toujours par se heurter à une sorte de mur.

Bref, que ce soit en raison du contexte dans lequel s'affichait la confession prétendue de Hansen, du ton trop romanesque de celle-ci et des nombreuses invraisemblances de l'histoire, ou que ce soit à cause d'une censure occulte exercée en haut lieu concernant cette affaire, le fait est que personne, aux U. S. A., ne réagit aux propositions de l'ex-capitaine de l'*Air Force*. Personne ne bougea.

Personne, sauf Frosty Johnson.

Forrest Johnson, que tout le monde appelait « Frosty » depuis son enfance, était le jeune directeur des ventes d'une entreprise de peinture de Chicago. Il s'était toujours passionné pour l'anthropologie sociale et en particulier pour l'archéologie de son Kentucky natal : il s'y était notamment livré, en amateur, à de nombreuses fouilles dans des tumuli pour y rechercher d'anciennes sépultures indiennes. A l'Université, il avait fait des études de chimie mais, une fois diplômé, il s'était découvert des dons inattendus pour le commerce et s'était donc consacré à la vente de produits chimiques. Un jour, il était tombé par hasard, chez le coiffeur, sur le numéro de *Saga* qui contenait l'article de Hansen.

L'histoire avait mis le feu aux poudres de son imagination. Si son auteur avait vraiment tué cette drôle de créature velue au Minnesota, parmi un groupe de trois êtres semblables, les deux autres devaient toujours errer dans les bois, quelque part dans la région. Bien sûr, cela s'était passé dix ans auparavant, mais de tels êtres n'étaient évidemment pas uniques en leur genre, ils devaient faire partie de toute une population indigène...

Comme Frosty était un homme d'action, il se mit aussitôt en devoir de vérifier certains points du récit de Hansen. Il parvint ainsi à entrer en contact par téléphone avec Arne Ranta junior, le fils du propriétaire du pavillon de chasse, où les autres hommes du *247th Air Wing*, caserné à Duluth [129], s'étaient installés en 1960 dans les environs de Whiteface Reservoir. Le jeune homme se souvenait encore de la fameuse partie de chasse, mais l'histoire de l'homme-singe le fit éclater de rire. Depuis les soixante-dix ans que la région était habitée, principalement par des colons d'origine finlandaise, personne n'avait jamais entendu parler de créatures de cette sorte, ni même de la découverte de traces de pas insolites. Et Dieu sait pourtant que les forêts étaient régulièrement traversées par des quantités de gens : des trappeurs et des chasseurs, mais aussi des bûcherons, des géologues, des prospecteurs, des fonctionnaires du cadastre, etc.

Ces déclarations catégoriques ne suffirent pas à décourager Frosty, qui, poursuivant son enquête, finit par retrouver un des compagnons de chasse de Hansen, Dave Allison, qu'il interrogea à son tour. Oh, celui-ci se souvenait très bien, et non sans sympathie d'ailleurs, de Hansen, sorte de racle-gamelle fossilisé, selon lui, toujours capitaine après quinze ans de service ! On se moquait un peu de lui à cause de cela, mais tout le monde l'aimait bien. Un drôle de gars, en vérité, la tête toujours pleine de projets mirobolants. C'était

---

(129) Cette indication n'est nullement en contradiction, comme on serait tenté de le croire, avec la mention de l'unité de Hansen, telle qu'elle figure dans son propre article de *Saga*. J'ai pu faire vérifier (avec les difficultés qu'on imagine lorsqu'il s'agit d'obtenir des renseignements au Pentagone sur des troupes en service actif !) que le *343th Fighter Group* est bien une escadrille de chasse faisant partie du *247th Air Wing*. Sa base d'occupation dans le Sud-Est asiatique était l'aérodrome de Da Nang, au Viêt-nam du Sud.

plus fort que lui, il ne pouvait s'empêcher d'échafauder les entreprises les plus extravagantes. Dans le domaine militaire, ses plans de campagne touchaient au délire. Mais, cela
dit, il était parfaitement exact que Hansen s'était perdu ce jour-là, au cours de leur fameuse partie de chasse. Et le fait est que, par la suite, un cadenas était apparu sur le
congélateur personnel du capitaine. Même qu'on l'avait charrié à ce propos. Il faut dire
qu'on le charriait à tout propos...

Si Hansen avait vraiment tué une bête bizarre, aurait-il, demanda Frosty, été capable de la ramener chez lui, de la fourrer dans son frigo et de l'y laisser pendant cinq
ans ? Oh certainement, répondit Allison, c'eût été tout à fait dans sa manière !

Ces divers renseignements eurent pour effet de convaincre Forrest Johnson de la sincérité de Hansen et de la véracité de son récit. Il décida donc de monter une expédition
dans les forêts de la région de Whiteface Reservoir pour tenter de repérer les mystérieuses créatures et d'entrer en contact avec elles. Mais auparavant il se livra tout de
même à quelques recherches bibliographiques. Il parvint à se procurer l'article de
Sanderson paru dans *Argosy* et dénicha même ma propre note dans les archives du *Field
Museum of Natural History* de Chicago. Ainsi nanti d'un petit dossier d'information, il
se présenta à la rédaction du *Chicago Tribune Sunday Magazine*, à laquelle il proposa
d'organiser un safari « pas comme les autres » dans les bois marécageux du Minnesota,
afin de vérifier l'existence d'une sorte d'abominable Homme-des-neiges, catalogué
sous le nom scientifique d'*Homo pongoides*.

Ce projet finit par être adopté. A Frosty et à son compagnon, Joe Sherran, un pisteur
émérite, furent adjoints un photographe professionnel, Fred Leavitt, et un journaliste de grand talent, Tom Hall. Celui-ci devait rendre compte de toute l'opération le
24 ocobre 1971, dans un long article de son magazine, sous le titre alléchant de
Tracking the Minnesota Monster (Sur la piste du monstre du Minnesota).

Le récit de l'expédition même, de l'enquête menée parmi les Finnois de la région, du
quadrillage systématique des bois pendant une semaine par les quatre hommes équipés
de boussoles et de *walkie-talkies*, de leur vaine tentative d'attirer les proies recherchées
au moyen d'un vieux coq décapité, tout cela, on s'en doute, n'a qu'un faible intérêt, sauf
en tant que preuve négative. Il en ressort en effet que personne dans le pays n'avait jamais recueilli un seul récit de chasse relatif à des hommes sauvages et velus, pas la
moindre rumeur, même pas une légende, si puérile fût-elle. Rien. Or, après un quart de
siècle de recherches cryptozoologiques, je puis l'assurer avec toute la certitude souhai-
table : dans toutes les régions du monde où un animal jusqu'alors inconnu de la Science
a été découvert, il était toujours connu des indigènes.

Que l'on n'aille pas objecter que le silence des habitants pouvait être dû au fait que
la population finnoise locale était composée de gens obstinément incrédules, fermés
à tout ce qui est insolite ou merveilleux. En vérité, presque tout le monde là-bas reconnaissait avoir observé des soucoupes volantes. D'aucuns en avaient même vu atterrir. Et certains gosses racontaient qu'il en était sorti de petits hommes hauts de
3 pieds. Mais personne n'avait jamais vu quoi que ce fût qui ressemblât à un abominable Homme-des-neiges.

L'article de Tom Hall, dans lequel tout ceci était rapporté, ne se contentait pas de mettre en
évidence le peu de vraisemblance de l'exploit cynégétique de Hansen et, en particulier, le
choix malheureux des forêts du Minnesota septentrional pour y situer le lieu d'origine de
l'homme velu. Le collaborateur du supplément dominical du *Chicago Tribune* avait eu

aussi des conversations prolongées avec Hansen et Sanderson, dont il brossa d'ailleurs des portraits pittoresques et pénétrants. Cela lui permit en fin de compte de faire des événements un exposé assez bien documenté et comportant extrêmement peu d'erreurs [130]. S'il s'était donné la peine d'interroger aussi « le troisième homme », le troisième protagoniste du drame, moi en l'occurrence, il aurait pu faire une mise au point, rigoureuse et parfaite, respectant toute la vérité historique. (D'autant plus que, pour ma part, chaque fois que cela m'est possible, j'accompagne mes affirmations de documents qui en attestent l'authenticité.) Hélas, je me trouvais à ce moment de l'autre côté de l'Atlantique, et peut-être Tom Hall s'est-il imaginé que je donnerais de l'affaire une version corroborant tout à fait celle de mon partenaire Ivan, sinon celle de Hansen. En tout cas, j'aurais pu prouver à Tom Hall qu'on avait abusé de sa crédulité en lui racontant, par exemple, que j'avais donné ma parole à Hansen de ne jamais rien publier sur son spécimen sans son autorisation expresse, et qu'en le faisant néanmoins j'avais donc rompu une promesse solennelle. Je ne possède pas moins de quatre documents — deux rapports, une lettre, et même un texte imprimé — affirmant le contraire et qui, soulignons-le, sont tous rédigés et signés précisément par un de ses informateurs [131].

Ce qui personnellement m'a beaucoup intéressé dans l'article de Tom Hall, c'est qu'il confirmait l'exactitude de certaines de mes conclusions et la pertinence de mes soupçons. Tout d'abord, bien sûr, l'enquête de Frosty Johnson démontrait qu'il était invraisemblable que Hansen eût tué son homme velu au Minnesota.

Ensuite, Tom Hall révélait que l'article de *Saga* dans lequel Hansen s'était accusé de ce meurtre avait bien été rédigé par Sanderson. Il rapporte en effet qu'après la parution de l'article d'Ivan dans *Argosy*, Hansen avait à nouveau rendu visite à l'écrivain : « Cette fois, il lui apportait un article de sa propre composition. C'était, aux dires de Sanderson, un morceau de littérature d'une lamentable stupidité. Celui-ci le remania, l'accommoda à sa sauce personnelle et le réécrivit pour Hansen, et il s'arrangea pour le faire publier dans un autre magazine pour hommes ».

Enfin, dans des confidences faites par Hansen à Tom Hall, réapparaît plus envahissante que jamais, l'ombre du fameux « propriétaire » du spécimen, qui était si étrangement absent de la confession de *Saga* :

« Ce n'est pas moi qui suis le propriétaire, avoua brusquement Hansen. Il y a quelqu'un d'autre, quelqu'un de très riche et de très intelligent qui aime posséder des choses comme celle-ci. Il a payé le camion. Il a payé l'illusion fabriquée. Ça a coûté bien plus de 50 000 dollars : je n'en aurais pas eu les moyens moi-même. J'appelle cette personne le propriétaire du spécimen, bien que je ne lui aie pas vraiment vendu celui-ci. Nous avons conclu un arrangement verbal, et il garde la main dessus. Moi, je fais ce qu'il veut. Lui, il ne désire pas qu'on connaisse son identité ». Et d'ajouter que c'est ce riche excentrique, son « parrain », son papa gâteau, qui l'a incité à maintenir le cadavre à l'abri des ponctions indiscrètes des savants, et lui a

---

(130) Une seule erreur flagrante est incompréhensible. Pourquoi diable Tom Hall situe-t-il en 1965 la première apparition de l'Homme congelé sur les champs de foire, alors qu'elle a eu lieu exactement le 3 mai 1967 ? On serait tenté de croire à une coquille, si une autre indication chronologique dans le texte ne sous-entendait la même date erronée. Les autres inexactitudes du récit sont de bien moindre importance et n'altèrent en rien le fond des événements.

(131) Ne voulant pas faire état ici de textes plus ou moins confidentiels, je me contenterai de reproduire un passage du document publié, à savoir un extrait de l'éditorial du numéro d'avril 1969 de *Pursuit*, organe de la *Society for the Investigation of the Unexplained*, dirigée par Ivan T. Sanderson : «... Le docteur Heuvelmans et le directeur allèrent examiner le spécimen et virent immédiatement ce que c'était. Toutefois, le détenteur de celui-ci exigea que ce dernier ne publiât pas ses découvertes à moins qu'une autorisation expresse ne lui eût été donnée par le propriétaire même, lequel était prétendument « un homme très important mais excentrique de la côte ouest ». Le docteur Heuvelmans ne prit aucun engagement de cette sorte ».

ordonné de l'exhiber sur les champs de foire. C'est lui aussi qui a recueilli le spécimen original dans un entrepôt de congélation secret quand il avait fallu l'escamoter.
Et ce sont ses hommes à lui qui l'ont enlevé dans un fourgon réfrigéré.

« Le grossium, poursuit Tom Hall, détient la Chose dans un endroit caché où personne ne pourrait jamais la retrouver. Si Hansen devait à nouveau être menacé, il
n'aurait qu'un coup de téléphone à lui donner. Le monstre serait chargé sur un yacht
de quatre-vingt pieds, et largué au fond de l'océan Pacifique. »

Hansen disait avoir beaucoup souffert du fait de sa loyauté envers cet homme puissant, et pourtant aucun supplice chinois n'arriverait à lui faire trahir celui-ci. « Il
était prêt à affronter la colère du monde entier pour servir de bouclier à son « parrain ». Il y était obligé, bien sûr. Le « parrain » ferait de même pour lui. Une seule
fois — en écrivant cette fameuse histoire — il avait fait quelque chose sans y mêler
le magnat. Et ç'avait été une folie ».

En somme, l'article de Tom Hall donnait non seulement une excellente vue d'ensemble de l'affaire de l'homme congelé, mais il apportait quelques petites pièces
manquantes au puzzle qu'il représentait et qui était encore loin d'être complet. Et,
cependant, il était possible dès ce moment à n'importe qui, à la seule lumière des
textes signés de Hansen, Sanderson et moi, complétés par divers articles publiés par
certains journalistes bien informés, de reconstituer la suite et l'enchaînement des
événements, et surtout de prouver de manière inattaquable l'authenticité du spécimen si âprement controversé.

CHAPITRE XX

LES CADAVRES SE SUIVENT ET NE SE RESSEMBLENT PAS

Le dessous des cartes et la preuve de l'authenticité du spécimen.

> «... Au fur et à mesure que se déroule l'histoire de l'Homme de la glace du Minnesota, elle se révèle comme un problème à la mesure d'une agence de détectives, plutôt que d'un biologiste. »
>
> John NAPIER, professeur de biologie des Primates à l'université de Londres, dans son livre *Bigfoot*, 1972.

Tous les faits rapportés jusqu'ici ont été contrôlés ou peuvent toujours l'être sans difficulté : un index bibliographique spécial renvoie aux diverses sources de référence déjà publiées (p. 459), et je tiens tous les documents inédits à la disposition des personnes intéressées. Bien entendu, les propos cités n'engagent jamais que leurs auteurs et n'offrent pas la moindre garantie de véracité quant à ce qu'ils rapportent, mais le fait qu'ils aient été tenus est toujours, en soi, un élément contrôlable, soit qu'ils aient été prononcés devant témoins, soit qu'ils aient été couchés par écrit et signés, soit qu'ils aient été imprimés avec l'approbation au moins tacite de leur auteur, soit enfin qu'ils aient été enregistrés sur bande magnétique, dans le cas notamment de conversations téléphoniques.

A la lumière de tous ces faits établis et de leur confrontation judicieuse, on peut se risquer, pour commencer, à quelques conjectures sur certains points plus ou moins obscurs de l'affaire et tenter de répondre notamment aux questions suivantes :

Quel rôle Terry Cullen a-t-il joué dans la suite des événements ?

Combien l'exhibition de l'homme congelé a-t-elle pu rapporter à Hansen et à son ou ses associés éventuels ?

Quel est le propriétaire légal du spécimen ?

Après quoi, il sera bien plus facile de répondre à la question capitale :

Le spécimen original est-il oui ou non authentique ?

Ou plus exactement, car dans l'esprit de celui qui l'a comme moi examiné à loisir avec la plus grande authenticité et soumis à une étude anatomique prolongée, son authenticité ne fait pas le moindre doute :

Est-il possible de prouver que le spécimen original est authentique ?

Cette preuve une fois établie, il ne restera plus qu'à répondre à quelques questions relatives aux aspects légaux et judiciaires de l'affaire, et du coup on verra celle-ci s'éclaircir d'elle-même. Un coup de théâtre providentiel viendra même, en finale, confirmer la justesse de toutes mes conclusions.

Mais procédons par ordre et tâchons de nous enquérir en premier lieu de la personnalité de l'homme qui, par son coup de téléphone à Ivan Sanderson avait mis initialement le feu aux poudres et déclenché le déroulement de toute cette rocambolesque aventure.

Dès qu'on y réfléchit un peu, il saute aux yeux que Terry Cullen était un comparse de Hansen. Il devait en effet être en relation étroite avec celui-ci pour avoir eu l'occasion d'examiner la face dorsale, donc cachée, du spécimen. Soulever un bloc de glace pesant sûrement plus de 400 kilos (opération qui suppose d'ailleurs un léger dégel préalable de celui-ci afin de la détacher des parois du congélateur, ou du cercueil réfrigéré, dans lequel il repose) est une tâche longue et pénible à laquelle on ne se livre pas pour satisfaire simplement la curiosité d'un visiteur parmi des milliers d'autres. Si Cullen a vraiment vu le dessous du spécimen, c'est qu'il a participé au dépôt de celui-ci dans son sarcophage vitré, cérémonie sûrement réservées aux seuls intimes du forain. Dans la négative, il a de toute façon été informé par Hansen de *ce qu'il aurait pu voir* à cette occasion. Pourquoi ? Eh bien ! Dans le but évident de le rapporter à Sanderson [132].

En effet, c'est manifestement à seule fin d'éveiller l'intérêt de l'écrivain-naturaliste, de l'allécher en quelque sorte, que Cullen a parlé d'une crête sagittale qui ne paraît pas exister sur le spécimen en question. Le fait est qu'une telle structure crânienne est généralement prêtée, tant à l'Homme-des-neiges himalayen qu'au *Bigfoot* californien, par tous ceux qui, comme Sanderson, ont tenté de les étudier et de les décrire. La mention d'un trait si caractéristique devait forcément faire dresser l'oreille à l'auteur d'*Abominable Snowmen*. Et la compétence en herpétologie de l'informateur devait en même temps rassurer celui-ci quant au sérieux du renseignement. Bref, le coup de téléphone de Cullen, confirmé par une lettre, et suivi de la promesse de retrouver l'adresse du détenteur du spécimen, avait pour but évident d'*attirer Sanderson chez Hansen*. Ce dernier d'ailleurs n'avait certainement pas été dupe du prétexte commercial invoqué par Ivan pour justifier sa visite : nous devions constater bientôt qu'il connaissait très bien Sanderson puisqu'il possédait chez lui des articles de ce dernier sur le *Bigfoot* et qu'il avait entendu parler de son livre sur les Hommes-des-neiges : peut-être même l'avait-il lu.

Les raisons pour lesquelles Hansen désirait rencontrer Sanderson ne peuvent être que supputées. Ce n'était pas, à coup sûr, pour obtenir de la publicité, en tout cas pas une publicité immédiate : Ivan a eu bien trop de mal à obtenir l'autorisation de parler de l'exhibition ! L'explication la plus vraisemblable est que l'ex-pilote cherchait à obtenir l'avis du plus célèbre spécialiste américain des Hommes-des-neiges, sur la nature — exacte ou possible — de son propre spécimen. A mon sens, Hansen désirait surtout apprendre de son visiteur s'il ne serait pas possible de *faire passer cette créature, en provenance d'Asie, pour un être abattu aux Etats-Unis mêmes*. De cette façon, l'ex-pilote pouvait espérer se dérober à tout jamais à cette épée de Damoclès suspendue depuis des années au-dessus de sa tête : le risque de se voir un jour sommé de s'expliquer sur la manière dont on avait (clandestinement) introduit le cadavre velu sur le territoire des Etats-Unis.

En tout cas, la suite des événements confirma entièrement cette dernière hypothèse. Qu'on le veuille ou non, le seul profit que Hansen ait jamais retiré de sa rencontre avec Sanderson est que celui-ci, en lui offrant son assistance éclairée pour l'élaboration et la confection de sa « confession » de *Saga*, l'a aidé à rendre plus acceptable la version d'une origine indigène de l'homme pongoïde.

Venons-en à présent à l'aspect financier de l'exhibition foraine de Hansen. Son importance est loin d'être négligeable. Car, enfin, nous avons vu l'infortuné forain plongé, à cause de son homme congelé, dans les ennuis, les tourments et même la peur ; nous l'avons vu dans l'obligation de recourir sans cesse à des stratégies nouvelles ; nous l'avons vu en somme se débattre désespérément pour sortir d'une situation apparemment embarrassante, voire périlleuse, et en même temps repousser d'un revers de main dédaigneux les offres financières les plus fabuleuses. Aussi est-on en droit de se demander : le jeu en valait-il la chandelle ?

---

(132) Plus tard (*The ISC Newsletter*, Tucson, 8, 4, p. 4, 1989) Terry Cullen rapportera qu'il avait vu plusieurs fois l'homme pongoïde (sans être autorisé à le photographier) et qu'il put observer de menus détails prouvant son authenticité. Il estimait qu'une réplique en était encore exhibée dans les années 1980. (JJB)

Sans présumer de l'authenticité du spécimen, et donc sans tenir compte du prix d'achat éventuel de l'original, on peut tout de même se faire une idée assez précise du rapport financier de l'opération « Homme congelé ».

Dans son article, Hansen disait que, suivant le grand spécialiste hollywoodien du maquillage Bud Westmore, la fabrication de la réplique ou, si l'on préfère, du modèle artificiel, pouvait coûter jusqu'à 20 000 dollars. D'autres experts consultés ont estimé son prix à au moins 15 000 dollars.

La seule insertion des poils dans le modèle en caoutchouc, ou en polystyrène, aurait coûté 3 500 dollars. Un simple calcul démontre que ceci n'a rien d'exagéré. J'ai pu dénombrer une moyenne de 17 poils par cm^2 sur la poitrine du spécimen, et c'est là une zone où la densité des poils est plus faible que sur le dos, le dessus de la tête, le cou ou les cuisses, mais bien plus forte en revanche que sur le visage, la paume des mains et la plante des pieds, et même que sur les aisselles ou les genoux. Supposons donc une répartition uniforme d'une telle densité moyenne sur toute la surface du corps. Chez un homme d'1, 8 m, celle-ci est donc de l'ordre de 2 m^2. Pour orner un mannequin de cette taille, il faudrait donc utiliser un total de 340 000 poils environ. Si, sur un modèle en caoutchouc, on arrivait à implanter 10 poils par minute, chacun sous un angle particulier (ce qui serait assez rapide), on pourrait en fixer 600 par heure. Pour en planter 340 000, cela prendrait, à une seule personne, 566 heures, donc près de 12 semaines de 48 heures, en somme trois mois d'un travail monotone et fastidieux, mais d'une extrême précision [133]. Si, pour toute l'opération, un prix forfaitaire de 3 500 dollars a été payé, cela ferait 6 dollars de l'heure, ce qui, aux U. S. A., n'est pas énorme pour un travail spécialisé si délicat.

Le prix des autres accessoires, d'usage plus courant,, indispensables à l'exhibition foraine de Hansen, est bien plus facile à calculer.

C'est ainsi que le total des frais d'investissement a pu être estimé *au bas mot* à 50 000 dollars (25 millions d'anciens francs) se répartissant comme suit :

> Roulotte-remorque et son tracteur .... 30 000 dollars
> Cercueil réfrigéré .... 5 000 dollars
> Modèle .... 15 000 dollars

Pour le chiffre d'affaires *réalisé* annuellement, Hansen a donné une valeur qui correspond en fait au montant théoriquement *réalisable*. Il a prétendu en effet qu'à raison d'un droit d'admission de 35 cents par tête, son exhibition lui rapportait 50 000 dollars par an. Cette somme, qui correspond à près de 150 000 visiteurs, représente un maximum tout de même difficile à atteindre. En effet, au cours des quelque six mois d'exhibition annuels, cela ferait 25 000 visiteurs par mois, soit 1 000 visiteurs par jour (en comptant un jour de relâche par semaine). Voilà qui suppose une succession interrompue, tout au long des journées de 8 heures, de groupes de 10 personnes se penchant pendant moins de cinq minutes sur le cercueil contenant le spécimen.

En trois ans donc, l'opération aurait pu rapporter *au grand maximum* quelque 150 000 dollars bruts. En pratique elle a sûrement rapporté moins que cela : peut-être guère plus de 100 000 dollars. Il faut se souvenir à ce propos que Hansen considérait qu'au cours de sa première année de tournée, son exhibition n'avait suscité, à cause de l'imperfection du modèle manufacturé, qu'un succès très relatif, ce qui aurait d'ailleurs incité le forain à exposer, dès 1968, le spécimen authentique.

---

(133) Il va de soi que ce travail peut avoir été exécuté en un mois et demi par deux personnes, voire en trois semaines par quatre.

Admettons cependant le chiffre d'affaires avancé par Hansen. Pour obtenir le bénéfice net, il convient de déduire d'abord de cette somme l'ensemble des frais généraux (patente, location des emplacements dans les foires, frais de logement, d'essence et d'entretien des véhicules, assurances, etc.), peut-être bien plus de 10 000 dollars par an, soit 30 000 dollars au moins. Il faut soustraire ensuite la partie non récupérable du matériel utilisé à savoir le modèle artificiel et son sarcophage, ayant coûté ensemble 20 000 dollars, et dont on ne peut pas espérer tirer grand-chose, et tenir compte enfin de la dévalorisation, par usure, du matériel de transport. Il est donc absolument certain qu'au lendemain de l'opération, Hansen se sera retrouvé en possession, outre un matériel de transport usagé, de bien moins que 100 000 dollars.

Nous savons au surplus que l'ex-pilote, de son propre aveu, n'avait pas les moyens de financer personnellement cette affaire, ce que confirment les éléments de son train de vie assez modeste. Comment d'ailleurs sa solde de militaire de carrière, ayant grade de capitaine, lui aurait-elle permis, étant donné ses charges de père de famille de trois enfants, de mettre de côté une somme de 50 000 dollars ? Il a forcément dû emprunter cette somme, comme il l'a reconnu, et avait donc de ce fait un associé, au moins un.

Dans ce genre d'affaires, auxquelles deux partenaires participent, l'un par son investissement financier, l'autre par son travail, il est généralement d'usage que le bénéfice soit partagé moitié moitié. En l'occurrence chacun des deux associés aurait touché, à l'issue de l'opération, quelque 50 000 dollars (impôts non déduits), plus la moitié de la valeur de la roulotte et de son tracteur. C'est dire que celui qui aurait financé la combinaison serait rentré simplement dans ses frais d'investissement : son seul bénéfice résulterait de la moitié du prix de vente du matériel de roulage ! Quant à Hansen, il aurait travaillé trois ans pour gagner la même chose, soit moins de 17 000 dollars par an (8 millions et demi d'anciens francs), ce qui, aux U. S. A., n'est vraiment pas énorme. Et il aurait droit, lui aussi, à la moitié du prix de vente du tracteur et de sa remorque.

Tout cela, précisons-le, en supposant à cette affaire un rendement maximum. Et nous n'avons même pas parlé, dans tous ces comptes, du prix d'achat du spécimen authentique. A titre d'indication, je dirai qu'on peut de nos jours acquérir un gorille vivant pour quelque 6 000 dollars. Contrairement à ce qu'on pourrait croire, le prix de vente d'un orang-outan n'est pas beaucoup plus élevé, bien qu'il s'agisse d'une espèce en voie d'extinction et dont le trafic est donc strictement prohibé.

Bref, l'opération « Homme congelé » n'a jamais été — et ne pouvait même pas être a priori — ce qu'on appelle « une affaire en or ». C'était, et encore pour Hansen seulement, une affaire de rapport normal qui ne justifiait pas en tout cas qu'on prît des risques sérieux. Il est très important de le savoir pour pouvoir discuter de l'identité de celui qui serait « le vrai propriétaire » du spécimen.

Même si Hansen a dû, de toute évidence, faire financer son exhibition foraine par un tiers, il n'est pas impossible qu'il soit cependant lui-même le propriétaire du spécimen original, ce spécimen qu'il avait dit d'abord avoir acquis à Hong Kong, puis prétendu, de manière plus extravagante, avoir abattu au Minnesota. Toutefois, dans ses deux versions bien distinctes et même contradictoires de l'origine du cadavre velu, il a toujours reconnu qu'une autre personne avait au moins des droits sur la pièce. D'une part, en effet, il nous avait confié, à Ivan et à moi, que « quelqu'un » lui avait prêté l'argent pour l'acheter au trafiquant chinois, et il avait même précisé à plusieurs reprises que la personne en question était « le vrai propriétaire ». D'autre part, il devait raconter finalement au journaliste Tom Hall, que, bien que son puissant « parrain » ou protecteur ne fût pas véritablement le propriétaire légal du spécimen, il gardait néanmoins la main dessus et pouvait en disposer à sa guise, quitte à l'engloutir au fond des mers en cas d'ennuis graves, ce qui revenait au même. De toute façon, comme je l'ai souligné dès le premier chapitre, Hansen avait trahi d'emblée, par des réactions spontanées, des réflexes quasi automatiques, le fait qu'il avait des comptes à rendre à quelqu'un.

Cela dit, le propriétaire ou patron en question est-il simplement, comme le forain l'a toujours prétendu, un richissime original californien, seulement désireux de posséder des choses que les autres n'ont point, un magnat du cinéma qui aurait par caprice acheté ou fait acheter le spécimen à prix d'or par Hansen, un nabab hollywoodien qui pouvait se permettre de refuser les offres de rachat les plus colossales, voire songer à créer un laboratoire privé pour faire étudier sa curiosité orientale par des savants à sa dévotion [134] ?

A cette question, on peut répondre catégoriquement non. Car si l'on est à ce point jaloux de son bien, on ne le livre pas en pâture aux foules pendant trois ans. Si l'on tient ledit bien pour un spécimen d'une valeur scientifique inestimable, on ne le laisse pas exhiber sur les champs de foire. Et si l'on est riche au point de ne même pas prendre en considération une offre d'un million de dollars, on ne s'intéresse pas à une affaire qui ne peut vous rapporter que des clous, ou plus exactement des écrous avec une demi-roulotte et un demi-tracteur autour.

Il est manifeste que cette personnalité anonyme — ou, comme je l'ai déjà suggéré, cette personne morale, cette association — ne peut être mêlée à cette exhibition foraine ni par simple dilettantisme ou manie de collectionneur, ni par goût du mécénat, ni par intérêt financier. Si elle est liée à Hansen, ce n'est sûrement pas à la suite d'un simple arrangement commercial : il y a plutôt entre eux une sorte de pacte qui pourrait évidemment être fondé sur une vieille amitié ou sur une dette de reconnaissance. Ou bien, y aurait-il, comme on dit, « un cadavre entre eux », pas seulement au propre, mais aussi au figuré ? Pas seulement une simple carcasse d'hominoïde velu, mais une complicité partagée dans quelque activité coupable ?...

Ce qui est certain, c'est que cette personne ou cette organisation occulte existe, qu'elle possède sans aucun doute des moyens financiers considérables, et qu'elle est assez puissante politiquement pour avoir empêché entre autres le Service des Douanes, ainsi que le Ministère de la Santé, d'opérer un contrôle parfaitement légitime lorsque Hansen se trouvait coincé avec son exhibition entre les deux postes frontières du Canada et des Etats-Unis.

_____

(134) Dès les premières descriptions, par Hansen, des particularités du « vrai propriétaire » du spécimen, quiconque était un peu au courant de la vie américaine n'avait pu s'empêcher de penser aussitôt au milliardaire texan Howard Hugues, né en 1905, pionnier de l'aviation et grand producteur de films à Hollywood, aussi célèbre pour ses caprices et ses extravagances que pour le caractère secret de sa vie privée. Comme il n'avait plus été vu en public, ni surtout photographié par la presse depuis une bonne dizaine d'années, on ne s'est pas privé, à un certain moment, de faire circuler sur lui les bruits les plus rocambolesques : il serait mort, mais son décès aurait été dissimulé par son entourage pour empêcher l'écroulement de son empire financier. En réalité, Howard se porte bien, merci. Aux dernières nouvelles, il se trouvait en Angleterre et songeait même à s'acheter une propriété sur l'île de Jersey. Mais, pour rester dans la note, chaque fois qu'un raseur me demandait de lui raconter, pour la mille et unième fois, l'histoire de l'homme congelé, et prétendait triomphalement avoir deviné l'identité du propriétaire du spécimen (Howard Hugues !), j'avais pris l'habitude de répliquer : « Vous ne croyez pas si bien dire. En réalité, c'est Howard Hugues lui-même qui repose dans le cercueil réfrigéré. Son corps s'est couvert de poils à force d'avoir été dissimulé dans des retraites obscures. Après sa mort, on l'a mis au frais, pour pouvoir le ressortir en cas de contestations relatives à son héritage... » Ce qui m'étonne, c'est que personne n'ait pris cette explication vraiment au sérieux.

Pourquoi cette personne — physique ou morale, peu importe — a-t-elle rendu à Hansen le service de lui financer son exhibition, ou de lui prêter quelque 50 000 dollars (25 millions d'anciens francs) sans apparemment escompter un profit appréciable ? Pourquoi cette personne est-elle toujours restée dans l'ombre, ne s'est-elle jamais fait connaître même aux moments les plus critiques ? Pourquoi n'en est-il soudain plus du tout question dans la « confession » de Hansen parue dans *Saga*, l'article dans lequel l'ex-pilote réclamait en termes si soigneusement pesés d'être assuré d'une impunité totale pour pouvoir autoriser l'étude intégrale du spécimen ? Auparavant pourtant (et d'ailleurs par la suite, dans ses confidences à Tom Hall) Hansen s'était (et s'est toujours) déchargé de toutes ses responsabilités sur cette personne...

Ce sont là les points peut-être les plus obscurs de toute l'affaire, des points qu'on ne peut espérer élucider qu'à la lumière des aspects judiciaires et légaux de celle-ci. Or, ces aspects sont forcément liés avant tout à la question de l'authenticité du spécimen. Car, enfin, ce ne peuvent être les mêmes lois qu'on viole quand l'enjeu est une créature en chair et en os et quand il n'est qu'un mannequin manufacturé.

De l'authenticité du spécimen, je suis bien entendu parfaitement convaincu quant à moi, et Ivan ne l'est pas moins. Mais peut-on communiquer à autrui une conviction fondée sur l'expérience personnelle ? Est-il possible de prouver formellement que nous n'avons pas été abusés ?

Dans un livre intitulé *Bigfoot*, le docteur John Napier, qui ne s'est jamais donné la peine d'aller examiner l'homme congelé bien que cela lui eût été facile, a consacré tout un chapitre à celui-ci pour défendre l'opinion selon laquelle il s'agirait d'une supercherie. Il faut dire que si ce n'en est pas une, Napier se trouve dans une situation très embarrassante : il porte, en effet, la plus lourde responsabilité dans le discrédit jeté, bien à la légère, sur la pièce à conviction à ce jour la plus probante pour ce qui est la plus grande découverte anthropologique de tous les temps. L'histoire des sciences ne le lui pardonnera jamais.

Ce qui gêne le plus Napier est de devoir expliquer « comment deux zoologistes expérimentés tels que Ivan T. Sanderson et Bernard Heuvelmans ont pu être égarés ». La seule interprétation qu'il trouve à proposer est que nous avons été impressionnés par l'atmosphère cauchemardesque — « des conditions de Charles Addams » — dans laquelle nous avons procédé à l'examen d'un « modèle brillamment exécuté ».

Je suis tout prêt à reconnaître qu'il m'est déjà arrivé, au cours de mon existence, d'avoir très peur, je puis même préciser en quelles circonstances : d'abord, quand, encore enfant, je me suis trouvé, une nuit, dans une frêle embarcation qui menaçait de chavirer sous la brutalité de vagues soulevées par un paquebot ; ensuite, lorsque jeune homme, je me suis senti coincé dans un étroit boyau au cours d'une exploration spéléologique ; enfin, pendant la Guerre mondiale, quand ma pièce de D. C. A. a subi son premier bombardement par Stukas. J'ai aussi à l'occasion été assez impressionné : se voir chargé par un rhinocéros noir ou un éléphant furieux, nager dans les eaux infestées de requins et de barracudas, photographier à bout portant des serpents dont la morsure ne pardonne pas sont des expériences dont on se souvient. Je dois dire cependant que je crains moins les animaux réputés les plus dangereux que les hommes, et surtout qu'une foule hostile. Aussi ajouterai-je que cela ne m'a tout de même pas empêché de circuler seul, la nuit, dans les rues de Harlem, d'aller danser en Afrique ou en Amérique centrale dans des établissements où j'étais le seul Européen, et de me bagarrer à mon corps défendant avec des voyous dans des bouges méditerranéens. Et je sais ce que c'est que d'être réveillé au petit matin, sous l'Occupation, par des représentants des *Sicherheits Dienst* que la teneur de mes écrits indisposait, et d'être paradoxalement jeté en prison à la Libération par des maquisards de pacotille, armés jusqu'aux dents et assoiffés de violence, qui me reprochaient d'avoir publié ces mêmes écrits. J'ai connu la guerre, la captivité, les persécutions, plusieurs mariages, des maladies dont on ne revient généralement pas. Il m'est arrivé d'être bouleversé au cours de ma vie, jamais, dans les pires circonstances, au point de perdre la tête. Admettons même que je ne veuille pas le reconnaître. Il est cependant puéril et grotesque de croire que la contemplation même nocturne d'un cadavre congelé, dans une roulotte foraine, puisse impressionner un zoologiste qui a passé une bonne partie de son existence à travailler dans des musées hantés de squelettes et tapissés de bocaux contenant les choses les plus horribles, ou à disséquer au laboratoire des animaux de toutes sortes, voire y déjeuner quelquefois en hâte parmi les corps encore palpitants de pauvres bêtes anesthésiées, toutes tripes dehors. Tout ceci vaut aussi, bien entendu, pour Ivan, qui a mené une vie peut-être plus aventureuse encore que la mienne et naturalisé bien plus de mammifères et en particulier de singes, que moi.

Cela dit, je veux même bien, si l'on y tient, avouer que pendant trois jours consécutifs je n'ai cessé de trembler de terreur, sauf le temps de prendre mes photos (aucune en effet n'est floue). Même s'il en avait été ainsi, cela n'eût rien changé au problème. J'ai déjà dit que, si la confection d'un faux faisant illusion me paraissait *pratiquement* irréalisable, j'admettais néanmoins qu'elle fût *théoriquement* possible. A mon sens, l'établissement de l'authenticité du spécimen peut seulement être fondée de manière irréfutable, pour qui ne l'a pas examiné (ou pour qui l'aurait fait sous l'empire d'une intense émotion), sur des preuves circonstancielles et notamment par une démonstration *ab absurdo*. Et que peut-on rêver de plus rigoureux qu'une forme de démonstration ayant cours dans une des sciences exactes, la géométrie ?

Avant d'y recourir, précisons tout de même que si le spécimen en question était un faux, toute l'affaire de l'homme congelé se résumerait à une supercherie magistrale dont seul l'esprit de lucre pourrait être le mobile. On ne peut songer au demeurant à une tentative de mystification destinée à déconcerter, confondre ou ridiculiser les anthropologues, comme dans le cas célèbre de l'Homme de Piltdown. Si tel avait été le but des faussaires, il est bien certain qu'ils eussent situé la « découverte à faire » dans un cadre offrant plus de garanties de sérieux qu'un champ de foire, et qu'ils n'auraient sûrement pas agrémenté l'histoire de l'origine du spécimen, de péripéties aussi rocambolesques que celles racontées par Hansen [135].

Si l'on suppose donc que le spécimen original est un faux exécuté à des fins lucratives, une foule de questions se pressent à l'esprit. A beaucoup d'entre elles on ne peut donner aucune réponse sensée, logique, acceptable. En tout cas, je n'en vois pas, personnellement, et je n'ai encore rencontré personne qui fût capable d'en suggérer. Je serais prêt à m'incliner si un de mes contradicteurs daignait m'en proposer, plutôt que de se cantonner dans un attentisme stérile ou une incrédulité apriorique, sans autres arguments que « c'est impossible » ou « ce *doit* être une mystification », ou même « la thèse de la supercherie est *tout de même* la plus vraisemblable ».

---

(135) Ils auraient pu, par exemple, en plein hiver, larguer le bloc de glace contenant le modèle manufacturé sur une plage de l'Alaska, où ils se seraient arrangés pour en prendre possession, non sans avoir au préalable laissé des journalistes prendre des photos et quelques hommes de science faire des premières observations à travers la glace non élaguée. Le seul problème eût été alors de trouver un bon prétexte pour s'emparer de la pièce avant qu'elle ne fût soumise à une étude plus approfondie.

SI LE SPECIMEN ORIGINAL EST UN FAUX :

1. *Pourquoi Hansen a-t-il cherché à le déprécier ?*

Pour convaincre autrui de l'intérêt d'une exhibition foraine, il faudrait être soi-même convaincu ou du moins le paraître. Or, jusqu'au moment où il a retiré le spécimen du circuit, jamais Hansen n'a prétendu, pas plus en public que dans le privé, qu'il était authentique. Cela pourrait se justifier par le souci de n'être jamais accusé d'avoir obtenu de l'argent par des moyens frauduleux. Mais l'ex-pilote ne suggérait même pas à ce moment que le spécimen *pût* être vrai : selon lui, il s'agissait sans doute de quelque « fabrication orientale ». Ou alors il s'efforçait de faire croire que c'était un être relativement banal, en rapportant que des analyses avaient révélé que ses poils appartenaient à un type humain connu d'Asie (un Aïnou ?) et que son sang était tout à fait normal (un individu anormalement velu de notre espèce ?). Enfin, à partir du 20 avril 1969, Hansen avait même délibérément présenté son exhibition comme un faux. Il n'a commencé à suggérer son authenticité qu'en septembre de la même année, quatre mois à peine avant de le retirer définitivement de la circulation. Pourquoi ?

2. *Pourquoi Hansen affublait-il son spécimen d'étiquettes ridicules ?*

Afin de faire prendre une exhibition foraine au sérieux, de la rendre énigmatique à souhait et de susciter ainsi la curiosité des foules, il y a tout avantage à la présenter avec un certain décorum et de préférence dans un jargon pseudo-scientifique. Ce sont là les recettes éprouvées du charlatanisme. Hansen, comme on peut en juger par sa conversation et par sa bibliothèque (que j'ai pris la peine d'inspecter avec soin), est loin d'être un homme fruste. Ne manquant ni d'intelligence ni d'une certaine culture, il connaissait sûrement la différence entre une « illusion » et une « allusion », et il savait très bien que les hommes « médiévaux » ne vivaient pas aux « temps glaciaires ». Alors pourquoi ces panneaux publicitaires absurdes et mal orthographiés, qui suggéraient un spectacle minable, juste propre à jeter de la poudre aux yeux de rustres et d'illettrés ? Pourquoi ?

3. *Pourquoi Hansen aurait-il évité une grande publicité ?*

Le succès commercial d'une exhibition foraine est lié à l'ampleur de sa renommée. Or, Hansen a, au début, formellement interdit à Sanderson de parler de son exhibition dans *Argosy*, magazine qui compte près de deux millions de lecteurs. C'est d'autant moins compréhensible que l'article projeté visait à authentifier le spécimen et à souligner son intérêt exceptionnel au point de vue scientifique, ce qui ne pouvait qu'attirer un public considérable. Pourquoi quelqu'un renoncerait-il à ce qui peut le mieux servir ses intérêts ? Pourquoi ?

4. *Comment se fait-il que le spécimen se décompose ?*

Il a été établi qu'un modèle artificiel, en caoutchouc ou en matière plastique, a été fabriqué à Los Angeles. Or le spécimen examiné par Sanderson et moi dégageait une odeur caractéristique de chairs en putréfaction. Cela s'expliquerait bien sûr s'il avait été fabriqué comme Sanderson l'a suggéré, à partir d'une dépouille de chimpanzé. Mais, dans ce cas, pourquoi aurait-on exécuté une copie de ce faux ? Pourquoi ?

5. Pourquoi Hansen était-il gêné qu'on perçût l'odeur de décomposition de son spécimen ?

Une odeur de putréfaction ne pouvait qu'aider à convaincre de l'authenticité du spécimen. Alors pourquoi Hansen, loin d'en être ravi, a-t-il blêmi et paru surpris, puis contrarié, quand Sanderson lui a fait remarquer l'existence de cette puanteur et lui a fait constater celle-ci par lui-même. Pourquoi ?

6. Pourquoi Hansen a-t-il refusé les offres d'achat les plus alléchantes ?

Puisque Hansen n'a jamais, avant sa fameuse « confession », prétendu que son spécimen était authentique, il pouvait, même faux, le vendre comme une curiosité, de nature inconnue, sans qu'on puisse l'accuser d'escroquerie. On a calculé que son exhibition a pu réaliser un chiffre d'affaires maximum de 150 000 dollars au cours de sa carrière de trois ans, soit un bénéfice brut de 100 000 dollars, les frais d'investissement une fois déduits. Or les offres qu'on lui a faites effectivement, ou qu'on lui a fait miroiter, pour le rachat du spécimen, étaient jusqu'à dix fois supérieures à cette dernière somme. Pourquoi les a-t-il toutes repoussées ?
On pourrait croire ce refus justifié par son désir de faire « coup double » en réalisant d'abord les bénéfices de ses tournées, puis ceux de la vente du spécimen ayant fini de servir. Or, sa tournée terminée, Hansen, loin de chercher à vendre celui-ci, l'a rendu invendable en le déclarant authentique (au cas du moins où, comme on le suppose ici, il serait faux). Dans cette éventualité, en effet, le forain s'expose à une accusation d'escroquerie s'il le vend après une déclaration de cette teneur. Pourquoi n'avoir pas cherché à négocier le spécimen avant cette « confession » ? Pourquoi ?

7. Quels ennuis pouvait-on éviter en faisant fabriquer une réplique du spécimen ?

Hansen a reconnu (ce qui a d'ailleurs été vérifié) qu'une réplique avait été confectionnée autrefois à grands frais « au cas où il y aurait un jour des ennuis ». A quels ennuis pouvait-il faire allusion si le spécimen était faux ? Sûrement pas à une accusation d'escroquerie, puisque celui-ci n'avait jamais été présenté comme vrai. Le forain s'était contenté de suggérer l'existence d'un « original », d'une « créature véritable », mais n'avait jamais affirmé que c'était là ce qu'il exhibait. Pourquoi dans ce cas parler d'ennuis possibles ? Pourquoi ?

8. Pourquoi Hansen a-t-il toujours refusé de laisser radiographier son spécimen ?

On comprend évidemment qu'avant le 20 mars 1969, Hansen n'ait pas laissé radiographier son spécimen s'il était faux : son exhibition eût perdu de son mystère et, partant, de son attrait. Mais à partir du moment où il avait proclamé publiquement sa fausseté, ridiculisant ainsi en bloc les spécialistes qui l'avaient déclaré vrai, la *Smithsonian* qui s'y était intéressée et le F. B. I. qui avait enquêté sur lui, le forain eût au contraire augmenté l'intérêt de son attraction et l'effet comique de sa révélation en présentant au public des radiographies authentifiées d'un spécimen en caoutchouc ou en plastique, monté sans doute sur une carcasse en fil de fer.

D'autre part, en juillet 1969, quand il avait été arrêté entre les postes douaniers séparant le Canada des Etats-Unis, et qu'il était menacé des pires ennuis tant qu'on le soupçonnait de receler un cadavre humain et de le transporter par-dessus des frontières, pourquoi Hansen a-t-il choisi de passer près de vingt-quatre heures dans cette situation déplaisante, de dépenser beaucoup d'argent en coups de téléphone aux quatre coins du pays, de déranger des avocats, ce qui est encore plus coûteux, et même de réclamer l'intervention d'un sénateur, plutôt que de prouver son innocence en laissant simplement examiner son spécimen aux rayons X. Le propriétaire, quel qu'il fût, n'en aurait jamais rien su. Alors pourquoi ce refus obstiné ? Pourquoi ?

9. Pourquoi Hansen a-t-il continuellement modifié son « histoire de couverture », pour finir d'ailleurs par la nier complètement ?

Si l'affaire de l'« homme congelé » n'est qu'une supercherie magistralement orchestrée, comment se fait-il que Hansen n'ait pas pris la peine de bâtir dès le départ une histoire plausible et cohérente pour expliquer l'origine du spécimen, histoire à laquelle il eût pu se tenir ensuite obstinément sans jamais en démordre ? Or, personnellement — ou par le truchement de Terry Cullen — il a, au début, donné pas moins de trois versions différentes de la découverte du spécimen (une russe, une japonaise et une chinoise). De même, il a d'abord prétendu être le propriétaire de celui-ci avant d'en faire endosser la propriété à quelqu'un d'autre. Ensuite, il a raconté tantôt qu'il avait lui-même repéré le spécimen à Hong Kong, tantôt que c'était le « propriétaire » qui l'avait trouvé, tantôt que c'étaient ses copains volants qui le lui avaient signalé. Enfin, après s'être tenu trois ans à la version d'une origine asiatique, le forain avait soudain renié celle-ci pour lui substituer la version d'une origine nord-américaine. Pourquoi toutes ces variantes contradictoires, dont une seule pouvait ne pas être un mensonge ? Et pourquoi cette virevolte finale qui, si elle exprimait la vérité, rendait toutes les affirmations précédentes mensongères [136] ? Un menteur invétéré n'est pas fait pour inspirer confiance, et ses perpétuelles contradictions ne cadrent guère avec l'idée d'une machination géniale. Pourquoi tant de maladresse ? Pourquoi ?

10. *Pourquoi Hansen s'est-il soudain accusé de la mort violente de son spécimen ?*

S'il n'y a jamais eu de spécimen authentique, pour quelle raison le forain avouerait-il avoir tué un être, dont il reconnaît même l'aspect humain, et accessoirement en avoir recelé le cadavre pendant dix ans et lui avoir fréquemment fait franchir des frontières d'Etat et même internationales ? Ce sont tous là des crimes, dont le premier est capital. Certes, d'après la législation américaine, on ne peut pas utiliser contre quelqu'un, pour l'incriminer, des déclarations qu'il n'a pas faites sous serment. Mais de tels aveux attirent tout de même sur vous l'attention des représentants de la loi. Pour quelles raisons graves Hansen, qui s'inquiétait tant jusqu'alors de l'intérêt que la police lui portait, s'est-il ainsi exposé spontanément au risque d'être étroitement surveillé et pris sur le fait à la moindre incartade ?

Ce n'est assurément pas pour toucher le montant de la pige afférente à l'article de *Saga*, pour lequel d'ailleurs il déclare formellement n'avoir pas touché un *cent*. Ce ne peut pas être non plus pour faire monter le prix de vente d'un spécimen faux, puisque sa déclaration a au contraire pour effet de le dévaluer (cf. 6.). Pour éviter une accusation d'escroquerie, on ne peut guère vendre un faux qu'au prix d'une curiosité sans grande valeur.

---

(136) Ici s'impose une citation du livre de Napier, relative à Frank D. Hansen : « Je ne crois pas qu'il ait jamais dit un mensonge, il se contentait d'éluder chaque question par une périphrase... Il n'a jamais prétendu que son exhibition fût autre chose qu'un mystère, ce qu'elle était en vérité — et ce qu'elle demeure ». Sans commentaires.

La seule explication possible de l'aveu d' « homicide » de Hansen, dans le cas où son spécimen est un faux, serait qu'elle accroît la valeur de celui-ci en tant qu'attraction foraine. Théoriquement, c'est vrai, mais en pratique il est impossible de tirer profit de cette valorisation. La loi interdit en effet de chercher à obtenir une rémunération par des moyens frauduleux. Ainsi, au cas où l'article de *Saga* contiendrait des allégations mensongères, ce serait une escroquerie de demander de l'argent pour le faire publier (Hansen le sait si bien qu'il a refusé de toucher la moindre pige pour cet écrit). Pour la même raison, le forain ne peut pas davantage réclamer un droit d'admission pour laisser contempler un spécimen faux, s'il l'a prétendu authentique. Avant sa « confession », il pouvait exhiber le cadavre velu comme un « mystère total » ; après celle-ci il ne pourra plus le faire, s'il est faux, qu'en continuant à déclarer publiquement qu'il l'est. (C'était d'ailleurs là son intention, comme il le précisait à la fin de son article). Alors pourquoi cette spectaculaire « confession » qui ne peut rien lui rapporter, sauf des ennuis ? Pourquoi ?

11. Pourquoi Hansen exigerait-il une déclaration préalable d'amnistie avant d'envisager la possibilité d'une cession du spécimen ?

N'ayant jamais, avant sa confession, prétendu que son spécimen était authentique, le forain était parfaitement en règle avec la loi, si celui-ci était faux. Il n'avait donc rien à craindre. Alors, quels crimes ou délits désirait-il voir amnistier ? Pourquoi cette exigence impérieuse ? Pourquoi ?

12. Pourquoi le spécimen a-t-il été agrémenté de blessures ?

J'ai déjà posé cette question au chapitre XV en faisant remarquer que, si des blessures sanglantes ajoutent à l'exhibition un climat de Grand-Guignol qui n'est pas sans déplaire au public, l'une d'elles, notamment l'absence d'yeux, lui ôte au contraire un effet spectaculaire unique, sans précédent : le *regard* d'un homme présenté comme notre ancêtre lointain, un regard venu du fond de la nuit des temps ! Si le spécimen a été manufacturé sur commande, pourquoi l'avoir privé de cet atout majeur ? Pourquoi ?

13. Pourquoi le spécimen ne ressemble-t-il pas à une reconstitution traditionnelle d'un Hominidé préhistorique ou fabuleux ?

Si l' « homme velu » a été fabriqué de toutes pièces, de quel modèle s'est-on inspiré pour en dessiner les plans ? Le fait est qu'il ne ressemble à aucune des reconstitutions classiques ou traditionnelles de l'Homme de Néanderthal, qu'elles soient à prétentions scientifiques ou artistiques, pas plus d'ailleurs — il est bon de le souligner — qu'à celles des divers Pithécanthropiens ou Australopithéciens. Il n'offre même pas de ressemblance poussée avec les meilleurs portraits-robots qui ont été proposés de l'Homme-des-neiges himalayen ou du *Bigfoot* américain. En vérité, par son abondante pilosité, ses orteils crochus et son nez retroussé, le spécimen n'offre une certaine ressemblance qu'avec une reconstitution extrêmement peu connue de l'Homme de Néanderthal, à savoir celle proposée en 1922 par le docteur Maurice

Faure au Congrès de Montpellier de l'Association française pour l'avancement des Sciences. Et encore, un nez aussi exagérément retroussé que le sien n'a jamais été prêté à un Néanderthalien que dans une reconstitution de R. N. Wegner, tenue par les anthropologues pour franchement « caricaturale » (Planches 17 et 18)

Comme je l'ai déjà dit au chapitre XV, si le spécimen avait été conforme à l'idée qu'on se fait généralement d'un homme préhistorique ou d'un homme-singe quelconque, il aurait remporté un succès bien plus éclatant sur les champs de foire, et il ne serait peut-être pas passé inaperçu de la Science pendant un an et demi. Ainsi donc, s'il a été manufacturé, pourquoi ne lui a-t-on pas donné un aspect plus « commercial » ? Pourquoi ?

Bien d'autres interrogations restent désespérément sans écho, sans réponse concevable, si l'exhibition de Hansen n'était qu'une supercherie. Nous nous contenterons des treize questions ci-dessus qui touchent un peu à tous les aspects de l'affaire. Les tenants et les aboutissants de celle-ci sont incompréhensibles dans le cas d'une mystification. Il est donc absurde de supposer que le spécimen original est un faux. Par conséquent, il est authentique. C. Q. F. D.

Par manière de « preuve par neuf », de contrôle *a posteriori* de cette démonstration par l'absurde, nous vérifierons plus loin qu'il est en revanche facile de répondre à toutes les questions posées si le spécimen original est bien un cadavre authentique. Mais, auparavant, l'aspect légal de la question mérite d'être éclairci. En effet les inquiétudes, les manœuvres, les ripostes, les précautions, les revirements de Hansen semblent témoigner essentiellement d'une crainte de poursuites judiciaires. Du chef de quels délits ou de quels crimes ?

Cette question, nous nous l'étions posés à la fin du chapitre XVII mais d'une manière tout à fait théorique. Si, à la lumière des divers rebondissements de l'affaire et à présent convaincus de l'authenticité du spécimen, nous nous en tenons cette fois aux deux versions bien distinctes des événements donnés par Hansen lui-même, à savoir celle de l'origine asiatique du spécimen et celle de son origine indigène nord-américaine, voici la liste des infractions à la loi qui auraient été commises dans l'un et l'autre cas :

Le spécimen est un être humain, tout au moins au sens le plus large : le fait de l'avoir tué pourrait à la rigueur être tenu pour un homicide, ce qui est un crime capital.

Receler un cadavre humain sans l'avoir déclaré aux autorités locales, et le conserver sans autorisations spéciales émanant des autorités de l'Etat et des autorités fédérales est un délit.

Transporter un cadavre humain, sans ces autorisations spéciales, d'un Etat à un autre, ou par dessus les frontières du pays, est un crime fédéral.

Il est obligatoire de déclarer la détention de tout spécimen scientifique (comme de toute œuvre d'art) d'une valeur vraiment considérable, et de le faire enregistrer : omettre ces formalités est un délit.

Il est interdit d'introduire quoi que ce soit aux Etats-Unis sans le déclarer, même s'il n'y a pas de droits de douane à payer : la contrebande est un crime fédéral. Le seul transport d'un article de contrebande d'un Etat à un autre est également un crime fédéral.

Enfin, comme Hansen était attaché aux Forces Aériennes, en tant qu'officier de carrière à l'époque des événements, et que le spécimen, s'il est originaire d'Asie, a été ramené par lui, il faut rappeler que se servir de matériel militaire, par exemple d'un avion, pour commettre un délit ou un crime relève en l'occurrence de la cour martiale et est passible des peines les plus lourdes.

On le voit, les infractions plus ou moins graves pour lesquelles Hansen avait les meilleures raisons du monde de vouloir dissimuler à tout prix l'authenticité du spécimen ne manquent assurément pas.

Suivant sa version initiale des faits — l'origine asiatique de l'homme velu — Hansen se serait rendu coupable des quatre dernières (b, c, d et e), et suivant sa version finale — l'origine nord-américaine de l'homme velu — il se serait rendu coupable des quatre premières (a, b, c et d). Dans chacune des deux éventualités, il aurait commis en tout cas les trois mêmes infractions (b, c et d) qui, il faut bien le dire, sont les moins graves. Cela revient à dire qu'en se résolvant, par sa confession de *Saga*, à entériner la seconde version, le forain a choisi en fait de reconnaître plutôt l'infraction a que l'infraction d, bref qu'il a préféré s'accuser de meurtre que de contrebande.

Voilà qui semble à première vue d'une maladresse insigne, mais apparaît à la réflexion d'une suprême habileté. Car, enfin, il est bien certain qu'aucun jury des Etats-Unis ne songerait à faire condamner Hansen pour avoir abattu une créature terrifiante ressemblant vaguement à un gorille et qui aurait eu au surplus une attitude menaçante. En revanche, l'introduction clandestine, sur le territoire national, d'un cadavre en voie de putréfaction et l'utilisation vraisemblable à cette fin d'un avion militaire pourraient coûter très cher. Aussi comprend-on parfaitement qu'à une version tout à fait plausible des événements — l'achat en Orient d'une curiosité exotique — Hansen ait finalement préféré substituer une histoire de meurtre bourrée d'invraisemblances, mais bien moins compromettante en réalité. Et il était très astucieux, à l'issue de cette confession, de réclamer en échange de la cession du spécimen « une amnistie totale *pour toute violation possible des lois* » en se gardant bien de préciser de quelle violation il était question...

Ce qui est indiscutable, c'est que des lois avaient été violées, que Hansen craignait d'être poursuivi pour les avoir violées, et qu'il était diablement désireux de se voir amnistié pour les avoir violées !

Aussi peut-on à présent répondre sans peine aux treize questions qui restaient sans réponse si l'exhibition foraine n'était qu'une supercherie.

SI LE SPECIMEN EST AUTHENTIQUE :

1. Hansen a longtemps déprécié son spécimen pour qu'on le croie faux. En effet, la preuve de son authenticité l'exposait à de graves ennuis judiciaires.

2. C'est pour la même raison qu'il l'a présenté de manière quelque peu grotesque jusqu'au moment où il a annoncé qu'il allait le retirer de la circulation.

3. Hansen cherchait au début à éviter une trop grande publicité par crainte de voir le spécimen pris au sérieux par la Science et menacé, de ce fait, d'un examen approfondi qui en aurait établi l'authenticité.

4. Le spécimen original se décompose car c'est un cadavre authentique et non un mannequin en caoutchouc ou en matière plastique.

5. Hansen craignait que l'odeur de putréfaction ne trahît l'authenticité de son spécimen. Et il redoutait aussi, bien entendu, que son exhibition ne se détériorât trop rapidement.

6. Hansen et son ou ses associés ou patrons ne pouvaient pas se permettre de vendre leur spécimen, car l'acheteur se serait forcément aperçu de son authenticité. Il faut croire que les conséquences judiciaires d'une telle révélation eussent été si graves qu'elles n'auraient pas valu une fortune.

7. Si Hansen et consorts ont fait fabriquer une réplique artificielle du spécimen, c'est pour prévenir les menaces de poursuites judiciaires liées à la révélation de l'authenticité du spécimen. En effet, produire les preuves de la fabrication de cette copie (factures, photos des phases de l'opération, témoignage des artisans, etc.) permettait de couper court aussitôt à toute indiscrétion poussée. Le forain a reconnu très tôt cette manœuvre, destinée, de son propre aveu, à éviter des « ennuis », pour faire croire qu'il n'existait peut-être qu'un modèle artificiel et me décourager ainsi moi-même, ou la direction de l'Institut auquel je suis attaché, de publier une note scientifique sur lui : une telle publication devait en effet entraîner presque inévitablement une demande d'examen plus approfondi du spécimen, si elle ne suffisait pas par elle-même à convaincre déjà de l'authenticité de celui-ci.

8. Hansen a toujours refusé de laisser radiographier son spécimen, et *a fortiori* d'en laisser prélever un fragment, car cela aurait établi de façon indiscutable l'authenticité de celui-ci (et même son identité et donc sa valeur inappréciable), avec toutes les conséquences judiciaires que cela comportait.

Hansen n'a pas hésité à se contredire sans cesse à propos de l'origine du spécimen, tout d'abord parce que pour toute la partie antérieure à l'achat à Hong Kong, il était facile de prouver que l'histoire avait été inventée (ce que j'ai fait notamment en établissant que le spécimen avait été congelé artificiellement). Il y avait d'ailleurs avantage à faire passer cette histoire pour un tissu de racontars pouvant être attribués au vendeur. En effet, il devait paraître impossible à Hansen, à ce moment du moins, d'inventer une histoire cohérente, précise et circonstanciée (mais qui ne fût pas vérifiable !) pour rendre compte de l'existence du spécimen sans devoir *ipso facto* reconnaître son authenticité. Aussi valait-il bien mieux rester provisoirement dans le vague, jusqu'à ce que se présentât l'occasion d'une échappatoire. C'était une telle chance que Hansen avait dû rechercher en se faisant adresser Sanderson afin de pouvoir le consulter. Et c'est d'ailleurs cette chance qu'il devait saisir par la suite, ce qui se concrétisa par le récit publié dans *Saga*. Notons que loin d'être une machination rigoureuse et orchestrée de main de maître — qui « mériterait le prix Barnum s'il en existait un », comme John Napier l'a prétendu — toute l'affaire apparaît plutôt comme une improvisation assez laborieuse, nécessitée par un accident et sans cesse remaniée suivant le cours des événements. Hansen et consorts croyaient s'être définitivement prémunis contre les coups du mauvais sort en faisant confectionner une réplique, en quoi ils se trompaient. Si, bien informés de la question des « hommes sauvages et velus » à l'échelle mondiale, ils avaient adopté d'emblée la version des faits exposés dans *Saga*, ou une version similaire situant plus judicieusement la mort de la créature dans le nord-ouest des Etats-Unis, patrie du *Bigfoot*, ils n'eussent sans doute jamais été inquiétés. Pouvant impunément affirmer l'authenticité de leur spécimen et même la prouver par radiographies et analyses, ils auraient fait une tournée triomphale et combien rémunératrice à travers tous les Etats-Unis, ils auraient même obtenu sans peine l'autorisation de transporter leur exhibition à l'étranger, et, une fois lassés de courir les routes, ils auraient pu finir par vendre l'homme congelé à une institution scientifique pour un million de dollars pour le moins. Je doute qu'on m'eût écouté si j'avais clamé que l'être en question, avec ses pieds larges et courts, ne pouvait pas laisser les traces de pas énormes, longues et étroites, qu'on relevait si souvent dans les Etats de Washington et d'Oregon et dans le nord de la Californie.

Si Hansen s'est soudain reconnu coupable de la mort de son spécimen aux Etats-Unis même, c'est parce que sa version nouvelle des événements lui permettait tout à la fois d'esquiver d'une part des poursuites judiciaires graves (liées à la contrebande et à l'utilisation vraisemblable d'un avion militaire à des fins délictueuses) et d'envisager d'autre part la vente du spécimen à sa valeur réelle, qui est considérable.

Si Hansen a exigé pour cela une déclaration préalable d'amnistie, c'est afin de se garantir de manière absolue contre les risques de poursuites.

Le spécimen porte des blessures parce qu'il a réellement subi des violences, soit avant d'être abattu d'une balle en plein visage, soit en étant criblé de plusieurs balles, dont l'une lui aurait brisé le bras avant qu'une autre ne lui pénètre dans l'œil droit.

Si le spécimen ne ressemble pas, par l'aspect externe, aux reconstitutions traditionnelles des Hominidés préhistoriques, bien qu'il se révèle à l'analyse un Néanderthalien authentique, c'est parce que jusqu'à présent l'idée que nous nous faisions de ces divers êtres était en majeure partie conjecturale (Cf. le chapitre XVI) et parfois même illogique, en contradiction avec ce que nous savons, en l'occurrence, de la biologie et et de l'anatomie même des Néanderthaliens.

Comme on a pu le constater, toutes les réponses aux treize questions posées sont parfaitement cohérentes et logiques quand on suppose le spécimen authentique. Tout au plus y décèle-t-on un point faible que voici.

Les pénalités encourues pour l'introduction clandestine, aux Etats-Unis, du cadavre d'un hominoïde inconnu, fût-ce par avion militaire, sont-elles vraiment si lourdes qu'elles puissent expliquer entre autres la dissimulation du spécimen pendant au moins six ans, la véritable panique de Hansen lors de la publication de ma note scientifique et enfin son refus — ou celui du « propriétaire véritable » — de même prendre en considération une offre d'un million de dollars (500 millions d'anciens francs) pour le rachat du spécimen ? La plupart des malfaiteurs risquent de nombreuses années de prison pour bien moins que cela, voyons ! Et cela ne vaudrait-il pas la peine de passer quelques années à l'ombre avec la perspective de jouir ensuite d'une fortune qui vous mette à l'abri du besoin jusqu'à la fin de vos jours ?

Il y a une disproportion sensible entre la gravité tout de même relative des infractions commises et, d'une part, l'ampleur des précautions et autres manœuvres déployées pour empêcher leur mise à nu et, d'autre part, l'énormité des produits financiers délibérément négligés à cette fin.

Cette impression de déséquilibre s'était précocement imposée à Ivan comme à moi, sans que nous nous fussions consultés sur ce point. Il nous était apparu évident que l'homme congelé avait été introduit en fraude par une filière éprouvée, qui servait habituellement à passer « autre chose », quelque chose qui rapportait beaucoup d'argent, mais aussi beaucoup plus d'années de prison.

En tout cas, dans son contre-mémorandum au docteur Napier, daté du 19 juin 1969, Ivan Sanderson, parlant de l'importation illégale du spécimen aux Etats-Unis, avait ajouté :

« Etant donné les états de service de Hansen [...] cela n'a pu être fait qu'en utilisant du matériel militaire. Mais où cela sent vraiment mauvais, c'est que cette voie est la grand-route de la drogue, et que les gars de la Côte Ouest combattent là-bas la Mafia depuis des décennies pour le trafic local. Le ou les propriétaires ont fait un simple faux pas, comme cela arrive aux malfrats les plus astucieux, en mettant le pied dans

le business forain avec un de leurs hommes, ou pour lui, sans se douter un seul instant que cela puisse donner un tuyau sur leurs activités vraiment lucratives. Et il
s'agit vraiment là de la toute grosse galette !

« En plus de tout cela, s'ils ont ramené quoi que ce soit de Chine, je crois qu'ils ne
savaient sincèrement pas ce que c'était et que d'ailleurs ils s'en fichaient éperdument. Aussi, quand Hansen, qui s'était « rangé », a demandé de pouvoir l'avoir pour
en faire un peu de fric, ils se sont contentés de lui dire : « — Oh ! Vas-y ! »

Dans mon propre contre-mémorandum à Napier, daté du lendemain, j'avais,
presque simultanément donc, suggéré que le pacte qui liait Hansen au mystérieux
nabab hollywoodien pouvait peut-être avoir un rapport quelconque avec une complicité passée pour un transport de drogue, ou peut-être même de jeunes prostituées
à partir de l'Extrême-Orient.

« Il est très vraisemblable, écrivais-je, que la répugnance persistante de Hansen à révéler l'origine véritable du spécimen provient de sa peur de voir dévoilé du même
coup un réseau de contrebande régulier. »

Comment John Napier réagit-il à ces suggestions concordantes d'Ivan et de moi ? Il
le dit lui-même dans son livre *Bigfoot* :

« Une autre rumeur suggéra que la Mafia, à laquelle était prêté un intérêt non spécifié (*sic*)
pour cette affaire, se mettait à user de sa considérable influence pour mettre un terme à
toutes les recherches scientifiques que j'entreprenais pour le compte de la *Smithsonian*.
L'école de la cape et du poignard, qui voit une main de fer dans un gant de velours, se dé-
chaînait, et je dois reconnaître que pendant un jour ou deux, j'ai circulé dans Washington
avec l'œil aux aguets, et la main fermement agrippée sur mon parapluie britannique. »

Nous savons déjà comment, à l'époque, Napier venait d'engager la *Smithsonian* à se dés-
intéresser de l'affaire et avait, par un communiqué à la presse, jeté sur elle un discrédit dont
il allait être difficile de la laver. Voici comment il justifie cette attitude :

« Il se peut que l'histoire de l'Homme de la glace ne se limite pas aux simples peccadilles
d'un simple bonimenteur de foire, et qu'elle soit plus compliquée. Peut-être comporte-t-
elle vraiment de sinistres harmoniques sous forme d'infractions douanières, de sociétés secrètes et de rackets de l'un ou l'autre genre, mais s'il en est ainsi, je ne les reconnais pas et
ne m'en soucie point. Les capes et les poignards ne sont pas mon *métier* : c'est la biologie,
et c'est sur les probabilités biologiques que je fonde mon argumentation ».

Passons pudiquement sur les « probabilités biologiques » en question, qui résul-
taient essentiellement de l'étude anatomique d'une caricature maladroite de l'*Homo
pongoides* faite de mémoire par Sanderson, et sur les mesures prises par celui-ci selon une méthode d'une exactitude contestable. Contentons-nous de poser ici cette
question : où s'arrête le *métier* du biologiste quand celui-ci est lancé dans ses recherches ? Est-il au-dessous de sa dignité, qu'il se fasse navigateur au long cours
comme Darwin ou terrassier comme Leakey, ou encore alpiniste, spéléologue, sca-
phandrier, que sais-je encore, comme beaucoup d'autres ? Est-il seulement possible
de devenir un grand biologiste si l'on n'a pas l'âme d'un détective ?

Toujours est-il qu'au mépris du code du parfait petit biologiste, selon John Napier,
Ivan et moi nous sommes calfeutrés dans nos capes couleur de muraille et, le poignard entre les dents, avons patiemment poursuivi nos investigations, chacun de notre côté, non sans nous lancer de temps en temps, par-dessus l'Atlantique, malgré
nos dissentiments, un fraternel message d'encouragement.

Personnellement, un point précis de toute cette mystérieuse affaire me tarabustait en particulier. *Comment, en pratique, s'était-on arrangé pour introduire le spécimen aux U. S. A. ?* Il me semblait que si je parvenais à répondre à cette question, tout s'éclaircirait.

Au tout début, quand Hansen racontait encore qu'au moment de sa découverte l'homme velu était inclus dans un bloc de glace de 6 000 livres (2 700 kilos), j'avais aussitôt pensé aux difficultés que devait représenter le transport d'un tel objet, sans même parler de son introduction dans le pays au nez et à la barbe des douaniers. Mon étude postérieure de la structure fine de la glace et de la topographie de ses zones d'opacité allait me convaincre que le spécimen avait en réalité été réfrigéré dans un congélateur domestique et que le bloc de glace original ne devait peser que dans les 650 kilos (cf. plus loin la p. 339)

Le problème du transport de ce pain de glace néanmoins énorme ne se limitait cependant pas à une question de poids et d'encombrement. Il fallait aussi maintenir continuellement ce parallélépipède à une température suffisamment basse pour en empêcher le dégel. Le plus simple paraissait encore de le transporter au sein du congélateur qui l'avait produit, en alimentant celui-ci en cours de route au moyen d'accumulateurs.

Cela dit, on imagine tout de même mal comment on aurait pu, sans se faire remarquer, introduire un tel appareil dans un avion et l'en extraire ensuite à l'arrivée, et même le transporter discrètement à travers au moins deux aérodromes militaires, non sans avoir franchi divers corps de garde.

Aussi en étais-je arrivé, un certain moment, à conclure que l'homme pongoïde avait dû être transporté vivant, après avoir été au préalable endormi au moyen de piqûres appropriées. Cette explication réduisait au strict minimum le problème de l'encombrement et avait au surplus l'avantage de rendre plus plausible l'importation clandestine du spécimen aux Etats-Unis. J'ai vécu en 1945 dans des camps militaires américains, où j'étais affecté au *Special Service*, et j'en connais bien l'atmosphère qui n'est pas rendue de manière si caricaturale qu'on serait tenté de le croire dans les films de Robert Altman, comme *M. A. S. H.* et *Catch 22*. Je pouvais très bien imaginer comment on aurait pu faire sortir le corps inanimé de l'homme velu d'un aérodrome militaire, soit en le revêtant d'un uniforme de G. I. et en le faisant passer pour un petit copain ayant sérieusement abusé du Bourbon, soit en jouant le jeu de la fausse sincérité et de la bonhomie auprès du chef de poste en service : « Allons, Jack, laisse-moi passer avec mon macaque. C'est tout juste une sorte d'orang-outan que je ramène de là-bas. Fais pas d'histoires, je voudrais simplement faire une petite surprise à bobonne pour son anniversaire [137]... » Croyez-moi, il est plus facile de faire sortir un gorille d'un camp militaire que d'y introduire une belle blonde. Et pourtant...

Le seul inconvénient de l'hypothèse du spécimen ramené vivant est qu'elle ne rendait toujours pas compte de la disproportion entre le peu de gravité du délit commis en l'occurrence et l'ampleur des manœuvres déployées pendant plus de dix ans pour le tenir caché.

J'en étais ainsi revenu peu à peu à l'idée que c'était bel et bien un cadavre déjà congelé qu'il avait fallu ramener d'Extrême-Orient. Il n'était d'ailleurs pas indispensable de l'imaginer inclus dès le départ dans un bloc de glace. Je me souvenais que Hansen avait laissé échapper, au cours d'une conversation avec Sanderson, que

---

(137) Des animaux dont le trafic est strictement prohibé, comme l'Orang-outan précisément, franchissent ainsi journellement des postes de douanes, affublés des noms les plus fantaisistes. On ne peut tout de même pas demander à chaque commis des douanes d'avoir une licence de zoologie.

la première fois qu'il avait contemplé le spécimen dans l'entrepôt frigorifique d'un commerçant de Hong Kong, l'être étrange était enfermé *dans un énorme sac de plastique épais*. En fait, convenablement saupoudré de neige carbonique à l'intérieur d'une telle enveloppe, il aurait pu faire un long voyage sans risquer de se dégeler. Il suffisait de l'enfermer dans une caisse pas plus grande qu'un cercueil. Et pourquoi pas précisément dans un cercueil ?

Mon ami Jacques Paoli d'*Europe 1* et *R. T. L.*, toujours si bien informé de tout ce qui se passe dans le monde, m'a un jour fait remarquer avec une grande subtilité que puisqu'il existe un trafic illégal de cadavres dans le sens U. S. A.-Chine, rien ne s'oppose à ce qu'il y en ait un aussi dans le sens opposé. Il paraît en effet que les Chinois aisés, émigrés aux Etats-Unis, sont très désireux, pour des raisons religieuses ou sentimentales, de se faire inhumer dans leur terre natale, et qu'ils paient des sommes considérables pour que leur corps soit assuré d'y être transporté en catimini après leur décès. Cela me fit penser qu'en fait de nombreux cadavres étaient régulièrement ramenés du Sud-Est asiatique aux Etats-Unis : ceux des soldats tués au Viêt-nam.

N'aurait-il pas été possible de glisser subrepticement le corps d'un homme velu parmi ceux des pauvres garçons ramenés à leur famille ?

Pour en avoir le cœur net, je fis faire une enquête approfondie sur la manière dont les choses se passaient sur place. En voici les résultats tels qu'ils m'ont été communiqués (on comprendra, je pense, que je doive taire le nom de mes informateurs sur un sujet touchant à des opérations militaires) :

« Les corps des soldats décédés sont rapatriés par voie aérienne à partir de divers aérodromes du Viêt-nam. Le plus important dans le sud du pays est celui de Ton Sunut. Dans le nord, c'est celui de Da Nang. Et sur les hauts plateaux du centre, il y en a deux d'importance : Chu-Lai et Chu-Chi. Le principal aérodrome utilisé pour ce genre d'opérations est cependant celui du nord, à savoir Da Nang .

« Des avions spéciaux transportent les corps aux Etats-Unis, mais il arrive bien souvent qu'un cargo ne décolle qu'avec quelques cadavres à son bord ou avec autant de cercueils que la place le lui permet. Ces appareils ne sont pas réfrigérés, car leurs soutes à fret sont très froides. Avant le départ du Viêt-nam, les honneurs militaires sont rendus aux dépouilles, qui sont embaumées. Le type d'avion le plus souvent utilisé pour le transport est le C-130. Les corps qui ne sont pas trop déchiquetés ou mutilés sont placés dans des cercueils qu'il est permis d'ouvrir. Les soldats qui ont été sérieusement mis en pièces ou réduits en bouillie sont d'abord glissés dans un sac en plastique et enfermés ensuite dans un cercueil scellé, portant la mention NOT TO BE OPENED (A ne pas ouvrir). Les cadavres décomposés sont traités avant tout au moyen d'une poudre appelée *hardening compound* (composé chimique assurant le durcissement, le tannage), puis placés dans un sac de plastique et enfermés, eux aussi, dans un cercueil scellé, marqué NOT TO BE OPENED ».

Que l'aérodrome de Da Nang fût précisément la base d'opération du *343d Fighter Group*, auquel le Captain Hansen était attaché, pouvait évidemment n'être qu'une simple coïncidence. Que l'homme pongoïde ait d'abord été vu par celui-ci dans un sac en plastique comme ceux utilisés en l'occurrence, pouvait en être une autre. Le point intéressant était qu'il se révélait possible dans les aérodromes militaires du Viêt-nam, de dissimuler un cadavre insolite — ou n'importe quoi d'autre d'ailleurs — dans un cercueil portant la mention NOT TO BE OPENED, avec la certitude quasi absolue d'éviter tout contrôle ultérieur de son contenu. Une telle opération supposait évidemment quelques complicités à diverses positions clés, mais ce ne devait pas être très compliqué à mettre au point si l'on disposait d'un financement approprié.

Je ne pouvais m'empêcher qu'une telle possibilité devait avoir donné des idées à certaines personnes intéressées par la contrebande de marchandises dont le trafic assure des bénéfices absolument astronomiques. Car enfin, comment ne pas évoquer ici ce que Hansen avait laissé entendre sur le genre de commerce dont s'occupait l'import-exportateur de Hong Kong qui lui aurait vendu le spécimen : « un peu n'importe quoi [...] depuis la marihuana jusqu'à plus sérieux ou alors moins... » ? Comment ne pas se souvenir aussi du rapprochement que Sanderson avait fait entre l'itinéraire habituel de Hansen et de ses copains par-dessus le Pacifique et « la grand-route de la drogue » ?

Pour moi, je venais de me rendre compte que cette grand-route était aussi celle par laquelle on transportait régulièrement des cadavres « intouchables ». Et je me rappelais une autre maxime de Holmes, toujours lui : « Quand vous suivez séparément deux enchaînements de pensée, Watson, vous trouverez un certain point d'intersection qui doit être proche de la vérité. »

Bref, j'avais le sentiment d'avoir enfin découvert la pièce capitale qui manquait à mon puzzle, ou plus exactement d'être arrivé à délicatement circonscrire l'endroit où elle devait s'insérer. J'avais mis le doigt sur la filière par laquelle, selon toute vraisemblance, l'homme pongoïde avait été ramené, peut-être incidemment, d'Extrême-Orient, mais qui servait sans doute habituellement à convoyer des produits autrement rémunérateurs que des néanderthaliens pourrissants.

Je n'appartiens nullement à l'école de la cape et du poignard, évoquée par John Napier. En fait, j'ai horreur du mélodrame et je l'ai d'ailleurs amplement prouvé par tous mes livres : j'ai toujours cherché à substituer les explications les plus prosaïques aux hypothèses fantasmagoriques, et c'est d'ailleurs dans cette même perspective que j'ai, dès que possible, donné à l'espèce, à laquelle le spécimen appartient, le nom scientifique, plutôt sec et rébarbatif, d'*Homo pongoïdes*, pour échapper à toutes les appellations dramatiques ou ridicules comme « abominable homme-des-neiges », « homme de la glace », « homme-singe de Whiteface », « monstre du Minnesota » ou « Bozo ». Cela dit, j'avais vraiment l'impression, en l'occurrence, d'avoir mis le pied dans un engrenage extrêmement dangereux.

Au début, je trouvais plutôt bizarre que les diverses suggestions, pourtant faites avec tact et discrétion, afin d'inciter les autorités américaines à fourrer leur nez dans une affaire qui sentait peut-être aussi mauvais au figuré qu'au propre, se heurtaient à une fin de non-recevoir. Déjà Ivan m'avait fait savoir, dès juillet 1969, qu'aux Etats-Unis mêmes, il avait été poliment prié par certains fonctionnaires de « laisser tomber ». Moi, on me fit comprendre à mots couverts, voire par des silences éloquents, que je me mêlais de ce qui ne me regardait pas, mais que je pouvais dormir sur mes deux oreilles, l'affaire étant entre les mains qu'il fallait.

Il est exact que le torpillage de filières de contrebande et l'arrestation de trafiquants de drogue ne sont pas mon métier : cela je le concède volontiers au docteur Napier. Mais tout mettre en œuvre pour parvenir à la saisie d'un spécimen d'une valeur ines-

timable pour la zoologie et l'anthropologie est mon métier. Et ce n'est pas en revanche celui de ces messieurs du F. B. I., du Service des Douanes, du *Bureau of
Narcotics and Dangerous Drugs* et de la Sûreté militaire, qui, pour la plupart, se
soucient sans doute de néanderthaliens survivants comme de colin-tampon.
J'ajouterai que j'ai parmi mes correspondants quelques flics — qu'ils me permettent de leur donner amicalement cette appellation — qui m'ont parfois fait de brillantes suggestions, d'ordre strictement zoologique, pour mes propres recherches. Il
ne m'est jamais venu à l'idée de les renvoyer à leurs oignons : je les ai au contraire
félicités et chaleureusement remerciés. Après tout, la collaboration d'hommes de
disciplines tout à fait différentes ne donne-t-elle pas souvent les résultats les plus remarquables ?

Le fait est que pendant longtemps toutes mes tentatives de cette sorte restèrent, en
apparence du moins, non seulement infructueuses, mais sans le moindre écho. Et
puis, un jour, le 16 décembre 1972, une information qui passait sur les ondes de
France-Inter me fit dresser l'oreille, et battre le cœur comme un tam-tam. Il avait
été révélé que, depuis des années, *pour introduire aux Etats-Unis de grandes quantités d'héroïne en provenance de Thaïlande, on se servait des cadavres des soldats
tués au Viêt-nam...*

Cette fois, je la tenais vraiment, la pièce manquante de mon puzzle !

CHAPITRE XXI

CAPES ET POIGNARDS

Pourquoi les cartes ont été truquées.

> « Le pouvoir, comme une peste ravageuse,
> Pollue tout ce qu'il touche. »
>
> Percy B. SHELLEY,
> *Queen Mab*, acte III.. »

> « Il y a quelque chose de pourri dans le royaume de Danemark. »
>
> William SHAKESPEARE, *Hamlet*, acte I.

Que s'était-il donc passé ? La presse américaine nous l'a révélé. Elle n'a pas été très bavarde sur ce sujet. En tout cas, elle ne l'a pas été bien longtemps. Mais peut-être en avait-elle déjà beaucoup trop dit, au goût de certains.

Le 11 décembre 1972, un avion militaire de transport, en provenance de Bangkok, se posait sur la piste de la base aérienne de l'*U. S. Air Force* d'Andrews, non loin de Washington D. C. Il y avait 62 passagers à bord, ainsi que les corps de deux soldats tombés au combat. Un homme en uniforme de sergent de 1e classe descendit la passerelle, tout chamarré de décorations et de galons d'ancienneté témoignant d'au moins dix ans de service actif, bref l'image parfaite du héros de la guerre du Viêtnam, du chevalier sans peur et sans reproche.

Il ne fut pas accueilli pourtant par des vivats et des acclamations, mais par quelques agents de la sûreté militaire et du service des douanes, qui le prièrent de bien vouloir leur montrer ses papiers. Il se révéla ainsi que l'homme s'appelait Thomas Edward Southerland, était âgé de trente et un ans et originaire de Castle Hayne en Caroline du Nord. Ses papiers d'identité militaire avaient été établis à Baltimore pour la *18th Airborne Brigade*, casernée à Fort Bragg, près de Fayetteville, dans le même Etat, et ils étaient signés par un officier du nom de Ben Jones. Quant à son ordre de mission, il avait été délivré par un hôpital militaire de Bangkok, mais en vue de permettre un voyage de détente dans le Sud-Est asiatique à un certain Captain Paul E. Moe.

Un interrogatoire serré et quelques vérifications permirent bientôt d'établir que le dénommé Southerland était tout bonnement un civil déguisé, conducteur de camion de son état, et, à ses heures, concierge du pavillon d'*Elk's Lodge* à Greensboro, toujours en Caroline du Nord. Ses papiers militaires étaient de toute évidence faux ou du moins irrégulièrement obtenus.

Pendant ce temps-là, l'avion, dont le sergent d'opérette avait débarqué, était soumis à une fouille en règle par les spécialistes des douanes qui, curieusement, témoignèrent un intérêt tout particulier aux cercueils des deux soldats tués, voire aux cadavres eux-mêmes. Ils n'y trouvèrent rien d'anormal. Pas de stupéfiants en tout cas. Ce qui, semble-t-il, leur parut stupéfiant.

Soupçonné en tout état de cause de port illégal d'uniforme et d'usage de faux papiers, Southerland fut arrêté et mis sous les verrous.

Il devait se révéler par la suite que, dans cette opération, les agents du gouvernement avaient bel et bien fait chou blanc. Des indicateurs les avaient en effet avertis qu'au départ de l'avion de Thaïlande, un paquet de quarante-quatre livres d'héroïne se trouvait à l'intérieur d'un des cadavres rapatriés. L'appareil aurait normalement dû atterrir à la base de Dover, dans le Delaware, mais sur ordre du F. B. I., il avait été détourné sur celle d'Andrews, dans le Maryland. Seulement voilà, dans l'entre-temps, à la faveur sans doute d'une escale de vingt-quatre heures à la base de Hickam, à Honolulu, le colis d'héroïne avait été escamoté. Les agents fédéraux supposaient — c'est du moins ce qu'ils dirent — qu'une fouille superficielle de l'avion, lors d'une première halte de ravitaillement en carburant, à la base de Kadena, à Okinawa, avait provoqué l'enlèvement de la drogue, soudain jugée « trop brûlante ».

Au cours de l'instruction de l'affaire Southerland, un agent du F. B. I., Joseph Stehr, fut appelé à comparaître comme témoin devant le juge Clarence E. Goetz, mais il témoigna surtout, semble-t-il, du fait que le prévenu « n'était pas un membre des Forces Armées ». La carte d'identité militaire de celui-ci, précisa l'agent Stehr, était signée du nom d'un officier qui, soit n'existait pas, soit n'était pas habilité à signer de tels documents. Enfin l'ordre de mission qu'il portait ne lui était pas destiné. Dans toute l'affaire, soulignèrent certains journaux, seuls des civils étaient impliqués.

Il ressort tout de même du témoignage de l'agent fédéral que ses services étaient au courant du fait que, dans le Sud-Est asiatique, une organisation de contrebande expédiait régulièrement de l'héroïne aux Etats-Unis, sous forme de paquets valant chacun 20 000 dollars (10 millions d'anciens francs), dissimulés dans les cadavres, ensuite recousus, des soldats tombés au Viêt-nam. Ces colis étaient récupérés soit à la base de Fort-Lewis (Washington) sur la côte ouest, soit à celle de Dover (Delaware) sur la côte est. Southerland avait été désigné comme participant à ce trafic en tant que « passeur » : pour le survol du Pacifique qui s'était si mal terminé pour lui, il aurait été chargé de convoyer les deux cadavres, dont l'un était bourré d'héroïne. Aussi, à sa descente d'avion, ainsi qu'un autre passager dont le nom n'a pas été divulgué, avait-il été interpellé et cuisiné, ce qui avait abouti à son incarcération. Mais pour des raisons toutes différentes de celles escomptées...

Estimant qu'il existait assez de présomptions pour maintenir Southerland en détention préventive, en raison d'infractions diverses, telles que l'usurpation de fonctions et l'usage de faux papiers, le juge Goetz fixa la caution du prévenu à 50 000 dollars (25 millions d'anciens francs) ce qui était très élevé pour de tels délits.

Southerland comparut le 2 janvier 1973 devant le *Grand Jury* (c'est-à-dire la Chambre de mises en accusation, façon U. S. A.) de Baltimore. Il fut inculpé de neuf chefs d'accusation pour s'être faussement fait passer pour un sergent de l'Armée, avoir utilisé des ordres de mission falsifiés et de faux papiers d'identité officiels et même pour avoir fait de fausses déclarations aux services douaniers. Si Southerland était condamné, ce festival de faussetés pouvait lui valoir jusqu'à vingt-sept ans de prison.

Dans l'acte d'accusation, pas la moindre allusion bien sûr à des stupéfiants ou à de la contrebande. Mais quand la défense demanda une réduction du montant de la caution de l'accusé, le procureur fédéral adjoint Michael E. Marr s'éleva tout de même contre cette mesure de mansuétude, en rappelant à plusieurs reprises qu'il s'agissait d'une *conspiracy* (entente délictueuse) attelée depuis huit ans à l'introduction « de grosses quantités d'héroïne aux Etats-Unis à partir du Sud-Est asiatique ». Le ministère public précisait que la drogue était « le plus fréquemment » contenue dans des sachets de plastique hermétiques, introduits dans le corps des soldats défunts, après leur autopsie sur place par les médecins militaires compétents. Parfois, ajoutait-il, la drogue était même simplement déposée dans les cercueils scellés de victimes particulières de la guerre [138].

Inutile de dire que les journalistes présents voulurent en savoir davantage. Mais les représentants du gouvernement se contentèrent de dire que l'affaire faisait toujours l'objet d'une enquête « hautement secrète ». Voici, à ce propos, un extrait d'une dépêche du *New York Times News Service*, datée de Baltimore, le 3 janvier 1973 :

« Les porte-parole du cabinet de l'*U. S. Attorney* de cette ville, le *Federal Bureau of Investigation*, le *Customs Bureau*, le *Bureau of Narcotics and Dangerous Drugs* et les services de renseignements de l'Armée et des Forces Aériennes se sont unanimement refusés à faire d'autres commentaires que de pure forme sur l'affaire Southerland.

« Un certain fonctionnaire a tout de même dit, à titre privé, qu' « on pouvait déduire » que des agents, informés du projet de contrebande, avaient « joué leur va-tout » en opérant une arrestation aux Etats-Unis « avec toutes les preuves nécessaires », mais qu'ils avaient perdu.

« Il ajouta qu'il se pourrait bien qu'il y ait eu quelques *bungles* [c'est-à-dire des maladresses, du gâchis, un bousillage]. Et il promit qu' « une poursuite de l'enquête produirait des résultats. »

Le *Washington Post* de la même date allait encore plus loin en affirmant qu'il tenait de « sources bien informées » que l'enquête en question était presque terminée et qu'il était vraisemblable qu'elle aboutit à l'inculpation de plus de douzaines de personnes. Six mois plus tard on attendait encore l'annonce des résultats promis.

Ceci, il convient de le souligner, est pourtant une affaire de drogue d'une importance primordiale. Suivant les chiffres officiels pour 1971 du B. N. D. D., c'est-à-dire du Service des Stupéfiants et des Drogues dangereuses, la région dite du « Triangle d'Or », ou des « Trois Frontières », à savoir celle où se rejoignent les frontières du Laos, de la Thaïlande et de la Birmanie, a écoulé cette année-là sur le marché clandestin 750 tonnes d'opium et fourni par conséquent, à elle seule, *plus de la moitié de la quantité vendue de manière illicite dans le monde entier*. Selon un représentant du parlement américain, Robert H. Steele, ces chiffres seraient encore en dessous de la vérité : d'après ses propres sources d'information, de 1 000 à 1 200 tonnes d'opium proviendraient chaque année du Triangle d'Or, à savoir *70 à 80 % de l'opium consommé illicitement sur notre planète* ! Il faut dire que les services officiels américains répugnent quelque peu à reconnaître l'importance aujourd'hui prépondérante de l'opium en provenance du Sud-Est asiatique, car celle-ci est en effet une séquelle lamentable de cette guerre déjà combien impopulaire qu'est celle du Viêt-nam. Aux Etats-Unis mêmes, au lendemain de la Deuxième Guerre mondiale, le nombre des morphinomanes et héroïnomanes n'était que de 20 000 environ. Dès le début des années 60 (époque à laquelle le conflit du Viêt-nam prit toute son ampleur), ce chiffre s'éleva bientôt à 50 000. En 1969, il était de 250 000 ; au début de 1972, il avait déjà atteint le demi million ; et l'on s'attendait à ce qu'il fût de 800 000 au début de 1973...

Des 750 tonnes chichement admises par le B. N. D. D. pour la production clandestine du Triangle d'Or, 100 tonnes servaient, selon ce service, à approvisionner les soldats américains se trouvant au Viêt-nam, en Thaïlande, à Okinawa et aux

---

(138) Il s'agissait, bien entendu, des cercueils spéciaux utilisés pour les corps décomposés ou trop déchiquetés, et portant la mention NOT TO BE OPENED.

Philippines, ainsi que la clientèle des Etats-Unis mêmes. Il est bien évident que la portion de cette quantité énorme, consommée sur place par les G.I.'s et leurs amis indigènes, ne peut constituer qu'une faible fraction de l'ensemble. Or, tout le marché clandestin, aux U. S. A., absorbe 10 tonnes d'héroïne par an, ce qui est précisément la quantité qu'on peut obtenir par raffinement à partir de 100 tonnes d'opium.

Qu'on le veuille on non, il ne peut plus faire de doute que la plus grande partie de l'héroïne vendue de nos jours aux Etats-Unis n'est plus originaire comme autrefois du Proche-Orient et de l'Inde et ne passe donc plus par la Turquie, puis la France et l'Allemagne, mais provient bel et bien du fameux Triangle d'Or du Sud-Est asiatique et traverse directement l'Océan Pacifique [139]. Elle parvient sur place par toute une série de filières qui se dérobent, semble-t-il, depuis des années à la sagacité des agents fédéraux. Les succès obtenus sont relativement maigres ainsi qu'en témoigne éloquemment la terrifiante escalade de la drogue aux U. S. A. Et, comme on peut s'en douter, ils aboutissent le plus souvent à la condamnation de militaires ou d'anciens militaires, ce qui déplaît toujours beaucoup à un gouvernement qui a une guerre sur le dos. Ainsi, en 1971 par exemple, fut arrêté un certain Henry William Jackson, qui avait servi sous la bannière étoilée, et peut-être même avec éclat. Une fois démobilisé, il s'était installé en Thaïlande, où, avec la complicité et l'assistance de ses anciens compagnons d'armes toujours en service actif, il s'était mis à organiser l'expédition régulière d'héroïne vers la mère-patrie. La drogue était tout bonnement installée à bord d'avions militaires ou de bateaux de la *Navy*.

L'utilisation, à des fins criminelles, des cercueils, voire des cadavres mêmes des soldats tombés au combat et rapatriés, constitue bien entendu le raffinement suprême en la matière. Aussi le démantèlement de la macabre filière aurait-il normalement dû être une bataille décisive dans la guerre menée par les Etats-Unis contre la drogue.

Les agents du F. B. I. et du service des douanes qui ont participé à l'opération ne sont ni des amateurs ni de petits plaisantins. Ce sont des hommes entraînés et aguerris, de véritables as dans leur spécialité. Ils ne jouent pas au poker : ils n'agissent pratiquement qu'à coup sûr. Ils ne se lancent jamais à la légère dans une opération dont l'échec serait définitif, puisqu'il ne permettrait aucune réédition : une ruse une fois éventée, on ne peut plus guère l'utiliser.

Comment se fait-il, dès lors, que leur coup d'essai, qui devait être un coup de maître, ait été si lamentablement bousillé ?

Pourquoi, notamment, n'avaient-ils pas délégué un des leurs sur l'avion suspect ? Sans doute aurait-il eu l'occasion d'empêcher la fouille superficielle d'Okinawa, peut-être suscitée par quelque excès de zèle imprévu, ou bien alors il aurait pu la transformer sur l'heure en une fouille approfondie. Il aurait, de toute façon, été à même de s'opposer aux effets désastreux prêtés à ce contrôle important, en exerçant ensuite une vigilance constante à Honolulu, plutôt que de laisser là-bas les cercueils sans surveillance pendant vingt-quatre heures !

On a d'ailleurs peine à croire que ce soit la fouille intempestive d'Okinawa qui ait mis la puce à l'oreille des fraudeurs. Les recherches une fois terminées sans résultats, ils auraient dû se sentir au contraire rassurés : une pareille déveine a tout de même peu de chances de se reproduire au cours d'un seul voyage ! Il est bien plus vraisemblable que quelqu'un a prévenu les fraudeurs du coup de filet qui se préparait. Mais qui ? Qui, en dehors des services gouvernementaux eux-mêmes, est au courant d'opérations de ce genre ?

---

(139) Le B. N. D. D. a déjà reconnu que 30 % de l'héroïne consommée aux U. S. A. provient du Triangle d'Or.

Et comment expliquer dans ce cas qu'une fois avertis, les trafiquants aient prudemment retiré la drogue de l'avion, mais n'aient pas prié leur « passeur » de s'évanouir dans la nature ? Car enfin, Southerland, chez qui *tout* paraissait faux, était vraiment trop voyant. Pourquoi diable aurait-on fait de lui un bouc émissaire ? Il est bien imprudent de sacrifier à la police un homme qui sait forcément pas mal de choses et qui risque toujours de « se mettre à table ».

Bref, on a l'impression d'avoir assisté à un jeu dont personne n'aurait respecté les règles. Et dans ce jeu, le comportement des « voleurs » est aussi incompréhensible que celui des « gendarmes ».

Le cas même de Southerland suscite un tas de questions . Comment ce simple civil a-t-il pu se procurer ses faux papiers de l'Armée — ou plus exactement de *vrais* papiers, délivrés irrégulièrement — et est-il parvenu *en temps de guerre* à entrer et sortir d'une zone d'opérations militaires ?

Il s'agit là d'un exploit vraiment remarquable. La liste des documents justificatifs, indispensables à un militaire américain assigné à certaines tâches par-delà les mers, en particulier dans une zone de combat, est assez impressionnante : elle comprend entre autres l'*I.D. Card*, la carte d'identité militaire validée par l'*Intelligence Department*, c'est-à-dire le service des Renseignements, un carnet de santé énumérant les antécédents médicaux, divers ordres de mission, et par-dessus tout le dossier de contrôle capital, le *Personnel Folder*, équivalent de notre « livret matricule, document qui vous suit partout comme une ombre, où que vous alliez. Tous ces papiers émanant de services bien distincts, il est évidemment de la plus grande difficulté de les réunir de manière irrégulière, car cela suppose des complicités dans chacun des départements intéressés, ou bien alors des appuis vraiment *très* influents.

Cette histoire de cadavres de héros farcis d'héroïne baigne en fin de compte — et pour cause ! — dans la même atmosphère étouffante, dans tous les sens du terme, que celle du cadavre velu exhibé sur les champs de foire.

Vers où qu'on se tourne dans l'une comme dans l'autre affaire, par quelque bout qu'on tente de la saisir, dans quelque recoin que l'on fouille, on se heurte invariablement à l'implication de compromissions en haut lieu, de consignes de silence, d'interventions quasi célestes.

Pourquoi diable tout cela est-il si « hautement secret » ? Pourquoi les porte-parole de tous les services officiels sont-ils soudain frappés de mutité dès qu'on s'avise de poser la moindre question ? Pourquoi, lorsque à la faveur d'un incident nouveau ou d'un rebondissement inattendu, l'explication pleine et entière se laisse fugitivement entrevoir, la replonge-t-on aussitôt dans l'ombre, non sans annoncer pour très bientôt un épilogue qui ne viendra jamais ? On croit assister à un mauvais spectacle de strip-tease ; fastidieux par excès de lenteur, décevant à force de promesses non tenues. Chaque fois que la Vérité montre le bout d'un sein, on laisse entendre qu'elle va apparaître toute nue, mais c'est pour prolonger interminablement l'attente jusqu'à l'épuisement de la patience la plus angélique. Et quand on est prêt à l'abandon, s'annonce en fanfare un prochain numéro qui, hélas, sera non moins trompeur.

A mon avis, ces messieurs qui sont dans les coulisses ne tiennent pas du tout à nous montrer leur vedette, la Vérité, dans le plus simple appareil. Mais, croyez-moi, ce n'est pas par jalousie. C'est parce qu'ils en ont honte, car elle n'est pas belle à voir.

Cette histoire a débuté ou presque par une faible odeur de putréfaction qui s'échappait des interstices d'un cercueil insuffisamment réfrigéré. Elle va déboucher sur un océan de puanteur suffocante qui s'étale sur plusieurs continents.

L'explication des pudeurs de l'Oncle Sam doit être recherchée, je le crains, dans les subtilités tortueuses de sa haute politique. Il faut savoir avant tout que, de l'aveu même du B. N. D. D., le trafic de l'opium, dans le célèbre Triangle d'Or, se trouvait en 1972 pour 80 % entre les mains du K. M. T., c'est-à-dire du Kouomintang, le Parti National du Peuple Chinois, au pouvoir à Formose.

Après la victoire de la Révolution chinoise, en 1949, des débris de l'armée de Tchang Kaï-chek, mise en pièces et chassée de la Chine de Mao, sont restés en effet sur le continent asiatique. Une fois regroupées et réorganisées, ces troupes irrégulières apparurent comme un instrument idéal de résistance anti-communiste aux yeux de la C. I. A. (*Central Intelligence Agency*), le service de renseignements américain. Celui-ci les utilisa en tout cas, dès 1951, pour boucler la frontière sino-birmane, afin d'empêcher la pénétration possible des partisans de Mao dans le Sud-Est asiatique et peut-être même de tenter de forcer la frontière du Yunnan pour reconquérir une partie du territoire chinois. Après avoir d'abord envahi la Birmanie et cherché où s'y implanter solidement, ce qui échoua par suite d'une intervention de l'O. N. U., les bandes armées du K. M. T. finirent par se mettre au service du gouvernement Thaï, et constituèrent de ce fait un atout majeur dans les opérations de contre-guérilla livrées aux forces communistes dans le nord montagneux du pays. En 1961, abandonnés à la fois par leurs frères de Formose et par les Américains qui n'avaient plus besoin momentanément de leurs services, les combattants du K. M. T., lequel groupait alors quelque 6000 hommes, se mirent — il faut bien vivre ! — à organiser le trafic de l'opium sur une grande échelle, en Thaïlande, comme ils l'avaient déjà fait auparavant en Birmanie. Ils devinrent ainsi à la fois les raffineurs et les convoyeurs de la drogue, ce qui finit par leur assurer le contrôle quasi exclusif de cette véritable industrie dans tout le Sud-Est asiatique.

Comme dans l'entre-temps, la guerre du Viêt-nam avait pris des proportions effarantes et que les Américains devaient à nouveau pouvoir compter, dans cette région du monde, sur l'aide de tous leurs alliés naturels, notamment la Thaïlande et ses protégés du K. M. T., le Laos et bien entendu le Viêt-nam du Sud, ils furent bien obligés de fermer pudiquement les yeux sur les fructueuses activités commerciales auxquelles tout ce joli monde se livrait. Car il est bon de préciser que la corruption s'étant bientôt généralisée à la faveur des tumultes guerriers, c'étaient les chefs militaires eux-mêmes des puissances amies qui s'occupaient personnellement de l'organisation du trafic. Outre les traîneurs de sabre du K. M. T., comme le général Touan Chi-wen, commandant la Ve armée, et le général Li Wen-Houan, commandant la IIIe, il faut citer, pour nous en tenir aux noms les plus prestigieux, le général Ouane Rattikoune, commandant en chef de l'armée laotienne, le général Phao, chef de la police thaï, et même, au Viêt-nam du Sud, le président Thieu en personne, dont la campagne électorale a été entièrement financée par le commerce de l'héroïne.

Mais ce n'est pas tout. Il semble que dans toute l'Asie du Sud-Est, le Département d'Etat et les services secrets américains ne se soient pas contentés, pour des raisons de diplomatie politico-militaire, d'ignorer le trafic des stupéfiants, de ces stupéfiants qui faisaient pourtant d'affreux ravages parmi les G. I.'s en campagne et allaient, en, grande partie, alimenter le marché même des U. S. A. Ils avaient à choisir entre deux guerres, celle contre le communisme et celle contre la drogue. Ils choisirent d'en découdre d'abord avec l'Hydre rouge, quitte à s'en prendre par la suite au Pavot maléfique. Aussi allèrent-ils parfois jusqu'à faciliter sur place le convoi de l'opium afin de rendre service à leurs fidèles alliés et leur permettre de financer eux-mêmes leur effort de guerre. On a même dit que la C. I. A. aurait participé activement, elle-même, au transport et au commerce de la drogue, et ce pendant plusieurs années, au moins jusqu'en 1968. Ce fait a été révélé entre autres par un universitaire américain, Alfred W. McCoy, dans son livre *The Politics of Heroin in South East Asia*, publié en août 1972. Il va sans dire que le Service de Renseignements américain a tout fait pour tenter d'interdire la sortie de l'ouvrage, mais, incapable de fournir les preuves suffisantes qu'il contient des allégations mensongères et calomnieuses, il a dû s'incliner. Quant au Département d'Etat, faute de pouvoir opposer le moindre démenti, il s'est contenté assez cyniquement de déclarer que les accusations de McCoy étaient *out of date*, qu'elles n'étaient plus d'actualité, qu'elles étaient dépassées...

Je n'invente rien. Ne croyez surtout pas que je dispose de sources d'informations secrètes qui me permettraient de dénoncer ici un scandale soigneusement camouflé. Tout cela est bien connu. Tout cela a été publié. Je ne fais que citer des faits dont la presse, si merveilleusement libre, des Etats-Unis, s'est elle-même fait l'écho, des faits dont certains ont donné lieu à des rapports au Congrès de la part de parlementaires américains, et dont d'autres ont été révélés par d'anciens agents de la C. I. A., ou encore admis par les plus hautes autorités militaires [140]. Nous voilà bien loin — et combien je le déplore ! — du fascinant problème de la survivance des Néanderthaliens, loin même du pitoyable bonhomme congelé exhibé de foire en foire à travers toute l'Amérique du Nord. Mais si l'on ne s'informe pas de tous les prolongements de cette dernière affaire jusqu'aux plus grandioses, on ne peut rien comprendre du *black-out* jeté sur elle, et qui s'est traduit par l'escamotage pur et simple de ce qui est sans doute le spécimen le plus important dont l'anthropologie ait jamais eu à s'occuper. Ce scandale-là, ce Watergate de la Science, oui, c'est moi qui le dénonce, et sans doute suis-je encore le seul à pouvoir le faire.

La tragédie scientifique en question est le résultat sans doute fortuit d'un fâcheux concours de circonstances. L'homme velu a, de toute évidence, été introduit aux Etats-Unis, pour des raisons de commodité, par une filière qui servait habituellement à l'importation clandestine de grosses quantités de drogue. Dans les transports militaires, l'héroïne accompagnait ironiquement le héros défunt et, un jour, par maladresse ou négligence, fut substituée au Chevalier son antithèse éternelle, l'Homme sauvage. Reconnaître l'authenticité de celui-ci et sa véritable origine, c'était devoir reconnaître l'existence de ce macabre réseau. Et cela aurait ennuyé bien des gens. Tout est là — si l'on ose dire — aussi simple que cela.

Le convoi funèbre du Néanderthalien s'est fourvoyé sur la route la plus dangereuse du monde. Tout au début de celle-ci, dans le Sud-Est asiatique, les seigneurs de la guerre de plusieurs puissances ont mis sur pied par esprit de lucre une entreprise d'empoisonnement collectif sans précédent dans l'Histoire, et, pendant des années, le Département d'Etat américain et ses agents secrets ont pour le moins favorisé

---

(140) Je ne puis entrer dans les détails de toute cette sordide affaire. Je renvoie le lecteur français, qui voudrait en savoir davantage, à l'ouvrage admirablement documenté de Catherine Lamour et Michel R. Lamberti, *Les Grandes Manœuvres de l'opium* (Editions du Seuil, 1972).

celle-ci par nécessité diplomatique [141]. Du Viêt-nam aux Etats-Unis, l'utilisation d'avions militaires suppose forcément de nombreuses complicités dans l'armée et les forces aériennes, peut-être — qui sait ? — à des échelons très élevés. Et, à l'autre bout de la route, aux U. S. A. mêmes, tout le trafic des stupéfiants se trouve aux mains de la Mafia, célèbre organisation d'entraide dont les méthodes sont très expéditives, les moyens financiers quasi illimités. En somme, à chaque étape de la voie qui mène du Triangle d'Or aux petits revendeurs des bas-fonds américains, on risque de se heurter à des intérêts absolument fabuleux, tantôt stratégiques, tantôt politiques, tantôt financiers. Ce genre de rencontres est généralement fatal.

Dans cette formidable machination, que peut donc représenter le cadavre d'un néanderthalien incongru dont l'authentification risque de compromettre, fût-ce un moment, le bon fonctionnement de la machine ? Tout au plus un grain de sable, qu'il convient d'écarter d'une chiquenaude. Dans des affaires dont les bénéfices se chiffrent, aux Etats-Unis seuls, par milliards de dollars, quelle importance peut avoir la liquidation d'une pièce de musée valant même un million de dollars, un pauvre million de dollars, surtout si elle est considérée comme gênante ?

On a beau ne pas goûter les histoires de cape et de poignard, on est bien forcé d'y croire quand on voit quelqu'un s'écrouler avec un poignard fiché dans le dos, et qu'on voit ensuite les gardiens de l'ordre jeter sur le cadavre une cape qui le dissimulera à tout jamais aux regards indiscrets. Ce que j'ai vu assassiner ainsi, puis escamoter sans vergogne, c'est une découverte scientifique capitale. Quels que soient les intérêts en jeu, je ne puis ni l'admettre ni l'oublier.

Etant aussi épris de justice que de vérité, je tiens à préciser toutefois que je ne porte ici d'accusation contre personne en particulier, et notamment pas contre Frank D. Hansen, qui, dans cette affaire, fait plus figure, à mes yeux, de victime que de coupable. Voir dans le fayot inspiré, mué en forain, un redoutable trafiquant de drogue est absolument ridicule : Hansen est un homme simple et qui vit très simplement, sûrement pas comme quelqu'un que ce genre de commerce aurait enrichi. Il apparaît plutôt comme un homme qui a imprudemment mis le doigt dans un engrenage redoutable, et qui, une fois coincé, ne sait plus quoi inventer pour tenter de s'en dégager.

Voici comment je vois personnellement les choses. Ma version des faits est bien entendu en partie conjecturale, mais, comme elle s'accorde parfaitement avec les divers éléments connus, elle montre en tout cas qu'on peut les expliquer sans acrobaties dialectiques.

Hansen, que ce soit par hasard ou à la suite d'un tuyau, s'est un jour trouvé, dans le Sud-Est asiatique, en présence du cadavre de l'homme velu, dont la bizarrerie l'a séduit. Sans savoir le moins du monde ce qu'il était — comment l'aurait-il su ? — le

---

(141) On peut se demander jusqu'à quel point cette influence n'a pas continué de s'exercer au-delà du théâtre des opérations guerrières, et si c'est encore pour des raisons diplomatiques. Toujours est-il que, le 29 juin 1973, John E. Ingersoll, directeur du Service des Stupéfiants, le fameux B. N. D. D., donna sa démission avec éclat et accusa publiquement la Maison-Blanche d'être fréquemment intervenue pour gêner les opérations qu'il déclenchait. C'est excédé par ces interventions continuelles qu'Ingersoll résiliait ses fonctions, mais aussi, dit-il, parce qu'il avait été prié de trouver un autre travail par deux des plus proches collaborateurs personnels du président Nixon, H.R. (Bob) Haldeman et John D. Ehrlichman, tous deux limogés dans l'entre-temps pour avoir trempé jusqu'au cou dans l'affaire du Watergate. Le chef démissionnaire du plus important organisme de lutte contre les stupéfiants révéla qu'à une certaine époque il était contacté presque journellement par un autre ex-adjoint du président, nommé Egil Krogh. La Maison-Blanche, dit-il, ne cherchait pas à influer sur la marche des opérations ni sur la nomination des membres du personnel, mais il ajouta que c'était parce qu'il avait clairement fait comprendre qu'il s'opposerait à toute pression de ce genre. Invité par la presse à s'expliquer sur le genre d'interventions qu'il subissait, Ingersoll se contenta de dire que « c'est difficile à expliquer. C'est le genre de chose qu'il faut avoir vécu au jour le jour ».

pilote, que nous savons à la fois ingénieux et enclin à bâtir des projets plus ou moins extravagants, comprit d'emblée tout le parti qu'il pourrait tirer de l'exhibition d'un être si étrange. Seulement voilà, comment le ramener aux U. S. A. ?

Pas question en tout cas de le faire par les voies officielles. L'armée s'y refuserait sûrement, fût-ce pour des raisons d'hygiène. Hansen s'ouvre donc de son problème à ses camarades. Et sans doute l'un d'eux, qui s'occupe du rapatriement des morts, flaire-t-il la bonne odeur de l'argent ou a-t-il tout simplement le brave capitaine à la bonne. Il le prend à part, et l'on peut imaginer ce qu'il lui souffle, la bouche en coin, dans les meilleures traditions :

« Ecoute, Frankie boy, on veut bien te le passer, ton vieux macchabée poilu : pour nous ce serait un jeu d'enfant. Mais à une seule condition : motus et bouche cousue. Quoi qu'il arrive, tu ne sais rien, absolument rien. D'ailleurs, si jamais tu devais parler, il t'arriverait de gros ennuis, les plus gros ennuis qui puissent arriver à quelqu'un. Tu vois ce que je veux dire, hein ? »

Avec ou sans contrepartie financière, le marché est conclu. Il se peut que Hansen n'ait jamais su lui-même comment son spécimen a été importé aux Etats-Unis. On lui a « fait une fleur », et il est tenu par une consigne absolue de silence, un point, c'est tout. Se taire est désormais pour lui une question de vie ou de mort.

Une question se pose cependant, qui a son importance. Le cadavre velu a-t-il simplement été expédié de manière routinière dans un des cercueils marqués NOT TO BE OPENED, contenant à l'occasion des corps bourrés d'héroïne, ou bien est-ce le stratagème inventé pour le faire passer en catimini qui a été à l'origine même de cette méthode d'expédition clandestine ingénieuse entre toutes ?

Quand Hansen s'est trouvé devant le problème qu'il avait personnellement à résoudre — à savoir comment faire parvenir aux Etats-Unis le corps de son phénomène — une solution évidente avait dû s'imposer à l'esprit. Car, enfin, où diable pourrait-on mieux dissimuler un cadavre que dans le réceptacle servant normalement au transport des cadavres, à savoir un cercueil ? Or, comme presque chaque jour un certain nombre de cercueils quittaient l'aérodrome de Da Nang, base d'opération de l'unité de Hansen, il était vraiment difficile *de ne pas songer* à cette voie. Le seul problème était de s'assurer de la complicité d'un ou de plusieurs des hommes chargés de la mise en bière des cadavres les plus mal en point. Car le fait que certains cercueils ne pouvaient être ouverts *sous aucun prétexte* donnait à l'opération illicite une assurance de sécurité quasi absolue. Songer à utiliser un tel canal pour l'expédition de paquets de drogue réclamait tout de même une imagination plus tortueuse. Aussi peut-on se demander si ce n'est pas précisément le transport réussi du cadavre velu qui a donné à d'aucuns l'idée d'appliquer cette technique à une forme de contrebande autrement lucrative.

S'il en a été ainsi, le simple truc, peut-être né de l'imagination inventif de Hansen lui-même et utilisé par lui à des fins après tout assez innocentes, ferait figure d'opération-pilote dans une entreprise criminelle de très grande envergure. L'introduction clandestine de l'homme pongoïde aux Etats-Unis ne serait plus dans ce cas un accident de parcours, le résultat de quelque bévue ou imprudence commise par un comparse, trop serviable ou trop gourmand. Ce serait le point de départ même d'une opération qui a dû, en quelques années, rapporter des milliards de dollars à ses organisateurs. Se garantir contre toute indiscrétion de l'aviateur quant au mécanisme de cette opération eût été, aux yeux de ceux-ci, d'autant plus impérieux. Compte tenu des méthodes dont les gens se servent dans cette sphère d'activités, on comprend enfin la véritable panique qui s'est emparée de Hansen lors de la publication de ma note scientifique : mes révélations l'exposaient à être mis en demeure de s'expliquer sur les antécédents de son spécimen et son immigration aux Etats-Unis.

Il n'est pas de mon ressort d'établir le rôle que le Captain du *343^d Fighter Group* a pu jouer, inconsciemment ou non, dans la genèse de la filière des cercueils de transport clandestin, cela ne m'intéresse d'ailleurs pas le moins du monde. Ce qui me paraît en revanche d'un intérêt capital, du point de vue scientifique, est de découvrir l'origine géographique exacte de l'homme pongoïde. A cet égard, l'analyse de la situation peut nous donner quelques précieuses indications.

A priori, pour qui est bien informé du problème des hommes sauvages et velus à l'échelle mondiale — relisez à ce sujet le chapitre VIII du texte de Porchnev — le spécimen de Hansen pourrait provenir d'à peu près n'importe où sur notre planète. En ce qui me concerne, je tiens cependant la zone de distribution de ceux dont l'anatomie est caractéristiquement néanderthalienne pour bien plus restreinte, et j'en exclus notamment l'Amérique du Nord. Là-bas *sasquatches* et autres *omahs* sont toujours décrits de manière très différente et laissent des traces de pas qui ne pourraient en aucun cas être produites par des néanderthaliens.

Pour ceux qui toutefois ne seraient pas sensibles aux subtilités de l'anatomie comparée, je rappellerai un simple argument psychologique et même de logique élémentaire.

Si le spécimen avait vraiment été originaire des U. S. A. et s'il avait été abattu sur place, Hansen n'aurait jamais rien eu à craindre du point de vue judiciaire. C'eût été un simple incident de chasse peu banal, voire un accident de chasse en état de légitime défense. Pas de quoi fouetter un chat, et encore moins un capitaine de l'*Air Force*. Les manœuvres tortueuses, les mensonges répétés, les précautions dispendieuses, les retournements de veste du forain ne se seraient plus du tout justifiés, n'auraient pas eu le moindre sens. Hansen aurait fait une tournée triomphale à travers les Etats-Unis, et il aurait même sûrement obtenu l'autorisation légale de transporter son exhibition dans le monde entier. Que ce soit à la faveur de cet itinéraire forain, ou par la vente immédiate du spécimen à une grande institution scientifique, l'ex-pilote aurait de toute façon accumulé une fortune, et sans se faire de cheveux blancs.

L'hypothèse d'une origine autochtone de l'homme pongoïde est à tous égards absurde et ne mérite pas en vérité d'être même prise en considération. Il ne peut faire le moindre doute que le cadavre velu venait d'Extrême-Orient, où Hansen d'ailleurs s'était rendu régulièrement pendant près de vingt ans. Mais de quelle région d'Extrême-Orient ? Forcément d'un pays où les militaires américains pouvaient circuler librement, soit pour des raisons de service, soit à l'occasion d'un congé de détente.

Hansen, jusqu'au jour où il comprit l'avantage qu'il tirerait de l'aveu du meurtre de l'homme velu aux Etats-Unis mêmes, s'est toujours tenu à une version standard quant sa première rencontre avec lui : il l'avait acheté à Hong Kong (on peut *tout* acheter à Hong Kong).

L'histoire paraît à première vue assez plausible, surtout si l'on songe à la répartition des troglodytes de Porchnev en Chine du Sud : il en subsisterait notamment dans les monts Tsinling Chan, sur le territoire des provinces de Chensi et de Kansou, et dans les montagnes de Houn-Hé, au cœur du Yunnan, bref à quelque 1600 kilomètres de Hong Kong. Mais, à la réflexion, cette version des faits, sans être rigoureusement impossible, présente tout de même quelques faiblesses du point de vue pratique.

Hong Kong est, comme on l'a dit, « une ville bâtie sur l'opium ». C'est en quelque sorte la capitale de la contrebande dans le Sud-Est asiatique. En tout cas, en raison de sa position clé, c'est la soupape d'échappement des produits d'exportation de la Chine Populaire vers les pays non communistes. Par conséquent, la vente là-bas d'une « curiosité » provenant de l'intérieur de la République de Mao n'aurait rien de vraiment extraordinaire. C'est plutôt le transport de la Chose jusqu'à la colonie britannique qui eût posé des problèmes. Balader sur plus de 1600 km. une sorte de gorille bipède passe difficilement inaperçu. Transporter clandestinement son cadavre sans qu'il se décompose tout au long d'un tel trajet soulèverait de plus grandes difficultés encore.

Toujours dans la même éventualité, ce n'est pas le transport de la Chose du Viêt-nam du Sud aux Etats-Unis qui eût posé un grave problème mais bien l'expédition du cadavre velu de Hong Kong vers un aérodrome du Viêt-nam. Hong Kong ne faisant pas partie du théâtre des opérations guerrières, pas question, sur ce dernier trajet, de recourir aux services de quelque cercueil intouchable et sacré !

On est finalement acculé à penser que c'est du Viêt-nam qu'il était le plus facile d'expédier le spécimen aux U. S. A. et que *c'est donc au Viêt-nam qu'il y a le plus de chances que l'homme pongoïde ait été acquis, et sans doute abattu.*

Plusieurs histoires assez récentes sont d'ailleurs venues confirmer la présence actuelle de ces êtres dans la Cordillère annamitique et ses prolongements, où ils étaient surtout connus autrefois par des légendes plus ou moins fantastiques [142].

Depuis qu'une guerre interminable ensanglante l'Indochine, les jungles sont bien plus souvent parcourues qu'autrefois par des personnes pouvant témoigner de la rencontre d'êtres si farouches.

C'est ainsi qu'en 1965, le journaliste anglais Wilfred Burchett a recueilli un récit extrêmement significatif de la bouche d'un des héros de la résistance vietnamienne, Tran-Dinh-Minh. C'est ce dernier qui, au temps de l'Union française, avait été chargé de créer des bases du Front National de Libération autour du centre stratégique de Ban-Me-Thuot, dans la province de Dak-Lak, position clé de ce que les Français appelaient les Hauts-Plateaux. En 1949, Tran-Dinh-Minh avait reçu pour mission d'explorer, avec quelques indigènes M'Nong, la zone frontière du Dak-Lak, afin de vérifier plus particulièrement si les chaînes réputées inaccessibles du district de Dak-Mil interdisaient vraiment l'accès du Cambodge. Quelle ne fut pas sa surprise, quand dans le secteur le plus sauvage et le plus aride de ces hauteurs, il trouva de nombreuses empreintes de pieds nus, manifestement humains. Après avoir suivi ces pistes en vain pendant des jours et des jours, certains M'Nong finirent par faire une découverte intéressante :

« ...les empreintes les plus récentes avaient été faites par quelqu'un qui marchait à reculons : en effet, le talon était gravé plus profondément dans le sable. Nous suivîmes donc à l'envers la première piste qui nous mena à une caverne occupée par une créature mâle

---

(142) Helmut Loofs-Wissowa, né en Allemagne, s'est, après une vie aventureuse, fixé en Australie où il est devenu spécialiste de l'Asie du Sud-Est. Ses recherches archéologiques l'ont amené à s'intéresser à la survivance des Néanderthaliens. Passionné par les thèses de B. Heuvelmans, il a enquêté sur l'existence d'hommes sauvages au Vietnam, au Cambodge et au Laos. Il ne craint pas de déclarer à propos de l'homme pongoïde : « Heuvelmans, d'après moi le plus grand zoologiste vivant, pense que cet homme était originaire du Vietnam. Son hypothèse de travail me paraît valable. » (*La lettre de l'AFRASE* (Association française pour la recherche sur l'Asie du Sud-Est), Paris, 40, p. 29, 1996).

H. Loofs-Wissowa a attiré l'attention sur le *penis rectus* des hommes sauvages. Rappelons-nous que, d'après B. Heuvelmans (p. 201) l'Homme pongoïde a un sexe grêle et effilé, et un scrotum plutôt petit. Or la position horizontale de ce sexe évoque à la fois le pénis des Boschimans, celui que la mythologie attribuait aux satyres, certaines représentations d'hommes préhistoriques et des descriptions recueillies par Jordi Magraner (sexe « énorme... »). Voilà qui est fort troublant : un caractère qualifié de pédomorphique, autrement dit infantile. (JJB)

très effrayée, entièrement nue à l'exception d'une sorte de minuscule cache-sexe en écorce écrouie [143] ; tout son corps était recouvert d'un épais pelage noir et ses cheveux lui tombaient sur les épaules. Tapi dans un coin de la grotte, l'être était visiblement terrorisé bien que nous fissions tout ce que nous pouvions pour lui montrer que nous n'avions pas d'intentions hostiles. Les M'Nong s'adressèrent à lui dans leur langue, j'essayais pour ma part tous les dialectes que je connaissais mais ce fut en vain : nous ne tirâmes rien de lui sinon des sons semblables à ceux que nous avions perçus un peu plus tôt, cette sorte de gazouillement. »

Il est intéressant de noter que la caverne contenait non seulement des restes de repas sous forme d'os ou d'arêtes de petits vertébrés, mais des traces de foyers, quelques pierres tranchantes et même une sorte de sac de couchage en écorce, lacé au moyen de lianes. Ceci laisserait supposer que dans certaines régions, les néanderthaliens reliques, si c'en étaient, auraient tout de même un début d'industrie. Mais rien ne prouve, bien sûr, que l'être velu en question était lui-même responsable de ces divers signes de culture.

« Les M'Nong, dit encore Minh, ne manifestaient pas autant d'étonnement que moi : ils me dirent que leurs frères du district de Dak-Mil connaissaient l'existence de ces étranges créatures des montagnes : il leur arrive parfois de tomber sur leurs empreintes en suivant la piste d'un tigre ou de quelque fauve blessé et même d'apercevoir des « créatures poilues » se promenant, la main dans la main, parmi les arbres. Ils en ont vu « couper » des palmiers en se servant du tranchant de leur main.. »

Minh et ses compagnons décidèrent de ramener l'homme velu, convenablement ligoté, à la base de leur district, pour tenter de déchiffrer son langage et, dès lors, recueillir sans doute de lui de précieux renseignements sur la région. En cours de route, ils éprouvèrent les plus grandes difficultés à faire manger leur prisonnier. Celui-ci refusait absolument tout ce qui était cuit, que ce fût du riz ou du singe rôti (ce qui semble indiquer, à mon sens, qu'il n'était pas l'auteur des feux allumés dans la grotte). En fin de compte, il accepta les feuilles d'un certain palmier, dont il avait d'ailleurs localement la réputation de se nourrir, ainsi que de la viande crue.

A la base, il fallut bien se résoudre à admettre que personne n'était capable de traduire les gazouillis du sauvage velu. Comme il n'y avait pas sur place les palmiers indispensables à son alimentation, il fut décidé de le reconduire dans ses montagnes. Mais, hélas, il mourut sur le chemin du retour, et fut enterré.

Une chose est certaine : dans le district de Dak-Mil, tout le monde était au courant de l'existence de ces êtres qu'on décrivait comme « les plus farouches et les plus timides qui soient ».

Je suis tombé, pour ma part, sur une autre histoire, plus récente encore et survenue relativement près — à moins de 500 km. de là — et qui, pour être moins détaillée et circonstanciée, évoque en revanche un contact de militaires américains avec ce qui pourrait bien être une de ces créatures élusives.

Dans le *World Journal Tribune* de New York, daté du 1er novembre 1966, rapportant sa visite aux soldats installés au Viêt-nam du Sud, à proximité de la zone démilitarisée, le correspondant de guerre Jim G. Lucas notait ingénument :

_____

(143) D'après les M'Nong que Burchett eut l'occasion d'interroger par la suite, les créatures de ce genre étaient « toujours nues — les mâles comme les femelles ». Aussi le journaliste anglais fit-il ce commentaire : « Je n'ai pas eu l'occasion de vérifier ce point avec Minh mais il est possible — et ce serait un exemple typique de la délicatesse vietnamienne — que celui-ci ait ajouté ce détail pour que je ne croie pas qu'il ait voyagé des semaines en compagnie d'un être humain entièrement nu. Il n'est pas exclu non plus qu'il ait lui-même confectionné le cache-sexe d'écorce dont il m'avait parlé. »

« Le monde a quelque chose d'irréel ici le long de la D. M. Z. Les hommes ont parcouru les jungles en long et en large. Une fois, ils ont repéré un tigre. Ils lui ont tiré dessus, mais ils l'ont raté. D'autres Marines rapportent qu'ils ont tué un énorme singe anthropoïde (*a huge ape*) ».

Les seuls singes anthropoïdes connus dans la région sont les gibbons, c'est-à-dire les plus petits de tous : personne ne songerait à les qualifier d'« énormes ». Alors, comment ne pas songer aux hommes pongoïdes ?

La date de l'incident n'a malheureusement pas été mentionnée : celui-ci peut évidemment s'être produit bien des mois avant la visite du journaliste. Qui sait si l'« énorme singe anthropoïde » cité ici n'est pas précisément l'homme velu dont j'ai contemplé le cadavre au Minnesota en 1968 et auquel j'ai consacré ensuite plusieurs années d'étude ? Peut-être Hansen, qui n'a quitté l'armée de l'air qu'en 1965, est-il passé, à l'époque, par le camp des Marines en question, et a-t-il eu l'occasion de voir leur étrange trophée de chasse, ce qui aurait mis le feu aux poudres de son imagination...

De toute façon, si un tel incident s'est produit une fois dans ces régions-là, il a pu se produire plusieurs fois. La guerre de guérilla est venue déranger les hommes velus d'Indochine jusque dans leurs retraites les plus secrètes. Les pluies de bombes et de rockets, les nettoyages au lance-flammes, les grenades et les rafales de mitrailleuses ont dû bien souvent semer l'épouvante et la mort parmi ces innocents. Et peut-être est-il quelquefois arrivé à ceux-ci, en fuyant certaines terreurs, de se jeter dans les rangs d'autres envahisseurs non moins hostiles et féroces. Parfois aussi ils se sont peut-être approchés, avec une prudente curiosité, des camps nocturnes de ces terribles hommes verts aux gros crânes poilus, qui descendaient du ciel dans de grosses bulles vrombissantes ou suspendus à d'immenses champignons blancs, et qui crachaient du feu et du plomb par leur monstrueux sexe noir. Et parfois, hélas, malgré leur discrétion pourtant infinie, certains sont-ils passés dans le camp de vision de ces Martiens indésirables, et ont-ils été foudroyés sur place. Ou été blessés, et capturés, pour servir de bouffons...

Toute la rocambolesque affaire de l'homme congelé serait née en somme de quelque lamentable forfait cynégétique de militaires désœuvrés.

Je pense, grâce à ce dernier fait divers, avoir remonté le cours de toute cette histoire jusqu'à sa source, sinon telle qu'elle s'est exactement déroulée dans la réalité, du moins telle qu'elle a pu se dérouler de manière tout à fait logique et cohérente, en accord avec l'ensemble des faits connus. Quelles que soient les variantes qu'on puisse raisonnablement admettre, on en revient toujours à une même trame inébranlable qui ne comporte ni lacunes ni obscurités, et ne laisse aucune question sans réponse. Que les esprits forts qui parlent de supercherie ou de méprise m'en proposent une seule autre de cette sorte, et je m'inclinerai.

Ecoutez-la, cette histoire, si vous n'avez pas déjà pris la peine de la reconstituer vous-même dans l'ordre chronologique.

Un jour, dans les années 60, au cœur des jungles vietnamiennes, un G. I. qui s'ennuie fait un carton sur un pauvre néanderthalien attardé qu'il prend pour une sorte de gorille. Un aviateur un peu farfelu l'apprend, rêve de faire de ce monstre une attraction de foire sensationnelle, et l'achète. Pour être expédié aux Etats-Unis, le cadavre est enfermé, comme il se doit, dans un cercueil, mais, pour passer inaperçu, dans celui qui devrait contenir les restes rapatriés d'un soldat tombé au combat. Par malheur, cette astuce est aussi — ou va devenir bientôt — celle par laquelle on introduit en Amérique d'énormes quantités d'héroïne. Et, ce qui ne simplifie pas les choses, la drogue provient du fameux Triangle d'Or, où le trafic est organisé par les principaux chefs militaires des armées alliées aux U. S. A., et de ce fait avec la bénédiction — voire la complicité, disent d'aucuns — du Département d'Etat ou de ses services secrets.

Retourné à la vie civile, le détenteur du cadavre velu, proprement congelé dans l'intervalle, se met un jour à exhiber celui-ci sur le circuit des foires commerciales. Tenu cependant au secret absolu sur la manière dont il l'a ramené du Viêt-nam (on ne badine pas avec la Mafia), il s'est au préalable garanti contre toute indiscrétion éventuelle en en faisant fabriquer une réplique, dont il lui sera toujours facile de prouver la confection. Cette parade de guerre l'oblige, hélas, pour n'être pas un jour convaincu d'escroquerie, de laisser planer un doute sur l'authenticité du spécimen, et une attitude si ambiguë nuit bien entendu au succès de l'exhibition. Aussi le forain rêve-t-il de présenter un jour son homme velu comme le véritable « abominable Homme-des-neiges » de l'Himalaya. Mais celui-ci est-il seulement apparenté à son propre spécimen ?

Apprenant qu'on signale des êtres à peu près semblables dans le nord-ouest des Etats-Unis, il finit par se demander s'il ne pourrait pas faire passer pour l'un d'eux son monstre du Sud-Est asiatique : n'ayant plus dans cette optique à s'expliquer sur l'immigration clandestine du cadavre velu, il n'aurait plus du tout à s'inquiéter du point de vue légal ! Mais ne pourrait-on pas déceler une différence entre son homme-singe du Viêt-nam et ceux du Népal ou d'Amérique du Nord ? Seul un spécialiste de la question serait capable de le dire. Pour en avoir le cœur net, le forain décide de s'adresser au plus célèbre qui soit aux Etats-Unis, un écrivain doublé d'un naturaliste. Il l'attire chez lui en lui faisant téléphoner par un comparse une description particulièrement suggestive de son attraction foraine. L'expert mord à l'appât ; et il se fait même accompagner par un collègue venu de France. Les deux zoologistes ne tardent pas à reconnaître l'authenticité de l'étrange cadavre et sa valeur inestimable du point de vue scientifique. Contre toute attente, le premier alerte le F. B. I. pour faire saisir le spécimen, et le second s'abouche dans ce même but avec la *Smithsonian Institution* et publie outre-Atlantique une note scientifique à son sujet.

Les gens qui sont derrière l'ex-aviateur — pour l'avoir financé ou l'avoir aidé autrefois à introduire le cadavre par l'ingénieuse filière des cercueils de rapatriement — s'inquiètent à juste titre et se fâchent même tout rouge. Ils menacent le forain des pires représailles et le somment d'appliquer aussitôt le plan de riposte prévu. L'homme velu est donc retiré de la circulation, dégelé, légèrement modifié, recongelé avec plus de soin que jamais et présenté délibérément comme un faux. Les artisans qui ont participé à la confection du double manufacturé viennent même à point nommé confirmer cette « révélation ». Et la plupart des organisations scientifiques ou administratives se laissent naïvement convaincre par cette ruse, trop contents d'ailleurs de n'avoir plus à s'occuper d'une innovation scientifique qui remet en question bien des idées reçues.

L'exhibition foraine perd évidemment beaucoup de son intérêt du fait de cette démystification forcée, et la Science, elle, y perd une pièce à conviction d'une rareté exceptionnelle. Aussi quelques acharnés s'obstinent-ils à faire éclater la vérité. Mais ils vont désormais se heurter à des difficultés insurmontables, ou, ce qui ne vaut guère mieux, à un mur d'inertie. C'est que la vérité aboutirait à l'exposition au grand jour de la combine des cercueils de héros accompagnés incongrûment d'héroïne. Trop d'intérêts puissants sont en jeu d'un bout à l'autre de cette filière : depuis la raison d'Etat jusqu'aux tractations financières les plus sordides, en passant même par le prestige de l'armée, dont les membres participent activement à l'opération.

Toujours est-il que, lorsqu'une occasion unique est donnée à des services officiels de contrôler l'authenticité du spécimen, à la faveur d'un passage de frontière imprudent, une intervention en haut lieu vient carrément entraver l'action de la Justice. L'alerte a été chaude. Désireux tout à la fois de redonner un certain lustre à son exhibition et de se mettre définitivement à l'abri de nouvelles investigations, le forain change brusquement son fusil d'épaule. Il proclame publiquement l'authenticité de son homme velu et va jusqu'à avouer qu'il l'a abattu lui-même au cours d'une partie de chasse... mais aux Etats-Unis. Il se dit prêt à livrer le spécimen à la Science, pourvu que la Justice lui assure au préalable l'impunité pour toutes les infractions qu'il peut avoir commises dans cette affaire.

Cette proposition ingénieuse ne suscite aucune réaction officielle. Par le truchement d'un Institut des sciences naturelles réputé, le zoologiste d'outre-Atlantique supplie pourtant à deux reprises le conseiller scientifique du président des Etats-Unis d'accepter le marché du forain, de faire en tout cas « quelque chose » pour mettre la main sur le spécimen, dont l'étude est capitale pour l'humanité tout entière. Ces démarches sont proprement ignorées à la Maison-Blanche.

Un jour, le « cessez-le-feu » au Viêt-nam est signé, et, apparemment du moins, les complaisances de la C. I. A. ne se justifient désormais plus. Et voilà que des agents fédéraux s'avisent soudain de faire sauter le macabre pipe-line à héroïne, par lequel le spécimen a incidemment été introduit aux U. S . A. Mais — Ô surprise — les fraudeurs ont été avertis, et l'opération se solde en tout et pour tout par l'arrestation d'un lampiste qu'on ne peut guère accuser que de s'être déguisé en militaire et d'avoir utilisé de faux papiers. L'affaire des cadavres farcis de drogue s'est cependant ébruitée à cause des révélations faites par certains journalistes, mais tous les services officiels s'empressent de l'étouffer dans l'œuf, sous prétexte d'investigations « hautement secrètes » et en insistant, un peu lourdement, sur son caractère strictement « civil ». Il faut dire qu'à ce moment, plus personne ne respecte le « cessez-de-feu », la guerre continue de faire rage dans le Sud-Est asiatique, et il y a toujours des intérêts alliés à sauvegarder par diplomatie, des susceptibilités à ne pas froisser, et, il faut bien le dire, de gros sous à récolter. Alors, les ténèbres subsistent. Le jour est bien long à se lever.

Voilà les grandes lignes de cette histoire, peu banale certes, mais qui se tient parfaitement. En dehors de la survivance de Néanderthaliens, qui a évidemment de quoi surprendre ceux qui l'ignorent, y trouvez-vous quoi que ce soit d'incohérent, d'incompréhensible, d'illogique, d'inexplicable ?

Tous les faits cités sont contrôlables, la plupart ont même été publiés. Comme Poe élucida le mystère du meurtre de Marie Roget en se fondant uniquement sur des coupures de journaux, je me suis contenté dans ma tour d'ivoire de les assembler comme autant de pièces d'un puzzle.

Bien sûr, des amis et correspondants américains, dont certains appartiennent, on s'en doute, à des organismes officiels, m'ont puissamment aidé dans cette tâche, en vérifiant certains points et en me fournissant ainsi les chevilles indispensables. Je les en remercie ici du fond du cœur, car ils l'ont fait de la manière la plus désintéressée, par simple goût de la vérité, et, en outre, ils l'ont fait parfois dans les conditions les plus épineuses. Cette affaire serpente en effet à travers le maquis semé d'embûches des secrets militaires, de la petite guerre de services d'investigations rivaux, des consignes de silence diplomatiques, de l'omerta des syndicats du crime, de la basse stratégie de la haute politique, et du black-out bien compréhensible jeté sur les enquêtes policières.

Maintenant que le puzzle est enfin achevé, les plus attentionnés de mes amis d'outre-Atlantique m'invitent à la prudence et me mettent en garde, pour ma propre sécurité, contre la publication de mes conclusions. Il y a, paraît-t-il, des puissances auxquelles il n'est pas bon de se heurter, des puissances qui n'aiment pas les gens curieux et fouineurs, des puissances qui n'hésitent pas un seul instant à supprimer tout ce qui pourrait gêner le moins du monde leurs entreprises.

Certains de ces amis pleins de prévenances font partie des services de la police et doivent savoir de quoi ils parlent. Aussi une précaution inutile valant mieux que pas de précautions du tout, plusieurs exemplaires du dossier comprenant les pièces maîtresses de cette affaire se trouvent en sécurité aux Etats-Unis et dans plusieurs autres pays. S'il devait arriver malheur à un de mes informateurs, ou à moi, ils seraient communiqués sur-le-champ, non seulement à diverses autorités, mais aussi à quelques journalistes américains ayant fait preuve de leur caractère incorruptible.

Je tiens à ajouter à ce propos que si l'on songeait à se débarrasser de moi pour me punir de mon indiscrétion, on me ferait plutôt plaisir, car on rendrait à la cause que je défends un service éminent. Mon élimination par la violence prouverait en effet aux yeux du monde que j'ai vu juste. Elle ne le ferait pas de la manière rigoureuse que j'ai utilisée dans mon exposé, et qui convaincra peut-être uniquement ceux qui le sont déjà, mais d'une manière émouvante, plus propre à soulever l'indignation et, en somme, plus efficace. Car, pour le malheur d'un âge qui se pique de raison, l'esprit ne vient généralement aux hommes que par la voie des tripes.

Cela dit, je n'aspire pas du tout à jouer prématurément les martyrs de la Science : il me reste encore trop de mystères zoologiques à dissiper. Comme d'ailleurs je n'ai pas le goût du mélo, je ne crois sincèrement pas qu'on cherchera à me faire taire à jamais. D'abord parce que j'ai déjà dit tout ce que j'avais à dire sur les dessous de cette affaire, mais surtout parce qu'il est tellement plus simple d'assourdir ceux qui pourraient m'entendre. Il n'est même pas nécessaire de recourir à l'action pour y arriver : la plupart des gens sont sourds de naissance. Psychiquement, s'entend. Ils n'écoutent que ce qui s'insère commodément dans le cadre de leurs connaissances bien enracinées ou de leurs idées reçues : tout ce qui est nouveau, insolite, hors du commun, ne franchit pas le seuil de leur tympan.

Cette fâcheuse infirmité s'appelle l'incrédulité. Je serais tenté d'orthographier le mot sans accent aigu sur la dernière lettre, car il s'agit vraiment d'une maladie.

CHAPITRE XXII

LE MUR DE L'INCRÉDULITÉ

Comment enterrer un cadavre embarrassant.

> « On aime mieux écrire pendant huit jours qu'une chose ne
> peut pas être, que d'étudier seulement une heure pour se
> convaincre qu'elle est. »
>
> Jacques BOUCHER DE PERTHES.
>
> « Pour la plupart des gens le doute à propos d'une chose est
> tout simplement une croyance aveugle en une autre. »
>
> Georg Christoph LICHTENBERG.

Une des découvertes les plus gênantes pour l'anthropologie traditionnelle a été faite en 1921 dans les mines de zinc de Broken-Hill en Rhodésie du Nord, l'actuelle Zambie. Il s'agissait d'un crâne humain, extraordinairement bestial d'aspect, que la plupart de ses caractères rapprochent des Archanthropiens, c'est-à-dire du groupe comprenant aujourd'hui les Pithécanthropes, Sinanthropes et autres Atlanthropes et qu'on a fini par enfermer dans l'espèce unique *Homo erectus*. Ce groupe est sensé totalement disparu depuis la fin du Pléistocène moyen, en tout cas depuis plus de soixante-dix mille ans. Or le crâne en question n'était pas le moins du monde fossilisé, il se trouvait dans un état de fraîcheur ahurissant, et associé d'ailleurs à maints restes d'animaux actuels d'Afrique orientale. Il présentait au surplus des signes avancés de carie dentaire, mal qu'on s'accorde pour considérer comme d'apparition assez récente.

Afin de rajeunir au maximum ce pithécanthrope africain, attardé au-delà des limites de la décence, la plupart des auteurs en ont fait tout simplement un néanderthalien ayant conservé des caractères archaïques, et ils ont déclaré pour plus de sûreté qu'il était d'ailleurs impossible à dater. Les plus conservateurs ont dû tout de même admettre, la rage au cœur, qu'il ne pouvait avoir plus de vingt mille à trente mille ans d'âge, ce qui même pour un néanderthalien est incongrûment peu. Et tout semble indiquer en réalité que l'homme-bête de Broken-Hill ne remonte pas à plus de treize mille ans...(*)

Inutile de dire que les rumeurs les plus fantastiques ont circulé autour de cette gênante exhumation. Comme la tempe gauche du crâne était percée d'un petit trou rond, bien net, le bruit a même couru, un certain moment, que le Rhodésien déconcertant avait été abattu d'une balle ! On a raconté aussi que son corps avait été trouvé entier, encore recouvert de sa chair et de sa peau, grâce aux vertus conservatrices des sels de zinc qui saturaient le sol dans lequel il reposait. Et on a même dit que les ouvriers responsables de la découverte, le tenant pour plus précieux comme minerai qu'en tant que « curiosité », n'en auraient conservé que le crâne et quelques os...

Commentant ces rumeurs, d'ailleurs dénuées de fondement, William Howells, professeur à l'Université Harvard, a soupiré, dans son livre *Mankind Sofar :* « Si cela avait été vrai, l'histoire aurait eu de quoi déclencher une vague de suicides parmi les rangs exaspérés des anthropologues. »

(*) NdE : En fait il est actuellement daté de 125 à 300 000 ans.

Je puis aujourd'hui rassurer complètement le professeur Howells, autrefois président de *l'American Anthropological Association*, quant aux chances de survie de ses ouailles en pareille occurrence. C'est en effet à peu près ce qui s'est produit dans le cas de l'homme congelé : le cadavre intact d'un néanderthalien s'offrait à l'étude des anthropologues, et, ce qui plus est, aux Etats-Unis mêmes ! A ma connaissance, il n'y a pas eu parmi eux de suicides en masse — ni sur place ni ailleurs dans le monde — au moment où l'on annonça la disparition de l'inestimable relique. Pas le moindre. A quelques rares exceptions près, ils ne se sont même pas dérangés pour aller voir le spécimen quand c'était encore possible, ou pour au moins s'informer, ensuite, des détails de son anatomie auprès de ceux qui l'avaient étudiée. Non seulement ils n'ont pas levé le petit doigt pour s'opposer à la destruction dont la pièce était menacée, mais certains ont tout fait au contraire pour la provoquer. Ils ont rivalisé d'ingéniosité pour enterrer au plus tôt ce cadavre trop frais, bien plus embarrassant encore que celui de Rhodésie.

Le seul biologiste qui en l'occurrence aurait pu être tenté de mettre fin à ses jours était votre serviteur, car quelques-uns de ses chers et estimés collègues se sont vraiment dépensés pour l'acculer au désespoir. En quoi, ils ont d'ailleurs été vaillamment épaulés par certains profanes bénévoles.

Sans chercher le moins du monde à ce qu'on s'apitoie sur mon sort, je voudrais tout de même évoquer ici quelques épisodes significatifs de ma propre « lutte pour les troglodytes » afin de montrer surtout qu'il est toujours possible à notre époque d'étouffer une découverte scientifique peu orthodoxe. Une des objections les plus communes qui aient été faites à la vraisemblance de mon histoire est en effet celle-ci : étant donné le développement présent des *mass media*, par quelles manœuvres pourrait-on encore, de nos jours, bâillonner ou censurer un homme de science, soit qu'il cherche à exposer des faits résultant de ses recherches, soit qu'il veuille défendre une théorie nouvelle ?

La technique à utiliser est bien simple. Il suffit de le ridiculiser, de le déshonorer ou tout simplement de l'ignorer : les foules moutonnières suivront le mouvement. Dans ce genre de conflits, tous les coups semblent permis.

Mais pourquoi diable — autre objection non moins courante — voudrait-on empêcher des révélations qui ne pourraient être que bénéfiques pour tous, puisqu'elles contribuent à éclairer l'humanité entière ? Entendons-nous, je ne veux pas parler ici des excellentes raisons financières, légales, diplomatiques ou politiques qui, dans la présente affaire, peuvent expliquer l'utilisation de moyens de pression, d'intimidation ou de chantage pour étouffer la vérité. Tout cela n'a que faire avec la Science. Oublions un instant les méchants pour nous concentrer sur les sots. Je parle uniquement ici de ce qui, d'une manière générale, peut bien justifier les tentatives de strangulation apparemment désintéressées de maintes innovations ou révolutions scientifiques. Ce sont ces raisons psychologiques que nous nous efforcerons d'analyser plus loin.

Auparavant, revenons-en à l'exposé des faits eux-mêmes. Reprenons-les dans leur ordre chronologique, du point de vue cette fois, de l'accueil réservé à la description de l'Homme pongoïde.

Mon premier soin après l'examen — très attentif, croyez-moi — du spécimen fut de rédiger à son sujet une note scientifique, de soumettre celle-ci à la critique de quelques autorités en la matière, et enfin de la publier au plus tôt. On m'a évidemment accusé d'une précipitation peu compatible avec la pondération qui s'impose dans le domaine de la Science.

Se serait-il agi du simple squelette d'un hominidé inconnu, j'aurais, bien entendu, agi autrement. Peut-être aurais-je un jour communiqué la découverte à la presse scientifique dans les termes les plus généraux, et j'eusse ensuite passé quelques années à étudier soigneusement les ossements — ou même leurs photos — et à les soumettre aux spécialistes les plus qualifiés, avant d'en publier la description minutieuse et les conclusions qui en découlent. Dans le cas présent toutefois, un problème d'urgence se posait. Le spécimen était en voie de décomposition, et menacé, au surplus, de disparaître dans une chausse-trape. Il était impérieux d'agir au plus vite.

Cependant, je ne pouvais tout de même pas me contenter de faire quelques vagues déclarations publiques, qui n'eussent suscité que des haussements d'épaules ou des sourires, et qui, sans doute, n'auraient même pas été reproduites dans les journaux professionnels. Pour convaincre le monde scientifique de l'importance de la découverte et de la nécessité d'une action immédiate, grâce au soutien que j'espérais de lui, il était indispensable de décrire le spécimen de la manière la plus détaillée et même de le situer aussi précisément que possible dans la classification zoologique : il fallait qu'on sache de quoi il était question ! Seulement, comme la suite des événements devait d'ailleurs me le montrer, une telle étude m'aurait pris au moins deux ans. Que serait-il advenu, dans l'intervalle, du cadavre plus ou moins bien congelé ?

J'étais pris entre deux feux : celui de l'urgence et celui de la prudence. Il fallait se résoudre à une solution intermédiaire, boiteuse par définition, une cote mal taillée, comme on dit : publier sur-le-champ une note préliminaire, schématique et comportant forcément des imprécisions, voire des erreurs, quitte à rédiger par la suite une étude approfondie sur l'anatomie externe du spécimen et ses affinités vraisemblables.

Aujourd'hui, certains me critiquent pour n'avoir pas encore, au bout de quatre ans, publié la monographie que j'ai consacrée à ce sujet, et à laquelle je reviendrai plus loin. En somme, on me reproche d'une part le caractère hâtif de mes premières révélations et d'autre part la lenteur que je mets à publier les résultats ultimes de mes recherches. Bref, je suis allé tout à la fois trop vite et trop lentement ? Je serais heureux qu'on me dise ce qu'on aurait fait à ma place.

Ma note une fois terminée, je me mis donc en quête de débouchés, afin de la voir publiée non seulement par l'institution scientifique européenne à laquelle j'étais attaché, mais aussi aux Etats-Unis, pays sur lequel l'honneur de la découverte méritait tout de même de rejaillir en partie. Je pensais en outre que la publication, là-bas, d'une note préliminaire, par une revue d'anthropologie ou quelque organisme de recherches réputé, serait d'un poids capital pour justifier, par exemple, l'usage par le gouvernement de son droit de préemption en vue de l'achat du spécimen. D'autre part, comme il fallait également, dans cette même optique, sensibiliser l'opinion publique américaine, j'espérais faire paraître mes photos du cadavre velu, avec une description sommaire de celui-ci, dans quelque magazine de grande classe, comme *Life*, *Look* ou le *National Geographic*. Il me semblait en effet que leur seule parution dans une revue plus populaire comme *Argosy*, pour illustrer l'article de mon ami Sanderson, risquait de donner à toute l'affaire une teinte sensationnelle et frivole qui lui porterait préjudice.

Bref, bien que je fusse, à l'époque, sur le point de partir en expédition à travers l'Amérique centrale, puis l'Amérique du Sud, ma présence s'imposait encore pendant quelque temps aux Etats-Unis.

Ici se situe un incident tragique de ma vie privée, que je n'aurais jamais songé à mentionner ici, si l'on ne s'en était précisément servi pour me nuire dans mon travail. Le 1er janvier 1969, un coup de téléphone d'Europe m'annonçait que ma fille Anita, âgée d'une vingtaine d'années et que j'avais quittée en apparente bonne santé trois mois auparavant, était atteinte d'une forme foudroyante de leucémie et n'avait plus que deux ou trois semaines à vivre. On peut imaginer le choc que me fit une telle révélation devant laquelle je me sentais misérablement impuissant, ainsi que les affres et les déchirements par lesquels je passai au moment même où je venais de faire une découverte capitale qui exigeait ma présence de l'autre côté de l'Atlantique. Il n'a pas suffi, semble-t-il, que ce malheur m'atteigne dans ma vie affective. Pour jeter le discrédit sur mon diagnostic quant à la nature de l'homme congelé, on a poussé l'ignominie jusqu'à insinuer, avec l'apitoiement feint qu'on devine, que le décès tragique de ma fille avait dû quelque peu me déranger l'esprit. Belle illustration du climat de sérénité, de courtoisie et de grandeur dans lequel se déroulent, croit-on, les querelles scientifiques. Passons. Dans cette sphère-là aussi, il faut que le spectacle continue.

Pour moi, c'était donc l'époque où je cherchais à la fois l'appui de collègues influents et la publicité de périodiques prestigieux. Je m'agitais beaucoup d'un bout à l'autre de la Nouvelle-Angleterre, depuis le Maine jusqu'à Washington D. C. L'hiver était atrocement rigoureux, et je me souviens qu'avec mon ami Jack Ullrich, au cours d'une de nos pérégrinations, nous nous sommes trouvés un jour, dans la Landrover, bloqués et ensevelis sous deux mètres de neige. Je me revois surtout, battant le pavé new-yorkais, par un froid sec à vous arracher le nez et les oreilles., avec, sous le bras, un immense carton contenant mes photos agrandies, ainsi que leurs premiers décryptages destinés à mettre en valeur l'anatomie si particulière du spécimen. Moi qui ai horreur de quémander quoi que ce soit, je me faisais l'effet d'une sorte de commis voyageur de la Science, allant de porte en porte proposer sa marchandise.

Bien souvent, en croisant les passants dans cette ville fascinante où tout semble possible et où plus rien n'étonne, je me surprenais à penser : « Et pourtant, s'ils savaient que je transporte en ce moment les photos d'un homme préhistorique... Cela va tout de même leur faire un sacré choc quand ils les verront, quand ils sauront ! ». Je me faisais encore beaucoup d'illusions.

Ainsi, un jour, j'avais rendez-vous au *Time-Life Building* avec Al Rosenfeld, un des chroniqueurs scientifiques de *Life*, dont j'avais fait la connaissance au cocktail offert en mon honneur lors de mon arrivée à New York. Toute une équipe du département des sciences du grand magazine s'affaira bientôt autour de mes photos, les commentant, me fusillant de questions. Vint à passer le *science editor* en chef, lequel était à l'époque une femme, le type même de ces *carrer women* américaines, dont l'élégance sophistiquée ne parvient guère en général à dissimuler la disgrâce physique. Elle traversa presque en coup de vent un des bureaux contigus parmi lesquels mes photos circulaient, souleva l'une d'elles par un coin en y jetant un coup d'œil distrait par-dessus ses grosses lunettes d'écaille, posa une question à la cantonade, puis rejeta le document sur la table avec un air de suprême dégoût en maugréant : « Oh ! *That kind of stuff* ! » (Oh ! Ce genre de camelote-*là* !)

Inutile de dire que tous les journalistes scientifiques de *Life* n'étaient pas de « ce genre-là », sinon ce merveilleux magazine, si admirablement informé et illustré, n'eût jamais été ce qu'il était : je dois dire que j'ai vraiment pleuré sa mort comme un symptôme sinistre de notre temps, celui de la dégradation des valeurs et de l'échec de la qualité.

Ah ! Rosenfeld et son équipe étaient vivement intéressés par la publication de mes photos, mais la rédaction exigeait au préalable une contre-expertise du spécimen par un anthropologue américain. A cette époque, hélas, Hansen se refusait absolument à le laisser encore examiner. Je proposai donc qu'on en appelât à l'arbitrage du docteur Carleton S. Coon, qui avait longuement étudié mes photos et s'était déclaré convaincu de l'authenticité du spécimen, ainsi que de son originalité. Mais l'avis d'un expert ayant examiné le cadavre lui-même était réclamé, ce qui, provisoirement du moins, était impossible. En dernier recours, je demandai :
Estimez-vous donc que je ne sois pas qualifié moi-même pour reconnaître si un objet de cette sorte est vrai ou faux ?
— Non, tout le monde ici connaît vos titres scientifiques et admet le sérieux avec lequel vous traitez les problèmes zoologiques même les plus controversés. Mais vous pouvez tout de même vous être trompé, vous pouvez avoir été abusé...
— Bien sûr, mais le contre-expert pourra lui aussi se tromper, dans un sens comme dans un autre. Cela ne vous garantira pas non plus l'authenticité du spécimen, ni d'ailleurs sa fausseté. J'admets parfaitement que sur la seule foi de mes photos, il soit difficile de se prononcer avec certitude, à première vue du moins. Mais ayant moi-même étudié l'objet tout à loisir, et ayant surtout relevé certains détails anatomiques qu'aucun faussaire n'aurait songé à créer, je prends l'entière responsabilité du spécimen, vous pensez bien que je ne risquerais pas ainsi ma réputation scientifique à la légère... De quoi aurais-je l'air si, à l'autopsie, ce cadavre velu se révélait quelque trucage !
— Evidemment. Mais vous devez comprendre tout de même que nous ne pouvons pas nous fier uniquement à vos propres affirmations. C'est que cela représente tout de même pour vous un tas d'argent...
Là, je restai un moment interdit. Cette pensée-là ne m'avait pas encore effleuré : il faut dire que je n'ai jamais été très intéressé par l'argent. Les droits de publication de mes photos par *Life* devaient être de l'ordre de 35000 dollars, d'après le barème habituellement appliqué pour des documents aussi exceptionnels, ce qui représentait près de 18 millions d'anciens francs. C'était en effet pour moi une somme considérable, et qui m'eût bien aidé pour la poursuite de mes recherches, longtemps menées dans les conditions les plus précaires. Toutefois, même si l'esprit de lucre m'avait habité, « faire un gros coup » à la faveur d'une supercherie ou d'une méprise qui finirait tôt ou tard par être éventée, eût été d'une maladresse vraiment insigne, car cela aurait mis fin une fois pour toutes à mes recherches. Ma carrière eût en effet été brisée à jamais : qui me prendrait encore au sérieux après cela ?
Pour convaincre mes interlocuteurs, je finis donc par dire :
— Ecoutez. Mon intérêt dans cette affaire est purement scientifique. Si vous croyez que je puisse agir par intérêt financier, je vous propose l'arrangement suivant. Sur le contrat de vente de ces photos, *Life* s'engagera à me verser uniquement le montant de mes frais de séjour prolongé aux Etats-Unis (soit 2 à 3000 dollars) et versera directement le solde au *World Wildlife Fund*.
Cette proposition eut un effet tout opposé à celui que j'escomptais. Du coup, on se mit à me regarder avec un œil plus méfiant et même soupçonneux. Car, aux Etats-Unis du moins, où tout tourne autour de l'argent, quelqu'un qui n'a pas de grands moyens et qui distribue allègrement des millions à une institution vouée au sauvetage des derniers rhinocéros asiatiques et des orangs-outans, à l'interdiction de la

chasse au tigre et du massacre des phoques, à l'abolition du trafic d'esclaves des animaux exotiques de compagnie et à la cessation du martyre des singes de laboratoire, celui-là ne peut être qu'un fou.

C'est là un épisode significatif, parmi bien d'autres, de mon combat personnel en vue de la diffusion de notre découverte par la grande presse. L'entreprise me valut bien des humiliations et des camouflets, mais que j'encaissai avec une jubilation intérieure en songeant à la revanche que je croyais imminente. En fait, j'avais rencontré, ce qui était d'ailleurs bien naturel, plus de compréhension auprès de mes propres collègues que dans les milieux marginaux ou profanes. Aussi, une fois l'affaire entre les mains de la *Smithsonian Institution*, j'estimai pouvoir enfin quitter le pays, le cœur léger. Je ne tenais d'ailleurs pas à devoir affronter les vagues d'assaut de la Presse, de la Radio et de la Télévision au moment où la stupéfiante découverte serait officiellement annoncée. Je préférais de loin partir me mêler à une autre faune, *la* faune proprement dite, aller guetter le Sarigue aquatique ou *Yapok,* au bord des rivières du Mexique, m'enivrer du rugissement des singes hurleurs au Guatemala, tenter d'apercevoir les derniers grèbes géants du lac Atitlán, contempler les ébats des dauphins dans le Rio Dulce et plonger parmi les récifs coralliaires enchanteurs des *cayos* de Bélize (Planche 28).

C'est à Mexico, à l'ambassade de Belgique, que je recueillis les premiers échos de l'explosion que j'avais déclenchée. Car ç'avait été dans la presse une véritable déflagration, dont l'ampleur me surprit d'ailleurs moi-même, après toutes les fins de non-recevoir et les réticences excessives que j'avais essuyé jusqu'alors, il est vrai — ô prestige de la chose imprimée ! — que dans l'entre-temps ma note scientifique avait été publiée par l'Institut royal des Sciences naturelles de Belgique, et que la découverte de la survivance apparente de Néanderthaliens était à la une de tous les journaux belges. Et les ondes de choc de cette révélation fracassante allaient se propager bientôt à travers la presse du monde entier (Planche 34). Seulement voilà, dans quel état ces échos parvenaient-ils à certaines oreilles ? Il est bien évident que l'information, déformée par le prisme de certains journaux à sensation ou présentée de manière ironique par d'autres qui se voulaient « sérieux », devait être apparue à bien des gens comme un de ces innombrables faits divers insolites qui fusent périodiquement à travers la presse. Ceux-ci cachent parfois une réalité digne d'intérêt, mais sont le plus souvent salués d'un sourire narquois par un public plus enclin à l'incrédulité qu'on ne l'imagine, dès qu'il s'agit en tout cas d'événements inhabituels. Précisons que de nos jours les soucoupes volantes ou les visites d'extra-terrestres ne sont pas plus considérées comme des phénomènes inhabituels que les détournements d'avion ou les divorces de stars, mais que les rencontres de néanderthaliens vivants le sont encore. C'est une affaire de mode dans une société plus tournée vers l'avenir que penchée sur le passé.

A l'énoncé d'un fait insolite, il semble que l'esprit se cabre, qu'il recherche aussitôt les faiblesses ou les contradictions éventuelles du récit, voire ses impossibilités, et qu'il s'interroge désespérément sur l'exploration prosaïque qui pourrait bien en être fournie. Je n'en veux d'autre exemple que le suivant.

La presse avait annoncé en substance que le cadavre frais de ce qui semblait un néanderthalien était exhibé depuis quelque temps sur les champs de foire et avait fini par être repéré par des savants à Rollingstone, dans le Minnesota, chez son montreur, un certain Frank D. Hansen. Inutile de dire que c'est au Minnesota même que cette nouvelle suscita la plus vive émotion, mais aussi une grande surprise teintée d'incrédulité, car personne, semble-t-il, n'y était au courant de l'affaire.

Pour en avoir le cœur net, un journaliste du *Minnesota Star*, Edward E. Schaefer, eut l'excellente idée de m'adresser, dès le 17 mars, à l'Institut de Bruxelles, une demande de plus amples renseignements. Je ne résiste pas à l'envie de reproduire quelques lignes de sa lettre pleine d'humour :

« Notre enquête a démontré que la ville [Rollingstone] ne possède pas de champ de foire, ses 392 habitants n'ont jamais entendu parler de Frank D. Hansen, et il n'y a pas d'hommes de Néanderthal dans les parages, sauf peut-être le samedi soir, après la fermeture du saloon local. La dépêche est-elle fondée sur des faits ? Y a-t-il une explication à la mention de Rollingstone, dans le Minnesota ? »

C'est à cause d'une conscience professionnelle particulièrement aiguisée qu'Edward Schaefer avait pris ainsi la peine de remonter jusqu'à la source de l'information, mais il est bien certain que la plupart des journalistes se fussent contentés, au vu des résultats négatifs de l'enquête, de conclure à une mystification et de jeter la dépêche au panier. Or le moins qu'on pût dire est que les investigations locales n'avaient pas été faites avec une grande astuce, ni avec tout le sérieux désirable. Jamais il n'avait été dit en effet que l'examen scientifique du spécimen s'était déroulé *sur un champ de foire*. Et le fait est que Hansen était bel et bien depuis huit ans un des 392 habitants de Rollingstone, son ranch étant situé très exactement au lieu dit Crestview, dans les Acresfields, où l'on pouvait même l'atteindre par téléphone. (Des centaines de journalistes n'allaient d'ailleurs pas se priver de le faire quelque temps après.)

Que peut-on en conclure sinon que le reporter chargé de cette enquête devait être si convaincu *a priori* qu'il s'agissait d'une rumeur dénuée de tout fondement que, plutôt que de s'informer auprès du cadastre, des P. T. T. ou de l'hôtel de ville, il avait préféré visiter le saloon local avant son heure de fermeture ? Voilà qui a peut-être privé son journal d'un *scoop* vraiment sensationnel, car, à cette date, Hansen n'avait pas encore fait disparaître le spécimen, et un reporter vraiment acharné aurait certainement eu la possibilité de découvrir sinon le pot aux roses, du moins une partie essentielle de la vérité.

Dans l'ensemble, la presse limita tout d'abord son rôle à la publication de simples extraits condensés de ma note préliminaire, accompagnés de commentaires plus ou moins passionnés. Il va de soi que ce ne fut pas partout l'enthousiasme sans mélange comme en Belgique. Encore que là-bas un tel accueil me fût tout à fait favorable, je ne pouvais m'empêcher de déplorer avec un sourire amer que des considérations relevant de l'orgueil national pussent jouer un rôle dans un problème strictement scientifique. Il y eut, çà et là, ce qui me parut bien plus normal, des réserves, des floraisons de questions, voire des objections. Le *New Scientist* de Londres rapporta notamment que les anthropologues anglais interpellés au sujet de la découverte, avaient manifesté de l'intérêt mais aussi de la circonspection, et attendaient une étude plus approfondie du spécimen pour se prononcer. Mais, pour faire un bon mot à propos de l'état de congélation du spécimen, le journal scientifique avait titré *Cool reception for Neanderthal Man* (L'« Homme du Néanderthal » fraîchement accueilli), ce qui ne correspondait pas à la teneur de l'article.

Ce n'étaient là qu'égratignures sans gravité, mais qui témoignaient déjà d'une sourde volonté d'opposition, de dépréciation. Il y eut bien pire : quelques attaques de front sous forme d'un anathème jeté sans autre forme de procès. L'hostilité, *a priori*, inconditionnée.

Ainsi, un quotidien de Suisse alémanique, *Blick*, avait eu l'idée, pour agrémenter un exposé succinct de la découverte, de demander son avis sur celle-ci à une des plus hautes autorités mondiales en la matière, le professeur docteur J. Biegert, directeur de l'Institut anthropologique de l'université de Zurich, et au surplus rédacteur en chef des *Folia Primatologica*, le célèbre journal international de primatologie. Voici ce que cet expert aurait déclaré : « La thèse selon laquelle des créatures néanderthaloïdes vivraient encore dans notre monde est une absurdité totale (*absoluter Unsinn*), quelles que soient d'ailleurs les « preuves » prétendues qui puissent en être fournies. Il n'existe aujourd'hui sur la Terre qu'une seule espèce d'Hominidés, et c'est l'*Homo sapiens* des temps modernes. »

Cette réponse est la plus brillante démonstration qu'on puisse rêver du caractère dogmatique de la croyance à l'extinction totale des Néanderthaliens, dogme auquel se sont heurtées aussi bien les vastes recherches théoriques de Porchnev et de son équipe que la propre révélation fondée sur une pièce matérielle. On croit entendre l'énoncé d'une bulle papale. « Quelles que soient d'ailleurs les preuves qui puissent en être fournies » — celles-ci étant d'ailleurs taxées d'office de « prétendues » — rien ne peut renverser ce qui apparaît en somme comme une vérité révélée, un article de foi, un fait qui ne se discute pas.

C'est comme si, quand Le Verrier avait, par le calcul, découvert une planète inconnue au-delà d'Uranus, et que Galle l'avait d'ailleurs repérée ensuite au télescope, on avait déclaré : « La thèse selon laquelle une huitième planète circulerait autour du Soleil est une absurdité totale, quelles que soient les « preuves » prétendues qu'on puisse en fournir. Il n'existe dans notre système solaire que sept planètes, et ce sont Mercure, Vénus, la Terre, Mars, Jupiter, Saturne et Uranus. » Bref, quelque chose de nouveau *ne peut plus être découvert* puisque les choses connues ont été inventoriées une fois pour toutes, et que leur nombre est jugé suffisant et satisfaisant...

On croit rêver. Aurions-nous, à notre insu, été soudain transportés d'un coup de baguette magique dans les ténèbres du Moyen Age ou au cœur d'une tribu primitive, attachée à un système du monde aussi inébranlable que naïf ? Non, non. L'opinion précitée a été exprimée en 1960, et en Suisse. Précisons même que ce n'est pas dans des hauteurs déshéritées de l'Helvétie, où pourraient subsister quelques pauvres crétins goitreux, mais dans la bonne ville de Zurich, et encore bien, prétend-on, dans le cabinet du directeur de l'Institut anthropologique de l'université locale.

On se refuse vraiment à y croire. Il est bien évident que le professeur Biegert, auteur d'études primatologiques nullement mésestimables, n'a jamais énoncé de pareilles énormités. De méchants journalistes ont sûrement tronqué ses paroles et déformé sa pensée. Il n'empêche — ce qui est bien triste — qu'une certaine portion des masses alémaniques, et même étrangères, étant donné le prestige dont le professeur jouit dans le monde entier, a dû accueillir cet avis comme parole d'évangile. Et voici du même coup l'Homme pongoïde transformé en impossibilité, ou en créature immatérielle, peut-être bien — ce qui semble d'ailleurs être son destin historique — en démon.

Cependant, bien des gens et non des moindres continuaient de suivre les traces de ce fantôme, de la traquer. Le roi Léopold III de Belgique s'intéressait au plus haut point à la découverte, et pas seulement parce qu'un de ses fidèles sujets s'y trouvait mêlé et qu'il y allait du prestige de son Institut royal des sciences naturelles, mais parce qu'il s'était toujours passionné pour les peuplades les plus primitives. Sa

Majesté en avait discuté notamment avec le prince Pierre de Grèce, autre ethnographe réputé, qui avait d'ailleurs suivi de près depuis longtemps le problème de l'abominable Homme-des-neiges de l'Himalaya. De passage à Hong Kong, où, selon Hansen, le spécimen aurait été acquis, le prince hellène avait prié un ami anglais, Harold W. Lee, de se livrer sur place à une petite enquête.

Ce gentleman fit savoir le 30 avril 1969 au roi Léopold qu'il avait « été incapable de trouver la moindre information indiquant qu'un tel spécimen aurait été 'acquis à Hong Kong' ». L'histoire, ajouta-t-il, lui avait fait l'effet d'un canular, et il joignit d'ailleurs à titre de confirmation une coupure de journal récente abondant dans ce sens. On pouvait y prendre connaissance de l'opinion éclairée d'un haut fonctionnaire du gouvernement, Mr. J. D. McGregor, directeur-adjoint du Commerce et de l'Industrie : « Ce doit être quelque chien hirsute capturé dans les collines de Kowloon. »

Après les pontifications sans appel, le temps de la « mise en boîte » semblait venu. On a beau dire que le ridicule ne tue plus, il inflige tout de même des blessures, qui ne cicatrisent pas toujours. En tout cas, cela a dû faire plaisir au roi Léopold III d'apprendre qu'on soupçonnait un des collaborateurs scientifiques de son Institut d'avoir pris le cadavre d'un chien errant pour celui d'un hominidé inconnu !

Les choses empirèrent encore à la suite du communiqué de presse de la *Smithsonian*, d'où il était ressorti qu'une réplique du spécimen avait, comme on le savait déjà, été fabriquée à Hollywood, et qu'on pouvait donc « raisonnablement » en conclure qu'il n'y en avait jamais eu d'autre.

Cette fois, plus question de vaticiner *ex cathedra* ou d'ironiser à peu de frais : il y avait enfin un os à ronger. Et quel os ! Un énorme mannequin de caoutchouc hérissé de poils d'ours, et arrosé de carmin pour faire bon poids d'horreur. Les détracteurs en puissance se jetèrent dessus avec gloutonnerie et férocité, comme une meute de chiens affamés des collines de Kowloon. Quel soulagement ! Plus de « preuve » embarrassante à dénigrer ou à ridiculiser laborieusement, voire à faire disparaître. Plus de gêneur néanderthalien. On allait pouvoir exécuter au plus tôt cet Homme pongoïde en baudruche, et surtout son impertinent parrain d'Heuvelmans, ce pelé, ce galeux, d'où venait tout le mal !

Sans même se donner la peine de s'informer le moins du monde, sous le seul prétexte que dans un article intitulé *The Iceman Melmeth* (l'Homme de glace fond) le journal *Scientific Research* du 26 mai 1969 avait laissé entendre que le spécimen pourrait bien être « une fabrication artificielle de caoutchouc et de poils », un aréopage d'anthropologues, de paléontologues et de zoologistes se réunit en toute hâte aux U. S. A. afin de demander solennellement à la Commission internationale de Nomenclature zoologique d'user de ses pleins pouvoirs pour faire supprimer le « binomen » *Homo pongoides* HEUVELMANS, 1969, en vertu de l'article 1 du Code. Celui-ci interdit en effet de donner un nom zoologique à quelque chose qui n'est pas un animal « ayant la réputation d'exister dans la nature ».

Pour l'édification des historiens de la Science, afin d'engager aussi les chercheurs scientifiques, surtout de premier plan, à ne plus se couvrir de ridicule à l'avenir en portant des jugements à la légère sur des faits qu'ils ne connaissent pas du tout, voici la composition entière de ce comité : Ian Tattersall, Peter C. Ettel, Elwyn L. Simons, David Pilbeam, K. S. Thomson, J. H. Ostrom, tous du *Peabody Museum of Natural History* de l'Université Yale ; G. E. Hutchinson, du département de Biologie de cette même université, et U. M. Cowgill, du département de Biologie de l'Université de Pittsburg.

Le paléontologue Elwyn Simons, célèbre pour ses travaux sur les plus anciens Hominidés connus, mais peu favorable, semble-t-il, aux plus récents, demanda même à John Napier s'il désirait voir ajouter son nom à la liste ci-dessus, comme co-auteur de cette supplique. Mais Napier, qui, lui, était bien au courant de la plupart des éléments de cette affaire, refusa tout net. Il fit même remarquer à son collègue que celui-ci n'était nullement justifié à adresser une telle demande, puisqu'il n'y avait pas la moindre preuve que l'Homme pongoïde n'existait pas, et qu'il se fondait donc sur une simple opinion (ce qui est également interdit par le code en question).

Hélas ! A cause précisément des déclarations trop ambiguës de Napier, le mal était fait. Le ver de l'incrédulité était dans le fruit, et il n'allait pas tarder à le dévorer complètement.

Entre l'affirmation qu'on pouvait « raisonnablement » croire à la fausseté du spécimen et celle que cette fausseté avait été formellement établie, il n'y avait qu'un pas, que la plupart des gens furent trop heureux de franchir. On imprima froidement que l'autopsie du cadavre, confiée aux spécialistes de la *Smithsonian Institution*, avait fini par révéler qu'il s'agissait d'un mannequin en caoutchouc. Ce qui, bien sûr, laissait sous-entendre, quand ce n'était pas plus explicitement formulé, que j'étais soit un faussaire, soit un mystificateur, soit un pauvre jobard.

Je tentai bien en vain, par la voie de la presse, de rétablir les faits dans leur vérité, et d'exposer les arguments rigoureux sur lesquels je fondais ma propre certitude. Personne ne m'accorda un droit de réponse, sauf, je tiens à le souligner, la revue *Personality* en Afrique du Sud. En U. R. S. S., en revanche, la revue *Prostor* renonça soudain à publier un article de moi, déjà prêt pourtant à la composition. Je n'avais plus la parole. N'importe quel comparse, quel sous-fifre ou quel commentateur parfaitement incompétent était autorisé à donner son avis sur l'affaire, sauf les principaux intéressés, les seuls qui fussent complètement informés. Ivan lui-même renonça d'ailleurs, momentanément du moins, à poursuivre le combat : il titra mélancoliquement un article de son propre bulletin d'information, *Ends « Bozo » »*, *We Think* (Fin de « Bozo », à notre avis). L'affaire était classée. Plus question d'y revenir.

Comme j'étais en quelque sorte « à terre » et incapable de me défendre, le moment était évidemment bien choisi pour me donner le coup de grâce. Après m'avoir excommunié pour atteinte au Dogme, avoir tenté de me faire passer pour dément ou ridiculiser mes prétentions, et s'être efforcé de me réduire au silence, il fallait m'empêcher à tout prix d'encore relever la tête. A cette fin, on recourut à une arme à toute épreuve : le déshonneur.

N'allez pas imaginer que je sois atteint du délire de la persécution. Je puis produire toutes les pièces justificatives de ce que j'avance. Peu après mon départ des Etats-Unis, une campagne de diffamation sournoise se déclencha contre moi. Cela se traduisit d'abord pour moi par une phénomène significatif : le Nouvel An, la plupart des nombreux amis que je comptais là-bas ne m'envoyèrent plus leurs vœux comme ils l'avaient toujours fait. J'étais atterré. Je ne comprenais pas. La clé de l'énigme ne me fut fournie que des années plus tard, quand un ami vraiment fidèle me communiqua la copie de certaines lettres calomnieuses.

Je m'étais déshonoré, paraît-il, en publiant, en dépit de ma parole donnée (?), une note scientifique sur le spécimen détenu par Hansen. Pour avoir ainsi fait paraître des informations reçues confidentiellement, on m'avait retiré ma carte de presse (on

eût été bien en peine de le faire, vu que n'étant pas journaliste, je n'en avais pas).
Enfin, j'aurais même, à cause de cela, été « banni de la communauté scientifique »,
cérémonie qui s'apparente, je présume, à la dégradation militaire devant le front des
troupes, mais dont j'ignorais l'existence dans la sphère des Sciences.

A l'été de 1970, je n'étais pas encore au courant de ces bassesses, mais leurs effets devaient ajouter à l'impression de défaite, de débâcle, que les « révélations » de John
Napier avaient fini par susciter. Pendant des mois, j'oscillai entre la fureur impuissante
et le désespoir. Si je n'ai pas cédé au dernier en mettant fin à mes jours, ce n'est pas
seulement parce que j'aime trop la vie et la communion avec la nature, mais parce
qu'on ne se serait pas privé d'interpréter ce geste comme un aveu. En revanche j'étais
à ce point écœuré par l'attitude de la communauté scientifique dans son ensemble que
je songeai sérieusement à m'en bannir moi-même, à renoncer à tous mes titres universitaires et autres distinctions honorifiques en renvoyant mes diplômes à ceux qui les
avaient délivrés et en donnant ma démission à toutes les sociétés savantes auxquelles
j'appartenais. J'ai même songé à dire adieu à tout jamais à la littérature scientifique
pour « chercher sur la terre un endroit écarté où d'être homme d'honneur on ait la liberté », parmi les animaux que j'aime, et en particulier les singes qui ont eu l'astuce
d'éviter les pièges et les mirages de l'hominisation...

Je ne pouvais cependant me résoudre à une telle démission, en pensant à tous ceux qui
comptaient sur moi pour résoudre cette mystérieuse affaire et faire éclater toute la vérité
sur le problème des hommes sauvages et velus. Je n'ai pas eu que des détracteurs dans le
monde scientifique, loin de là : bien des zoologistes et anthropologues de premier plan
m'ont soutenu de leur intérêt et de leur sympathie ou m'ont aidé dans mes recherches par
leurs conseils ou leurs éclaircissements, tout en faisant parfois des réserves quant à certaines de mes interprétations ou de mes conclusions, comme je l'aurais d'ailleurs fait moi-
même à leur place. C'est cela le scepticisme fécond de la Science ! Puisque je livre ici
sans pitié, aux sarcasmes des historiens à venir, les noms de ceux qui dans cette affaire ont
témoigné d'une attitude peu scientifique voire carrément anti-scientifique, il serait injuste
de ne pas citer également les noms de quelques autres qui, par l'ouverture de leurs vues,
leur curiosité permanente et leur conscience de la fragilité des théories reçues, ont fait
preuve au contraire du véritable esprit de la Science. En dehors de ceux dont l'intérêt pour
le problème est déjà connu, je tiens à rendre hommage entre autres à des personnalités
françaises comme les professeurs Jean Dorst et Rémy Chauvin et comme Yves Coppens,
sous-directeur du musée de l'Homme, ainsi qu'à ces jeunes lions de la paléontologie que
sont Léonard Ginsburg et Philippe Janvier, au muséum de Paris, et Claude Guérin, à l'université de Lyon ; à mon vieil ami Desmond Morris, en Angleterre, qui n'a pas trouvé à redire de voir un *Homme velu* opposé à son *Singe nu* ; au professeur G. Vandebrock, en
Belgique ; au professeur H. Thiele, en Allemagne ; au professeur Charles E. Reed, aux
Etats-Unis ; et au professeur Teizo Ogawa, au Japon [144].

Comment, aux tréfonds de mon désespoir, pouvais-je d'ailleurs oublier d'autre part ce
jeune primatologue qui fera sûrement parler de lui un jour, Scott M. Lindbergh (fils du célèbre aviateur, devenu aujourd'hui un conservateur acharné de la nature), qui, à l'aube de
cette affaire, offrit généreusement, afin d'en explorer les dessous, de financer une enquête
aux Etats-Unis, par une agence de recherche spécialisée ? Et comment faire fi du dévoue-
ment de sa femme Alika, à laquelle je dois non seulement les illustrations de ce livre, mais
les minutieux décryptages de mes photos et la reconstitution grandeur nature du spécimen,

---

(144) A cette liste on pourrait ajouter le nom de Théodore Monod. A l'automne 1992, à l'Espace
Kronenbourg à Paris, présentant une conférence de Jordi Magraner, le grand savant, tenant *L'Homme de
Néanderthal est toujours vivant*, déclara : « C'est notre bréviaire »... (JJB)

travail patient et quasi interminable, auquel elle a sacrifié beaucoup de son temps et de son exceptionnel talent de peintre ? Comment ne pas me souvenir de l'aide désintéressée que m'avait apportée des amis aussi fidèles que mon traducteur anglais Richard Garnett, l'archéologue sud-africain Harald Pager, le grand écrivain-cinéaste Samivel et, surtout, ce correspondant infatigable qu'est Aaron Pearl ? Trop de gens avaient dépensé des trésors d'ingéniosité pour tenter de faire triompher la vérité, jusqu'à prendre parfois les risques les plus graves : je pense notamment à cet ami très cher, ayant appartenu à des services secrets israéliens, qui proposait de mettre un commando sur pied pour aller kidnapper le spécimen, solution de desperado éminemment réaliste, que seule mon horreur de la violence sous toutes ses formes m'a fait rejeter. Enfin, ne me devais-je pas à tous les lecteurs fidèles, qui attendaient de moi la lumière, et dont beaucoup m'avaient inlassablement harcelé de questions au cours de toutes ces années ? Seulement voilà, y avait-il encore quelque chose à faire pour convaincre les autres, les gens qui, de toute évidence, ne tenaient absolument pas à être convaincus ?...

Je baignais en pleine irrésolution, quand l'annonce de la brève arrestation de Hansen au poste frontière canadien, suivie peu après par son aveu tant attendu de la parfaite authenticité du spécimen original, me redonna une lueur d'espoir. Une nouvelle fois je me lançai dans la mêlée. Je rédigeai une suite d'articles exposant clairement les détours tortueux de l'histoire et chargeai une agence de presse de les diffuser dans le monde. Celle-ci, hélas, n'obtint un vrai succès qu'auprès du *Manchete* à Rio de Janeiro, et d'*Excelsior* à Mexico, sans parler de publications européennes plus modestes. En U. R. S. S. cependant, le professeur Porchnev était enfin parvenu à exposer l'essentiel de l'affaire dans *Tekhnika Molodiéji*. Mais — on n'est jamais prophète en son pays — aucune publication française ne s'intéressait à mes révélations. J'en fus réduit à commenter brièvement les nouveaux rebondissements de l'affaire en cours du Journal parlé d'*Europe 1*. A la suite de quoi, *France-Soir* s'avisa tout de même de faire soudain une énorme publicité, en première page, à la découverte de l'Homme pongoïde.

Toute médaille a son revers. Interrogé le 7 décembre 1969 au micro de *Radio-Luxembourg*, sur le spécimen tant controversé, le directeur du Musée de l'Homme de Paris, le docteur Robert Gessain, grand spécialiste des Eskimos — et qui de ce fait devait être tenu pour particulièrement compétent en matière de néanderthaliens congelés — déclara sur un ton péremptoire que c'était un trucage.

Je n'aurais pu répondre à une telle affirmation que par un exposé circonstancié de toute cette affaire horriblement compliquée, à savoir par les quelque quatre-vingt pages de mon texte confié à l'agence de presse, et que personne décidément ne se décidait à publier en France. Je préférai, à l'échange stérile d'affirmations non étayées, observer de Conrart le silence prudent, et poursuivre mon étude des photos du spécimen, dont je comptais exposer le cheminement et les conclusions dans une monographie scientifique, solidement documentée et argumentée.

Tout au plus fus-je un jour appelé à parler incidemment de mes recherches à la Télévision française, dans l'émission *Les Dossiers de l'Ecran*, au cours du débat sur les « enfants-loups » et les « hommes-singes » qui suivit la projection d'un film de la série Tarzan (!) [145]. L'hebdomadaire *Noir et Blanc* exposa ensuite courageusement les grandes lignes de l'affaire dans un article bien informé de Robert Herrier.

Presque simultanément, en juillet 1970, la pseudo-confession de meurtre de Frank Hansen venait une nouvelle fois faire rebondir l'affaire, apportant une confirmation

---

(145) Un an plus tard, j'eus tout de même l'occasion d'exposer un peu plus longuement la découverte sur le petit écran, quand l'O. R. T. F. me fit l'honneur suprême de me consacrer son *Invité du Dimanche*, le 27 juin 1971.

supplémentaire de l'authenticité du spécimen. Poursuivant une politique du silence, je préférai agir par les voies diplomatiques en tentant, comme je l'ai raconté, de pousser le président Nixon lui-même à intervenir pour faire acquérir au bénéfice de la Science l'inestimable pièce anatomique.

Ayant eu vent de ces démarches, un journaliste de la *Tribune de Genève*, Eric Vogel, me pressa de lui accorder une interview exclusive, dans laquelle je pourrais exposer mes vues tout à loisir et à laquelle il me promettait de donner toute la publicité méritée. Ce qu'il fit d'ailleurs avec conscience et brio. Une page entière du grand quotidien suisse fut consacrée à l'exposé de l'affaire, dans le numéro des 22 et 23 août 1970.

La réaction de l'*Establishment* scientifique local ne se fit pas attendre. Dès le lendemain, le professeur H. Gloor, titulaire de la chaire de génétique animale et végétale à l'université de Genève, adressait au journal une lettre dans laquelle il faisait remarquer (je cite textuellement) que « cette histoire s'est révélée depuis une duperie assez élégante. Une « chinoiserie », pour ainsi dire ; où par exemple il ne manque pas de poils artificiels » Et de persifler : « Quand on va parler du « suspense dans le monde des savants », il serait nécessaire de s'informer auprès d'un Institut d'anatomie et d'anthropologie ».

A quoi, Eric Vogel répondit en substance qu'avant de parler de « duperie assez élégante, il serait peut-être aussi nécessaire de s'informer auprès de l'Institut royal des Sciences naturelles de Belgique, qui avait publié la découverte. Après avoir parcouru ma note, le professeur Gloor dut bien reconnaître que celle-ci « méritait l'attention », mais il ajouta qu'en qualité de généticien (?), il ne pouvait, pour sa part, adhérer à ma thèse ni même l'admettre. Et il allait d'ailleurs s'informer plus avant. Après consultation de divers chercheurs, notamment à l'Université catholique de Louvain et au Musée royal d'Histoire naturelle de Leiden, il fit enfin connaître ses conclusions à la *Tribune de Genève* :

« Je trouve confirmée, dans ces communications, mon impression que la plupart des biologistes sont convaincus qu'il s'agit d'une mystification. Mais il me faut avouer qu'il n'y a pas de preuve concrète, comme je l'avais pensé auparavant. »

Dans le même numéro du 1er octobre du journal genevois, où une nouvelle fois une page entière était consacrée à l'affaire et à sa discussion, le professeur Marc R. Sauter, de l'Institut anthropologique de l'université de Genève, écrivait de son côté : « L'impression qui prédomine parmi les spécialistes n'est pas favorable à cette dernière hypothèse (celle de l'authenticité du spécimen). »

Que faut-il penser de cette nouvelle école scientifique qui fait fi des preuves concrètes et préfère s'appuyer sur les *impressions* que feraient les convictions d'autrui, elles-mêmes fondées de toute évidence sur d'autres *impressions* ? On se le demande, non sans inquiétude pour l'avenir des connaissances humaines.

Toujours est-il qu'après ce manifeste de Science impressionniste, *La Tribune de Genève* renonça à me laisser répondre personnellement à mes contradicteurs, ce dont je me serais acquitté par l'exposé de faits strictement concrets et de preuves d'une logique irréfutable.

En octobre 1970, se trouva enfin terminée la première mouture de ma monographie consacrée à l'anatomie externe de l'*Homo pongoides*, avec des aperçus — fondés en grande parie sur les travaux soviétiques et mongols — de sa biologie, de sa distribution géographique et de son histoire. C'était un texte de 300 pages étayé par une bibliographie de 224 titres.

Avant de le faire publier, je tenais toutefois à le soumettre à l'appréciation d'une série de spécialistes de disciplines diverses, afin de pouvoir tenir compte de leurs critiques et de leurs objections en vue de corrections, d'additions ou de remaniements éventuels. N'ayant pas les moyens de tirer de nombreux exemplaires de ce manuscrit, abondamment illustré et, après tout, provisoire, je dus me contenter d'en faire tirer trois copies xérox. J'en envoyai aussitôt une à Moscou, au professeur Porchnev, et une à Bruxelles, au professeur Capart, en les priant de soumettre chacune à l'avis d'experts qualifiés, et j'en réservai une à la circulation parmi les spécialistes français. Je comptais seulement par la suite en préparer une traduction anglaise à l'usage de personnalités semblables des pays anglophones. En attendant, j'espérais qu'aucun des spécialistes consultés ne conserverait trop longtemps par devers soi un de ces trois pauvres exemplaires.

Je suis bien payé pour savoir que, dans le domaine de la recherche scientifique, tout le monde est horriblement occupé et obsédé surtout par ses études personnelles, mais mon entreprise se révéla décevante à tous égards. Au rythme où se faisait le relais des copies, mon tour du monde risquait de se dérouler sur quatre-vingt ans. Les réactions de mes collègues allaient de l'enthousiasme sans retenue au refus pur et simple de seulement jeter un coup d'œil au manuscrit. Mais ce que je ne parvins jamais à obtenir est une simple liste détaillée des points faibles et litigieux, et des erreurs éventuelles. Les fanatiques ne trouvaient rien à redire et les partisans du rejet inconditionnel ne pouvaient évidemment rien dire.

Le professeur André Capart, auquel certains spécialistes reprochaient déjà avec véhémence d'avoir accueilli dans les pages du *Bulletin* de son Institut une étude préliminaire consacrée à ce qui « était manifestement », « devait être » ou « ne pouvait être qu'une supercherie », répondait invariablement aux inconditionnels : « Si vous estimez vraiment que Heuvelmans s'est trompé, a été trompé ou nous a trompés, pourquoi ne le dites-vous pas publiquement ? Pourquoi ne réfutez-vous pas ses thèses, pourquoi n'exposez-vous pas vos raisons, ou vos preuves, si vous en avez ? Le bulletin vous est ouvert comme à lui... »

D'aucuns répliquèrent qu'il n'y avait pas de temps à perdre à dégonfler des canulars. Mais c'était là une bien mauvaise excuse : la dénonciation du faux de Piltdown avait rendu un service considérable à l'anthropologie, et auréolé au surplus d'un grand prestige ceux qui avaient pris la peine de le faire avec diligence.

Mes détracteurs préféraient toujours se taire, non seulement parce qu'ils eussent été bien en peine de faire autrement, mais aussi parce qu'en l'occurrence la passivité muette est toujours plus efficace que l'action. La manœuvre la plus hypocrite consistait à garder la copie de mon étude pendant des mois et des mois, en remettant toujours à plus tard le temps de la lire « attentivement », puis de la rendre en fin de compte en faisant pour la forme quelques objections, le plus souvent puériles. Bien entendu, celles-ci étaient soigneusement réfutées dans le manuscrit, ce qui prouvait qu'on l'avait tout au plus feuilleté d'un doigt distrait, si on l'avait seulement ouvert. Qu'un soi-disant spécialiste des Néanderthaliens, par exemple, n'éprouve pas même la curiosité de parcourir une étude par laquelle on prétend établir la survivance de certains d'entre eux, me laissera toujours rêveur...

Je voudrais mettre en épingle une réaction d'une extrême originalité. Au cours d'une discussion, dans un laboratoire de paléontologie, sur l'authenticité du spécimen et la preuve que celui-ci apporterait de l'existence actuelle d'hommes d'un type archaïque, un jeune anthropologue français, auteur de travaux remarquables, aurait fini par s'écrier de guerre lasse : « De toute façon, qu'est-ce que cela nous apporterait ? Que des Néanderthaliens aient survécu jusqu'à nos jours ne changerait rien à la question. La seule chose intéressante pour le moment est le problème des Pré-Sapiens ! »

Je suis entièrement d'accord avec ce spécialiste (dont je ne citerai pas le nom, puisque ses propos m'ont été rapportés par un tiers) : le prolongement jusqu'à notre époque du rameau aberrant des Néanderthaliens ne change absolument rien à la question (celle de l'origine de l'Homme, bien entendu). Mais de là à dire qu'en faire la preuve ne présente pas le moindre intérêt me paraît tout de même un peu excessif...

En définitive, les seuls arguments défavorables à la publication de ma thèse, que je sois parvenu à recueillir, sont :

Il vaudrait mieux attendre d'avoir procédé à l'autopsie du spécimen.

Il convient d'être prudent dans le domaine scientifique.

A quoi je répondais que, d'une part, seule la publication préalable d'une étude convaincante avait quelques chances d'entraîner la saisie ou la vente du spécimen et par conséquent son autopsie, et que, d'autre part, deux années d'études et de réflexions, et la soumission des résultats à l'appréciation de spécialistes compétents, me paraissaient tout de même témoigner de la plus grande prudence.

Je pourrais encore poursuivre jusqu'à la nausée l'énumération des obstacles de toutes sortes qu'ont rencontrés mes diverses tentatives de faire connaître la vérité sur la nature de l'homme congelé et les mystérieux dessous de son histoire. Mais à quoi bon ? Ces obstacles s'appellent toujours silence obstiné, refus du dialogue, hostilité, ironie gratuite, désintérêt hautain, diffamation, accusation d'incompétence, objections inappropriées, attentisme stérile, conseils de prudence visant à l'abandon. Ils se résument tous à la même incrédulité sans appel.

La Science, la vraie, se doit d'être sceptique, cela va de soi — d'un scepticisme qui selon moi doit aller jusqu'à douter de ses propres doutes — mais elle ne peut pas plus s'abandonner à l'incrédulité qu'à la jobardise qui sont toutes deux des attitudes a priori. « Ne croire rien, ou croire tout, disait Pierre Bayle, sont des qualités extrêmes qui ne valent rien ni l'une ni l'autre. » Le refus irraisonné, tout chargé d'émotions, va en fait chercher ses sources dans la Peur de l'Inconnu, qui remonte à la fois aux terreurs de l'enfance découvrant un monde semé d'embûches, et à celles de nos ancêtres lointains partant à la conquête de terres nouvelles où tout était insolite et donc susceptible de dissimuler un danger. Elle est encore renforcée par une certaine horreur de la nouveauté, qui procède, elle, de la simple paresse : il est plus facile de se laisser pousser par la force d'inertie que de s'y opposer, il est moins fatigant de s'abandonner au flux que de nager à contre-courant. Dans le domaine de l'esprit, cela se traduit par le respect des idées reçues, de l'ordre établi, bref par le confort intellectuel.

La Peur de l'Inconnu ne peut se vaincre que par l'expérience. Une chose une fois examinée, analysée, éprouvée, bref connue, on sait désormais se mesurer avec elle. Elle peut encore susciter la méfiance ou provoquer la fuite, mais non inspirer un effroi incontrôlable. Il en va de même avec l'horreur de la Nouveauté : l'expérience apprend à l'occasion que le nouveau a certains avantages sur l'ancien et lui est donc préférable. En somme, la Science, même au sens le plus modeste, est l'instrument de lutte par excellence contre les dangers imprévus de l'Inconnu, comme d'ailleurs du nouveau, qui n'est après tout que de l'Inconnu dans le temps. C'est presque une lapalissade : pour lutter contre les inconvénients de l'inconnu, il faut chercher à connaître ! Or c'est la fonction même de la Science. Aussi est-il d'une singulière ironie qu'une incrédulité d'origine émotionnelle puisse s'y exercer. Comme si la Science se niait elle-même ! N'est-elle pas par définition l'exploration de l'inconnu ? Si elle se refuse à cette tâche, elle n'a plus de raison d'être.

La prohibition systématique du nouveau dans le domaine scientifique témoigne au surplus d'une grave méconnaissance de la philosophie des sciences. Celle-ci a dû finir par reconnaître avec Henri Poincaré qu'il n'existe pas de vérité absolue, mais seulement, à chaque instant, la manière *la plus commode* d'ordonner l'ensemble des connaissances acquises.

La vérité, si l'on ose dire, n'est jamais que provisoire. Elle n'est pas seulement pirandellienne, à multiples faces, mais elle se trahit sans cesse elle-même en se reniant. Toute l'histoire des sciences d'ailleurs le confirme, au point qu'on pourrait presque parler d'une histoire des erreurs. Copernic succède à Ptolémée, Newton à Copernic, Einstein à Newton, et nombreux sont ceux qui se sont efforcés ensuite de faire exploser l'Univers einsteinien, jugé trop statique. Tous ont apporté quelques briques nouvelles à l'édifice combien instable de la Science ou en ont différemment agencé les matériaux, mais tous aussi se sont trompés à certains égards, puisque leur système a dû être abandonné, mis cul par-dessus tête, supplanté. S'imaginer que la Science de son temps est la Science définitive est naïf, sot, prétentieux. L'ignorance alors se travestit en insolence.

Quant à moi, je sais parfaitement bien que le vaste ensemble de faits, d'interprétations et d'idées exposé dans ce livre comporte forcément des erreurs. J'en mesure même dès à présent les incertitudes et les faiblesses, qui se trahissent d'ailleurs déjà dans les divergences de vues qui nous séparent, Porchnev et moi. Mais ce dont nous sommes tous deux absolument sûrs, et qui doit être considéré désormais comme un acquis scientifique bien établi, est qu'il existe de nos jours, sur cette Terre, une autre sorte d'Homme, sauvage et velu, à la fois très semblable à nous et pourtant essentiellement différent [146].

Que cette vérité horripile aujourd'hui maints primatologues et anthropologues ne doit pas surprendre le moins du monde. Il en a toujours été ainsi des cas semblables. Toute l'histoire de l'anthropologie n'est qu'une succession ininterrompue de découvertes capitales repoussées quasi unanimement avec horreur. A tel point que le professeur William Howells a pu écrire que : « ...les hommes fossiles semblent tous avoir été frappés par une malédiction pire que celle de Toutankhamon, en donnant lieu à d'interminables disputes et échanges de propos inconsidérés. » Il va de soi qu'il ne peut y avoir de discipline scientifique plus chargée d'émotions diverses que celle qui nous touche personnellement. Nos idées relatives à l'origine de l'Homme et des races humaines ont été bâties plus souvent sur des dogmes religieux, ou antireligieux, des préjugés philosophiques ou des inclinations politiques que sur des faits. Rien de surprenant dès lors que le moindre d'entre eux qui semble s'opposer aux idées en faveur soit considéré d'emblée avec suspicion et répugnance.

Il est un peu gênant de devoir rappeler ici des événements qui devraient être universellement connus, mais que même les spécialistes s'obstinent à oublier, si l'on en juge du moins par leur attitude.

---

(146) Deux paléontologistes de l'Université de Paris, Eric Buffetaut et Pascal Tassy, devaient analyser objectivement le cas de l'Homme pongoïde dans un article de 13 pages paru dans *La Recherche* de juillet-août 1977, sous le titre *Yétis, « hommes sauvages » et primates inconnus*. (JJB)

A chaque étape marquante de notre exploration du passé des hommes, chaque fois que quelqu'un s'est enfoncé un peu plus profondément dans celui-ci, on a entendu s'élever le même concert de protestations, on a assisté aux mêmes levées de boucliers, aux mêmes excommunications.

Au temps de Cuvier, aux débuts du siècle dernier, la Science enseignait que l'Homme fossile n'existait tout simplement pas, qu'il n'avait jamais vécu à la même époque que les grands Mammifères disparus, dont on retrouvait les restes pétrifiés.

Plusieurs générations de chercheurs, tels que Reisel, Frere, Boué, Buckland, McEnery, Schmerling, Boucher de Perthes, Gaudery et Lartet ont dû, au long de deux siècles, mais surtout pendant soixante-dix ans, souvent au milieu des quolibets et des insultes de leurs collègues, accumuler des monceaux de silex taillés, d'os façonnés et de débris de squelettes humains fossilisés, pour faire admettre « officiellement », vers 1860, la contemporanéité de l'Homme avec la faune d'âges révolus.

La découverte de l'Homme de Néanderthal, un homme plus bestial que l'Homme actuel, rencontra de l'opposition pendant moins longtemps, mais une opposition plus véhémente encore. Bien que des restes en eussent été déterrés, dès 1700, à Canstadt, et que surtout plusieurs crânes incomplets eussent été trouvés à Engis en 1828, à Gibraltar en 1848, dans le Neandertal en 1856 et à La Naulette en 1865, l'existence de l'espèce ne fût généralement reconnue qu'à partir de 1886, suite à l'exhumation des squelettes de Spy, en Belgique, dans des couches datées sans équivoque du Pléistocène.

La calotte crânienne du Neandertal avait été décrite par Schaaffhausen comme provenant d'une race barbare ancienne, ayant conservé, selon Fuhlrott, des traits simiens, thèse à laquelle Thomas Huxley s'était aussitôt rallié. Rudolf Virchow n'en assura pas moins que le fragment anatomique provenait d'un homme contemporain, manifestement rachitique et atteint de rhumatismes déformant. Pruner-Bey dit que son architecture crânienne correspondait à celle d'un Irlandais récent, Blake prétendit que c'était un crâne de crétin hydrocéphale, et Mayer, celui d'un cosaque tombé en 1814 pendant la campagne napoléonienne et dont la tête aurait été bosselée à la suite de coups violents.

Il y eut bien entendu une réédition de cette querelle lors de l'exhumation des restes de ce qu'on prétendait être un véritable Homme-singe, un grand Primate intermédiaire entre le Singe et l'Homme. Un jeune médecin militaire hollandais, Eugène Dubois, s'était fait envoyer à Java avec l'intention bien déterminée de trouver là-bas les restes du « chaînon manquant » imaginé par Haeckel, et décrit prophétiquement par lui sous le nom de *Pithecanthropus*. Quand, en 1894, le docteur Dubois annonça qu'il avait effectivement trouvé à Trinil une calotte crânienne, quelques dents et un fémur, qu'il fallait attribuer à un être de cette sorte, on en fit bien entendu des gorges chaudes. Le même Virchow déclara tout de go que c'étaient simplement les restes d'un gibbon géant, et P. Minakov devait encore affirmer en 1923 que la forme insolite du crâne provenait d'une déformation par déminéralisation d'un crâne humain ordinaire, sous la pression des couches géologiques. Allez vous étonner après cela que, vers la fin de sa vie, le docteur Dubois ait donné certains signes de « bizarrerie ». Il avait fallu, dans l'entre-temps, la découverte, en Chine, des restes du Sinanthrope, très semblable, pour qu'on prît unanimement au sérieux la prodigieuse trouvaille d'Eugène Dubois.

Bien que spécialistes de l'Histoire, dont on dit qu'elle est un perpétuel recommencement, les paléanthropologues, étrangement, ne semblent guère tirer profit des enseignements du passé. Aussi assista-t-on de nouveau aux mêmes dénigrements, lorsque Raymond Dart publia en 1925 sa description du premier crâne d'Australopithèque, trouvé à Taung en

Afrique du Sud. Le grand paléontologue allemand Othenio Abel déclara que ce n'était qu'un jeune gorille fossilisé, et d'autres optèrent pour un spécimen juvénile d'une forme éteinte de chimpanzé.

Dans les années 1960 enfin, quand Louis Leakey eut l'impertinence d'appliquer le nom de *Homo habilis* à un crâne sorti de la gorge d'Olduvai, vestige plus ancien que tous les Australopithèques alors connus, on n'osa pas traiter ouvertement de fumiste le paléontologue auquel on devait quelques-unes des plus belles découvertes de Primates fossiles faites en Afrique. Mais on ne se priva pas de chuchoter dans les couloirs que son *Homo habilis* n'était qu'un « vulgaire » australopithèque et même que la forme admirablement arrondie de sa tête avait été obtenue par un assemblage un peu « forcé » des débris de son crâne...

Dans l'affaire de l'*Homo pongoides*, qui nous occupe ici, on n'a pas raté une occasion d'évoquer le précédent du « faux » de Piltdown. Il eût été pour le moins équitable, me semble-t-il, de rappeler aussi, comme je viens de le faire, les « vrais » du Neandertal, de Trinil, de Taung, d'Olduvai et de maints autres lieux, qui, *tous*, au moment de leur description, ont été discrédités *a priori*.

Alors que, dans divers cas, cette dépréciation passionnée, quasi instinctive, n'a jamais eu pour effet que de retarder plus ou moins longtemps le retentissement de la découverte et son incorporation au savoir acquis, elle a peut-être eu dans le cas présent des conséquences bien plus désastreuses. Elle risque en effet d'avoir entraîné la disparition définitive du spécimen, holotype de la forme nouvelle.

Bien sûr, ce n'est pas parce qu'il y a des génies incompris que tous les gens incompris ont du génie, comme les ratés se le répètent par manière de consolation. Ce n'est pas parce que maintes découvertes ont été combattues et ridiculisées que toutes les découvertes impopulaires sont d'une importance capitale, ni même qu'elles ont la moindre valeur. Et ce n'est pas parce que beaucoup de faits insolites ont été maudits, qu'il faut ajouter foi à toutes les rumeurs extravagantes.

Dans la présente affaire toutefois, sans même tenir aucun compte de mes propres démonstrations, de mes pièces à conviction photographiques, de mon argumentation, le simple bon sens — et *a fortiori* le véritable esprit scientifique — aurait dû inciter les gens responsables à poser le problème sur le plan pratique, celui de l'*efficiency*, si vénéré pourtant aux U. S. A. Il y avait à choisir en définitive entre deux attitudes. Celle de Napier qui estimait que, s'il existait une possibilité raisonnable que le spécimen fût un faux, la quête de celui-ci pouvait être abandonnée. Et celle de Heuvelmans, qui estime toujours que, s'il n'existait même qu'une possibilité infime que le spécimen fût authentique, la seule démarche féconde est de poursuivre la quête de celui-ci jusqu'à ce qu'il soit prouvé de manière indiscutable qu'il est faux. En adoptant la première attitude, on n'a *rien à gagner* (s'il s'agit d'un faux) et *tout à perdre* (s'il s'agit d'un vrai), et en adoptant la seconde attitude, on n'a *rien à perdre* (s'il s'agit d'un faux) et *tout à gagner* (s'il s'agit d'un vrai).

Entre nous, cela ne vous a-t-il pas frappé, dans toute cette affaire, que ceux qui s'agitent comme de beaux diables pour faire saisir ou acquérir le spécimen, et donc le faire examiner à fond, soient ceux qui le tiennent pour authentique, alors que ceux qui le déclarent faux se sont bien vite désintéressés de lui, s'estimant satisfaits de croire qu'il pourrait bien être tel ? Cela ne vous suggère-t-il pas que seuls les premiers ne craignent pas d'être démentis, parce qu'ils se *savent* dans le vrai ? [147]

---

[147] Jacques Bergier, que l'affaire de l'Homme pongoïde avait passionné, estimait qu'on ne retrouverait jamais celui-ci. Et pourquoi donc ? « Je pense, disait-il, qu'on ne retrouvera jamais la créature du bloc de glace, ni la personne qui l'a achetée. On ne la retrouvera pas parce que ceux que Rudyard Kipling appelle « les maîtres de la vie et de la mort », ceux que Poul Anderson appelle « la patrouille du temps », effacent les anachronismes quand il en apparaît. » (*Planète*, Paris, 8, p. 77, 1969). (JJB)

CHAPITRE XXIII

CE QUE C'ÉTAIT VRAIMENT

L'étude minutieuse du spécimen et son identification.

« Ce qui est visible ouvre nos regards sur l'invisible. »

ANAXAGORE DE CLAZOMÈNES.»

« Il faut faire avec ce qu'on a. »
Toute la méthodologie de l'étude de l'Homme pongoïde se résume dans ce simple dicton. Le cadavre ne pouvant être décongelé, il avait bien fallu l'examiner et le photographier à travers son linceul de glace. Et puis, une fois dérobé à toute étude plus approfondie, on ne pouvait plus procéder à celle-ci que sur l'ensemble des photos dont on disposait.

Les esprits forts diront sans doute qu'il n'est pas dans la tradition scientifique de s'inspirer d'une sagesse populaire digne tout au plus d'être appliquée à des problèmes culinaires, au bricolage du dimanche ou à la vie conjugale. A quoi je répondrai par une question : les paléontologues font-ils autre chose quand ils analysent les débris souvent maigres qui leur tombent sous la pioche ? Ils font avec ce qu'ils trouvent. Sous prétexte que les zoologistes étudient, eux, des spécimens entiers, voire vivants, auraient-ils le droit de considérer que la paléontologie n'est pas une science ? [148]

J'irai plus loin. Je pense que toutes les méthodes d'investigation scientifique sont nées précisément de la nécessité de « faire avec ce qu'on a ». Les arpenteurs de l'Egypte ancienne n'avaient pas de cordeaux assez longs pour aller mesurer l'éloignement d'un point situé au-delà d'un fleuve ou perdu à l'horizon : ils firent avec ce qu'ils avaient, à savoir des lunettes de visée et des mesureurs d'angles, et ils inventèrent la triangulation, d'où est issue la trigonométrie. On ne pouvait arriver à voir les atomes ni leurs éclats, alors on imagina de les faire passer à travers une boîte vitrée saturée de vapeur pour pouvoir au moins étudier leur sillage : la chambre de Wilson était née. Il semblait impossible d'aller prélever des échantillons sur le sol des étoiles pour les soumettre à l'analyse chimique : on dut se rabattre sur l'étude des « absences » relevées sur le spectre lumineux émis par chaque astre, et la spectrographie trouvait sa plus belle application. On ne pouvait même pas, comme dans les romans fantastiques, descendre jusqu'au fond des entrailles de la Terre pour voir à quoi elles ressemblaient : on s'avisa qu'on pouvait y arriver aussi bien, et sans dangers, en étudiant les secousses qui agitent notre machine ronde. Dans chacun de ces

---

(148) Bien sûr, on peut regretter que l'Homme pongoïde n'ait pas pu être soumis à un examen plus poussé, et les sceptiques ont souvent mis en cause le fait qu'il ait été seulement examiné à travers la glace et les vitres de son « cercueil ». A cette objection, on peut répondre comme Michel Raynal : « Quant à l'examen au travers d'une gangue de glace, c'est une des objections les plus fréquentes, et pourtant la plus déconcertante, pour le physicien-chimiste que je suis : en quoi le fait de ne pouvoir accéder *directement* au spécimen interdirait son étude ? Cette position relève d'une conception singulièrement restrictive, réductionniste de la science : le fait de ne pouvoir se rendre sur le Soleil invalide-t-il les études des astrophysiciens sur sa composition chimique, et sur ses réactions thermo-nucléaires ? » (*Bipedia*, Nice, 10, pp 20-21, 1993). (JJB)

cas, on a fait avec ce qu'on avait, et l'on pourrait multiplier les exemples de cette sorte à l'infini. En fait, c'est toute l'histoire des sciences qui est l'illustration de la pertinence du dicton en question.

En l'occurrence, le spécimen se trouvait hors de portée derrière un quadruple rempart de vitres et sous une pellicule de glace. Avec quoi exactement fallait-il faire ? Que pouvait-on espérer en faire ? Et surtout comment faire ? En d'autres termes : de quel matériel d'étude disposais-je ? Quel but devais-je viser ? Et quelles méthodes pouvais-je utiliser ?

Mon matériel d'étude comprenait essentiellement une série de photos d'ensemble et de détail (une quarantaine de photos personnelles dont la moitié en noir et blanc et l'autre moitié en couleurs, plus quelques-unes prises par d'autres après la décongélation partielle du spécimen). Certaines de ces photos sont relativement claires et éloquentes pour un œil averti, en particulier celles en couleurs sur lesquelles la diversité des teintes permet une plus grande différenciation des détails que les simples degrés d'albedo (ou de valeur lumineuse) qu'offrent celles en noir et blanc. D'autres photos sont moins lisibles à certains endroits, soit à cause de l'abondance de la pilosité, soit tout bonnement parce que ce ne sont que des photos, à savoir de simples projections planes d'une réalité tridimensionnelle [149].

En plus de cette documentation photographique, je possédais aussi quelques petits croquis faits d'après nature et qui permettaient d'éclaircir certaines structures difficiles ou impossibles à distinguer sur les photos.

Enfin, je connaissais les diverses mesures directes prises sur place, à savoir uniquement celles du cercueil. En effet, comme je l'ai déjà dit, les mesures du spécimen lui-même, par visées à la verticale, à travers le couvercle vitré, étaient beaucoup trop imprécises pour être retenues.

Que pouvais-je espérer tirer de tout cela ?

En fait, à partir de cet ensemble de documents et de données numériques, il fallait chercher à reconstituer entièrement l'aspect extérieur du spécimen dans les trois dimensions de l'espace, comme *s'il était couché sous nos yeux sur une table d'examen*. Cela seul pouvait, en son absence, permettre l'étude de son anatomie externe et sa mensuration détaillée. Le projet était parfaitement réalisable en principe, puisque j'avais en main un vaste éventail de photos de la « face visible » du cadavre, photos se complétant les unes les autres et prises au surplus sous des angles très différents. Et d'autre part, l'aspect de la « face cachée » du cadavre d'un être, anatomiquement très semblable à nous, pouvait fort bien être réduit par extrapolation sans risque d'erreurs notables.

Cela dit, il s'agissait tout de même d'un travail ardu et fastidieux, qui me prit en définitive plus d'une année d'efforts quotidiens et continus : projections des photos sur grand écran, tracés et reconstitutions en grandeur naturelle, mesures, calculs, tâtonnements, échecs, réajustements, vérifications expérimentales, etc.

D'aucuns, je le sais, seront tentés de considérer tout cela comme un gaspillage d'énergie parfaitement inutile, sous prétexte qu'on risque de pouvoir un jour étudier le spécimen lui-même. D'autres seront aussi de cet avis, mais sous un prétexte diamétralement opposé : parce qu'on risque au contraire de ne jamais pouvoir récupérer ce spécimen et que, de ce fait, « il subsistera toujours un doute quant à son authenticité ». J'ai déjà répondu aux uns

---

(149) Le fait est que nous complétons mentalement une photo quand nous connaissons bien ce qu'elle représente (ce qui est d'ailleurs à l'origine des illusions d'optique). Mais quand une photo se rapporte soit à une chose inconnue, soit à une chose connue vue sous un angle inhabituel, elle nous déconcerte plutôt. C'est pourquoi d'ailleurs, dans les publications scientifiques, on recourt plus volontiers à des croquis voire à des schémas qu'à ces documents en principe plus probants que sont des photos : les dessins au trait, illustrations d'élection dans le domaine de la Science, sont en quelque sorte des décryptages de la réalité.

comme aux autres : seule une étude aussi poussée que possible du cadavre peut, d'une part, laisser espérer son acquisition par des autorités enfin éclairées, et achève, d'autre part de rendre la thèse de la supercherie tout à fait irrecevable. En vérité, il se confirme surtout à travers ces objections que *tous les prétextes sont bons* pour faire le silence autour d'une découverte embarrassante.

Je n'entrerai pas ici dans le détail des diverses opérations qui ont fini par aboutir à une reconstitution entière du spécimen : je me contenterai d'exposer brièvement les techniques utilisées, de justifier leur emploi, et d'indiquer la marche suivie. Ce sera déjà assez fastidieux.

Le travail comprenait en fait deux phases bien distinctes. Il fallait d'abord rendre mieux visible ce qui, sur les photos, ne l'était pas assez, et ensuite inférer du visible ce qui ne l'était point. En somme, *décrypter*, puis *extrapoler*. Simultanément, il convenait de donner, à l'ensemble comme aux détails, leurs dimensions exactes par rapport à celles, connues, de la boîte parallélépipédique qui contenait le tout. Bref, *mesurer*.

Ma première démarche fut donc de décrypter les documents photographiques les plus significatifs à la lumière de tous les autres. Il faut le souligner : de tels décryptages ne font pratiquement pas appel à l'imagination. Confiés indépendamment à plusieurs personnes expertes, ils donneraient des résultats très semblables, sauf bien sûr dans des détails infimes et sans importance. A cet égard, on confrontera avec fruit les décryptages faits assez rapidement par moi peu après mon examen, ceux réalisés pour le magazine américain *Argosy* par le dessinateur John Schoenherr d'après quelques photos, ceux de l'artiste russe P. Avotine exécutés sous les directives du professeur Porchnev pour la revue soviétique *Tekhnika Molodiéji*, et ceux enfin que le peintre Alika Lindbergh a fondés sur une étude prolongée de toutes les photos, et qui figurent dans le présent ouvrage (Planches 25 et 35).

Le degré de précision dans le détail de ces divers décryptages dépend évidemment du nombre de documents photographiques dont leur auteur disposait et du soin avec lequel ceux-ci avaient eux-mêmes été décryptés.

L'opération de décryptage est tout à fait comparable aux restaurations pratiquées en paléontologie, ou encore aux déchiffrements de textes, si courants en archéologie. Dans ce dernier domaine, on distingue nettement entre le *déchiffrement* d'un texte délavé par le temps et abîmé par les intempéries ou les insectes, et auquel il manque des lettres voire des mots faciles à deviner, et la *reconstitution* d'un texte mutilé d'où ont disparu d'importantes portions de phrases ou même des paragraphes entiers. De même, il faut faire une nette distinction en paléontologie entre la simple *restauration* d'un fossile, même brisé, mais auquel il ne manque pas de fragments essentiels (travail qui se réduit à des opérations de nettoyage, de consolidation, d'assemblage et de plâtrage des lacunes), et la *reconstitution* de l'aspect extérieur de l'être dont les restes proviennent ou même celle d'un squelette trop fragmentaire. Lorsque, dans un crâne par exemple, il manque presque une moitié, mais située entièrement d'un même côté du plan sagittal (ou plan de symétrie), une simple restauration peut être exécutée. Mais si c'est la mandibule qui fait défaut, on ne peut en faire qu'une reconstitution plus ou moins exacte, en faisant appel, au moins partiellement, à des hypothèses (il faut préciser cependant que même une reconstitution de l'aspect extérieur d'un fossile n'est pas *totalement* conjecturale, car des arguments tirés de l'anatomie comparée et même de l'écologie peuvent donner à cet égard de précieux renseignements). En somme, s'il y a des degrés dans la part de conjecture qui préside à toutes les *reconstitutions*, il y a une distinction qualitative tranchée entre une de celles-ci et une *restauration* qui, elle, ne recourt pratiquement pas à la conjecture [150].

Le décryptage des documents photographiques permit d'abord de restituer l'aspect exact de la face (Planche 31), des mains (Planche 32) et d'un pied (Planche 31) du spécimen, tels qu'ils apparaîtraient dégagés de leur mince gangue de glace.

Il s'agissait ensuite de raccorder ces divers fragments anatomiques épars tout en respectant leurs proportions exactes. Cela nécessitait une restauration de l'ensemble de la partie visible du cadavre par rapport au cercueil, dont la longueur et la largeur internes étaient connues : une telle opération devait être résolue graphiquement.

Les photos prises sous des angles de visée différents, et situant les contours du spécimen par rapport aux surfaces latérales, aux arêtes et aux angles droits du cercueil, permettaient en effet de construire un réseau à trois dimensions (gradué conventionnellement de 10 en 10 cm. sur mes dessins) dans lequel le spécimen se trouvait entièrement enfermé.

Pour réaliser ce quadrillage tridimensionnel, il fallait avant tout quadriller les surfaces visibles dont les dimensions étaient connues. La plus évidente était celle du couvercle vitré (220 cm. x 90 cm.), mais il y en avait aussi une autre, située sous elle et parallèlement à elle, et qui devait donc avoir les mêmes dimensions. Le cadavre en effet n'était pas simplement enrobé d'une pellicule glacée, il se dégageait comme une sculpture en ronde-bosse d'un socle de glace, produit manifestement par la fonte du bloc originellement déposé dans le cercueil. Appelons le dessus de ce socle *le niveau de la glace de remplissage*. Le cercueil étant supposé d'aplomb et ses parois d'équerre, cette surface est forcément parallèle aussi bien à son couvercle qu'à son fond, puisqu'elle résulte de la solidification d'un liquide.

Compte tenu des lois de la perspective, on peut alors mesurer, sur certaines photos, la distance séparant les deux surfaces considérées (soit 39 cm.). Et il est possible dès lors de procéder au quadrillage de tout l'espace compris entre celles-ci et qui contient la portion visible du cadavre, celle en tout cas émergeant du socle de glace.

En pratique, le plus simple est d'exécuter d'abord ce travail de quadrillage sur une photo d'ensemble prise très obliquement à partir des pieds, mais exactement dans l'axe antéropostérieur du cercueil (ce qui donne le résultat esquissé dans la figure 15). On fait ensuite de même pour deux séries de photos partielles prises perpendiculairement à cet axe, les unes un peu latéralement, les autres à la verticale (ce qui, une fois les lacunes comblées dans chaque cas à la lumière des autres visées, donne respectivement les figures 16 et17).

Après quoi, on peut évidemment repérer avec exactitude la situation, dans l'espace, de tout point qui a été visé, en somme, sous trois angles différents, et reproduire par conséquent *en volume* tout ce qui est visible du spécimen.

La portion du cadavre qui dépasse de la glace de remplissage se trouvant ainsi restaurée, il fallait tenter de reconstituer la portion immergée, ce qui paraissait bien plus hasardeux. Par bonheur, la restauration des parties immergées une fois achevée, il sauta aux yeux que *le cadavre devait reposer de tout son long sur le fond même du cercueil*. En effet, tous les contours qu'on pouvait prolonger par extrapolation convergeaient autour d'un même plan, lequel correspondait évidemment à ce fond. La multiplicité des points de contact du corps avec cette surface inférieure permet-

---

(150) Pour bien marquer cette différence, les planches qui illustrent cette partie de l'ouvrage ont été exécutées avec une technique différente suivant qu'il s'agit de simples décryptages de photos (dessins à la plume) ou de reconstitutions du spécimen à l'état vivant (dessins au fusain).

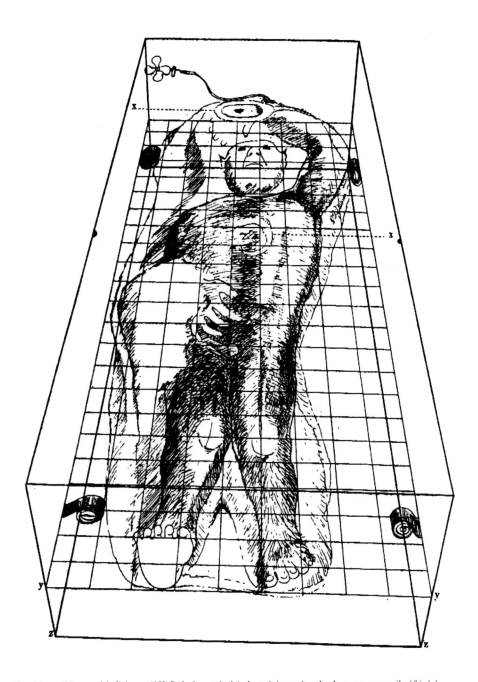

Fig. 15. — Vue semi-inférieure (45° S de la verticale) du spécimen étendu dans son cercueil réfrigéré. La surface de la glace de remplissage (y) est inscrite dans un réseau quadrillé de 10 en 10 cm. Les anneaux de givrage sont indiqués par la lettre x.

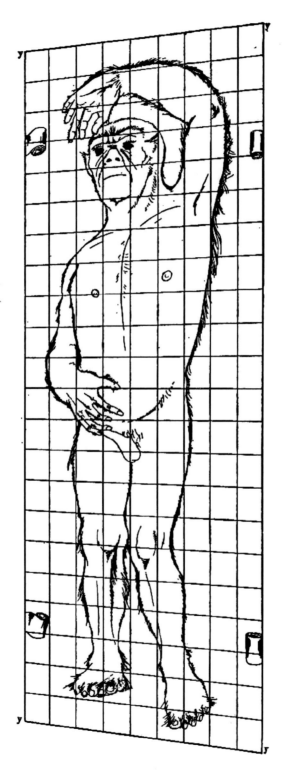

Fig. 16. — Vue légèrement latérale du spécimen (15° E de la verticale) par rapport au réseau quadrillé (y).
La pilosité est schématisée pour rendre l'anatomie plus visible

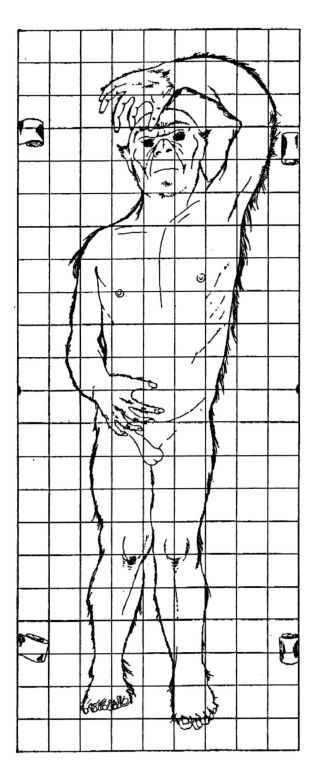

Fig. 17. — Vue antérieure du spécimen (projection à la verticale
sur un plan horizontalquadrillé de 10 en 10 cm)

tait même de calculer que celle-ci se trouvait à 17 cm. ± A sous le niveau de la glace de remplissage, et donc à 56 cm. ± 1 sous le dessus du couvercle vitré.

Cette situation était d'une importance primordiale, car elle permettait de reconstituer avec sûreté la partie non visible du spécimen. Imaginez un instant que l'homme velu eût été frappé par la rigidité cadavérique, alors qu'il reposait sur une surface irrégulière, et qu'il eût été congelé pendant la durée assez brève (16 à 24 heures) de cette période de raideur... il aurait été impossible dans ce cas de prendre des mesures aussi importantes que la longueur antéro-postérieure de la tête ou que celle du pied. Bien entendu, la structure de la glace ayant révélé que le cadavre avait été congelé artificiellement, l'hypothèse la plus vraisemblable était tout de même que le cadavre avait été déposé encore souple — ou redevenu tel, — dans un congélateur, sur le fond duquel il s'était donc étalé mollement.

On pouvait même, à présent, préciser que ce congélateur avait été ensuite rempli d'eau jusqu'à ce que celle-ci recouvrît tout juste le cadavre soit à une hauteur de 40 cm. En effet, on remarque sur le bloc de glace original, deux structures à première vue déconcertantes : un anneau ovale d'apparence givrée au-dessus de la paume et du poignet de la main gauche, et un croissant semblable au-dessus du milieu de la poitrine. La reconstitution du spécimen en volume révèle que ces deux anneaux plus ou moins complets se trouvent exactement au même niveau, à savoir à 23 cm. au-dessus du niveau de la glace de remplissage et donc à 40 cm. de fond. Or j'ai pu vérifier expérimentalement, au cours d'essais de congélation d'une petite poupée en caoutchouc, que de telles struc-

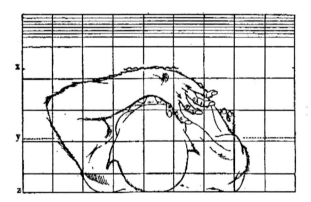

Fig. 19. — Vue supérieure du spécimen (projection sur un plan transversal quadrillé de 10 en 10 cm).

tures se forment toujours autour des masses qui effleurent à la surface. C'est d'ailleurs bien compréhensible. Dans un congélateur, je l'ai déjà souligné, une masse d'eau se solidifie d'abord périphériquement, en formant ainsi une sorte de boîte de glace. Celle-ci s'épaissit sans cesse vers l'intérieur en chassant devant elle les bulles d'air dissous, libéré par la solidification du liquide. Ces bulles ont fini ici par s'accumuler sur toute la surface du corps, mais en plus grande concentration là où elles se sont trouvées emprisonnées entre celui-ci et la couche de glace superficielle, par conséquent partout où un relief corporel affleure à la surface, et tout autour de celui-ci. C'est ce qui explique le caractère annulaire des structures ainsi formées.

L'opacité particulière de la glace autour du coude gauche et sur le côté du bras droit suggère, pour des raisons semblables, que le spécimen a été primitivement congelé dans une
cuve ne mesurant guère plus de 75 cm. de large. On ne peut tirer aucune conclusion analogue en ce qui concerne la longueur de la cuve en question, mais il est vraisemblable que
le spécimen a été réfrigéré dans un grand congélateur à usage domestique du type *chest-
freezer*, comme on en trouve dans le commerce aux U. S. A. En tout cas, il est courant, pour
les familles nombreuses, d'en faire construire, sur commande, de la taille souhaitée. Il eût
été enfantin, par exemple, d'en obtenir un modèle mesurant intérieurement 7 pieds de long
(213 cm.), sur 2 pieds 6 pouces de large (76 cm.).

S'il avait été produit dans un tel congélateur, le bloc de glace originel, haut de 40
cm, aurait donc eu un volume de 213 x 76 x 40 = 648, 320 cm^3, et par conséquent
un poids de l'ordre de 650 kilos [151].

Ce bloc de glace a été déposé au moyen de deux fortes sangles de nylon dans le cercueil réfrigéré, fabriqué spécialement pour le recevoir. C'est peut-être avant cette
opération que sa partie supérieure a été élaguée et sculptée de manière à amincir autant que possible la couche de glace recouvrant le cadavre et rendre celui-ci plus visible, ce qui a encore réduit de beaucoup le poids de l'énorme glaçon. Enfin, le remplissage de l'espace resté libre autour du bloc est sans doute le résultat de la fonte
superficielle de celui-ci au cours des diverses manipulations.

Ainsi s'expliquent en définitive, clairement et logiquement, toutes les structures visibles sur les diverses photos.

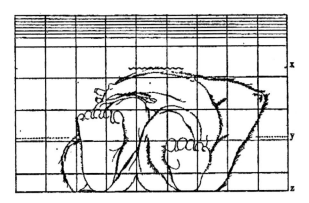

Fig. 20. — Vue inférieure du spécimen (projection sur un plan transversal quadrillé de 10 en 10 cm).

L'anatomie de la partie invisible du spécimen une fois reconstituée par extrapolation, on
peut représenter celui-ci, avec ses proportions aussi exactes que possible, sous tous les angles désirables. Pour éviter les effets de perspective et faciliter ainsi les mesures, les représentations se feront de préférence sous forme de projections orthogonales sur ces divers
plans de l'espace que constituent les côtés du cercueil. En plus de la vue antérieure déjà ci-
tée (fig. 17), ont pu être exécutées ainsi une vue latérale du spécimen (fig. 18), une vue supérieure (fig. 19), et une vue inférieure (fig. 20). Dans toutes ces représentations la pilosité
a été réduite et schématisée, afin de rendre l'anatomie mieux visible.

(151) Le poids du spécimen ayant pu être estimé à 125 kilos environ, celui-ci eût été dans ce cas inclus
dans quelque 525 kilos de glace. Or, si Hansen, comme il l'a dit, a réellement versé 20 gallons d'eau par
jour dans son congélateur, pendant une semaine, cela représente (3,78 litres x 20 x 7) 528,5 litres, ce qui
correspond à peu près à un tel poids. Voilà qui semble confirmer que c'est bien dans le modèle cité que
le cadavre a été d'abord congelé.

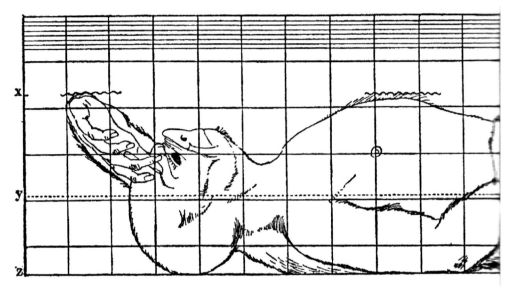

Fig. 18. — Vue latérale du spécimen (projection sur un plan sagittal quadrillé de 10 en 10 cm) ; *x* : surface supérieur du bloc de glace originel ; *y* : niveau de la glace de remplisage ; z : plan sur lequel le corps repose. les quatre vitres servant de couvercle ont été figurées.

Tout est prêt dès ce moment pour les mensurations, qui seront bien entendu répétées
à titre de contrôle sur les photos mêmes et sur les projections graphiques représen-
tatives des angles les plus divers.

Il convient de préciser que la marge d'incertitude et d'erreur qui s'attache aux présentes reconstitutions et mesures, fondées sur des photos multiples, ne peut pas être plus importante
que celle liée en paléontologie à des extrapolations semblables, fondées, elles, sur des fragments concrets. Les techniques utilisées sont donc non moins légitimes. Et le fait qu'elles
soient inhabituelles ou nouvelles en anthropologie ne peut être invoqué pour en contester les
résultats : ce serait s'opposer à tout progrès dans les méthodes d'investigation scientifique.

Ce minutieux travail de reconstitution du cadavre velu, tel qu'il apparaîtrait sur une
table d'examen, aboutit en fin de compte aux diverses mensurations dont les valeurs
figurent dans la TABLE DES MESURES publiée page 342. Toutes les dimensions
y sont données avec leur marge d'incertitude. Celle-ci est en général de l'ordre de 2
à 3 %, mais varie en fait d'après la plus ou moins grande difficulté avec laquelle certains points de repère anatomiques ont pu être localisés. En tout cas l'amplitude de
l'erreur possible y est bien plus réduite que celle de 10 % que j'avais dû admettre
pour les mensurations publiées dans ma note préliminaire : le progrès était donc manifeste. Le jeu en valait la chandelle.

L'être en question étant sans conteste, comme nous l'avons précisé, un *Homo*, il était légitime, à titre de comparaison, de procéder sur lui à toutes les mensurations qui se pratiquent
en anthropologie sur l'*Homo sapiens*. Cela entraînait toutefois une certaine difficulté.

La stature d'un individu de notre espèce se mesure sous la toise, et la valeur ainsi trouvée
intervient dans l'établissement de la plupart des indices corporels. Or s'il s'agit en l'occurrence, ainsi que je l'établirai, d'un Néanderthalien — c'est-à-dire d'un être dont le genou
serait naturellement fléchi en permanence et qui ne pourrait pas réaliser l'extension totale

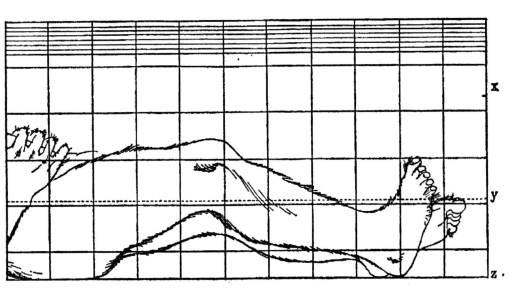

de ses jambes — sa stature mesurée classiquement sous la toise serait de 4 cm. inférieure à celle qui résulte de l'addition de la longueur de ses divers segments.

Dans le spécimen congelé en question, j'inclinais à croire que le membre inférieur gauche se trouvait au maximum de son extension, et que le droit n'était que légèrement fléchi [152].

Comme je m'interdisais toutefois de préjuger de l'identité du spécimen au cours d'une investigation qui tendait précisément à la découvrir, deux mesures ont toujours été données pour la stature et pour la longueur totale des membres inférieurs, la première se rapportant au spécimen en station debout, les genoux (? normalement) fléchis (GF), et la seconde se rapportant au spécimen ayant les membres inférieurs (? artificiellement) en extension totale (ET). Ces mesures prennent toute leur importance dans l'établissement des indices corporels, dont la plupart se calculent, comme je l'ai dit, par rapport à la stature.

La description des caractéristiques morphologiques du spécimen peut en effet être inférée objectivement du calcul des indices anthropomorphiques classiques, établis pour les races humaines. Les diverses qualifications obtenues ne sont bien entendu que relatives : elles n'ont de valeur qu'en tant que références aux normes enregistrées pour notre propre espèce. Mais elles n'en sont que plus significatives pour souligner ce qui différencie le spécimen des représentants de celle-ci, en particulier lorsque la valeur des indices s'inscrit aux limites extrêmes, voire en dehors des limites de variation admises pour l'*Homo sapiens*. Il va de soi que ce qui est anormal pour notre espèce — et pourrait relever éventuellement de la tératologie — peut au contraire être parfaitement normal pour une autre espèce, et par conséquent caractéristique de celle-ci.

Pour donner de notre spécimen une image aussi complète que précise, l'ensemble de ses diverses proportions (dont on trouvera l'énumération dans la TABLE DES INDICES publiée p. 343 à 345) doit bien entendu être enrichi par l'exposé de ses caractères purement descriptifs, qui d'une manière générale sont moins faciles à mesurer ou à chiffrer. Pour ceux-ci, je renvoie le lecteur au chapitre XIV, où ils sont exposés en détail.

(152) Sur les cadavres étendus de tout leur long sur le dos, comme chez les individus endormis dans cette position, le relâchement musculaire tend à donner aux membres inférieurs leur extension maximum. Chez les individus de notre espèce, on constate dans ces cas une rectitude extrême des jambes. Un genou n'est jamais ployé que si le membre repose entièrement sur le côté, ou encore si la plante du pied repose à plat sur le sol, les genoux étant dressés.

TABLE DES MESURES DE L'HOMME PONGOÏDE (en cm)

Stature :

 a) Les genoux présumés normalement fléchis (GF)...   180 $\pm$ 2

 b) Les jambes en extension totale (ET) ....   184 $\pm$ 2

Tête :

 Largeur maximum ....   19 $\pm$ 0,5

 Largeur bi-zygomatique maximum ....   18,5 $\pm$ 0,5

 Largeur bi-goniaque ....   11 $\pm$ 0,5

 Longueur maximum ....   26 $\pm$ 1

 Hauteur totale (gnathion-vertex) ....   25 $\pm$ 0,5

 Hauteur de la tête (tragion-vertex)................   14 $\pm$ 0,5

 Hauteur de la face (nasion-gnathion) ....   15 $\pm$ 0,5

 Largeur du nez ....   6 $\pm$ 0,2

 Hauteur du nez ....   5 $\pm$ 0,2

 Largeur de la bouche ....   8,5 $\pm$ 0,2

 Largeur bi-oculaire interne ....   5,5 $\pm$ 0,2

 Largeur interpupillaire ....   9,25 $\pm$ 0,2

 Largeur bi-oculaire externe ....   12,5 $\pm$ 0,2

 Largeur oculaire ....   3,5 $\pm$ 0,2

Tronc :

 Hauteur antérieure (suprasternal-symphysien) ......   62 $\pm$ 2

 Hauteur du thorax (suprasternal-xiphoïdien) ....   24 $\pm$ 1

 Hauteur de l'abdomen (xiphoïdien-symphysien) .....   38 $\pm$ 1

 Largeur bi-acromiale ....   46 $\pm$ 1

 Largeur bi-crétale ....   37 $\pm$ 1

 Largeur du thorax ....   42 $\pm$ 1

 Profondeur du thorax ....   37 $\pm$ 2

Membres :

 Longueur totale du membre supérieur ....   88 $\pm$ 2

 Longueur du membre supérieur, extrémité exclue ...   62 $\pm$ 2

 Longueur du bras (acromial-radial) ....   35 $\pm$ 1

 Longueur de l'avant-bras (radial-stylien) ....   27 $\pm$ 1

 Longueur de la main ....   26 $\pm$ 0,5

 Largeur de la main ....   12 $\pm$ 0,5

 Longueur totale du membre inférieur (ET) ....   94 $\pm$ 2

 Longueur du membre inférieur, extrémité exclue ....   88 $\pm$ 2

 Longueur du membre inférieur (GF) :

  a) Au point ilio-spinal ....   90 $\pm$ 2

  b) Au point trochantérien ....   84 $\pm$ 2

  c) Au point symphysien ....   81 $\pm$ 2

 Longueur de la cuisse (iliospinal-tibial)............   51 $\pm$ 1

 Longueur de la jambe (tibial-malléolaire) ....   37 $\pm$ 1

 Longueur du pied ....   26 $\pm$ 1

 Largeur du pied ....   16 $\pm$ 0,5

TABLE DES INDICES DE L'HOMME PONGOÏDE

NATURE	CALCUL	INTERPRÉTATION PAR RAPPORT A L' « HOMO SAPIENS »
Céphalique ...	$\dfrac{100 \times 19 \pm 0,5}{26 \pm 1} = 61,1 \text{ à } 78,0$	Mésocéphale à ultra-dolichocéphale.
Hauteur-longueur de la tête.........	$\dfrac{100 \times 14 \pm 0,5}{26 \pm 1} = 50 \text{ à } 58,0$	Tête basse (chamæcéphale).
Hauteur-largeur de la tête.........	$\dfrac{100 \times 14 \pm 0,5}{19 \pm 0,5} = 69,2 \text{ à } 78,3$	Tête très basse (tapéinocéphale).
Nasal	$\dfrac{100 \times 6}{5} = 120$	Nez extrêmement large (ultra-platyrhinien).
Interorbitaire .	$\dfrac{100 \times 5,5}{18,5} = 29,7$	Yeux extrêmement écartés.
Interpupillaire.	$\dfrac{100 \times 9,5}{18,5} = 50,0$	—
Zygo-mandibulaire	$\dfrac{100 \times 11 \pm 0,5}{18,5 \pm 0,5} = 55,0 \text{ à } 63,8$	Mâchoires anormalement étroites.
Hauteur du tronc	(GF) $\dfrac{100 \times 62 \pm 2}{180 \pm 2} = 32,9 \text{ à } 35,9$	Tronc très long à anormalement long.
	(ET) $\dfrac{100 \times 62 \pm 2}{184 \pm 2} = 32,2 \text{ à } 35,1$	—
Largeur d'épaules (bi-acromiale) .	(GF) $\dfrac{100 \times 46 \pm 1}{180 \pm 2} = 24,7 \text{ à } 26,4$	Épaules très larges à anormalement larges.
	(ET) $\dfrac{100 \times 46 \pm 1}{184 \pm 2} = 24,1 \text{ à } 25,8$	Épaules larges à très larges.
Thoracique ..	$\dfrac{100 \times 42 \pm 1}{37 \pm 2} = 105 \text{ à } 122$	Thorax quasi cylindrique à poitrine carénée.

TABLE DES INDICES DE L'HOMME PONGOÏDE (suite)

NATURE	CALCUL	INTERPRÉTATION PAR RAPPORT A L' « HOMO SAPIENS »
Largeur du bassin (bi-crétale)	(GF) $\dfrac{100 \times 37 \pm 1}{180 \pm 2} = 19{,}7$ à $21{,}2$	Bassin large à très large.
	(ET) $\dfrac{100 \times 37 \pm 1}{184 \pm 2} = 19{,}3$ à $20{,}8$	Bassin large à très large.
Longueur du membre su-périeur	(GF) $\dfrac{100 \times 88 \pm 2}{180 \pm 2} = 47{,}2$ à $50{,}5$	Membre supérieur long à très long.
	(ET) $\dfrac{100 \times 88 \pm 2}{184 \pm 2} = 46{,}2$ à $49{,}4$	Membre supérieur moyen à très long.
Longueur du bras	(GF) $\dfrac{100 \times 35 \pm 1}{180 \pm 2} = 18{,}5$ à $20{,}2$	Bras court à long (?).
	(ET) $\dfrac{100 \times 35 \pm 1}{184 \pm 2} = 18{,}2$ à $19{,}7$	Bras court à moyen.
Longueur de l'avant-bras.	(GF) $\dfrac{100 \times 27 \pm 1}{180 \pm 2} = 14{,}2$ à $15{,}7$	Avant-bras court à moyen.
	(ET) $\dfrac{100 \times 27 \pm 1}{184 \pm 2} = 13{,}9$ à $15{,}3$	Avant-bras très court à moyen.
Longueur de la main (gran-deur relative)	(GF) $\dfrac{100 \times 26 \pm 0{,}5}{180 \pm 2} = 14{,}0$ à $14{,}8$	Main anormalement grande.
	(ET) $\dfrac{100 \times 26 \pm 0{,}5}{184 \pm 2} = 13{,}7$ à $14{,}5$	—
Largeur de la main.......	$\dfrac{100 \times 12 \pm 0{,}5}{26 \pm 0{,}5} = 43{,}3$ à $49{,}0$	Main moyenne à large.
Longueur du membre infé-rieur	(GF) $\dfrac{100 \times 90 \pm 1}{180 \pm 2} = 48{,}3$ à $51{,}6$	Membre inférieur très court à anormalement court.
	(ET) $\dfrac{100 \times 90 \pm 1}{184 \pm 2} = 49{,}4$ à $52{,}7$	—

TABLE DES INDICES DE L'HOMME PONGOÏDE (suite et fin)

NATURE	CALCUL	INTERPRÉTATION PAR RAPPORT A L' « HOMO SAPIENS »
Longueur de la cuisse	(GF) $\dfrac{100 \times 51 \pm 1}{180 \pm 2} = 27,4$ à $29,2$	Cuisse moyenne à très courte.
	(ET) $\dfrac{100 \times 51 \pm 1}{184 \pm 2} = 26,8$ à $28,5$	Cuisse courte à anormalement courte.
Longueur de la jambe......	(GF) $\dfrac{100 \times 37 \pm 1}{180 \pm 2} = 19,7$ à $21,2$	Jambe courte à très courte.
	(ET) $\dfrac{100 \times 37 \pm 1}{184 \pm 2} = 19,3$ à $20,8$	—
Longueur du pied	(GF) $\dfrac{100 \times 26 \pm 1}{180 \pm 2} = 13,7$ à $15,1$	Pied court.
	(ET) $\dfrac{100 \times 26 \pm 1}{184 \pm 2} = 13,4$ à $14,8$	—
Crucial (largeur du pied) ...	$\dfrac{100 \times 16 \pm 0,5}{26 \pm 1} = 57,1$ à $66,0$	Pied anormalement large.
Intermembral (moyennes) .	$\dfrac{100 \times 62}{88} = 70,9$	Membres supérieurs plutôt courts par rapport aux inférieurs.
Brachial (moyennes) .	$\dfrac{100 \times 27}{35} = 77,1$	Avant-bras court par rapport au bras.
Crural (moyennes) .	$\dfrac{100 \times 27}{51} = 72,5$	Jambe très courte par rapport à la cuisse.

Il ne restait plus en somme qu'à identifier si possible l'être en question, ou à le situer du moins par rapport aux espèces d'Hominidés déjà connues. Au chapitre XVI j'ai déjà tenté cette identification du spécimen, pour conclure en fin de compte qu'il avait les plus fortes chances d'être un Néanderthalien. Mais la Zoologie n'est pas un jeu de hasard. J'ai d'ailleurs abouti à cette conclusion par élimination, procédé contre lequel je ne saurais assez m'élever en tant que cryptozoologiste, puisqu'il suppose en effet que *tout* est déjà connu. Or il est bien évident que l'homme velu pouvait fort bien appartenir à une espèce totalement inconnue, tant des paléontologues que des néozoologistes, comme on appelle ceux qui ne s'occupent que des animaux vivant actuellement.

Ma conclusion n'avait d'ailleurs qu'un caractère provisoire. Si je vais néanmoins m'en servir encore, c'est uniquement comme *hypothèse de travail*. Nous allons en effet, à présent, comparer point par point les divers caractères anatomiques des Néanderthaliens avec ceux du spécimen, afin de voir jusqu'à quel point ils coïncident.

Un avertissement s'impose avant tout. Sans doute me reprochera-t-on de prendre le plus souvent comme point de comparaison l'Homme de La Chapelle-aux-Saints, qu'on s'accorde pour considérer comme une forme extrême et non comme le prototype des Néanderthaliens. En fait c'est à dessein que je choisis de préférence cet « extrémiste » chaque fois que je le puis [153]. En effet, si nous avons affaire ici avec un Néanderthalien au sens le plus large, il s'agit *d'un représentant actuel d'une population qui aurait continué d'éclater et de se spécialiser* au cours des quelques trente-cinq mille à cinquante mille ans qui nous séparent de sa date d'extinction présumée en divers points du globe.

Mais dans quel sens s'est faite l'évolution des Néanderthaliens, en particulier par rapport à notre propre espèce ? L'analyse du riche matériel paléontologique européen permet de le fixer sans équivoque.

C'est au Pléistocène que s'est essentiellement déroulée l'efflorescence et la différenciation des Hominidés. Au cours de cette période géologique, notre planète, et en particulier l'Europe, a été victime *grosso modo* de quatre grandes glaciations. On les a appelées par ordre chronologique (et alphabétique !) Günz, Mindel, Riss et Würm, d'après les noms d'affluents du Danube. Elles ont été séparées par des périodes tièdes ou chaudes qu'on nomme « interglaciaux » (Cf. le Tableau chronologique des Hominidés fossiles, pp. 380-381).

Le néanderthalien le plus ancien qu'on connaisse, celui de Steinheim, au Wurtemberg, a été trouvé dans des terrains datant de l'Interglacial Mindel-Riss. Première surprise pour ceux qui considèrent les Néanderthaliens comme nos propres ancêtres : il était contemporain d'un Sapiens indiscutable, l'Homme de Swanscombe (Angleterre), gentleman avec lequel il avait d'ailleurs beaucoup de choses en commun. Et, deuxième surprise, il y avait déjà des quasi-Sapiens bien auparavant en Europe, notamment au cours d'une accalmie de la période glaciaire de Mindel, comme en témoignent sans doute de pauvres restes trouvés à Vèrtesszöllös (Hongrie).

Les Néanderthaliens font leur apparition en France (La Chaise) au cours de la glaciation de Riss et paraissent déjà plus communs en Europe au cours de l'Interglacial Riss-Würm. On en a retrouvé des fragments osseux en Allemagne (Ehringsdorf) et en Italie (Saccopastore). Mais ces Néanderthaliens-là présentaient encore beaucoup de traits qui les rapprochaient

---

(153) L'Homme de La Chapelle-aux-Saints n'est d'ailleurs pas une forme « extrême » à proprement parler. Un extrémiste trouve toujours plus extrémiste que lui, en l'occurrence l'Homme de Kiik-Koba (Crimée) qui paraît encore plus spécialisé. Aussi est-ce lui qui nous servira plutôt de point de comparaison quand ce sera possible. Il est bien regrettable à cet égard que son crâne n'ait pas été retrouvé. En tout cas, c'est l'étude de son squelette qui nous éclairera surtout sur l'anatomie des pieds et des mains des néanderthaliens les plus marqués.

des Sapiens de l'époque, dont un débris a été retrouvé à Fontéchevade, en Charente. Ce n'étaient pas tout à fait des Néanderthaliens, plutôt des Pré-Néanderthaliens, pas encore des Néanderthaliens classiques.

Ces derniers n'ont commencé à se marquer qu'à l'aube de la glaciation würmienne, à laquelle il faut attribuer sans doute le moulage endocrânien naturel de Ganovce (Tchécoslovaquie) et les crânes de Gibraltar. Ils s'affirment tout à fait au long des premiers stades de cette glaciation (Würm I et II), à savoir le Würmien ancien. Les plus célèbres sont ceux du sud-ouest de la France (Le Moustier), La Chapelle-aux-Saints, La Quina, etc.), de Belgique (Engis, Spy, La Naulette), d'Allemagne (Neandertal) et d'Italie (Monte-Circeo), mais il y en avait également en Espagne (Jativa-Valenza), en Croatie (Krapina), en Moravie (Sipka), et sans doute ailleurs [154].

On a coutume de dire qu'à partir du Würmien récent, on ne trouve plus de restes fossilisés de Néanderthaliens, ce qui laisse entendre qu'ils auraient été complètement exterminés avant cette époque. Nous verrons, au chapitre suivant, que c'est loin d'être vrai.

Si l'on veut comprendre quelque chose au problème de l'Homme pongoïde, comme à celui de nos propres origines, il doit être bien entendu que l'évolution des Néanderthaliens ne s'est pas faite, *n'a pas pu se faire*, ainsi qu'on le croyait naïvement autrefois, à partir d'une forme à maints égards pithécoïde qui se serait affinée peu à peu pour donner naissance à l'*Homo sapiens*. Des faits indiscutables, relevant de l'anatomie comparée, de l'embryologie et, ainsi qu'on vient de le voir, de la paléontologie, concourent tous à établir que c'est le contraire qui s'est produit. Comme le professeur Henri Vallois l'a démontré de manière convaincante, c'est à partir d'une forme Présapiens (? Vèrtesszöllös, Swanscombe et Fontéchevade, auxquels il faut sans doute en ajouter quelques autres) que le Néanderthalien s'est engagé peu à peu dans ce que d'aucuns tiennent pour un cul-de-sac de l'évolution. Boule et Vallois parlent du Néanderthalien classique comme d' « une fin de rameau » [...] une branche latérale qui atteint un degré de spécialisation très marqué, puis disparaît », Sir Wilfred Le Gros Clark l'appelle « un chemin de traverse aberrant de l'évolution », le professeur Jean Piveteau « une spécialisation que l'on peut considérer comme régressive ».

Sans épiloguer plus avant sur ce qu'il y a d'anthropocentrique et de présomptueux à considérer comme un échec, une aberration, une fausse route ou un retour en arrière, toute évolution qui ne mène pas à notre propre espèce — « la merveille et la gloire de l'Univers » selon Darwin ! — contentons-nous de rappeler avec le professeur Piveteau : «... un fait demeure bien établi : l'*Homo sapiens* ne dérive pas du Néanderthalien qui l'a précédé, il constituait depuis longtemps une série particulière, ou série des Présapiens, évoluant indépendamment de celle des Néanderthaliens. [...] Quant à l'*Homo neanderthalensis* classique, qui apparaît au début de la période würmienne, il doit être considéré comme le terme d'une lignée aberrante d'évolution, qui se détache de celle des précurseurs de l'Homme moderne quand ceux-ci avaient déjà atteint *un stade ne différant par aucun caractère essentiel du type actuel.* » (C'est moi qui souligne).

Cette situation a poussé la plupart des anthropologues à distinguer au moins deux types de Néanderthaliens, l'un ayant donné naissance à l'autre. Le premier apparu, et le plus proche de l'*Homo sapiens*, est appelé tantôt « pré-néanderthalien », tantôt « type généralisé », et le plus récent, le plus spécialisé aussi, est appelé tantôt « classique », tantôt « type extrême ».

---

(154) Les Néanderthaliens se sont éparpillés aussi sur d'autres continents, où ils ont subi une évolution plus ou moins semblable selon les climats. En Afrique du Nord, ils étaient répandus depuis le Maroc (Tanger) jusqu'en Cyrénaïque (Haua Fteah) à la fin du Würmien. En Asie, on en a trouvé de peu spécialisés en Galilée (Taboun, Djebel Qafzeh) et peut-être jusqu'en Chine (? Ma-pa) pendant le Riss-Würm, de plus marqués au tout début du Würmien (Chanidar, en Iraq), et enfin de très spécialisés au cœur même de cette période glaciaire (Techik-Tach, en Ouzbékie, et surtout Kiik-Koba, en Crimée).

Au cours des âges, tandis que l'Homo sapiens restait plus ou moins stable par son anatomie générale, mais évoluait peut-être cérébralement, psychiquement et socialement, le Néanderthalien, à cause sans doute d'un isolement forcé dans certaines régions d'Europe et d'Asie centrale, et sous l'action sélective du climat rigoureux des âges glaciaires, s'est mis à évoluer rapidement en se spécialisant, ses caractères anatomiques distinctifs se marquant de plus en plus. Il s'est peu à peu « bestialisé » en quelque sorte, « déshominisé » si l'on préfère.

Si le Pré-Néanderthalien apparaissait sans doute au Sapiens comme un rival à éliminer — parfois aussi, ce qui va souvent de pair, comme un partenaire sexuel désirable [155] — le Néanderthalien spécialisé à l'extrême ne devait plus être à ses yeux qu'un gibier comme un autre, peut-être — qui sait ? — un esclave possible, une bête à exploiter ou à domestiquer.

C'est évidemment le résultat final de l'évolution accélérée des Néanderthaliens de type extrême qu'on devrait s'attendre à trouver dans notre spécimen, s'il se révèle bien ce que nous le soupçonnons d'être.

A cet égard, j'ai déjà répondu à l'objection selon laquelle le spécimen est bien trop grand pour être un néanderthalien. Tout d'abord la petitesse des Paléanthropiens a été très exagérée : ce n'étaient pas du tout des quasi-pygmées comme on l'a cru autrefois. Carleton Coon a fait remarquer notamment que d'après les calculs les plus soigneux, le petit vieillard ratatiné de La Chapelle-aux-Saints mesurait tout de même 1,64 m. soit un bon centimètre de plus que la moyenne des Français qui vivaient dans la région au moment de son exhumation ! Si de nos jours, moins de soixante-dix ans plus tard, les jeunes gens de Brive-la-Gaillarde dépassent parfois 1,8 m., les descendants actuels d'un Néanderthalien comme celui de La Chapelle seraient sûrement aussi grands, voire plus. Surtout que depuis quatre cents siècles leurs ancêtres auraient, du fait de leur raréfaction et de leur isolement dans des régions déshéritées, été obligés de toujours s'unir entre eux, ce qui à la longue entraîne souvent le gigantisme.

Il faut tout de même reconnaître, ce qui est bien plus important que la taille, que par toutes ses proportions corporelles, notre spécimen répond fidèlement à la description des Néanderthaliens classiques : tête volumineuse, à face extraordinairement développée ; membres de proportions humaines, mais avec l'avant-bras et la jambe relativement courts par rapport aux bras et à la cuisse, et, les extrémités une fois exclues, une brièveté relative du membre supérieur par rapport au membre inférieur ; enfin des pieds et des mains démesurément grands (fig. 21).

Mais qu'en est-il des autres caractères du spécimen ? Et tout d'abord est-il vraiment possible que les néanderthaliens aient été aussi velus que des chimpanzés ?

Non seulement c'est possible, mais c'est plus que probable étant donné les conditions écologiques dans lesquelles ils ont vécu, ou fini par vivre.

Avant tout, il est bon de rappeler que les Mammifères sont essentiellement des vertébrés terrestres couverts de poils. Si une peau tout à fait nue, ou presque, est de règle parmi ceux qui d'aventure sont redevenus entièrement aquatiques (Cétacés, Siréniens), elle est rarissime parmi les espèces plus normales. Outre les Ongulés les plus énormes, qui ont d'ailleurs tendance à mener une vie plus ou moins aquatique

---

(155) Il est certain qu'il y a eu, en Palestine, des hybridations entre les deux formes d'hommes préhistoriques. Cela a produit, à une époque relativement récente (moins de quarante mille ans), des individus comme ceux de Skhoul (Mont-Carmel), à caractères intermédiaires entre les deux. Les inconditionnels de la séquence darwinienne traditionnelle ont, bien entendu, vu en eux des Néanderthaliens en train de se transformer en Sapiens, mais le caractère hétérogène de leur population prouve sans conteste qu'il s'agit de bâtards.

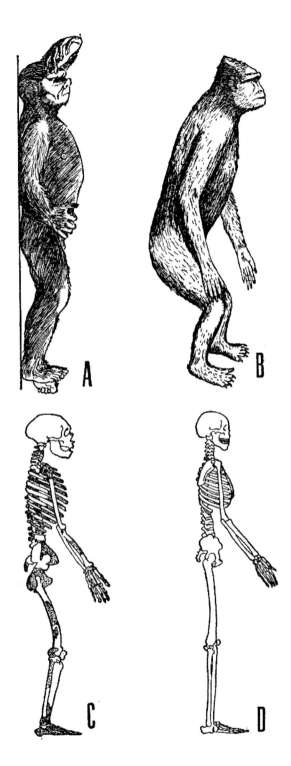

Fig. 21. — Comparaison des silhouettes. **A** : Spécimen; **B** : Portrait-robot du *Ksy-gyik* (d'après KHAKHLOV);
C : Squelette du Néanderthalien de La Chapelle-aux-Saints (d'après BOULE); **D** : Squelette d'*Homo sapiens*.

(Eléphants, Rhinocéros, Hippopotames), on ne peut guère citer qu'un de leurs cousins fouisseurs, l'Oryctérope (*Orycteropus afer*) et qu'un rat également fouisseur (*Heterocephalus glaber*), deux espèces voisines de chauves-souris (*Cheiromeles torquatus* et *parvidens*), le sanglier Babiroussa (*Babyrousa babyrussa*) et l'*Homo sapiens*. Cela fait à peine 14 espèces quasi nues sur plus de 4000 espèces de mammifères terrestres. Jamais l'Homme n'a été aussi bien qualifié, morphologiquement parlant, que lorsque Desmond Morris l'a appelé le Singe nu : sa nudité en effet est ce qu'il a de plus original, ce qui le différencie le moins des autres Primates.

De tous les mammifères nus, l'Homo sapiens est le seul qui ne soit pas spécifiquement tropical. Or tout concourt à prouver que les Néanderthaliens de type extrême s'étaient au contraire profondément adaptés aux froids les plus intenses, ceux de la période glaciaire würmienne. Auparavant, pendant l'interglacial Riss-Würm, les Pré-Néanderthaliens étaient encore peu différenciés des Sapiens et plus diversifiés d'ailleurs. Certains, comme ceux de Saccopastore, près de Rome, présentaient même des signes évidents d'adaptation à un climat chaud et humide. Mais « quand la bise fut venue », au Würmien, on ne trouvera plus en Europe de Néanderthaliens de ce type, pas plus d'ailleurs que d'*Homo sapiens*. Ne subsistèrent plus que les hommes qui étaient parfaitement armés contre le froid, à savoir les Néanderthaliens classiques.

Leurs diverses proportions corporelles témoignent de cette spécialisation : le caractère extrêmement massif du corps, avec le cou bref, la tête enfoncée dans les épaules, le dos rond, les membres courts, les mains larges, les jambes fléchies, les pieds ramassés. Tout semble étudié dans cette anatomie pour réduire au maximum, par rapport au volume, la surface corporelle, par laquelle s'effectue la déperdition de chaleur. A cet égard d'ailleurs, les Néanderthaliens ressemblaient le plus, parmi les races actuelles, soit aux habitants des régions circumpolaires (Eskimo et Fuégiens), soit à de rudes montagnards. Le docteur Coon écrit à ce propos : « Des gens construits plus ou moins comme les Néanderthaliens peuvent se voir aujourd'hui dans les Abruzzes, les Alpes et en Bavière. »

Les Paléanthropiens spécialisés du Würmien se distinguaient cependant de toutes les races humaines actuelles par l'absence de « fosses canines », ces petites dépressions qui creusent les maxillaires en dessous de nos orbites. Elles sont comblées chez eux par le développement considérable des sinus : on pense que cette hypertrophie facilitait le réchauffement de l'air inspiré avant qu'il n'atteigne les poumons et surtout la région cérébrale si délicate. D'autre part, il est vraisemblable que l'extraordinaire déploiement de la visière sus-orbitaire, c'est-à-dire en fait des sinus frontaux, a été lui-même une disposition permettant de mieux protéger les yeux des atteintes du froid en les enfonçant plus profondément dans la face.

N'est-il pas hautement probable qu'à ces diverses adaptations anatomiques si subtiles devait s'ajouter la première, la plus commune et la plus superficielle de toutes : le développement de la toison corporelle ?

Les animaux dont on trouve les restes le plus souvent associés aux armes de pierre et aux foyers des Néanderthaliens classiques sont le Mammouth, le Rhinocéros laineux, l'Ours des cavernes et le Renne, représentants caractéristiques entre tous de la faune des climats arctiques. Tous, nous le savons, étaient protégés des rigueurs du froid par d'épaisses houppelandes de laine ou une fourrure très dense. Ne serait-il pas raisonnable de supposer que les prédateurs devraient être aussi velus que les proies ?

On a objecté que ce n'était pas là une nécessité absolue puisque les Eskimos et les Fuégiens, qui vivent, parfois nus, sous des climats très rigoureux, ne sont pas particulièrement velus, bien au contraire. C'est exact, mais les températures, aux divers stades du Würmien, en Europe, étaient tout de même bien moins clémentes encore que celles qui règnent de nos jours au Groenland, en Alaska ou en Terre de Feu. Au surplus, le fait est qu'on a trouvé aucune trace indiscutable de l'*Homo sapiens*, qu'on sait nu, dans les couches géologiques européennes datant du Würmien ancien (Würm I et II). A cette époque, lui qui avait vécu en Europe pendant l'interglacial Riss-Würm, et, avant cela, à l'interglacial Mindel-Riss, s'était sans doute vu forcé à un prudent repli vers des régions plus chaudes.

Ce n'est que lors du réchauffement de climat qui débuta il y a environ trente-huit mille ans, à savoir pendant l'interstade de Laufen, que l'Homo sapiens envahit à nouveau l'Europe, repoussant devant lui les hordes néanderthaliennes restées sur place et les massacrant sans doute en grand nombre. Quelques milliers d'années plus tard se produisit toutefois une nouvelle et dernière offensive du froid (Würm III), aussi intense que les précédentes et qui atteignit un sommet il y a quelque vingt mille ans. Logiquement on aurait dû, à ce moment, voir les Sapiens nus battre une nouvelle fois en retraite ou succomber sur place, et les Néanderthaliens qui auraient survécu reprendre le dessus. Il n'en a rien été. Dans l'entre-temps en effet, nos ancêtres avaient considérablement perfectionné leurs techniques, outils comme armes, et appris entre autres à se vêtir chaudement et à construire des habitations étanches [156]. Désormais, être velu, ce qui *devait* avoir été un des atouts majeurs des Néanderthaliens, n'était plus pour les hommes une supériorité dans les climats froids : les Paléanthropiens n'avaient plus la moindre chance de reconquête...

Il est vraiment difficile de croire que les Néanderthaliens extrêmes aient pu *ne pas être aussi velus* que notre spécimen. Toute leur histoire — leur dispersion comme leur évolution — s'explique en grande partie par une adaptation de plus en plus efficace au froid, qui finit par les distinguer radicalement des Sapiens. On n'a d'ailleurs retrouvé les restes de néanderthaliens indiscutables que dans la seule Région Paléarctique, à savoir l'Eurasie tempérée et froide s'aujourd'hui, ainsi que l'Afrique du Nord, dont le climat était encore assez frais pendant les âges glaciaires [157].

Passons maintenant en revue les diverses parties du corps de notre homme congelé afin de vérifier si elles correspondent dans le détail à ce que nous savons des Néanderthaliens extrêmes.

Par sa tête basse à front fuyant, par l'allongement de celle-ci dans le sens antéro-postérieur, par le développement extraordinaire de sa partie faciale par rapport à sa partie cérébrale, par son absence de menton, il est manifeste que le spécimen a tout du Néanderthalien classique (fig. 22).

Si, par sa forme, cette tête est donc typiquement néanderthalienne, elle ne semble pas l'être pourtant par ses dimensions.

---

(156) L'apparition du façonnage des os par raclage coïncide avec la disparition des industries moustériennes attribuées aux Néanderthaliens. Il est légitime de se demander s'il n'y a pas entre les deux un lien (indirect) de cause à effet. Les Néanderthaliens n'ont-ils pas été supplantés *malgré le froid*, en Europe, parce que les Sapiens, ayant appris à fabriquer des aiguilles fines, avaient enfin pu assembler des vêtements imperméables au froid, et des tentes qui ne l'étaient pas moins ?

(157) Il est vrai que maints auteurs classent parmi les Paléanthropiens l'Homme de Broken-Hill (Rhodésie), celui, très semblable, de Saldanha (Afrique du Sud) et celui de Solo (Java), mais c'est plus à cause de leur âge trop récent (pléistocène supérieur) que du fait de leur anatomie. Le docteur Carleton S . Coon a clairement démontré que, par la forme anguleuse, pentagonale, de leur crâne, en vue occipitale, ces divers hominidés tropicaux sont à ranger plutôt parmi les Archanthropiens. Chez tous les Paléanthropiens, le crâne apparaît parfaitement arrondi quand on le regarde de l'arrière.

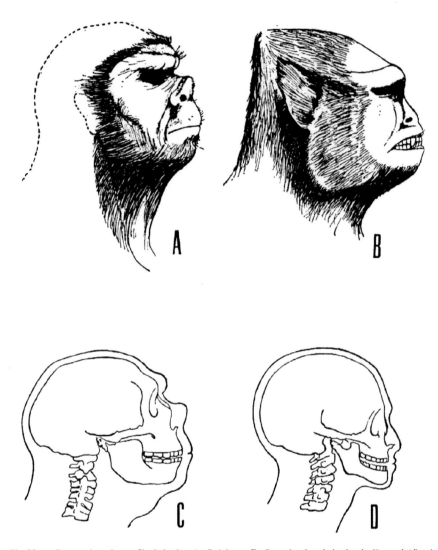

Fig. 22. — Comparaison des profils de la tête. **A** : Spécimen; **B** : Portrait-robot de la tête du *Ksy-gyik* (d'après KHAKHLOV) ; **C** : Crâne du Néanderthalien de La Chapelle-aux-Saints avec reconstitution de son profil ; **D** : *Homo sapiens* caucasoïde.

On ne connaît pas de crâne de Néanderthalien qui ait atteint 21 cm. de long [158]. Pour obtenir la longueur correspondante chez l'individu vivant, il convient de tenir compte de l'épaisseur des parties molles. Guérassimov a fait remarquer que, quelle que soit la race à laquelle ils appartiennent, les individus chez qui la glabelle est très marquée ont sur celle-ci les parties molles plus épaisses que ceux chez qui elle est moins développée. Dans notre espèce, ajoute-t-il, ces parties varient en épaisseur de 8 à 12 mm. chez les mâles, et de 5 à 8 mm. chez les femelles. Dans un crâne, en somme, toute protubérance osseuse serait encore accentuée par le développement des parties molles qui la recouvrent.

(158) Pour la longueur antéro-postérieure (glabelle-occipital), Morant donnait en 1927 les valeurs suivantes, en millimètres, pour les crânes de quelques Néanderthaliens classiques adultes : 207,7 (La Chapelle), 204,2 (La Quina), 200,6 (Spy I), ? 200, 0 (Spy II), 199,0 (Neandertal), 192,5 (Gibraltar).

Il est donc vraisemblable que chez les Néanderthaliens, ce pare-choc qu'est la visière sus-orbitaire devait être matelassé par une couche charnue mesurant entre 12 et 18 mm. au moins chez les mâles. Quant au fameux « chignon » (ou torus occipital), il était sûrement rembourré par une épaisseur de parties molles supérieure à celle de 3 à 4 mm. qu'on relève habituellement sur les crânes de notre espèce. Bref, il faut ajouter plus de 15 à 22 mm. à la distance glabelle-occipital pour obtenir la plus grande longueur d'une tête non décharnée chez un Néanderthalien classique. Il n'y en n'aurait donc pas eu un seul chez qui cette longueur ait atteint ou dépassé de beaucoup 23 cm. [159].

Or, pour la distance séparant le pointe de l'arcade sourcilière de notre spécimen du plan sur lequel sa tête doit normalement reposer, on trouve une valeur de 27 cm. ± 1. En supposant, ce qui est légitime, la présence d'un coussin de cheveux épais d'1 cm. et en admettant une erreur maximum d'un autre centimètre, la longueur céphalique resterait tout de même de 25 cm !

C'est énorme. La valeur de 26 cm. ± 1 est de 9 à 17 % supérieure à la plus haute jamais relevée sur un Néanderthalien. Mais si nous considérons les autres mesures de la tête, nous les trouverons non moins excessives. Prenons par exemple la longueur bi-zygomatique, à savoir l'écart entre les points latéraux extrêmes des pommettes. Elle est de 185 mm. ± 5 chez le spécimen, alors que chez l'Homme de La Chapelle elle ne devait guère être que de 163 mm. (156 mm. mesurés + 7 mm. pour l'épaisseur estimée des parties molles). Elle est donc, chez l'homme congelé, de 10 à 16 % supérieure à ce qu'elle était chez le vieillard corrézien des temps glaciaires.

On a affaire en définitive chez notre spécimen avec une tête néanderthalienne par la forme, mais d'une taille de 9 à 17 % supérieure à celle des plus grands néanderthaliens pris en considération. Seulement le spécimen est lui-même d'uns stature de 8 à 12 % supérieure à la leur. Tout au plus pourrait-on conclure qu'*il a la tête proportionnellement un peu plus grosse encore que chez les Néanderthalioens extrêmes*.

Parmi bien d'autres, l'anthropologue allemand Weinert a souligné chez ceux-ci, la « tête grosse et lourde, dont les dimensions dépassent étonnamment la marge de variation de l'Homme actuel ». Il s'agit bien là d'un trait évolutif qui écarte le Néanderthalien du Sapiens, et il ne serait donc que normal qu'il se fût progressivement accentué au cours de l'évolution divergente des deux formes.

Concentrons notre attention sur la face même.

Prenons une photo du visage du spécimen visé suivant le plan de Broca (ou alvéolo-condylien) [160], ou encore la reconstitution de sa physionomie faciale semblablement orientée (Planche 35). Superposons-y le tracé du crâne de l'homme de La Chapelle-aux-Saints, vu de face sous un angle identique et agrandi jusqu'à atteindre une même hauteur totale de la face (nasion-gnathion). La coïncidence des deux topographies faciales se révèle parfaite jusque dans les moindres détails : écartement des orbites, largeur bi-zygomatique de la face, situation du point sous-nasal et de la bouche, contours de la mandibule et de la partie cérébrale de la tête (fig. 23N).

Procédons de même, mais cette fois avec le tracé de divers crânes d'*Homo sapiens*, ramenés tous à une même hauteur faciale. Jamais nous n'obtiendrons une telle concordance, quels que soient les points de la face que nous fassions coïncider (fig. 23S). La voûte crânienne est toujours trop élevée, les yeux pas assez écartés, les os jugaux trop peu développés, la mandibule trop légère. Ce qu'il y a de plus original

---

(159) Sur les crânes archanthropiens de Ngandong (près du fleuve Solo, à Java), on trouve une longueur glabelle-occipital de 221 mm., ce qui fait d'eux les plus grands qu'on connaisse parmi les Hominidés. De leur vivant, ces Hommes de Solo devaient avoir une tête mesurant quelque 24 cm. de long.

(160) Dans une telle orientation, le niveau des méats additifs coïncide avec celui du point sous-nasal.

dans le visage de notre spécimen est cependant son nez. Mais est-il néanderthalien ?
Sûrement pas si l'on en juge par la quasi-totalité des innombrables reconstitutions
qu'on a proposées de l'aspect extérieur du Paléanthropien type. On lui a prêté en général le nez épaté et à larges narines du Noir africain ou le gros nez busqué du Papou,

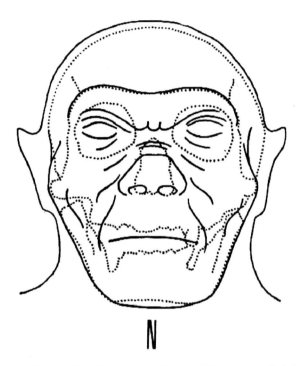

Fig. 23. — Traits essentiel de la face du spécimen, superposé (en pointillé) au crâne néanderthalien de la Chapelle-

on l'a même doté parfois d'un nez bourbonien ou d'un nez juif. C'est tout juste si
on ne lui a pas collé un jour le nez de Cléopâtre ou celui de Cyrano. Mais jamais on
n'a songé à lui planter au milieu de la figure un nez en trompette...
Oh oui ! Il y a bien eu une représentation de cette sorte due à un médecin niçois, le
docteur M. Faure, mais elle a paru, mais elle a paru en 1923 dans une publication relativement obscure, dont personne n'a songé à l'exhumer depuis. Son auteur avait
pourtant précisé que sa reconstitution pouvait être considérée « non seulement
comme la seule complète, mais aussi comme anatomiquement et physiologiquement exacte, tout au moins avec le degré de certitude relative qui est celui des
sciences biologiques ». Et puis il existe aussi une sculpture de l'Allemand R. N.
Wegner, où le Néanderthalien est affublé d'un nez outrageusement retroussé. Mais
dans le numéro de *Natural History* de mai 1968 où elle a été reproduite pour illustrer un article de professeur C. Loring Brace, la légende précise qu'en contraste avec
les reconstitutions tenues pour acceptables, celle-ci doit être considérée comme
« une caricature » (Planches 17 et 18).
Qu'en était-il en réalité ?

Grâce entre autres aux crânes de La Chapelle-aux-Saints, de Gibraltar, de La Quina et de Krapina, dont la région nasale a été bien préservée, l'anatomie du nez des néanderthaliens est bien connue, et elle a frappé d'emblée par son originalité.

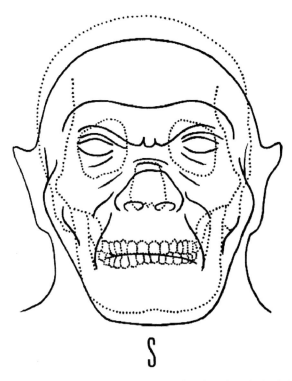

aux-Saints (N) et à celui d'un Homo sapiens caucasoïde (S). (Orientation suivant le plan de Broca).

Dans leur manuel classique *Les Hommes Fossiles*, Boule et Vallois écrivent notamment : «... le nez de l'*H. neanderthalensis*, loin de rappeler celui des Singes anthropomorphes, en diffère bien plus que celui des Hommes actuels. Cet Homme fossile, plus rapproché des singes que tous les autres par tant de caractères, s'en éloigne au contraire davantage par sa région nasale qui, au lieu d'être pithécoïde, était plutôt ultra-humaine ». Le professeur Etienne Patte a souligné judicieusement un de ces traits *ultra-humains* : « L'épine nasale est très développée [...] elle fait saillie à la fois vers l'avant et vers le haut. » Et le grand anthropologue sud-africain Robert Broom, après avoir remarqué que «... chez aucun Australien, on ne retrouve d'arcades sourcilières comparables le moins du monde à ce type [néanderthalien], ni même un nez formant une si forte saillie », fait cette mise au point : « Le grand développement de la région nasale n'est pas l'indice d'un type primitif, mais probablement une dernière spécialisation. » Comment se présentait en définitive cet appendice nasal exceptionnel ?
Guérassimov a passé des années à mettre au point une méthode acceptable pour reconstituer le profil nasal d'après l'examen du seul crâne, ou, plus précisément, pour fixer la position exacte de la pointe du nez. » Le profil du nez, écrit-il, est déterminé

par deux lignes droites, l'une, tangente au dernier tiers des os nasaux, et l'autre, prolongeant la direction principale de l'épine dorsale. Le point d'intersection de ces deux lignes donnera généralement la position du bout du nez. »

J'ai utilisé pour ma part une méthode très semblable, qui donne pratiquement le même résultat. Empruntons à Boule et Vallois une figure bien connue comparant en vue latérale les crânes d'un Chimpanzé, d'un Français moyen et de l'homme de La Chapelle-aux-Saints. Si sur chacun d'entre eux, on prolonge imaginairement la courbe que présentent les os nasaux, d'une part, et celle qui est ébauchée par l'angle de l'épine nasale, d'autre part, on obtient ce qu'on peut raisonnablement considérer comme le profil grossier des êtres auxquels ces crânes ont appartenu (fig. 24).

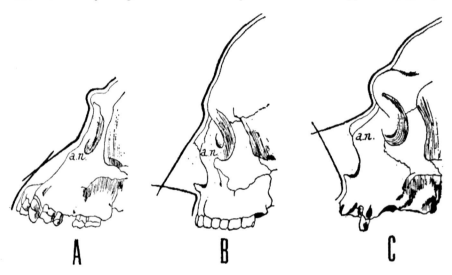

Fig. 24. — Reconstitution du profil nasal chez un chimpanzé (A), un Français récent (B) et le Néanderthalien de La Chapelle-aux-Saints (C) (d'après BOULE et VALLOIS, 1962, complété).

Chez le Néanderthalien extrême, l'enfoncement de la racine du nez, le développement de l'apophyse nasale du maxillaire, si considérable qu'il tend à soulever les os nasaux jusqu'à les rendre presque horizontaux, enfin la position dressée vers le haut de l'épine nasale devaient conférer au nez une forme étrangement relevée, sans équivalent dans aucune trace actuelle d'*Homo sapiens*. Les narines devaient s'ouvrir franchement vers l'avant. Or, ce sont précisément tous les traits qui s'observent sur notre spécimen.

Sans doute se demandera-t-on pourquoi les auteurs qui ont tenté, souvent avec la plus grande minutie, de reconstituer l'anatomie des parties molles des Néanderthaliens, ne sont pratiquement jamais parvenus à restituer à ceux-ci l'appendice nasal que l'architecture osseuse du crâne facial aurait pourtant dû faire soupçonner. Le caractère indiscutablement relevé du nez est à peine ébauché dans les reconstitutions de Schaaffausen, de Mollison et Friese, de Mascré et de C. S. Coon, et il est tout à fait ignoré dans celle de Boule et Joanny-Durand, de Roubal, de Heberer, de Wandel, de Knight, de McGregor, de Jaques, de Brink, de M. P.

Coon, de Sinelnikov et Nestourkh, de Wilson et d'Augusta et Burian. Même Guérassimov n'a pas appliqué correctement en l'occurrence la méthode qu'il a mise au point ! Pourquoi ? Seuls Favre et Wegner ont, nous l'avons dit, représenté assez exactement le nez retroussé du Paléanthrope extrême. Mais la reconstitution du premier est méconnue et celle du second jugée caricaturale ! (Planches 17 et 18).

On en vient à soupçonner que c'est la seule peur du ridicule — et non une peu vraisemblable incompétence en matière d'anatomie — qui a retenu la plupart des anthropologues de conférer aux Néanderthaliens classiques un nez grotesque, qui prête irrésistiblement à rire.

Une dernière précision s'impose en ce qui concerne le nez. Les paléanthropes des temps glaciaires étant adaptés à des températures extrêmement basses, on peut s'étonner de voir à notre spécimen, qui constituerait le prolongement de leur évolution, un nez large et de grandes narines circulaires et donc ouvertes au maximum. En effet, dans les races humaines actuelles, les nez ont tendance à être plus étroits sous les climats froids, et plus larges sous les climats chauds, et les narines sont d'autant plus petites que l'air est sec, et d'autant plus grandes qu'il est humide.

Ce sont là des faits anatomiques bien établis, d'ailleurs en accord avec la physiologie. Mais nous savons que les Néanderthaliens, par le développement considérable de leurs sinus, avaient résolu d'une tout autre manière le problème du réchauffement et de l'humidification indispensables de l'air inspiré. Les règles valables pour l'*Homo sapiens* ne leur sont donc pas applicables dans ce domaine.

Qui sait si la forme si particulière du nez et des narines n'est pas, chez le Néanderthalien spécialisé, une adaptation au froid ? De tous les Primates, celui qui lui ressemble le plus à cet égard, est sans conteste le Rhinopithèque. Or c'est un des singes les mieux adaptés aux basses températures. Dans son habitat montagneux de la Chine et du Tonkin, partiellement couvert de neige pendant plus de la moitié de l'année, on le rencontre parfois sur les pentes neigeuses à des altitudes assez élevées, à tel point que les Chinois le surnomment « le singe des neiges ».

La forme retroussée du nez, chez les Néanderthaliens d'autrefois comme chez notre spécimen, est sûrement liée en tout cas à un grand développement du sens olfactif. Les indigènes de la région australienne, chez qui précisément un tel nez s'ébauche parfois [161], se servent beaucoup de leur odorat : on les voit souvent le nez dressé, à humer l'air ambiant pour s'orienter et repérer les points d'eau, leurs proies ou leurs ennemis éventuels. Il est bien évident que pour une telle appréhension olfactive du monde extérieur, de grandes narines ouvertes vers l'avant doivent être particulièrement appropriées.

Après le nez, voyons la bouche.

Dans beaucoup de ses reconstitutions, le Néanderthalien classique est représenté avec des lèvres épaisses et éversées de Noir africain. Maints auteurs réfléchis ont fait remarquer, avec le professeur F. S. Hulse, que cela « semble très inapproprié pour une créature arctique » et, avec le professeur J. H. McGregor, que « les incisives plantées verticalement en occlusion bout à bout rendent de telles lèvres très invraisemblables ».

Il est bien plus probable, compte tenu des conditions climatiques comme de la structure des arcades dentaires, que les néanderthaliens de la dernière glaciation n'avaient pas de lèvres du tout et que leur bouche était largement fendue. Encore une fois c'est exactement ce que nous constatons sur notre spécimen.

---

(161) Voyez par exemple la photo d'un Tiwi de Melville Island, publiée par Coon (1962, face p. 84), les photos d'Australiens de la péninsule de Cape York et de la Murray River, publiées par Hooton (1946, planche 26) et la photo des deux Tasmaniennes, publiée par Nestourkh (*Les Races humaines*, s. d., p. 90).

Sur les crânes de ces néanderthaliens, on a pu constater au surplus, avec le professeur Howells, que leurs « dents étaient robustes et un peu plus grandes que les nôtres ». Et n'est-ce pas aussi ce que nous observons sur les quelques photos qui montrent notre spécimen avec la bouche ouverte (Planche 26)

Venons-en à présent aux membres.

Le membre supérieur des Néanderthaliens extrêmes se caractérise par trois traits marquants.

Le premier est la brièveté relative de l'avant-bras par rapport au bras, trait que nous constatons également sur notre spécimen.

Le second de ces traits marquants est le développement musculaire plus considérable de l'avant-bras que du bras, phénomène lié en partie à une courbure prononcée du radius et à une moindre courbure du cubitus [162]. Les néanderthaliens les plus costauds avaient un peu les bras que Max Fleischer prête à son héros Popeye, le marin herculéen des bandes dessinées (fig. 25).

Ce développement spécifiquement néanderthalien de l'avant-bras explique sans doute en grande partie la courbe insolite que forme le bras gauche du spécimen. Je l'avais attribué d'abord à une fracture du cubitus, une plaie béante étant visible sur le côté externe de l'avant-bras. Peut-être cette fracture, si elle a réellement été totale, n'a-t-elle fait qu'accentuer une structure anatomique déconcertante pour un œil habitué à l'anatomie de l'Homme moderne, mais parfaitement naturelle chez un Néanderthalien.

Le troisième trait du membre supérieur chez ce dernier est la grandeur et la largeur relative de la main, qui sont particulièrement frappantes sur notre spécimen.

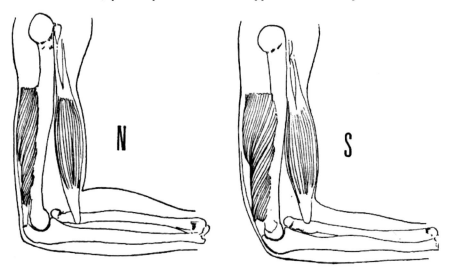

Fig. 25. — Reconstitution de la musculature du Néanderthalien (N), comparée à celle d'un *Homo sapiens* (d'après LOTH, 1938).

La main, organe très important dans l'évolution des Hominoïdes, mérite une attention toute particulière.

---

(162) Dans une de ces études sur la reconstruction des parties molles des Néanderthaliens, Loth a précisé, en 1936 : « Les différences de la longueur de l'apophyse oléo-crânienne et de la position de la tubérosité du radius nous permettent de supposer que les muscles extenseurs du bras (triceps) et les fléchisseurs (biceps) à cause de la différente longueur de la balance ont été moins volumineux chez l'homme néanderthalien, quoique la force fût la même. Sur l'avant-bras au contraire la forte courbure du cubitus et du radius et leur écartement consécutif avec un plus large tendon inter-osseux devait avoir comme résultat des insertions plus larges et des muscles de l'avant-bras d'un volume beaucoup plus considérable. »

Celle du Néanderthalien classique présente certains traits caractéristiques dont, faute de pièces anatomiques assez nombreuses et surtout assez complètes, on n'a pas toujours saisi toute la portée et à propos desquels on a porté parfois des jugements erronés.

Sur la grandeur, la largeur relative et le caractère trapu et massif de l'ensemble de la main néanderthalienne, tous les auteurs s'accordent, car les os du poignet (carpe) et de la paume (métacarpiens) ont été généralement les mieux préservés. C'est sur la structure et la fonction des doigts, et en particulier du pouce, qu'on ne s'est pas toujours entendu.

Maints anthropologues ont souligné depuis longtemps l'opposabilité moindre du pouce chez les Néanderthaliens typiques. La faculté d'opposer le pouce aux autres doigts dépend essentiellement de l'articulation qui se trouve à sa base. Elle est donc liée à la forme de l'extrémité inférieure du métacarpien qui s'articule sur un ossicule particulier du carpe, le trapèze. Chez nous, cette surface de jonction est en forme de selle, ce qui facilite à l'extrême le souple mouvement de torsion du pouce. Chez le néanderthalien, en revanche, elle est le plus souvent convexe ou même plane, ce qui rend évidemment l'articulation plus raide : l'opposabilité du pouce s'en trouve restreinte, mais en revanche celui-ci peut s'écarter davantage sur le côté.

C'est là un caractère indiscutablement primitif. Dans l'embryon humain en effet le pouce ne dispose pas encore d'une articulation en selle, et jusqu'à l'âge de six mois le nouveau-né ne se sert d'ailleurs pas de son pouce pour saisir les objets. Cette disposition se situe à l'extrême opposé de ce qu'on trouve chez les singes anthropoïdes, dont la main est construite au contraire pour agripper les branches aussi fermement que possible, donc avec le pouce nettement opposé.

D'aucuns se sont insurgés contre la théorie selon laquelle l'Homme de Néanderthal aurait eu la main moins préhensile que la nôtre. L'idée est en tout cas gênante pour ceux qui s'imaginent que les Néanderthaliens sont nos ancêtres et que nous descendons en définitive de singes : s'il en était ainsi, les Paléanthropes devraient être plus proches des anthropoïdes que nous. Aussi a-t-on fait remarquer que chez les deux spécimens de La Ferrassie (Dordogne), aussi bien la femelle que le mâle, l'articulation du premier métacarpien sur le trapèze est en forme de selle comme chez nous. Le docteur Coon est même allé jusqu'à conclure : « Dans l'ensemble, il n'y a jusqu'ici aucune preuve que les mains de néanderthaliens occidentaux aient différé notablement de celles des travailleurs de force de l'Europe moderne. » La qualité raffinée de certains outillages du Moustérien semble plaider en faveur de cette opinion.

Il faut cependant se résoudre à admettre ce que le bon sens aurait dû nous faire soupçonner depuis longtemps : les néanderthaliens disséminés à travers le monde pendant des dizaines de milliers d'années n'ont évidemment pas atteint tous un même niveau évolutif. Tout comme, de nos jours, certains représentants de l'espèce *Homo sapiens* en sont toujours à l'Age de Pierre alors que d'autres trouvent le moyen d'aller se promener sur la Lune.

S'il y a eu, à La Ferrassie, des néanderthaliens aux mains plus déliées, en vue d'un travail délicat, que celles de l'Homme de La Chapelle-aux-Saints, il y en a eu aussi qui en avaient de plus malhabiles encore, notamment près de Simféropol, en Crimée. Par l'étude approfondie qu'il a consacrée en 1941 à *La Main de l'Homme fossile de la grotte de Kiik-Koba*, l'anthropologue soviétique G. A. Bontch-Osmolovski a montré que cette main est plus primitive (plus proche encore de la disposition embryonnaire commune aux Hominoïdes) que celle de la plupart des néanderthaliens d'Europe occidentale. Ceci est d'ailleurs en parfait accord avec l'aspect grossier des outils en silex associés aux restes osseux de ces hommes qu'on tient pour des Néanderthaliens classiques. En fait, par tous les caractères, ils s'éloignent encore plus de l'*Homo sapiens* que ces derniers.

Phénomène courant en matière d'évolution, et que Gœthe avait déjà souligné dans son fameux *Principe de Compensation*, c'est chez le type le plus spécialisé à maints égards que la main est restée la plus primitive.

En tout cas, le plus faible degré d'opposabilité du pouce chez les Néanderthaliens extrêmes, nous éclaire sur le peu de torsion de ce doigt, observable sur notre spécimen. Il nous explique aussi son aspect grêle, effilé : un pouce peu opposable n'a aucun besoin d'être spatulé.

On est également frappé par la longueur assez insolite de ce pouce, lequel s'étend pratiquement jusqu'à l'articulation entre la phalange et la phalangine de l'index voisin. Or la plupart des auteurs s'accordent, semble-t-il, pour prêter aux néanderthaliens un pouce plutôt court.

Il n'y a pourtant pas unanimité sur ce point. Ainsi, à propos du même spécimen, la femelle I de Taboun, le docteur Coon écrit : «... son pouce est court » et le professeur Piveteau parle, au contraire, de « mains grandes et larges, avec un pouce particulièrement développé ».

Pour en avoir le cœur net, je me suis livré à une étude comparative de quelques-unes des mains néanderthaliennes les plus complètes que nous possédions, à savoir celles des femelles de Taboun et de La Ferrassie, et celles des mâles de Kiik-Koba et de Skhoul (V).

Ce qui frappe avant tout quand on les confronte avec des mains d'*Homo sapiens*, c'est la courbure marquée du métacarpien du pouce, qui a pour effet de détacher en quelque sorte celui-ci des autres doigts et d'élargir ainsi toute la paume.

Une reconstitution minutieuse de chacune des mains incomplètes de néanderthalien, à la lumière des autres — la création en somme d'une main néanderthalienne synthétique (fig. 26, C) — fait apparaître un trait : la plus grande longueur relative du pouce. Celui-ci, *mesuré le long de sa courbure*, se révèle en effet presque aussi long que l'ensemble formé par le métacarpien II et la phalange II, qui lui est contigu. La seule main considérée, où il n'en est pas ainsi, est celle de Skhoul ; Voilà qui ne doit pas surprendre de la part d'un spécimen si peu représentatif de la lignée néanderthalienne et qu'on soupçonne d'ailleurs d'être le produit d'un croisement avec l'*Homo sapiens*. Comme l'étude de son pouce le laisserait entendre, ce pourrait même n'être qu'une Sapiens mâtinée de Néanderthal.

En fait, il fallait logiquement s'attendre à trouver un pouce assez long à la main très primitive des néanderthaliens. Bontch-Osmolovski a judicieusement souligné l'étroite ressemblance entre la main de l'Homme de Kiik-Koba et celle d'un fœtus humain. Or, dans tout le groupe des Primates, le pouce est toujours plus long chez l'embryon que chez l'adulte.

Le Néanderthalien reste le plus proche de cette disposition. L'Homme moderne vient aussitôt après. C'est chez les singes que le pouce subit la plus forte réduction, surtout chez les plus franchement arboricoles d'entre eux, dont la main a tendance à devenir plus étroite et à se transformer en simple crochet. On peut, en définitive, ranger dans l'ordre de gradation évolutive suivant les mains des divers Hominoïdes pris en considération : Néanderthalien → Sapiens → Gorille → Chimpanzé → Orang-outan.

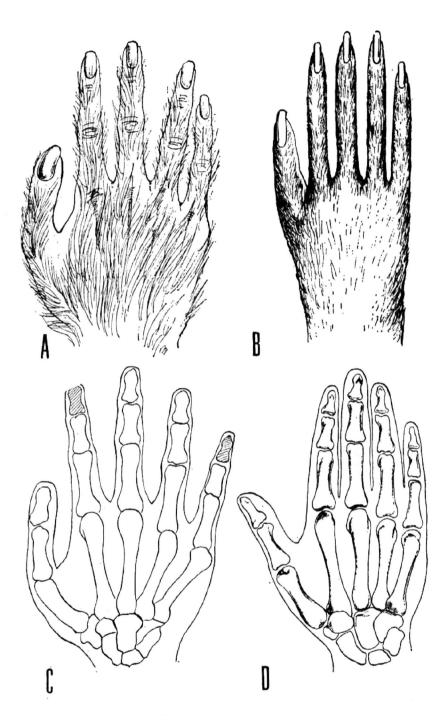

Fig. 26. — Comparaison des mains. A : Spécimen ; B : Portrait-robot de la main du *Ksy-gyik* (d'après KHAKHLOV) ; C : Main synthétique de Néanderthalien ; D : Main d'*Homo sapiens*.

Faut-il préciser que cette série indique simplement le sens de l'évolution générale de la main, et n'implique aucune idée de filiationaque étape de la transformation graduelle de la main, son propriétaire tirait le maximum de profit de la structure mise à sa disposition, et la perfectionnait en l'adaptant aux besoins particuliers de sa propre espèce. Le Néanderthalien se servait au mieux de sa large main à long pouce peu opposable pour s'agripper aux moindres saillies des pentes rocheuses qu'il avait à escalader, et pour arracher de grandes quantités de plantes alimentaires en les fauchant littéralement. L'*Homo sapiens*, grâce à son pouce très mobile et encore assez long pour être exactement opposé aux bouts des autres doigts, était tout désigné pour les travaux de précision et né en somme pour devenir le bricoleur du monde des Primates. Chez le Gorille et le Chimpanzé, le pouce étant toujours aussi opposable mais devenu trop court pour assurer une préhension délicate par l'ensemble du bout des doigts, la main s'est transformée en une tenaille idéale pour agripper solidement les branches. (Les singes ont un tel besoin d'organes de ce genre, pour assurer leur sécurité dans les arbres, que même leurs pieds ont été transformés dans ce sens !). Chez l'Orang-outan enfin, la main, au pouce atrophié et aux autres doigts allongés et recourbés, n'est plus qu'un grand crochet, mais celui-ci est idéal pour les exercices de haute voltige.

Revenons-en à notre spécimen pour conclure que sa main, par tous ses caractères (largeur, moindre opposabilité, plus grande longueur relative du pouce, caractère effilé de celui-ci et détaché latéralement de l'ensemble des autres doigts) s'identifie parfaitement jusque dans les moindres détails avec l'extrémité antérieure d'un Néanderthalien très spécialisé.

Nous allons voir enfin qu'il en est de même pour l'extrémité postérieure de notre spécimen.

Les pieds des Néanderthaliens classiques sont bien connus non seulement par quelques restes squelettiques, mais par les empreintes qu'ils ont laissées dans la grotte de Bàsura, à Toirano, en Italie (Planche 7). L'étude des uns comme des autres révèle que ces pieds étaient plutôt courts et extrêmement larges, tant par leur plante que par leurs orteils, bref plus carrés, plus massifs et plus plats.

De tous les pieds néanderthaliens connus, le plus caractéristique est évidemment, comme il faut s'y attendre, celui de l'Homme de Kiik-Koba, Néanderthalien plus « extrême », si l'on ose dire, que les Néanderthaliens extrêmes d'Europe occidentale. Ce pied a été l'objet d'une étude approfondie par Bontch-Osmolovski et Bounak, publiée en 1954.

Un des traits qui frappe le plus dans la restauration du pied de Kiik-Koba est la disposition en éventail des orteils, qui fait saillir vers l'avant les orteils II et III. Ceci contraste fortement avec la disposition des orteils, généralement en recul progressif de I à V (même si l'orteil II est souvent le plus long) qu'on trouve chez l'*Homo sapiens* (fig. 27, C et D).

Le docteur Coon a fait remarquer que «... ce pied pourrait avoir laissé les empreintes trouvées par le Baron Blanc dans une caverne italienne ». Si l'on inscrit donc le squelette du pied de Kiik-Koba dans une des traces de pas de la grotte de Toirano, on constate toutefois que les métatarsiens devaient être encore plus écartés les uns des autres qu'ils ne le sont sur le squelette monté par Bounak.

Par son étude des empreintes de Toirano, Pales (1960) a pu mettre en évidence certains traits caractéristiques des pieds qui les ont laissées et même de leur dynamique : « Le tarse est relativement court. Le 1er métatarsien est plus aplati et moins tordu (de 10 °)

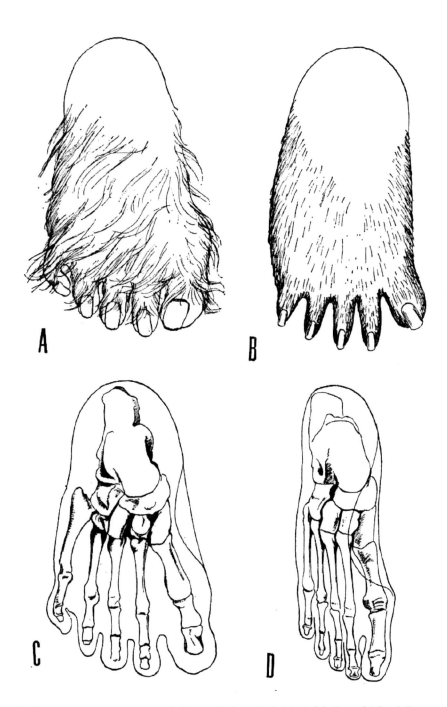

Fig. 27. — Comparaison des pieds. A : Spécimen ; B : Portrait-robot du pied du *Ksy-gyik* (d'après KHAKHLOV) ;
C : Squelette du pied du Néanderthaliende Kiik-Koba, déployé dans le contour d'une empreinte de Toirano ;
D : Pied d'*Homo sapiens.*

que chez l'Européen actuel et il en résulte un écartement considérable du gros orteil. [...] Ajoutons que l'axe anatomique passe aussi bien par le 2e que par le 3e orteil ou par l'espace entre ces deux orteils. [...] Le 3e orteil est légèrement tordu par son axe. » Pales a fait remarquer aussi, que sur une des traces, le gros orteil a laissé à plusieurs reprises une trace ronde et non ovale, et il pense que, si ce n'est pas dû à une malformation ou une mutilation, cela indique que ce doigt avait « plongé dans une glaise plus meuble que celle du voisinage immédiat ».

En réalité, cette flexion d'un orteil peut fort bien trahir une tendance physiologique normale de tous les orteils. Il y a bien longtemps qu'on a souligné le caractère « fortement courbé » de ceux-ci chez les néanderthaliens. On s'est imaginé, par fidélité au schéma darwinien, qu'ils étaient ainsi plus proches de ceux de nos ancêtres simiens, faits pour grimper aux arbres.

Le grand anatomise Albert Gaudry a démontré depuis longtemps que le pied plantigrade de l'Homme est une structure primitive et ne peut en aucune façon dériver d'une extrémité aussi spécialisée en vue d'une vie arboricole que le pied, transformé en main, du Singe.

Après avoir analysé les 63 traits caractéristiques du pied de Kiik-Koba, Bontch-Osmolovskia a précisé que 26 ne se distinguent pas de ceux du pied humain actuel et que 25 se rapprochent de ceux du pied d'anthropoïde, mais il en est 12 aussi qui s'éloignent encore plus du pied des singes que de celui de l'Homo sapiens, bref des traits « ultra-humains ». C'est en réalité un pied dont l'évolution diverge aussi bien de celle du Singe, arboricole, que de celle de l'Homme moderne, coureur de plaines, car il a une tout autre fonction. Comme Bounak l'a très bien mis en évidence, c'est un pied d'*escaladeur de rochers*. Cela l'oblige évidemment à être aussi préhensile que possible, pour s'assurer une bonne prise sur les reliefs rocheux, mais tout autrement que pour encercler des branches. Les nombreux traits qui le rapprochent du pied des anthropoïdes trahissent simplement une évolution convergente.

Quoi qu'il en soit, le pied de notre spécimen se révèle absolument conforme à l'anatomie des extrémités inférieures d'un néanderthalien spécialisé : brièveté relative, largeur considérable, orteils courts mais recourbés, disposés en éventail de manière à faire saillir le deuxième et le troisième orteil, écartement légèrement plus marqué du gros orteil, et torsion vers l'intérieur du plus petit.

Une précision s'impose toutefois en ce qui concerne la largeur du pied chez notre spécimen. A en juger par le calcul de l'indice crucial, celle-ci est bien plus impressionnante encore que chez l'homme de Kiik-Koba lui-même. A cet égard le pied du spécimen s'écarte encore plus, sauf erreur, de celui du Néanderthalien de Crimée, que ce dernier d'un pied d'un Français moyen. Mais n'est-ce pas naturel de la part d'un être qui a continué d'évoluer dans la direction ébauchée par ses ancêtres ?

Si nous voulons résumer cette étude comparée de l'anatomie du spécimen par rapport à celle des Néanderthaliens, force nous est de conclure qu'on retrouve très exactement chez lui la mosaïque de caractères spécifiquement néanderthalienne, dans laquelle chacun atteint un niveau d'évolution plus ou moins élevé par rapport à son pendant dans la mosaïque propre à l'*Homo sapiens*. Tout au plus constate-t-on chez notre homme velu que certains caractères — notamment l'accroissement absolu de la taille, et l'accroissement relatif de la grosseur de la tête et de sa longueur, de la largeur des mains et surtout des pieds — ont poursuivi leur évolution plus avant que chez les néanderthaliens du Würmien ancien.

Faut-il y voir une raison de ne pas identifier le spécimen à un représentant attardé du peuple paléanthropien ? Bien au contraire. C'est seulement si l'on n'avait pas fait de telles observations qu'il eût fallu s'étonner, s'inquiéter, s'interroger même sur l'authenticité de l'homme congelé. Car l'évolution des divers caractères d'un animal ne se poursuit jamais à la même vitesse au sein d'un groupe : toute spécialisation est liée à une modification rapide de certaines structures, tandis que d'autres changent plus lentement, restent stationnaires, voire s'atrophient. C'est ce qu'on appelle l'*allométrie* de l'évolution. Il eût été anormal en vérité que des néanderthaliens survivants ne devinssent pas plus grands, comme il eût été anormal qu'ils se transformassent en de simples répliques agrandies de ce qu'ils étaient.

Ce sont là quelques-uns des écueils perfides qu'un faussaire aurait eu à éviter s'il avait voulu confectionner un faux Néanderthalien relique sans risquer d'être bientôt percé à jour par les spécialistes les plus futés.

Quel mystificateur aurait d'ailleurs songé à produire des détails anatomiques aussi subtils que ceux qu'un examen attentif a fait découvrir sur le spécimen ? Il en est un — le nez outrageusement retroussé — qui, tout en étant soupçonné par certains anthropologues, n'a assurément jamais été reconnu, bien qu'il découle mécaniquement de la structure osseuse sous-jacente. D'autres encore — le long pouce effilé, bien écarté des autres doigts et faiblement opposable, et les orteils crochus, spécialisés en vue de l'escalade en montagne — sont peu connus, voire contestés. Un autre enfin — le pelage abondant — est rarement admis, bien qu'il soit dans la logique des adaptations écologiques à un climat très rigoureux.

Quel est l'anthropologue, aussi ingénieux qu'érudit et exceptionnellement bien informé, qui aurait pu dessiner les plans du modèle à exécuter ? Et pourquoi un homme si remarquable et qui devait briller dans son milieu professionnel, se serait-il abaissé à une telle supercherie ?

On ne peut rêver preuve plus éclatante de l'authenticité du spécimen que sa parfaite conformité non seulement avec l'anatomie des néanderthaliens les plus spécialisés, mais avec celle qu'ils eussent dû acquérir, selon les lois subtiles de la Biologie, s'ils avaient poursuivi leur évolution jusqu'à nos jours [163].

---

(163) L'assimilation de l'Homme pongoïde à un Néanderthalien relique asiatique, et plus particulièrement originaire du Vietnam, a été adoptée par la plupart des cryptozoologistes. D'autres hypothèses ont pu être proposées : un jeune gigantopithèque (Grover S. Krantz, *The ISC Newsletter,* Tucson, 6, 2, p. 2, 1987) ; un spécimen de barmanu du Pakistan, assimilé à l'*Homo erectus* (Mark Hall, d'après Loren Coleman, *La Gazette fortéenne,* III, pp 46-51, 2004) ; un *grassman,* « *bigfoot* » du nord-est des Etats-Unis (Jean Roche, *Bipedia,* Nice, 16, pp 31-33, 1998). Sans oublier les diverses possibilités d'hybridations entre primates inconnus (ou primates connus x inconnus). (JJB)

CHAPITRE XXIV

HISTOIRE DES HOMMES-BÊTES

Des Pré-Néanderthaliens aux Pongoïdes.

> « Ruisselant de bave, puant et velu… d'une force prodi-
> gieuse, il hante les marais et les forêts où ni hommes ni bêtes
> ne s'aventurent. »
>
> Portrait de Grendel, l'homme sauvage, dans *Beowulf*,
> poème anglo-saxon du IVe siècle.

Que l'homme velu et congelé, exhibé pendant trois ans aux Etats-Unis, soit bien un néanderthalien au sens le plus large, ne peut plus faire le moindre doute après une analyse minutieuse de son anatomie externe.

A moins qu'il ne soit unique en son genre.

Bien que ce soit à peu près aussi vraisemblable que de voir un singe produire un poème de Shakespeare en tapant au hasard sur les touches d'une machine à écrire, c'est *théoriquement* possible. Le spécimen pourrait être par exemple un homme de notre espèce qui, par suite de combinaisons génétiques hautement improbables, aurait hérité du lointain ancêtre commun des Sapiens et des Néanderthaliens tous les traits caractéristiques des derniers, et des derniers seulement. Ou bien, hypothèse encore plus fantastique, il serait le produit des amours perverses d'une femme avec un singe anthropoïde, ou vice-versa. La combinaison des deux équipements chromosomaux quelque peu dissemblables aurait produit un tel affolement parmi les gènes que, par le plus pur des hasards, *tous* les traits néanderthaliens seraient apparus par mutation.

Ne souriez pas. De telles explications seront avancées avec le plus grand sérieux : *tout* plutôt que d'admettre la survivance de Néanderthaliens à notre époque !

Afin de calmer les consciences scientifiques les plus pointilleuses, il reste en somme à prouver que notre spécimen n'est pas un cas isolé, mais fait partie de toute une population d'êtres semblables. Pour ceux que le brillant exposé de mon ami Porchnev n'aurait pas convaincu de l'existence d'une forme relique de Néanderthaliens, pour ceux surtout qui n'ont pas accès à l'ouvrage capital et aux divers articles de mon collègue russe, dans lesquels sa thèse est démontrée avec bien plus de rigueur que dans un simple récit autobiographique, je proposerai donc un test de contrôle.

Parmi la vaste moisson d'informations récoltée par l'équipe soviétique, choisissons quelques descriptions assez détaillées pour permettre leur confrontation avec celle du spécimen, et provenant au surplus de régions éloignées les unes des autres. Il apparaît d'emblée — et c'est bien compréhensible — que des rapports vraiment précis résultent toujours de l'examen, pouvant être prolongé à loisir, de spécimens captifs ou de cadavres. Pour l'anatomie du pied, ils peuvent cependant se fonder sur l'étude d'empreintes de pas d'une grande netteté. Des descriptions également utilisables parviennent de la synthèse, pour une même région, d'une grande quantité d'observations, peu détaillées prises séparément, mais qui ont fini par se compléter les unes les autres.

A tout seigneur tout honneur, j'ai d'abord sélectionné la description du *Ksy-gyik* de Dzoungarie, donnée par le zoologiste Vitali Andréïévitch Khakhlov d'après l'analyse minutieuse des deux spécimens captifs. Je l'ai fait d'autant plus volontiers que cette description, très « professionnelle », est illustrée de dessins. Puisque j'utilise ceux-ci comme termes de comparaison dans mes figures 21, 22 et 27, une mise au point s'impose à leur propos.

Ces croquis ne doivent surtout pas être pris pour des représentations réalistes. Ce sont des *portraits-robots* avant la lettre, fondés uniquement sur les descriptions verbales des témoins oculaires, et sans la précision, empruntée aux techniques photographiques, qui donne aux portraits-robots actuellement utilisés par la police une surprenante fidélité. Comme dans une caricature, les traits distinctifs les plus marquants ont ici été exagérés pour être mis en valeur. Or le plus frappant, chez un être qui a l'apparence générale d'un homme, est évidemment ce qui le différencie de lui, à savoir les traits bestiaux en l'occurrence simiens. Si l'on tient compte de ces outrances presque inévitables, les dessins de Khakhlov apparaissent comme des caricatures significatives de notre propre spécimen, qui soulignent ses traits anatomiques originaux. Le texte même, en rapportant fidèlement les propos des informateurs, permet d'ailleurs de comprendre les exagérations et parfois de corriger certaines erreurs d'interprétations de Khakhlov.

La deuxième description sélectionnée par moi est celle de l'*Almass* de Mongolie, telle qu'elle a été résumée, sur la foi de très nombreux témoignages, par mon ami l'académicien mongol Rintchen, du clan Yöngsiyebü.

La troisième description digne d'être retenue est celle du *Goul-biabane* du Pamir, par le général en retraite Mikhail Stépanovich Topilsky. Celui-ci, comme Porchnev l'a raconté, a en effet eu l'occasion en 1925 d'examiner longuement un cadavre dans le Pamir occidental.

La quatrième et dernière description choisie est celle du *Kaptar* du Caucase : elle est un moyen terme entre le porterait individuel fouillé et le signalement synthétique. Principalemernt, elle se fonde sur l'examen d'un spécimen captif par le lieutenant-colonel médecin Vazguen Sarkisovitch Karapétyane, incident dont Porchnev nous a également conté les circonstances. Pour le détail du pied, elle est enrichie par les informations dues à V. K. Léontiev, inspecteur des chasses attaché au ministère de la Chasse de la République Socialiste Soviétique Autonome du Daghestan : ce grand connaisseur de la faune locale a en effet pu étudier par le menu les traces de pas d'un individu rencontré par lui. Enfin, pour d'autres détails anatomiques, cette description est complétée par l'image collective que le docteur Marie-Jeanne Kauffmann a pu extraire de plus de trois cents témoignages de première main.

Je ne puis songer à reproduire intégralement les documents sur lesquels se fondent ces quatre descriptions, car ils gonfleraient indûment le présent ouvrage : le seul texte de Khakhlov occuperait déjà plus de 25 pages ! Les sceptiques consciencieux sont invités à remonter aux sources mêmes. On découvrira toutefois la « substantifique moelle » de celles-ci dans le TABLEAU RECAPITULATIF publié ci-après.

TABLEAU RÉCAPITULATIF

Caractères Descriptifs	Néanderthalien extrême	Spécimen congelé	Ksy-Gyik	Almass	Goul-Balbane	Kaptar	Homo sapiens
Abondante pilosité sur toute la surface du corps	?+	+	+	+	+	+	—
Peau visible à travers le pelage (comme chez les anthropoïdes)		+			+	+	+
Face nue (sans barbe, ni moustache)			+	+		+	+	±
Sourcils peu fournis			+	+				
Petits poils éparpillés sur le visage			+			+	+	—
Poils plus longs sur le dessus de la tête (chevelure)			?+	+	+	+	+	+
Pilosité réduite sur les genoux			+	+		+		
Peau de couleur sombre			—	+		±	+	±
Tête massive à face très développée	+	+	+			+	
Tête allongée dans le sens antéro-postérieur	+	+	+				±
Front extrême fuyant	+	+	+	+	+	+	—
Arcades sourcilières très proéminentes	+	+	+	+	+	+	—
Yeux extrêmement écartés	+	+					±
Yeux foncés ou marron			+		+	+	±
"Pommettes" (arcs jugaux) saillants latéralement	+	+	+		+	+	—
Oreilles pointues		+	+		+		—
Lobe de l'oreille allongé			—		+		±
Nez extrêmement large	+	+				+	—
Nez extrêmement retroussé	+	+	+		+	+	—
Grandes narines ouvertes vers l'avant		+	+				
Absence de sillon labio-nasal		+					—
Bouche largement fendue	?+	+	+				—
Absence de lèvres	?+	+	+				—
Dents extrêmement larges et puissantes	+	+	+		+		—
Machoires proéminentes formant un museau plat	+	+	+	+	+		—
Mandibule étroite, arrondie (massive)	+	+	+		+	+	—
Menton éffacé ou absent	+	+	+			+	—
Attitude penchée vers l'avant	+		+	+		+	—
Tête rentrée dans les épaules	+	?+	+				—
Nuque puissante et développée	+	?+	+				—
Dos extrêmement voutés	+		+	+		+	—
Épaules très larges	+	+			+	+	±

TABLEAU RÉCAPITULATIF

Caractères Descriptifs	Néanderthalien extrême	Spécimen congelé	Ksy-Gyik	Almass	Goul-Balbane	Kaptar	Homo sapiens
Thorax quasi cylindrique à poitrine carénée	+	+				+	—
Tronc très allongé	+	+	+				±
Membres supérieurs longs	+	+	+		—	?+	±
Avant-bras court par rapport au bras	+	+					±
Main droite extrêmement courte	+	+	+				—
Main plutôt large	+	+	—		+		±
Doigts très longs	+	+	+			+	±
Pouce, long, grêle, écarté	+	+	+				—
Pouce faiblement opposable	+	+	+				
Ongles des mains étroits et voûtés		+	+				±
Membres inférieurs courts	+	+	+			?+	±
Jambes torses ou aux genoux fléchis	+	?+	+	+		+	
Jambe courte par rapport à la cuisse	+	+					±
Pied court	+	+	+			?+	±
Pied extrêmement large	+	+	+		+	+	
Orteils en éventail (axe passant entre les orteils II et III)	+	+	+			+	—
Orteils crochus	+	+		+		+	—
Gros orteil assez écarté	+	+	+	+	+	+	±
Orteils de grosseur à peu près égale	+	+	+	+		+	—
Petit orteil recourbé vers l'intérieur	+	+		?+			—
Ongles des pieds étroits et voûtés		+	+				±

S'y trouvent confrontés en effet les traits les plus caractéristiques de l'anatomie externe du Néanderthalien classique, de notre spécimen congelé et des quatre hommes sauvages en question, choisis dans des régions distinctes d'Asie. A titre de comparaison on a aussi noté l'existence éventuelle de chacun de ces divers caractères chez l'*Homo sapiens* lui-même.

Dans ce tableau le signe plus (+) indique la présence constatée du caractère considéré (que celui-ci soit positif comme « bourrelet sus-orbitaire » ou négatif comme « lèvres inexistantes »), et le signe moins (-), l'absence constatée de ce caractère. Lorsqu'un point d'interrogation précède le signe plus (? +), cela signifie que la présence du caractère en question est plus que probable. Le signe plus ou moins (±) indique que le caractère considéré est tantôt présent, tantôt absent, ou, si l'on préfère, qu'il se trouve parfois (dans certains individus ou certaines races). L'absence de tout signe trahit un manque total d'informations sur le caractère en question.

Il va de soi que ne figurent pas dans ce tableau les caractères essentiellement propres à tous, tels que « stature humaine », « bipédie » ou « mamelles pectorales » par exemple, mais uniquement ceux qui permettent soit une identification, soit une différenciation.

L'analyse du tableau fait apparaître d'une part la frappante concordance des caractères descriptifs, communs aux Néanderthaliens fossiles de type extrême, à notre spécimen congelé et aux divers Hommes sauvages et velus d'Asie (qu'ils appartiennent à la population isolée dans le Caucase ou à celle disséminée à travers le vaste complexe montagneux d'Asie centrale), et d'autre part, l'abondance des traits descriptifs communs à tous les êtres sus-mentionnés et qui ne se trouvent que chez certains individus ou certaines races de notre propre espèce, ou qui sont le plus souvent absents dans celle-ci.

Parmi les 53 caractères considérés, 37 (plus des deux tiers !) permettent de distinguer l'*Homo sapiens* de tous les autres, et 19 seulement, tout en étant propres à ces derniers, peuvent exister à l'occasion dans notre espèce. Un seul trait — la chevelure — paraît commun à tous, en plus bien entendu, des innombrables caractères anatomiques que tous les Hominidés ont en partage et qui sont omis dans le tableau. Cela dit, on repère tout de même dans celui-ci quelques notes discordantes. Il est vrai qu'on peut en réduire assez facilement l'importance.

Il y a d'abord la pâleur insolite de la peau chez notre spécimen. Comme je l'ai déjà dit, elle pourrait être due à une longue période de captivité à l'abri du soleil. Elle résulte peut-être aussi du bain posthume prolongé dans le congélateur. Les Bushmen du Kalahari sont souvent décrits comme très foncés, alors que leur peau a en réalité la teinte plutôt claire du cuir tanné. Seulement voilà, dans une région où l'eau est une denrée rarissime et précieuse, ils ne se lavent pratiquement jamais. La discordance entre la couleur de la peau chez notre Homme pongoïde et chez les autres troglodytes tient peut-être à l'addition des deux facteurs : pâleur de prisonnier chez le premier et excès de crasse chez les seconds.

L'oreille sans lobe du *Ksy-gyik* contraste avec l'oreille à lobe allongé du *Goul-biabane*. Ce détail, qui dans notre espèce, est sujet à de grandes variations raciales ou individuelles, est sans valeur en tant que critère de différenciation.

Enfin, le membre supérieur est généralement décrit comme long, voire très long, chez tous les non-sapiens, sauf chez le *Goul-biabane* et peut-être même le *Kaptar*. Cette discordance peut s'expliquer d'abord par la confusion existant, dans la plupart des langues, entre les mots désignant respectivement l'ensemble d'un membre, le membre dont l'extrémité est exclue, le seul segment supérieur du membre ou sa seule extrémité. En français, le mot *bras* peut se rapporter indifféremment à tout le membre, à celui-ci sans la main ou à celui-ci sans l'avant-bras ; et le terme plus trivial de *patte* s'applique tantôt au membre entier, tantôt à son extrémité seulement. En russe, *rouka* désigne aussi bien la main que tout le bras. Mais, surtout, les proportions du membre supérieur sont particulièrement équivoques chez les Néanderthaliens : il doit être considéré comme « très long » pris dans son ensemble, mais comme « relativement court » si l'extrémité en est exclue, car sa longueur disproportionnée est due uniquement à l'énormité de la main.

Bref, on peut admettre que le tableau récapitulatif démontre une concordance pratiquement absolue des caractères descriptifs relevés chez tous les types considérés, l'*Homo sapiens* exclu. Aussi peut-on, avec un degré élevé de vraisemblance, combler les vides laissés dans ce tableau par un manque d'informations.

On peut considérer ainsi que, dans l'ensemble, les Néanderthaliens fossiles de type extrême devaient, à peu de choses près, avoir l'aspect de notre spécimen ou plus généralement celui des « hommes sauvages » actuels d'Asie, et qu'en particulier, notre spécimen devait, lui, avoir une chevelure assez longue et des yeux foncés, et, vivant, se tenir penché en avant, avec les genoux ployés. On peut croire également que le *Ksy-gyik* a sans doute la peau visible à travers son pelage, des yeux extrêmement écartés, des orteils crochus et pas de sillon labio-nasal, que l'*Almass* mongol est, selon toute probabilité, très semblable à son voisin immédiat de Dzoungarie, mieux décrit, et qu'il en est d'ailleurs de même du *Goul-biabane* plus méridional, voire du *Kaptar*, isolé aux portes mêmes de l'Europe.

On remarquera qu'un ensemble de caractères anatomiques ne figure pas dans le tableau récapitulatif : celui qui se rapporte à l'aspect des poils, à savoir leur couleur, leur longueur, leur consistance. Cette omission se justifie non seulement du fait de la grande variabilité de ces traits au sein d'une même espèce de mammifères, mais aussi à cause de leur nature souvent subjective et relative dans une description rapportée en termes courants. Ainsi, pour un berger qui fait pâturer des troupeaux de yaks, des poils de 5 cm. sont évidemment des poils « courts », alors qu'à un cowboy capteur de chevaux sauvages ces mêmes poils paraîtraient plutôt « longs ».

Pour des raisons encore plus évidentes, le tableau récapitulatif ne comprend pas davantage de données sur la stature. Celle-ci est, de manière générale, égale à celle des habitants de la région, mais, dans certains cas, elle a été définie comme étant de « la moitié de la taille d'un homme », et, en d'autres, on lui a fait atteindre au contraire 2,1 m. à 2,2 m. On ne peut, pour l'instant, attribuer beaucoup d'importance à de telles informations. D'une part, tout individu passe, en cours de croissance, par une gamme étendue de tailles. D'autre part, la rencontre fortuite d'un homme sauvage, souvent bâti en hercule et grossi en outre par son pelage, doit laisser une forte impression. Comme le dit judicieusement un proverbe russe, « la peur a de grands yeux ».

Il est fort possible que, dans l'avenir, l'étude d'un échantillonnage convenable d'hommes sauvages asiatiques, photographiés de près ou momentanément capturés, permettra de distinguer parmi eux certaines races locales, différant quelque peu par la taille, la coloration du poil ainsi que la longueur ou la consistance de celui-ci. Le cas échéant, la formation de ces races se révélera sans doute liée à l'isolement d'individus en nombre plus ou moins restreint dans certaines « poches » géographiques montagneuses telles que le Caucase, les monts Tsinling-Chan et les monts Houn-Hé en Chine, et la chaîne annamitique au Viêtnam. Là où l'isolement est très ancien, on peut s'attendre à une accentuation plus poussée de certains traits néanderthaliens caractéristiques, tels que la grosseur et l'allongement antéro-postérieur de la tête, le développement de la visière sus-orbitaire et du chignon occipital, la largeur du pied, etc. Il en est même à craindre qu'on ne décèle des signes de dégénérescence : c'est d'ailleurs ainsi que le docteur Koffmann explique la présence de *kaptars* albinos en Azerbaïdjian. Enfin, il serait naturel que certaines différences raciales de caractère adaptatif se fussent accusées suivant le type de complexe écologique auquel ces populations reliques se sont intégrées. On évolue différemment dans les jungles tropicales ou les toundras glacées, dans les montagnes ou les steppes.

La recherche des variétés géographiques de Néanderthaliens pongoïdes est un peu prématurée. Mon dessein ici a été uniquement d'établir : 1. Que le spécimen que j'ai étudié et décrit est semblable, par tous ses caractères anatomiques visibles, aux

Néanderthaliens fossiles de type extrême ; 2. Que ce spécimen n'est pas unique de nos jours, mais fait partie d'une population d'êtres en tous points semblables, dispersés à travers une grande partie de la Région Paléarctique et ayant même débordé sur la Région Orientale dans le Sud-Est asiatique ; 3. Qu'en somme, à l'époque actuelle, des Hominidés ressemblant par leur caractères anatomiques distinctifs aux Néanderthaliens classiques du Würmien ancien, mais ayant encore accentué ces caractères, ont subsisté dans diverses régions de l'aire de distribution ancienne des Néanderthaliens, aujourd'hui morcelée et réduite au plus haut point.

La survivance de Paléanthropiens jusqu'à nos jours peut sembler en contradiction avec les données paléontologiques acquises : d'après elles, les vestiges néanderthaliens les plus récents dateraient de la fin du Würmien ancien.

Ce serait là oublier tout d'abord cette vérité fondamentale qu'en Paléontologie *un fait négatif ne signifie rien*. Au surplus, des faits paléontologiques *positifs*, eux, dont certains indiscutables, ont révélé depuis longtemps que des néanderthaliens ont survécu non seulement au Würmien récent (Paléolithique supérieur), mais, après le retrait des glaces, au Néolithique, et même à l'Age du Bronze.

Dès 1908, le grand anthropologue polonais Kasimierz Stolyhwo a décrit toute une série de crânes néanderthaliens datant à son avis des temps historiques. Ainsi, auprès de celui de Novosiólka (province de Kiev), se trouvaient des mailles de cuirasse et des armes de fer : le crâne aurait appartenu, selon Stolyhwo, à un homme vivant à une époque assez récente. Quant au crâne de Poszuswie, il se rapportait même au Xe siècle de notre ère. Ces études furent aussitôt l'objet de violentes attaques, et ont été, faut-il le dire, complètement discréditées.

A l'époque, il est vrai, nos connaissances sur les Néanderthaliens étaient encore très fragmentaires et la plupart des anthropologues adhéraient fanatiquement au schéma selon lequel l'Homme descendait en ligne droite d'un ancêtre simien. Comme l'Homme de Néanderthal présente certains traits pithécoïdes, on le considérait unanimement comme le progéniteur direct de l'Homme moderne, et *il devait donc logiquement avoir précédé celui-ci dans le temps*. Aussi, chaque fois que des restes néanderthaliens manifestes étaient découverts, on les rapportait automatiquement à des couches géologiques plus anciennes que celles où avaient été trouvés les premiers restes d'Homo sapiens ; et vice-versa, chaque fois que des restes de sapiens fossilisés étaient déterrés, on les rapportait à des couches relativement récentes. Comme en ce temps-là les procédés de datation étaient loin d'être rigoureux, il arriva plus d'une fois qu'on vieillît indûment des restes de néanderthaliens et qu'on rajeunît non moins indûment des restes de sapiens.

Lorsque les techniques de datation se furent peu à peu perfectionnées, on recourut à d'autres stratagèmes pour rester en accord avec le schéma darwinien, bien que la notion d'une évolution par buissonnement eût pourtant généralement supplanté l'idée désuète d'un enchaînement linéaire. Quand l'âge indiscutable de la couche dont on exhumait les restes d'un sapiens était tenu pour trop reculé, on prétendait que celui-ci y avait été enterré à une époque bien plus récente. Et quand la couche où l'on découvrait les restes d'un néanderthalien se révélait trop jeune, on décidait qu'il ne s'agissait pas d'un vrai néanderthalien, mais d'un *Homo sapiens* « ayant conservé des traits néanderthaliens ou néanderthaloïdes ». Une autre échappatoire courante en paléanthropologie consiste, en présence de restes qui, selon une idée préconçue, ne s'accordent pas avec l'âge du terrain, à déclarer qu'ils « ne peuvent pas être datés ».

Très significative de ce genre de distorsion systématique des faits, pour les forcer à concorder avec une conception dogmatique de nos origines, est l'histoire de la calotte crânienne néanderthalienne trouvée en 1918 près de la rivière Podkoumok, dans le Caucase du nord. Le développement considérable de son bourrelet sus-orbitaire et son frontal fuyant ne laissaient pas le moindre doute quant à l'identité de l'être dont elle provenait. L'inclinaison de son front est au moins aussi accentuée que chez les Néanderthaliens généralisés. Le profil du crâne peut pratiquement se superposer à celui de la femme pré-néanderthalienne de Taboun. Vu du dessus, le contour du fragment de calotte est même pratiquement identique à celui qui caractérise n'importe quel Néanderthalien classique. La nature de l'être auquel cette calotte avait appartenu ne fut donc pas discutée tant qu'on le crut datée du Würmien ancien, auquel au demeurant on l'avait attribuée d'office. Or, c'était loin d'être son âge exact...

Dans un article de 1966 sur l'*Origine de l'Homme et les hominoïdes velus*, Porchnev a judicieusement commenté cette datation erronée qui, pour lui, a entraîné la preuve concrète de la survivance de néanderthaliens, au moins jusqu'à l'aube des temps historiques : « Dans l'histoire des Sciences, l'erreur d'un savant mérite parfois un monument. Telle fut l'erreur du géologue russe V. P. Rengarten [1922]. Sans visiter les lieux, il rapporta à la glaciation de Würm la couche géologique où fut trouvée en 1928, à Piatigorsk, la calotte crânienne dite « de Podkoumok ». Cette datation géologique donna aux anthropologistes Grémiatsky (1922), Zaller (1935), Weinert (1932), Eickstedt (1934) et autres, l'assurance d'affirmer que le crâne de Podkoumok présentait un ensemble de traits morphologiques néanderthaloïdiens. Lorsque, brusquement, en 1933-1937, les archéologues Egorov et Lounine [1937] découvrirent que Rengarten s'était trompé : les os appartenaient aux temps historiques, Plus précisément à l'Age du Bronze. N'est-elle pas immortelle cette erreur de Rengarten ! ».

Cette preuve de la survivance de Néanderthaliens, bien au-delà du Paléolithique et même du Néolithique n'a pas démonté pourtant les anthropologues aveuglément attachés au dogme du singe ancestral. La nouvelle datation de la calotte de Podkoumok étant indéniable, ils décrétèrent que celle-ci appartenait de ce fait à un *Homo sapiens* ayant conservé ces traits « néanderthaloïdes », en somme un individu en voie de transition tardive entre le stade néanderthalien et le stade sapiens.

Soit dit par parenthèse, puisqu'il est bien établi que des Pré-Sapiens « ne différant par aucun caractère essentiel du type actuel ont précédé en Europe occidentale les premiers Néanderthaliens, et qu'à ces Néanderthaliens de type généralisé, donc plus proche des sapiens, ont succédé ceux de type extrême, comment est-il encore possible de croire, comme Porchnev le fait lui-même, que les Néanderthaliens ont pu donner naissance ensuite à la forme dont manifestement ils dérivent ?

D'autres restes crâniens et squelettiques comparables à la calotte de Podkoumok ont été trouvés dans diverses régions d'Eurasie centrale, notamment à Khvalynsk, sur la Volga, et dans l'île d'Undory. Sacrifiant à la tendance déplorable qui consiste à fonder un diagnostic sur l'âge du terrain plutôt que sur la morphologie du spécimen, l'anthropologue allemand H. Ullrich, en 1958, après avoir déclaré avec prudence que les deux pièces en question ne pouvaient pas être datées (*nichtdatierbar*), écrivait de manière significative : « Bien qu'on y relève certains traits sans aucun doute néanderthaloïdes, elles doivent vraisemblablement dater tout au plus de la fin du Paléolithique supérieur et être attribuées *par conséquent* (somit) *à l'Homo sapiens diluvialis* ». (J'ai moi-même souligné ce « par conséquent » qui constitue un véritable aveu).

Plus récents encore que ces restes néanderthaliens du Paléolithique supérieur (lequel doit avoir duré à peu près de — 35000 à — 10000), sont ceux de Kabeliaï, découverts en 1950 dans une carrière à gravier près de ce village lithuanien de la région de Klapeida. Il s'agit d'un os frontal avec de petits fragments de pariétaux y attenant. Malgré ses traits franchement néanderthaliens — arcades sourcilières saillantes, front fuyant et étroit — Goudelis et Pavilonis ont estimé, en 1952, qu'il devait provenir d'un homme du type moderne. Et cela, parce que l'antiquité de la calotte n'était pas bien grande : il faut la rapporter à la période dite de la Mer à Littorines, qui correspond à la fin du Mésolithique et au début du Néolithique. Cette calotte pour le moins néanderthaloïde, sinon néanderthalienne, ne daterait donc pas de plus de 5000 à 6000 ans !

En somme, chaque fois qu'on a découvert des restes néanderthaliens dans un terrain « trop » récent, on a décidé tantôt que celui-ci était plus ancien qu'on ne le soupçonnait ou que le spécimen ne pouvait pas être daté correctement, tantôt qu'il ne s'agissait pas d'un Néanderthalien authentique, mais d'un Homo sapiens ayant conservé par atavisme des traits néanderthaliens « de transition ».

La réaction la plus simple, la plus logique, la plus évidente, la plus honnête aussi, n'eûtelle pas été de conclure, dans chaque cas, que des néandethaliens ont survécu jusqu'à une époque plus tardive qu'on ne le croyait ? Puisqu'il faut bien admettre que Néanderthaliens et Sapiens ont coexisté sur la Terre depuis l'interglacial Mindel-Riss (PréNéanderthaliens de Steinheim et Pré-Sapiens de Swanscombe) jusqu'à la fin du Würmien ancien, à savoir pendant plus de 400000 ans, rien ne s'oppose à ce qu'on prenne en considération une prolongation de cette coexistence, sûrement peu pacifique, pendant quelque 35000 ans de plus. On peut très bien comprendre qu'elle se soit poursuivie au Würmien récent, comme l'indiqueraient les restes de Khvalynsk et d'Undory, au Néolithique, comme en témoigne la calotte de Kébéliaï, à l'Age de Bronze d'Europe septentrionale, comme le révèle celle de Podkoumok, et même à l'Age de Fer, comme nous l'apprend peut-être le crâne de Novosiólka. Cette possibilité n'a pas échappé à Frederick Zeuner, une des autorités mondiales en matière de datation des fossiles, qui écrivait en 1958 : « Il se peut fort bien qu'il y ait eu une survivance sporadique de l'Homme de Néanderthal au cours d'une période encore plus tardive [que le Würmien ancien], mais la preuve n'en est pas satisfaisante. Il reste à étudier les conditions en Russie. »

Si les Néanderthaliens se sont réellement propagés à travers la préhistoire entière et même les temps historiques, ils devraient avoir laissé des traces de leur existence tout au long des chroniques humaines, depuis les plus anciennes. Nous savons déjà, par l'exposé de Porchnev, que c'est précisément ce que l'on constate : ils ont été l'objet d'une littérature très abondante, non seulement dans l'Antiquité la plus reculée mais au cours de toute notre ère. Auparavant toutefois, *avant* l'invention de l'écriture, n'ont-ils jamais été figurés par les artistes de l'espèce humaine actuelle ?

Si Sapiens et Néanderthaliens se sont développés parallèlement pendant des centaines de millénaires, il serait vraiment extraordinaire que les premiers n'eussent jamais songé à représenter les seconds, comme ils l'ont fait de la plupart des grands animaux qu'ils côtoyaient.

Fig. 28. — Représentation réaliste, dans la grotte d'Isturitz (Basses-Pyrénées), de ce qui semble être un Néanderthalien (A). A titre de comparaison : représentations humaines schématiques relevées soit dans la même grotte (B), soit dans celle de Marsoulas (Haute-Garonne) (C et D) (d'après MAUDUIT, 1954).

Je tiens à préciser d'emblée que c'est surtout pour réfuter cette objection éventuelle, et non pour apporter d'autres preuves concrètes de la survivance des Néanderthaliens au-delà du Würmien ancien, que je vais évoquer quelques représentations « possibles », et donc contestables, de ceux-ci : il faut les considérer seulement comme un complément d'informations apportée *a posteriori*. En tout cas, la recherche de représentations préhistoriques de Néanderthaliens n'aurait pas pu être entreprise avant que nous eussions enfin été informés de leur aspect extérieur, celui du moins de leurs ultimes descendants.

Dès l'Aurignacien, en somme à partir de l'époque où classiquement les Néanderthaliens auraient disparu, il y a eu en Europe occidentale une grande efflorescence artistique qui s'est traduite par maintes représentations gravées, peintes ou sculptées, d'animaux et d'êtres humains. Ces dernières sont en fait assez rares et d'une médiocrité surprenante de la part d'artistes manifestement doués. « L'ensemble des figurations anthropomorphes de l'art quaternaire, font remarquer Boule et Vallois, contraste, par l'incorrection et la maladresse évidentes du dessin, avec la collection des figurations animales, d'ailleurs autrement nombreuses et où abondent les chefs-d'œuvre ! » Ces auteurs vont même jusqu'à parler de « l'inaptitude des dessinateurs de l'âge du Renne à reproduire le corps humain ».

Pourtant un artiste capable de représenter avec autant de raffinement que de réalisme un mammouth, un rhinocéros laineux, un renne, un cheval, un bison ou un ours, ne peut pas être « inapte » à croquer sur le vif un de ses semblables. Sa maladresse est par conséquent délibérée. La raison en est d'ailleurs facile à comprendre : dans un monde dominé par les correspondances magiques, quel homme accepterait de se laisser représenter ? Il aurait bien trop peur qu'on ne tentât de lui nuire en agissant sur son effigie ! En la criblant, par exemple, de pointes de flèches...

C'est pourquoi les corps humains sont le plus souvent réduits, dans les scènes de chasse entre autres, à des silhouettes abstraites, quasi linéaires. Sur les représentations dont la fonction même eût nécessité pourtant un grand réalisme, comme les diverses « Vénus stéatopyges », ces pin-up paléolithiques, le visage est envahi par la chevelure ou tout bonnement absent. Dans certains dessins détaillés figurant des hommes, ceux-ci sont affublés de masques. Enfin, lorsque des visages ont été dessinés malgré tout, comme dans la grotte de Marsoulas (Haute-Garonne), ce ne sont que de grossières caricatures, ou plus exactement (car une caricature a pour but au contraire d'accentuer une ressemblance !) des tracés schématiques semblables aux premiers tâtonnements des dessins d'enfants (fig. 28, B, C et D).

Telle étant la situation, on pourrait s'étonner de découvrir néanmoins certaines représentations humaines aussi réalistes et minutieuses que des représentations animales : notamment « la Femme au Renne » de Laugerie-Basse en Dordogne (à laquelle il manque malheureusement la tête, à cause de la fracture du support en bois) et surtout le couple de la grotte d'Isturitz (Basses-Pyrénées) (fig. 29) et le profil de l'homme « barbu », de même provenance (fig. 28, A).

La raison de ces exceptions est pourtant évidente : il doit s'agir de représentations non pas de « semblables », mais d'êtres considérés comme des ennemis, ou, mieux, comme des proies, de simples animaux, incapables, si vous les envoûtez, de vous rendre la pareille.

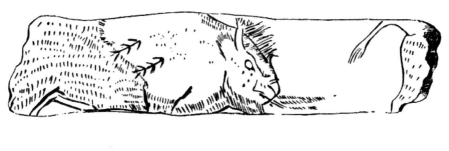

Fig. 29. — Les deux faces de l'os gravé magdalénien d'Isturitz, montrant d'un côté un couple de bisons et de l'autre un couple de « velus » (d'après DE SAINT-PIERRE).

Le fait est que, contrairement aux autres personnages humains de l'art franco-can-tabrique, tous les êtres en question sont entièrement couverts de poils, dessinés avec le même soin que sur les animaux figurés à leurs côtés. Et, détail peut-être plus ré-vélateur, les femelles ne sont pas stéatopyges.

Il y a, semble-t-il, plusieurs contradictions dans ces deux commentaires. Même en ad-mettant que le symbolisme de la flèche de Cupidon remonte au Magdalénien, ce qui reste à prouver, comment se fait-il que la flèche barbelée soit figurée sur la cuisse de la femme dans le couple humain, et sur le flanc du mâle dans le couple de bisons, et à deux exem-plaires encore bien dans ce dernier ? Surtout chez des bovidés, il est inconcevable de considérer le mâle comme l'objet de la « convoitise amoureuse » de la femelle. Même si l'on suppose, l'os gravé étant fragmentaire, qu'il y a aussi une flèche sur la fesse de l'homme velu et une autre sur le flanc du bison femelle, conclure à une « convoitise amoureuse » réciproque paraît bien extravagant. Au surplus, si l'homme velu est vrai-ment « dans une attitude suppliante » par rapport à la femme, à qui donc celle-ci, le dos tourné au mâle, réserverait-elle ce même geste de supplication ? Si d'ailleurs, ils s'adres-saient l'un à l'autre la même prière, celle-ci n'aurait aucune raison d'être : on ne qué-mande pas ce qui vous est offert. Pourquoi tant de simagrées s'ils sont d'accord ?…

L'explication de loin la plus simple et la plus logique n'est-elle pas plutôt que ces os gravés représentent un tableau de chasse, souhaité ou commémoré ? J'inclinerais d'ail-leurs pour la seconde éventualité à cause de la présence, sur la tranche de l'os, de deux groupes d'incisions doubles, d'ailleurs traditionnelles, qu'on dénomme « marques de chasse ». Leur pratique se perpétue jusqu'à nos jours : cow-boys justiciers, chasseurs de gros gibier et autres tueurs à gages marquent parfois de petites encoches la crosse de leur fusil ou de leur revolver, et les pilotes de guerre peignent les silhouettes des avions abattus sur la carlingue de leur propre « zinc ». Comme Goury l'a très bien exprimé, ces marques de chasse « sont sans doute des dessins mnémoniques, destinés à garder le souvenir de certains faits ou à dresser des comptes ».

Tout bien considéré, l'os gravé d'Isturitz signifierait tout bonnement : « Abattu un couple de bisons et un couple de velus. »

On peut même se demander — ceci étant strictement conjectural — si ce qu'on tient pour un collier et des bracelets n'est pas plutôt la corde avec laquelle on a capturé et ficelé les deux créatures après les avoir au préalable immobilisées d'une flèche. Leur « attitude suppliante ou de prière » ne serait que celle d'êtres dont les mains ont été ligotées ensemble,

Si les deux velus étaient considérés comme de simples proies, il n'y avait aucune raison de ne pas représenter la tête du mâle avec autant de réalisme que celle du bi-son. On reconnaît chez cet homme le front extrêmement fuyant, le cou bref, la nuque puissante, le menton effacé et surtout le nez curieusement retroussé de notre spéci-men et de ses semblables d'Asie, bref des Néanderthaliens extrêmes.

La ressemblance est encore plus frappante si l'on examine le portrait plus détaillé, le gros plan si l'on veut, du « barbu » d'Isturitz. A l'encontre de ce qu'on observe sur les représentations quasi abstraites ou schématiques des sapiens de l'époque, son système pileux est représenté avec le plus grand soin : la face encadrée de poils, qu'on distingue jusque sur l'arrière du cou, la chevelure plus longue, et — si je ne craignais de solliciter les faits — les sourcils peu fournis, voire les petits poils fol-lets des joues. Le nez en trompette est en tout cas indéniable (fig. 28, A).

Si l'on n'a jamais songé à tenir ces diverses gravures pour des représentations de néanderthaliens, c'est en partie, bien sûr, parce qu'on ne connaissait pas l'aspect extérieur de ceux-ci, mais surtout parce qu'elles datent *d'une époque postérieure à celle de leur extinction présumée*

La confrontation des portraits de néanderthaliens paléolithiques avec ceux de néanderthaliens actuels semble démontrer que leur aspect n'a pas changé de manière frappante au cours des dernières dizaines de millénaires. Mais en a-t-il été de même de leur mode de vie et de leurs mœurs ?

Si les descriptions d'hommes pongoïdes permettent de combler certaines lacunes en ce qui concerne l'aspect extérieur des néanderthaliens classiques, la connaissance de la biologie de ces hommes sauvages et velus d'Asie peut-elle semblablement nous éclairer sur le mode de vie de leurs ancêtres du Würmien ancien ? C'est vraisemblable pour les traits étroitement liés à la physiologie, comme la saison des amours et la durée de la période de gestation, le type de régime alimentaire, l'adaptation aux basses températures, à l'escalade en montagne et à la vie crépusculaire ou nocturne [164], le développement de l'odorat et la richesse des vocalisations. Mais c'est beaucoup plus douteux pour ce qui est des activités relevant de la culture. On constate d'ailleurs de flagrantes discordances à ce sujet entre ce qu'on sait des néanderthaliens fossiles et ce qu'on constate chez les néanderthaliens pongoïdes. Elles portent surtout sur la fabrication d'outils, la production de feu et l'usage de la parole, accessoirement sur l'existence d'une vie sociale, la construction d'habitations et le développement intellectuel que supposent le maquillage et le port de bijoux, l'inhumation rituelle des morts, voire un culte porté à certains animaux.

Les Néanderthaliens sont classiquement associés à l'industrie lithique dite moustérienne. Leur usage du feu, pendant les glaciations würmiennes, est attesté par la découverte de restes de foyers, sous forme de niches cendreuses, dans maints sites moustériens. Dans la grotte de la Bàsura, à Toirano, où l'on a relevé des empreintes de pas indiscutablement néanderthaliens, on a retrouvé aussi des brindilles calcinées semblant provenir de torches d'éclairage. La topographie de certains gisements moustériens permet de croire que leurs occupants vivaient dans des tentes ou des huttes rondes dispersées sur plus de 50 hectares (Trécassats), ce qui suggère l'existence d'un village. Peut-être occupaient-ils parfois d'énormes cabanes pouvant atteindre une surface de plus de 80 m^2 et donc destinées à plus qu'une simple famille (dans le Vaucluse et le Gard). Bref, les fabricants des outils trouvés sur place vivaient par bandes assez nombreuses et devaient avoir au moins des rudiments d'organisation sociale.

Il semble peu douteux aussi que certains néanderthaliens d'autrefois se fardaient au moyen d'ocre rouge, qu'ils portaient des pendeloques en os ou en coquillage, voire des pierres plus ou moins précieuses.

On a découvert plusieurs squelettes fossiles de néanderthaliens, qui avaient manifestement été inhumés, notamment au Regourdou, au Moustier et surtout à La Ferrassie, en Dordogne. On a même retrouvé, auprès de certaines tombes, des ossements d'animaux, qui paraissaient être des offrandes au défunt : c'est le cas de Techik-Tach, en Ouzbékie.

---

(164) Un des traits frappants du crâne des Néanderthaliens classiques est la grandeur de leurs orbites, à laquelle correspondent bien entendu de très gros yeux, très favorables à une vision crépusculaire. On peut le vérifier, parmi les Primates nocturnes, sur les Lémuriens et surtout les Tarsiers, aux yeux vraiment démesurés, mais même chez le Douroucouli d'Amérique du Sud, le seul singe qui vive uniquement la nuit. Que les Néanderthaliens extrêmes aient vraisemblablement été actifs la nuit, confirme l'idée qu'ils sont bien les ancêtres des Hommes sauvages actuels.

TABLEAU CHRONOLOGIQU

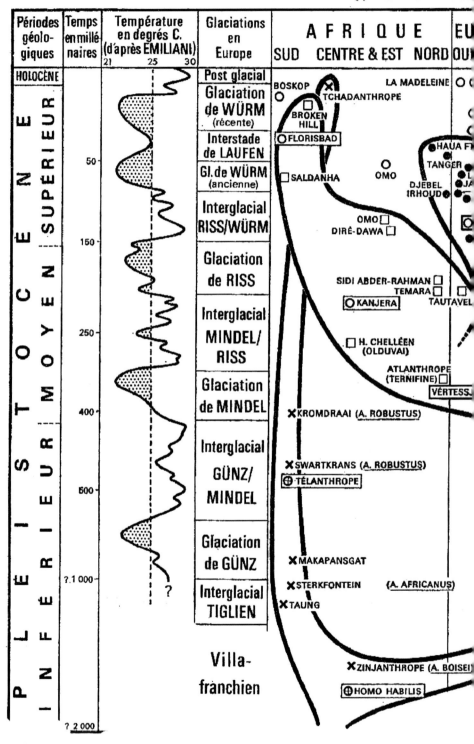

S HOMINIDÉS FOSSILES

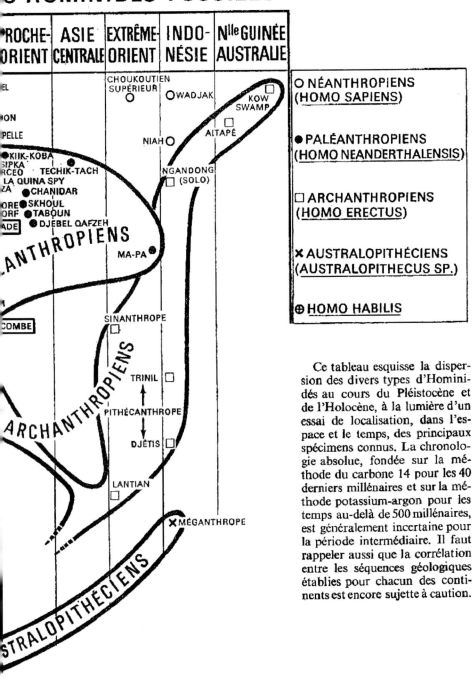

PROCHE-ORIENT	ASIE CENTRALE	EXTRÊME-ORIENT	INDO-NÉSIE	Nlle GUINÉE AUSTRALIE

CHOUKOUTIEN SUPÉRIEUR ○

○ WADJAK

□ KOW SWAMP

□ AÏTAPÉ

NIAH ○

KIIK-KOBA
SIPKA
RCEO · TECHIK-TACH
LA QUINA SPY
ZA ● CHANIDAR
ORE ● SKHOUL
ORF ● TABOUN
ADE ● DJEBEL QAFZEH

NGANDONG
□ (SOLO)

ANTHROPIENS

MA-PA ⊛

COMBE

ARCHANTHROPIENS

SINANTHROPE
□

TRINIL □

PITHÉCANTHROPE □

DJÉTIS □

LANTIAN □

× MÉGANTHROPE

STRALOPITHÉCIENS

○ NÉANTHROPIENS
(HOMO SAPIENS)

● PALÉANTHROPIENS
(HOMO NEANDERTHALENSIS)

□ ARCHANTHROPIENS
(HOMO ERECTUS)

× AUSTRALOPITHÉCIENS
(AUSTRALOPITHECUS SP.)

⊕ HOMO HABILIS

Ce tableau esquisse la dispersion des divers types d'Hominidés au cours du Pléistocène et de l'Holocène, à la lumière d'un essai de localisation, dans l'espace et le temps, des principaux spécimens connus. La chronologie absolue, fondée sur la méthode du carbone 14 pour les 40 derniers millénaires et sur la méthode potassium-argon pour les temps au-delà de 500 millénaires, est généralement incertaine pour la période intermédiaire. Il faut rappeler aussi que la corrélation entre les séquences géologiques établies pour chacun des continents est encore sujette à caution.

Enfin, on a décelé, dans quelques sépultures, des traces peu équivoques d'un culte de l'ours (Le Regourdou, Drachenloch).

Comment concilier ces signes évidents d'une culture relativement avancée dans le passé avec l'état actuel, strictement « animal » du mode de vie des néanderthaliens reliques ? Comme je l'ai déjà dit, c'est ce contraste tranché qui m'a longtemps empêché d'accepter sans réserves la thèse de Porchnev, jusqu'au jour où l'examen d'un spécimen m'a bien obligé à changer d'avis. Devant les faits, ce sont les opinions et les idées qui doivent s'incliner. Ce sont elles qu'il convient de modifier ou d'abandonner, ce n'est pas aux faits qu'il faut renoncer en les ignorant ou en les dissimulant, comme on l'a fait trop souvent en anthropologie.

Ce qui me gênait avant tout c'est que, de l'avis unanime des témoins, les hommes sauvages et velus se servaient parfois de cailloux ou de bâtons, jamais d'outils fabriqués. Or, on s'accorde à prêter une industrie de pierre même aux Hominidés considérés comme « inférieurs », notamment aux Sinanthropes des environs de Pékin. Et depuis la brillante démonstration que m'a faite à Johannesburg James W. Kitching, le principal collaborateur de Raymond Dart, je ne puis plus douter un instant de la réalité de l'industrie dite ostéodontokératique, prêtée aux Australopithèques eux-mêmes, à savoir des ustensiles et des armes faits de morceaux d'os, de dents et de cornes. Comment imaginer dès lors des êtres humains anatomiquement proches de nous, mais psychiquement comparables à de simples singes anthropoïdes, puisque incapables comme eux de façonner le moindre outil, au-delà du simple élagage d'une branche ?

Devant la réalité des faits une explication s'impose. Trois se présentent *a priori* à l'esprit : A. Les Néanderthaliens n'ont jamais fabriqué d'outils ; 2. Ils ont perdu l'habitude d'en fabriquer ; 3. Certains d'entre eux en fabriquaient autrefois et d'autres non, et ce sont ces derniers qui ont survécu jusqu'à nos jours.

Si choquante qu'elle puisse paraître, la première explication ne doit pas être repoussée d'un simple haussement d'épaules. Dans le domaine de la Préhistoire, maintes interprétations et conclusions sont d'une extrême fragilité. Ainsi, on n'est plus aussi sûr qu'autrefois qu'il faille nécessairement associer la notion paléontologique de Néanderthalien à celle, archéologique, de Moustérien : on a trouvé des sapiens qui faisaient du moustérien, notamment à Djebel Qafzeh, en Palestine. Pourquoi, vice-versa, n'y aurait-il pas eu de néanderthaliens qui n'en faisaient point ?

Peut-on cependant aller jusqu'à imaginer, comme on ne s'est pas privé de le faire pour les Sinanthropes et pour les Australopithèques, que les crânes et les os néanderthaliens trouvés dans les sites moustériens n'étaient que des restes de cuisine de sapiens contemporains ? A l'appui de cette idée viendraient la fréquente dispersion des ossements de néanderthaliens (La Quina, Montsempron, etc.), voire les traces indiscutables de dépeçage, de combustion ou de concassage de leurs os (Krapina, en Croatie). Quant à l'inhumation cérémonieuse de néanderthalien, ne pourrait-on pas — à la lumière de ce que nous savons des survivants actuels — y voir le signe d'hommages rendus à des êtres tenus pour sacrés, voire à des serviteurs fidèles, ou même à des animaux domestiques particulièrement chéris ? Il existe bien aujourd'hui des cimetières pour chiens et pour chats ! Les bijoux des néanderthaliens pourraient dans ce cas être comparés soit à ceux dont on orne les idoles, soit aux colliers parfois raffinés qu'on met autour du cou des bêtes de compagnie. Enfin, les ossements d'ours, trouvés dans certaines tombes néanderthaliennes témoigneraient simplement de l'association traditionnelle des deux espèces dans l'esprit des sapiens, comme il ressort du nom d'homme-ours souvent donné à la forme actuelle. C'est pour les distinguer qu'on aurait orné les tombes d'hommes velus de crânes d'ours, tout comme on plante aujourd'hui une croix sur une sépulture chrétienne et qu'on marque d'une étoile de David celle d'un Israëlite. On peut laisser errer plus loin son imagination. Qui sait si une tombe où se mêlaient de la sorte squelettes de néanderthaliens et d'ursidés n'était pas tout bonnement l'arrière-boutique de quelque pharmacien primitif, le sorcier chargé de prélever le *moumieu* authentique, et, en cas de pénurie, son succédané le plus proche, la graisse d'ours ?

Ces interprétations vous paraissent très tirées par les cheveux ? Sans aucun doute. Mais, croyez-moi, elles ne sont ni plus ni moins que maintes hypothèses admises en Préhistoire. Il faut toutefois opposer à celles-ci une grave objection.

Pendant la seconde moitié de la période moustérienne, celle qui coïncide avec les glaciations du Würmien ancien, et dont datent précisément les sépultures néanderthaliennes, on n'a pas trouvé en Europe le moindre ossement attribuable sans équivoque à un sapiens. Certes, les représentants de notre espèce, déjà répandue dans nos régions pendant les interglaciaux précédents, devaient bien se trouver quelque part à cette époque.

Oui, mais apparemment pas dans les zones trop réfrigérées où les néanderthaliens pouvaient encore vivre... et mourir. De toute façon, si les sapiens songeaient vraiment à inhumer leurs démons, leurs esclaves ou leurs animaux familiers, ils devaient, à plus forte raison, le faire de leurs propres morts. Et, dans ce cas, on aurait découvert leurs tombes à proximité de celles des néanderthaliens.

Comme il n'en est rien, on peut rejeter sans arrière-pensée l'explication selon laquelle les paléanthropiens n'auraient *jamais* fabriqué d'outils de pierre, ceux-ci devant *tous* être attribués aux sapiens contemporains.

La deuxième explication, à savoir l'abandon progressif par les néanderthaliens de toute industrie lithique, est celle que favorise Porchnev. Il l'attribue surtout à la raréfaction des troupeaux de grands herbivores. Le processus invoqué est d'autant plus judicieux qu'il a souvent joué au cours de l'histoire des hommes. Un de ceux qui ont le mieux analysé les mécanismes de l'évolution et de la spéciation de ceux-ci, Ernst Mayr, écrivait notamment en 1963 : « L'histoire des peuples et des tribus est pleine de cas d'une détérioration culturelle secondaire : voyez les Mayas et leurs descendants actuels ! La plupart des populations indigènes modernes dotées d'une culture matérielle rudimentaire (entre autres certains montagnards de Nouvelle-Guinée) sont presque sûrement les descendants d'ancêtres d'une culture plus avancée. Il ne faut jamais le perdre de vue quand on compare les industries paléolithiques d'Afrique et d'Eurasie occidentale avec celles du sud et de l'est de l'Asie. Les outils de pierre et la chasse aux gros mammifères semblent être étroitement liés. Est-il possible que de tels peuples aient perdu leur culture technique après avoir émigré dans des régions pauvres en gros gibier ? Serait-ce là l'explication de l'absence d'outils de pierre chez l'*Homo erectus* de Java ? »

En somme, une décadence culturelle pourrait être due aussi bien à la disparition locale des grands mammifères qu'à un éloignement progressif des lieux où ils abondent. Les néanderthaliens auraient-ils eu quelque raison de battre ainsi en retraite ?

Oui, bien entendu, à cause de la concurrence des sapiens, leurs contemporains, et de la guerre que ceux-ci ne devaient pas manquer de leur faire chaque fois qu'ils se rencontraient.

D'un bout à l'autre du règne animal, ce sont toujours les espèces les plus proches qui naturellement s'opposent et qui cherchent à se supplanter ou à s'éliminer les unes les autres : elles doivent par essence avoir les mêmes aspirations, les mêmes convoitises. Etant donné leur anatomie très semblable, les deux formes d'hommes préhistoriques les plus étroitement apparentés devaient rivaliser de violence ou d'ingéniosité pour l'occupation de la même niche écologique.

Bien mieux adaptés au froid que les sapiens, les néanderthaliens ont d'abord tenu le haut du pavé, en Eurasie, chaque fois que les glaciers envahissaient les terres. Les sapiens n'avaient alors le choix qu'entre périr sur place ou se retirer vers des régions d'un climat plus doux. Mais, à chaque réchauffement de la termpérature, ils revenaient à l'assaut et avec des armes de pierres un peu plus perfectionnées. Cependant, les néanderthaliens restés sur place ne faisaient, étrangement, aucun progrès technique notable. Est-ce dû au fait que, privés de parole, ils devaient se contenter d'un apprentissage par imitation ? Nous y reviendrons plus loin. Toujours est-il que pendant quelque 70000 à 80000 ans l'outillage moustérien n'a pratiquement pas évolué. Alors qu'au début, la lutte se faisait à armes égales, ou à peu près, l'avantage passa donc bientôt aux sapiens. Quand, après la deuxième phase de la glaciation de Würm, ceux-ci revinrent en force avec un armement plus raffiné, mais en plus *avec tous les moyens propres à combattre le froid* (vêtements et tentes étanches), la partie était à jamais perdue pour les Néanderthaliens. De rivaux d'abord redoutés puis vaincus, ils devinrent des parents pauvres, des parasites, enfin des proies, voire des bêtes domestiques. Pour tenter de survivre, il ne leur restait plus qu'à se réfugier dans les régions les plus inhospitalières, ou les habitats les plus inconfortables. Non seulement le gros gibier y était bien plus rare, ce qui rendait leurs armes de pierre de moins en moins nécessaires, mais peut-être, par endroits, ne trouvaient-ils même plus les silex ou les autres pierres fissibles, indispensables à leur fabrication.

Ainsi, *les néanderthaliens auraient dégénéré techniquement, non seulement parce que leur biotope avait changé, mais parce qu'ils avaient changé de biotope.*

Cela dit, même nuancée de cette façon, l'explication de Porchnev ne paraît pas encore entièrement satisfaisante, ou du moins pas suffisante. En Europe occidentale, au Würmien ancien, le Néanderthalien non seulement fabriquait certains bifaces lancéolés, assez finement retouchés, mais comme nous l'avons dit, il construisait de grandes huttes, s'ornait diversement le corps, vivait par bandes organisées, enterrait ses morts avec des offrandes en vue de leur séjour dans l'au-delà, et adorait l'Ours. Il est difficile d'imaginer qu'un être ayant donc un embryon de sens technique, esthétique, social et religieux, ait pu faire marche arrière jusqu'au stade animal de simple adaptation au milieu. Trop dure serait la chute, trop vertigineux le retour en arrière ! Quoi qu'on prétende, en matière d'évolution l'irréversibilité est tout de même un fait, pour une raison bien simple qu'Héraclite avait déjà subtilement formulée : « On ne se baigne jamais deux fois dans le même fleuve. » Aussi peut-on se demander — et ceci nous amène à la troisième explication proposée — si *tous* les néanderthaliens ont fini par atteindre le même niveau de culture.

A priori, il paraît ridicule de même considérer la possibilité d'un progrès culturel uniforme au sein d'une espèce répandue sur tout un immense continent. Il suffit de regarder le monde autour de soi pour constater qu'il existe actuellement sur la Terre tous les stades d'évolution technique entre celui de la chasse-cueillette, au moyen d'outils de pierre, de bois, voire ostéodontokératiques, et celui atteint par les ingénieurs de l'aéro-spatiale ou les physiciens nucléaires. Pourquoi une semblable discordance culturelle n'aurait-elle pas existé parmi les néanderthaliens ?

On pourrait objecter que l'actuelle différenciation est due à l'extraordinaire accélération des progrès techniques depuis le Moustérien final d'Europe, à savoir au cours des quelque 35 derniers millénaires, et surtout pendant les 5 derniers, en somme depuis la première utilisation du cuivre fondu et l'invention de l'écriture jusqu'à la domestication de l'énergie atomique. Il est bien évident qu'au terme d'une course de vitesse, les écarts de temps entre les arrivées sont d'autant plus considérables que les moyens de transport utilisés ont été variés : sur un long trajet les écarts seront bien plus énormes si ces moyens vont de la bicyclette à l'avion à réaction que s'il s'agit d'une simple compétition de course à pied. Mais c'est précisément ce qu'on observe en l'occurrence : parmi les néanderthaliens, qui correspondent à nos simples coureurs, l'écart n'est pas tellement considérable entre celui qui, comme un chimpanzé, jette des pierres sur ses ennemis ou les frappe au moyen d'un bâton, et celui qui fabriquait de manière stéréotypée quelques pointes ou racloirs de silex éclaté. Il n'est pas comparable en tout cas à l'abîme qui sépare aujourd'hui l'Australien du *bush* du cosmonaute américain ou russe.

Une différence du niveau d'évolution technique, parmi les divers néanderthaliens répandus autrefois d'un bout à l'autre de l'Eurasie tempérée, est d'ailleurs rendue vraisemblable par la polytypie manifeste de leurs populations.

Je ne parle pas ici de ce qui distingue des Néanderthaliens classiques, les Pré-Néanderthaliens. Ces néanderthaliens généralisés ne représentent évidemment qu'un stade d'évolution antérieur, par rapport aux néanderthaliens bien affirmés du Würmien. Mais à un même niveau géologique, au Riss-Würm par exemple, les Pré-Néanderthaliens d'Europe sont reconnaissables de ceux du Moyen-Orient. Pas seulement parce que ces derniers ont commencé à se marquer plus tôt, mais parce qu'ils évoluaient dans un sens un peu différent. Ils se distinguent notamment des précédents par un torus supra-orbitaire divisé. Alors que chez les Néanderthaliens classiques d'Europe la visière qui surplombe les yeux forme une barre d'une seule venue, un arc unique, chez ceux d'Asie occidentale les arcades sourcilières s'épaississent séparément au-dessus de chaque orbite, formant ainsi deux arcs distincts [165].

A la période suivante, au Würmien ancien, les Néanderthaliens classiques diffèrent encore plus les uns des autres en Europe et en Asie. Ceux de l'Est, comme cela éclate surtout chez le mâle de Kiik-Koba (Crimée), sont beaucoup plus marqués, donc spécialisés, que les plus « extrêmes » de l'Ouest.

Bref, les Néanderthaliens d'autrefois formaient ce qu'on peut légitimement tenir pour de grandes races géographiques, de vraies sous-espèces. Et ce n'est pas tout. On constate parmi eux, parfois localement et apparemment à la même époque, des

---

(165) Ce caractère distinctif est appelé par Le Gros Clark (1055) *arcus supercillares*, par opposition au *torus supra-orbitalis* proprement dit. Il est curieux de constater qu'il permet même de différencier géographiquement les singes de l'Ancien Monde. J'ai remarqué depuis longtemps qu'il est souvent facile, grâce à lui, de reconnaître au premier coup d'œil le crâne d'un singe asiatique de celui d'un singe africain (qu'il s'agisse de singes cynomorphes, comme le Semnopithèque et le Colobe, ou de singes anthropomorphes, comme l'Orang-outan et le Gorille). C'est particulièrement frappant bien sûr quand on a affaire avec des crânes d'adultes et surtout de mâles. Le critère en question permet d'ailleurs d'affirmer que le seul genre vivant sur les deux continents, le Macaque, est vraisemblablement un singe d'origine africaine ayant envahi une bonne partie de l'Asie.

variations individuelles importantes. Ainsi, il est tout de même significatif que, chez les deux adultes de La Ferrassie (Dordogne), l'articulation carpo-métacarpienne du pouce soit en forme de selle comme chez les sapiens, alors que ce caractère est absent chez d'autres néanderthaliens de la région, notamment celui de La Chapelle-aux-Saints (Corrèze). Or John Napier, l'autorité en la matière, considère ce type particulier d'articulation comme le signe essentiel de la véritable opposabilité du pouce et une des conditions déterminantes du *fine precision grip*, la faculté de saisir fermement un objet avec une grande précision (entre le pouce et l'index, avec l'aide ou non des autres doigts). L'existence d'une telle structure modifie radicalement la dextérité manuelle et par conséquent les possibilités techniques d'un individu.

Tout semble donc indiquer que, suivant les régions et les individus, les néanderthaliens avaient atteint autrefois des niveaux très différents de développement anatomique, intellectuel et culturel [166]. D'aucuns ne se sont peut-être *jamais* émancipés d'une existence purement « animale ». Seuls certains êtres plus doués, ou certains groupes familiaux, ou tribaux, auraient évolué jusqu'à pouvoir fabriquer des outils de pierre plus ou moins rudimentaires, avec tout le retentissement que cela peut avoir sur le mode de vie.

En définitive, la vérité sur la décadence technique des Néanderthaliens se trouverait quelque part entre les deux dernières explications proposées plus haut, ou elle en serait un mélange subtil. Les Paléanthropiens pongoïdes, sans culture d'aucune sorte, qui persistent de nos jours, descendent sans doute à la fois de populations néanderthaliennes, dont l'industrie s'est détériorée par la force des choses, et de néanderthaliens individuels qui, n'ayant jamais appris à fabriquer d'outils de pierre pour améliorer leur « standing » ont survécu précisément à cause de leur nature strictement animale [167].

Quand sapiens et néanderthaliens se disputaient les mêmes territoires, les plus industrieux et les mieux armés des paléanthropiens apparaissaient aux représentants de notre espèce comme les rivaux à éliminer avant tout. Aussi furent-ils sans doute les premiers à disparaître ? Ceux que l'aventure humaine n'avait jamais tentés, soit par incapacité, soit par indolence, et qui étaient restés plus proches de la condition animale — bêtes farouches, toujours sur le qui-vive, aussi habiles à se dissimuler qu'à détaler à toutes jambes —avaient forcément plus de chances d'échapper au massacre. Non seulement parce qu'ils apparaissaient comme moins redoutables aux yeux des sapiens, mais parce qu'ils pouvaient mieux se dérober à leurs persécutions. En effet, si les sapiens étaient nettement supérieurs aux néanderthaliens par leur plus grande habileté manuelle et leur faculté de perfectionner sans cesse leurs armes, les néanderthaliens étaient tout de même supérieurs aux sapiens, à bien d'autres égards. Ils l'étaient surtout par diverses adaptations : aux basses températures, à la locomotion en terrain accidenté et à la vision crépusculaire. Et puis, le nomadisme et la vie solitaire étaient rendus possibles chez eux par leur odorat plus fin et un appareil vocal plus puissant.

Grâce à leur pelage, le développement de leurs sinus, toute leur conformation massive et trapue, les néanderthaliens pouvaient, s'ils le voulaient, s'éloigner des sapiens en gagnant des régions encore plus froides, situées dans le grand Nord. Mais il leur était aussi loisible — avec l'espoir peut-être de devenir des parasites de leurs rivaux — de rester à leur

---

(166) Par une étude d'une minutie sans précédent, le professeur François Bordes est parvenu à mettre en évidence une certaine différenciation culturelle parmi les néanderthaliens sur le seul territoire de la France.

(167) En 1983, l'archéologue Myra Shackley a affirmé avoir trouvé, en Mongolie, des industries moustériennes récentes qu'elle a attribuées à des Néanderthaliens reliques. (JJB)

proximité, en s'élevant simplement dans les hauteurs des montagnes voisines, où leurs pieds à orteils crochus et leurs grandes mains à longs doigts sensiblement égaux les servaient à merveille pour escalader les rochers et s'accrocher aux moindres saillies, sans risque d'être rattrapés. Un observateur d'un de leurs descendants actuels a comparé leur progression le long d'une falaise à pic, à celle d'une araignée sur sa toile. A ce propos, certains paléontologues ont d'ailleurs souligné le fait qu'en général *les néanderthaliens hantaient de préférence les plateaux et les montagnes, alors que les sapiens vivaient plutôt dans les vallées et les plaines.*

A en juger par la biologie de leurs descendants, il semble que les Néanderthaliens se soient à ce point adaptés physiologiquement aux conditions de vie dans les hauteurs montagneuses qu'ils aient fini par s'y comporter tout à fait comme leurs voisins, les ours, avec lesquels ils avaient déjà tant de choses en commun (le pelage, les pieds plantigrades, le régime omnivore, la vie cavernicole). A l'approche de l'hiver et de ses menaces de disette, ils mangeaient plus que de coutume, devenaient gras et dodus, accumulant ainsi des réserves adipeuses à consumer lentement, ce qui leur permettait, pendant les mois difficiles, de sombrer parfois dans un sommeil profond, presque comateux, une semi-hibernation. J'imagine que cette opération remarquable — pouvoir se passer de manger ! — a dû, de tous temps, provoqué l'admiration et l'envie des sapiens, bien souvent sous-alimentés eux-mêmes, voire affamés et décimés pendant la saison froide. Elle leur a peut-être fait croire que la graisse des hommes velus avait non seulement des vertus nutritives exceptionnelles, mais un véritable pouvoir revitalisant. Tout comme les Orientaux sexuellement défaillants s'imaginent trouver dans la corne exemplaire du rhinocéros le secret de la puissance, les Orientaux affaiblis ou déficients croient découvrir dans la graisse du Néanderthalien, qui permet de vivre sans manger, le secret de la régénérescence. De simples gêneurs, les pauvres sauvages poilus sont ainsi devenus un gibier activement recherché pour ce produit de choix qu'est le *moumieu.* Raison de plus pour eux de se tenir à l'écart des sapiens.

Avec leurs yeux de plus grosse taille, les Néanderthaliens avaient heureusement la possibilité de se réfugier dans la nuit, comme tant de Lémuriens l'avaient fait pour échapper à la concurrence des Singes : se tapir le jour dans des broussailles ou des trous et ne s'éveiller à leurs activités qu'entre chien et loup. Il va sans dire que leur odorat très développé, que servait au mieux un nez retroussé à larges narines ouvertes vers l'avant, était d'un grand secours pendant ces pérégrinations nocturnes, ainsi d'ailleurs que pour maintenir en permanence une prudente distance de fuite.

Comme il est plus facile de découvrir et de chasser un troupeau qu'un gibier solitaire, les hordes de néanderthaliens vaincues ont dû s'éparpiller comme les débris d'une armée en déroute et leurs individus se mettre à errer à l'aventure. Peut-être l'instinct grégaire n'avait-il jamais été très puissant chez eux. En tout cas, une fois isolés, cela ne leur posait guère de problèmes de se retrouver les uns les autres, chaque fois qu'ils le désiraient. Grâce à leur flair incomparable, ils parvenaient d'autant plus facilement à se localiser qu'ils dégageaient tous un parfum fétide dont les sapiens avaient horreur. Mais c'étaient surtout leurs prodigieuses vocalises qui leur permettaient de signaler leur présence au loin à tout congénère intéressé.

Pour éviter le contact avec les terribles sapiens, il était donné aux paléanthropiens de fuir dans le froid, fuir dans les hauteurs, fuir dans le sommeil, fuir dans les ténèbres, fuir dans la solitude, fuir perpétuellement. FUIR. Fuir, mais fuir sur place. Tout en devenant ainsi, pour l'espèce triomphante, *invisibles et insaisissables par excellence*, il leur restait néanmoins une chance de profiter du voisinage des vainqueurs : d'abord en nettoyant, avec les chacals et les vautours, les carcasses de leurs plus grosses proies, puis en pillant leurs potagers, enfin en dévorant les restes de leurs repas et leurs déchets de cuisine. C'était la meilleure manière de s'assurer tout à la fois une certaine sécurité et un supplément de nourriture à bon compte.

Toute médaille a son revers. Cette sorte de fuite dans tous les sens avait aussi des inconvénients qui se soldèrent en définitive pour les néanderthaliens techniquement plus évolués par un retour en arrière sur le chemin du progrès culturel et social.

En choisissant, pour se rendre moins vulnérables, de dissimuler leurs bandes, de se disperser par simples couples — et encore, pendant la seule saison des amours — les néanderthaliens laissèrent s'effriter ce qu'il pouvait y avoir eu d'organisation sociale parmi eux au Würmien ancien. Ils renonçaient à la vie en commun, qui nécessite des moyens de communication variés et stimule l'éclosion d'un langage de plus en plus complexe, et ils renonçaient au travail en commun, qui favorise le perfectionnement de l'outillage.

Celui-ci d'ailleurs était condamné à s'appauvrir jusqu'à disparaître. Peut-être, dans les milieux nouveaux où ils se réfugiaient, les néanderthaliens avaient-ils moins de chances de trouver les galets et autres pierres fissiles avec lesquels ils fabriquaient leurs instruments. Mais surtout, à quoi bon façonner des armes de pierre à la sueur de son front, quand il n'est plus question de disputer le gros gibier aux sapiens, dans les savanes et les bois clairs où ils règnent en maîtres absolus ? Comment d'ailleurs, devenus solitaires ou presque, les hommes velus auraient-ils pu s'attaquer à des animaux en les rabattant de tous côtés vers des falaises ou des fossés creusés à cette intention ?

Et comme le feu n'est qu'un sous-produit occidental de la fabrication d'outils en silex, ainsi que Porchnev l'a démontré avec brio, son usage s'est, lui aussi, perdu bientôt chez les néanderthaliens en décadence.

En optant pour une vie nomade, ceux-ci abandonnaient du même coup tout projet de construction de huttes permanentes. Sans doute se contentèrent-ils, au début, de fabriquer de simples tentes, faciles à monter et à démonter en toute hâte, pour finir par renoncer complètement à ces abris trop voyants, et ne plus chercher refuge que dans des cavernes, voire de simples trous dans le sol, ou des litières aménagées dans les taillis et les fourrés. Pour fabriquer des tentes, d'ailleurs, il faut disposer de grandes peaux, et pour se procurer celles-ci, il faut tuer du gros gibier... Tout se tient.

Pour ce qui est de se peinturlurer d'ocre et surtout se parer de bijoux, il ne devait plus guère en être question au bout d'une certaine période de vie errante semée d'embûches. Survivre simplement suffisait à monopoliser toutes les énergies.

Sans cesse traqués, les néanderthaliens ont fatalement cessé d'encore inhumer leurs morts. Ils n'avaient plus guère le temps de creuser des tombes décentes, ni même la possibilité de le faire, une fois privés d'outils de pierre. Plus question non plus de les orner, ni d'y laisser des offrandes, puisqu'ils ne possédaient plus rien. En revanche, pour eux qui n'avaient jamais la viande à gogo qu'assure de temps en temps la chasse au gros gibier, grande était la tentation de tout simplement dévorer leurs défunts. Ils n'ont pas dû s'en priver. Là aussi, tout se tient.

Reste le culte de l'Ours, dont on a fait grand cas. Sans doute ne faut-il pas y voir autre chose que le totémisme le plus fruste. Dans leurs retraites montagneuses, les néanderthaliens étaient bien souvent appelés à occuper les cavernes où vivaient les ours. Ils étaient condamnés à leur disputer les mêmes abris (ce qui devint de toute façon impossible quand ils n'eurent plus d'armes) ou à les partager en frères. Velus comme ils l'étaient, les paléanthropes devaient d'ailleurs se sentir bien plus proches des ours que des « singes nus » des vallées et des plaines, qui au surplus les chassaient tous deux sans discrimination ni merci. Les néanderthaliens avaient d'ailleurs fini par s'inspirer du mode de vie des gros plantigrades, jusqu'à imiter leur long sommeil hivernal pour pouvoir, comme eux, passer sans encombre le cap de l'hiver « tueurs de pauvres gens ». Bref, tant à leurs propres yeux qu'à ceux des sapiens, ils étaient les « hommes-ours », et ils le sont restés de nos jours [168]. Quoi d'étonnant dès lors qu'ils eussent autrefois porté aux ours, dont ils conservaient précieusement les crânes, une vénération faite à la fois de crainte et d'admiration. Ce sentiment ne devait pas être bien éloigné de ce qu'éprouvent gorilles ou babouins pour le chef de leur famille ou de leur bande, le mâle dominant. Si c'est là de la religiosité, ce n'en est vraiment qu'une ébauche.

Tout se tient en somme. Une décadence entraînant l'autre, ceux des néanderthaliens qui s'étaient engagés dans la voix de l'hominisation, furent soit exterminés par les sapiens conquérants et triomphants, soit contraints à faire marche arrière et à retourner à un mode de vie strictement « animal », après avoir perdu en route tout ce qu'ils pouvaient avoir possédé de technicité, d'organisation sociale, de sentiments religieux et de goût esthétique.

L'étude des cas d'enfants ensauvagés, des « enfants-loups » comme on les appelle souvent, démontre à souhait l'incroyable régression que l'*Homo sapiens* le plus civilisé peut subir, une fois replongé dans la nature. Cependant, la cause principale de cette régression n'est pas ce retour à l'état sauvage mais le fait que l'enfant se retrouve précisément seul, isolé, sans la possibilité de recevoir, à travers l'éducation d'un parent ou d'un adulte quelconque, tout l'acquis culturel de ses ancêtres. Non seulement il ne peut pas parler, mais il n'apprendra jamais à le faire s'il a vécu seul pendant les premières années de sa vie [169].

N'ayant même pas été éduqué par les siens, par cris, gestes et mimiques, comme le sont les petits des animaux, il arrive que l'enfant ensauvagé n'acquiert même pas certains comportements humains aussi élémentaires que la station bipède, et que l'on ait parfois quelque mal à la lui faire adopter. A cet égard, il est en fait inférieur à un animal qui a normalement été éduqué par ses parents ou ses congénères plus âgés, dont il a appris bien des choses par simple imitation.

Dans sa cellule familiale, le petit néanderthalien déchu était évidemment élevé par sa mère, voire par ses deux parents. Mais comment l'était-il ? Par un enseignement en grande partie oral, comme les petits sapiens, ou par cris, gestes et mimiques comme tous les autres animaux ? Les Néanderthaliens possédaient-ils un langage articulé, une pensée conceptuelle ? *To speak or not to speak, that is the question.* S'ils ne parlaient pas, la détérioration et la régression rapides de leur culture s'expliquent d'autant plus facilement.

La question de savoir si les Néanderthaliens étaient ou non doués de parole a été l'objet des plus vives controverses, dans le détail desquelles il n'est pas possible d'entrer ici, car cela nous entraînerait trop loin. Contentons-nous de survoler rapidement les données du problème.

---

(168) Comme en témoigne le nom qu'on donne souvent aux hommes sauvages : *jenhsung* (en chinois), *mi-dre* ou *mi-teh* (en tibétain), *lou-woun* (en birman), *michka-tchélovek* (en russe), etc.
(169) Cf. MALSON, 1964.

On croyait autrefois, et certains le croient encore, qu'il est possible de vérifier sur les restes squelettiques d'un hominidé quelconque s'il était capable ou non de parler. On a longtemps prétendu par exemple que la présence, sur la mandibule, des apophyses auxquelles s'attachent les muscles de la langue indique la maîtrise d'un langage articulé. Hélas ! De nombreux hommes actuels sont privés de ces saillies osseuses, et ils n'en parlent pas moins. Cette déconvenue n'a pas découragé les chercheurs, et certains entendent s'appuyer sur d'autres structures du squelette pour proclamer notamment la mutité des Néanderthaliens [170].

C'est cependant sur la forme et la structure du cerveau qu'on a surtout cherché à se fonder pour trancher la question, et donc, pour les hommes fossiles, sur leurs moulages endocrâniens. Mais Symington a démontré dès 1915 que ces derniers ne sont pas des empreintes du cerveau même et qu'on ne peut donc pas y relever les détails du relief de celui-ci. Cependant divers chercheurs, notamment soviétiques, prétendent que le développement relatif de certaines aires et zones cérébrales se reflète suffisamment sur l'endocrâne pour qu'on puisse affirmer que la maîtrise de la parole est le monopole du seul *Homo sapiens*.

Beaucoup d'auteurs préfèrent fonder leurs conclusions à cet égard sur les manifestations extérieures de l'intelligence. Ils prennent en considération soit la qualité ou la variété de l'outillage, soit des pratiques telles que l'inhumation des morts, avec offrandes. Selon eux, la croyance à l'au-delà que cela implique nécessite une pensée symbolique et un langage complexe pour la communiquer.

L'analyse soigneuse des outils paléolithiques par le professeur V. V. Bounak révèle ainsi que leur fabrication était une fonction extrêmement stéréotypée et quasi automatique. Au Paléolithique inférieur, le moindre changement de modèle correspondait à quelque 1000 générations (de 30 ans) et au Paléolithique moyen à au moins 100 à 200 de celles-ci. De telles étapes échappent de toute évidence au contrôle de la conscience et se situent en dessous du niveau de celle-ci. La parole ne jouait donc aucun rôle dans la transmission du progrès technique à cette époque : seul agissait le facteur d'imitation.

Il faut reconnaître que la durée considérable de la période pendant laquelle l'outillage moustérien n'a pratiquement pas évolué (70 à 80 000 ans !) plaide en faveur d'une technique néanderthalienne fondée uniquement sur une imitation servile.

Lorsque la population Pré-Sapiens encore indifférenciée, d'où sont sortis à la fois les Sapiens modernes et les Néanderthaliens, a commencé à se scinder sous l'action sans doute de facteurs climatiques (vraisemblablement à la fin de l'interglacial Mindel-Riss), les uns et les autres ont emprunté leur voie personnelle en emportant un bagage génétique de qualité différente, en ce qui concerne tant l'habileté manuelle que la prédisposition au langage articulé. Faute de pouvoir transmettre par la parole, à leurs jeunes élèves, les petits raffinements techniques découverts par raisonnement ou par accident, les néanderthaliens sont restés fixés pendant des dizaines de millénaires à une méthode de travail identique. Celle-ci a dû se perdre bien facilement et même rapidement dès que leur mode de vie s'est trouvé bouleversé sous les assauts répétés des sapiens qui, eux, perfectionnaient peu à peu leur outillage. De même que rien n'est plus désavantageux qu'une spécialisation pous-

---

(170) D'une importance capitale à cet égard sont les expériences d'acoustique de deux chercheurs américains, Lieberman et Crelin, qui, en 1971, sont parvenus, en reconstituant le larynx et le pharynx de l'Homme de La Chapelle, à prouver que les Néanderthaliens classique d'Europe étaient incapables de prononcer maintes voyelles et consonnes, et ne possédaient en définitive qu'un dixième de l'aptitude à parler de l'Homme moderne. Les études ultérieures ne font que confirmer cette grave incapacité d'élocution.

sée quand les conditions extérieures viennent à changer, rien n'est plus fragile qu'un comportement stéréotypé dès qu'il ne peut plus s'exercer exactement de la même façon.

Il faut répondre tout de même à l'objection selon laquelle certaines coutumes néanderthaliennes témoigneraient d'un développement élevé de la pensée conceptuelle et requerraient une communication de nature verbale. J'ai déjà fait un sort à l'argument du culte de l'Ours. Qu'en est-il de l'inhumation des morts et surtout de la pratique des offrandes funéraires ?

Certains préhistoriens ont beaucoup exagéré l'importance de la pensée religieuse chez les hommes fossiles. Que d'aucuns par exemple voient un « culte de la Fécondité » dans des représentations qui s'apparentent manifestement à de simples graffiti d'urinoirs, permet de mesurer l'ampleur de ces errements.

Prêter un mobile religieux au fait d'enterrer un cadavre revient à attribuer une science de l'hygiène à un chat qui enterre ses excréments. Manger le cerveau d'un ennemi ne signifie pas nécessairement qu'on désire s'incorporer son âme : cela peut témoigner d'un penchant gastronomique pour la cervelle. Comment diable les hommes préhistoriques auraient-ils d'ailleurs pu savoir que l'organe cérébral est le siège de la « psyché », alors que tout au long des siècles de notre histoire, bien des érudits n'ont pas hésité à situer celui-ci aussi bien dans le foie que dans le cœur ?

Le fait d'inclure certains objets dans une tombe, notamment des objets ayant appartenu à un défunt, implique d'évidence un certain raisonnement (ce qui a longtemps été ensemble doit continuer de l'être), mais un tel raisonnement, qui n'a rien de syllogistique, ne dépasse tout de même pas en complexité celui qu'on doit en toute justice accorde à certains singes au vu de comportements infiniment plus subtils (p. ex. le stockage de jetons symboliques en vue de leur utilisation future dans une machine à distribution automatique de friandises, ou encore la formulation d'une requête précise au moyen d'un langage par signes emprunté aux sourds-muets, ou encore par l'assemblage de dessins symboliques) correspondant à des concepts [171]. Après tout, le fait de confier des provisions de bouche à un mort, comme on le fait à quelqu'un partant en voyage, ne pourrait-il pas être interprété au contraire comme le signe d'une profonde stupidité, ou pour le moins d'une forme de pensée peu scientifique ? Il faut avoir le courage de se poser la question du point de vue de Sirius, comme si nous analysions le comportement de représentants d'une autre espèce, d'insectes par exemple : croire à l'au-delà est-il une preuve de supériorité intellectuelle ?

Une croyance magique fondée sur des correspondances — des similitudes souvent très superficielles, comme la mort et le départ en voyage — témoigne sans conteste d'une symbolisation de la pensée, sûrement pas d'une pensée rationnelle.

Cette manière de penser axée sur les ressemblances, à savoir les choses s'imitant les unes les autres, en somme sur l'association d'apparences, est celle qui vient naturellement à chaque individu, et elle peut se passer tout à fait d'une communication de l'un à l'autre par un langage conceptuel. Un cerveau humain ressemble toujours à une noix, certains champignons à un phallus, et il n'est pas besoin de mots pour le souligner. Dans leurs manifestations élémentaires, croyances et pratiques magiques n'ont pas à être léguées par tradition. Au surplus, les rituels peu compliqués peuvent fort bien se transmettre par simple imitation.

---

(171) Expériences réalisées sur des chimpanzés aux Etats-Unis, respectivement par le docteur John Wolfe, des laboratoires Yale de biologie des Primates, par les docteurs R. Allen et Beatrice T. Gardner, de l'Université du Nevada, et enfin par le docteur David Premack, de l'Université de Santa Barbara, en Californie.

Bref, il est légitime de penser que les Néanderthaliens ont parfaitement pu atteindre le niveau de culture le plus élevé que nous leur connaissons sans jamais avoir eu de langage articulé.

Porchnev a tout à fait raison de considérer qu'un Primate n'est autrefois devenu un « homme », dans le sens strict que nous donnons à ce mot (en somme un *Homo sapiens*), que lorsqu'il a pu se servir de la parole. Et cette parole n'a pu exercer une influence déterminante que lorsqu'elle s'accompagnait de grégarisme. Alors seulement l'accumulation, par le travail en commun, des moindres acquis techniques, aussitôt transmis à toute la tribu et pouvant même l'être à d'autres tribus en échange de leurs acquis personnels, a déclenché, par un processus en boule de neige, la prodigieuse accélération des progrès techniques, en vérité explosive, qui caractérise essentiellement l'Homme.

La station verticale, qui permet le lire épanouissement du cerveau au sommet de la colonne vertébrale, la bipédie, qui libère la main de sa fonction de soutien et de locomotion, puis le perfectionnement subséquent de ces deux organes, ont été des facteurs nécessaires à l'hominisation proprement dite, mais seulement des facteurs préparatoires. Seule la complication du cortex cérébral autorisant une pensée conceptuelle, laquelle est d'ailleurs indissolublement liée à l'usage de la parole, et la fabrication d'outils de plus en plus raffinés grâce à la communication orale des acquis techniques, ont vraiment créé l'Homme. Le langage, la société et le travail sont les trois facteurs décisifs de l'hominisation.

Cet état de fait confirme pleinement la justesse de la théorie, due à Engels, de la genèse de l'Homme par le travail, théorie qui n'est qu'un développement d'une thèse fondamentale du marxisme. Voilà qui explique l'importance primordiale que représente, pour les chercheurs soviétiques groupés autour de Porchnev, le problème des néanderthaliens reliques, êtres anatomiquement semblables à l'Homme, mais qui ne possèdent ni langage articulé, ni organisation sociale, ni industrie.

Remarquons tout de même que si l'Homme est le résultat de l'utilisation de la parole par une population de primates bipèdes et sociaux fabricant d'outils, le processus d'hominisation ne s'est pas déroulé lentement et graduellement — du moins à l'échelle géologique — comme la Science de l'anthropogenèse tendait à nous le faire croire jusqu'à présent. L'hominisation s'est produite d'une manière plutôt abrupte au sein d'une lignée déjà bien différenciée. Voilà qui s'accorde assez avec la vieille thèse spiritualiste de la dotation, à un moment déterminé, d'une « âme » à l'Homme, et à l'Homme seul.

Le fait mérite d'être noté, car il est bien rare que les implications philosophiques d'une découverte scientifique puissent à la fois satisfaire les penseurs matérialistes et rassurer les esprits religieux [172].

---

(172) En 1987, un jeune naturaliste espagnol, vivant en France, Jordi Magraner, commença à explorer les montagnes du Chitral dans le nord du Pakistan, à la recherche de l'homme sauvage local, le *barmanu*. Hélas, le 2 août 2002, Jordi Magraner était égorgé par des islamistes, qui l'accusaient de propager le christianisme.

Il avait, entre-temps, effectué une enquête extrêmement soigneuse et rigoureuse, en soumettant les témoins à un questionnaire à choix multiples, portant sur 63 critères anatomiques (dont les 53 définis par B. Heuvelmans à propos de l'Homme pongoïde). Or, « le tableau synoptique obtenu des 27 témoignages et des 63 caractères est d'une cohérence quasi-parfaite avec celui d'Heuvelmans » (M. Raynal).

De plus, Jordi Magraner montrait ensuite aux témoins environ 90 représentations de singes, hommes préhistoriques, types humains variés, etc. *Tous* les témoins ont désigné l'Homme pongoïde (plus précisément sa reconstitution par Alika Lindbergh) comme le plus semblable à l'être qu'ils avaient vu. On ne saurait rêver confirmation plus éclatante de l'authenticité du spécimen et de la pertinence des conclusions de B. Heuvelmans. A noter que J. Magraner rapporte que le barmanu s'assied « en tailleur » : or des chevilles de Néanderthaliens semblent indiquer que ceux-ci présentaient cette habitude. Voir : Magraner (Jordi), « Les Hominidés reliques d'Asie Centrale », *Troisième Millénaire*, 32 ; Raynal (Michel), « Les Néanderthaliens reliques des Pyrénées au Pakistan », *Bipedia*, 10, pp 14-24, 1993. (JJB)

Chapitre XXV

Cain contre Abel

La déshominisation : une vue nouvelle de la genèse des hommes.

> « C'est en vain qu'on espère un grand profit dans les sciences, en greffant toujours sur le vieux tronc que l'on surcharge. Il faut tout renouveler jusqu'aux plus profondes racines. »
>
> Francis BACON.

> « C'est le singe que j'aime en l'homme, et non l'ange. »
>
> Sir Osbert SITWELL,
> Dans son poème *Aspiring Ape*.

D'après une vielle légende juive, les représentants d'une des trois classes d'hommes qui avaient construit la Tour de Babel, furent transformés en singes par châtiment de leur impiété. Et il est maintes tribus en Afrique, en Indonésie, et même en Amérique du Sud, où l'on croit fermement que les grands singes sont des hommes déchus : ils sont parfaitement capables de parler mais se gardent bien de le faire par crainte d'être forcés à travailler. Dans sa célèbre *Description de l'Afrique*, publiée en français en 1668, le docteur Olfert Dapper disait notamment des quojas-morrou (sans doute les chimpanzés) : « Ils sont issus des hommes, à ce que disent les Nègres, mais ils sont devenus ainsi demi-bêtes en se tenant toujours dans les forêts. »

On le voit, l'idée de « déshominisation », qui s'applique si admirablement à l'évolution singulière des Néanderthaliens, n'est pas nouvelle. Elle est au moins aussi ancienne que la vieille fable de l' « hominisation » du singe, qui a fini par être en quelque sorte officialisée par Darwin. Mais la déshominisation a, elle aussi, conquis ses lettres de noblesse scientifique au cours des dernières années. C'est l'éthologiste hollandais docteur Adriaan Kortland qui l'a mise à l'honneur par sa dehumanization theory en cherchant à expliquer pourquoi certains chimpanzés utilisent des outils et d'autres non.

Pour Kortland, le chimpanzé est essentiellement un anthropoïde de savane, qui se serait en grande partie replié dans la forêt pour fuir la marée humaine en expansion. Par des observations et même des expériences ingénieuses sur le terrain, ce zoologiste inspiré a montré que ceux des chimpanzés qui se tiennent encore à l'orée des bois et qui hantent les espaces ouverts, utilisent des projectiles divers — pierres ou mottes de terre — pour combattre leurs adversaires. Ils se servent même de bâtons comme de massues ou de lances pour attaquer le léopard, leur ennemi héréditaire, voire pour abattre de petites proies, entre autres des cercopithèques. Le fait est que dans la savane, les chimpanzés sont à l'occasion carnivores.

Il n'en est pas de même dans la forêt. L'usage d'armes est en effet exclu, pour des raisons strictement mécaniques, dans l'entrelacs serré de la végétation : impossible de jeter une pierre, avec quelque chance d'atteindre son but, à travers un rideau de branches, de broussailles, de lianes et de racines aériennes, impossible même de faire des moulinets avec un bâton ! C'est ainsi que les chimpanzés sont condamnés à un végétarisme de plus en plus poussé dans leur retraite forestière, où ils n'arrivent

plus guère à attraper que des proies minuscules (insectes, araignées ou petits invertébrés mous), tout au plus des grenouilles ou de menus lézards. En s'enfonçant dans
la forêt dense, eux qui étaient des prédateurs actifs et qui avaient comme un début
d'industrie, eux qui semblaient donc en voie de devenir des hommes, se sont d'une
certaine manière « déshominisés ».

En prolongeant la pensée de Kortland, on peut tenir le Gorille, étroitement apparenté
au Chimpanzé, mais totalement forestier et plus strictement végétarien que lui, pour
l'aboutissement d'un tel processus.

C'est, nous le savons, à un changement de biotope comparable qu'il faut avant tout
attribuer l'incroyable transformation des habiles chasseurs et artisans moustériens
en ces véritables hommes-bêtes que sont les Néanderthaliens pongoïdes.

Mais le phénomène est-il à ce point singulier ? Une déshominisation du même ordre semble s'être produite en tout cas parmi les Archanthropiens ; à une époque
correspondant à peu près, en Europe, au début de la glaciation de Mindel, le
Pithécanthrope de Trinil ne paraît pas avoir utilisé d'outils de pierre ni connu le
feu à Java, alors que son quasi-contemporain, le Sinanthrope de Pékin, a laissé des
foyers et une industrie lithique, tout comme d'ailleurs leur frère nord-africain à
tous deux, l'Atlanthrope de Ternifine. On pense généralement que c'est à la suite
de son isolement technique que le Pithécanthrope javanais aurait perdu ses facultés techniques.

On constate même une telle déshominisation parmi les Australopithèques. Le
Paranthrope, ou Australopithèque robuste, était apparemment privé d'industrie au
Pléistocène moyen, alors qu'auparavant, au Pléistocène inférieur, l'Australopithèque
premier du nom (*Australopithecus africanus*) est tenu pour responsable d'une culture
ostéodontokératique. C'est pour être devenu au cours des temps un gros végétarien
pacifique que le Paranthrope n'aurait plus eu l'usage d'armes faites d'os, de dents et
de cornes, comme son prédécesseur plus gracile, prédateur et omnivore.

Bref, c'est au sein de toutes les lignées hominoïdes — ou, pour ceux qui ne comprendraient que le darwinien, à tous les stades intermédiaires entre le Singe anthropoïde et l'Homme actuel — qu'on observe le même phénomène de déshominisation. Il s'agit donc d'une tendance commune, et non de quelque aberration exceptionnelle.

Il faut préciser que cette décadence culturelle s'accompagne, généralement, de
transformations anatomiques qu'on ne saurait mieux résumer que par le terme de
bestialisation. Le front devient plus fuyant, les mâchoires se développent, l'appareil
masticatoire plus puissant entraîne une amplification des crêtes osseuses du crâne
auxquelles s'accrochent les muscles intéressés. La silhouette tout entière peut même
se modifier : la tête s'enfonce dans les épaules, l'attitude devient de plus en plus penchée en avant, elle tend vers l'horizontalité et la locomotion quadrupède. Tous les
êtres atteints de déshominisation, non seulement cessent d'agir comme des
Hommes, mais ils ressemblent de plus en plus à l'image qu'on se fait de la Bête.

Cette déshominisation anatomique a été reconnue depuis longtemps chez les
Néanderthaliens. Dès 1906, Thomas Huxley, le plus ardent sectateur de Darwin,
avait dit de leurs premiers restes connus : « Ils démontrent tout au plus l'existence
d'un homme dont on pourrait dire que le crâne retourne en quelque sorte vers le
stade pithécoïde. »

L'adjectif « pithécoïde », nous le verrons, ne se justifie guère en l'occurrence. Quoi qu'il en soit, il est de bon ton aujourd'hui de parler de retour en arrière ou de dégénérescence pour qualifier l'évolution des Néanderthaliens. La tendance générale des zoologistes entêtés de génétique est d'attribuer une telle rétrogradation apparente à une dérive génique, à savoir l'accumulation fortuite de mutations légèrement défavorables dans une population restreinte.

Franchement, peut-on songer à un accident malheureux — un véritable recul qui serait tout de même exceptionnel en matière d'évolution — quand on constate qu'il s'agit d'un processus généralement répandu dans tout le groupe des Hominoïdes ? Dans ce cas, il faudrait tenir aussi pour rétrogrades l'évolution et la haute spécialisation de tous les Vertébrés qui ont opté secondairement pour une vie marine, qu'il s'agisse de Reptiles, de Mammifères ou même d'Oiseaux. Bien qu'il y ait eu de leur part un véritable retour à la mer, qui songerait à prétendre que l'Ichtyosaure, le Dauphin et le Manchot sont redevenus des Poissons, au sens zoologique du terme ? Tout en passant d'un milieu à un autre, ils ont tous suivi une évolution propre, ils ont progressé dans le sens de leur adaptation aux conditions de vie nouvelles. Ils ne sont pas revenus sur leurs pas. Tout au plus peut-on dire qu'ils ont pris un chemin de traverse, une voie latérale.

De même, la déshominisation, c'est-à-dire un éloignement progressif par rapport aux traits qui caractérisent l'*Homo sapiens*, reflète une tendance évolutive apparemment normale, et même banale, au sein du groupe des Hominoïdes, tendance à laquelle seul l'Homme au sens strict aurait échappé, ou, plus subtilement, ne se serait pas abandonné.

Cette inclination si répandue, je l'appellerais la « solution de facilité ». On ne saurait mieux la comparer qu'à la tendance, évoquée ci-dessus, qui a parfois entraîné certains Vertébrés terrestres à retourner à la mer ancestrale. La conquête de la terre ferme avait été pour tous une affaire ardue et pénible. Une fois que certains Amphibiens avaient été mués en Reptiles et s'étaient trouvés radicalement émancipés du milieu aquatique, on aurait pu croire la partie gagnée à tout jamais. Et pourtant, à toutes les étapes de l'évolution reptilienne, et, par la suite, de l'évolution mammalienne, on voit certaines lignées, qu'on pourrait qualifier de défaitistes ou de paresseuses, retourner à la mer, milieu plus confortable, plus vaste, plus riche en aliments, plus sûr, en un mot plus « facile ». Tout se passe comme si certains abandonnaient en chemin une lutte épuisante dans un milieu nouveau, étranger, hostile [173].

Dans tout le groupe des Hominoïdes, primates de taille relativement grande, donc avides d'espace et d'une nourriture abondante et variée — conditions de vie se trouvant précisément en savane — on assiste à un phénomène très semblable : un renoncement fréquent à la conquête de territoires nouveaux pour un retour à la vie forestière ancestrale, plus « facile ».

Pour arriver à survivre tant qu'ils n'étaient que des êtres minuscules, sans autres défenses que la dissimulation ou la fuite, les Primates ont nécessairement dû naître et se développer au sein de forêts inextricables, riches en cachettes, et où l'on peut éventuellement fuir dans les trois dimensions de l'espace. Beaucoup d'entre eux, mais non tous, sont ainsi devenus bientôt arboricoles. Les plus prudents devaient même renforcer leur sécurité en optant pour une vie nocturne : ce sont les Tarsiers et les Lémuriens. Parmi ces derniers, quelques-uns n'allaient plus se risquer à mener une vie diurne qu'une fois

---

(173) Il va sans dire qu'un tel phénomène s'explique très bien du point de vue génétique, la probabilité étant très faible de développer simultanément les nombreux dispositifs adaptatifs qu'exige la conquête d'un biotope radicalement nouveau. L'évolution procède toujours par tâtonnements, par essais et échecs (trial and error).

isolés dans la sécurité d'une île pauvre en prédateurs et en concurrents : Madagascar. Sur les continents chauds, quand les autres Primates augmentèrent de taille, commencèrent à se sentir à l'étroit dans les forêts et éprouvèrent le besoin d'enrichir leur ordinaire, des représentants de deux lignées au moins partirent à un certain moment à la conquête de la savane claire : les Hominoïdes et les Babouins, les Singes à museau de chien. Ces derniers parvinrent à se maintenir jusqu'à nos jours dans les espaces ouverts grâce à leur forte taille, leur denture particulièrement redoutable et leur organisation sociale. Il y eut cependant parmi eux certaines défections, celle notamment du mandrill, qui, malgré ses crocs impressionnants, préféra se replier dans la forêt, faute peut-être d'avoir su s'organiser socialement. Parmi les Hominoïdes aussi, il y eut des abandons plus ou moins précoces. Les Singes anthropoïdes furent sans doute les premiers à renoncer à la conquête des grands espaces verts et aux perspective de chasse au gros gibier qu'ils offrent : le Chimpanzé est sans doute celui d'entre eux qui s'y maintint le plus longtemps, se tenant d'ailleurs de préférence à l'orée des forêts pour pouvoir tout de même se réfugier dans celles-ci en cas de nécessité, et, en tout cas, s'y reposer en paix. Parmi les Australopithéciens, les Paranthropes firent apparemment de même et optèrent peut-être bien pour une vie forestière aussi paisible que celle des Gorilles, alors que les Australopithèques prédateurs, avec leurs armes faites d'os, de dents ou de cornes, disputaient la savane à de petits hommes armés de galets façonnés (*Homo habilis* ?) ce qui finit apparemment par leur être fatal. Je suis tenté de croire qu'il en fut de même, ensuite, pour les Archanthropiens, coureurs de plaines élancés et rapides, auxquels se posa le même dilemme : ou chercher refuge dans la jungle — de préférence sur une île d'atteinte difficile comme Java — et renoncer à toute industrie, ou bien se mesurer avec les hommes de la lignée menant aux sapiens, et finir par succomber sous leur supériorité technique et leur organisation sociale. La survivance extrêmement tardive de l'Archanthropien de Broken-Hill s'explique peut-être par un sage repli dans la forêt tropicale [174]. De même, les Pithécanthropiens découverets récemment à Kow Swamp en Australie, et qui remontent à 9 000 ou 10 000 ans à peine, ont peût-être dû ce prolongement d'existence au fait d'avoir atteint le continent austral bien avant l'arrivée des premiers sapiens et n'y avoir été rejoints que tardivement par leurs implacables rivaux. A la lumière de ce que nous savons à présent des Néanderthaliens, il ne peut plus faire de doute que ceux-ci ont renoncé un jour à disputer leurs territoires aux sapiens et qu'ils ont délibérément fui les plaines, qui dans leur aire de distribution correspondaient à la savane. Faute de forêts inextricables du type tropical dans la Région Paléarctique où ils étaient confinés, faute d'îles assez accueillantes, ils ont cherché refuge dans tous les endroits les plus déshérités, dédaignés par la soif de conquête et d'invasion de l'*Homo sapiens* : les hauteurs montagneuses, les taïgas glacées, les steppes et les déserts arides, parfois seulement certaines forêts de montagne relativement chaudes, comme dans le Sud-Est asiatique. Enfin, de nos jours, au sein même de l'espèce Sapiens et sous la poussée expansive des races conquérantes, celles les plus avancées techniquement, on constate chez certaines peuplades un repli manifeste dans la forêt tropicale, hostile à tout progrès matériel mais garante d'une sécurité relative et d'une inconfortable facilité, un retour au stade naturel de la chasse et de la cueillette et, de ce fait, une « déshominisation culturelle ». Citons à titre d'exemple les pygmées négrilles d'Afrique, les négritos Sémang et les veddoïdes Senoï de la presqu'île de Malacca, enfin, les Indiens de la forêt amazonienne.

---

(174) Il ne m'étonnerait pas que les rumeurs insistantes relatives à l'existence d'Hommes sauvages et velus dans les forêts du Zaïre (ex-Congo belge), soient fondées sur la survivance de cette forme à l'époque actuelle. Comme le grand capteur d'animaux Charles Cordier l'a fait savoir, ces êtres sont appelés *Kikomba* par les Bakano et les Bakoudjo, *Apamándi* ou *Abamaánji* par les Bakumo, *Tchigómbe* par les Batembo et *Zalazúgu* par les Warrega.

Sans doute, au cours des temps, le processus de déshominisation est-il passé d'abord d'une phase strictement culturelle à une phase anatomique, puis l'importance de cette déviation morphologique a grandi de plus en plus. Aujourd'hui par exemple, les Indiens d'Amazonie ne sont guère « déshominisés » que par leur culture. Chez les Négrilles, le processus commence à se marquer physiquement, notamment par la réduction de taille. Chez les Néanderthaliens extrêmes, il se manifeste de la tête aux pieds, dans toute l'anatomie corporelle. Chez les Archanthropiens, il est tout aussi poussé sinon davantage, mais surtout dans le développement cérébral et crânien, et bien plus chez les Pithécanthropes ensauvagés de Java que chez les Sinanthropes industrieux de Pékin. Parmi les Australopithéciens, il est encore plus prononcé dans l'ensemble, mais plus chez les Paranthropes herbivores que chez leurs prédécesseurs carnassiers. Et chez les Singes anthropoïdes actuels, la transformation physique est totale, et d'autant plus profonde qu'ils se sont adaptés plus étroitement à la vie arboricole. En somme, l'ampleur de la déshominisation est d'autant plus sensible que la formation de la race locale, puis de la spéciation à partir de la lignée Sapiens, est plus ancienne.

S'il y a toujours eu déshominisation, à tous les niveaux de développement des Primates hominoïdes, cela n'indiquerait-il pas que c'est là le sens normal de l'évolution ? Pour se déshominiser, il a fallu être un peu homme. Tous les Hominoïdes ne descendraient-ils pas en fait d'une sorte d'homme, les singes anthropoïdes compris ?

Le caractère général de la tendance déshominisante tend après tout à confirmer ce que l'étude du développement embryonnaire aurait dû faire soupçonner depuis longtemps, à savoir que, du point de vue anatomique, l'*Homo sapiens* est essentiellement primitif par rapport aux autres espèces d'Hominoïdes. La lignée particulière dont il provient doit être d'origine très ancienne. Et l'ancêtre lointain, commun à tous, devait forcément posséder les traits les plus caractéristiques de l'Homme : entre autres, sa tête globulaire, sa station verticale, son pied plantigrade et non préhensile. Et comme l'évolution s'accompagne généralement d'un accroissement de taille, il devait être tout petit.

On en revient ainsi à la conception « homonculiste » de l'anthropogenèse, que j'ai brièvement esquissée au chapitre XVI afin de souligner la caractère arbitraire du schéma darwinien, selon lequel l'Homme descendrait du Singe [175].

Dans un ouvrage qui, déjà, bat en brèche une croyance aussi solidement ancrée en anthropologie que l'extinction des Néanderthaliens, j'aurais préféré ne pas avoir à faire appel en plus à une théorie hérétique de l'origine de l'Homme. Mais il me paraît difficile d'y échapper. On aurait d'ailleurs dû s'y attendre de la part d'un disciple et sectateur du docteur Serge Frechkop. Ceux qui connaissent son œuvre savent la faveur que ce mammalogiste génial, qui fut mon maître, accordait aux théories non simiennes de l'anthropogenèse, celles de Ranke, Kollman et Osborn, et surtout celle du Bipédisme initial de Max Westenhöfer. Il y a plus de trente ans que ces conceptions, fondées à l'origine sur l'étude de l'embryogenèse et l'anatomie comparée, n'ont cessé de mûrir en moi, et chaque découverte paléontologique nouvelle est venue confirmer leur bien-fondé. Je sais qu'avoir l'impertinence de les défendre ici me vaudra autant de critiques, de sarcasmes, voire d'insultes, que la description candide d'un spécimen congelé de Néanderthalien actuel. Comme il eût été plus ha-

---

(175) Cette théorie de Darwin a toujours eu beaucoup de détracteurs, mais pour de bien mauvaises raisons. On la refusait essentiellement parce qu'on trouvait déshonorant de descendre d'une sorte de Gorille ou d'Orang-outan. Pour moi qui ai plus de sympathie pour les singes que pour les hommes, j'eusse été flatté qu'il en fût ainsi. Mais il n'en est rien. Tant pis. Notre véritable ancêtre devait être de l'étoffe dont on finit par faire le Bourreau d'une Planète, non un Seigneur de la Forêt.

bile de faire cadrer cette dernière découverte avec l'orthodoxie actuellement proclamée en anthropologie ! Mais la Science n'a pas à se soucier de diplomatie : son seul devoir est de révéler des faits, et de les interpréter à la lumière de tous les autres faits connus. Or, il ne me paraît pas possible de comprendre pleinement les hommes pongoïdes — aboutissement logique de la déshominisatioon de la lignée néanderthalienne, si longtemps qualifiée abusivement de régressive, rétrograde, aberrante ou dégénérée — sans rattacher ce processus à un phénomène plus général et le faire entrer ainsi avec cohérence dans le cadre de l'évolution normale des Primates.

Si la déshominisation est une des tendances fondamentales de cette évolution, on ne peut tout de même pas, direz-vous, nier l'existence aussi d'une « hominisation », celle qui a entraîné à la longue l'émergence de l'Homme proprement dit, l'*Homo sapiens* actuel. Cette tendance sembler même présente chez bien d'autres Primates. Il est de fait que les Singes anthropoïdes paraissent plus hominisés que les Singes à queue ou que ceux à museau de chien. Par leur bipédie, les Australopithèques ont l'air plus hominisés que les chimpanzés ou les gorilles. Et par la grosseur de leur cervelle, les Pithécanthropiens sont assurément plus hominisés que les Australopithèques, et les Néanderthaliens à leur tour le sont plus que les Pithécanthropiens. Sans aucun doute. L'hominisation véritable résulte toutefois d'un ensemble de modifications bien plus particulières, parfois infiniment discrètes. C'est le cerveau qui fait l'Homme. Mais l'évolution cérébrale qui a conduit au « phénomène humain » s'est pas limitée à un simple accroissement de taille de l'organe en question. Trois aspects sont à considérer : les dimensions absolues, la forme et la structure fine.

Un volume important est la condition préalable au développement d'une intelligence élevée. Celle-ci est liée en effet à la complexité du cerveau, et l'on ne peut pas loger autant de neurones dans la cervelle d'un ouistiti que dans celle d'un homme. Cela va de soi. Toutefois l'intelligence supérieure n'est pas directement proportionnée au volume cérébral, sinon les baleines et les éléphants seraient bien plus intelligents que les hommes.

De la forme du cerveau dépend le développement relatif des zones de l'écorce, qui commandent les diverses fonctions sensorielles et motrices. Un cerveau plus allongé dans le sens antéro-postérieur, comme celui des Singes anthropoïdes et, à un moindre degré, celui des Pithécanthropes et des Néanderthaliens, favorise électivement le développement d'autres zones que le cerveau plus élevé s'épanouissant dans le crâne quasi sphérique de l'Homme. Cette forme allongée, écrasée, inhibe notamment l'étalement des lobes frontaux, dont dépend en grande partie la primauté intellectuelle.

Enfin, le nombre absolu des neurones de l'écorce cérébrale joue un rôle essentiel dans la conquête de celle-ci. Ainsi, le cerveau de l'Orang-outan, trois fois moins volumineux que celui de l'Homme moderne, comprend dans son cortex un milliard de neurones. Un anthropoïde semblable, mais trois fois plus lourd, comme l'était peut-être le Giganthopithèque de Chine, aurait donc un cerveau aussi volumineux que celui de l'Homme et qui pourrait compter 3 milliards de neurones corticaux. Il ne serait pas pour cela d'une intelligence égale : car le cerveau humain, lui, ne comprend pas moins de 14 milliards de ces neurones ! En plus de la simple multiplication de ceux-ci, il est évident enfin que la richesse des liaisons s'établissant entre eux est le dernier pas qui mène à l'acquisition d'une activité cérébrale élevée.

La mise au point de cette mécanique complexe a évidemment été stimulée, voire rendue possible, par certaines situations écologiques (climat favorable à l'activité, espaces ouverts, proximité de gros gibier, présence des matériaux indispensables à la fabrication d'outils) et par certains traits de comportement (grégarisme, organisation sociale). Sans l'agencement délicat du langage articulé, l'Homme ne serait jamais né. Le spectacle des Néanderthaliens pongoïdes confirme qu'on peut fort bien avoir une anatomie d'homme, zoologiquement parlant, mais n'être pourtant pas un homme, au sens philosophique.

Si un processus subtil d'hominisation progressive est incontestable parmi les Primates dits supérieurs, comment le concilier avec celui plus manifeste de déshominisation, qui paraît en contradiction avec lui ? C'est que les deux processus ont agi, simultanément mais parallèlement, non seulement dans des aires organiques distinctes, mais à des niveaux d'organisation différents. Il y a eu d'une part une macro-évolution déshominisante de l'anatomie entière, qui se reflète entre autres dans la forme du squelette, et d'autre part une micro-évolution hominisante, centrée sur le cerveau et agissant au niveau cellulaire, et qui se reflète surtout dans le comportement.

Bien entendu, les deux processus antagonistes ne sont pas totalement indépendants l'un de l'autre. De même que la bipédie favorise, pour des raisons mécaniques, la libre efflorescence du cerveau au sommet de cette tige qu'est la colonne vertébrale, la complexité croissante du système cérébral nécessite, pour une question d'encombrement, une expansion de l'organe intéressé ; la grosseur de celui-ci retentit sur le développement de l'occiput ; et la forme particulière du crâne doit être équilibrée par l'architecture corporelle tout entière.

En somme, chaque type d'Hominoïde — depuis le Singe anthropoïde à l'Homme ou vice-versa ! — est la résultante du niveau d'évolution atteint par l'un et l'autre des deux processus évolutifs, ou, si l'on préfère, le point de rencontre d'un certain degré de déshominisation corporelle et d'un certain degré d'hominisation cérébrale. A toute bifurcation de la lignée menant de l'Homoncule initial à l'*Homo sapiens* actuel, la déshominisation s'est amorcée alors qu'un certain stade d'hominisation cérébrale était déjà atteint, et cette hominisation s'est poursuivie dans la mesure où l'état de déshominisation anatomique le permettait.

A partir du stade d'un petit être bipède à tête sphérique, l'évolution anatomique a mené en éventail [176] à toute une série de formes qui tendent plus ou moins à atteindre un stade morphologique comparable à celui des singes ordinaires, les singes dits Cynomorphes (c'est-à-dire « à forme de chien », car, comme ce dernier ils sont quadrupèdes, ils ont un museau allongé et, d'ordinaire, une queue). De toutes ces formes, c'est l'*Homo sapiens* qui est resté le plus primitif et ce sont les Singes anthropoïdes qui ont le plus évolué. Entre ces deux extrêmes s'insèrent les lignées des Australopithéciens, des Pithécanthropiens et des Néanderthaliens, qui toutes ont évolué — à des degrés inégaux suivant les diverses parties du corps — vers un stade plus « simien ». Il serait d'ailleurs plus juste de dire « vers un stade moins humain, car le Singe se caractérise essentiellement, au point de vue anatomique, par une adaptation à la vie arboricole et l'on ne peut vraiment pas dire que les diverses lignées en question aient évolué dans ce sens particulier.

Par rapport à son ancêtre très éloigné — l'Homoncule hypothétique dont on finira bien par retrouver un jour les restes dans les terrains de l'Eocène, peut-être même du Paléocène — l'Homme moderne a considérablement augmenté de taille et est de-

---

(176) Il va de soi que cet éventail n'est qu'une représentation schématique, d'ailleurs déformée, puisqu'elle est la projection sur un plan vertical d'un buissonnement tridimensionnel bien plus complexe.

venu bien plus élancé. Sa face ne s'est que faiblement développée par rapport à son occiput : tout au plus a-t-il acquis un menton. Sa main s'est perfectionnée jusqu'à atteindre une parfaite opposabilité du pouce par rapport aux autres doigts, ce qui a fait de lui un bricoleur habile. Son pied s'est allongé et est devenu plus étroit, plus voûté : son axe mécanique s'est rapproché de l'orteil n° 1, qui a fini par mériter l'appellation de « gros orteil », les autres ayant décru en longueur et en largeur. Bref, ce pied s'est spécialisé en vue de la course sur terrain plat.

Les Singes anthropoïdes sont les Hominoïdes qui ont le plus changé par rapport au gnome originel. Dans les arbres de la forêt, ils se sont mués à la longue en trapézistes experts. Leurs bras, par lesquels ils se suspendent aux branches, se sont allongés ; leurs mains se sont transformées en crochets par régression du pouce ; leurs jambes ne se sont plus guère développées ; leurs pieds sont devenus aussi préhensiles que leurs mains par opposabilité du gros orteil. Pour pouvoir se déplacer sur les branches horizontales en se servant de leurs quatre « mains », ils sont plus ou moins retombés à quatre pattes, sans toutefois atteindre le quadrupédisme des singes Cynomorphes. Leur origine distincte de ces derniers se trahit d'ailleurs par leur manière de s'appuyer sur leurs extrémités antérieures quand ils descendent sur le sol : ils ne posent pas les mains à plat, comme les cercopithèques ou les babouins par exemple, mais prennent appui sur leurs phalangines. L'inclinaison vers l'avant de leur tronc a modifié l'équilibre de leur port de tête et exigé le remaniement de toute l'architecture crânienne : le trou occipital a émigré vers l'arrière, le développement des mâchoires vers l'avant s'est trouvé favorisé, tandis que celui du cerveau, coincé entre le museau et les vertèbres cervicales, était au contraire freiné. Le front a fui de plus en plus, le prognathisme n'a cessé de s'accentuer. De semi-circulaires — paraboloïdes plus précisément — les rangées dentaires ont pris une forme en U, et les canines ont pu se développer librement en avant, jusqu'à devenir des crocs redoutables.

La lignée australopithécienne a été, semble-t-il, la première, après celle des Pongidés, à se détacher du tronc hominoïdien ancestral, mais de manière déjà plus pénible, celui-ci s'étant hominisé davantage dans l'intervalle. C'est pourquoi, entre autres, la dentition de ses représentants est restée si curieusement humaine. Un des plus grands spécialistes de l'évolution dentaire, le professeur G. Vandebroek, de Louvain, a écrit : « Les Australopithèques possèdent une denture, sous certains aspects, plus humaine que celle des Pithécanthropes. » En revanche, ils ont acquis bientôt maints traits anatomiques les rapprochant par convergence des Singes anthropoïdes : prognathisme plus ou moins accentué selon les régimes alimentaires, front fuyant, voire crêtes osseuses sur le crâne. Ces dernières se sont évidemment marquées le plus chez le Paranthrope qui a opté peut-être pour un habitat plus forestier et, en tout cas, pour le végétarisme, ce qui a fait de lui un quasi Pongidé.

Les Pithécanthropiens semblent avoir été aussi anciens, ou presque, que les Australopithéciens. Comme l'Australopithèque africain, ils sont sûrement restés longtemps plus fidèles à la savane, ainsi qu'en témoignent la rectitude et la longueur de leurs jambes, tout à fait semblables à celles des sapiens. Mais peut-être la trop rapide spécialisation qui les a transformés en grands coureurs de plaines s'est-elle faite, par compensation, au détriment du développement de leur cerveau pourtant appréciable, hérité de la lignée en voie d'hominisation. Chez eux aussi, le crâne a eu tendance à devenir plus simien, en particulier dans le refuge insulaire de Java. Là-bas, l'absence de rivaux appréciables rendait la sélection des plus aptes moins impérieuse, et l'appauvrissement du capital génétique, dû à l'isolement, a précipité l'évolution dans le sens le plus bestial.

Les Néanderthaliens, qui nous intéressent plus particulièrement, sont apparus beaucoup plus tard, à l'Interglacial Mindel-Riss, semble-t-il, alors que le gros des hordes australopithéciennes avaient disparu depuis longtemps d'Afrique et que les Archanthropiens s'étaient répandus et différenciés à travers toutes les régions chaudes de l'Ancien Monde et amorçaient même leur déclin. Les Paléanthropiens semblent avoir commencé à se séparer de la lignée des Sapiens alors que les pieds et les mains de ceux-ci étaient encore à un stade relativement primitif. En effet, chez certains, le pouce n'est pas encore parfaitement opposable, et l'axe du pied est toujours médian ou presque (comme dans la nageoire ancestrale !) puisqu'il passe entre le troisième et le deuxième orteil. Il est cependant certain que les Pré-Sapiens, dont les Néanderthaliens dérivent, avaient déjà atteint un niveau estimable de développement cérébral au moment de la scission, car le volume du cerveau est en moyenne plus considérable encore chez les Paléanthropiens que chez l'Homme moderne. Il convient de rappeler ici que par le développement de leur nez, judicieusement qualifié d'ultra-humain, les Néanderthaliens se situent aussi au-delà de l'*Homo sapiens*. En revanche, par leur front fuyant, leur tête enfoncée dans les épaules, leurs jambes torses et leur attitude un peu penchée en avant, ils apparaissent bien plus simiesques que lui.

En réalité l'évolution des Néanderthaliens n'est simienne qu'en apparence. Ils ont subi une spécialisation adaptative dans un sens qui ne les rapproche nullement du Singe, bien au contraire. Dès le début du Würmien, ils se sont essentiellement transformés de manière à pouvoir affronter des froids intenses et mener une vie d'escaladeurs de rochers, alors que les singes anthropoïdes se cantonnent plutôt dans les régions chaudes et se sont adaptés à une vie d'escaladeurs d'arbres. La face plate, pneumatisée à l'extrême et projetée en avant, des Néanderthaliens (oncognathisme) est toute différente de la face à mâchoires proéminentes des singes (prognathisme). Le pied à orteils recourbés en grappin des Néanderthaliens n'a rien de commun avec le pied à gros orteil opposable, faisant tenaille, des Singes. C'est pure coïncidence si la vie de grimpeur de montagne et celle de trapéziste forestier s'accommodent toutes deux d'une posture plus penchée que celle de coureur de plaine. On se déshominise autant en gagnant des hauteurs inhospitalières qu'en retournant à la forêt. En tout cas, il serait aussi faux de dire que le Néanderthalien « monte » vers le Singe que de dire qu'il en descend. S'il me fallait définir le plus judicieusement possible la tendance évolutive paléanthropienne, je dirais que le Néanderthalien est au Sapiens ce que le bouledogue est au chien ordinaire.

On s'accorde pour dire que l'Homme est un animal domestique, puisqu'il a été sélectionné artificiellement par l'Homme : c'est en fait une espèce auto-domestiquée. Or, chez la plupart des mammifères domestiques apparaissent diverses mutations, toujours les mêmes, comme le gigantisme, le nanisme, l'albinisme, le mélanisme, la coloration pie, la peau entièrement nue, etc. Une des plus curieuses est la mutation molossoïde, qui se caractérise par un télescopage de la tête — une sorte d'écrasement de la face avec retroussis du nez — et une forte courbure des extrémités. On la trouve non seulement parmi les chiens (bouledogues, boxers, pékinois, etc.) mais chez les bœufs, les cochons, les moutons, les chèvres et même les chats. Et ne sont-ce pas exactement ces déformations caractéristiques qu'on observe chez les Hommes pongoïdes ? Je pense que la spécialisation des Néanderthaliens a été déclenchée et favorisée par l'apparition, puis l'accumulation du gène molossoïde chez certains individus de la lignée Sapiens, qui ont fini par se détacher de celle-ci sous l'influence sélective des glaciations. Il se fait en effet que cette mutation transforme fortuitement la forme du corps humain de manière à la rendre plus apte à endurer des froids intenses, ainsi d'ailleurs qu'à se déplacer en terrain très escarpé. Tout comme la mutation mélanique était favorable dans les pays les plus ensoleillés et la mutation nanique en forêt tropicale, ce qui a donné naissance respectivement aux races noires et aux pygmées, la mutation molossoïde était favorable dans les pays froids et montagneux, ce qui a engendré la race néanderthalienne et à la longue une espèce néanderthalienne.

Considère-t-on à présent l'ensemble de l'évolution des Hominoïdes, on constate que, s'il se produit une apparente « déshominisation » dans toutes les lignées, celle du Sapiens exceptée, c'est toujours à la suite d'une certaine spécialisation. Ernst Mayr a écrit subtilement en 1962 : « L'Homme s'est, si j'ose dire, spécialisé en dé-spécialisation. » Il est encore plus judicieux de dire avec Lorenz (1959) : « L'Homme s'est spécialisé en non-spécialisation. » C'est d'ailleurs ce qui lui a permis d'occuper sur terre avec succès une incroyable variété de niches écologiques (sauf, notons-le, celles occupées aujourd'hui par les Néanderthaliens reliques et par les Pongidés non moins reliques, ou alors dans des circonstances vraiment exceptionnelles). Tous les autres sont spécialisés. Les Singes anthropoïdes sont devenus des trapézistes forestiers, les Australopithèques africains de redoutables prédateurs de savane, les Paranthropes de puissantes brutes herbivores, les Néanderthaliens des alpinistes experts. Le sens de la spécialisation des Pithécanthropiens n'est pas encore très clair, mais leur progrès essentiel pourrait bien avoir porté sur l'acquisition d'une plus grande mobilité, d'une rapidité de manœuvre supérieure.

Toute spécialisation se fait bien entendu au détriment d'autres facultés. Les Pongidés ont perdu la station bipède à force d'évoluer dans trois dimensions, les Australopithéciens, trop occupés à développer leurs mâchoires pour résoudre des problèmes alimentaires, ont perdu la sphéricité de la tête, les Archanthropiens ont suivi leurs traces en perfectionnant, eux, la locomotion, les Paléanthropiens ont perdu dans leurs montagnes la parfaite verticalité de l'attitude corporelle et la vie en société. Bref, l'*Homo sapiens* est resté seul, en fin de compte, à bénéficier de tous les avantages prédisposant au développement, puis au perfectionnement du cerveau. Le seul à ne s'être pas déshominisé, il a été le seul à pouvoir acquérir un langage articulé, avec tout ce que cela a eu comme conséquences.

C'est à la capitalisation des acquis culturels, rendue possible par la parole, qu'est due en définitive l'accélération foudroyante des progrès techniques. Et c'est sans conteste l'ampleur de l'adaptation, de l'exploitation et, il faut bien le dire, de la destruction de l'environnement, qui caractérise le mieux l'espèce humaine par rapport à tout le reste du monde animal, docilement adapté, lui, à son milieu.

Bien entendu, les autres êtres vivants font partie eux aussi, de l'environnement, et en particulier les espèces les plus proches, et de ce fait rivales. Aussi est-ce également une des caractéristiques frappantes de l'*Homo sapiens* que sa faim de destruction ou d'asservissement des autres espèces animales, bien au-delà de ses besoins élémentaires, et, par-dessus tout, sa persécution tenace de tous ses rivaux. Le fait est qu'un des facteurs primordiaux de l'évolution des Hominoïdes a été ce souci d'élimination des frères et des cousins occupant des niches écologiques susceptibles de conquête. La déshominisation ne nous est-elle pas apparue en effet comme déterminée dans la plupart des lignées par une fuite vers des milieux moins hospitaliers, tels que la forêt dense ou la montagne, devant la marée montante des redoutables, des impitoyables représentants de la lignée menant aux sapiens actuels ?

Une telle conception était indéfendable tant qu'on croyait à un enchaînement direct des divers types d'Hominoïdes. Mais les découvertes paléontologiques ont fini par établir de manière concrète la longue contemporanéité des lignées distinctes (Tableau chronologique des pp. 380-381).

Au tout début du Pléistocène inférieur coexistaient déjà en Afrique du Sud (comme en Ethiopie, semble-t-il) des êtres aussi différenciés que l'*Homo habilis*, ancêtre présumé de la lignée Sapiens, l'Australopithèque *africanus* encore très humain par ses mœurs prédatrices, et le bon gros Zinjanthrope, brute végétarienne précocement déshominisée.

Autour de la limite entre le Pléistocène inférieur et moyen, vivaient en même temps, en Afrique du Sud, les Paranthropes robustes de Kromdraai et de Swartkrans et le Télanthrope, en qui on a reconnu un *Homo habilis*, tandis que des Archanthropiens hantaient aussi bien la Chine (Lantian) que Java (Djétis).

Au début du Pléistocène moyen, l'Afrique comptait déjà maints Archanthropiens, comme les Atlanthropes de Ternifine, au Maroc, et les Hommes chelléens d'Olduvai, au Kenya. D'autres Archanthropiens florissaient à travers toute l'Asie chaude, depuis les Sinanthropes de Chou-kou-tien, en Chine, jusqu'aux Pithécanthropes de Trinil, à Java, tandis qu'en Europe surgissaient déjà les Pré-Sapiens en herbe de Vèrtesszöllös, en Hongrie.

Au cœur du Pléistocène moyen, en pleine expansion archanthropienne, il y avait déjà des Pré-Sapiens affirmés en Afrique (Kanjera) comme en Europe (Swanscombe).

A la fin du Pléistocène moyen, pendant que les Pré-Néanderthaliens se répandaient à travers toutes les régions froides et tempérées d'Eurasie puis d'Afrique du Nord, aux côtés d'ailleurs de Pré-Sapiens toujours discrets (Fontéchevade), il y avait encore des Archanthropiens sous les Tropiques, aussi bien à Ngandong, sur l'île de Java, qu'à Diré-Dawa et Omo, en Ethiopie.

Et à la fin du Pléistocène supérieur, alors que les conquérants Sapiens avaient envahi tout l'ancien Monde, en entraînant dans les régions les plus froides la décadence des Néanderthaliens, des Archanthropiens subsistaient encore en Zambie (Broken-Hill) et en Australie (Kow Swamp), et même quelques Australopithéciens, comme le Tchadanthrope de Coppens au cœur torride de l'Afrique il y a à peine 10000 ans [177].

Il est bien évident que toutes ces espèces ont dû se heurter et se combattre au cours de leur expansion, chaque fois du moins qu'elles se sont disputées le même habitat. Archanthropiens et Paléanthropiens n'ont guère pu se gêner, les premiers s'étant développés dans les régions chaudes et australes, les seconds dans les régions froides et septentrionales. Les deux formes se sont étendues en goutte d'huile sur des territoires de plus en plus éloignés, comme deux races (dites allopatriques) adaptées à

---

(177) Cf. Servant, Ergenzinger et Coppens (1969).

des biotopes différents. Les seuls endroits où elles auraient pu éventuellement se rencontrer sont la Chine du Sud-Est et l'Afrique du Nord, mais il ne semble pas qu'elles y soient parvenues à la même époque. Les Néanderthaliens, venus plus tard, n'auraient pas pu manifester aux Pithécanthropiens, même s'ils en avaient été dotés, l'esprit d'intolérance compétitive dont les Sapiens faisaient preuve à leur égard. Ne s'étant pas connus, ils n'ont pu se haïr.

Il en a été tout autrement de ceux qui étaient en passe de devenir les Sapiens. A cause précisément de leur manque de spécialisation et dès lors de leur possibilité d'adaptation aux milieux les plus variés, ils ont guigné tous ceux-ci, et ont invariablement tout mis en œuvre pour en déloger les occupants. Les autres hominoïdes, aux goûts plus restreints, ne voyaient pas toujours en eux des rivaux, mais ils étaient, eux, les rivaux de tous.

Les australopithèques prédateurs semblent avoir disparu dès la période préglaciaire, alors que les inoffensifs Paranthropes végétariens ont survécu au moins jusqu'à la fin du Pléistocène inférieur. Sans doute ont-ils été les premières victimes du petit Homme Habile et de ses armes de pierre.

On ne sait pas encore grand chose des rapports qui ont pu exister entre Sapiens et Archanthropiens : tout au plus certains auteurs ont-ils suggéré que les Sinanthropes étaient les proies des Sapiens qui auraient déjà vécu dans leur région à la même époque, ce qui est bien possible. A la lumière de ce qu'on sait à présent des persécutions incessantes dont les Néanderthaliens ont été les victimes de la part des Sapiens, il n'y a aucune raison de croire que Sinanthropes, Pithécanthropes et Atlanthropes auraient trouvé grâce aux yeux des Pré-Sapiens.

Il est vraisemblable que l'arrêt de l'expansion des Archanthropiens, à travers respectivement l'Afrique et l'Asie du Sud-Est, leur refoulement vers l'Indonésie puis l'Australie, et la régression finale de leur aire de distribution, ont été déterminés par l'extension d'une nappe Pré-Sapiens.

Enfin, nous connaissons déjà le sort que les Sapiens réservèrent aux Néanderthaliens, au cours des assauts successifs qu'ils leur livrèrent à chaque recul des glaciers.

Bref, il semble qu'en opposition avec un légitime désir de survie par préséance et de défense d'un territoire, une soif inextinguible de massacre des rivaux et même des simples gêneurs, soit, au moins autant que la technicité, un trait psychologique dominant de la lignée dont est issu l'*Homo sapiens*. Je définirais zoologiquement cette tendance, qu'on ne retrouve dans aucune autre espèce animale, comme une agressivité hypertélique, une agressivité qui dépasse son but. L'hypertélie, qui semble résulter de la force d'inertie ou de l'élan d'un processus évolutif, s'observe souvent dans le monde animal. C'est elle par exemple qui fait que les bois démesurés du Grand Cerf des Tourbières ou les défenses enroulées du Mammouth ont fini par ne plus pouvoir remplir la fonction qui leur paraissait dévolue et par devenir plutôt gênantes pour leur possesseur, ce qui a entraîné la disparition de l'espèce.

Dans le tronc hominoïde, c'est la population possédant ce trait d'agressivité excessive inscrit en plus grande abondance dans son bagage générique, qui a toujours éliminé ou tenté d'éliminer ses parents les plus proches d'abord, ses voisins ensuite, et qui, un jour sans doute, finira ainsi par s'éliminer elle-même.

Pour nous en tenir aux faits les plus récents et les mieux documentés, les Sapiens ont pratiquement exterminé les Néanderthaliens du Würmien. Puis, au sein de leur propre espèce, les Caucasoïdes ou Blancs, tout en s'étendant sur les deux tiers de l'Eurasie, ont refoulé les Capoïdes ou Boschimans vers l'est et le sud de l'Afrique, et les Congoïdes ou Noirs vers l'ouest du continent. Cependant, les Mongoloïdes ou Jaunes, tout en s'étendant sur le dernier tiers de l'Eurasie et en envahissant les Amériques, repoussaient les Australoïdes en Indonésie, puis, au-delà, en Nouvelle-Guinée et en Australie. Il y eut encore, au cours des temps historiques, quelques tentatives de reconquête partielle de l'Eurasie par les Mongoloïdes, mais ensuite, pendant les derniers siècles, la vague d'expansion coloniale des Caucasoïdes, techniquement supérieurs, a submergé toute la planète, entraînant l'extermination totale ou presque de populations entières, comme les Boschimans, les aborigènes Australiens, les Tasmaniens, les Maoris et les Amérindiens du Nord. De nos jours, ce processus orthogénétique se poursuit, semble-t-il, inéluctablement. Les Caucasoïdes, même métissés, d'Amérique du Sud massacrent systématiquement les Indiens restés au stade naturel de la chasse et de la cueillette. Et à l'intérieur même de la grande race Caucasoïde, on s'est évertué à éliminer certaines ethnies comme les Tziganes et les Juifs. En 1960, l'Anglais L. F. Richardson a calculé qu'entre 1820 et 1945, soit en 126 ans, 59 millions d'êtres humains ont péri dans des guerres, des révolutions et des massacres organisés, ou à la suite d'assassinats ou de rixes sanglantes.

L'*Homo sapiens* mérite d'autant le surnom d'*Homo interfector* que celui d'*Homo faber*, celui de Man the killer, que celui de Man the Toolmaker. C'est là une vérité dont il est indispensable de s'imprégner si l'on veut tenter de comprendre l'évolution et l'histoire des Hominoïdes, voire du monde vivant dans son ensemble. L'étude des Néanderthaliens pongoïdes apporte à ce dossier, ouvert par Lorenz, une nouvelle pièce accablante.

Les ancêtres lointains de l'Homme avaient, certes, bien des excuses. Rarement avait-on vu sur Terre d'êtres si démunis. Frêles et tout petits. Sans cuirasse : impossible d'être plus nu. Sans griffes, ni crocs acérés : pas plus capables d'attaquer que de se défendre. Incapables même de fuir : ils n'avaient pas de quoi détaler au triple galop, ni disparaître sous les flots, ni s'envoler dans les airs, ni même grimper aux arbres en un éclair. Condamnés à se cacher, dans des trous ou des fourrés. Comment diable survivre avec de tels handicaps ?

Pour les surmonter, il fallait bien sûr être extrêmement rusé. Il y avait avantage aussi à se grouper et à s'organiser : l'union fait la force. Mais le remède idéal, c'était l'habileté manuelle : faute d'armes naturelles, il convenait d'en fabriquer d'artificielles. Et puis, surtout, pour tirer pleinement profit de ces divers dons, il fallait être combatif, avide, dominateur. En somme, seuls les plus richement dotés d'intelligence, de sens social, de dextérité et d'agressivité avaient des chances de survivre. Par le jeu de la sélection naturelle, ce furent donc forcément ces vertus qui se développèrent de préférence. Et, comme il arrive souvent dans le processus évolutif, le mécanisme finit par s'emballer avec les résultats que l'on sait : l'intelligence qui tourne à vide, impuissante à résoudre les problèmes qu'elle a suscités, une surpopulation démente qui rend toute organisation sociale impossible, un machinisme qui se dévore lui-même et, enfin, la violence gratuite, la rage de détruire.

Sur notre planète saccagée, enlaidie, polluée, en grande partie dépouillée de sa robe forestière et où, de tous les grands mammifères, l'*Homo sapiens*, omniprésent et monstrueusement prolifique, survit presque seul parmi les dernières hordes clairsemées des bêtes libres, massacrées sans merci ni raison, l'humilité s'impose. Le bilan des réalisations humaines n'est pas de ceux qui réjouissent le cœur et justifient l'orgueil.

Si pour conclure, je puis émettre un vœu, c'est de voir les hommes faire enfin preuve de civilisation, en protégeant les néanderthaliens pongoïdes qu'ils ont persécutés pendant de nombreux millénaires. J'espère qu'à travers le monde se créeront, à cette fin, de nombreuses réserves intégrales où notre frère infortuné pourra vivre en paix. Peut-être, après tout, est-il l'image de ce que nous n'aurions jamais dû cessé d'être, l'Homme d'avant le péché, le péché de la technicité suicidaire et de l'agressivité sans frein.

Abel n'est pas mort. Il a survécu à ses blessures. L'occasion nous est donnée aujourd'hui de ne pas l'achever, de ne pas l'assassiner à nouveau. Ne nous laisserons-nous pas émouvoir par l'œil, doux et craintif, qu'il pose sur nous du fond d'une tombe déjà creusée ? Ce serait pourtant le moyen d'échapper enfin au remords de Caïn, le tueur, d'effacer la malédiction qui pèse sur notre espèce [178].

Bernard Heuvelmans
Finca « El Salto » (Escuintla),
Guatemala, avril 1969
Ile du Levant (Var), août 1973.

---

(178) Il importe de bien situer cette survivance des Néanderthaliens par rapport au vaste dossier des primates mystérieux asiatiques. B. Heuvelmans en était arrivé aux conclusions suivantes :

1/ Le flanc méridional de l'Himalaya est le domaine du *yéti* « classique », ou petit *yéti*, autrement dit l'« abominable homme-des-neiges ». Il se distingue des autres primates ignorés par sa propension à courir à quatre pattes. C'est donc un vrai singe, probablement un rescapé des grands singes fossiles des Sïwalik (Inde), comme *Sivapithecus*.

2/ Le grand *yéti*, qui, à partir de l'Asie du Sud-Est (Malaisie, Chine du Sud), a pénétré en Asie centrale (Tibet). C'est probablement le gigantopithèque.

3/ Le Néanderthalien relique donc (*almass, almasty, kaptar, ksy-gyik*), ou homme pongoïde, répandu du Caucase au Vietnam et à la Sibérie orientale, et qui a pénétré en Asie du Sud-est, par une migration inverse de celle de l'espèce précédente.

4/ Un orang-outan terrestre, connu à l'état fossile (*Pongo weidenreichi*) et survivant (?) notamment en Chine.

5/ Un macaque géant, en Chine également, dont on possède des mains et des pieds.

En outre, en Asie méridionale, les *Nittaewo* de Ceylan (Sri Lanka), disparus à l'époque historique, auraient pu être des pithécanthropes (*Homo erectus*), lesquels survivraient à Sumatra en tant qu'*orang pendek*. La survivance tardive du petit homme de Florès constitue un nouveau problème cryptozoologique pour cette région du monde ;

Il peut être également utile de rappeler quels sont les autres grands primates mystérieux signalés à travers le monde (et qu'évoque d'ailleurs B. Heuvelmans dans son introduction) :

- en Amérique du Nord : le *Bigfoot* ou *Sasquatch* des Montagnes Rocheuses, généralement assimilé au gigantopithèque ; d'autres primates aux Etats-Unis (dont un grand singe dans les zones marécageuses) ;
- en Amérique du Sud et Centrale : de nombreux primates d'aspect disparate et donc très déconcertants : *sisemite, didi, curupiru, oucoumar*, etc. ;
- en Afrique : des hominoïdes, très petits ou au contraire fort grands, dans diverses régions, ainsi que des singes énigmatiques. Ils font l'objet des *Bêtes humaines d'Afrique*, que nous rééditerons dans cette collection ;
- en Australie : le *yowie*, peut-être apparenté à l'*Homo erectus*. (JJB)

POST-SCRIPTUM

En soi, mon étude anatomique de l'homme velu congelé eût été sans valeur probante, si elle n'avait été précédée par les recherches globales du professeur Porchnev : il aurait pu s'agir en effet d'une monstruosité individuelle. Réciproquement, les conclusions de Porchnev ne pouvaient être acceptées officiellement par la Science — tant qu'un spécimen-type n'avait pas été analysé avec soin. Stériles prises isolément, nos deux démarches se complétaient et se fécondaient l'une l'autre.

Aussi aurais-je aimé que Boris Fédorovitch, qui avait tant souffert du silence tissé autour de ses travaux, bénéficiât pleinement du retentissement que nos écrits couplés ne pouvaient manquer d'avoir. Hélas ! Le jour même où je m'apprêtais à lui annoncer que l'édition de notre ouvrage venait d'être décidée, je reçus l'affreuse nouvelle de son décès. Le 25 novembre 1972, épuisé par les soucis et les tracas, le grand historien soviétique avait succombé à une crise cardiaque. La Science subissait une perte irréparable. Je perdais moi-même un ami très cher, presque un grand frère, un admirable mentor [179].

Trois mois plus tard, je me remettais à peine de l'émotion causée par cette mort inopinée que me parvenait, cette fois, la nouvelle de la disparition d'Ivan T. Sanderson, survenue le 19 février 1973. L'homme qui avait amorcé la fusée de mon aventure cryptozoologique, mon vieux copain des temps difficiles de la recherche encore tâtonnante, le compagnon de combien d'enquêtes passionnantes, un être d'exception dont on mesurera un jour toute l'importance dans la révolution scientifique en train de s'accomplir... La nouvelle ne me surprit pas trop, car je savais qu'Ivan souffrait depuis quelque temps déjà d'une tumeur cancéreuse au cerveau, qui expliquait d'ailleurs certains aperçus de son comportement au cours des dernières années : ses sautes d'humeur, qui le rendaient parfois difficiles à vivre, lui d'ordinaire si exquis, et peut-être aussi l'extravagance de quelques-unes de ses conceptions tardives.

Notre franc-maçonnerie de chercheurs éparpillés à travers le monde était durement éprouvée. L'équipe soviétique l'était plus particulièrement : littéralement décapitée, alors que, peu auparavant, elle venait de voir disparaître le professeur Machkovtsev, la colonne vertébrale zoologique de ses études. Mais il semble que tous les deuils qui nous ont frappés aient à la fois resserré nos liens et fustigé nos énergies.

Dès le printemps, le docteur Marie-Jeanne Koffmann est venue passer plusieurs mois en France, et, à la faveur de longs entretiens, nous avons élaboré maints plans de bataille pour assurer la continuité de nos investigations. Depuis lors, l'intrépide chercheuse, que des raisons familiales avaient tenue éloignée du Caucase pendant plusieurs années, a repris ses enquêtes sur le terrain, au Kabarda. A Moscou même, malgré son grand âge, P. P. Smoline est toujours aussi actif que son pourtant infatigable cadet, Dmitri Bayanov, et un sang nouveau et généreux circule dans les veines de la commission soviétique depuis qu'y est entré en action un ingénieur aéronautique d'esprit éclectique, Igor Bourtsev, secondé par sa femme Alya.

---

(179) Boris Porchnev est décédé quelques heures après avoir appris l'interdiction de son livre sur l'origine de l'Homme... (JJB)

En Mongolie Extérieure, notre cher académicien Rintchen poursuit, lui aussi, le bon combat. Au printemps de 1973, un de ses disciples enthousiastes est parti enquêter sur les *almass* dans l'ouest du pays, et il y a rencontré des traces de pas fraîches, d'une grande netteté. C'est pourquoi je puis vous donner ici la primeur de la photo du moulage d'une d'entre elles.

Outre-Atlantique, les limiers redoublent d'activité sur la piste du *Bigfoot* : John Green a fait paraître une nouvelle de ses précieuses brochures, Jim McClarin poursuit minutieusement ses recherches bibliographiques, Peter Byrne est toujours sur le terrain, et le professeur Krantz accumule les études anatomiques d'une rigueur extrême. Dans la sphère sud-américaine, Christine Arnodin-Chibrac vient de me faire savoir qu'en Argentine, à quelque 70 km. de la propriété de ses parents, où des hommes sauvages et velus ont souvent été signalés, un bûcheron nommé Pilar Gomez a été attaqué de nuit par un d'eux, et a dû être hospitalisé avec de graves morsures aux mains et une oreille à demi arrachée (de quoi convaincre le plus incrédule).

Enfin, ne perdons pas de vue les étranges anthropoïdes bipèdes d'Afrique centrale, sur lesquels une autorité comme le capteur d'animaux Charles Cordier a une nouvelle fois attiré l'attention par un article bien documenté.

Nous avons tous du pain sur la planche. Que de chemin parcouru depuis le temps où notre intérêt se concentrait presque uniquement sur les hauteurs neigeuses de l'Himalaya, où la récente expédition scientifique américaine de McNeely et consorts est arrivée à la conclusion que j'avais suggérée il y a plus de vingt ans : l'être qu'on poursuit là-bas pourrait bien être un Gigantopithèque. Singulière ironie. La révélation de la survivance des Néanderthaliens, le premier résultat positif auquel nos efforts conjugués ont abouti, n'a sans doute aucun rapport avec l'abominable Homme-des-neiges qui a été à l'origine de tout... [180]

B. H.
Verlhiac (Dordogne), 10 janvier 1974

---

(180) On veut conserver des théories en éliminant les faits. Puisque l'Homme de Néanderthal a été, une fois pour toutes, déclaré disparu, il fallait enterrer l'Homme pongoïde. Et, de fait, sa fantastique découverte n'a pas, jusqu'à aujourd'hui, véritablement ébranlé les milieux scientifiques. Espérons que la présente réédition y parviendra. Livres, articles, émissions, expositions, n'ont pas manqué, ces dernières années, sur l'Homme de Néanderthal, mais n'ont guère pris sa survivance en compte, se contentant d'évoquer le causes possibles de son extinction.

Quoique trop oubliée, l'histoire de l'homme congelé, dès qu'on la raconte à un interlocuteur, l'« interpelle », comme on dit de nos jours. D'ailleurs, elle a manifestement inspiré des romans, des bandes dessinées et des films. Ainsi, une BD, parue en 1988 dans la revue japonaise *Wonder Life*, nous montre un savant français veillant sur un ptérosaurien congelé, conservé dans les sous-sols des Invalides. L'affaire a fait phantasmer dans toutes les directions, témoin cette jeune fille qui aurait crevé, d'un coup de feu, l'œil de l'Homme pongoïde qui cherchait à la violer.

Mais le spécimen lui-même, qu'est-il devenu ? Est-il toujours caché quelque part ? Ce ne serait pas impossible. Selon une étrange rumeur, il aurait appartenu à l'acteur James Stewart (*Fenêtre sur Cour*, *Vertigo*...), amateur d'insolite... Ne faudrait-il pas chercher du côté de la « Tornado Valley », où les gens de cinéma, assure-t-on, entreposent leurs trésors ?

L'Homme pongoïde dérangeait sur tous les plans :
- sur le plan scientifique, son existence contredisant le dogme de la disparition des Néanderthaliens ;
- sur le plan religieux, le fondamentalisme protestant n'appréciant guère l'image d'un « homme-singe » ;
- sur les plans politique, juridique, policier, international, ainsi que Bernard Heuvelmans l'a amplement démontré.
Il y avait donc toutes les raisons pour l'oublier.

Gageons que cette réédition du mémorable ouvrage de Boris Porchnev et Bernard Heuvelmans va donner une nouvelle jeunesse à cette fantastique découverte. (JJB)

1

Dans les années 20, puis de nouveau dans les années 50, l'attention du monde occidental fut attirée sur le problème des "hommes" sauvages et velus par la découverte répétée, dans les hauteurs enneigées de l'Himalaya, de traces de pas d'un bipède incontestable connu localement sous le nom de *Yéti* et qui devait s'illustrer sous le sobriquet impropre et ridicule d'abominable Homme-des-neiges.

2

Parmi les pièces matérielles pouvant témoigner de l'existence du *Yéti*, on a cité des "scalps" en forme de pain de sucre, comme celui du monastère de Khumjung (Népal), où il servait de coiffure aux lamas chargés de représenter l'être en question dans les cérémonies.

Heuvelmans parvint à établir que ce genre de "scalps" était fabriqué à partir de la peau du garrot du Serow, une chèvre-chamois locale, pour imiter la forme caractéristique de la tête du *Yéti*.

3

Plus convaincante est la main momifiée conservée depuis trois siècles dans le monastère de Pangbotchi (Népal), où elle fut examinée en 1958 par Peter Byrne...

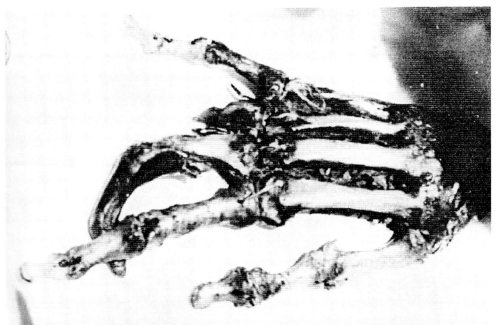

...et en 1960 par le professeur Teizo Ogawa, de Tokio. Dans l'intervalle, hélas ! elle avait été maladroitement réparée après avoir subi quelques, prélèvements de la part de divers chercheurs. L'étude de ses photos, par Porchnev et Astanine, devait mettre en évidence certains traits nettement néanderthaliens. Mais était-ce vraiment une main de *Yéti*, et non celle d'un homme sauvage du Tibet ?

4

Les hommes sauvages et velus d'Asie sont connus depuis la plus haute antiquité. Carl von Linné (ici en costume lapon), tenu pour le père de la classification des êtres vivants, n'hésita pas à les faire figurer sous le nom de *Homo troglodytes* dans son *Systema naturæ*

Dès la fin du siècle dernier, une poignée de savant mongols s'efforcèrent de les étudier sur le terrain. L'académicien docteur Rintchen (ici en compagnie de femme, à Oulan-Bator) est le dernier des survivants ce groupe de pionniers et s'occupe toujours activeme de ces almass, aujourd'hui menacés d'extinction.

5

En 1958, à l'initiative du professeur Boris F. Porchnev, de
Moscou, se créa en U.R.S.S. un "Comité pour l'étude de la
question de l'Homme-des-neiges", auprès du *Præsidium*
de l'Académie des Sciences.

Dix ans plus tard, ce comité, officiellement dissous, comptait parmi ses membres les plus actifs (de gauche à droite)
le professeur P.P. Smoline, le professeur B.F. Porchnev, le
professeur A.A. Machkovtsev, Dmitri Bayanov et le docteur Marie-Jeanne Koffmann.

Pour ces travaux, le comité était assuré de l'appui et
des conseils d'autorités mondialement connues
comme les professeurs Démentiev et Nestourkh et
la grande spécialiste de la psychologie des singes
anthropoïdes, Nadiedja N. Ladiguina-Kots.

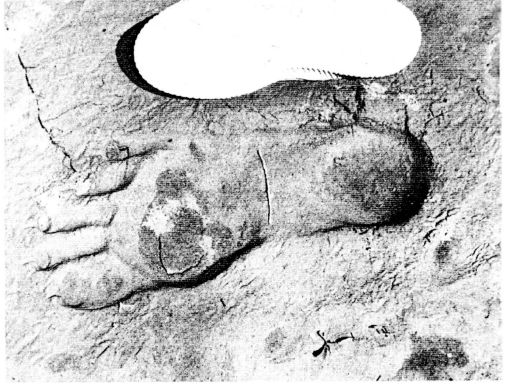

6-7

Le 11 août 1963, sur les bords d'un petit lac des monts Tchatkal, au Tian-Chan, furent découvertes, dans l'argile humide, des traces de pieds énormes d'une netteté exceptionnelle.

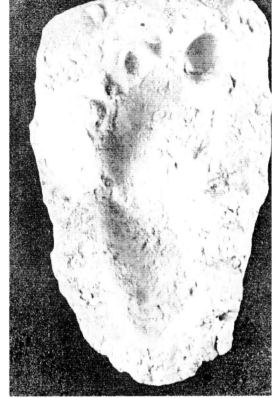

Comme pour les traces de pas du *Yéti*, relevées dans la neige, on s'efforça de rapprocher ces empreintes démesurées de celles de Néanderthaliens fossiles, découvertes sur le sol pétrifié de la Grotta della Bàsura, à Toirano en Italie (celle-ci mesure 21,2 cm de long sur 9,1 cm de large). La confrontation est loin d'être convaincante.

Chaque empreinte mesurait 38 cm de long sur 13 cm de large au maximum, comme on peut en juger par la taille d'une chaussure de pointure moyenne.

En revanche, une très nette ressemblance avec les empreintes néanderthaliennes se remarque sur les traces de pas relevées au printemps de 1973 par un disciple du docteur Rintchen, dans la région du lac Tolbo-nour (province de Baïan-öleguei), en Mongolie extérieure. Voici un moulage d'une d'entre elles.

8

En Russie, ces anciens parasites de l'Homme se sont mués en Domovoï, sortes de dieux Lares des vieilles légendes slaves.

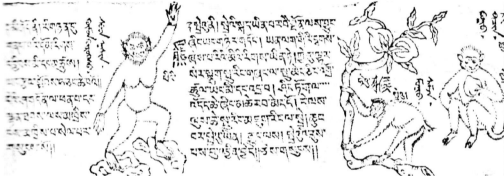

Cependant, en Mongolie, en Chine et au Tibet, où ils subsistent encore de nos jours, ils étaient représentés de manière prosaïque, parmi d'autres animaux parfaitement identifiables, dans les traités savants du siècle dernier, ainsi (en bas) dans l'édition de Pékin d'un manuel de médecine et (en haut) dans l'édition d'Ourga (Oulan-Bator) de ce même ouvrage.

9

En 1899 déjà, le grand spécialiste de la faune du Caucase, Constantin A. Satounine, avait parlé du *Biabane-gouli*, l'Homme sauvage et velu de ce massif montagneux dont il avait eu la chance d'apercevoir un individu.

10

De nos jours, les recherches systématiques sur ces êtres du Caucase, aussi appelés *kaptars* ou *almastys*, reposent essentiellement sur les épaules d'une Française, le docteur Marie-Jeanne Koffmann, chirurgien des hôpitaux de Moscou, capitaine de l'Armée soviétique et alpiniste émérite.

Le docteur M.-J. Koffmann, au cours d'un bivouac hivernal solitaire dans la vallée de la Malka (à gauche, en bas)... ou contemplant une interminable piste d'*almasty* serpentant à 3 000 m d'altitude sur le plateau de Nagorny, dans le massif de l'Elbrouss.

11

Porchnev et Heuvelmans s'étaient rencontrés pour la première fois
en mai 1961, à Paris, au domicile du second.

Heuvelmans ne devait rencontrer Sanderson qu'en octobre 1968 à New York, après douze années de correspondance ininterrompue. Leur premier contact personnel se produisit à l'aéroport Kennedy en présence de Gail
Schlegel, directrice de la publicité de l'éditeur américain du zoologiste franco-belge. Ce fut l'amorce d'une aventure fantastique...

12

C'est le 17 décembre 1968, parmi les collines enneigées du Minnesota...

...que Sanderson et Heuvelmans allèrent visiter la roulotte de Frank D. Hansen...

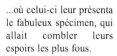

...où celui-ci leur présenta le fabuleux spécimen, qui allait combler leurs espoirs les plus fous.

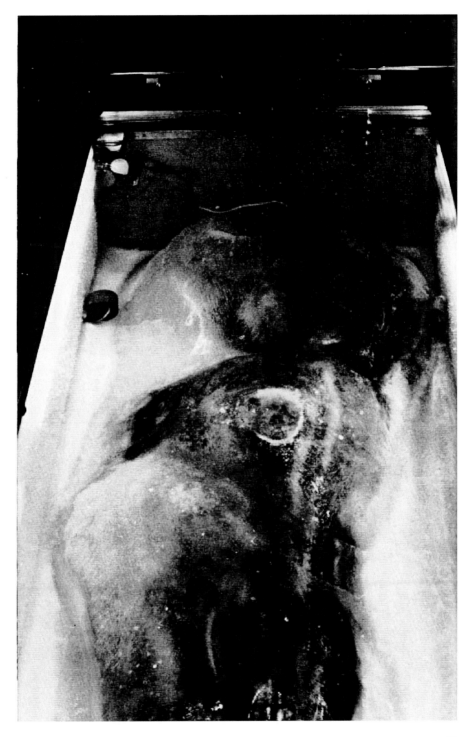

13

Le cadavre de l'étrange homme velu était étendu dans une sorte de cercueil réfrigéré...

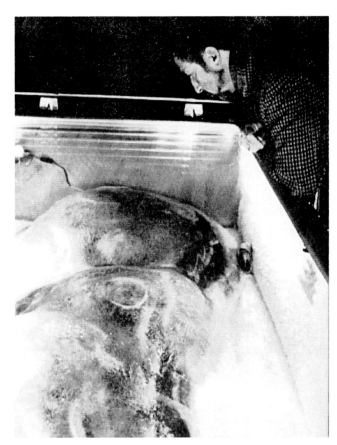

14
... protégé contre la déperdition de
chaleur par un quadruple couvercle vitré. Trois jours durant,
Heuvelmans l'étudia, le photographia, en prit des croquis.

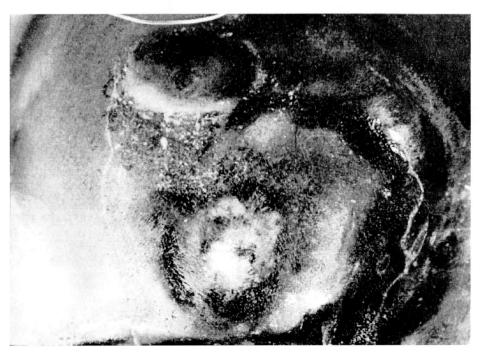

15

Sanderson examina le spécimen avec le plus grand soin et en prit toutes les mesures possibles en visant à la verticale de nombreux points de repère. ▶

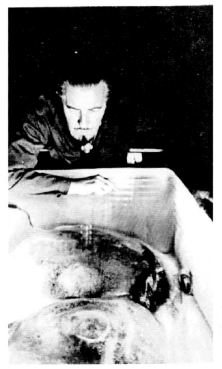

Pourtant incontestablement un Hominidé, le spécimen était velu comme un chimpanzé...
▼

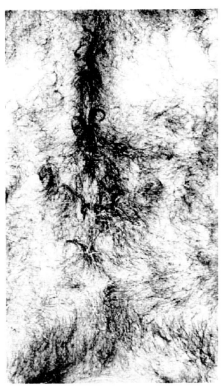

▲
....pas du tout comme un être humain atteint d'hypertrichose, ainsi qu'il ressort de la comparaison de sa poitrine avec celle d'un tel homme.

16 Son pied, extraordinarement large et aux orteils d'épaisseur presque égale et crochus,

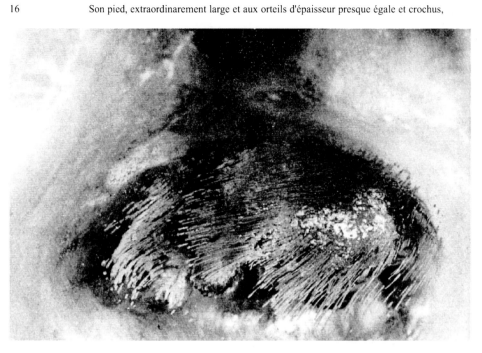

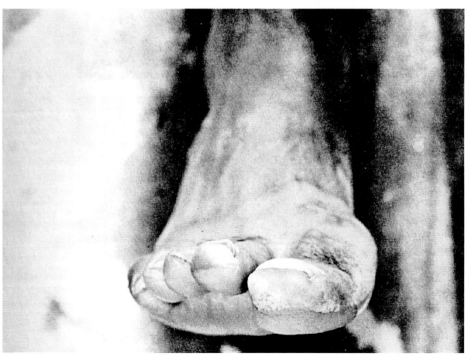

....ne ressemblait guère à un pied d'*Homo sapiens*.

17

Que de diversité dans les reconstitutions de l'aspect extérieur du Néanderthalien classique (dans presque tous les cas, le spécimen de La Chapelle-aux-Saints) !

18

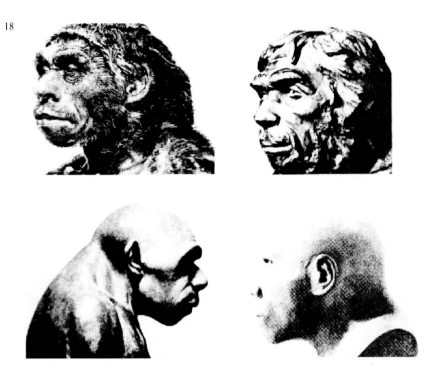

Ce n'est que dans celles des deux coins inférieurs qu'on lui a prêté le nez rridiculement retroussé qu'il doit pourtant avoir eu.

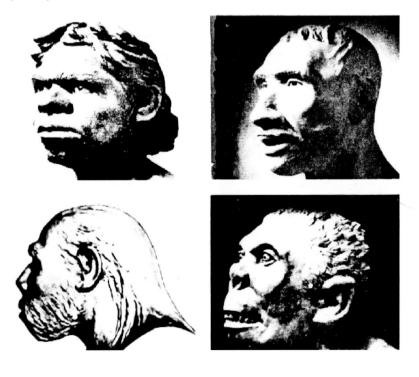

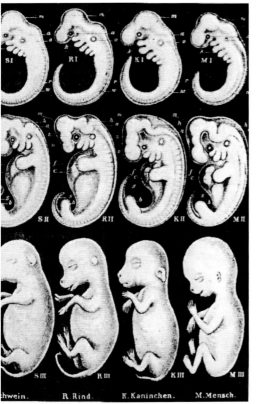

19

Haeckel lui-même avait énoncé aussi une Loi de Récapitulation des stades ancestraux, fondée sur l'observation de Von Baer selon laquelle "plus les embryons de divers animaux sont jeunes, plus ils se ressemblent les uns les autres, et plus ils avancent en âge, plus ils deviennent dissemblables". Comparez ici, avec Haeckel, le développement embryonnaire du Porc, du Boeuf, du Lapin, et de l'Homme.
◄

Que l'embryogenèse reproduise vraiment la phylogenèse (l'évolution de la lignée) ou qu'elle retrace les stades embryonnaires ancestraux, elle trahit en tout cas le sens de cette évolution. Or, le Gorille passe en cours de développement par un stade très humain, alors que l'Homme ne passe jamais par un stade rappelant le Singe anthropoïde.▼

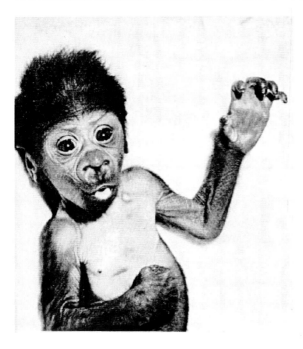

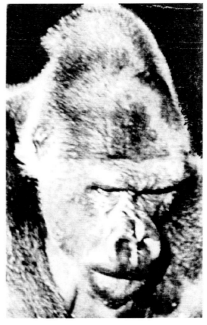

²⁰ WEYAUWEGA CHRONICLE

90 Years of Service to the Weyauwega-Fremont Community

Publishers   WEYAUWEGA, WIS., DECEMBER 26, 1968

Highlights f 1968

JANUARY

Looker, son of Mr. and Mrs.
mont is the first baby born in
uwega-Fremont area......A
s approved by the Rural Elec-
histration for the purpose of
nt, Poy Sippi and Weyauwega
ges to single party service....
of Riverview Resort, Fremont
....State decides to improve
e to Weyauwega......Lions
acing program for July......
nounced: Beth Ann Tew to
.ynn Abraham to William R.
nn to Richard Kitchell; Kath-
Dean Oehlke......Married:
narles F. Beaman, Jr.; Myrtle
r Wienandt......Indians win
59 Weyauwega beats Amherst,
e to St. Mary's 78-67......
piegelberg, Helen Boelter,
Abed Doede, Adeline New-
, Lonny Wilcox, Clara Wil-
on to Mr. and Mrs. Darwin
ter to Mr. and Mrs. Ronald

"Abominable Snowmen" sightings ch

Writer, scientist journey

Two men, one from New
York and one from Paris,
France, stopped in at Hotel
Weyauwega last Friday evening. This was not just a casual
visit to our fair city. They
were here for a definite purpose. They were here to in-
vestigate the reports of a Yeti
(or creature, or beast, or animal) that had been seen in
the Fremont area during the
deer hunting season.

One of the men was Dr. Ivan
T. Sanderson, director of
"The Society for the Invest-
igation of the Unexplained" of
New York. He is also author
of the book, "The Abominable
Snowmen," and science editor
of Argosy magazine.

The other gentleman was
Dr. Bernard Heuvelmans of
Paris. He is a Doctor of Zo-
ology, has his own radio and
television show in Paris and is
author of two books: "On The
Track of Unknown Animals,"
and "In The Wake of the Sea
Serpent." Both books have
been published in this country.
Dr. Heuvelmans is in the Un-
ited States at this time to con-
fer with his publisher in regard
to his latest book.

Before we tell you more
about the Yeti investigation,

Dr. Bernard Heuvelmans and Ivan T. Sanderson

Par une curieuse coïncidence, quelques jours
après leur prodigieuse aventure au Minnesota,
Sanderson et Heuvelmans furent interviewés
par un journal du Wisconsin à propos de l'observation prétendue d' "une sorte de *Yéti*" dans les
marais voisins de Fremont !

◄

Leurs rapports respectifs sur l'Homme pongoïde
une fois rédigés, ils s'en furent les soumettre, à
Gloucester (Massachusetts), à la critique d'un
des anthropologues américains les plus réputés,
le docteur Carleton S. Coon.

Puis ils sollicitèrent l'avis, ainsi que l'appui, de deux des plus hautes autorités en matière de primatologie, tous deux britanniques : le docteur W.C. Osman-Hill, alors attaché au centre de recherches primatologiques de l'Université Emory à Atlanta (Georgia), et le docteur John R. Napier, qui travaillait à ce moment à la Smithsonian Institution, à Washington D.C. C'est ainsi que cette prestigieuse institution officielle fut amenée à s'intéresser à l'étrange créature conservée dans la glace, et à en réclamer, à son détenteur, un examen plus approfondi..

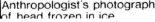

Anthropologist's photograph
of head frozen in ice

Scientific artist's renderir
of probable features

L'article populaire de Sanderson vint apporter au grand public américain le complément d'information que celui-ci attendait.

Imprimée à la mi-février dans le *Bulletin de l'Institut royal des Sciences naturelles de Belgique*, la note scientifique d'Heuvelmans ne fut communiquée à la presse qu'un mois plus tard...

◄...ce qui déclencha une véritable explosion dans les journaux du monde entier.

Extraits de la lettre du 18 décembre 1968 envoyée à Alika Lindbergh au moment même de l'examen du spécimen.

4 h 30 de l'après-midi

Je viens d'aller examiner le fameux homme velu, et je dois dire que je reviens très impressionné par ce que j'ai vu. Le bonhomme qui l'exhibe sur les champs de foire, Frank Hansen, n'essaie nullement de faire croire que son spécimen est authentique. Il le présente comme un mystère et admet que ce peut-être une fabrication orientale. Toutefois il ne veut pas le faire authentifier ou "dégonfler" provisoirement, étant donné l'argent qu'il a mis dans l'affaire : l'achat de la pièce et son transport depuis la Chine. Mais dans un an il est tout prêt, une fois rentré dans ses fonds et ayant amassé suffisamment d'argent, à laisser radiographier la pièce, analyser le sang, etc. Il ne veut rien faire auparavant, afin de pouvoir en âme et conscience le présenter comme une énigme. Tout cela semble parfaitement logique. ▇ Dans un an, l'être commencera à pourrir se dégeler à force d'être exhibé et devra être sacrifié.

L'être est couché dans une sorte de large cercueil d'environ 1 m x 2 m, réfrigéré latéralement, et recouvert d'une vitre, sur laquelle les visiteurs peuvent se pencher. Il est enclos dans la glace, et celle-ci a été enlevée ▇ jusqu'à assez près de la peau, mais à certains endroits la glace est cristallisée et peu translucide.

L'être est aussi velu qu'un gorille mais a des proportions tout à fait humaines. Les pieds sont humains (pas de gros orteil opposable) mais les orteils sont tous énormes, ainsi que les doigts, aussi gros que ceux d'un jeune gorille. Ils sont tous garnis d'ongles (pas de griffes). La peau est extrêmement claire : elle a exactement la couleur cireuse d'un cadavre d'homme blanc. Les poils sont brun foncé, noirâtres, et généralement longs de 3 à 8 cm. Ils sont plus rares sur la poitrine et presque absents sur la face. La tête est difficile à distinguer à cause de l'opacité de la glace. Le crâne a été défoncé, et on voit du sang, très frais d'apparence à l'arrière du crâne. Les yeux ont été arrachés, l'un d'eux ▇ pendre hors de l'orbite (celui de droite, à gauche ci-dessus). Le bras ▇ est étrangement arrondi, mais cela s'explique car il est cassé et l'os ressort tout en haut de mon dessin. On dirait que l'homme est tombé sur la tête (du haut d'une falaise) et a tenté de se protéger du bras gauche qui s'est brisé sous le choc. On peut imaginer qu'il est tombé dans l'eau peu profonde, laquelle a gelé ensuite (▇ l'intervalle, peut-être les crevettes ou les crabes ont mangé les yeux), et que le bloc de glace a ensuite été emporté par les flots.

~1 m 80

On ne distingue rien ! par les traits, le visage étant ce qu'il y a de plus enfoncé dans la glace : on voit vaguement la bouche sous forme d'une ouverture rectiligne et les narines sous forme de deux taches noires.

Le tout est extrêmement impressionnant, comme tu peux l'imaginer. Pour moi, il pourrait bien s'agir d'un Néanderthalien, tué, je pense, récemment, car il a l'air d'une extrême fraîcheur. J'essaie d'imaginer comment la chose pourrait avoir été truquée, et je n'arrive pas à comprendre comment. Tout paraît se tenir parfaitement. Et le fait des blessures ne fait

qu'accroître la vraisemblance de toute l'histoire. Il me semble que si l'on avait voulu ▇ un beau spécimen de "monstre", on n'aurait pas cherché à le mutiler ou à le défigurer : cela n'ajoute pas d'horreur, il faut le préciser.

24

Fondé sur une méthode de mensuration (par visée à la verticale) très sujette à caution, le dessin de l'Homme pongoïde dû à Sanderson comporte maintes distorsions, entre autres la taille disproportionnée des extrémités. Quant aux détails anatomiques, reproduits de mémoire, ils accentuent les trait simiens de manière excessive.

C'est à partir de la juxtaposition de quatre photos partielles du spécimen, prises exactement à la même distance, qu'Heuvelmans réalisa un cliché composite permettant des mensurations bien plus rigoureuses.▼

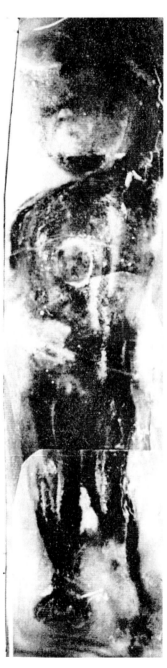

25

Au simple décryptage sommaire de ce cliché par Heuvelmans lui-même, sont comparés les décryptages semblables du dessinateur américain John Schoenherr et de collègue soviétique P. Avotine. Un décryptage plus minutieux fondé, lui, sur l'ensemble des photos disponibles, devait dissiper par la suite les dernières imprécisions dans le détail. (cf. la planche 46).

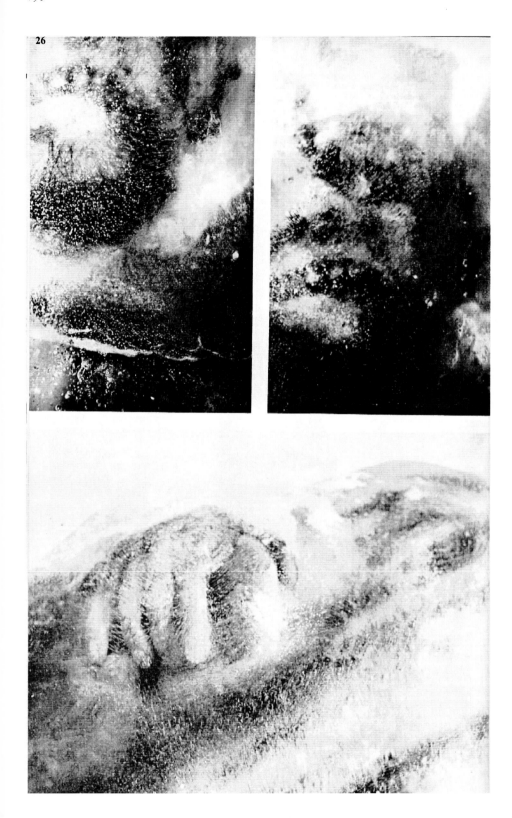

26

27

Terrifié par la publication de la note d'Heuvelmans, qui le mettait en demeure de s'expliquer sur l'origine du spécimen, Hansen avait aussitôt fait disparaître celui-ci. Il ne devait le livrer de nouveau à la curiosité publique que deux mois plus tard, mais en le présentant cette fois comme une copie manufacturée de l'original. En réalité, il s'était contenté de dégeler et de recongeler celui-ci, ce qui avait modifié son aspect. La glace était plus limpide. Les gros orteils paraissaient plus écartés des autres qu'auparavant.

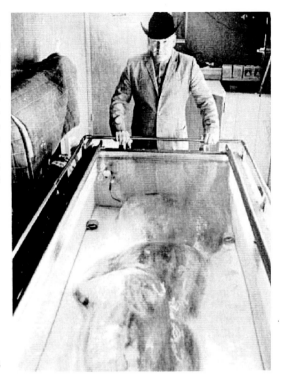

◀ La bouche s'était ouverte, découvrant les dents du dessus.

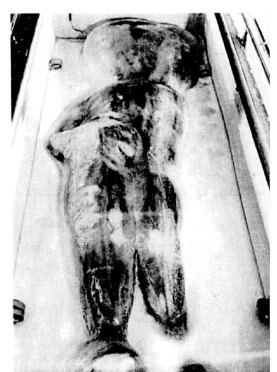

◀ La main droite était devenue plus visible.

29

◀ Croyant le destin de l'Homme pongoïde en bonnes mains depuis que la Smithsonian l'avait pris en charge et que le F.B.I. enquêtait sur son origine, Heuvelmans avait quitté les Etats-Unis d'un coeur léger pour aller s'enfoncer, comme il le projetait, dans les jungles guatémaltèques. C'est seulement à son retour en France qu'il apprit l'injustifiable démission des organismes officiels américains.

Hansen, après avoir failli, à un poste de douane, devoir admettre un examen approfondi du spécimen prétendument faux, se trouva enfin une porte de sortie. ▶

Dans un article de magazine il reconnut non seulement l'authenticité de l'homme velu, mais avoua l'avoir abattu lui-même d'une balle de Mauser 8 mm. Toutefois, cela se serait passé, selon lui, aux U.S.A. mêmes, ce qui le dispensait désormais de devoir rendre compte de son introduction illégale dans le pays. ▼

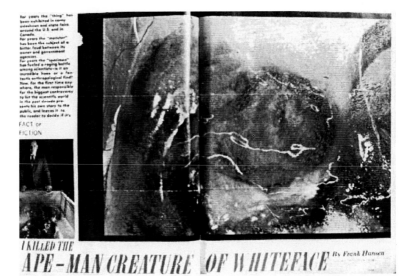

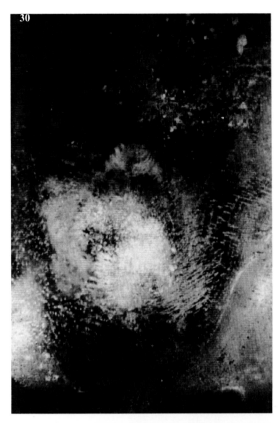

Photos de la face et du pied droit de l'Homme pongoïde, ainsi que leur dé-cryptage. Il va de soi que, projetées en couleurs sur un écran, les diverses photos sont beaucoup plus "lisibles".

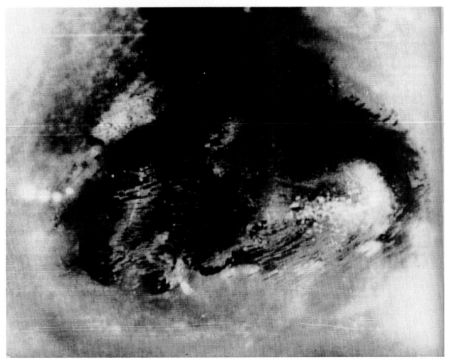

31

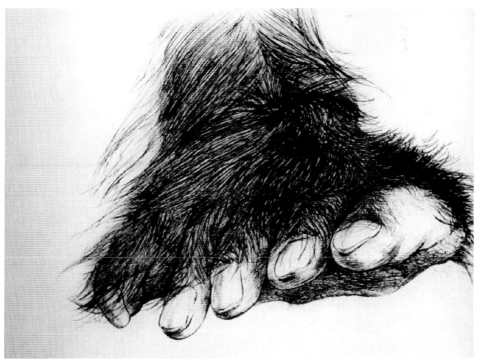

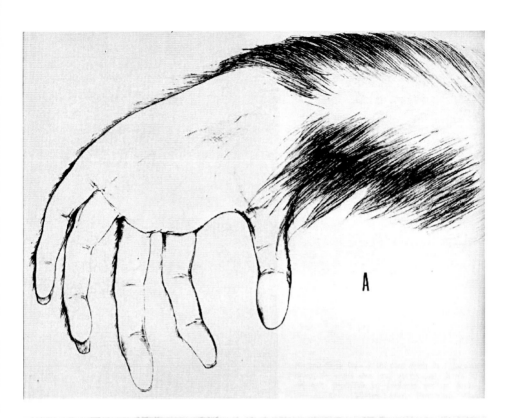

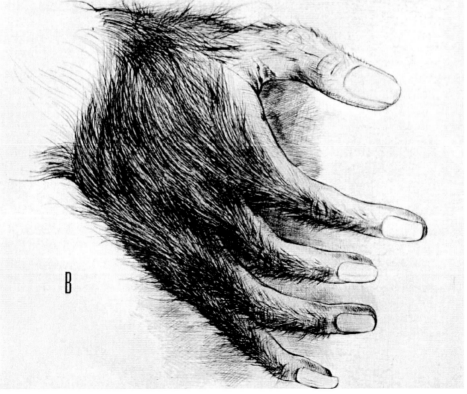

32-33

Décryptage des deux mains de l'Homme pongoïde.
◀

Utilisant la totalité des photos disponibles, qui s'éclairent évidemment les unes les autres, le peintre Alika Lindbergh est parvenu à réaliser un décryptage détaillé, et en grandeur naturelle, du cliché composite du spécimen. Cela permet de souligner à la fois l'extension considérable de la face de l'Homme pongoïde, trait spécifiquement néanderthalien, mais aussi l'énormité relative des mains et la largeur effarante des pieds. Le gigantisme apparent du spécimen n'est dû qu'à la taille plutôt exiguë de l'artiste : 1,53 m.

Résultat final du décryptage, par Alika Lindbergh, de la photo composite du spécimen...

35

...et reconstitution, par le même artiste, de la tête de l'Homme pongoïde à l'état vivant, vue de face et de Profil Seuls la chevelure, la forme des oreilles et les globes oculaires ont été inspirés par les descriptions des observateurs d'hommes sauvages asiatiques.

Reconstitution, par Alika Lindbergh, de l'aspect de l'Homme pongoïde à l'état vivant.

BIBLIOGRAPHIE

BIBLIOGRAPHIE SOMMAIRE

N. B. : Cet ouvrage n'étant pas une étude exhaustive du problème des Hommes sauvages et velus, auxquels des textes se réfèrent par milliers, seuls sont énumérés ici les livres ou articles dont il a été question. Pour une bibliographie plus étendue, mais encore très incomplète, on consultera HEUVELMANS (1955 et 1963), PORCHNEV et CHMAKOV (1958-1959), SANDERSON (1961 et 1963) et PORCHNEV (1963).

PREMIERE PARTIE

LA LUTTE POUR LES TROGLODYTES

BAIKOV (Nikolaï A.) : [« L'Homme-Loup »] (en russe) (in *Skarotsnaïa byl*, Tien-Tsin, s. d.)

BAWDEN (C. R.) : « The Snow Man » (*Man*, London, 59, art. 337, p. 217-18, 1959)

BERNHEIMER (Richard) : *Wild Men in the Middle Ages — a study in art, sentiment and demonology* (Cambridge, Mass., Harvard University Press, 1952)

BIANKI (Valentina L.) : [« A propos de l'Homme-des-neiges »] in [*Aventures en montagne*] en russe) (Moscou, Izdat-vo « Physkoultoura i Sport », 1961).

BONTIUS (Jacob) : *Historiæ naturalis et medicæ Indiæ orientalis* (Amstelodami, Ludovicus et Danieles, 1658).

BORDET (Abbé Pierre) : « Traces de *Yéti* dans l'Himalaya » (*Bull. Mus. Nat. Hist. Nat.*, Paris, **27**, (2e sér.), n° 6, décembre 1955)

BURCHETT (Wilfred C.) : [*La Guerre dans les jungles au Viêt-nam du Sud*] (en russe) (Moscou, 1965).

COON (Carleton S.) : *The Story of Man* (p. 26-28, New York, Alfred A. Knopf, 1954)

DARWIN (Charles) : *The Descent of Man, and Selection in Relation to Sex* (London, John Murray, 1871).

DEMENTIEV (G), ZEVEGMID (D.) et USPENSKI (S. M.) : « A propos de l'abominable 'Homme-des-neiges' » (*Science et Nature*, Bagneux, 54, p. 30-36, novembre-décembre 1962).

DRAVERT (P. L.) : (« Hommes sauvages moulènes et tchoutchoiunas »] (en russe) (*Boudouchtchaïa* Sibir, n° 6, 1933).

DUBOIS (Eugène) : *Pithecanthropus erectus : eine menschen ähnliche Uebergangsform aus Java* (Batavia, Landesdruckerei, 1894).

DYHRENFURTH (Norman G.) : " Slick-Johnson Nepal Snowman Expedition " (*American Alpine Journal*, New York, 11, p. 324625, 1959).

ELWES (Henry J.) : " On the Possible Existence of a Large Ape, Unknown to Science, in Sikkim " (*Proc. Zool. Soc.*, London, p. 294, 1915).

FIRDOUSI (Abou'l Qasim) : *Le Livre des Rois* (Paris, Imprimerie royale (nationale), 1837-1878).

GERASIMOV (Mikhail M.) : *The Face Finder* (London, Hutchinson, 1971).

GINI (Corrado) : " Vecchie e nuove tetimonnianze o pretese testimonianze sulla existenza di ominidi o sobominidi villosi " (*Genus*, Roma, 18, n° 1-4, 1962).

GRAFFIGNA (Carlo) : *Storia e Milo dell' Uomo delle Nevi* (Milano, Giangiacomo Feltrinelli, 1962).

L'Enigme du *Yéti* (Paris, Julliard, 1964).

GREEN (John) : *On the Track of the Sasquatch* (Agassiz B. C., Cheam, 1968).

The Year of the Sasquatch (ibid., 1970).

The Sasquatch File (ibid., 1973).

GUERASIMOV (M. M.) : Cf. GERASIMOV.

HAECKEL (Ernst) : *Naturliche Schöpfungsgeschichte. Gemeinverständliche wissenschaftliche Vorträge über die Entwicklungslehre im allgemeinen und diejenige von Darwin, Gœthe und Lamarck im Besondern* (Berlin, G. Reimer, 1868).

HAGEN (Toni) : *Nepal : Königreich am Himalaya* (Bern, Kummerly und Frey, Georgraphischer Verlag, 1960).

Nepal (Calcutta, 1961).

HANNON : *The Periplus of Hanno : a voyage of discovery down the West African coast, by a Carthaginian admiral of the fifhth century B. C.* (Philadelphia, The Commercial Museum, 1912).

HESLER (Heinrich von) : *Die Apokalypse Heinrichs von Hesler, aus der danziger Handschrift herausgegeben von Karl Helm* (Berlin, Weidmann, 1907).

HEUVELMANS (Bernard) : « L'Homme des cavernes a-t-il connu des géants mesurant 3 à 4 mètres ? » (*Sciences et Avenir*, Paris, n° 63, mai 1952).

Sur la piste des bêtes ignorées (vol. I, Paris, Plon, 1955).

« Oui, l'Homme-des-neiges existe » (*Sciences et Avenir*, Paris, n° 134, avril 1958).

« Comment j'ai percé le mystère des scalps du *yéti* » (*ibid.*, n° 169, mars 1961).

On the Track of Unknown Animals (rev. ed., London, Rupert Hart-Davis, 1963).

HILL (W. C. Osman) : " Abominable Snowman : the Present Position " (*Oryx*, London, 6, p. 85-98, August 1961).

HILLARY (Edmund) : " Epitaph to the Elusive Abominable Snowman " (*Life*, New York, p. 72-74, January 13, 1961).

HILLARY (Edmund) et DOIG (Desmond) : *High in the Thin Cold Air* (London, Hodder and Stoughton, 1962).

HOPPIUS (Christianus E.) : " Anthropomorpha " in LINNARUS (C.), *Amœnitates academicœ* (vol. VI, Holmiae, Salvius, 1763).

HOWARD-BURY (C. K.) : *Mount Everest, the Reconnaissance* 1921 (London, Edward Arnold and C°, 1922).

IZZARD (Ralph) : *The Abominable Snowman Adventure* (London, Hodder and Stoughton, 1955).

KNIGHT (William Hugh) : " 'Abominable Snowmen' — A traveller's experience " (*Times*, London, p. 11, November 3, 1921).

KOFFMANN (Marie-Jeanne) : [« Bilan préliminaire du problème des hominoïdes reliques au Caucase »] (en russe) (*A.N. S.S.S.R., Guéographitz.o-vo S.S.S.R. Thesisy I-i konférentsyi po problémam méditsinskoï guéographyi Sev. Kavkaza*, Leningrad, 1967).

("Les traces de pas restent ...] (en russe) (*Naouka I Religuia*, n° 4, 1968).

KRANTZ (Grover S.) : " *Sasquatch* Handprints " (*Northwest Anthropological Research Notes*, **5**, n° 2, p. 145-51, 1971).

"Anatomy of the *Sasquatch* Foot" (*ibid.*, **6**, n° 1, p. 91-104, 1972)

"Additional notes on *Sasquatch* Foot Anatomy" (*ibid.*, **6**, n° 2, p. 230-41)

LEGUAT (François) : *Voyage et avantures de François Leguat et de ses compagnons en deux îles désertes des Indes Orientales* (Amsterdam, J.-L. de Lorme, 1708)

LINNÆUS (Carl von) : *Systema Naturæ* (10ᵉ ed., Holmiae, Salvius, 1758).

MCNEELY (J.A.), CRONIN (E.W.) et EMERY (H.B.) : " The Yeti — not a Snowman " (*Oryx*, London, **12**, p. 65-73, May 1973).

MANNHARDT (Wilhelm) : *Wald- und Feldkulte* (Berlin, Gebrüder Borntraeger, 1875-1877).

MAUPASSANT (Guy de) : « La Peur », in *Contes et nouvelles* (Tome II, Paris, Albin Michel, 1964).

MURRAY (W. H.) : *The Story of Everest* 1921-1952 (London, 1953).

NEBESKY-WOJKOWITZ (René von) : *Wö Bergen Götter sind* (Stuttgart, Deutsche Verlags-Anstalt, 1955).

Les Montagnes où naissent les Dieux (Paris, Julliard, 1957).

NIZÂMi AL'AROUDI AL SAMARQANDÎ : *Revised translatioin of the Chahar Maqâla ('Four Discourses') of Nizami-Arudi of Samarqand* (London, Luzde, 1921).

NIZÄMI DE GANIA : *The Secander nama of Nizämi* (cAlcutta, P. Pereira, 1812).

OBROURCHEV (S. V.) : [« Les empreintes de pas de l'Homme-des-neiges dans l'Himalaya »] (en russe) (*Izvestia Vsesoyouznogo Guéographitseskogo obchtchestva*, **87**, n° 1, p. 71-73, 1957).

[« Nouvelles informations sur l'Homme-des-neiges (*yéti*) »] (en russe) (*ibid.*, **89**, n° 4, p. 339-42, 1957).

[« Etat actuel des connaissances sur l'Homme-des-neiges »] (en russe) (*Priroda*, Leningrad, n° 10, 1959).

PAÏ-HSIN : [« Le Rapport du cinéaste chinois Paï-Hsin sur son observation d'un Homme-des-neiges »] (en chinois) (*Pei-ching Jibao*, Pékin, 29 janvier 1958).

PEI WEN-TCHOUNG, WOO JU-KANG et TCHOU MING-TCHEN : [« L'énigme de l'Homme-des-neiges »] (en chinois) (*Houang-ming Jibao*, 27 février 1958).

PLUTARQUE : *Vie des Hommes Illustres* (Tome II, « Sylla », p. 537, Paris, Charpentier, 1845).

PORCHNEV (Boris F.) : [Au sujet des moyens les plus anciens de produire du feu »] (en russe) (*Sovietskaïa Ethnographia*, Moscou, n° 1, 1955).

[« Le Matérialisme et Idéalisme dans le problème de l'anthropogenèse »] (en russe) (*Voprosy Philosophyi*, Moscou, n° 5, 1955).

[« Toujours le problème de l'anthropogenèse »] (en russe) (*Sovietskaïa Anthropologi*, Moscou, n° 2, 1957).

[« Des légendes, oui, mais qui expriment sans doute la réalité »] (en russe) (*Komsomolskaïa Pravda*, Moscou, 11 juillet 1958).

[« A propos des discussions sur le problème de l'origine de la société humaine »] (en russe) (*Voprosy Historyi*, Moscou, n° 2, 1958).

[*Etat présent de la question des hominoïdes reliques*] (en russe) (Moscou, Izdat, A.N. S.S.S.R., 1963).

[« Une révolution scientifique est-elle possible aujourd'hui en Primatologie ? »] (en russe) (*Voprosy Philosophyi*, Moscou, n° 3, 1966).

PORCHNEV (Boris F.) et CHMAKOV (A.A.) : [*Matériel d'Information pour l'Etude de la question de l'"Homme-des-neiges"*] (en russe) (Brochures I à IV, Moscou, 1958-1959).

PORCHNEV (B.F.), DEMENTIEV (G.P.) et NESTOURKH : [« La main d'un primate supérieur ignoré »] (en russe) (*Priroda*, Leningrad, p. 61-63, février 1961).

« La mano di un ignoto primate superiore » (*Genus*, Roma, 18, n°s 1-4, 1962).

PRANAVANANDA (Swami) : « Abominable Snowman » (*Indian Geographical Journal*, 30, n° 3, p. 99-104, July-September 1955).

" The Abominable Snowman " (*Journ. Bombay Nat. Hist. Soc.*, Bombay, **54**, p. 358-64, April 1955).

PRJEVALSKI (Nikolaï M.) : [*Mongolie et pays des Tangoutes*] (en russe) (Saint-Petersbourg, B. C. Balachev, 1875).

Mongolie et pays des Tangoutes (p. 304-05, Paris, Hachette, 1880).

PRONINE (A. G.) : [Une rencontre avec un homme-des-neiges »] (en russe) (*Komsomolskaïa Pravda*, Moscou, 15 janvier 1958).

REYNOLDS (Vernon) : *The Apes* (London, Cassell, 1967).

RICHARD DE FOURNIVAL : *Le Bestiaire d'amour, suivi de la Réponse de la dame* (Paris, Aubry, 1860).

RINTCHEN : [L'Almass, parent mongol de l'Homme-des-neiges] (en russe) (*Sovremennaïa Mongolia*, n° 5, p. 34-36, 1958).

« Almass still exists in Mongolia » (*Genus*, Roma, n° 20, n°s 1-4, 1964).

ROCKHILL (William W.) : *The Land of The Lamas* (p. 116, New York, Century C°, 1891).

ROSENFELD (M. K.) : [En auto à travers la Mongolie] (en russe) (*Molodaïa Gvardia*, p. 7-73, 1931).

SANDERSON (Ivan T.) : *Abominable Snowmen : Legend come to Life* (Philadelphia and New York, Chilton C°, 1961).

Homme-des-neiges et Hommes-des-bois (Paris, Plon, 1963).

SATOUNINE (Constantin A.) : (« Biabane-gouli »] (en russe) (*Priroda i okhota*, Moscou, n° 7, 1899).

SCHILTBERGER (Johannes) : *Reisen des Johannes Schiltberger ... in Europa, Asia and Africa von 1394 bis 1427* (München, 1859)

SHIPTON (Eric) : " A Mystery of Everest : Footprints of the Abominable Snowman " (*Times*, London, December 6, 1951).

The Mount Everest Reconnaissance Expedition (London, Hodder and Stoughton, 1952).

SMYTHE (Frank S.) : " Abominable Snowmen " (*Illustrated London News*, London, p. 848, November 13, 1937).

The Valley of Flowers (London, 1938).

SOUCHKINE (Piotr P.) : [« L'Evolution des Vertébrés terrestres et le rôle des bouleversements géologiques du climat «] (en russe) (*Priroda*, Leningrad, n°s 3-5, 1922).

[« Données nouvelles sur les plus anciens Vertébrés terrestres et les conditions de leur distribution géographique »] (en russe) (*Annales de la Société de Paléontologie Russe*, Leningrad, **6**, 1927).

STANIOUKOVITCH (K. V.) : [« Goloub-yavane : renseignements sur l'Homme-des-neiges" au Pamir »] (en russe) (*Izvestia Vsesoyouznogo Guéographitseskogo obchtchestva*, **89**, n° 4, p; 344, 1957).

[« L'Homme qui l'avait vu »] (en russe) (*Vokroug sviéta*, Moscou, n° 12, 1958).

(« Sur la piste d'une énigme surprenante ») (en russe) (*Izvestia*, Moscou, 8, 9 et 10 janvier et 12 février 1960).

STOLYHWO (Kasimierz) : « Le crâne de Nowosiôlka comme preuve de l'existence, à l'époque historique, de formes apparentées à Homo primigenius » (*Bulletin Acad. Sciences Cracovie*, 1908).

STONOR (Charles) : *The Sherpa and the Snowman* (London, Hollis and Carter, 1955).

SWIFT (Jonathan) : *Gulliver's Travels* (Part. IV, chap. I, 1726).

TCHERNINE (Odette) : *The Snowman and Company* (London, Robert Hale, 1961).

TILMAN (H. W.) : " The Mount Everest Expedition of 1938 " (*The Geographical Journal*, London, 92, p. 481-98, 1938).

Mount Everest 1938 (Appendix B : " Anthropological or Zoological Department with particular reference to thze Abominable Snowman ") (Cambridge University Press, 1948).

TOMBAZI (N. A.) : « *Account of a Photographic Expedition to the Southern Glaciers of Kangchenjunga in the Sikkim Himalaya* » (Bombay, [priv. print.], 1925).

TOPILSKI (Mikhail S.) : in ZERTCHANINOV (Youri) « Les Hommes de Néanderthal ont-ils disparu ? » (*Nouvelles de Moscou*, Moscou, 22 février 1964).

TSCHERNEZKY (Wladimir) : « Nature of the 'Abominable Snowman ». A new form of higher anthropoïd ? " (*Manchester Guardian*, Manchester, February 20, 1954).

" On the Nature of the 'abominable Snowman " (Appendix E, in IZZARD, 1955).

" A Reconstruction of the Foot of the 'Abominable Snowman'" (*Nature*, London, **186**, p. 496-97, May 7, 1960).

TULPIUS (Nicolaus) : *Observationes medicæ* (édit. Nov., Amstelodami, D. Elzevirius, 1672).

VERCORS : *Les Animaux dénaturés* (Paris, Albin Michel, 1952).

VLČEK (Emanuel) : « Old Literary Evidence for the Existence of the 'Snow Man' in Tibet and Mongolia » (*Man*, London, **59**, art. 203, p. 132-34, August 1959).

WADDELL (L. A.) : *Among the Himalayas* (p. 223-34, Westminster, Archibald Constable and C°, 1899).

WAGNER (Michaël) : *Beiträge zur philosophiscen Anthropologie und den damit verwandten Wissenschaften* (p. 251-68, Wien, J. Stahel, 1794).

DEUXIEME PARTIE

L'ENIGME DE L'HOMME CONGELE.

BADER (O. N.) : [« Nouvelle découverte paléontologique aux environs de Moscou »] (en russe) (*Rousskyi Anthrop. Journal*, Moscou, **4**, p. 471-75, 1936).

[« Découverte de la calotte crânienne néanderthaloïde d'un homme aux environs de Chvalynsk, et le problème de son ancienneté »] (en russe) (*Bull. Mosk.ob-va ispitatet, prirody (Otdel Guéologuitseskyi)*, Moscou, 18, n° 2, p ; 73-81, 1950).

BONTCH-OSMOLOVSKI (G. A.) : [« La main de l'Homme fossile de la grotte de Kiik-Koba »] (en russe) in *Paléolit Kryma* (vol. II, Moscou-Leningrad, Izdat. A. N. S.S.S.R., 1941) [181].

[« Le squelette du pied et de la main de l'Homme fossile de la grotte de Kiik-Koba »] (en russe), *ibid.* (vol. III, 1954) [182].

BORDES (François) : « Mousterian Cultures in France » (*Science*, Lancaster, Pa, September 22, 1961).

BOULE (Marcellin) : *L'Homme fossile de La Chapelle-aux-Saints* (Extraits des *Annales de Paléontologie*, 1911-13) (Paris, Masson, 1912-1913).

BOULE (M.) et VALLOIS (Henri V.) : *Les Hommes fossiles* (4ᵉ éd., Paris, Masson, 1952).

BOUNAK (V. V.) : [« Etat actuel du problème de l'évolution du pied chez les ancêtres de

---

(181). Cf. aussi le compte rendu en allemand d'ULLRICH, 1958.
(182) Cf. aussi le compte rendu en allemand d'ULLRICH, 1958.

l'Homme »] (en russe) in *Paléolit Kryma* (vol. III, Moscou-Leningrad, Izdat. A. N. S.S.S.R., 1954) [183].

BRACE (C. Loring) : « Ridiculed Rejected but still our Ancestor : Neanderthal (*Natural History*, New York, p. 38-45, May 1968).

BRITTON (Sydney W.): *in* " Man walks upright because of snow " (*Science News Letter*, Washington, April 23, 1955).

BROOM (Robert) : *Les Origines de l'Homme* (Paris, Payot, 1934).

BURCHETT (Wilfred C.) : *La Seconde résistance, Viêt-nam 1965* (Chap. : « Du *Yéti* aux Eléphants ») (Paris, Gallimard, 1965).

CLARK (W. C. LE GROS) : *History of the Primates* (6th ed., London, British Museum, Nat. Hist., 1958).

The Fossil Evidence for Human Evolution (2^d ed., Univ. Of Chicago Press, 1964).

COON (Carleton S.) : *The Origin of Races* (New York, Alfred A. Knopf, 1962).

CORDIER (Charles) : « Deux anthropoïdes inconnus marchant debout, au Congo ex-Belge » (*Genus*, Roma, 29, n°s 1-4, 1963).

« Animaux inconnus du Congo » (*Zoo*, Anvers, 38, N° 4, p. 185-91, 1973).

DAPPERT (Olfert) : *Naukeurige Beschrijvinge der Afrikaensche Geweste van Egypten, Barbaryen, Libyen, Biledulgerid, Negroslant, Guinea, Ethiopen, Abyssinie* (Amsterdam, Jacob van Meurs, 1668).

Description de l'Afrique (Amsterdam, Wolfgang, Waesberge, Boom en Van Someren, 1686).

DART (Raymond A.) : " The Makapansgat Australopithecine Osteodontokeratic Culture " (*Proc. Third Pan-Afric. Congress on Prehistory held in N. Rhodesia*, London, p. 161-71, 1957).

DARWIN (Charles) : (*op. cit.*).

DE BEER (Gavin R.) : *Embryos and Ancestors* (2^d ed., Now York, Oxford University Press, 1951).

DUBRUL (E. L.) et REED (Charles A.) : " Skeletal Evidence of Speech ? " (*Amer. Journ. Phys. Anthrop.*, Philadelphia, **18**, n° 2, p. 153-56, 1960).

EGOROV (N. M.) : " Zur Fraghe über das Alter des sogenannen Podkumok-Menschen " (*Anthrop. Anzeiger*, Stuttgart, **10**, p. 223-56, 1933).

FAURE (Maurice) : « Reconstitution de l'*Homo mousteriensis* ou *neanderthalensis* » (*Assoc. Franç. Avancement des Sc., Congrès de Montpellier*, 1922, Orléans, p. 439-44, 1923).

FRECHKOP (Serge) : « Le crâne de l'Homme en tant que crâne de Mammifère » (*Bull. Inst. roy. Sci. nat. Belgique*, Bruxelles, **26**, n° 23, août 1949).

« Le port de la tête et la forme du crâne chez les Singes » (*ibid.*, 30, n° 12, avril 1954).

« Professor Max Westenhöfer on the Problem of Man's Origin (*Eugenics Review*, London, **46**, n° 1, p. 42-48, 1954).

GAUDRY (Albert) : *Les Enchaînements du monde animal* (Paris, Savy, 1878-1890).

GOUDELIS (V.) et PAVILONIS (S.) : [Le crâne de l'Homme fossile »] (en russe) (*Priroda*, Leningrad, **6**, 1952).

GOURY (Georges) : *Origine et Evolution de l'Homme* (Paris, A. et J. Picard, 1948).

GREMIATSKI (M. A.) : [« La calotte crânienne de Podkoumok et ses particularités morphologiques »] (en russe) (*Rousskyi Anthrop. Journal*, Moscou, **12**, 1-2, p. 92-100 et 237-39, 1922).

[« Particularités structurales du crâne de Podkoumok et ancienneté de celui-ci »] (en russe) (*ibid.*, **3**, p. 127-41, 1934).

---

(183) Cf. aussi le compte rendu en allemand d'ULLRICH, 1958.

GUERASSIMOV (Mikhail M.) : (*op. cit.*, cf. GERASIMOV)

HAECKEL (Ernst) : *Genrerelle Morphologie der Organismen* (Zweiter Bd., p; 300, Berlin, 1866).

HEUVELMANS (Bernard) : " D'après les travsux les plus récents, ce n'est pas l'Homme qui descend du Singe, mais le Singe qui descendrait de l'Homme " (*Sciences et Avenir*, Paris, n° 84, pp. 58-61, 96, février 1954).

« L'homme doit-il être considéré comme le moins spécialisé des Mammifères ? » (*ibid.*, n° 85, pp. 132-36, 139, mars 1954).

« Note préliminaire sur un spécimen conservé dans la glace, d'une forme encore inconnue d'Hominidé vivant : *Homo pongoides* (sp. seu subsp. nov.) » (*Bull. Inst. Roy. Sci. nat. Belgique*, Bruxelles, **45**, n° 4, 10 février 1969).

HILL (W. C. Osman) : " Nittaewo, an Unsolved Problem of Ceylan " (*Loris*, Colombo, 4, p. 241-62, 1945).

HOOTON (Ernest A.) : *Up from the Ape* (rev. ed., New York, Macmillan, 1946).

HOWELL (F. Clark) : *Early Man* (New York, Time Inc., 1965).

HOWELLS (William) : *Mankind So Far* (New York, Doubleday, Doran and C°, 1944).

HULSE (Frederick S.) : *The Human Species* (New York, Random House, 1963).

KOENIGSWALD (G. H. R. von) (editor) : *Hundert Jahre Neanderthaler-Neanderthal Centenary* 1856-1956 (Köln and Gras, Böhlau, 1958).

KOFFMANN (Marie-Jeanne) : (*Op. cit.*)

KOLLMANN (J.) : " Der Schädel von Kleimkems und die Neanderthal-Spy Gruppe " (*Archiv für Anthropologie*, Braunschweig, **5**, Heft, 3, p. 208, 1906).

KORTLANDT (Adriaan) : " Chimpanzees in the Wild " (*Scientific American*, San Francisco, **206**, p. 128-38, May 1962).

KORTLANDT (Adriaan) et KOOIJ (M.) : " Protohominid Behaviour in Primates " (*Symposia Zool.* Soc. , London, **10**, p. 61-88, 1963).

KURTEN (Björn) : *Inte från aporna* (Stockholm, Albert Bonniers Förlag, 1971). *Not from the Apes* (London, Victor Gollancz, 1972).

KURT (G.) : " Betrachtungen zu Rekonstruktionsversuchen ", *in* KOENIGSWALD, 1958, p. 217-30, Planche LVI).

LEAKEY (L. S. B.), TOBIAS (P. V.) et NAPIER (J. R.) : « A new species of genus *Homo* from Olduvai Gorge " (*Nature*, London, 202, p; 7-9, 1964).

LEAKEY (Richard) : *in* " Australopithecus, a long-armed short-legged, knuckle-walker " (*Science News*, Washington, **100**, n° 2, p. 357, November 27, 1971).

LE DOUBLE (A.-F.) et HOUSSAY (François) : *Les Velus* (Paris, Vigot frères, 1912).

LIEBERMAN (Philip) & CRELIN (Edmund S.) : " On the Speech of Neanderthal Man "(*Linguistic Inquiry*, **2**, n° 2, Spring 1971).

LINNÆUs (Carl von) : (*Op. cit.*).

LORENZ (Conrad) : " Psychologie and Stammesgeschichte " *in* HEBERER (G.), *Evolution der Organismen* (Stittgart, Fischer, 1959). *Das Sagenannte Böse* (Wien, Borotha-Schoeler, 1963).

LOTH (Edward) : *L'Anthropologie des Parties Molles* (Paris, Masson, 1931).

— « Considérations sur les reconstructions des muscles de la race du Néandertal » (*C.R. de l'Assoc. des Anatom.*, Milan, 3-8 septembre 1936).

« Beiträge zur Kenntnis des Weichteilanatomie des Neanderthalers » (*Zeitschr. F. Rassenkunde*, Stuttgart, **7**, p. 13-35, 1938)

LOUNINE (B. V.) : [« A propos de la question de l'ancienneté véritable de 'L'Homme de Podkoumok' à la lumière des données archéologiques »]. (en russe) (*Sovietskaïa Archéologuia*, Moscou, **4**, p. 63-90, 1937).

MCGREGOR (J. H.) : "Restoring Neanderthal Man" (*Natural History*, New York, **26**, n° 3, p. 228-93, 1926).

MALSON (Louis) : *Les Enfants Sauvages* (Paris, Union Générale d'Editions, 1964).

MAUDUIT (Jacques A.) : *Quarante mille ans d'Art moderne* (Paris, Plon, 1954).

MAYR (Ernst) : « The Taxonomic Evaluaton of Fossil Hominids » *in* WASHBURN (S. L.) *Classification and Human Evolution* (Chicago, Aldine, 1963).

MORANT (G.M.) : " Studies of Palaeolithic Man : II. A biometric study of Neanderthaloïd skulls and their relationships to modern racial types " (*Ann. Eugenics*, London, **2**, p. 310-380, 1927).

MORRIS (Desmond) : *The Naked Ape* (London, Jonathan Cape, 1967).

NAPIER (John R.) : " The Evolution of the Human Hand " (*Scientific American*, San Francisco, **207**, n° 6, December 1962).

NIZÃMI al'AROUDI al SAMARQANDÎ : (*op. cit.*)

OSBORN (Henry F.) : " The Origin and Antiquity of Man : a Correction " (*Science*, Washington D.C., 65, n° 1694, p. 597, June 17, 1927)

" Is the Ape-Man a Myth ? " (*Human Biology*, Detroit, **1**, n° 1, p. 4-9, January 1929).

PALES (Léon) : « Les empreintes de pieds humains de la Tana della Bâsura » (*Revue d'Etudes Ligures*, Bordighera, **26**, Nos 1-4, janvier-décembre 1960).

PATTE (Etienne) : *Les Néanderthaliens* (Paris, Masson, 1955).

PAVLOV (A. P.) : [« L'Homme fossile de l'époque du Mammouth en Russie orientale et les hommes fossiles d'Europe occidentale »] (en russe) (*Rousskyi Anthrop. Journal*, Moscou, **14**, 1-2, p. 5-36, 1925).

PIVETEAU (Jean) : *Traité de Paléontologie* (vol. VII : *Paléontologie humaine ; les Primates et l'Homme*) (Paris, Masson, 1957).

PORCHNEV (Boris F.) : « L'Origine de l'Homme et les Hominoïdes velus » (*Genus*, Rome, sér. Iia, **2**, n° 3, 1966).

[« La Lutte pour les Troglodytes »] (en russe) (*Prostor*, Alma-Ata, nos 4 à 7, avril, mai, juin, juillet 1968).

[« Le Problème des Paléanthropes reliques «] (en russe) (*Sovietskaïa Ethnographia*, Moscou, n° 2, p. 115-30, mars-avril 1969).

[« Les Troglodytidés et les Hominidés dans la systématique des Primates supérieurs »] (en russe) (*Doklady Akadémyl Naouk* S.S.S.R., Moscou, **188**, n° 1, 1969).

[« Un Paléanthrope ? »] (en russe) (*Tekhnika Molodiéji*, Moscou, **11**, p. 34-36, 1969).

[« Le second système de signalisation comme critère de différenciation entre les Troglodytidés et les Hominidés »] (en russe) (*Doklady Akadémyl Naouk S.S.S.R.*, Moscou, **190**, n° 1, 1971).

RANKE (Johann) : " Ueber die individuellen Variationen im Schädelbau des Menschen " (*Korr.-Bl. D. Deutschen Gesellschaft f. Archeologie, Ethnologie u. Urgeschichte*, Münchon, 28, p. 134-46, 1897).

RENGARTEN (V. P.) : [« Sur l'âge des sédiments qui contenaient les restes de l'Homme de Podkoumok »] (en russe) (*Rousskyi Anthropologuia*, Moscou, **12**, p. 193-95, 1922).

RICHARDSON (L. F.) : *Statistics of Deadly Quarrels* (London, Stevens and Sons, 1960).

SANDERSON (Ivan T.) : " Abominable Snowman " (*True Magazine*, New York, May 1950).

(*op. cit.*, 1961).

" The Wudewása or Hairy Primitives of Ancient Europe " (*Genus*, Roma, **23**, n°s 1-2, 1967).

SERVANT (Michel), ERGENZINGER (Peter) et COPPENS (Yves),: " Datations absolues sur un delta lacustre quaternaire au Sud du Tibesti (Angamma) " (*C. R. S. Soc. Géol. Fr.*, Paris, juin 1969)

SEVERTSOV (A. N.) : [« *Le développement morphologique régulier de l'Evolution* ») (en russe) (Moscou-Leningrad, Izdat, AN S.S.S.R., 1939).

SCHULTZ (A.H.) : « The density of hair in Primates » (*Human Biol.*, Detroit, 3, p. 303-21, 1931).

" Das Bild ausgertorbener Menschen " (*Umschau*, Frankfurt, Leipzig, **5**, 143-45, 1955).

STOLYHWO (Kasimierz) : « *Homo primigenius* appartient-il à une espèce distincte de l'*Homo sapiens ?* » (*L'Anthropologie*, Paris, **19**, p. 191-216, 1908).

SYMINGTON : **in** DUBRUL et REED, 1960.

TYSON (Edward) : *Orang-utang, sive Homo sylvestris : or the anatomy of a pygmie colmpared with that of a monkey, an ape and a man* (London, Thomas Bonnet, 1699).

ULLRICH (H.) : " Neandertalerfunde aus der Sowjet Union " (*in* KOENIGSWALD, 1958, p. 72-102)

VALLOIS (Henri V) : « L'origine de l'Homo sapiens »(*C. R. Acad. Sci.* , Paris, **228**, 1949).

« Neandertals and Praesapiens » (*Journ. Roy. Anthr. Inst.*, London, **84**, 1954).

« Le temporal néanderthalien H 27 de La Quina : Etude anthropologique » (*L'Anthropologie*, Paris, 73, n°s 5-6, p. 365-400 ; n°s 7-8, p. 525-44, 1969).

VOLLMER : *Natur- und Sittengemälde der Tropenländer* (p. 224-26, pl. VI, München, G. Michaelis, 1828).

WEINERT (H.) : *L'Homme préhistorique* (Paris, Payot, 1944).

WESTENHÖFER (Max) : *Der Eigenweg des Menschen* (Berlin, Die Medizinische Welt, 1942).

Die Grundlagen meiner Thorie von Eigenweg des Menschen (Heidelberg, C. Winter, 1948).

Le Problème de la Genèse de l'Homme (Bruxelles, Office de Publicité, Ed. Sobeli, 1953).

ZEUNER (F. E.) : « The replacement of Neanderthal Man by Homo sapiens » *in* KOENIGSWALD, 1958, p. 312-16).

AFFAIRE DE L'HOMME CONGELE (Classement chronologique)

N.B. : Ne sont citées ici que les publications apportant un élément nouveau et dont l'ensemble permet de reconstituer entièrement le cours des événements.

LUCAS (Jim G.) : « Hunger Keeps Marines Sharp » (*World Journal Tribune*, New York, November 1, 1966).

HEUVELMANS (Bernard) : « Note préliminaire sur un spécimen conservé dans la glace, d'une forme encore inconnue d'Hominidé vivant : *Homo pongoides* (sp. seu subsp. nov.) » (*Bull. Inst. Roy. Sci. nat. Belgique*, Bruxelles, **45**, n° 4, 10 février 1969).

BURNET (Albert) : « L'Homme de Néanderthal serait toujours vivant ! » [Première réaction dans la presse mondiale] (*Le Soir*, Bruxelles, 11 mars 1969).

*** « Cool reception for 'Neanderthal Man' » (*New Scientist*, London, March 20, 1969).

LINKLATER (Magnus) : " Is it a fake ? … is it an ape ? … or is it … Neanderthal Man ? " (*Sunday Times*, London, March 23, 1969).

CASEY (Phil) : " New race of Man ? Carnival Exhibit Interests Smithsonian " (*Washington Post*, Washington, March 27, 1969).

SCHADEN (Herman) : "The Tambler ... takes Up a Mystery" (*Evening Star*, Washington D.C., March 27, 1969).

JONES (Ellsworth) et MacBEATH (Innis) : " 'Ape-man' examination refused " (*Sunday Times*, London, March 30, 1969).

CASEY (Phil) : " The Smithsonian Courts a Thing " (*New York Post*, New York, April 11, 1969).

*** " Call to F. B. I. On 'freak' in ice block" (*Times*, London, April 12, 1969).

CASEY (Phil) : "Ice Man Origin Solid Mystery to Smithsonian" (*Los Angeles Times*, Los Angeles, April 17, 1969).

STETTLER (Hans) : " Der Neandertaler lebt ! " (Avis du professur-docteur J. Biegert] (*Blick*, Zurich, 30 April 1969).

SANDERSON (Ivan T.) : « Editorial » (*Pursuit*, Columbia, N. J., **2**, n° 2, April 1969).

" The Missing Link " (*Argosy*, New York, May 1969).

*** "Experts Hints Ice Man Was Custom-Built" (*New York Post*, New York, May 10, 1969)

*** The Iceman Melteth" (*Scientific Research*, p. 17, May 26, 1969)..

HEUVELMANS (Bernard) : " Neanderthal Man " (*Personality*, Johannesburg, June 5, 1969).

SANDERSON (Ivan T.) : " Ends 'Bozo', we think " (*Pursuit*, Columbia, N. J., July 1969).

MCCRYSTAL (Cal) : " The Iceman's magical mystery tour " (*Sunday Times*, London, September 28, 1969).

SANDERSON (Ivan T.) : " Preliminary Description of the External Morphology of What Appeared to be the Fresh Corpe of a Hitherto Unknown Form of Living Hominid " (*Genus*, Roma, **25**, n°s 1-4, p. 249-89, 1969).

PORCHNEV (Boris F.) : [« Un Paléanthrope ? ... »] (en russe) (*Tekhnika Molodiéji*, Moscou, p ; 34-37, novembre 1969).

*** " O abominável Homem do gêlp " (*Manchete*, Rio de Janeiro, n° 923, p. 38-41, 27 de dezembro de 1969).

HEUVELMANS (Bernard) : " Bestia, Hombre o Eslabón Perdido ? "(*Excelsior*, Mexico, 15, 17 y 18 de Enero de 1970).

HANSEN (Frank D.) : « I killed the Ape-Man Creature of Witeface » (*Saga*, New York, July 1970).

HERRIER (Robert) : " J'ai vu l'Homme-singe, affirme le professeur Heuvelmans " (*Noir et Blanc*, Paris, 24-30 août 1970).

VOGEL (Eric) : « Rocambolesque, incroyable : un 'homme sauvage' congelé » (*Tribune de Genève*, Genève, 22-23 août 1970).

« Des hommes de la période glaciaire vivent-ils encore de nos jours ? » (*Ibid*., 10 octobre 1970).

HALL (Tom) : « Tracking the Minnesota monster » (*Chicago Tribune Sunday Magazine*, Chicago, Sect. 7, p. 18-36, october 24, 1971).

NAPIER (John) : *Bigfoot : the Yeti and Sasquatch in Myth and Reality* (Chap. 4 : " Tales from the Minnesota Woods ") (London, Jonathan Cape, 1972).

MCCOY (Alfred W.) : *The Politics of Heroin in South East Asia* (New York, Harper and Row, 1972).

LAMOUR (Catherine) et LAMBERT (Michel R.) : *Les Grandes Manœuvres de l'Opium* (Paris, Editions du Seuil, 1972).

*** " Suspect Held in Ring Hiding Dope in Bodies " [Dépêche U. P. I.] (*Philadelphia Inquirer*, Philadelphia Pa, December 23, 1972).

*** " Phony ID is Tied to Drug Ring That Used Bodies of War Dead " (Dépêche AP] (*ibid.*, December 24, 1972).

*** " U.S. Indicts Phony GI in Heroin Case (*Evening and Sunday Bulletin*, Philadelphia Pa, January ", 1973).

*** " Probers Eye Civilians in GI Body Drig Plot " [Dépêche UPI] (*Philadelphia Inquirer*, Philadelphia Pa, January 4, 1973).

BUCKLEy (Thomas) : " How to C. I. A. Got Hooked on Heroin " (*Penthouse Magazine*, New York-Toronto, June 1973).

*** " Anti-Drug Chief Quits Post, Hits White House Interference " [Dépêche AP] (*International Herald Tribune*, Paris, June 30-July 1, 1973).

SUITE ICONOGRAPHIQUE

TABLE DES ILLUSTRATIONS HORS-TEXTE

12 — Les collines enneigées du Minnesota. (Photo B. Heuvelmans.). La roulotte de Frank D. Hansen. (Photo B. Heuvelmans.). Frank D. Hansen et son exhibition. (Photo B. Heuvelmans.)

13 — Le spécimen congelé, étudié par Heuvelmans. (Archives et photo B. Heuvelmans.)

14— Le spécimen congelé, étudié par Heuvelmans. (Archives et photo B. Heuvelmans.)

15-16 — Détails de la poitrine et du pied du spécimen congelé, comparés à la poitrine et au pied d'un homme anormalement velu. (Photos B. Heuvelmans.). Sanderson examinant le spécimen. (Photos B. Heuvelmans.)

17-18 — Reconstitutions diverses du Néanderthalien classique d'après (de gauche à droite) :

1e rangée : Schaaffhausen, Kupka, Burian et Augusta, Guérassimov ;

2e rangée : McGregor, Joanny-Durand et Boule, Field Mus. Nat. Hist. Chicago, M. Wilson ;

3e rangée : G. Wandel, id. (agrémenté de poils, G. Heberer, C. S. Coon ;

4e rangée : M. Faure, Mollison et Friese, H. L. Shapiro, R. N. Wegner (Archives B. Heuvelmans).

19. — Embryogenèse comparée du Porc, du Bœuf, du Lapin et de l'Homme, d'après Ernst Haeckel. (Archives B. Heuvelmans). Gorille nouveau-né. (Photo Bernhard Grzimek-Okapia.). Gorille adulte. (Photo O. R. T. F.).

20. — Sanderson et Heuvelmans interviewés par la presse de Weyauwega (Wisconsin). (Archives B. Heuvelmans). Le docteur Carleton S. Coon, à son domicile de Gloucester (Massachusetts). (Photo B. Heuvelmans).

21. — Le docteur William C. Osman-hIll, au Yerkes Regional Primate Center d'Atlanta (Georgia). (Photo B. Heuvelmans). Le docteur John R. Napier, dans son laboratoire londinien. . (Photo Queen Elizabeth College, University of London.)

22- 23 — La note scientifique d'Heuvelmans, l'article populare de Sanderson, et les premières réactions de la presse mondiale. (Photos B. Heuvelmans).

24. — Représentation du spécimen congelé, vu à la verticale, par Ivan T. Sanderson. (Photo Genus). Photo composite du spécimen congelé, en vue légèrement latérale (environ 15°). (Photo B. Heuvelmans).

25. — Décryptage sommaire de cette photo composite par Heuvelmans lui-même. (Photo Bulletin de l'I. R. S. N. de Belgique.). Décryptage de cette photo composite par John Schœnherr. (Photo Argosy Magazine). Décryptage de cette photo composite par P. Avotine. (Photo Tekhnika Molodiéji.)

26. — Détails du visage : la bouche à présent ouverte découvre les dents. (Archives B. Heuvelmans). Détail de la main droite. (Photo Rochester Post-Bulletin.)

27. — Hansen, présentant à la presse son spécimen fraîchement recongelé. (Photo Rochester Post-Bulletin.).

28. — Heuvelmans au Guatemala, en avril 1969. (Archives B. Heuvelmans). (Photo Rochester Post-Bulletin.). Balles de Mauser 8 mm., du type ayant servi à abattre l'homme pongoïde. (Photo Philadelphia Police Department.) L'article de Saga Magazine, dans lequel Hansen s'est accusé d'avoir tué l'homme pongoïde. (Photo B. Heuvelmans.)

29-30 Photos de la face et du pied droit de l'homme pongoïde et leur décryptage. (Phortos B. Heuvelmans et dessins d'A. Lindbergh.)

31. — Décrypages des deux mains de l'homme pongoïde. (Dessins d'A. Lindbergh.)

32-33. — Alika Lindbergh travaillant au décryptage, en grandeur naturelle, de la photo composite du spécimen congelé. (Photos B. Heuvelmans).

34. — Etat final du décryptage de la photo composite du spécimen. (Dessin d'A. Lindbergh.).

35. — Reconstitution de la tête de l'homme pongoïde à l'état vivant. (Dessins d'A. Lindbergh.)

36. — Reconstitution de l'homme pongoïde à l'état vivant. (Dessin d'A. Lindbergh).

INDEX

INDEX

A

Aafedt (lieutenant Roy), 259
Aardvark (= Oryctérope), 15, 17, 18, 350
Abamaánji, 396
Abass, 126
Abdéraïm (M.), 122
Abdouchélichvili (M. G.), 155
Abel (O.), 330
Abkhaz. Voir : *Abnaouaïou.*
Abnaouaïou, 98, 150, 151, 152
Acromégalie, 210,
Adame djapaïsy, 81, 97
Addams (Ch.), 282
Adjina, 97
Ægypan, 116
Afanassiev (A. N.), 110
Agafonov (A. P.), 133, 137
Age de bronze, 373, 375
Age de Fer, 375
Agogino (G. A.), 71, 72
Agogwe, 21, 22, 24
Agouti, 242
Aharon (Y. N.ibn), 103
Ahoura-Mazda (= Ormuzd), 107
Aigle, 88
Aïnou, 207, 209, 284
Aïtmourza-Sakéïev, 136, 137
Akhaminov (K.), 160
Akhoundou (F.), 149
Alakaluf, 203
Albasty, 124
Albinisme, 237, 401
Alexandrov (A. D.), 75
Alibekov (M.O.), 149
Allison (lieutenant Dave), 259, 273, 274
Allométrie, 365
Almass, 24, 40, 41, 42, 43, 44, 45, 46, 51,
69, 143, 368, 372, 406, 407
Almasty, 97, 158, 159, 160, 161, 162, 163,
164, 165, 167, 406
Altman (R.), 293
Amchoukov (L.), 158
Améranthropoïde (*Ameranthropoides
loysi*), 21, 96
American Anthropological Association,
207, 314
Amphibiens, 395
Anaxagore de Clazomènes, 33, 331
Ane, 211
Anthropoïdes (Primates), sous-ordre com-
prenant les singes et les hommes, 22, 24,
25, 31, 36, 45, 47, 51,71, 84, 93, 96, 99,
116, 133, 199, 201, 202, 203, 205, 210,
211, 212, 219, 220, 221, 223, 224, 225,
226, 227, 228, 229, 237, 309, 359, 364,
382, 396, 397, 398, 399, 400, 401, 402,
408
Anthropologie, dynamique et typologique,
219
Apamándi, 396
Apollon, 107
Arc (Jeanne d'), 17
Archanthrope, 31
Archantropien, 229, 313, 394, 396, 397,
402, 403, 404
Argosy Magazine (New York),197, 240,
241, 242, 243, 274, 275, 284, 315, 333
Arkhar (= Mouflon), 79, 123
Arnodin-Chibrac (Ch.), 130, 408
Artagnan (Ch. de Batz, seigneur d'), 17
Astanine (L. P.), 71, 72, 84, 170
Atchba (D. M.), 151, 152
At-gyik (= Cheval sauvage), 44, 50, 122
Atlanthrope (Archanthropien de
Ternifine), 313, 394, 403, 404

TABLE DES MATIÈRES

DEUXIEME PARTIE
L'ENIGME DE L'HOMME CONGELE
par Bernard HEUVELMANS

Achevé d'imprimer en mars 2011
par ADLIS
59175 TEMPLEMARS — France
Dépôt légal : mars 2011

LES ÉDITIONS DE L'ŒIL DU SPHINX
36-42 rue de la Villette
75019 PARIS
FRANCE